高阶 KdV 方程组及其怪波解

郭柏灵　刘　男　孙晋易　游淑军　著

科学出版社

北京

内 容 简 介

KdV 方程及其高阶方程是一类非常重要的浅水波方程, 这类方程具有广泛的物理与应用背景. 本书介绍了这类方程的物理背景, 并给出相应的孤立子解、怪波解. 本书着重研究几种重要类型的高阶 KdV 方程组在能量空间中的一些经典结果, 其中包括适定性、长时间渐近性和稳定性结果. 利用调和分析的现代理论和方法, 本书详细介绍了这类方程初值及初边值问题的低正则性结果. 基于可积系统的 Riemann-Hilbert 方法, 本书同时研究了可积的 Hirota 方程及五阶 mKdV 方程解的长时间渐近行为, 给出了方程解渐近主项的精确数学表达式.

本书适合高等院校数学、物理专业的研究生、教师以及科研院所相关领域的科研工作人员阅读.

图书在版编目(CIP)数据

高阶 KdV 方程组及其怪波解/郭柏灵等著. —北京: 科学出版社, 2022.3
ISBN 978-7-03-071509-8

I. ①高… II. ①郭… III. ①高阶–方程组 IV. ①O122.2

中国版本图书馆 CIP 数据核字(2022) 第 027155 号

责任编辑: 李 欣 贾晓瑞/责任校对: 彭珍珍
责任印制: 吴兆东/封面设计: 陈可陈 无极书装

科学出版社 出版
北京东黄城根北街 16 号
邮政编码: 100717
http://www.sciencep.com
北京建宏印刷有限公司 印刷
科学出版社发行 各地新华书店经销
*
2022 年 3 月第 一 版 开本: 720 × 1000 1/16
2022 年 3 月第一次印刷 印张: 26 3/4
字数: 539 000
定价: 198.00 元
(如有印装质量问题, 我社负责调换)

前　言

众所周知, 1834 年英国力学家 Russell 第一次观察到孤立子现象. 1898 年由 Korteweg 和 de Vries 在研究浅水中小振幅长波运动时提出并命名为 Korteweg-de Vries (KdV) 方程, 同时也得到了孤立波解. 1965 年, Kruskal 等在数值计算中得到孤立子的现象并予以命名. 此后, 孤立子在许多介质中出现, 并且孤立子性质及其数学理论有了系统的研究并得到蓬勃发展. KdV 方程现已成为孤立子理论的重要模型, 人们从物理和数学上对 KdV 方程、高阶 KdV 方程以及相关的耦合方程组开展了一大批蓬蓬勃勃的研究工作, 取得了很多有意义且具有重大影响的结果. 在数学方面, 国际上有许多著名数学家, 如 C. Kenig, J. L. Bona, J. Bourgain, G. Ponce, P. D. Lax, Y. Martel, F. Merle, P. Deift 以及最近发表在杂志 *Ann. of Math.* 上的 "KdV is well-posed in H^{-1}" 的作者 R. Killip 和 M. Visan 等都对 KdV 类方程解的存在性、唯一性、低正则性、渐近行为以及稳定性等做出了一系列重要贡献.

本书主要介绍有关高阶 KdV 方程及其耦合方程组的数学理论、研究方法和最新的研究成果, 其中包括在能量空间上初值或初边值问题整体解的存在性、唯一性、低正则性、长时间渐近行为以及稳定性等. 应当指出: 这些成果也包含了作者及其合作者得到的一些创新的研究成果. 特别地, 1984 年至 1986 年周毓麟和郭柏灵对一维和高维高阶 KdV 方程的光滑解和整体解等进行了系统而深入的研究, 并得到一些首创结果, 他们得到的高维高阶数学模型现已被它的物理现象所证实. 我们希望本书的出版有助于数学和物理研究工作者, 特别是有些年轻的研究人员, 可以直接地、较快地开展这方面的研究工作.

由于作者水平和篇幅有限, 书中难免有不足和疏漏之处, 敬请读者谅解并批评指正.

郭柏灵

2021 年 12 月 15 日

目　　录

第 1 章 KdV, mKdV 及其高阶方程的 物理背景和怪波解

1.1 KdV 方程的物理背景及孤立子

众所周知, 1834 年英国科学家 J. Scott Russell 在水面上首次观察到了孤立波现象 [93]. 随后, 英国科学家 Rayleigh 和法国科学家 Boussinesq 对这种波进行了理论分析 [18]. 1895 年, 荷兰数学家 Korteweg 和 de Vries [69] 在研究浅水波的运动中提出了如下的无量纲波方程 (现在称为 KdV (Korteweg-de Vries) 方程)

$$\phi_t + \phi_{xxx} + 6\phi\phi_x = 0, \tag{1.1.1}$$

这里, ϕ 为水面的波峰高度. 他们对孤立波现象作了较为完整的分析, 并从方程 (1.1.1) 中求出了与 Russell 描述一致的、具有形状不变的脉冲状的孤立波

$$\phi(x,t) = \frac{1}{2}c \operatorname{sech}^2 \frac{1}{2}\sqrt{c}(x - ct), \quad c \text{ 为波速}, \tag{1.1.2}$$

从而在理论上证实了孤立波的存在. 事实上, 早前 Boussinesq 的论文 [19] 就明确给出了 KdV 方程及其基本孤立子解, 其中也得到了 "Scott Russell 孤立波". 普林斯顿等离子体物理实验室在一系列的研究中证实了 KdV 方程 (1.1.1) 蕴含着丰富的新特性, 包括 1965 年, Zabusky 和 Kruskal [112] 数值上发现了 KdV 方程孤立波之间的弹性碰撞, 随后, Gardner 等 [42] 提出反散射理论求解了 KdV 方程的初值问题, 以及无限多守恒律的存在 [85] 等, 从而开阔了孤立子理论和完全可积系统研究的先河. 尽管我们的重点是在数学问题上, 但是, (1.1.1) 对于各种物理现象仍然是一个重要而有效的模型, 可参见在文献 [69] 的百年纪念之际发表的评论 [32].

1.2 mKdV 方程的物理背景及怪波解

mKdV (修正的 Korteweg-de Vries) 方程是孤立波理论中另一个基本的完全可积模型, 其标准形式为

$$u_t + 6\sigma u^2 u_x + u_{xxx} = 0, \tag{1.2.1}$$

其中 $\sigma = \pm 1$, $u = u(x,t)$ 是实函数. 此外, mKdV 方程在模拟光纤中的超连续介质谱产生, 在非调和晶格中的声波、等离子体和流体动力学中传播的非线性 Alfvén 波等物理实验中都有重要的应用. 1983 年, D. H. Peregrine [89] 从经典的可积非线性 Schrödinger 方程

$$\mathrm{i}q_t + q_{xx} + 2|q|^2 q = 0 \tag{1.2.2}$$

中得到了有理分式解及怪波解

$$q(x,t) = \mathrm{e}^{2\mathrm{i}t}\left(1 - 4\frac{1 + 4\mathrm{i}t}{1 + 4x^2 + 16t^2}\right). \tag{1.2.3}$$

2016 年, A. Chowdurya 等 [27] 得到了 mKdV 方程的有理分式解和周期解, 他们考虑如下聚焦形式的 mKdV 方程

$$\psi_t - \alpha(\psi_{xxx} + 6\psi^2\psi_x) = 0, \tag{1.2.4}$$

其中 $\psi = \psi(x,t)$ 是实值函数, α 为任意的实参数. 方程 (1.2.4) 的 Lax 对 [106] 为

$$\begin{aligned}\frac{\partial R}{\partial t} &= UR, \\ \frac{\partial R}{\partial x} &= VR,\end{aligned} \tag{1.2.5}$$

即可从 "零曲率" 条件:

$$U_x - V_t + [U, V] = 0$$

推出方程 (1.2.4). 这里 U 和 V 是 2×2 矩阵, 其中 U 为

$$U = \mathrm{i}\begin{pmatrix} \lambda & \psi(x,t)^* \\ \psi(x,t) & -\lambda \end{pmatrix}, \tag{1.2.6}$$

而 V 是关于特征值 λ 的矩阵多项式, $V = \alpha \sum_{j=0}^{3} \lambda^j V_j$, 其中 V_j 为

$$V_j = i\begin{pmatrix} A_j & B_j^* \\ B_j & -A_j \end{pmatrix}, \tag{1.2.7}$$

而

$$A_0 = -\mathrm{i}\left(\psi_t^*\psi - \psi_t\psi^*\right), \quad B_0 = 2\psi^2\psi + \psi_{tt},$$

$$A_1 = 2\psi^2, \quad B_1 = -2\mathrm{i}\psi_t,$$
$$A_2 = 0, \quad B_2 = -4\psi,$$
$$A_3 = -4, \quad B_3 = 0.$$

1.2.1 一阶周期解和有理分式解

选取种子解 $\psi = 1$ 和纯虚特征值 $\lambda = \mathrm{i}b$, 利用文献 [3] 中类似的步骤可得 mKdV 方程的周期解

$$\psi_1 = -1 + \frac{\kappa^2}{2 - \sqrt{4 - \kappa^2}\cos[\kappa(t + vx)]}, \tag{1.2.8}$$

其中 $\kappa = 2\sqrt{1 + \lambda^2}$, $v = \alpha(6 - \kappa^2)$, $\kappa < 2$. 图 1.1 展示了频率为 $\kappa = 2\sqrt{1 - b^2} < 2$ 的周期解曲线图, 特征值 $\lambda = \mathrm{i}b$, b 为实数. 该解沿着 t 轴的周期为 $T = \pi/\sqrt{1 - b^2}$, 所以对于 $0 < b < 1$, $0 < \kappa < 2$ 周期解存在.

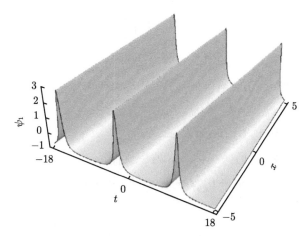

图 1.1 mKdV 方程的一阶周期解 (1.2.8), $\lambda = 0.97\mathrm{i}$, $\alpha = -\dfrac{1}{10}$

这些解的最长振荡周期出现在极限 $\kappa \to 0$ 处. 类似于 Akhmediev 呼吸子在极限 $\kappa \to 0$ 时变为怪波的情况 [1, 2], mKdV 方程的周期解 (1.2.8) 在极限 $\kappa \to 0$ 时变为如下的有理分式解 (图 1.2)

$$\psi_1 = -1 + \frac{4}{1 + 4(x + 6\alpha t)^2}. \tag{1.2.9}$$

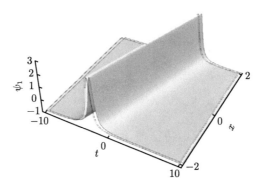

图 1.2　mKdV 方程的一阶有理分式解 (1.2.9), $\alpha = -\dfrac{1}{4}$

1.2.2　二阶周期解

实施第二次达布变换 [3] 则可得 mKdV 方程的二阶周期解:

$$\psi_2 = 1 + \frac{N_2}{D_2}, \tag{1.2.10}$$

其中

$$
\begin{aligned}
N_2 = &\left(v_1^2 - v_2^2\right)\left[v_2\left(v_1 \cos F_1 - 2\right)\left(2 \cos F_2 - v_2\right)\right.\\
&\left.- v_1\left(2 \cos F_1 - v_1\right)\left(v_2 \cos F_2 - 2\right)\right],\\
D_2 = &-2v_1 v_2 \left\{\kappa_1 \kappa_2 \sin F_1 \sin F_2\right.\\
&\left.+ \left[2 \cos F_1 - v_1\right]\left[2 \cos F_2 - v_2\right]\right\}\\
&+ \left(\kappa_1^2 + \kappa_2^2 - 8\right)\left[2 - v_1 \cos F_1\right]\left[v_2 \cos F_2 - 2\right],
\end{aligned} \tag{1.2.11}
$$

且

$$
\begin{aligned}
F_1 &= x\alpha\kappa_1\left(6 - \kappa_1^2\right) + t\kappa_1,\\
F_2 &= x\alpha\kappa_2\left(6 - \kappa_2^2\right) + t\kappa_2,\\
v_1 &= \sqrt{4 - \kappa_1^2}, \quad v_2 = \sqrt{4 - \kappa_2^2}.
\end{aligned} \tag{1.2.12}
$$

选取 $\kappa_1 = 0.7$, $\kappa_2 = 1.4$, 或 $\kappa_1 = 0.98$, $\kappa_2 = 0.8$, $\alpha = -1/6$, 则 mKdV 方程 (1.2.4) 的二阶周期解 (1.2.10) 如图 1.3 所示.

当 $\kappa_2 = 0$ 时, 二阶周期解为

$$\psi_2 = 1 - \frac{\kappa_1^2}{D_3}\left[-8 + 4v_1 \cos\left(R_1\right) + \left(1 + 4p_1^2\right)\kappa_1^2\right], \tag{1.2.13}$$

其中

$$D_3 = -16p_1^2 \left(v_1^2 - 4\right) - 16p_1 v_1 \kappa_1 \sin\left(R_1\right)$$
$$+ 4\left[4 - 4v_1 \cos\left(R_1\right) + v_1^2\right]$$
$$+ \left(1 + 4p_1^2\right)\left[v_1 \cos\left(R_1\right) - 2\right]\kappa_1^2, \tag{1.2.14}$$
$$R_1 = \left(t - V_b x\right)\kappa_1, \quad p_1 = t + 6x\alpha, \quad V_b = \alpha\left(-6 + \kappa_1^2\right).$$

该解非常简化且只包含一个有理分量和一个波频. 解的图像如图 1.4 所示.

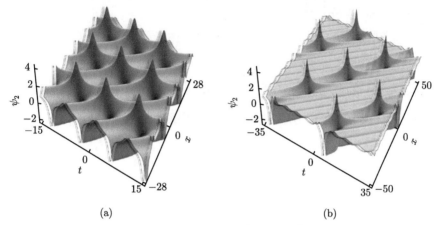

(a)   (b)

图 1.3 mKdV 方程的二阶周期解 (1.2.10), 其中 $\alpha = -\dfrac{1}{6}$, (a) $\kappa_1 = 0.7$, $\kappa_2 = 1.4$; (b) $\kappa_1 = 0.98$, $\kappa_2 = 0.8$

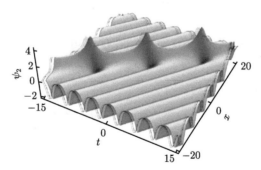

图 1.4 mKdV 方程的二阶周期解 (1.2.13), $\kappa_1 = 1.6$, $\kappa_2 \to 0$, $\alpha = -\dfrac{1}{6}$

1.2.3 退化解

现考虑 $\lambda_1 \to \lambda_2$, 或等价地 $\kappa_1 \to \kappa_2$ 时的解. 我们令 $\kappa_2 \to \kappa_1 + \varepsilon$, 然后, 我们对 ε 进行泰勒级数展开, 只保留最低阶项, 则可得到实的二阶退化 mKdV 方程的解:

$$\psi_2 = 1 + \frac{N_d}{D_d}, \tag{1.2.15}$$

其中

$$N_d = 4\kappa^2 v_a^2 \left\{ \kappa v_a^2 \left[t - 3\alpha \left(\kappa^2 - 2 \right) x \right] \sin R_b - \left(\kappa^2 - 8 \right) \cos R_b - 4v_a \right\},$$

$$\begin{aligned} D_d = {}& -8\kappa v_a^4 \left[t - 3\alpha \left(\kappa^2 - 2 \right) x \right] \sin R_b - v_a^5 \cos(2R_b) - 8\kappa^2 v_a^2 \cos R_b \\ & - v_a \left\{ -2\kappa^6 \left(t^2 + 60\alpha tx + 468\alpha^2 x^2 \right) + 12\alpha\kappa^8 x(t + 18\alpha x) \right. \\ & + \kappa^4 [16(t + 6\alpha x)(t + 18\alpha x) + 1] \\ & \left. -8\kappa^2 \left[4(t + 6\alpha x)^2 + 1 \right] - 18\alpha^2\kappa^{10}x^2 - 16 \right\}, \end{aligned} \tag{1.2.16}$$

并且

$$v_a = \sqrt{4 - \kappa^2}, \quad V_b = \alpha \left(\kappa^2 - 6 \right), \quad R_b = (t - V_b x)\kappa, \quad \kappa = \kappa_1 = \kappa_2.$$

图 1.5 给出了 mKdV 方程这种退化解的图像.

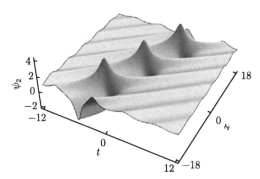

图 1.5　mKdV 方程的二阶退化解 (1.2.15), $\kappa = 1.2$, $\alpha = -\dfrac{1}{6}$

1.2.4　二阶有理分式解

我们可以继续简化 mKdV 方程的解 (1.2.13), 令 $\kappa_1 \to 0$, 于是可得 mKdV 方程的二阶纯有理分式解

$$\psi_2 = 1 + 12\frac{G_2}{D_2}, \tag{1.2.17}$$

其中

$$\begin{aligned} G_2 = {}& 3 - 8(6\alpha x + t) \left[2(6\alpha x + t)^3 + 3(22\alpha x + t) \right], \\ D_2 = {}& 48\alpha x \left[62208\alpha^4 x^4(\alpha x + t) \right. \\ & + 432\alpha^3 \left(60t^2 - 13 \right) x^3 + 288\alpha^2 t \left(20t^2 - 9 \right) x^2 \\ & + 3\alpha \left(240t^4 - 120t^2 + 139 \right) x \\ & \left. + t \left(48t^4 - 8t^2 + 51 \right) \right] + 64t^6 + 48t^4 + 108t^2 + 9. \end{aligned} \tag{1.2.18}$$

该解的图像如图 1.6 所示.

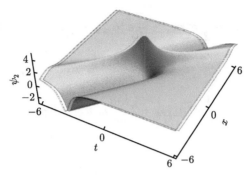

图 1.6 mKdV 方程的二阶有理解 (1.2.17), $\alpha = -\dfrac{1}{6}$

对于 KdV 方程的有理分式解, 利用 Miura 变换[56]

$$\phi = \psi_x + \psi^2 \tag{1.2.19}$$

可得相应 KdV 方程的解 $\phi(x,t)$.

1.3 五阶 KdV 方程的物理背景及孤立子

1968 年, Lax 首先得到了五阶可积的 KdV 方程[71]. 五阶 KdV 方程描述了晶体中原子的非谐运动[77]. 1973 年 Askar 在研究非线性单原子链的运动中给出如下的运动方程

$$m\ddot{u}_l = \sum_{n=1}^{3} k_{n+1}[(u_{l+1} - u_l)^n - (u_l - u_{l-1})^n], \tag{1.3.1}$$

其中 $u_l = u_l(t)$ 表示第 l 个质点的位移, k_n 为第 n 阶弹簧常数, m 为每个质点的质量. 假设

$$u_l(t) = U(t) \exp(iyal),$$

其中 a 是粒子间距, y 是波数, 则 (1.3.1) 可简化为

$$\ddot{u}_l + c_2 u_l + a^{-1} c_3 u_l^2 + a^{-2} c_4 u_l^3 = 0, \tag{1.3.2}$$

其中

$$
\begin{aligned}
c_2 &= 2(1 - \cos ya)k_2/m, \\
c_3 &= 4\mathrm{i} \sin ya(1 - \cos ya)k_3 a/m, \\
c_4 &= 4(\cos 2ya - \cos ya)(1 - \cos ya)k_4 a^2/m.
\end{aligned} \tag{1.3.3}
$$

如果对方程 (1.3.1) 作连续近似, 则可根据泰勒定理将 $u_{l\pm1}$ 展至 $O(a^5)$, 即

$$u_{l\pm1} = u \pm au_x + \frac{1}{2!}a^2 u_{xx} + \frac{1}{3!}a^3 u_{xxx} + \frac{1}{4!}a^4 u_{xxxx} + O(a^5), \tag{1.3.4}$$

将 (1.3.4) 代入 (1.3.1) 可得方程

$$u_{tt} = c^2 \left(u_{xx} + \frac{1}{12}a^2 u_{xxxx} + 2\frac{k_3 a}{k_2} u_x u_{xx} + 3\frac{k_4}{k_2}a^2 u_x^2 u_{xx} \right), \tag{1.3.5}$$

上式作变换

$$\xi = x - ct, \quad \zeta = \frac{k_3 a}{k_2}ct, \quad u_\xi = v, \tag{1.3.6}$$

可得 KdV 方程

$$v_\xi + (1 + \gamma v)vv_\xi + \varepsilon v_{\xi\xi\xi} = 0, \tag{1.3.7}$$

其中

$$c^2 = \frac{k_2 a^2}{m}, \quad \gamma = \frac{3}{2}\frac{k_4 a}{k_3}, \quad \varepsilon = \frac{1}{24}\frac{k_2}{k_3}a.$$

若在 (1.3.4) 中展开至 a^7, 则可得六阶偏微分方程

$$
\begin{aligned}
u_{tt} = c^2 \bigg[& u_{xx} + \frac{1}{12}a^2 u_{xxxx} + \frac{1}{360}a^4 u_{xxxxxx} + 2\frac{k_3 a}{k_2} \\
& \cdot \left(u_x u_{xx} + \frac{1}{12}a^2 u_x u_{xxxx} + \frac{1}{6}a^2 u_{xx} u_{xxx} \right) \\
& + \frac{3k_4 a^2}{k_2} \left(u_x^2 u_{xx} + \frac{a^2}{3}u_x u_{xx} u_{xxx} + \frac{1}{12}a^2 u_x^2 u_{xxxx} + \frac{1}{12}a^2 u_{xx}^3 \right) \bigg].
\end{aligned}
\tag{1.3.8}
$$

应用变换 (1.3.6) 可得五阶 KdV 方程

$$
\begin{aligned}
& v_\xi + (1 + \gamma v)vv_\xi + (\rho + 4\delta v)v_\xi v_{\xi\xi} + \eta v_{\xi\xi\xi\xi\xi} \\
& + \left(\varepsilon + \frac{1}{2}\rho v + \delta v^2 \right) v_{\xi\xi\xi} + \delta v_\xi^3 = 0,
\end{aligned}
\tag{1.3.9}
$$

其中

$$\rho = \frac{1}{6}a^2, \quad \delta = \frac{1}{8}\frac{k_4}{k_3}a^3, \quad \eta = \frac{1}{720}\frac{k_2}{k_3}a^3.$$

现考虑如下五阶 KdV 方程的孤立子解

$$u_t + a(3u^2 + u_{xx})_x + b(15u^3 + 15uu_{xx} + u_{4x})_x = 0, \qquad (1.3.10)$$

其中 $b = 0$ 为 KdV 方程, $a = 0$ 为 Sawaha-Kotera 方程 [52]. 我们可用 Hirota 双线性方程求解方程的孤立子解, 写方程 (1.3.10) 为双线性形式

$$D_x(D_t + aD_x^3 + bD_x^5)f \cdot f = 0. \qquad (1.3.11)$$

令

$$u = 2(\log f)_{xx}, \qquad (1.3.12)$$

其中 D_t, D_x 的定义如下

$$D_t^m D_x^n a(x,t)b(x,t) = \left(\frac{\partial}{\partial t} - \frac{\partial}{\partial t'}\right)^m \left(\frac{\partial}{\partial x} - \frac{\partial}{\partial x'}\right)^n a(x,t)b(x',t')|_{x'=x,t'=t}. \qquad (1.3.13)$$

于是可得 (1.3.11) 的单孤立子解为

$$f = 1 + C_i \exp(\eta_i), \qquad (1.3.14)$$
$$\eta_i = \Omega_i t + p_i x + \eta_i^0, \qquad (1.3.15)$$
$$\Omega_i + ap_i^3 + bp_i^5 = 0, \qquad (1.3.16)$$

于此 C_i, η_i^0 为常数, p_i 为波数. 二孤立子解为

$$f = 1 + C_1 \exp \eta_1 + C_2 \exp \eta_2 + C_1 C_2 \beta_{12} \exp(\eta_1 + \eta_2), \qquad (1.3.17)$$

其中

$$\beta_{12} = \frac{(p_1 - p_2)^2[3a + 5b(p_1^2 - p_1 p_2 + p_2^2)]}{(p_1 + p_2)^2[3a + 5b(p_1^2 + p_1 p_2 + p_2^2)]}. \qquad (1.3.18)$$

当 $\beta_{12} = 0$ 或 ∞ 时, 孤立子发生共振. 类似于方程 (1.3.10), 有 P. D. Lax 五阶 KdV 方程

$$u_t + a(3u^2 + u_{xx})_x + b(10u^3 + 10u_{xx}u + 5u_x^2 + u_{4x})_x = 0. \qquad (1.3.19)$$

方程 (1.3.19) 的二孤立子解为

$$u = 2(\log f)_{xx}, \qquad (1.3.20)$$
$$f = 1 + C_1 \exp \eta_1 + C_2 \exp \eta_2 + C_1 C_2 \hat{\beta}_{12} \exp(\eta_1 + \eta_2), \qquad (1.3.21)$$

$$\eta_i = \Omega_i t + p_i x + \eta_i^0, \quad i = 1, 2, \tag{1.3.22}$$

$$\Omega_i + ap_i^3 + bp_i^5 = 0, \tag{1.3.23}$$

$$\hat{\beta}_{12} = (p_1 - p_2)^2 / (p_1 + p_2)^2. \tag{1.3.24}$$

当 $|p_1| \neq |p_2|$ 时, $\hat{\beta}_{12}$ 不会等于 0 或 ∞, 此时方程 (1.3.19) 不会发生共振.

1.4　五阶 mKdV 方程的守恒律、周期解和有理解

在 [108] 中, 作者指出可积非线性方程的有理解出现在许多物理领域, 如非线性光学、Bose-Einstein 凝聚、等离子体, 以及金融中, 现考虑如下五阶 mKdV 方程

$$\begin{aligned}
& u_t + \alpha(6u^2 u_x + u_{xxx}) \\
& + \beta(30u^4 u_x + 10u_x^3 + 40uu_x u_{xxx} + 10u^2 u_{xx} + u_{xxxxx}) = 0,
\end{aligned} \tag{1.4.1}$$

其中 α, β 表示三阶和五阶色散系数. 对于方程 (1.4.1) 可写出它的 Lax 对

$$\begin{aligned}
\Phi_x &= (\lambda\sigma_3 + U)\Phi, \quad U = \begin{pmatrix} 0 & u \\ -u & 0 \end{pmatrix}, \\
\Phi_t &= V\Phi, \quad V = \begin{pmatrix} A & B \\ C & -A \end{pmatrix},
\end{aligned} \tag{1.4.2}$$

其中 σ_3 为 Pauli 矩阵,

$$\begin{aligned}
A &= -16\beta\lambda^5 - (8\beta u^2 + 4\alpha)\lambda^3 - (6\beta u^4 + 2\alpha u^2 + 4\beta uu_{xx} - 2\beta u_x^2)\lambda, \\
B &= -16\beta u\lambda^4 - 8\beta u_x\lambda^3 - (8\beta u^3 + 4\alpha u + 4\beta u_{xx})\lambda^2 - (12\beta u^2 u_x + 2\beta u_{xxx} \\
&\quad +2\alpha u_x)\lambda - 6\beta u^5 - 2\alpha u^3 - 10\beta u^2 u_{xx} - 10\beta uu_x^2 - \beta u_{xxxx} - \alpha u_{xx}, \\
C &= -B(-\lambda),
\end{aligned}$$

于此 $\Phi = (\psi, \varphi)^{\mathrm{T}}$, λ 为谱参数, 从可容条件 $U_t - V_x + [\lambda\sigma_3 + U, V] = 0$ 可推出方程 (1.4.1). 若令 $w = \dfrac{\varphi}{\psi}$, 可得 Riccati 方程

$$uw_x = -u^2 w^2 - 2\lambda uw - u^2. \tag{1.4.3}$$

令

$$uw = \sum_{n=0}^{\infty} \frac{w_n}{(-2\lambda)^{n+1}}, \tag{1.4.4}$$

代入 (1.4.3), 可得

$$w_0 = u^2, \quad w_1 = uu_x, \tag{1.4.5}$$

$$w_{n+1} = u\left(\frac{w_n}{u}\right)_x + \sum_{i=0}^{n-1} w_i w_{n-i-1} \quad (n = 1, 2, 3, \cdots), \tag{1.4.6}$$

于是可知

$$w_2 = uu_{xx} + u^4, \quad w_3 = uu_{xxx} + 5u^3 u_x,$$

$$w_4 = uu_{xxxx} + 7u^3 u_{xx} + 11u^2 u_x^2 + 2u^6,$$

$$w_5 = u(22u^4 u_x + 9u^2 u_{xxx} + 38uu_x u_{xx} + 11u_x^3 + u_{xxxxx}). \tag{1.4.7}$$

由相容性 $(\ln \psi)_{xt} = (\ln \psi)_{tx}$, 有

$$(\lambda + uw)_t = (A + Bw)_x,$$

可得方程 (1.4.1) 的无穷守恒律的循环公式

$$\partial_t w_n(t, x, u) = \partial_x J_n(x, t, u), \quad n = 0, 1, \cdots,$$

可写为

$$J_n = \frac{1}{u}\left(\frac{w_{n+4}}{2^4}B_1 - \frac{w_{n+3}}{2^3}B_2 + \frac{w_{n+2}}{2^2}B_3 - \frac{w_{n+1}}{2}B_4 + w_n B_5\right), \tag{1.4.8}$$

其中 B_j $(j = 1, 2, \cdots, 5)$ 为 B 中 λ^{5-j} 的系数, w_n 和 J_n 分别为守恒密度和流, 可得

$$J_0 = -\alpha(3u^4 + 2uu_{xx} - u_x^2) - \beta(10u^6 + 20u^3 u_{xx}$$
$$+ 10u^2 u_x^2 + 2uu_{xxxx} - 2u_x u_{xxx} + u_{xx}^2),$$

$$J_1 = -\alpha u(6u^2 u_x + u_{xxx}) - \beta u(30u^4 u_x$$
$$+ 10u^2 u_{xxx} + 40uu_x u_{xx} + 10u_x^3 + u_{xxxxx}). \tag{1.4.9}$$

取 $\Phi_j = (\psi_j, \varphi_j)^{\mathrm{T}} = \Phi(\kappa)|_{\kappa=\kappa_j}$ 为 $u = u_0$, $\lambda_j = u_0(1 - 2\kappa_j^2)$, $\kappa_i \neq \kappa_j$, 对于 $i \neq j$ 时线性系统 (1.4.2) 的 N 个特殊解, 则我们用达布变换 [108] 可得方程 (1.4.1) 的 N 阶周期解为

$$u[N] = u_0\left[1 - 2\frac{\det(p_1)}{\det(p)}\right], \tag{1.4.10}$$

其中

$$p = \begin{pmatrix} p_{11} & p_{12} & \cdots & p_{1N} \\ p_{21} & p_{22} & \cdots & p_{2N} \\ \vdots & \vdots & & \vdots \\ p_{N1} & p_{N2} & \cdots & p_{NN} \end{pmatrix}$$

$$p_1 = \begin{pmatrix} p_{11} & p_{12} & \cdots & p_{1N} & \varphi_1 \\ p_{21} & p_{22} & \cdots & p_{2N} & \varphi_2 \\ \vdots & \vdots & & \vdots & \vdots \\ p_{N1} & p_{N2} & \cdots & p_{NN} & \varphi_N \\ \dfrac{\psi_1}{u_0} & \dfrac{\psi_2}{u_0} & \ldots & \dfrac{\psi_N}{u_0} & 0 \end{pmatrix}$$

$$p_{ij} = \frac{\psi_j \psi_i + \varphi_j \varphi_i}{2(u_0 - 1 - \kappa_j^2 - \kappa_i^2)}, \quad 1 \leqslant i, j \leqslant N.$$

当 $N = 1$, 对于 (1.4.10) 有一阶周期解

$$u[1]_p = u_0 \left[1 - 2 \frac{\cos(2\rho_1) + (2\kappa_1^2 - 1)}{\cos(2\rho_1) + 1/(2\kappa_1^2 - 1)} \right], \tag{1.4.11}$$

其中

$$\begin{aligned} \rho_1 = {} & 2u_0 \kappa_1 \sqrt{1 - \kappa_1^2} [x - 2(8\beta u_0^4 (1 - 2\kappa_1^2)^4 + 4\beta u_0^4 (1 - 2\kappa_1^2)^2 \\ & + 2\alpha u_0^2 (1 - 2\kappa_1^2)^2 + 3\beta u_0^4 + \alpha u_0^2) t]. \end{aligned}$$

图 1.7 给出了一阶周期解 (1.4.11) 的图像.

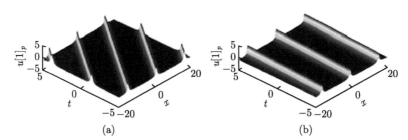

(a)　　　　　　　　　　　　　　(b)

图 1.7　五阶 mKdV 方程的一阶周期解 (1.4.11), $\alpha = 1$, $u_0 = 1$, $\kappa_1 = 0.1$, (a) $\beta = -0.1$; (b) $\beta = -0.2$

在 (1.4.10) 中取 $N = 2$ 可得

$$u[2]_p = u_0 \left[1 - 2 \frac{N_p^{(2)}}{D_p^{(2)}} \right], \tag{1.4.12}$$

其中

$$D_p^{(2)} = D_{11}D_{22} - D_{12}D_{21},$$
$$N_p^{(2)} = (D_{12}\psi_1\varphi_2 + D_{21}\psi_2\varphi_1 - D_{11}\psi_2\varphi_2 - D_{22}\psi_1\varphi_1)/u_0,$$

于此

$$D_{11} = \frac{2\kappa_1^2 \cos(2\rho_1) - \cos(2\rho_1) + 1}{2u_0\kappa_1^2(2\kappa_1^2 - 1)(\kappa_1^2 - 1)},$$

$$D_{22} = \frac{2\kappa_2^2 \cos(2\rho_2) - \cos(2\rho_2) + 1}{2u_0\kappa_2^2(2\kappa_2^2 - 1)(\kappa_2^2 - 1)},$$

$$D_{12} = D_{21} = -\frac{\sqrt{1-\kappa_1^2}\sqrt{1-\kappa_2^2}\sin(\rho_1)\sin(\rho_2) + \kappa_1\kappa_2\cos(\rho_1)\cos(\rho_2)}{u_0\kappa_1\kappa_2\sqrt{1-\kappa_1^2}\sqrt{1-\kappa_2^2}(\kappa_1^2 + \kappa_2^2 - 1)},$$

$$\rho_j = 2u_0\kappa_j\sqrt{1-\kappa_j^2}[x - 2(8\beta u_0^4(1 - 2\kappa_j^2)^4 + 4\beta u_0^4(1 - 2\kappa_j^2)^2$$
$$+ 2\alpha u_0^2(1 - 2\kappa_j^2)^2 + 3\beta u_0^4 + \alpha u_0^2)t], \quad j = 1, 2.$$

特别地, 方程 (1.4.1) 的二阶周期解 (1.4.12) 的三维图如图 1.8 所示.

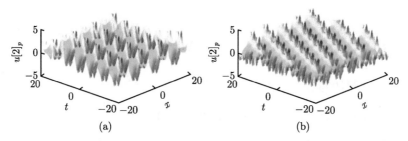

图 1.8   五阶 mKdV 方程的二阶周期解 (1.4.12), $\alpha = 1$, $u_0 = 1$, $\beta = -0.2$,
(a) $\kappa_1 = 0.5$, $\kappa_2 = 0.3$; (b) $\kappa_1 = 0.5$, $\kappa_2 = 0.2$

    对于有理解, 我们利用广义达布变换来构造. 我们对谱参数 λ 实施一个小扰动, 即 $\lambda = \lambda_1 + 2u_0 f^2$. 这里 $\lambda_1 = u_0$ 是固定的谱参数, f 为一个复值小参数. 于是可得线性组 (1.4.2) 的另一种形式解

$$\Phi_1(f) = \begin{pmatrix} c_1 e^A - c_2 e^{-A} \\ c_1 e^{-A} - c_2 e^A \end{pmatrix}, \tag{1.4.13}$$

其中

$$c_1 = \frac{(1 + 2f^2 + 2f\sqrt{1 + f^2})^{\frac{1}{2}}}{2f\sqrt{1 + f^2}}, \quad c_2 = \frac{(1 + 2f^2 - 2f\sqrt{1 + f^2})^{\frac{1}{2}}}{2f\sqrt{1 + f^2}},$$

$$A = 2u_0 f\sqrt{1 + f^2}\Big[x - 2(8\beta u_0^4(1 + 2f^2)^4 + 4\beta u_0^4(1 + 2f^2)^2 \tag{1.4.14}$$

$$+ 2\alpha u_0^2(1 + 2f^2)^2 + 3\beta u_0^4 + \alpha u_0^2)t + \sum_{i=1}^{N-1} s_i f^{2i}\Big],$$

且 $\Phi_1(f) = (\psi_1(f), \varphi_1(f))^{\mathrm{T}}$, s_i 为实常数. 可将 $\Phi_1(f)$ 作泰勒展开

$$\Phi_1 = \Phi_1^{[0]} + \Phi_1^{[2]} f^2 + \cdots + \Phi_1^{[N-1]} f^{2(N-1)} + O(f^{2N}). \tag{1.4.15}$$

利用达布变换方法可得一阶有理分式解为

$$u[1] = u_0\left[-1 + \frac{4}{4u_0^2 x^2 - 48u_0^4(5\beta u_0^2 + \alpha)xt + 144u_0^6(5\beta u_0^2 + \alpha)^2 t^2 + 1}\right]. \tag{1.4.16}$$

对于 $N = 2$, 我们可得方程 (1.4.1) 的二阶有理分式解

$$u[2] = \left[1 + 2\frac{N_\gamma^{(2)}}{D_\gamma^{(2)}}\right], \tag{1.4.17}$$

其中 $\gamma = 5\beta u_0^2 + \alpha$,

$$N_\gamma^{(2)} = -124416u_0^{12}\gamma^4 t^4 + 82944u_0^{10}\gamma^3 xt^3$$

$$- (20736u_0^8\gamma^2 x^2 + 1728u_0^6\gamma(95\beta u_0^2 + 11\alpha))t^2$$

$$+ (2304u_0^6\gamma x^3 + 576u_0^4(55\beta u_0^2 + 7\alpha)x + 864u_0^4\gamma s_1)t$$

$$- 96u_0^4 x^4 - 144s_1 u_0^2 x - 144u_0^2 x^2 + 18,$$

$$D_x^{(2)} = 2985984u_0^{18}\gamma^6 t^6 - 2985984u_0^{16}\gamma^5 xt^5$$

$$+ (1244160u_0^{14}\gamma^4 x^2 - 20736u_0^{12}(145\beta u_0^2 + 13\alpha)\gamma^3)t^4$$

$$- (276480u_0^{12}\gamma^3 x^3 - 41472u_0^{10}(35\beta u_0^2 + 3\alpha)\gamma^2 x - 20736u_0^{10}\gamma^3 s_1)t^3$$

$$+ (34560u_0^{10}\gamma^2 x^4 - 17280u_0^8(13\beta u_0^2 + \alpha)\gamma x^2 - 10368u_0^8\gamma^2 s_1 x$$

$$+ 144u_0^6(9475\beta^2 u_0^4 + 2270\alpha\beta u_0^2 + 139\alpha^2))t^2$$

$$+ 64u_0^6 x^6 - 96u_0^4 s_1 x^3 + 48u_0^4 x^4 - (2304u_0^8 \gamma x^5 - 384u_0^6(25\beta u_0^2 + \alpha)x^3$$

$$- 1728u_0^6 \gamma s_1 x^2 + 144u_0^4(125\beta u_0^2 + 17\alpha)x + 144u_0^4 s_1(95\beta u_0^2 + 11\alpha)t)$$

$$+ 36u_0^2 s_1^2 + 72u_0^2 s_1 x + 108u_0^2 x^2 + 9.$$

第 2 章 KdV 方程在 $H^{-1}(\mathbb{R})$ 中的适定性

2.1 引　　言

关于 KdV 方程

$$\partial_t q = -q''' + 6qq' \tag{2.1.1}$$

的一个最基本问题是: 它是否适定? 这个话题已经吸引了几代研究者的关注, 并且其适定的初值空间也在不断地扩大. 本章, 我们将主要介绍 KdV 方程的最佳适定性理论, 具体可参阅文献 [67]. 主要结果如下:

定理 2.1.1　当初始值在 $H^{-1}(\mathbb{R})$ 或 $H^{-1}(\mathbb{R}/\mathbb{Z})$ 中时, KdV 方程 (2.1.1) 在以下意义上是整体适定的: 在任一几何结构中, 从 Schwartz 空间到联合连续映射 $\Phi : \mathbb{R} \times H^{-1} \to H^{-1}$ 的解映射是唯一存在的. 而且, 对任一初始值 $q \in H^{-1}$, 轨道 $\{\Phi(t,q) : t \in \mathbb{R}\}$ 在 H^{-1} 中是一致有界且等度连续的.

2.1.1 局部光滑性

在欧几里得空间中, 大量线性和非线性色散方程都可以观察到局部光滑化效应. 基本的物理原理是当波的高频分量传播得非常快时, 它们在任何固定的有限空间区域内停留的时间必须非常短. 因此, 人们应该期望在局部空间内在时间平均下获得一定的正则性. 这一现象看似是 Kato 最先发现的, 无论是线性问题 [58, 59] 还是非线性问题 [60], 并且, 在文献 [60] 中, 证明了对于 KdV 方程 (2.1.1) 的 Schwartz 解成立如下估计

$$\int_{-1}^{1} \int_{-1}^{1} |q'(t,x)|^2 \, \mathrm{d}x \, \mathrm{d}t \lesssim \|q(0)\|_{L^2}^2 + \|q(0)\|_{L^2}^6.$$

于是, 上式被用来证明方程 (2.1.1) 关于 $L^2(\mathbb{R})$ 初值的整体弱解的存在性. 在此之前, 人们只知道其关于 H^1 初值的整体弱解的存在性, 见 [102].

在 [24] 中, Buckmaster 和 Koch 在 (两边) 低一度的正则性下, 证明了一个类似的先验局部光滑性估计. 这一估计是通过使用 Miura 映射和关于 mKdV 的修正的 Kato 局部光滑性估计所得到的. 然后, 利用该技术证明了方程 (2.1.1) 关于 $H^{-1}(\mathbb{R})$ 初值的整体弱解/分布解的存在性. 与通常弱解的构造一样, 这些论证并不能得到唯一性, 并且关于时间的连续性也只能在弱拓扑下得到. 在不知道唯一性的情况下, 关于初值的连续依赖性更是无从可知. 对于 H^{-1} 初值的受限

类, 即在传统 Miura 映射的值域内, 弱解的存在性已在 [56] 中得到证明, 也可见文献 [104].

在 2.7 节中, 将给出文献 [24] 中所得到的先验局部光滑性估计的一个新推导. 关于其论证是基于一种 $H^{-1}(\mathbb{R})$ 空间中新微观守恒律 (2.3.7) 的发现, 并通过将这一守恒律与一个适当选择的权函数一起积分所得到的. 将定理 2.1.1 中所构造的解的先验估计得以推广并不困难. 并且, 在对其的论证过程中通过更进一步的讨论, 可得到如下结果 (亦可参见命题 2.7.1):

定理 2.1.2 令 q 和 $\{q_n : n \in \mathbb{N}\}$ 为全直线上的 (2.1.1) 在定理 2.1.1 意义下的解. 如果相应的初值在 $H^{-1}(\mathbb{R})$ 中满足 $q_n(0) \to q(0)$, 则对任一紧集 $K \subset \mathbb{R} \times \mathbb{R}$ 成立

$$\int_K \big|q(t,x) - q_n(t,x)\big|^2 \, \mathrm{d}x \, \mathrm{d}t \to 0, \quad n \to \infty. \tag{2.1.2}$$

由定理 2.1.2 立即可知我们所定义的解确实为分布意义下解.

2.1.2 概念和预备知识

定义 $f' = \partial_x f$, 定义全直线的上函数的傅里叶变换为

$$\hat{f}(\xi) = \frac{1}{\sqrt{2\pi}} \int_{\mathbb{R}} \mathrm{e}^{-\mathrm{i}\xi x} f(x) \, \mathrm{d}x, \quad \text{则} \ f(x) = \frac{1}{\sqrt{2\pi}} \int_{\mathbb{R}} \mathrm{e}^{\mathrm{i}\xi x} \hat{f}(\xi) \, \mathrm{d}\xi,$$

定义环 $\mathbb{R}/\mathbb{Z}$ 的上函数的傅里叶变换为

$$\hat{f}(\xi) = \int_0^1 \mathrm{e}^{-\mathrm{i}\xi x} f(x) \, \mathrm{d}x, \quad \text{则} \ f(x) = \sum_{\xi \in 2\pi\mathbb{Z}} \hat{f}(\xi) \mathrm{e}^{\mathrm{i}\xi x}.$$

定义

$$\|f\|_{H^s(\mathbb{R})}^2 = \int_{\mathbb{R}} |\hat{f}(\xi)|^2 (4 + |\xi|^2)^s \, \mathrm{d}\xi \quad \text{和} \quad \|f\|_{H^s(\mathbb{R}/\mathbb{Z})}^2 = \sum_{\xi \in 2\pi\mathbb{Z}} (4 + \xi^2)^s |\hat{f}(\xi)|^2.$$

将 Hilbert 空间定义中传统的数字 1 改为数字 4 并没有什么特别的意义, 引进这样的定义只是为了使某些关键关系成为确切的恒等式, 从而简化了我们的表述. 更一般地, 定义

$$\|f\|_{H_\kappa^s(\mathbb{R})}^2 = \int_{\mathbb{R}} |\hat{f}(\xi)|^2 (4\kappa^2 + |\xi|^2)^s \, \mathrm{d}\xi \quad \text{和} \quad \|f\|_{H_\kappa^s(\mathbb{R}/\mathbb{Z})}^2 = \sum_{\xi \in 2\pi\mathbb{Z}} (4\kappa^2 + \xi^2)^s |\hat{f}(\xi)|^2.$$

注意到 H_κ^1 为代数. 事实上, 容易验证对 $\kappa \geqslant 1$ 一致成立

$$\|fg\|_{H_\kappa^1} \lesssim \|f\|_{H^1} \|g\|_{H_\kappa^1} \leqslant \|f\|_{H_\kappa^1} \|g\|_{H_\kappa^1}.$$

由对偶可得对 $\kappa \geqslant 1$ 一致成立

$$\|fh\|_{H_\kappa^{-1}} \lesssim \|f\|_{H^1} \|h\|_{H_\kappa^{-1}}.$$

我们通篇使用 L^2 对, 将 H^{-1} 定义为 H^1 的对偶空间, 并且定义泛函导数为

$$\frac{\mathrm{d}}{\mathrm{d}s}\bigg|_{s=0} F(q+sf) = \mathrm{d}F\big|_q(f) = \int \frac{\delta F}{\delta q}(x) f(x) \, \mathrm{d}x. \tag{2.1.3}$$

定义 $\mathfrak{I}_p$ 为奇异值为 ℓ^p 可和的紧算子的 Schatten 类. 事实上, $\mathfrak{I}_2$ 为 Hilbert-Schmidt 类, 当使用 $\mathfrak{I}_1$, 其仅仅表示为 Hilbert-Schmidt 算子的乘积, 见 (2.6.5). 下面我们简单介绍 $\mathfrak{I}_2$ 类的一些基本性质: $L^2(\mathbb{R})$ 空间上的算子 A 是 Hilbert-Schmidt 算子当且仅当其有积分核 $a(x,y) \in L^2(\mathbb{R} \times \mathbb{R})$, 并且

$$\|A\|_{L^2 \to L^2} \leqslant \|A\|_{\mathfrak{I}_2} = \iint |a(x,y)|^2 \, \mathrm{d}x \, \mathrm{d}y.$$

两个 Hilbert-Schmidt 算子的乘积为迹类, 并且

$$\mathrm{tr}(AB) := \iint a(x,y) b(y,x) \, \mathrm{d}y \, \mathrm{d}x = \mathrm{tr}(BA) \quad \text{和} \quad |\mathrm{tr}(AB)| \leqslant \|A\|_{\mathfrak{I}_2} \|B\|_{\mathfrak{I}_2}.$$

最后, Hilbert-Schmidt 算子在有界算子代数上形成一个两面的理想, 并且

$$\|BAC\| \leqslant \|B\|_{L^2 \to L^2} \|A\|_{\mathfrak{I}_2} \|C\|_{L^2 \to L^2}.$$

更多详细解释可见文献 [95].

2.2　对角格林函数

本节, 我们将讨论全直线上的 Schrödinger 算子相对应的格林函数 $G(x,y)$. 定义如下全直线上的 Schrödinger 算子:

$$L := -\partial_x^2 + q,$$

其中势函数为

$$q \in B_\delta := \{q \in H^{-1}(\mathbb{R}) : \|q\|_{H^{-1}(\mathbb{R})} \leqslant \delta\}, \tag{2.2.1}$$

以及 δ 为充分小的数. 值得一提的是, 我们将特别关注 $g(x) := G(x,x)$ 及其倒数 $1/g(x)$; 倒数 $1/g(x)$ 将出现在与 KdV 的关键微观守恒律相关的能量密度中.

首先, 我们简单回顾关于 Schrödinger 算子的一个重要事实: 当 $q \equiv 0$ 时, 对任意的 $\kappa > 0$, 预解式

$$R_0(\kappa) = (-\partial_x^2 + \kappa^2)^{-1} \tag{2.2.2}$$

的积分核为

$$G_0(x, y; \kappa) = \frac{1}{2\kappa} e^{-\kappa|x-y|}. \tag{2.2.3}$$

命题 2.2.1 对任一给定的 $q \in H^{-1}(\mathbb{R})$, 则存在唯一的与二次型

$$\psi \mapsto \int |\psi'(x)|^2 + q(x)|\psi(x)|^2 \, \mathrm{d}x, \quad \psi \in H^1(\mathbb{R})$$

相关的自伴算子 L, 且其是半有界的. 此外, 若 $\delta \leqslant \dfrac{1}{2}$ 且 $q \in B_\delta$, 则对于任意的 $\kappa \geqslant 1$, 相应的预解式可由如下依范数收敛的级数给出

$$R := (L + \kappa^2)^{-1} = \sum_{\ell=0}^{\infty} (-1)^\ell \sqrt{R_0} \left(\sqrt{R_0}\, q \sqrt{R_0} \right)^\ell \sqrt{R_0}. \tag{2.2.4}$$

证明 所有这一切依赖于如下的关键估计:

$$\left\| \sqrt{R_0}\, q \sqrt{R_0} \right\|_{\mathrm{op}}^2 \leqslant \left\| \sqrt{R_0}\, q \sqrt{R_0} \right\|_{\mathfrak{J}_2(\mathbb{R})}^2 = \frac{1}{\kappa} \int \frac{|\hat{q}(\xi)|^2}{\xi^2 + 4\kappa^2} \, \mathrm{d}\xi. \tag{2.2.5}$$

当 $q \in \mathcal{S}(\mathbb{R})$ 时, 应用 (2.2.3) 式可直接求得 Hilbert-Schmidt 范数为

$$\left\| \sqrt{R_0}\, q \sqrt{R_0} \right\|_{\mathfrak{J}_2(\mathbb{R})}^2 = \frac{1}{4\kappa^2} \iint q(x) e^{-2\kappa|x-y|} q(y) \, \mathrm{d}x \, \mathrm{d}y = (2.2.5) \ \text{右端}.$$

借助于逼近讨论即可得到当 $q \in H^{-1}(\mathbb{R})$ 时的估计.

由 (2.2.5) 式, 可得至少对任意 $\kappa \geqslant 1$ 以及任意的 $\psi \in H^1(\mathbb{R})$ 成立

$$\int q(x)|\psi(x)|^2 \, \mathrm{d}x \leqslant \kappa^{-1/2} \|q\|_{H^{-1}} \int |\psi'(x)|^2 + \kappa^2 |\psi(x)|^2 \, \mathrm{d}x.$$

由此可知当 $q \in B_\delta$ 时, 可视其为对 $q \equiv 0$ 的无穷小形式有界的扰动, 进而, 由 [90, 定理 X.17] 可得 L 的存在唯一性. 此外, 由 (2.2.5) 可知当 $\delta < 1$ 时级数 (2.2.4) 收敛. □

命题 2.2.2 (微分同胚性质) 存在 $\delta > 0$, 使得对任意的 $\kappa \geqslant 1$ 成立如下事实:
(i) 对任意的 $q \in B_\delta$, 预解式 R 存在连续的积分核 $G(x, y; \kappa, q)$:

$$g(x; \kappa, q) := G(x, x; \kappa, q). \tag{2.2.6}$$

(ii) 映射

$$q \mapsto g - \frac{1}{2\kappa} \quad \text{和} \quad q \mapsto \kappa - \frac{1}{2g} \tag{2.2.7}$$

为从 B_δ 到 $H^1(\mathbb{R})$ 的 (实解析的) 微分同胚.

(iii) 如果 $q(x)$ 为 Schwartz 函数, 则 $g(x) - \dfrac{1}{2\kappa}$ 和 $\kappa - \dfrac{1}{2g(x)}$ 亦是如此. 事实上, 对任意的 $s \geqslant 0$ 成立

$$\|g'(x)\|_{H^s} \lesssim_s \|q\|_{H^{s-1}} \quad \text{和} \quad \|\langle x \rangle^s g'(x)\|_{L^2} \lesssim_s \|\langle x \rangle^s q\|_{H^{-1}}. \qquad (2.2.8)$$

证明　首先, 我们证明 $\delta \leqslant \dfrac{1}{2}$ 的情形.

由 (2.2.4) 和 (2.2.5) 可得对任意的 $q \in B_\delta$ 和 $\kappa \geqslant 1$ 成立

$$\left\| \sqrt{\kappa^2 - \partial_x^2} \, (R - R_0) \sqrt{\kappa^2 - \partial_x^2} \right\|_{\mathfrak{I}_2} < \infty.$$

因此, $G - G_0$ 可视为 $H^1(\mathbb{R}) \otimes H^1(\mathbb{R})$ 中一个元素. 这里我们指的是 Hilbert 空间意义上的张量积; 注意到 $H^1(\mathbb{R}) \otimes H^1(\mathbb{R})$ 是由满足 $\partial_x \partial_y f \in L^2(\mathbb{R}^2)$ 的 $f \in H^1(\mathbb{R}^2)$ 所组成. 由此可得 $G(x, y; \kappa, q)$ 为关于变量 x 和 y 的连续函数, 且定义

$$g(x) = g(x; \kappa, q) = \frac{1}{2\kappa} + \sum_{\ell=1}^{\infty} (-1)^\ell \left\langle \sqrt{R_0} \delta_x, \left(\sqrt{R_0} q \sqrt{R_0} \right)^\ell \sqrt{R_0} \delta_x \right\rangle, \quad (2.2.9)$$

其中所涉内积为 $L^2(\mathbb{R})$ 内积. 即得结论 (i) 成立.

另外, 我们又观察到对任意的 Schwartz 函数 f, 由 (2.2.4) 和 (2.2.5) 可得

$$\left| \int f(x) \left[g(x) - \frac{1}{2\kappa} \right] \mathrm{d}x \right| \leqslant \sum_{\ell=1}^{\infty} \left\| \sqrt{R_0} f \sqrt{R_0} \right\|_{\mathfrak{I}_2(\mathbb{R})} \left\| \sqrt{R_0} q \sqrt{R_0} \right\|_{\mathfrak{I}_2(\mathbb{R})}^\ell$$

$$\leqslant 2\delta\kappa^{-1} \|f\|_{H^{-1}(\mathbb{R})}.$$

因此, $g - \dfrac{1}{2\kappa} \in H^1(\mathbb{R})$; 事实上,

$$\left\| g - \frac{1}{2\kappa} \right\|_{H^1(\mathbb{R})} \leqslant 2\delta\kappa^{-1}. \qquad (2.2.10)$$

此外, 上述论证可得级数 (2.2.9) 的收敛性, 进而可知由 $q \in B_\delta$ 到 $g - \dfrac{1}{2\kappa} \in H^1(\mathbb{R})$ 的映射是实解析的.

给定 $f \in H^{-1}(\mathbb{R})$, 由预解恒等式可得

$$\frac{\mathrm{d}}{\mathrm{d}s}\bigg|_{s=0} g(x; q + sf) = -\int G(x, y) f(y) G(y, x) \, \mathrm{d}y. \qquad (2.2.11)$$

特别地, 由 (2.2.3) 可得从 H_κ^{-1} 到 H_κ^1 上的且条件数等于 1 的同构映射

$$\mathrm{d}g\big|_{q \equiv 0} = -\kappa^{-1} R_0(2\kappa).$$

此外, 由 (2.2.5), (2.2.4) 以及对偶性可得

$$\left\|\mathrm{d}g|_{q\equiv 0} - \mathrm{d}g|_q\right\|_{H_\kappa^{-1}\to H_\kappa^1} \lesssim \kappa^{-1}\|q\|_{H_\kappa^{-1}} \lesssim \delta\left\|\left(\mathrm{d}g|_{q\equiv 0}\right)^{-1}\right\|_{H_\kappa^1\to H_\kappa^{-1}}^{-1}. \tag{2.2.12}$$

因此, 选取充分小的 δ, 由反函数定理可得

$$q \mapsto g - \frac{1}{2\kappa} \quad \text{为} \ \{q: \|q\|_{H_\kappa^{-1}} \leqslant \delta\} \ \text{到} \ H_\kappa^1 \ \text{的微分同胚.} \tag{2.2.13}$$

值得注意的是, 由 (2.2.12) 结合隐函数定理的标准压缩映射证明过程可得 δ 的选取可以与 κ 无关. 因此, 由

$$\|q\|_{H_\kappa^{-1}} \leqslant \|q\|_{H^{-1}} \quad \text{和} \quad \|f\|_{H_\kappa^1} \lesssim_\kappa \|f\|_{H^1},$$

立即可得该映射的 $H^{-1}\to H^1$ 微分同胚性质.

如有必要我们可选更小的 δ, 由 (2.2.10) 及嵌入关系 $H^1 \hookrightarrow L^\infty$ 可得对所有的 $q \in B_\delta$ 均成立

$$\frac{1}{4\kappa} \leqslant g(x) \leqslant \frac{3}{4\kappa}.$$

因此, (2.2.7)中的第二个映射亦是实解析的. 为了证明它 (关于一些不依赖于 κ 的 δ) 是一个微分同胚映射, 我们只需要简单地注意到

$$f \mapsto \frac{f}{1+f}$$

为从 $H^1(\mathbb{R})$ 中一个以零为心的邻域到 $H^1(\mathbb{R})$ 的微分同胚

$$\kappa - \frac{1}{2g} = \kappa\frac{2\kappa\left(g-\frac{1}{2\kappa}\right)}{1+2\kappa\left(g-\frac{1}{2\kappa}\right)},$$

以及运用 (2.2.10) 和 (2.2.13).

现在我们证明第 (iii) 部分. 带有平移势的格林函数就是原来格林函数的平移. 因此, 对任意的 $h \in \mathbb{R}$,

$$g(x+h;q) = g(x;q(\cdot+h)). \tag{2.2.14}$$

在 $h=0$ 处关于 h 求导并借助于 (2.2.9) 可得

$$\int [\partial_x^s g(x)] f(x)\,\mathrm{d}x \leqslant \sum_{\ell=1}^\infty \sum_\sigma \binom{s}{\sigma}\left\|\sqrt{R_0}\,f\,\sqrt{R_0}\right\|_{\mathfrak{I}_2(\mathbb{R})}\prod_{k=1}^\ell\left\|\sqrt{R_0}\,q^{(\sigma_k)}\,\sqrt{R_0}\right\|_{\mathfrak{I}_2(\mathbb{R})},$$

其中, 里面是关于满足 $|\sigma| = s$ 的多重指标 $\sigma = (\sigma_1, \cdots, \sigma_\ell)$ 的求和. 并通过关于单位向量 $f \in H^{-1}$ 取最大值, 以及运用 (2.2.5) 和

$$\prod_{k=1}^{\ell} \|q^{(\sigma_k)}\|_{H^{-1}} \leqslant \|q^{(s)}\|_{H^{-1}} \|q\|_{H^{-1}}^{\ell-1},$$

可得

$$\|\partial_x^s g(x)\|_{H^1} \leqslant \sum_{\ell=1}^{\infty} \ell^s \|q^{(s)}\|_{H^{-1}} \delta^{\ell-1} \lesssim_s \|q\|_{H^{s-1}}.$$

因此, 我们证明了 (2.2.8) 中的第一个论断.

为了证明 (2.2.8) 中的第二个论断, 我们首先做如下断言: 对每一个整数 $s \geqslant 0$, 成立

$$\langle x \rangle^s R_0 = \sum_{r=0}^{s} \sqrt{R_0}\, A_{r,s} \sqrt{R_0}\, \langle x \rangle^r, \tag{2.2.15}$$

其中, 算子 $A_{r,s}$ 满足 $\|A_{r,s}\|_{L^2 \to L^2} \lesssim_s 1$. 上述断言通过重复使用如下交换子容易递归验证:

$$\big[\langle x \rangle,\, R_0 \big] = R_0 \big[-\partial_x^2 + \kappa^2,\, \langle x \rangle \big] R_0 = -R_0 \left(\frac{x}{\langle x \rangle} \partial_x + \partial_x \frac{x}{\langle x \rangle} \right) R_0,$$

$$\left[\frac{x}{\langle x \rangle} \partial_x + \partial_x \frac{x}{\langle x \rangle},\, \langle x \rangle \right] = 2 \frac{x^2}{\langle x \rangle^2}. \tag{2.2.16}$$

关于 (2.2.15), 我们也注意到因为 $\langle x \rangle^{-1} \in H^1(\mathbb{R})$ 且 $H^1(\mathbb{R})$ 为代数, 则对所有的整数 $0 \leqslant r \leqslant s$, 成立

$$\big\| \langle x \rangle^r q \big\|_{H^{-1}} \lesssim_s \big\| \langle x \rangle^s q \big\|_{H^{-1}}. \tag{2.2.17}$$

运用(2.2.9), (2.2.5), (2.2.15) 以及 (2.2.17), 我们可得

$$\int f(x) \langle x \rangle^s \left[g(x) - \frac{1}{2\kappa} \right] \mathrm{d}x$$

$$\lesssim_s \sum_{\ell=1}^{\infty} \sum_{r=0}^{s} \left\| \sqrt{R_0}\, f \sqrt{R_0} \right\|_{\mathfrak{I}_2(\mathbb{R})} \left\| \sqrt{R_0}\, \langle x \rangle^r q \sqrt{R_0} \right\|_{\mathfrak{I}_2(\mathbb{R})} \delta^{\ell-1}$$

$$\lesssim_s \|f\|_{H^{-1}} \|\langle x \rangle^s q\|_{H^{-1}}.$$

通过优化 $f \in H^{-1}(\mathbb{R})$, 进一步可得

$$\|\langle x \rangle^s g'(x)\|_{L^2(\mathbb{R})} \lesssim_s \left\| \langle x \rangle^s \left[g(x) - \frac{1}{2\kappa} \right] \right\|_{H^1(\mathbb{R})} \lesssim_s \|\langle x \rangle^s q\|_{H^{-1}}.$$

这就完成了 (2.2.8) 的证明.　　　　　　　　　　　　　　　　　　　　　　□

命题 2.2.3 (椭圆 PDE) 对角格林函数满足

$$g'''(x) = 2\big[q(x)g(x)\big]' + 2q(x)g'(x) + 4\kappa^2 g'(x). \tag{2.2.18}$$

证明 由于其为格林函数, 则成立

$$\big(-\partial_x^2 + q(x)\big)\, G(x,y) = -\kappa^2 G(x,y) + \delta(x-y) = \big(-\partial_y^2 + q(y)\big)\, G(x,y).$$

因此, 可得

$$\begin{aligned}
(\partial_x + \partial_y)^3\, G(x,y) = {} & \big(q'(x) + q'(y)\big)\, G(x,y) + 2\,\big(q(x) + q(y)\big)\, (\partial_x + \partial_y)\, G(x,y) \\
& - \big(q(x) - q(y)\big)\, (\partial_x - \partial_y)\, G(x,y) + 4\kappa^2\, (\partial_x + \partial_y)\, G(x,y).
\end{aligned}$$

进一步特殊地取 $y = x$, 可得

$$g'''(x) = 2q'(x)g(x) + 4q(x)g'(x) + 4\kappa^2 g'(x).$$

即得 (2.2.18). □

注记 2.2.1 正如将在引理 2.2.1 的证明中所见到的: 格林函数可通过 Sturm-Liouville 方程的两个解 (Weyl 解) $\psi_\pm(x)$ 所给出, 见 (2.2.27). 从这个意义上来说, $g(x) = \psi_+(x)\psi_-(x)$ 满足 (2.2.18), 见文献 [5].

命题 2.2.4 (引入 ρ) 存在 $\delta > 0$, 使得对所有的 $q \in B_\delta$ 及 $\kappa \geqslant 1$ 成立

$$\rho(x; \kappa, q) := \kappa - \frac{1}{2g(x)} + \frac{1}{2}\int \mathrm{e}^{-2\kappa|x-y|} q(y)\,\mathrm{d}y \in L^1(\mathbb{R}) \cap H^1(\mathbb{R}). \tag{2.2.19}$$

并且, 对于每一个固定的 $x \in \mathbb{R}$, 映射 $q \mapsto \rho(x)$ 是非负且凸的. 此外, 对于每一个 $q \in B_\delta$, 可定义非负的、实解析的、严格凸的函数

$$\alpha(\kappa; q) := \int_{\mathbb{R}} \rho(x)\,\mathrm{d}x, \tag{2.2.20}$$

且对于 $q \in B_\delta$ 和 $\kappa \geqslant 1$ 一致成立

$$\alpha(\kappa; q) \approx \frac{1}{\kappa}\int_{\mathbb{R}} \frac{|\hat{q}(\xi)|^2\,\mathrm{d}\xi}{\xi^2 + 4\kappa^2}, \tag{2.2.21}$$

以及

$$\alpha(\kappa; q) = -\log\det_2\Big(1 + \sqrt{R_0}\, q\, \sqrt{R_0}\Big). \tag{2.2.22}$$

注记 2.2.2 (1) 尽管在本节中并没有用到 $q \mapsto \alpha(\kappa; q)$ 的严格凸性, 但是它也具有重要的应用. 最显著地, 由 Radon-Riesz 讨论, 可得保 $\alpha(\kappa)$ 的弱连续解是依范数连续的.

(2) 量 $\alpha(\kappa; q)$ 本质上是传输系数的对数并被充分研究的. 然而, 在我们研究过的文献中, 没有一篇用格林函数的倒数来表达 (2.2.20). 准确地说, 以前的工作均采用一个基于 Jost 解的对数导数的积分表示, 见 (2.2.29). 据我们所知, 这种方法起源于 [113, §3], 它被证明是一个有效的工具来推导多项式守恒律以及证明这些多项式守恒律作为系数出现在传输系数对数关于 $\kappa \to \infty$ 时的渐近展开中.

在给出命题 2.2.4 的证明之前, 首先解释 (2.2.22) 右手端的含义, 然后给出两个我们需要的引理.

符号 $\underset{2}{\det}$ 表示 Hilbert 在文献 [49] 中引入的重新规范化的 Fredholm 行列式, 见文献 [95] 以获得更新的说明. 在命题 2.2.4 的情况下, 选择 δ 以保证 $A = \sqrt{R_0}\, q\, \sqrt{R_0}$ 满足 $\|A\|_{\mathfrak{I}_2} < 1$. 因此, 由于恒等式

$$-\log \underset{2}{\det}(1 + A) = \operatorname{tr}\left(A - \log(1 + A)\right) = \sum_{\ell=2}^{\infty} \frac{(-1)^{\ell}}{\ell} \operatorname{tr}\left(A^{\ell}\right), \qquad (2.2.23)$$

在下面的讨论中只利用算子迹 (而不是行列式) 的概念就足够了.

我们将不在这里深入研究这些问题, 因为 (2.2.22) 与 KdV 适定性的证明没有关系; 事实上, 我们验证这个等式的唯一原因是为了与先前的工作 [68, 94] 建立联系, 否则这些工作可能看起来似乎毫无联系.

引理 2.2.1　对所有的 $q \in B_{\delta}$ 和 $\kappa \geqslant 1$, 存在 $\delta > 0$ 使得

$$\int \frac{G(x, y; \kappa, q) G(y, x; \kappa, q)}{2g(y; \kappa, q)^2}\, \mathrm{d}y = g(x; \kappa, q). \qquad (2.2.24)$$

注记 2.2.3　用 [29, §8.3] 的结果来扩充下面的证明, 结果表明 (2.2.24) 在 $q \in H^{-1}(\mathbb{R}/\mathbb{Z})$ 和 $\kappa \geqslant 1$ 且满足 (2.6.1) 的情形下也成立. 如下所示, 首先使用解析性来简化到可以应用 ODE 技术的情况, 更具体地讲, 是小光滑周期势的情况.

证明　选取 $\delta > 0$ 使得满足命题 2.2.2 中的要求. 在这种情形下, (2.2.24) 式的两边均为关于 q 的解析函数. 因此, 在附加假设下, 证明 q 为 Schwartz 函数, 并且 $\|q\|_{L^{\infty}} < 1$ 就足够了.

Sturm-Liouville 理论 (参考 [29, §3.8]) 中的技术表明常微分方程

$$-\psi'' + q\psi = -\kappa^2 \psi \qquad (2.2.25)$$

存在解 $\psi_{\pm}(x)$, 并且当 $x \to \pm\infty$ 时, 其 (以及导数) 指数衰减, 而当 $x \to \mp\infty$ 时, 其指数增长. 朗斯基行列式的不变性保证了 (正如所知道的) 这些 Weyl 解在至多相差标量倍数意义下是唯一的; 通过要求朗斯基关系,

$$\psi_+(x)\psi'_-(x) - \psi'_+(x)\psi_-(x) = 1, \qquad (2.2.26)$$

我们 (部分地) 规范化了它们, 且 $\psi_\pm(x) > 0$. 值得注意的是, Sturm 振荡定理保证这两个解都不会改变符号.

运用 Weyl 解, 我们可以把格林函数写成

$$G(x,y) = \psi_+(x \vee y)\psi_-(x \wedge y). \tag{2.2.27}$$

这样, 引理的证明就可简化为证明

$$\frac{1}{2}\int_{-\infty}^x \left[\frac{\psi_+(x)}{\psi_+(y)}\right]^2 \mathrm{d}y + \frac{1}{2}\int_x^\infty \left[\frac{\psi_-(x)}{\psi_-(y)}\right]^2 \mathrm{d}y = \psi_+(x)\psi_-(x). \tag{2.2.28}$$

然而, 由 (2.2.26), 可得

$$\frac{\mathrm{d}}{\mathrm{d}y}\frac{\psi_-(y)}{\psi_+(y)} = \frac{1}{\psi_+(y)^2} \quad \text{和} \quad \frac{\mathrm{d}}{\mathrm{d}y}\frac{\psi_+(y)}{\psi_-(y)} = -\frac{1}{\psi_-(y)^2}.$$

因此, 由微积分基本定理以及当 $|y| \to \infty$ 时, $\psi_\pm(y)$ 的指数行为可得 (2.2.28). □

注记 2.2.4 正如上面提到的, $\alpha(\kappa; q)$ 有一个替换的积分表示. 而引理 2.2.1 的证明对其给出了必要的解释:

$$\log[a(\mathrm{i}\kappa)] = -\int \frac{\psi_+'(y)}{\psi_+(y)} + \kappa \,\mathrm{d}y = \int \frac{\psi_-'(y)}{\psi_-(y)} - \kappa \,\mathrm{d}y. \tag{2.2.29}$$

这里 $\psi_\pm$ 为 Weyl 解; 然而, 这个公式同样适用于 Jost 解, 因为它们只是在规范化方面有所不同. 在这个等价形式中, 第一个恒等式在 [113, §3] 中已得到. 通过在这两个表达式之间取平均并运用 (2.2.26) 式, 则由 (2.2.27) 立即可得

$$\log[a(\mathrm{i}\kappa)] = \int \frac{1}{2\psi_-(y)\psi_+(y)} - \kappa \,\mathrm{d}y = \int \frac{1}{2g(y)} - \kappa \,\mathrm{d}y, \tag{2.2.30}$$

并容易得到其等价于 (2.2.20). 区分这三种表示的一个简单方法是, $\psi_+(y)$ 仅依赖于区间 $[y,\infty)$ 上的 q 值, 而 $\psi_-(y)$ 由区间 $(-\infty,y]$ 上的 q 所决定; 另一方面, $g(y)$ 依赖于整条实线上 q 的值.

下面的等式不仅将用于命题 2.2.4 的证明, 也将用于 2.3 节.

引理 2.2.2 对于给定的 Schwartz 函数 f 和 q,

$$\int G(x,y;\kappa,q)\left[-f'''(y) + 2q(y)f'(y) + 2\left(q(y)f(y)\right)' + 4\kappa^2 f'(y)\right]G(y,x;\kappa,q)\,\mathrm{d}y$$

$$= 2f'(x)g(x;\kappa,q) - 2f(x)g'(x;\kappa,q).$$

如果对于某个常数 c, $f(x) - c$ 是 Schwartz 函数, 则该等式亦成立.

证明　无论常数 c 是否存在, 下面的论证都同样适用. 另外, 由于等式两边均关于 f 是线性的, 因此, 可将 f 为 Schwartz 函数的情形和 f 为常数的情况分开处理. 值得一提的是, 当 f 是常数时, 该等式可以用其他方法更快地得到, 见 (2.3.9).

证明的基本思路就是运用如下 G 的性质和分部积分:

$$\left(-\partial_y^2 + q(y) + \kappa^2\right) G(y,x) = \left(-\partial_y^2 + q(y) + \kappa^2\right) G(x,y) = \delta(x-y).$$

然而, 我们发现利用算符等式来表示时会使得证明变得更加清晰. 具体地, 由等式

$$-f''' = (-\partial^2 + \kappa^2)f' + f'(-\partial^2 + \kappa^2) - 2(-\partial^2 + \kappa^2)f\partial + 2\partial f(-\partial^2 + \kappa^2) - 4\kappa^2 f',$$

可得

$$-Rf'''R = f'R - 2Rqf'R + Rf' - 2f\partial R - 2R[\partial, qf]R + 2R\partial f - 4\kappa^2 Rf'R.$$

例如, 注意到

$$g'(x) = \langle \delta_x, [\partial, R]\delta_x \rangle,$$

则通过研究相关积分核的对角线即可得证引理成立.　　　　　□

命题 2.2.4 的证明　由 (2.2.3), 可得

$$\frac{1}{2}\int e^{-2\kappa|x-y|} q(y)\,\mathrm{d}y = 2\kappa[R_0(2\kappa)q](x).$$

结合命题 2.2.2, 可得 $\rho \in H^1(\mathbb{R})$. 进一步, 由于

$$\rho(x) = 2\kappa^2 \left[g - \frac{1}{2\kappa} + \frac{1}{\kappa}R_0(2\kappa)q \right](x) - \frac{2\kappa^2}{g(x)}\left[g(x) - \frac{1}{2\kappa} \right]^2.$$

由命题 2.2.2 可得第二项属于 $L^1(\mathbb{R})$, 因此, 我们只需要考虑第一项. 为此, 运用 (2.2.9) 和 (2.2.5) 可得

$$\int \left[g - \frac{1}{2\kappa} + \frac{1}{\kappa}R_0(2\kappa)q \right](x)f(x)\,\mathrm{d}x = \sum_{\ell=2}^{\infty}(-1)^{\ell}\mathrm{tr}\left\{ \sqrt{R_0}f\sqrt{R_0}\left(\sqrt{R_0}\,q\,\sqrt{R_0}\right)^{\ell}\right\}$$

$$\leqslant \|f\|_{L^\infty}\left\|\sqrt{R_0}\right\|_{\mathrm{op}}^2\left\|\sqrt{R_0}\,q\,\sqrt{R_0}\right\|_{\mathfrak{I}_2}^2\sum_{\ell=2}^{\infty}\delta^{\ell-2},$$

进而可得 $\rho \in L^1(\mathbb{R})$. 注意到上述讨论实际上表明 $q \mapsto \rho$ 作为 B_δ 到 $L^1 \cap H^1$ 的映射是实解析的.

为了证明关于每个固定的 x, $q \mapsto \rho$ 是凸的, 我们计算其导数. 如 (2.2.11) 式, 由预解恒等式可得

$$\mathrm{d}[\rho(x)]\big|_q(f) = \frac{-1}{2g(x)^2}\int G(x,y)f(y)G(y,x)\,\mathrm{d}y + \frac{1}{2}[e^{-2\kappa|\cdot|} * f](x), \qquad (2.2.31)$$

于是可得

$$
\mathrm{d}^2[\rho(x)]\big|_q(f,h) = \frac{-1}{g(x)^3} \iint G(x,y)f(y)G(y,x)G(x,z)h(z)G(z,x)\,\mathrm{d}y\,\mathrm{d}z
$$
$$
+ \frac{1}{g(x)^2} \iint G(x,y)f(y)G(y,z)h(z)G(z,x)\,\mathrm{d}y\,\mathrm{d}z.
$$

通过乘以 $g(x)^3 > 0$, 我们发现只需证明对任意的 $f \in H^{-1}(\mathbb{R})$ 成立

$$
\langle \sqrt{R}\delta_x, \sqrt{R}\delta_x \rangle \langle \sqrt{R}\delta_x, \sqrt{R}fRf\sqrt{R}\sqrt{R}\delta_x \rangle - \langle \sqrt{R}\delta_x, \sqrt{R}f\sqrt{R}\sqrt{R}\delta_x \rangle^2 \geqslant 0.
$$

事实上, 由 Cauchy-Schwarz 不等式立即可得上述不等式成立.

通过在 (2.2.31) 中取 $q \equiv 0$ 并将其代入 (2.2.3), 可得

$$
\frac{\delta\rho(x)}{\delta q}\bigg|_{q\equiv 0} = 0. \tag{2.2.32}
$$

此外, 注意到当 $q \equiv 0$ 时, $\rho(x) \equiv 0$. 这样映射 $q \mapsto \rho(x)$ 的凸性保证了其正性.

现在让我们把注意力转向 $\alpha(\kappa; q)$. 鉴于上述, 对于 $q \in B_\delta$, 我们已经知道 $\alpha(\kappa; q)$ 是一个非负的、凸的、实解析函数. 下面我们将证明它是严格凸的, 且满足(2.2.21), 以及 (2.2.22).

正如我们已经注意到的, 当 $q \equiv 0$ 时, $\rho(x) \equiv 0$. 而在这种情形下, (2.2.22) 显然成立. 并且, 从

$$
\frac{\delta\alpha}{\delta q} = \frac{1}{2\kappa} - g(x) = \frac{\delta}{\delta q} - \log\det_2\left(1 + \sqrt{R_0}\,q\,\sqrt{R_0}\right) \tag{2.2.33}
$$

容易推得 (2.2.22). 下证 (2.2.33) 成立.

由 (2.2.31) 及引理 2.2.1 可得至少对 Schwartz 函数 f 成立

$$
\frac{\mathrm{d}}{\mathrm{d}s}\bigg|_{s=0} \alpha(\kappa; q+sf) = -\iint \frac{G(y,x)G(x,y)}{2g(x)^2}f(y)\,\mathrm{d}x\,\mathrm{d}y + \frac{1}{2\kappa}\int f(y)\,\mathrm{d}y
$$
$$
= \int \left[\frac{1}{2\kappa} - g(x)\right]f(x)\,\mathrm{d}x.
$$

这就得到了 (2.2.33).

由 (2.2.23) 及 (2.2.9) 可得

$$
\frac{\mathrm{d}}{\mathrm{d}s}\bigg|_{s=0} -\log\det_2\left(1 + \sqrt{R_0}\,(q+sf)\,\sqrt{R_0}\right)
$$
$$
= \sum_{\ell=2}^{\infty} (-1)^\ell \mathrm{tr}\left\{\left(\sqrt{R_0}\,q\,\sqrt{R_0}\right)^{\ell-1}\sqrt{R_0}\,f\,\sqrt{R_0}\right\}
$$

$$= \int \left[\frac{1}{2\kappa} - g(x) \right] f(x) \, \mathrm{d}x.$$

这就得到了 (2.2.33) 中的第二个等式, 以及完成了 (2.2.22) 的证明.

为了验证严格凸性和 (2.2.21), 先来计算 $\alpha(\kappa)$ 在 $q \equiv 0$ 处的 Hessian 矩阵. 由 (2.2.32) 及 (2.2.3), 可得

$$\mathrm{d}^2\alpha\big|_{q\equiv 0}(f,f) = -\frac{1}{2\kappa} \iiint e^{-2\kappa|x-y|-2\kappa|x-z|} f(y)f(z) \, \mathrm{d}x \, \mathrm{d}y \, \mathrm{d}z$$

$$+ \frac{1}{2\kappa} \iiint e^{-\kappa|x-y|-\kappa|y-z|-\kappa|z-x|} f(y)f(z) \, \mathrm{d}x \, \mathrm{d}y \, \mathrm{d}z$$

$$= \frac{1}{4\kappa^2} \iint e^{-2\kappa|y-z|} f(y)f(z) \, \mathrm{d}y \, \mathrm{d}z = \frac{1}{\kappa} \int \frac{|\hat{f}(\xi)|^2}{\xi^2 + 4\kappa^2} \, \mathrm{d}\xi. \quad (2.2.34)$$

由于 $\alpha(\kappa)$ 是实解析的, 即可得在 $q \equiv 0$ 的某个邻域中, $\alpha(\kappa; q)$ 是严格凸的, 且满足 (2.2.21). 然而, 为了得到该邻域的半径 δ 与 κ 无关, 我们必须充分控制该 Hessian 矩阵的连续模. 由 (2.2.12) 及 (2.2.33) 中的第一个等式, 可得

$$\left| \left(\mathrm{d}^2\alpha\big|_{q\equiv 0} - \mathrm{d}^2\alpha\big|_q \right)(f,f) \right| \lesssim \delta\kappa^{-1} \int \frac{|\hat{f}(\xi)|^2}{\xi^2 + 4\kappa^2} \, \mathrm{d}\xi,$$

即得证结论成立. $\square$

2.3 动 力 学

与 KdV 方程相关的 $\mathcal{S}(\mathbb{R})$ 或 $C^\infty(\mathbb{R}/\mathbb{Z})$ 上的 Poisson 结构为

$$\{F, G\} = \int \frac{\delta F}{\delta q}(x) \left(\frac{\delta G}{\delta q} \right)'(x) \, \mathrm{d}x. \quad (2.3.1)$$

这个结构是退化的: $q \mapsto \int q$ 为 Casimir 函数 (即可任意 Poisson 交换). 通常说这是一个与 (退化的) 近复结构 $J = \partial_x$ 以及 L^2 内积相关的 Poisson 括号. 虽然, 我们不需要这样的观念, 然而, 它们确实为哈密顿量 H 下的时间-t 流提供了一个非常方便的记法:

$$q(t) = e^{tJ\nabla H} q(0).$$

注意到在我们的符号约定下,

$$\frac{\mathrm{d}}{\mathrm{d}t} F \circ e^{tJ\nabla H} = \{F, H\} \circ e^{tJ\nabla H}.$$

作为两个简单的例子, 我们注意到对于

$$P := \int \frac{1}{2}|q(x)|^2 \, dx \qquad \text{以及} \qquad H_{\text{KdV}} := \int \frac{1}{2}|q'(x)|^2 + q(x)^3 \, dx,$$

有

$$\frac{\delta P}{\delta q}(x) = q(x) \qquad \text{以及} \qquad \frac{\delta H_{\text{KdV}}}{\delta q}(x) = -q''(x) + 3q(x)^2. \qquad (2.3.2)$$

因此, 与 P 相关的流具体为 $\partial_t q = \partial_x q$, 也就是说, P 表示动量 (= 平移的生成子); 与 H_{KdV} 相关的流具体为 KdV. 注意到 H_{KdV} 和 P 可 Poisson 交换:

$$\{H_{\text{KdV}}, P\} = \int \left(-q''(x) + 3q(x)^2\right) q'(x) \, dx = \int \left(-\frac{1}{2}q'(x)^2 + q(x)^3\right)' \, dx = 0.$$

这同时表明 KdV 流保 P, H_{KdV} 平移不变. 并且, 至少在将其视作 Schwartz 空间上的映射时, 它们可交换: 对任意的 $s, t \in \mathbb{R}$ 成立

$$e^{sJ\nabla P} \circ e^{tJ\nabla H_{\text{KdV}}} = e^{tJ\nabla H_{\text{KdV}}} \circ e^{sJ\nabla P}.$$

KdV 流与平移作用可交换是毫无争议的. 尽管如此, 重要的是我们接下来将看到它恰恰是源于 Poisson 括号的消失性. 幸运的是, 通过限制在 Schwartz 空间解上, 我们可以简单地运用微分几何的标准论证, 例如见文献 [6, §39].

我们还将考虑另一个哈密顿量, 即

$$H_\kappa := -16\kappa^5 \alpha(\kappa) + 2\kappa^2 \int q(x)^2 \, dx, \qquad (2.3.3)$$

当 $\kappa \to \infty$ 时, 它至少在形式上收敛至

$$H_{\text{KdV}} := \int \frac{1}{2}|q'(x)|^2 + q(x)^3 \, dx.$$

我们稍后会发现, H_κ 导致 H^{-1} 上的适定流, 并且至少在将其视作 Schwartz 空间上的泛函时, 它与 P 和 H_{KdV} 均可 Poisson 交换. 下面, 我们将刻画在 KdV 流下对角格林函数的演化.

命题 2.3.1 对于给定的 $\delta > 0$, 存在一个 $\delta_0 > 0$, 使得对 KdV 方程关于初值 $q(0) \in B_{\delta_0}$ 的每一个 Schwartz 解 $q(t)$ 均满足

$$\sup_{t \in \mathbb{R}} \|q(t)\|_{H^{-1}(\mathbb{R})} \leqslant \delta. \qquad (2.3.4)$$

并且, 对每一个 $\kappa \geqslant 1$, $g(t, x) = g(x; \kappa, q(t))$, $\rho(t, x) = \rho(x; \kappa, q(t))$, 以及 $\alpha(\kappa; q(t))$ 满足

$$\frac{d}{dt} g(t, x) = -2q'(t, x)g(t, x) + 2q(t, x)g'(t, x) - 4\kappa^2 g'(t, x), \qquad (2.3.5)$$

$$\frac{\mathrm{d}}{\mathrm{d}t}\frac{1}{2g(t,x)} = \left(\frac{q(t,x)}{g(t,x)} - \frac{2\kappa^2}{g(t,x)} + 4\kappa^3\right)', \tag{2.3.6}$$

$$\frac{\mathrm{d}}{\mathrm{d}t}\rho(t,x) = \left(\frac{3}{2}\left[\mathrm{e}^{-2\kappa|\cdot|} * q^2\right](t,x) + 2q(t,x)\left[\kappa - \frac{1}{2g(t,x)}\right] - 4\kappa^2\rho(t,x)\right)', \tag{2.3.7}$$

$$\frac{\mathrm{d}}{\mathrm{d}t}\alpha(\kappa; q(t)) = 0. \tag{2.3.8}$$

证明   不失一般性, 我们将取 δ 充分小, 并使其满足命题 2.2.2—命题 2.2.4 的要求. 作为初始选择, 我们可取 $\delta_0 = \frac{1}{2}\delta$. 这就保证了对于一些包含 $t = 0$ 的时间开区间这些命题都适用于 $q(t)$. (Schwartz 解在 $H^{-1}(\mathbb{R})$ 中必然是连续的.) 下面我们将证明方程 (2.3.5)—(2.3.8) 在这个时间区间上均成立. 但是, 在 (2.2.21) 和 (2.3.8) 中选取 $\kappa = 1$, 可得在此区间上成立

$$\|q(t)\|_{H^{-1}} \lesssim \|q(0)\|_{H^{-1}}.$$

因此, 我们可以看到, 如果需要的话, 在重新选取 δ_0 之后 (2.3.4) 在全局时间上成立.

尚待证明上述微分方程适用于其 H^{-1} 范数小到足以保证 2.2 节中结果的 Schwartz 解. 在一个小的预备知识以后将开始我们的证明: 通过在 (2.2.14) 中关于 h 取导数并使用预解恒等式, 我们得到

$$g'(x; q) = -\int G(x,y)q'(y)G(y,x)\,\mathrm{d}y. \tag{2.3.9}$$

运用预解恒等式, 引理 2.2.2 以及 (2.3.9), 可得

$$\begin{aligned}
\frac{\mathrm{d}}{\mathrm{d}t}g(x; q(t)) &= -\int G(x,y)\left[-q'''(t,y) + 6q(t,y)q'(t,y)\right]G(y,x)\,\mathrm{d}y \\
&= -2q'(t,x)g(x; q(t)) + 2q(t,x)g'(x; q(t)) \\
&\quad + 4\kappa^2\int G(x,y)q'(t,y)G(y,x)\,\mathrm{d}y \\
&= -2q'(t,x)g(x; q(t)) + 2q(t,x)g'(x; q(t)) - 4\kappa^2 g'(x; q(t)).
\end{aligned}$$

这就证明了 (2.3.5). 另外, (2.3.5) 也可以从 KdV 的 Lax 对中推导出来; 具体地,

$$\frac{\mathrm{d}}{\mathrm{d}t}\left(L(t) + \kappa^2\right)^{-1} = \left[P(t), \left(L(t) + \kappa^2\right)^{-1}\right].$$

我们把细节留给感兴趣的读者.

方程 (2.3.6) 可由 (2.3.5) 以及链式法则马上推得, 而 (2.3.7) 是 (2.3.6) 和 (2.1.1) 的一个简单结合. 最后, 通过在全直线上对 (2.3.7) 关于 x 积分即可得到 (2.3.8). $\qquad\square$

注记 2.3.1 结合 (2.2.18) 和 (2.3.5) 可得

$$\frac{\mathrm{d}}{\mathrm{d}t}\,g(x) = \left(2g''(x) - 6q(x)g(x) - 12\kappa^2 g(x) + 6\kappa\right)', \tag{2.3.10}$$

由此可以看出, 与 $g(x)$ 相关的 KdV 流也存在微观守恒律. 然而, 最终这是 $\alpha(\kappa)$ 守恒的结果. 具体地, 我们有

$$\frac{\mathrm{d}}{\mathrm{d}\kappa}\alpha(\kappa) = -2\kappa \int g(x) - \frac{1}{2\kappa} + \frac{1}{4\kappa^3}q(x)\,\mathrm{d}x.$$

命题 2.3.2 固定 $\kappa \geqslant 1$. 由 H_κ 诱导的哈密顿量满足方程

$$\frac{\mathrm{d}}{\mathrm{d}t}q(x) = 16\kappa^5 g'(x;\kappa) + 4\kappa^2 q'(x). \tag{2.3.11}$$

对于充分小 (且不依赖于 κ) 的 $\delta > 0$, 当初值属于 B_δ 时, 该流是整体适定的, 且对任意的 $\varkappa \geqslant 1$, 它是保 $\alpha(\varkappa)$ 的. 此外, 当初值为 Schwartz 类时, 则解在任意时间亦为 Schwartz 函数, 相应的对角格林函数满足

$$\frac{\mathrm{d}}{\mathrm{d}t}\,\frac{1}{2g(x;\varkappa)} = -\frac{4\kappa^5}{\kappa^2 - \varkappa^2}\left(\frac{g(x;\kappa)}{g(x;\varkappa)} - \frac{\varkappa}{\kappa}\right)' + 4\kappa^2\left(\frac{1}{2g(x;\varkappa)} - \varkappa\right)', \quad \text{若 } \varkappa \neq \kappa, \tag{2.3.12}$$

且该流与 H_{KdV} 所诱导的流可交换.

证明 由 (2.2.33) 和 (2.3.2), 可得

$$\frac{\delta H_\kappa}{\delta q} = -16\kappa^5\left[\frac{1}{2\kappa} - g(x;\kappa,q)\right] + 4\kappa^2 q(x),$$

由此立即可得 (2.3.11).

将 (2.3.11) 重写为积分方程

$$q(t,x) = q(0, x + 4\kappa^2 t) + \int_0^t 16\kappa^5 g'\left(x + 4\kappa^2(t-s); \kappa, q(s)\right)\,\mathrm{d}s,$$

由微分同胚性质又可得出

$$\left\|g'(x,q) - g'(x,\tilde{q})\right\|_{H^{-1}} \lesssim \left\|g(x,q) - g(x,\tilde{q})\right\|_{H^1} \lesssim \|q - \tilde{q}\|_{H^{-1}}.$$

进而, 由 Picard 迭代以及上述估计可得 (2.3.11) 是局部适定的.

如果能证明 $\alpha(\varkappa)$ 是守恒的, 那么就可以用 (2.2.21) 来保证解在 H^{-1} 中是小的, 进而由局部适定性可得整体适定性 (该讨论具体可见命题 2.3.1). 此外, 由于该问题是 H^{-1}-局部适定的, 因此, 只需要验证对于初值是 Schwartz 函数的情形, $\alpha(\varkappa)$ 是守恒的. 注意到 (2.2.8) 表明当初值为 Schwartz 函数时, 解依旧为 Schwartz 函数. 因此, 考虑方程 (2.3.11) 的 Schwartz 解 $q(t)$, 并证明 $\alpha(\varkappa)$ 是守恒的. 事实上, 只需要证明 (2.3.12), 因为由 (2.3.12) 和 (2.3.11) 可得 $\alpha(\varkappa)$ 的守恒性.

由预解恒等式以及 (2.3.11), 可得

$$\frac{\mathrm{d}}{\mathrm{d}t}\frac{1}{2g(t,x;\varkappa)} = \frac{8\kappa^5}{g(t,x;\varkappa)^2}\int G(x,y;\varkappa,q(t))g'(t,y;\kappa)G(y,x;\varkappa,q(t))\,\mathrm{d}y$$
$$+ \frac{2\kappa^2}{g(t,x;\varkappa)^2}\int G(x,y;\varkappa,q(t))q'(t,y)G(y,x;\varkappa,q(t))\,\mathrm{d}y.$$

又知 (2.2.18) 可重写为

$$4(\kappa^2-\varkappa^2)g'(y;\kappa)=-\big[-g'''(y;\kappa)+2\,(q(y)g(y;\kappa))'+2q(y)g'(y;\kappa)+4\varkappa^2g'(y;\kappa)\big],$$

将其代入第一项并运用引理 2.2.2, 对于第二项使用 (2.3.9), 可得

$$\frac{\mathrm{d}}{\mathrm{d}t}\frac{1}{2g(t,x;\varkappa)} = -\frac{4\kappa^5}{(\kappa^2-\varkappa^2)g(t,x;\varkappa)^2}\big[g'(t,x;\kappa)g(t,x;\varkappa) - g(t,x;\kappa)g'(t,x;\varkappa)\big]$$
$$- \frac{2\kappa^2}{g(t,x;\varkappa)^2}g'(t,x;\varkappa),$$

由此, 可得 (2.3.12).

最后, 由 (2.3.3) 及命题 2.3.1, 成立

$$\{H_\kappa, H_{\mathrm{KdV}}\} = -16\kappa^5\{\alpha(\kappa), H_{\mathrm{KdV}}\} + 4\kappa^2\{P, H_{\mathrm{KdV}}\} = 0,$$

它表明 H_κ 流和 H_{KdV} 流至少作为 Schwartz 空间上的映射是可交换的. $\square$

2.4 等度连续性

首先, 我们回顾等度连续的定义:

定义 2.4.1 H^s 的子集 Q 被称为是等度连续的, 如果当 $h \to 0$ 时, 关于 $q \in Q$ 一致成立

$$q(x+h) \to q(x). \tag{2.4.1}$$

上述定义具有一般性. 而对于 H^s 空间, 等度连续性通常定义为傅里叶变换的紧密性. 正如下一引理所示, 这两种定义是一致的.

引理 2.4.1 对于给定的 $-\infty < \sigma < s < \infty$, 则:

(i) $H^s(\mathbb{R})$ 中的有界子集 Q 在 $H^s(\mathbb{R})$ 中等度连续当且仅当对于 $q \in Q$ 一致成立

$$\int_{|\xi| \geqslant \kappa} |\hat{q}(\xi)|^2 (\xi^2 + 4)^s \,\mathrm{d}\xi \to 0, \quad \kappa \to \infty. \tag{2.4.2}$$

(ii) 子列 q_n 在 $H^s(\mathbb{R})$ 中收敛当且仅当其在 $H^\sigma(\mathbb{R})$ 中收敛, 且在 $H^s(\mathbb{R})$ 中等度连续.

证明 由于 Q 有界, 并且

$$\int |\mathrm{e}^{\mathrm{i}\xi h} - 1|^2 |\hat{q}(\xi)|^2 (\xi^2 + 4)^s \,\mathrm{d}\xi \lesssim \kappa^2 h^2 \int |\hat{q}(\xi)|^2 (\xi^2 + 4)^s \,\mathrm{d}\xi$$
$$+ \int_{|\xi| > \kappa} |\hat{q}(\xi)|^2 (\xi^2 + 4)^s \,\mathrm{d}\xi,$$

因此, 由 (2.4.2) 可得 (2.4.1). 下证必要性, 注意到

$$\int |\mathrm{e}^{\mathrm{i}\xi h} - 1|^2 \,\kappa \mathrm{e}^{-2\kappa|h|} \,\mathrm{d}h = \frac{2\xi^2}{\xi^2 + 4\kappa^2} \gtrsim 1 - \chi_{[-\kappa, \kappa]}(\xi),$$

因此,

$$\int \|q(x+h) - q(x)\|_{H^s(\mathbb{R})}^2 \,\kappa \mathrm{e}^{-2\kappa|h|} \,\mathrm{d}h \gtrsim \int_{|\xi| > \kappa} |\hat{q}(\xi)|^2 (\xi^2 + 4)^s \,\mathrm{d}\xi.$$

下证 (ii). 充分性显然. 下证必要性. 考虑任一在 $H^\sigma(\mathbb{R})$ 中收敛并在 $H^s(\mathbb{R})$ 中等度连续的序列 q_n. 由于

$$\int |\hat{q}_n(\xi) - \hat{q}_m(\xi)|^2 (\xi^2 + 4)^s \,\mathrm{d}\xi \leqslant (\kappa^2 + 4)^{s-\sigma} \int |\hat{q}_n(\xi) - \hat{q}_m(\xi)|^2 (\xi^2 + 4)^\sigma \,\mathrm{d}\xi$$
$$+ \int_{|\xi| > \kappa} |\hat{q}_n(\xi) - \hat{q}_m(\xi)|^2 (\xi^2 + 4)^s \,\mathrm{d}\xi,$$

并运用 (2.4.2), 可得该序列为 $H^s(\mathbb{R})$ 中 Cauchy 列, 则收敛. $\qquad \square$

易见 $H^{-1}(\mathbb{R})$ 中的等度连续性可通过守恒量 $\alpha(\kappa; q)$ 容易得到:

引理 2.4.2 B_δ 中的子集 Q 在 $H^{-1}(\mathbb{R})$ 中等度连续当且仅当 $\kappa \to \infty$ 时, 对于 $q \in Q$ 一致成立

$$\kappa \alpha(\kappa; q) \to 0. \tag{2.4.3}$$

证明　借助于 (2.2.21), 只需要证明 Q 在 $H^{-1}(\mathbb{R})$ 中等度连续当且仅当

$$\lim_{\kappa \to \infty} \sup_{q \in Q} \int_{\mathbb{R}} \frac{|\hat{q}(\xi)|^2}{\xi^2 + 4\kappa^2} \, \mathrm{d}\xi = 0. \tag{2.4.4}$$

由于 (2.4.4) 蕴含 (2.4.2), 因此, 由

$$\int_{|\xi| \geqslant \kappa} \frac{|\hat{q}(\xi)|^2}{\xi^2 + 4} \, \mathrm{d}\xi \lesssim \int_{\mathbb{R}} \frac{|\hat{q}(\xi)|^2}{\xi^2 + 4\kappa^2} \, \mathrm{d}\xi,$$

立即可得等度连续性. 另一方面, 由于 Q 的有界性以及

$$\int \frac{|\hat{q}(\xi)|^2}{\xi^2 + 4\kappa^2} \, \mathrm{d}\xi \lesssim \frac{\varkappa^2}{\kappa^2} \int \frac{|\hat{q}(\xi)|^2}{\xi^2 + 4} \, \mathrm{d}\xi + \int_{|\xi| > \varkappa} \frac{|\hat{q}(\xi)|^2 \, \mathrm{d}\xi}{\xi^2 + 4},$$

可得 (2.4.2) 蕴含 (2.4.4). $\qquad\qquad\square$

由上述引理以及 $\alpha(\kappa)$ 守恒立即可得:

命题 2.4.1　令 $Q \subset B_\delta$ 为 Schwartz 函数的集合, 且在 $H^{-1}(\mathbb{R})$ 中等度连续. 则

$$Q^* = \left\{ \mathrm{e}^{J\nabla(tH_{\mathrm{KdV}} + sH_\kappa)} q : q \in Q, \ t, s \in \mathbb{R}, \kappa \geqslant 1 \right\} \tag{2.4.5}$$

在 $H^{-1}(\mathbb{R})$ 中等度连续. 因此, 当 $\kappa \to \infty$ 时, 对 $q \in Q^*$ 一致成立 $H^{-1}(\mathbb{R})$ 意义下极限:

$$4\kappa^3 \left[\frac{1}{2\kappa} - g(x; \kappa, q) \right] \to q. \tag{2.4.6}$$

证明　由引理 2.4.2 和 (2.2.21), 以及 Q 的有界性和等度连续性, 可得 $\alpha(\kappa; q)$ 在 Q 上一致有界, 并且关于 $q \in Q$ 一致成立

$$\lim_{\kappa \to \infty} \kappa \alpha(\kappa; q) = 0.$$

但是, 由于 $\alpha(\kappa; q)$ 在这些流下是守恒的, 我们反过来可得 Q^* 也是等度连续的.

回顾 (2.2.31), (2.2.5) 以及 (2.2.21), 可得

$$\kappa^3 \left\| \frac{1}{2\kappa} - g(\,\cdot\,; \kappa, q) - \frac{1}{\kappa} R_0(2\kappa) q \right\|_{L^1} \lesssim \kappa \alpha(\kappa; q),$$

并且由 (2.4.3) 可得, 当 $\kappa \to \infty$ 时, 其关于 $q \in Q^*$ 一致收敛至零. 这样, (2.4.6) 的证明就简化为计算

$$\|4\kappa^2 R_0(2\kappa)q - q\|_{H^{-1}}^2 = \int \frac{\xi^4 |\hat{q}(\xi)|^2}{(\xi^2 + 4\kappa^2)^2} \frac{\mathrm{d}\xi}{\xi^2 + 4} \leqslant \int \frac{|\hat{q}(\xi)|^2}{\xi^2 + 4\kappa^2} \mathrm{d}\xi$$

及 (2.4.4). □

2.5 适 定 性

定理 2.5.1 令 $q_n(t)$ 为方程 (2.1.1) 在全直线情形下的一列 Schwartz 解, 并对固定的 $T > 0$. 如果 $q_n(0)$ 在 $H^{-1}(\mathbb{R})$ 中收敛, 则 $q_n(t)$ 关于 $t \in [-T,T]$ 在 $H^{-1}(\mathbb{R})$ 中一致收敛.

证明 首先, 对任意给定的且足以保证之前结论成立的 $\delta > 0$, 我们考虑 $q_n(0) \in B_\delta$. 这一情形可通过简单的尺度讨论来解决: 如果 $q(t,x)$ 为 (2.1.1) 的 Schwartz 解, 则对任意的 $\lambda > 0$,

$$q_\lambda(t,x) = \lambda^2 q(\lambda^3 t, \lambda x) \tag{2.5.1}$$

亦为 (2.1.1) 的 Schwartz 解. 另外,

$$\|q_\lambda(0)\|_{H^{-1}(\mathbb{R})}^2 = \lambda \int \frac{|\hat{q}(0,\xi)|^2 \mathrm{d}\xi}{\xi^2 + 4\lambda^{-2}}, \tag{2.5.2}$$

且当 $\lambda \to 0$ 时, 其收敛至零. 我们注意到

$$\begin{aligned} G(x,y;\kappa,q_\lambda) &= \lambda^{-1} G(\lambda x, \lambda y; \lambda^{-1}\kappa, q), \\ \rho(x;\kappa,q_\lambda) &= \lambda\rho(\lambda x; \lambda^{-1}\kappa, q), \quad \text{以及} \quad \alpha(\kappa;q_\lambda) = \alpha(\lambda^{-1}\kappa; q). \end{aligned} \tag{2.5.3}$$

由于流的可交换性, 可得

$$q_n(t) = \mathrm{e}^{tJ\nabla(H_{\mathrm{KdV}} - H_\kappa)} \circ \mathrm{e}^{tJ\nabla H_\kappa} q_n(0).$$

因此, 令 $Q = \{q_n(0)\}$, 并如 (2.4.5) 中定义 Q^*, 可得

$$\begin{aligned} \sup_{|t|\leqslant T} \|q_n(t) - q_m(t)\|_{H^{-1}} \leqslant{} &\sup_{|t|\leqslant T} \|\mathrm{e}^{tJ\nabla H_\kappa} q_n(0) - \mathrm{e}^{tJ\nabla H_\kappa} q_m(0)\|_{H^{-1}} \\ &+ 2\sup_{q\in Q^*}\sup_{|t|\leqslant T} \|\mathrm{e}^{tJ\nabla(H_{\mathrm{KdV}} - H_\kappa)}q - q\|_{H^{-1}}. \end{aligned}$$

注意到由命题 2.4.1 可得 Q^* 在 $H^{-1}(\mathbb{R})$ 中等度连续.

对于固定的 κ, 由于 H_κ 流的适定性, 当 $n,m \to \infty$ 时, (2.5.4) 右手端的第一项收敛至零, 可见命题 2.3.2. 因此, 只需证明

$$\lim_{\kappa\to\infty} \sup_{q\in Q^*} \sup_{|t|\leqslant T} \|\mathrm{e}^{tJ\nabla(H_{\mathrm{KdV}} - H_\kappa)}q - q\|_{H^{-1}} = 0. \tag{2.5.4}$$

我们将通过考虑在一定能量下对角格林函数的倒数来证明 (2.5.4). 为此, 我们固定 $\varkappa \geqslant 1$, 并采用如下记号: 给定 $q \in Q^*$ 和 $\kappa \geqslant \varkappa + 1$, 定义

$$q(t) := \mathrm{e}^{tJ\nabla(H_{\mathrm{KdV}} - H_\kappa)} q \quad \text{和} \quad g(t, x; \varkappa) := g(x; \varkappa, q(t)).$$

注意到对任意的 $t \in \mathbb{R}$, $q(t) \in (Q^*)^* = Q^*$.

结合 (2.3.6) 和 (2.3.12), 可得

$$\frac{\mathrm{d}}{\mathrm{d}t} \frac{1}{2g(t, x; \varkappa)} = \left\{ \frac{1}{g(t, x; \varkappa)} \left(q(t, x) + \frac{4\kappa^5}{\kappa^2 - \varkappa^2} \left[g(t, x; \kappa) - \frac{1}{2\kappa} \right] \right. \right.$$
$$\left. \left. - \frac{4\varkappa^5}{\kappa^2 - \varkappa^2} \left[g(t, x; \varkappa) - \frac{1}{2\varkappa} \right] \right) \right\}',$$

并且对于 $q \in Q^*$ 和 $\kappa \geqslant \varkappa + 1$, 一致成立

$$\left\| \frac{\mathrm{d}}{\mathrm{d}t} \left(\varkappa - \frac{1}{2g(t; \varkappa)} \right) \right\|_{H^{-2}} \lesssim \left\| q(t, x) + 4\kappa^3 \left[g(t, x; \kappa) - \frac{1}{2\kappa} \right] \right\|_{H^{-1}}$$
$$+ \kappa \left\| g(t, x; \kappa) - \frac{1}{2\kappa} \right\|_{H^{-1}} + \kappa^{-2} \left\| g(t, x; \varkappa) - \frac{1}{2\varkappa} \right\|_{H^{-1}}.$$

(这里的隐式常数依赖于 $\varkappa$.) 但是, 通过微积分基本定理和命题 2.4.1, 可得

$$\lim_{\kappa \to \infty} \sup_{q \in Q^*} \sup_{|t| \leqslant T} \left\| \frac{1}{2g(t; \varkappa)} - \frac{1}{2g(0; \varkappa)} \right\|_{H^{-2}} = 0. \tag{2.5.5}$$

运用引理 2.4.1(ii), 由于

$$E := \left\{ \varkappa - \frac{1}{2g(x; \varkappa, q(t))} \in H^1(\mathbb{R}) : q \in Q^*, \ t \in \mathbb{R} \right\}$$

在 $H^1(\mathbb{R})$ 中的等度连续性, 我们将进一步得到

$$\lim_{\kappa \to \infty} \sup_{q \in Q^*} \sup_{|t| \leqslant T} \left\| \frac{1}{2g(t; \varkappa)} - \frac{1}{2g(0; \varkappa)} \right\|_{H^1} = 0, \tag{2.5.6}$$

E 的上述性质成立是因为, 通过微分同胚性质和关系式 (2.2.14), 它等价于 Q^* 的等度连续性.

最后, 由微分同胚性质可得 (2.5.6) 可推出 (2.5.4), 即定理 2.5.1 得证. □

定理 2.1.1 中的直线情形可由下述推论得到.

推论 2.5.1　KdV 方程在 $H^{-1}(\mathbb{R})$ 中整体适定: 解映射 (唯一地) 从 Schwartz 空间扩展到一个连续映射

$$\Phi : \mathbb{R} \times H^{-1}(\mathbb{R}) \to H^{-1}(\mathbb{R}).$$

特别地, Φ 具有群性质: $\Phi(t+s) = \Phi(t) \circ \Phi(s)$. 并且, 每一个轨道 $\{\Phi(t,q) : t \in \mathbb{R}\}$ 在 $H^{-1}(\mathbb{R})$ 中有界且等度连续. 具体地,

$$\sup_t \|q(t)\|_{H^{-1}(\mathbb{R})} \lesssim \|q(0)\|_{H^{-1}(\mathbb{R})} + \|q(0)\|_{H^{-1}(\mathbb{R})}^3. \tag{2.5.7}$$

证明 给定 $q \in H^{-1}(\mathbb{R})$. 通过选取一列在 $H^{-1}(\mathbb{R})$ 中满足 $q_n(0) \to q$ 的 Schwartz 解 $q_n(t)$, 定义 $\Phi(t,q)$:

$$\Phi(t,q) = \lim_{n \to \infty} q_n(t).$$

由定理 2.5.1 可知, 该极限在 $H^{-1}(\mathbb{R})$ 中存在, 且不依赖于 q_n 的选择, 并且在紧时间区间上的收敛性是一致的.

现在, 考虑序列 $q_n \to q \in H^{-1}(\mathbb{R})$ 及固定的 $T > 0$. 由定理 2.5.1 可得存在一列 Schwartz 解 $\tilde{q}_n$ 使得当 $n \to \infty$ 时, 成立

$$\sup_{|t| \leqslant T} \|\tilde{q}_n(t) - \Phi(t, q_n)\|_{H^{-1}} \to 0.$$

但是, 在 H^{-1} 中, $\tilde{q}_n(0) \to q$, 因此, 由定理 2.5.1 可得当 $n \to \infty$ 时, 成立

$$\sup_{|t| \leqslant T} \|\tilde{q}_n(t) - \Phi(t, q)\|_{H^{-1}} \to 0.$$

由于每个 $\tilde{q}_n(t)$ 在时间上是 $H^{-1}(\mathbb{R})$-连续的, 这证明了 Φ 的连续性.

由于 Φ 是连续的, 则由 Schwartz 空间上群性质即可得 Φ 在 $H^{-1}(\mathbb{R})$ 上的群性质.

对于小初值, 由 $\alpha(\kappa)$ 的守恒性质, (2.2.21) 以及引理 2.4.2 可得轨道的有界性和等度连续性. 事实上, 对于充分小的 $\delta > 0$, 当 $q(0) \in B_\delta$ 时, 成立

$$\sup_t \|q(t)\|_{H^{-1}(\mathbb{R})} \lesssim \|q(0)\|_{H^{-1}(\mathbb{R})}.$$

由尺度变换 (2.5.1) 即可得到大初值情形下的等度连续性和 (2.5.7). $\qquad\square$

推论 2.5.2 对于任意的 $s \geqslant -1$, KdV 方程在 $H^s(\mathbb{R})$ 中是整体适定的.

证明 鉴于上述讨论, 我们将在 $H^s(\mathbb{R})$ 中建立类似于定理 2.5.1 的证明. 这里我们只讨论 $s \in (-1, 0)$ 的情况, 因为其可用一种简单而统一的方式来处理. 另外, 结合推论 2.5.1 可知, 这包括了所有以前不知道的情况, 即 $s \in \left[-1, -\dfrac{3}{4}\right)$.

取定方程 (2.1.1) 的一列 Schwartz 解 $q_n(t)$, 使得 $q_n(0)$ 在 $H^s(\mathbb{R})$ 中收敛, 并取定某一时间 $T > 0$, 由定理 2.5.1 可得 $q_n(t)$ 在 $H^{-1}(\mathbb{R})$ 中关于 $t \in [-T, T]$ 一

致收敛. 我们的目标是进一步证明其在 $H^s(\mathbb{R})$ 中一致收敛. 鉴于引理 2.4.1, 这相当于证明集合 $\{q_n(t) : n \in \mathbb{N}, t \in [-T, T]\}$ 的 $H^s(\mathbb{R})$-等度连续性.

为了证明等度连续性, 我们使用以下在 [68] 中所使用的技巧: 通过对 (2.2.21) 两端关于测度 $\kappa^{2+2s}\,\mathrm{d}\kappa$ 在区间 $[\kappa_0, \infty)$ 做积分, 我们可得

$$\int_{\kappa_0}^{\infty} \alpha(\kappa; q)\kappa^{2+2s}\,\mathrm{d}\kappa \approx \int |\hat{q}(\xi)|^2 (\xi^2 + 4\kappa_0^2)^s\,\mathrm{d}\xi, \tag{2.5.8}$$

其中隐式常数只依赖于 s. 注意到 (2.5.8) 的左手端在流下是守恒的, 因此, 可得对 $n \in \mathbb{N}$ 和 $t \in \mathbb{R}$ 一致成立

$$\int |\hat{q}_n(t, \xi)|^2 (\xi^2 + 4\kappa_0^2)^s\,\mathrm{d}\xi \approx \int |\hat{q}_n(0, \xi)|^2 (\xi^2 + 4\kappa_0^2)^s\,\mathrm{d}\xi. \tag{2.5.9}$$

又由于初值 $q_n(0)$ 是 $H^s(\mathbb{R})$-收敛的, 因此, 它们是 $H^s(\mathbb{R})$-等度连续的, 并且当 $\kappa_0 \to \infty$ 时, (2.5.9) 的右手端关于 n 一致收敛至零. 进而可得当 $\kappa_0 \to \infty$ 时, (2.5.9) 的左手端关于 n 一致收敛至零, 即得证 $\{q_n(t) : n \in \mathbb{N}, t \in \mathbb{R}\}$ 的等度连续性.   □

2.6   周 期 情 形

除了 2.2 节之外, 对于 KdV 方程关于 $H^{-1}(\mathbb{R}/\mathbb{Z})$ 初值的论证与之前的讨论相比几乎没有任何实质性的变化. 但是, 我们并没有将这两种拓扑下的论证同时进行是有如下几方面的原因 (类似于文献 [68]). 首先是为了避免在论证过程中对于不同拓扑下小变化的讨论 (通常是符号上的) 而对推理主线造成不必要的连续打断.

其次, 在非周期框架下, 伸缩变换 (2.5.1) 确保我们可以毫不费力地将注意力集中在小解上, 而这一点也体现在参数 δ 的引入. 为了克服在周期情形下没有伸缩不变性, 我们将采用 [68] 中所使用的方法. 虽然我们仍然认为这是最好的解决方案, 但也可以看到它在相当大程度上加重了阐述的负担. 由 (2.5.2) 和 (2.5.3) 我们可看到重新缩放 q 将改变参数 κ. 因此, q 的小性条件可以用一个涉及 κ 和 q 的关系式来代替. 另一方面, 如果我们不采用通过要求 $\kappa \geqslant 1$ 而得以简化的方法, 许多公式将会变得非常丑陋. 这一原因导致我们将对 q 和 κ 施加下列耦合条件:

$$\kappa \geqslant 1 \quad \text{以及} \quad \kappa^{-1/2}\|q\|_{H^{-1}(\mathbb{R}/\mathbb{Z})} \leqslant \delta, \tag{2.6.1}$$

其中 $\delta > 0$ 依旧是最重要的小参数, 并且允许其随着讨论的进行而缩小. 因此, 对于给定的 $\kappa \geqslant 1$, 定义

$$B_{\delta,\kappa} := \left\{q \in H^{-1}(\mathbb{R}/\mathbb{Z}) : \kappa^{-1/2}\|q\|_{H^{-1}(\mathbb{R}/\mathbb{Z})} \leqslant \delta\right\}. \tag{2.6.2}$$

为了使得讨论尽可能与全直线情形相平行, 我们将使用作用在 $L^2(\mathbb{R})$ 上的带周期系数的 Lax 算符

$$L = -\partial_x^2 + q(x)$$

(及其预解式), 而不是直接使用作用在 $L^2(\mathbb{R}/\mathbb{Z})$ 上的算子. 这一点与 [68] 中的处理方式有所不同.

鉴于上述约定, L 将不再是一个对 $q \equiv 0$ 情形的相对 Hilbert-Schmidt(或者甚至是相对紧) 扰动. 由于 2.2 节中的大多数讨论均是建立在 (2.2.5) 之上, 因此, 这些讨论对周期情形并不是自动成立的. 在引理 2.6.1 中, 我们将建立 (2.2.5) 在周期情形下的关键替代, 并将运用它来建立与 2.2 节中相类似的结果.

相比之下, 2.3 节中几乎没有太多的估计 (因为大多已有估计容易被验证在周期情形下也是成立的). 并且, 2.3 节更专注于建立一些关于空间变量逐点成立且不依赖于相应拓扑结构的等式.

一旦证明了 (2.6.10), 则 2.4 节中的每一个结论都可以通过把关于 ξ 的积分换成为关于 $\xi \in 2\pi\mathbb{Z}$ 的求和而得到. 因此, 主要困难将转变为在定理 2.5.1 的证明中伸缩对称性 (2.5.1)的缺失. 对于 2.5 节中剩余结论的证明, 即推论 2.5.1 和推论 2.5.2, 只需要将之前使用 (2.2.21) 的地方改为使用 (2.6.10) 即可.

现在将建立 2.2 节中主要结果在周期框架下的对应结论.

引理 2.6.1 给定 $\psi \in C_c^\infty(\mathbb{R})$. 如果 $q, f \in H^{-1}(\mathbb{R}/\mathbb{Z})$, 则对于 $\kappa \geqslant 1$ 一致成立

$$\left\| \sqrt{R_0}\, q \sqrt{R_0} \right\|_{L^2(\mathbb{R}) \to L^2(\mathbb{R})}^2 \lesssim \kappa^{-1} \sum_{\xi \in 2\pi\mathbb{Z}} \frac{|\hat{q}(\xi)|^2}{\xi^2 + 4\kappa^2}, \tag{2.6.3}$$

$$\left\| \sqrt{R_0}\, f\psi R_0 q \sqrt{R_0} \right\|_{\mathfrak{I}_1(L^2(\mathbb{R}))} \lesssim \kappa^{-1} \|f\|_{H_\kappa^{-1}(\mathbb{R}/\mathbb{Z})} \|q\|_{H_\kappa^{-1}(\mathbb{R}/\mathbb{Z})}. \tag{2.6.4}$$

注意到 $\mathfrak{I}_1(L^2(\mathbb{R}))$ 表示作用在 Hilbert 空间 $L^2(\mathbb{R})$ 上的迹类算子的理想. 下面, 简单地使用迹类作为一种符号上的便利, 用以表示可表示为 Hilbert-Schmidt 算子乘积的算子:

$$\|B\|_{\mathfrak{I}_1} = \inf \{ \|B_1\|_{\mathfrak{I}_2} \|B_1\|_{\mathfrak{I}_2} : B = B_1 B_2 \}. \tag{2.6.5}$$

对于更多迹类算子的讨论以及 (2.6.5), 可见文献 [95].

在开始引理 2.6.1 的证明之前, 我们给出一个基本事实: 对于给定的 $f \in L^2(\mathbb{R})$ 和 $\theta \in [0, 2\pi]$, 定义

$$f_\theta(x) = \sum_{\xi \in 2\pi\mathbb{Z}} \hat{f}(\xi + \theta) \mathrm{e}^{\mathrm{i}x(\xi + \theta)},$$

其可以被认为是在 $x \in [0,1]$ 和 $\theta \in [0, 2\pi]$ 上的平方可积函数. 事实上,

$$\int_{\mathbb{R}} |f(x)|^2 \, \mathrm{d}x = \int_0^{2\pi} \|f_\theta\|_{L^2([0,1))}^2 \, \mathrm{d}\theta.$$

注意, 我们在这里所描述的只是周期算子的标准直接积分表示 (见文献 [91, §XIII.16]).

　　引理 2.6.1 的证明　由于 (2.6.3) 式中的算子是自伴的, 我们只需要取 $f \in L^2(\mathbb{R})$ 并考虑

$$\langle f, \sqrt{R_0} q \sqrt{R_0} \, f \rangle_{L^2} = \int_0^{2\pi} \langle f_\theta, \mathcal{M}_\theta q \mathcal{M}_\theta f_\theta \rangle \, \mathrm{d}\theta,$$

其中 $\mathcal{M}_\theta : L^2([0,1]) \to L^2([0,1])$ 定义为

$$\mathcal{M}_\theta : \sum_{\xi \in 2\pi\mathbb{Z}} c_\xi \mathrm{e}^{\mathrm{i}x(\xi+\theta)} \mapsto \sum_{\xi \in 2\pi\mathbb{Z}} \frac{c_\xi \mathrm{e}^{\mathrm{i}x(\xi+\theta)}}{\sqrt{(\xi+\theta)^2 + \kappa^2}}.$$

我们可得到

$$\left\| \sqrt{R_0} q \sqrt{R_0} \right\|_{L^2(\mathbb{R}) \to L^2(\mathbb{R})} = \left\| \left\| \mathcal{M}_\theta q \mathcal{M}_\theta \right\|_{L^2([0,1]) \to L^2([0,1])} \right\|_{L_\theta^\infty}.$$

通过 Hilbert-Schmidt 范数以及通过关于 $\theta \in [0, 2\pi)$ 一致成立的等价性

$$\|\mathcal{M}_\theta q \mathcal{M}_\theta\|_{\mathfrak{I}_2(L^2([0,1]))}^2 \approx \kappa^{-1} \sum_{\xi \in 2\pi\mathbb{Z}} \frac{|\hat{q}(\xi)|^2}{\xi^2 + 4\kappa^2} \tag{2.6.6}$$

来控制算子范数即可获得 (2.6.3).

　　下面我们证明 (2.6.4). 由 (2.2.16), 可得

$$\sqrt{R_0}\, f \psi R_0 q \sqrt{R_0} = \sqrt{R_0} f \psi \langle x \rangle R_0 \langle x \rangle^{-1} q \sqrt{R_0} + \sqrt{R_0} f \psi \sqrt{R_0} A \sqrt{R_0} \langle x \rangle^{-1} q \sqrt{R_0},$$

$$A = \sqrt{R_0} \left(\frac{x}{\langle x \rangle} \partial_x + \partial_x \frac{x}{\langle x \rangle} \right) \sqrt{R_0}.$$

显然, A 是 $L^2(\mathbb{R})$-有界算子. 由 (2.2.5) 可得

$$\left\| \sqrt{R_0} \langle x \rangle^{-1} q \sqrt{R_0} \right\|_{\mathfrak{I}_2(L^2(\mathbb{R}))} \lesssim \kappa^{-1/2} \left\| \langle x \rangle^{-1} q \right\|_{H_\kappa^{-1}(\mathbb{R})} \lesssim \kappa^{-1/2} \|q\|_{H_\kappa^{-1}(\mathbb{R}/\mathbb{Z})},$$

并且, 类似地,

$$\left\| \sqrt{R_0} f \psi \sqrt{R_0} \right\|_{\mathfrak{I}_2(L^2(\mathbb{R}))} + \left\| \sqrt{R_0} f \psi \langle x \rangle \sqrt{R_0} \right\|_{\mathfrak{I}_2(L^2(\mathbb{R}))} \lesssim \kappa^{-1/2} \|f\|_{H_\kappa^{-1}(\mathbb{R}/\mathbb{Z})}.$$

结合上述即可得 (2.6.4).　　　　　　　　　　　　　　　　　　　　　　　　　　　□

命题 2.6.1 令 $q \in H^{-1}(\mathbb{R}/\mathbb{Z})$. 则存在唯一的作用在 $L^2(\mathbb{R})$ 上的且与半有界二次形式

$$\psi \mapsto \int_{\mathbb{R}} |\psi'(x)|^2 + q(x)|\psi(x)|^2 \, \mathrm{d}x$$

相关的自伴算子 L. 此外, 存在 $\delta > 0$, 使得若 q 和 κ 满足 (2.6.1), 则预解式 $R := (L + \kappa^2)^{-1}$ 有如下的连续积分核 $G(x, y; \kappa, q)$:

$$G(x, y; \kappa, q) = \frac{1}{2\kappa} \mathrm{e}^{-\kappa|x-y|} + \sum_{\ell=1}^{\infty} (-1)^{\ell} \left\langle \sqrt{R_0}\, \delta_x, \left(\sqrt{R_0}\, q \sqrt{R_0}\right)^{\ell} \sqrt{R_0}\, \delta_y \right\rangle. \quad (2.6.7)$$

证明 关于 L 的存在唯一性, 我们首先注意到 (2.6.3) 保证了 q 是一个无穷小形式的有界扰动, 进而则由 [90, 定理 X.17] 直接可得. 这和命题 2.2.1 的证明是一样的.

由 Plancherel 定理, 容易验证 $x \mapsto \sqrt{R_0}\delta_x$ 为从 $\mathbb{R}$ 到 $L^2(\mathbb{R})$ 的 Hölder-连续映射. 因此, 由 $\sqrt{R_0}\, q \sqrt{R_0}$ 的压缩性质即可得级数 (2.6.7) 的收敛性以及所要证明的连续性; 而当 δ 充分小时, $\sqrt{R_0}\, q \sqrt{R_0}$ 的压缩性质可由 (2.6.1) 和 (2.6.3) 得到. $\square$

令 $g(x; \kappa, q)$ 和 $\rho(x; \kappa, q)$ 如 2.2 节中所定义, 见 (2.2.6) 和 (2.2.19). 则有如下基本性质:

命题 2.6.2 存在 $\delta > 0$, 使得对所有的 $\kappa \geq 1$ 成立:

(i) 映射

$$q \mapsto g - \frac{1}{2\kappa} \quad \text{及} \quad q \mapsto \kappa - \frac{1}{2g} \quad (2.6.8)$$

为 $B_{\delta, \kappa}$ 到 $H^1(\mathbb{R}/\mathbb{Z})$ 的 (实解析) 微分同胚.

(ii) 对任意的 $q \in B_{\delta, \kappa}$ 及任意的整数 $s \geq 0$, 成立

$$\|g'(x)\|_{H^s(\mathbb{R}/\mathbb{Z})} \lesssim_s \|q\|_{H^{s-1}(\mathbb{R}/\mathbb{Z})}. \quad (2.6.9)$$

(iii) 对任意的 $q \in B_{\delta, \kappa}$, $\rho(x; q) \in H^1(\mathbb{R}/\mathbb{Z})$ 非负, 且对于 $\kappa \geq 1$ 和 $q \in B_{\delta, \kappa}$ 一致成立

$$\alpha(\kappa, q) := \int_0^1 \rho(x) \, \mathrm{d}x \approx \kappa^{-1} \sum_{\xi \in 2\pi\mathbb{Z}} \frac{|\hat{q}(\xi)|^2}{\xi^2 + 4\kappa^2}. \quad (2.6.10)$$

证明 首先, 我们将证明 $g \in H^1(\mathbb{R}/\mathbb{Z})$. 它的周期性由 (2.6.7) 可直接获得. 为了得到它的范数估计, 我们选取 $\psi \in C_c^{\infty}(\mathbb{R})$ 使得

$$\sum_{k \in \mathbb{Z}} \psi(x - k) \equiv 1.$$

该单位分解的实用性取自对偶关系

$$\|h\|_{H^1_\kappa(\mathbb{R}/\mathbb{Z})} = \sup\left\{\int_{\mathbb{R}} h(x)\psi(x)f(x)\,dx : f \in C^\infty(\mathbb{R}/\mathbb{Z}), \|f\|_{H^{-1}_\kappa(\mathbb{R}/\mathbb{Z})} \leqslant 1\right\}.$$

现在给定 $f \in C^\infty(\mathbb{R}/\mathbb{Z})$, 由 (2.6.7), 可得

$$\int\left[g(x) - \frac{1}{2\kappa}\right]\psi(x)f(x)\,dx = \sum_{\ell=1}^\infty (-1)^\ell \text{tr}\left\{\sqrt{R_0}\,f\psi\sqrt{R_0}\left(\sqrt{R_0}\,q\sqrt{R_0}\right)^\ell\right\}, \tag{2.6.11}$$

于是, 由 (2.6.4), (2.6.3) 及 (2.6.2) 可得当选取充分小的 δ 时, 成立

$$\left\|g(x) - \frac{1}{2\kappa}\right\|_{H^1(\mathbb{R}/\mathbb{Z})} \lesssim \kappa^{-1}\|q\|_{H^{-1}(\mathbb{R}/\mathbb{Z})}. \tag{2.6.12}$$

此外, 基于上述讨论, 通过证明幂级数的收敛性直接可得 (2.6.8) 中的第一个映射是实解析的. 结合 (2.2.14), 由上述估计即可得 (2.6.9) 的证明. 对于更多细节的讨论, 可见命题 2.2.2 的证明.

我们下面考虑其逆映射. 正如 2.2 节,

$$\kappa \cdot dg\big|_{q\equiv 0} = -R_0(2\kappa)$$

为 $H^{-1}_\kappa(\mathbb{R}/\mathbb{Z})$ 到 $H^1_\kappa(\mathbb{R}/\mathbb{Z})$ 的酉映射. 因此, 由反函数定理可得, $q \mapsto g - \frac{1}{2\kappa}$ 在零的某个邻域内是微分同胚. 下证该逆映射可延拓至整个 $B_{\delta,\kappa}$. 对 (2.6.11) 关于 q 求微分, 由 (2.6.3) 和 (2.6.4) 可得

$$\left\|dg - dg\big|_{q\equiv 0}\right\|_{H^{-1}_\kappa \to H^1_\kappa} \lesssim \kappa^{-3/2}\|q\|_{H^{-1}(\mathbb{R}/\mathbb{Z})}, \tag{2.6.13}$$

由此可得结论成立.

运用与命题 2.2.2 证明过程中相同的讨论, 可将 (2.6.8) 中第一个映射的微分同胚性质拓展到第二个映射上来.

最后, 我们来证明 (iii). 如前所述, 从

$$\frac{d}{ds}\Big|_{s=0}\int_0^1 \frac{dy}{2g(y;q+sf)} = \int_0^1 g(x)f(x)\,dx \tag{2.6.14}$$

开始, 我们继续计算导数. 事实上, 借助于预解恒等式、周期性以及引理 2.2.1, 即可证明 (2.6.14) 成立:

$$(2.6.14) \text{ 的左端} = \int_0^1\int_{\mathbb{R}} \frac{G(y,x)f(x)G(x,y)}{2g(y)^2}\,dx\,dy$$

$$= \sum_{k \in \mathbb{Z}} \int_0^1 \int_0^1 \frac{G(y, x+k) f(x+k) G(x+k, y)}{2g(y)^2} \, \mathrm{d}x \, \mathrm{d}y$$

$$= \sum_{k \in \mathbb{Z}} \int_0^1 \int_0^1 \frac{G(y-k, x) f(x) G(x, y-k)}{2g(y-k)^2} \, \mathrm{d}x \, \mathrm{d}y$$

$$= \int_0^1 \int_{\mathbb{R}} \frac{G(y, x) G(x, y)}{2g(y)^2} \, \mathrm{d}y \, f(x) \, \mathrm{d}x = (2.6.14) \text{ 的右端.}$$

由 (2.6.14) 及 (2.2.11) 可得

$$\mathrm{d}^2 \alpha \big|_{q \equiv 0}(f, f) = \frac{1}{4\kappa^2} \int_0^1 \int_{\mathbb{R}} \mathrm{e}^{-2\kappa|y-z|} f(y) f(z) \, \mathrm{d}y \, \mathrm{d}z = \frac{1}{\kappa} \sum_{\xi \in 2\pi\mathbb{Z}} \frac{|\hat{f}(\xi)|^2}{\xi^2 + 4\kappa^2}.$$

由 (2.6.13) 又可得

$$\left| \mathrm{d}^2 \alpha(f, f) - \mathrm{d}^2 \alpha \big|_{q \equiv 0}(f, f) \right| \lesssim \kappa^{-3/2} \|q\|_{H^{-1}(\mathbb{R}/\mathbb{Z})} \|f\|_{H_\kappa^{-1}(\mathbb{R}/\mathbb{Z})}^2.$$

这样, 由 (2.6.2) 可得, α 的幂级数展开式作为 q 的函数可被其平方项控制, 即 (2.6.10) 得证. $\qquad\qquad\qquad\qquad\qquad\qquad\qquad\qquad\qquad\qquad\qquad\qquad\quad \square$

命题 2.6.2 不包含与 (2.2.22) 类似的性质. 与衰减情形不同的是, 在 (2.6.10) 中定义的量与在 [68] 中考虑的正规化扰动行列式并不完全一致. 为了描述它们之间的联系, 我们必须引入一些新的对象. 因此, 我们仅考虑 $q \in C^\infty(\mathbb{R}/\mathbb{Z})$. 一旦我们在这个框架中建立了合适的恒等式, 就可以通过解析性将其推广至 $H^{-1}(\mathbb{R}/\mathbb{Z})$ 空间中的 q.

令 $\mathcal{R}_0$ 表示 $[0, 1]$ 区间上带周期边界条件的 Laplace 算子的预解式. 具体地,

$$\mathcal{R}_0 : \sum_{\xi \in 2\pi\mathbb{Z}} c_\xi \mathrm{e}^{\mathrm{i}\xi x} \mapsto \sum_{\xi \in 2\pi\mathbb{Z}} \frac{c_\xi \mathrm{e}^{\mathrm{i}\xi x}}{\xi^2 + \kappa^2}.$$

注意到其与 $\mathcal{M}_0^2$ 一致, 其中 $\mathcal{M}_0$ 如 (2.6.3) 的证明中所示. 由 (2.6.6), 可得当 κ 和 q 对于合适的 $\delta > 0$ 满足 (2.6.1) 式时, 作用在 $L^2([0,1])$ 上带周期边界条件的算子 $\mathcal{L} = -\partial_x^2 + q$ 的预解式可展开为一个收敛级数的形式:

$$\mathcal{R} = \mathcal{R}_0 + \sum_{\ell=1}^\infty (-1)^\ell \sqrt{\mathcal{R}_0} \left(\sqrt{\mathcal{R}_0} \, q \, \sqrt{\mathcal{R}_0} \right)^\ell \sqrt{\mathcal{R}_0}.$$

此外, 可得这些算子的核为

$$\langle \delta_x, \mathcal{R}_0 \delta_y \rangle = \sum_{k \in \mathbb{Z}} \langle \delta_x, R_0 \delta_{y+k} \rangle = \frac{1}{2\kappa(1 - \mathrm{e}^{-\kappa})} \left[\mathrm{e}^{-\kappa \|x-y\|} + \mathrm{e}^{-\kappa(1 - \|x-y\|)} \right], \quad (2.6.15)$$

其中 $\|x - y\| = \mathrm{dist}(x - y, \mathbb{Z})$, 以及, 类似地,

$$\mathcal{G}(x, y) := \langle \delta_x, \mathcal{R}\delta_y \rangle = \sum_{k \in \mathbb{Z}} G(x, y + k). \tag{2.6.16}$$

最后, 我们定义 Lyapunov 指数. 令 $\psi_\pm(x; \kappa)$ 为 Weyl 解. 由 q 的周期性, 可得 $x \mapsto \psi_+(x + 1)$ 和 $x \mapsto \psi_-(x + 1)$ 构成了同样好的 Weyl 解. 注意到朗斯基行列式的常数以及平方可积性的约束, 可得存在 $\gamma = \gamma(\kappa) > 0$ 使得

$$\psi_+(x + 1; \kappa) = \mathrm{e}^{-\gamma(\kappa)}\psi_+(x; \kappa) \quad 和 \quad \psi_-(x + 1; \kappa) = \mathrm{e}^{+\gamma(\kappa)}\psi_-(x; \kappa).$$

量 γ 被称为 Lyapunov 指数. 利用这些关系式在 (2.6.16) 中求和, 可得

$$\mathcal{G}(x, x) = \frac{1 + \mathrm{e}^{-\gamma}}{1 - \mathrm{e}^{-\gamma}} G(x, x). \tag{2.6.17}$$

命题 2.6.3　对于满足 (2.6.1) 的 $q \in C^\infty(\mathbb{R}/\mathbb{Z})$ 和 κ, 可得

$$\gamma(\kappa) = \int_0^1 \frac{\mathrm{d}x}{2g(x)}, \tag{2.6.18}$$

$$\mathrm{tr}\left(\sqrt{\mathcal{R}_0}\, q\, \sqrt{\mathcal{R}_0}\right) = \frac{1 + \mathrm{e}^{-\kappa}}{1 - \mathrm{e}^{-\kappa}} \int_0^1 \left[\frac{1}{2}\mathrm{e}^{-2\kappa|\cdot|} * q\right](x)\,\mathrm{d}x = \frac{1}{2\kappa}\frac{1 + \mathrm{e}^{-\kappa}}{1 - \mathrm{e}^{-\kappa}} \int_0^1 q(x)\,\mathrm{d}x, \tag{2.6.19}$$

且

$$\log\det\left(1 + \sqrt{\mathcal{R}_0}\, q\, \sqrt{\mathcal{R}_0}\right) = \log\left(\mathrm{e}^\gamma - 2 + \mathrm{e}^{-\gamma}\right) - \log\left(\mathrm{e}^\kappa - 2 + \mathrm{e}^{-\kappa}\right). \tag{2.6.20}$$

这里的迹和行列式均是关于 Hilbert 空间 $L^2(\mathbb{R}/\mathbb{Z})$ 所定义的.

证明　(2.6.18) 的证明是简单的: 结合 $g(x) = \psi_+(x)\psi_-(x)$ 及朗斯基关系式 (2.2.26), 可得

$$\int_0^1 \frac{\mathrm{d}x}{2g(x)} = \frac{1}{2}\int_0^1 \frac{\mathrm{d}}{\mathrm{d}x}\log\left[\frac{\psi_-(x)}{\psi_+(x)}\right]\mathrm{d}x = \frac{1}{2}\log\left[\frac{\psi_-(x + 1)\psi_+(x)}{\psi_-(x)\psi_+(x + 1)}\right] = \gamma.$$

由 (2.6.15), 可得

$$\mathrm{tr}\left\{\sqrt{\mathcal{R}_0}\, q\, \sqrt{\mathcal{R}_0}\right\} = \frac{(1 + \mathrm{e}^{-\kappa})}{2\kappa(1 - \mathrm{e}^{-\kappa})} \int_0^1 q(x)\,\mathrm{d}x,$$

与此同时,

$$\int_0^1 \int_{\mathbb{R}} \frac{1}{2}\mathrm{e}^{-2\kappa|x-y|}q(y)\,\mathrm{d}y\,\mathrm{d}x = \sum_{k \in \mathbb{Z}} \int_0^1 \int_0^1 \frac{1}{2}\mathrm{e}^{-2\kappa|x-k-y|}q(y)\,\mathrm{d}y\,\mathrm{d}x$$

$$= \int_0^1 \int_{\mathbb{R}} \frac{1}{2} e^{-2\kappa|x-y|} q(y) \, dx \, dy = \frac{1}{2\kappa} \int_0^1 q(y) \, dy,$$

这就证明了 (2.6.19).

从 [81, 定理 2.9] 可以很容易推导出恒等式 (2.6.20), 这是对 Hill, Wittaker 和 Watson 等的研究成果的总结. 为了完备性, 我们给出与速降情形下论证相平行的另一种证明.

由 (2.6.18), 可得当 $q \equiv 0$ 时, (2.6.20) 成立. 此外, 类似于衰减情形, 可得对任意的 $f \in C^\infty(\mathbb{R}/\mathbb{Z})$ 成立

$$\frac{d}{ds}\bigg|_{s=0} \log \det \left(1 + \sqrt{\mathcal{R}_0}\,(q+sf)\,\sqrt{\mathcal{R}_0}\right)(x) = \int_0^1 \mathcal{G}(x,x) f(x) \, dx.$$

另一方面, 由 (2.6.18) 和 (2.6.14) 可得

$$\frac{d}{ds}\bigg|_{s=0} \log \left(e^{\gamma(\kappa;q+sf)} - 2 + e^{-\gamma(\kappa;q+sf)}\right) = \frac{e^\gamma - e^{-\gamma}}{e^\gamma - 2 + e^{-\gamma}} \int_0^1 g(x) f(x) \, dx.$$

根据 (2.6.17), 可得这两个导数是一致的. 因此, 可得等式 (2.6.20) 对所有的 $q \in B_{\delta,\kappa}$ 均成立. □

推论 2.6.1 对于光滑初值,

$$\int_0^1 \rho(x) \, dx$$

在 KdV 流下的守恒 (由 (2.3.7) 式可得) 与

$$-\log \det_2 \left(1 + \sqrt{\mathcal{R}_0}\, q \, \sqrt{\mathcal{R}_0}\right)$$

守恒 (由文献 [68] 可得) 等价.

2.7 局部光滑性

本节的第一个目标是建立方程 (2.1.1) H^{-1}-解的局部平滑性结果. Buckmaster 和 Koch 在文献 [24] 中借助于 Miura 映射曾得到类似的结果.

引理 2.7.1(局部光滑性) 存在 $\delta > 0$, 使得对 (2.1.1) 方程关于初值 $q(0) \in B_\delta$ 的每一个 $H^{-1}(\mathbb{R})$-解 $q(t)$ 成立

$$\sup_{t_0, x_0 \in \mathbb{R}} \int_0^1 \int_0^1 |q(t-t_0, x-x_0)|^2 \, dx \, dt \lesssim \delta^2. \tag{2.7.1}$$

证明　正如已经在命题 2.3.1 中提到的, 由守恒量 $\alpha(\kappa = 1)$ 可得

$$\|q\|^2_{L^\infty_x H^{-1}_x} \lesssim \delta^2.$$

这允许我们选择足够小的 δ 使得保证 2.3 节中的所有结果对 $t \in \mathbb{R}$ 成立. 这也意味着只需要证明当 $t_0 = x_0 = 0$ 时, (2.7.1) 成立就足够了.

选取光滑函数 ϕ 使满足其导数 ϕ' 为正的、Schwartz 函数, 且定义正函数

$$\psi(x) = \frac{3}{2} \int_{\mathbb{R}} \mathrm{e}^{-2|x-y|} \phi'(y) \, \mathrm{d}y.$$

首先, 假设 $q(t)$ 为方程 (2.1.1) 的一个 Schwartz 解. 在 (2.3.7) 中取 $\kappa = 1$, 可得

$$\frac{\mathrm{d}}{\mathrm{d}t} \rho(t, x) = \left(\frac{3}{2} \left[\mathrm{e}^{-2|\cdot|} * q^2 \right](t, x) + 2q(t, x) \left[1 - \frac{1}{2g(t, x)} \right] - 4\rho(t, x) \right)'.$$

通过分部积分可得

$$
\begin{aligned}
\int_0^1 \int_{\mathbb{R}} |q(t, x)|^2 \psi(x) \, \mathrm{d}x \, \mathrm{d}t = & \int_{\mathbb{R}} [\rho(0, x) - \rho(1, x)] \phi(x) \, \mathrm{d}x \\
& - 2 \int_0^1 \int_{\mathbb{R}} q(t, x) \left[1 - \frac{1}{2g(t, x)} \right] \phi'(x) \, \mathrm{d}x \, \mathrm{d}t \\
& + 4 \int_0^1 \int_{\mathbb{R}} \rho(t, x) \phi'(x) \, \mathrm{d}x \, \mathrm{d}t.
\end{aligned}
\tag{2.7.2}
$$

然而, 由 2.3 节中的结果可得上式右端一致有界. 因此, 由该 Schwartz 解可得 (2.7.1) 成立.

其次, 假设 $q(t)$ 为方程 (2.1.1) 的一般解, 并假设 $q_n(t)$ 为一列 Schwartz 解, 且在 $H^{-1}(\mathbb{R})$ 空间中满足 $q_n(0) \to q(0)$. 由 L^2-范数的弱下半连续性以及由定理 2.5.1 所得到的弱连续性, 可得

$$\int_0^1 \int_0^1 |q(t, x)|^2 \, \mathrm{d}x \, \mathrm{d}t \leqslant \liminf_{n \to \infty} \int_0^1 \int_0^1 |q_n(t, x)|^2 \, \mathrm{d}x \, \mathrm{d}t.$$

因此, 即可得局部光滑性 (2.7.1) 关于一般的 $q(t)$ 也成立.　　　　　　　　□

基于该先验估计, 我们将证明正如定理 2.1.2 所宣称的那样, 初值在 $H^{-1}(\mathbb{R})$ 中收敛的解实际上关于局部光滑范数收敛. 事实上, 由于关于 x_0 的一致性, 下面的命题严格地强于这个定理.

命题 2.7.1 令 $q(t)$ 和 $q_n(t)$ 为方程 (2.1.1) 关于推论 2.5.1 意义下的 $H^{-1}(\mathbb{R})$-解, 且在 $H^{-1}(\mathbb{R})$ 中满足 $q_n(0) \to q(0)$. 则对任意的 $T > 0$, 成立

$$\lim_{n \to \infty} \sup_{x_0 \in \mathbb{R}} \int_{-T}^{T} \int_0^1 |q(t, x - x_0) - q_n(t, x - x_0)|^2 \, dx \, dt = 0. \qquad (2.7.3)$$

特别地, 推论 2.5.1 意义下的解是分布解.

命题 2.7.1 的证明为引理 2.7.1 证明过程的改进. 其关键在于分析 (2.7.2) 式中相关项关于 $\kappa \to \infty$ 时的行为, 而不是简单地设 $\kappa = 1$. 我们先作以下初步估计:

引理 2.7.2 对于取定的满足 $\mathrm{supp}(\psi) \subset (0, 1)$ 的 $\psi \in C_c^\infty(\mathbb{R})$. 存在 $\delta > 0$ 使得对每一个 $q \in B_\delta$ 和 $\kappa \geqslant 1$ 成立

$$\left\| \psi(x) \left[g(x) - \frac{1}{2\kappa} \right] + \kappa^{-1}[R_0(2\kappa)(q\psi)](x) \right\|_{L^2(\mathbb{R})}^2 \lesssim \kappa^{-7} \left[1 + \int_0^1 |q(x)|^2 \, dx \right],$$
$$\qquad (2.7.4)$$

$$\left\| \psi(x) \left[\kappa - \frac{1}{2g(x)} \right] + 2\kappa [R_0(2\kappa)(q\psi)](x) \right\|_{L^2(\mathbb{R})}^2 \lesssim \kappa^{-3} \left[1 + \int_0^1 |q(x)|^2 \, dx \right], \quad (2.7.5)$$

$$\left| \int \rho(x) \psi(x)^2 \, dx - \frac{1}{2\kappa} \int \frac{|\widehat{q\psi}(\xi)|^2 \, d\xi}{\xi^2 + 4\kappa^2} \right| \lesssim \kappa^{-7/2} \left[1 + \int_0^1 |q(x)|^2 \, dx \right], \quad (2.7.6)$$

$$\left| \iint q(x)^2 \kappa e^{-2\kappa|x-y|} \psi(y)^2 \, dx \, dy - \int q(x)^2 \psi(x)^2 \, dx \right| \lesssim \int_{\mathbb{R}} \frac{|q(x)|^2 \, dx}{\kappa(1 + x^2)}. \quad (2.7.7)$$

证明 首先, 我们有如下交换子运算:

$$[\psi(x), R_0] = R_0 \left(-2\partial_x \psi'(x) + \psi''(x) \right) R_0$$
$$= R_0 \left(-2\partial_x \right) [\psi'(x), R_0] + R_0 \left(-2\partial_x \right) R_0 \psi'(x) + R_0 \psi''(x) R_0.$$

由此对于 $\kappa \geqslant 1$, 可得

$$[\psi(x), R_0] = \sqrt{R_0} A \sqrt{R_0} = \sqrt{R_0} B \sqrt{R_0} + \sqrt{R_0} C \sqrt{R_0} \psi'(x), \qquad (2.7.8)$$

且 $\|A\|_{L^2 \to L^2} + \|C\|_{L^2 \to L^2} \lesssim \kappa^{-1}$ 和 $\|B\|_{L^2 \to L^2} \lesssim \kappa^{-2}$.

由级数 (2.2.9), 成立

$$\int_{\mathbb{R}} \left\{ \psi(x) \left[g(x) - \frac{1}{2\kappa} \right] + \kappa^{-1} [R_0(2\kappa)(q\psi)](x) \right\} f(x) \, \mathrm{d}x$$

$$= \sum_{\ell \geqslant 2} (-1)^\ell \mathrm{tr} \left\{ \sqrt{R_0} \, f \sqrt{R_0} \sqrt{R_0} \, \psi q \sqrt{R_0} \left(\sqrt{R_0} \, q \sqrt{R_0} \right)^{\ell-1} \right\}$$

$$\quad + \sum_{\ell \geqslant 1} (-1)^\ell \mathrm{tr} \left\{ \sqrt{R_0} \, f \sqrt{R_0} B \left(\sqrt{R_0} \, q \sqrt{R_0} \right)^\ell \right\}$$

$$\quad + \sum_{\ell \geqslant 1} (-1)^\ell \mathrm{tr} \left\{ \sqrt{R_0} \, f \sqrt{R_0} C \sqrt{R_0} \, \psi' q \sqrt{R_0} \left(\sqrt{R_0} \, q \sqrt{R_0} \right)^{\ell-1} \right\}. \tag{2.7.9}$$

由 (2.2.5) 又可知

$$\left\| \sqrt{R_0} \, h \sqrt{R_0} \right\|_{\mathfrak{I}_2} \lesssim \kappa^{-3/2} \|h\|_{L^2} \quad \text{和} \quad \left\| \sqrt{R_0} \, q \sqrt{R_0} \right\|_{\mathfrak{I}_2} \lesssim \kappa^{-1/2} \|q\|_{H^{-1}}, \tag{2.7.10}$$

因此, 我们进一步可得若 $\delta \leqslant \dfrac{1}{2}$, 则成立

$$(2.7.9) \text{ 的左端} \leqslant \kappa^{-7/2} \|f\|_{L^2} \left\{ \|\psi q\|_{L^2} + 1 + \|\psi' q\|_{L^2} \right\}.$$

这就证明了 (2.7.4). 我们还注意到由 (2.7.4), 容易得到

$$\int \left(g(x) - \frac{1}{2\kappa} \right)^2 \psi(x)^2 \, \mathrm{d}x + \left\| \kappa^{-1} R_0(2\kappa)(q\psi) \right\|_{L^2(\mathbb{R})}^2 \lesssim \kappa^{-6} \left[1 + \int_0^1 |q(x)|^2 \, \mathrm{d}x \right]. \tag{2.7.11}$$

其次, 我们证明 (2.7.5). 由

$$\kappa - \frac{1}{2g(x)} = 2\kappa^2 \left(g(x) - \frac{1}{2\kappa} \right) - \frac{2\kappa^2}{g(x)} \left(g(x) - \frac{1}{2\kappa} \right)^2 \tag{2.7.12}$$

及 (2.7.4), 我们只需要证明

$$\int \frac{2\kappa^2}{g(x)} \left(g(x) - \frac{1}{2\kappa} \right)^2 \psi(x)^2 \, \mathrm{d}x \lesssim \kappa^{-3} \left[1 + \int_0^1 |q(x)|^2 \, \mathrm{d}x \right]. \tag{2.7.13}$$

而 (2.7.13) 可由 (2.7.11) 直接获得.

下面, 我们来证明 (2.7.6). 通过进一步展开 (2.7.12), 可得

$$\rho(x) = \sum_{i=1}^3 \rho_i(x), \quad \rho_1(x) := 2\kappa^2 \left\{ g(x) - \frac{1}{2\kappa} + \frac{1}{\kappa} [R_0(2\kappa)q](x) \right\},$$

$$\rho_2(x) := -4\kappa^3 \left(g(x) - \frac{1}{2\kappa} \right)^2, \quad \rho_3(x) := 4\kappa^3 \left(g(x) - \frac{1}{2\kappa} \right)^3 \Big/ g(x).$$

对于 ρ_1. 由 (2.2.9), 可得

$$\int \rho_1(x)\psi(x)^2\,\mathrm{d}x = 2\kappa^2 \sum_{\ell \geqslant 2}(-1)^\ell \mathrm{tr}\Big\{\psi(x)^2\sqrt{R_0}\left(\sqrt{R_0}\,q\,\sqrt{R_0}\right)^\ell \sqrt{R_0}\Big\}.$$

因此, 对于任意的 $\ell \geqslant 2$, 由 (2.7.10), (2.7.8) 以及其共轭, 可得

$$\mathrm{tr}\Big\{\psi(x)^2\sqrt{R_0}\left(\sqrt{R_0}\,q\,\sqrt{R_0}\right)^\ell \sqrt{R_0}\Big\}$$

$$=\mathrm{tr}\Big\{\sqrt{R_0}\,\psi q R_0^2 \psi q\,\sqrt{R_0}\left(\sqrt{R_0}\,q\,\sqrt{R_0}\right)^{\ell-2}\Big\} + O\Big(\kappa^{-6}\delta^{\ell-2}\Big[1+\int_0^1 |q(x)|^2\,\mathrm{d}x\Big]\Big).$$

我们发现误差项关于 $\ell \geqslant 2$ 可和, 而第一项关于 $\ell \geqslant 3$ 亦是可和的. 事实上,

$$\Big|\mathrm{tr}\Big\{\sqrt{R_0}\,\psi q R_0^2 \psi q\,\sqrt{R_0}\left(\sqrt{R_0}\,q\,\sqrt{R_0}\right)^{\ell-2}\Big\}\Big| \lesssim \kappa^{-5-\frac{\ell-2}{2}}\delta^{\ell-2}\int_0^1 |q(x)|^2\,\mathrm{d}x.$$

综上所述, 我们可得

$$\int \rho_1(x)\psi(x)^2\,\mathrm{d}x = 2\kappa^2 \mathrm{tr}\Big\{R_0 \psi q R_0 \psi q R_0\Big\} + O\Big(\kappa^{-7/2}\Big[1+\int_0^1 |q(x)|^2\,\mathrm{d}x\Big]\Big).$$

对于 ρ_2. 由 (2.7.11) 和 (2.7.4) 可得到

$$\Big|\int \Big(g(x)-\frac{1}{2\kappa}\Big)^2 \psi(x)^2\,\mathrm{d}x - \kappa^{-2}\big\|R_0(2\kappa)(q\psi)\big\|_{L^2(\mathbb{R})}^2\Big| \lesssim \kappa^{-13/2}\Big[1+\int_0^1 |q(x)|^2\,\mathrm{d}x\Big].$$

因此,

$$\int \rho_2(x)\psi(x)^2\,\mathrm{d}x = -4\kappa\big\|R_0(2\kappa)(q\psi)\big\|_{L^2(\mathbb{R})}^2 + O\Big(\kappa^{-7/2}\Big[1+\int_0^1 |q(x)|^2\,\mathrm{d}x\Big]\Big).$$

对于 ρ_3. 由 (2.2.5), 可得

$$\Big\|\sqrt{R_0}\,h\,\sqrt{R_0}\Big\|_{\mathfrak{I}_2}^2 \lesssim \kappa^{-1}\|h\|_{L^1}^2 \int \frac{\mathrm{d}\xi}{\xi^2+4\kappa^2} \lesssim \kappa^{-2}\|h\|_{L^1}^2.$$

于是

$$\Big\|g-\frac{1}{2\kappa}\Big\|_{L^\infty} \lesssim \kappa^{-3/2}\delta.$$

结合 (2.7.11), 可知

$$\int \rho_3(x)\psi(x)^2\,\mathrm{d}x \lesssim \kappa^{-7/2}\Big[1+\int_0^1 |q(x)|^2\,\mathrm{d}x\Big].$$

此外, 又由与 (2.2.34) 中相同的讨论, 可知

$$2\kappa^2\mathrm{tr}\big\{R_0\psi qR_0\psi qR_0\big\} - 4\kappa\big\|R_0(2\kappa)(q\psi)\big\|_{L^2(\mathbb{R})}^2 = \frac{1}{2\kappa}\int\frac{|\widehat{q\psi}(\xi)|^2\,\mathrm{d}\xi}{\xi^2+4\kappa^2}.$$

由此再结合关于 ρ 每一部分的讨论即可得证 (2.7.6) 成立.

最后, 我们来估计 (2.7.7). 由于 $\int\kappa e^{-2\kappa|x-y|}\,\mathrm{d}y = 1$, 可得

$$\left|\psi(x)^2 - \int\kappa e^{-2\kappa|x-y|}\psi(y)^2\,\mathrm{d}y\right| \lesssim \int\kappa e^{-2\kappa|y-x|}|x-y|\,\mathrm{d}y \lesssim \kappa^{-1},$$

即 $|x|\leqslant 10$ 时结论成立. 对于 $|x|\geqslant 10$ 的情形, 可得

$$\left|\psi(x)^2 - \int\kappa e^{-2\kappa|x-y|}\psi(y)^2\,\mathrm{d}y\right| = \int_0^1\kappa e^{-2\kappa|y-x|}\psi(y)^2\,\mathrm{d}y \lesssim \kappa e^{-\kappa|x|}. \qquad \square$$

引理 2.7.3　存在 $\delta > 0$ 使得以下事实成立: 令 Q 为方程 (2.1.1) 在全直线情形下的一族 Schwartz 解, 且 $\{q(0) : q\in Q\}$ 为 B_δ 的等度连续子集. 则对任一 $\psi\in C_c^\infty(\mathbb{R})$ 和 $T > 0$, 成立

$$\lim_{\kappa\to\infty}\sup_{q\in Q}\int_{-T}^T\int\frac{\xi^2|\widehat{q\psi}(t,\xi)|^2}{\xi^2+4\kappa^2}\,\mathrm{d}\xi\,\mathrm{d}t = 0. \tag{2.7.14}$$

证明　不失一般性, 假设 $\mathrm{supp}(\psi)\subset(0,1)$. 在整个证明过程中, 我们认为 ψ 和 T 是固定的, 并且隐式常数可能依赖于它们. 在 (2.3.7) 两端乘以 κ 并与

$$\phi(x) = \int_{-\infty}^x\psi(y)^2\,\mathrm{d}y$$

作积分, 可得

$$\int\kappa[\rho(T,x) - \rho(-T,x)]\phi(x)\,\mathrm{d}x \tag{2.7.15}$$

$$= -\frac{3}{2}\int_{-T}^T\iint|q(t,x)|^2\kappa e^{-2\kappa|x-y|}\psi(y)^2\,\mathrm{d}x\,\mathrm{d}y\,\mathrm{d}t \tag{2.7.16}$$

$$- 2\kappa\int_{-T}^T\int q(t,x)\left[\kappa - \frac{1}{2g(t,x)}\right]\psi(x)^2\,\mathrm{d}x\,\mathrm{d}t \tag{2.7.17}$$

$$+ 4\kappa^3\int_{-T}^T\int\rho(t,x)\psi(x)^2\,\mathrm{d}x\,\mathrm{d}t. \tag{2.7.18}$$

我们将逐一讨论这些项.

由命题 2.2.4, 可知

$$|(2.7.15)| \lesssim \kappa \alpha(\kappa; q),$$

并且当 $\kappa \to \infty$ 时, 其关于 $q \in Q$ 一致地收敛至零, 见引理 2.4.2.

结合 (2.7.7) 及引理 2.7.1, 可得

$$\left|(2.7.16) + \frac{3}{2}\int_{-T}^{T}\int |q(t,x)|^2 \psi(x)^2 \,\mathrm{d}x\,\mathrm{d}t\right| \lesssim \kappa^{-1},$$

等价地,

$$\left|(2.7.16) + \frac{3}{2}\int_{-T}^{T}\int |\widehat{\psi q}(t,\xi)|^2 \,\mathrm{d}\xi\,\mathrm{d}t\right| \lesssim \kappa^{-1}.$$

由 (2.7.5) 及引理 2.7.1, 可得

$$\left|(2.7.17) - \int_{-T}^{T}\iint \psi(x)q(t,x)\kappa e^{-2\kappa|x-y|}q(t,y)\psi(y)\,\mathrm{d}x\,\mathrm{d}y\,\mathrm{d}t\right| \lesssim \kappa^{-1/2},$$

等价地 (见 (2.2.3)),

$$\left|(2.7.17) - \int_{-T}^{T}\int \frac{4\kappa^2|\widehat{\psi q}(t,\xi)|^2}{\xi^2 + 4\kappa^2}\,\mathrm{d}\xi\,\mathrm{d}t\right| \lesssim \kappa^{-1/2}.$$

由 (2.7.6) 及引理 2.7.1, 又可得

$$\left|(2.7.18) - \frac{1}{2}\int_{-T}^{T}\int \frac{4\kappa^2|\widehat{\psi q}(t,\xi)|^2}{\xi^2 + 4\kappa^2}\,\mathrm{d}\xi\,\mathrm{d}t\right| \lesssim \kappa^{-1/2}.$$

结合 (2.7.15)—(2.7.18) 即可得证断言 (2.7.14) 成立. □

命题 2.7.1 的证明 运用与定理 2.5.1 中相同的伸缩讨论, 我们只需要证明对于 $L_t^\infty H_x^{-1}$ 中的小解成立 (2.7.3) 式. 此外, 由于命题 2.7.1 中提供了通过近似讨论获得一般情形所需的工具, 我们可以假设 q_n 为 Schwartz 解.

选定不恒等于零的 $\psi \in C_c^\infty(\mathbb{R})$, 且使得 $\mathrm{supp}(\psi) \subseteq (0,1)$. 通过简单的覆盖论证, 可知只需要证明

$$\lim_{n \to \infty} \sup_{x_0 \in \mathbb{R}} \int_{-T}^{T} \left\|[q_n(t,x) - q(t,x)]\psi(x+x_0)\right\|_{L^2(\mathbb{R})}^2 \,\mathrm{d}t = 0. \qquad (2.7.19)$$

为此, 我们将结合高低频分解技术, 通过采用更加精炼的局部光滑性讨论来处理高频部分, 而低频部分将通过运用定理 2.5.1 来处理. 对于高低频率分解我们将通过引进如下乘子来实现:

$$m_{\mathrm{hi}}(\xi) = \frac{|\xi|}{\sqrt{\xi^2 + 4\kappa^2}} \quad \text{和} \quad m_{\mathrm{lo}}(\xi) = \sqrt{1 - m_{\mathrm{hi}}(\xi)^2} = \frac{2\kappa}{\sqrt{\xi^2 + 4\kappa^2}}.$$

对于低频部分. 由定理 2.5.1 可得对于固定的 κ 成立

$$\lim_{n \to \infty} \sup_{x_0 \in \mathbb{R}} \int_{-T}^{T} \left\| m_{\mathrm{lo}}(-\mathrm{i}\partial_x) \left([q_n(t) - q(t)] \psi(\cdot + x_0) \right) \right\|_{L^2(\mathbb{R})}^2 \mathrm{d}t$$

$$\lesssim \kappa T \lim_{n \to \infty} \sup_{x_0 \in \mathbb{R}} \left\| [q_n(t,x) - q(t,x)] \psi(x + x_0) \right\|_{L_t^\infty H_x^{-1}([-T,T] \times \mathbb{R})}$$

$$\lesssim \kappa T \|\psi\|_{H^1(\mathbb{R})} \lim_{n \to \infty} \left\| q_n(t,x) - q(t,x) \right\|_{L_t^\infty H_x^{-1}([-T,T] \times \mathbb{R})} = 0. \tag{2.7.20}$$

对于高频部分. 由于 $q_n(0)$ 在 $H^{-1}(\mathbb{R})$ 中收敛, 所以其在 $H^{-1}(\mathbb{R})$ 中等度连续. 由命题 2.4.1 可知 $\{q_n(t) : t \in \mathbb{R}, n \in \mathbb{N}\}$ 亦是 $H^{-1}(\mathbb{R})$-等度连续. 因此, 由引理 2.7.3 可知

$$\lim_{\kappa \to \infty} \sup_n \int_{-T}^{T} \left\| m_{\mathrm{hi}}(-\mathrm{i}\partial_x)[q_n(t)\psi(\cdot + x_0)] \right\|_{L^2(\mathbb{R})}^2 \mathrm{d}t = 0. \tag{2.7.21}$$

则根据定理 2.5.1 和弱下半连续性, 可得

$$\lim_{\kappa \to \infty} \int_{-T}^{T} \left\| m_{\mathrm{hi}}(-\mathrm{i}\partial_x)[q(t)\psi(\cdot + x_0)] \right\|_{L^2(\mathbb{R})}^2 \mathrm{d}t = 0. \tag{2.7.22}$$

结合 (2.7.21) 和 (2.7.22), 可见当选取充分大的 κ 时, 高频部分对 (2.7.19) 式左端部分的贡献可以关于 n 一致小. 与此同时, 由 (2.7.20) 又可知, 当选取充分大的 n 时, 我们可以保证低频部分对 (2.7.19) 式左端部分的贡献亦充分小. 这就证明了 (2.7.19) 成立, 由此可得 (2.7.3).

最后, 由分部积分可得 Schwartz 解是初值问题的分布解, 也就是说对任一 $h \in C_c^\infty(\mathbb{R} \times \mathbb{R})$, 成立

$$\int h(0,x)q(0,x)\,\mathrm{d}x + \int_0^\infty \int [\partial_t h](t,x)q(t,x)\,\mathrm{d}x\,\mathrm{d}t$$

$$= \int_0^\infty \int -[\partial_x^3 h](t,x)q(t,x) + 3[\partial_x h](t,x)q(t,x)^2\,\mathrm{d}x\,\mathrm{d}t.$$

再结合推论 2.5.1 和命题 2.7.1 可将上述结论推至 H^{-1} 解. □

第 3 章 高阶广义 KdV 型方程组的
周期边界问题与初值问题

3.1 引   言

本节考虑一类高阶广义 KdV 型的方程组

$$u_t + (\operatorname{grad}\varphi(u))_x + u_x^{2p+1} = A(x,t)u + g(x,t), \tag{3.1.1}$$

其中 $u(x,t) = (u_1(x,t), \cdots, u_J(x,t))$ 为 J 维向量函数, $\varphi(u) = \varphi(u_1, \cdots, u_J)$ 是向量 u 的一个标量函数, $g(x,t) = (g_1(x,t), \cdots, g_J(x,t))$ 为 x,t 的 J 维向量函数, $A(x,t) = (a_{ij}(x,t))$ 为 $J \times J$ 的函数矩阵, $p \geqslant 1$ 为自然数.

对于方程组 (3.1.1), 在区域 $\{(x,t)| -\infty < x < \infty, 0 \leqslant t \leqslant T\}$ 上讨论它的周期边界问题

$$\begin{aligned} u(x,0) &= u_0(x) \quad (-\infty < x < \infty), \\ u(x+2D,t) &= u(x,t) \quad (-\infty < x < \infty; 0 \leqslant t \leqslant T), \end{aligned} \tag{3.1.2}$$

其中 $u_0(x) = (u_{01}(x), \cdots, u_{0J}(x))$ 为以 $2D$ 为周期的 J 维周期向量函数, $D > 0$ 为常数; 还考虑初值问题

$$u(x,0) = u_0(x) \quad (-\infty < x < \infty), \tag{3.1.3}$$

其中 $u_0(x)$ 为在 $(-\infty, \infty)$ 上的 J 维向量函数. 对于 $p = 1$ 的情况, 讨论了形式为

$$u_t + (\operatorname{grad}\varphi(u))_x + u_{xxx} = f(u) \tag{3.1.4}$$

的方程组的类似问题.

首先研究带小参数项的方程组

$$u_t + \varepsilon u_{xxxx} + (\operatorname{grad}\varphi(u))_x + u_{xxx} = f(u) \tag{3.1.5}$$

与

$$u_t + (-1)^{p+1}\varepsilon u_x^{2p+2} + (\operatorname{grad}\varphi(u))_x + u_x^{2p+1} = A(x,t)u + g(x,t) \tag{3.1.6}$$

的周期边界问题 (3.1.2) 的整体广义解与整体古典解, 其中 $\varepsilon > 0$, $p \geqslant 1$. 当 $\varepsilon \to 0$ 时, 此问题的解 $u_\delta(x,t)$ 的极限为相应方程组 (3.1.4) 或 (3.1.1) 的周期边界问题的整体解 $u(x,t)$. 当周期 $D \to \infty$ 时, 我们就能得到方程组 (3.1.1) 或 (3.1.4) 的初值问题的整体解.

函数 $v(x,t)$ 作为 x 的函数在 Sobolev 空间 $W_p^{(k)}(a,b)$ 中的范数 $\|v(\cdot,t)\|_{w_p^{(k)}(a,b)}$ 是 t 的函数, 可以记作 $\|v\|_{w_p^{(k)}(a,b)}(t)$, 或简记为 $\|v\|_{w_p^{(k)}}$. 范数 $\|v(\cdot,t)\|_{w_p^{(k)}(a,b)}$ 作为 t 的函数属于 $L^m(0,T)$ 的函数 $v(x,t)$ 所组成的函数空间, 记作 $L^m((0,T);$ $W_p^{(k)}(a,b))$. 其他一些类似的记号可以作相应的理解. 对于向量函数 $u(x,t) = (u_1(x,t), \cdots, u_J(x,t))$ 的范数等于其分量相应范数之和, 例如

$$\|u\|_{L^m}^2\left((0,T); w_p^{(k)}(a,b)\right) = \sum_{j=1}^{J} \|u_j\|_{L^m((0,T);W_p^{(k)}(a,b))}^2.$$

向量 u 与 v 的数量积表示为

$$(u,v) = \sum_{j=1}^{J} u_j v_j, \quad |u|^2 = (u,u).$$

为了简单起见, 把分量属于同一函数空间的向量函数记作属于此空间.

3.2　方程组 (3.1.6) 的周期边界问题 (3.1.2)

现在来讨论带小参数项的方程组 (3.1.6) 的周期边界问题 (3.1.2).

引理 3.2.1　设线性偏微分方程

$$v_t + \varepsilon(-1)^{p+1} v_x^{2p+2} + v_{x^{2p+1}} = f(x,t) \tag{3.2.1}$$

与周期边界条件

$$\begin{cases} v(x+2D,t) = v(x,t), \\ v(x,0) = v_0(x) \end{cases} \tag{3.2.2}$$

适合条件

$$\|v_0\|_{W_2^{(p+1)}(-D,D)} + \|f\|_{L^2((-D,D)\times(0,T))} < \infty, \tag{3.2.3}$$

其中 $f(x,t)$ 与 $v_0(x)$ 是对 x 以 $2D$ 为周期的函数, $p \geqslant 1$, $D > 0$. 这样, 问题 (3.2.1), (3.2.2) 在矩形 $[-D,D] \times [0,T]$ 上有唯一的属于函数空间

$$L^2\left((0,T); W_2^{(2p+1)}(-D,D)\right) \cap W_2^{(1)}\left((0,T); L^2(-D,D)\right)$$

的解 $v(x,t)$. 并且成立估计式

$$\|v_0\|_{L^\infty\left((0,T),W_2^{(p+1)}(-D,D)\right)} + \|v_t\|_{L^2((0,T)\times(-D,D))} + \|v\|_{L^2\left((0,T);W_2^{(2p+2)}(-D,D)\right)}$$
$$\leqslant C\left(\|v_0\|_{W_2^{(p+1)}(-D,D)} + \|f\|_{L^2((-D,D)\times(0,T))}\right), \tag{3.2.4}$$

其中常数 C 依赖于 ε 与 p.

证明　问题 (3.2.1), (3.2.2) 的解 $v(x,t)$ 的存在性可以用分离变量法来证明.

现在来作此解的估计. 把方程 (3.2.1) 乘以 $v(x,t)$, 再在矩形 $[-D,D]\times[0,T]$ 上作积分, 利用分部积分, 化得

$$\|v(\cdot,t)\|_{L^2(-D,D)}^2 - \|v_0\|_{L^2(-D,D)}^2 + 2\varepsilon\left\|v_x^{p+1}\right\|_{L^2((-D,D)\times(0,t))}$$
$$\leqslant 2\|vf\|_{L^1((-D,D)\times(0,T))} \leqslant \frac{1}{2}\|v\|_{L^2((-D,D)\times(0,T))}^2 + 2\|f\|_{L^2((-D,D)\times(0,T))}^2.$$

因此, 由 Gronwall 不等式有

$$\|v\|_{L^\infty((0,T);L^2(-D,D))}^2 \leqslant e^{\frac{1}{2}T}\left[\|v_0\|_{L^2(-D,D)}^2 + 2\|f\|_{L^2((-D,D)\times(0,T))}^2\right]. \tag{3.2.5}$$

把方程 (3.2.1) 乘以 $v_{x^{2p+2}}$, 在矩形 $[-D,D]\times[0,T]$ 上作积分, 得

$$\|v_{x^{p+1}}(t)\|_{L^2(-D,D)}^2 - \|v_{0x^{p+1}}\|_{L^2(-D,D)}^2 + 2\varepsilon\left\|v_{x^{2p+2}}\right\|_{L^2((-D,D)\times(0,T))}^2$$
$$\leqslant 2\left\|v_{x^{2p+2}}f\right\|_{L^1((-D,D)\times(0,T))}. \tag{3.2.6}$$

由于

$$2\left\|v_{x^{2p+2}}f\right\|_{L^1((-D,D)\times(0,T))} \leqslant \varepsilon\left\|v_{x^{2p+2}}\right\|_{L^2((-D,D)\times(0,T))}^2 + \frac{1}{\varepsilon}\|f\|_{L^2((-D,D)\times(0,T))}^2,$$

这样就有

$$\|v_{x^{p+1}}(\cdot,t)\|_{L^2(-D,D)}^2 + \varepsilon\left\|v_{x^{2p+2}}\right\|_{L^2((-D,D)\times(0,T))}^2$$
$$\leqslant \|v_{0x^{p+1}}\|_{L^2(-D,D)}^2 + \frac{1}{\varepsilon}\|f\|_{L^2((-D,D)\times(0,T))}^2. \tag{3.2.7}$$

由式 (3.2.1) 可知 $\|v_t\|_{L^2((-D,D)\times(0,T))}$ 的估计, 因此得估计 (3.2.4), 于是得解的唯一性. $\qquad\square$

推论 3.2.1　如果对于 $k\geqslant 0$ 与 $h\geqslant 0$, $D_x^k D_t^h f(x,t)\in L^2((-D,D)\times(0,T))$, 又 $v_0(x)\in W_2^{((p+1)(2h+1)+k)}(-D,D)$, 则对于问题 (3.2.1), (3.2.2) 的解 $v(x,t)$, 有

$$D_x^k D_t^h v(x,t)\in L^\infty\left((0,T);W_2^{(p+1)}(-D,D)\right)\cap W_2^{(1)}\left((0,T);L^2(-D,D)\right)$$
$$\cap L^2\left((0,T);W_2^{(p+2)}(-D,D)\right),$$

并且成立相应于 (3.2.4) 的估计式.

引理 3.2.2 设非线性偏微分方程组 (3.1.6) 与周期边界条件 (3.1.2) 满足如下条件:

(1) $u_0(x)$ 是以 $2D$ 为周期的向量函数, 并且有

$$\|u_0\|_{W_2^{(p+1)}(-D,D)} < \infty \quad (p \geqslant 1). \tag{3.2.8}$$

(2) 矩阵函数 $A(x,t)$ 的各个元素对 x 的直到 p 阶导数在 $[-D,D] \times [0,T]$ 上有界, 向量函数 $g(x,t)$ 的各个分量对 x 的直到 p 阶导数在 $[-D,D] \times [0,T]$ 上平方可积, 所有这些函数都是以 $2D$ 为周期的.

(3) 函数 $\varphi(u)$ 对向量变量 $u = (u_1, u_2, \cdots, u_J)$ 三次连续可微, 此外还有

(i) $|\varphi(u)| \leqslant C|u|^l$;

(ii) $|\operatorname{grad} \varphi(u)| \leqslant C|u|^{l-1}$;

(iii) $\left| \dfrac{\partial^2 \varphi(u)}{\partial u_i \partial u_i} \right| \leqslant C \left(|u|^{l-2} + 1 \right) (i, j = 1, 2, \cdots, J)$, 其中 $l = 4p + 2 - \delta$, $\delta > 0$, C 为常数.

则周期边界问题 (3.1.6), (3.1.2) 在函数空间

$$L^\infty \left((0,T); W_2^{(p+1)}(-D,D) \right) \cap W_2^{(1)} \left((0,T); L^2(-D,D) \right)$$
$$\cap L^2 \left((0,T); W_2^{(2p+2)}(-D,D) \right),$$

$p \geqslant 1$ 中有一个唯一的数体广义解

$$u(x,t) = (u_1(x,t), u_2(x,t), \cdots, u_J(x,t)).$$

证明 用 B 表示函数空间 $L^\infty \left((0,T); W_2^{(1)}(-D,D) \right)$, 用 B^* 表示 J 维向量函数 $u(x,t) = (u_1(x,t), u_2(x,t), \cdots, u_J(x,t))$ 的空间

$$B^* \equiv \{ u = (u_1, u_2, \cdots, u_J) \, | \, u_j \in B, j = 1, 2, \cdots, J \}.$$

类似地, 用 z 表示空间

$$z \equiv L^\infty \left((0,T); W_2^{(p+1)}(-D,D) \right) \cap W_2^{(1)} \left((0,T); L^2(-D,D) \right)$$
$$\cap L^2 \left((0,T); W_2^{(2p+2)}(-D,D) \right),$$

用 z^* 表示 J 维向量函数 u 的空间

$$z^* \equiv \{ u = (u_1, u_2, \cdots, u_J) \, | \, u_j \in z, j = 1, 2, \cdots, J \}.$$

在函数空间 B^* 上作算子 $T_\lambda : B^* \to B^*$ $(0 \leqslant \lambda \leqslant 1)$, 定义如下:

对于任意 $v = (v_1, v_2, \cdots, v_J) \in B^*$, 设 $u = T_\lambda v$ $(0 \leqslant \lambda \leqslant 1)$ 的分量 u_j $(j = 1, 2, \cdots, J)$ 是以下问题

$$u_{jt} + (-1)^{p+1}\varepsilon u_{jx^{2p+2}} + u_{jx^{2+1}} = \lambda h_j (x, t, v_1, \cdots, v_J), \qquad (3.2.9)$$

$$u_j(x + 2D, t) = u_j(x, t),$$

$$u_j(x, 0) = u_{0j}(x) \quad (j = 1, 2, \cdots, J) \qquad (3.2.10)$$

的解, 其中

$$h_j (x, t, v_1, v_2, \cdots, v_J) \equiv \sum_{i=1}^{J} a_{ij}(x, t)v_i + g_j(x, t) - \left(\frac{\partial \varphi (v_1, v_2, \cdots, v_J)}{\partial u_j} \right)_x.$$

因为 $\varphi(u)$ 对 u 二次连续可微, 又 $v \in B^*$, 因而 v 是有界的, 所以方程 (3.2.9) 的右边部分 λh_j 对 $0 \leqslant \lambda \leqslant 1$ 一致地在 $L^2((-D, D) \times (0, T))$ 上有界. 从引理 3.2.1 可知问题 (3.2.9), (3.2.10) 有唯一的解 $u_j(x, t) \in z$ $(j = 1, 2, \cdots, J)$, 并且有估计

$$\|u_j\|_x \leqslant C \left(\|u_{0j}\|_{W_2^{(p+1)}(-D, D)} + \lambda \|h_j\|_{L^2((-D, D) \times (0, T))} \right) \quad (j = 1, 2, \cdots, J). \tag{3.2.11}$$

因此, $u_j \in z \subset B$ $(j = 1, 2, \cdots, J)$, 即 $u \in z^* \subset B^*$.

对于 $v \in B, u \in z$, 则有

$$u \in y \equiv L^\infty \left((0, T); W_2^{(p+1)}(-D, D) \right) \cap W_2^{(1)} \left((0, T); L^2(-D, D) \right),$$

因而对任意 $t_1, t_2 \in [0, T]$, 有

$$u(x, t_1) - u(x, t_2) \in W_2^{(p+1)}(-D, D),$$

由内插公式

$$\sup_{-D \leqslant x \leqslant D} |u(x, t_1) - u(x, t_2)|$$

$$\leqslant C \|u(\cdot, t_1) - u(\cdot, t_2)\|_{L^2(-D, D)}^{1-\alpha} \|u(\cdot, t_1) - u(\cdot, t_2)\|_{W_2^{(p+1)}(-D, D)}^{\alpha},$$

$$\sup_{-D \leqslant x \leqslant D} |u_x(\cdot, t_1) - u_x(\cdot, t_2)|$$

$$\leqslant C \|u(\cdot, t_1) - u(\cdot, t_2)\|_{L^2(-D, D)}^{1-\beta} \|u(\cdot, t_1) - u(\cdot, t_2)\|_{W_2^{(p+1)}(-D, D)}^{\beta},$$

其中 $\alpha = \dfrac{1}{2(p+1)}$, $\beta = \dfrac{3}{2(p+1)}$, $p \geqslant 1$. 由于

$$\|u(\cdot, t_1) - u(\cdot, t_2)\|_{L^2(-D, D)}^2 = \int_{-D}^{D} |u(x, t_1) - u(x, t_2)|^2 \, \mathrm{d}x$$

$$= \int_{-D}^{D} \left| \int_{t_1}^{t_2} u_t(x,\tau)\mathrm{d}\tau \right|^2 \mathrm{d}x$$

$$\leqslant |t_1 - t_2| \int_{-D}^{D} \left| \int_{t_1}^{t_2} u_t(x,\tau) \right|^2 \mathrm{d}\tau \mathrm{d}x$$

$$\leqslant |t_1 - t_2| \, \|u_t\|_{L^2((-D,D)\times(0,T))}^2$$

与

$$\|u(\cdot,t_1) - u(\cdot,t_2)\|_{W_2^{(p+1)}(-D,D)} \leqslant 2 \sup_{0\leqslant t\leqslant T} \|u(\cdot,t)\|_{W_2^{(p+1)}(-D,D)}$$

$$= 2\|u\|_{L^\infty\left((0,T);W_2^{(p+1)}(-D,D)\right)},$$

得到

$$\sup_{-D\leqslant x\leqslant D} |u(x,t_1) - u(x,t_2)|$$

$$\leqslant C\,|t_1 - t_2|^{\frac{2p+1}{4p+4}} \|u_t\|_{L^2((-D,D)\times(0,T))}^{\frac{2p+1}{2p+2}} \|u\|_{L^\infty\left((0,T);W_2^{(p+1)}(-D,D)\right)}^{\frac{1}{2p+2}},$$

$$\sup_{-D\leqslant x\leqslant D} |u_x(x,t_1) - u_x(x,t_2)|$$

$$\leqslant C\,|t_1 - t_2|^{\frac{2p-1}{4p+4}} \|u_t\|_{L^2((-D,D)\times(0,T))}^{\frac{2p-1}{2p+2}} \|u\|_{L^\infty\left((0,T);W_2^{(p+1)}(-D,D)\right)}^{\frac{3}{2p+2}}.$$

函数 $u(x,t)$ 与 $u_x(x,t)$ 在 $[-D,D]\times[0,T]$ 上分别以 $\dfrac{2p+1}{4p+4}$, $\dfrac{2p-1}{4p+4}$ 为指数 Hölder 连续. 又由 (3.2.4) 可知嵌入映象 $Y \subset B$, 所以算子 $T_\lambda : B^* \to z^* \subset B^*$ 是对 λ 一致地完全连续的.

对任意 $\lambda, \bar{\lambda} \in [0,1]$ 与 $v \in B^*$, 有 $u = T_\lambda v$, $\bar{u} = T_{\bar\lambda} v$, 则差函数 $W = u - \bar{u}$ 的各分量 W_j 适合方程

$$W_{jt} + \varepsilon(-1)^{p+1} W_{jx}^{2p+2} + W_{jx}^{2p+1} = (\lambda - \bar\lambda)h_j(x,t,v)$$

与条件

$$W_j(x+2D,t) = W_j(x,t),$$

$$W_j(x,0) = 0 \quad (j=1,2,\cdots,J).$$

由 (3.2.11) 可得

$$\|W_j\|_z = \|u_j - \bar{u}_j\|_z \leqslant c|\lambda - \bar\lambda| \, \|h_j\|_{L^2((-D,D)\times(0,T))}$$

对于 B^* 中的任意有界集, 算子 $T_\lambda : B^* \to B^*$ 是对 λ 一致连续的.

当 $\lambda = 0$ 时, $T_0(B^*)$ 为 B^* 中的一个固定元素.

现在余下来的是要作带参数 $0 \leqslant \lambda \leqslant 1$ 的非线性方程组

$$u_t + \varepsilon(-1)^{p+1}u_x^{2p+2} + u_x^{2p+1} + \lambda(\text{grad}\,\varphi(u))_x = \lambda f_x(x,t,u), \qquad (3.2.12)$$

周期边界问题 (3.1.2) 所有可能解 $u(x,t)$ 在 B^* 中对 $0 \leqslant \lambda \leqslant 1$ 的一致的先验估计, 其中

$$f(x,t,u) \equiv A(x,t)u + g(x,t).$$

作方程组 (3.2.12) 与 u 的数量积, 对 x 在 $[-D,D]$ 上作积分, 利用分部积分, 得到

$$\frac{\mathrm{d}}{\mathrm{d}t}\int_{-D}^{D}(u,u)\mathrm{d}x + 2\varepsilon\int_{-D}^{D}(u_x^{p+1}, u_x^{p+1})\,\mathrm{d}x = 2\lambda\int_{-D}^{D}(u,f)\mathrm{d}x,$$

其中

$$\int_{-D}^{D}(u,(\text{grad}\,\varphi(u))_x)\,\mathrm{d}x = \int_{-D}^{D}[(u,\text{grad}\,\varphi(u)) - \varphi(u)]_x\mathrm{d}x = 0\,.$$

因为 $f \equiv A(x,t)u + g(x,t)$, 则

$$\int_0^t\int_{-D}^{D}(u,f)\mathrm{d}x \leqslant \left(C + \frac{1}{2}\right)\int_0^t\|u(\cdot,t)\|_{L^2(-D,D)}^2\mathrm{d}t + \frac{1}{2}\|g\|_{L^2((-D,D)\times(0,T))}^2,$$

其中 $C = \max\limits_{ij}\max\limits_{(x,t)}|a_{ij}(x,t)|$. 因 $0 \leqslant \lambda \leqslant 1$, 于是有

$$\|u(\cdot,t)\|_{L^2(-D,D)}^2 \leqslant B\int_0^t\|u(\cdot,t)\|_{L^2(-D,D)}^2\mathrm{d}t + B',$$

其中 $B = 2C+1, B' = \|u_0\|_{L^2(-D,D)}^2 + \|g\|_{L^2((-D,D)\times(0,T))}^2$. 这样就有估计

$$\sup_{0\leqslant t\leqslant T}\|u(\cdot,t)\|_{L^2(-D,D)}^2 \leqslant B'\mathrm{e}^{BT}.$$

现在作导数 u_x^p 的估计. 作方程组 (3.2.12) 与 u_x^{2p} $(p \geqslant 1)$ 的数量积, 对 x 在 $[-D,D]$ 上积分, 利用分部积分, 得到

$$\frac{\mathrm{d}}{\mathrm{d}t}\int_{-D}^{D}(u_x^p, u_x^p)\,\mathrm{d}x + 2\varepsilon\int_{-D}^{D}(u_x^{2p+1}, u_x^{2p+1})\,\mathrm{d}x$$

$$+ 2(-1)^{p+1}\lambda\int_{-D}^{D}(\text{grad}\,\varphi(u), u_x^{2p+1})\,\mathrm{d}x = 2\lambda\int_{-D}^{D}(D_x^p f, u_x^p)\,\mathrm{d}x, \qquad (3.2.13)$$

其中 $D_x = \dfrac{\partial}{\partial x}$. 上式左边部分最后积分

$$(-1)^{p+1}\int_{-D}^{D}(\text{grad}\,\varphi(u), u_x^{2p+1})\,\mathrm{d}x$$

$$= (-1)^p \int_{-D}^{D} \left(\operatorname{grad} \varphi(u), u_t + \varepsilon(-1)^{p+1} u_x^{2p+2} + \lambda(\operatorname{grad} \varphi(u))_x - \lambda f \right) \mathrm{d}x$$

$$= (-1)^p \frac{\mathrm{d}}{\mathrm{d}t} \int_{-D}^{D} \varphi(u) \mathrm{d}x + \varepsilon \int_{-D}^{D} \left((\operatorname{grad} \varphi(u))_x, u_x^{2p+1} \right) \mathrm{d}x$$

$$+ (-1)^{p+1} \lambda \int_{-D}^{D} (\operatorname{grad} \varphi(u), f) \mathrm{d}x,$$

其中

$$\left| 2 \int_{-D}^{D} \left((\operatorname{grad} \varphi(u))_x, u_x^{2p+1} \right) \mathrm{d}x \right|$$

$$\leqslant \int_{-D}^{D} \left(u_x^{2p+1}, u_x^{2p+1} \right) \mathrm{d}x + \int_{-D}^{D} \left((\operatorname{grad} \varphi(u))_x, (\operatorname{grad} \varphi(u))_x \right) \mathrm{d}x.$$

对于最后积分, 可作如下的估计:

$$\int_{-D}^{D} \left((\operatorname{grad} \varphi(u))_x, (\operatorname{grad} \varphi(u))_x \right) \mathrm{d}x = - \int_{-D}^{D} \left(\sum_{i,j,k=1}^{J} \varphi_{ij} \varphi_{ik} \varphi_{jk} u_{kx} \right) \mathrm{d}x$$

$$\leqslant C \int_{-D}^{D} \left(|u|^{2l'} + 1 \right) |u_x|^2 \mathrm{d}x$$

$$\leqslant C \left(\|u(\cdot,t)\|_{L^\infty(-D,D)}^{2l'} + 1 \right) \int_{-D}^{D} |u_x|^2 \mathrm{d}x,$$

其中 C 为常数, $l' = l - 2 = 4p - \delta$, $\delta > 0$. 因为

$$\|u(\cdot,t)\|_{L^\infty(-D,D)} \leqslant C \|u(\cdot,t)\|_{L^2(-D,D)}^{\frac{4p+1}{4p+2}} \|u(\cdot,t)\|_{W_2^{2p+1}(-D,D)}^{\frac{1}{4p+2}},$$

$$\|u_x(\cdot,t)\|_{L^2(-D,D)} \leqslant C \|u(\cdot,t)\|_{L^2(-D,D)}^{\frac{2p}{2p+1}} \|u(\cdot,t)\|_{W_2^{2p+1}(-D,D)}^{\frac{1}{2p+1}},$$

所以

$$\int_{-D}^{D} \left((\operatorname{grad} \varphi(u))_x, (\operatorname{grad} \varphi(u))_x \right) \mathrm{d}x$$

$$\leqslant C \|u(\cdot,t)\|_{L^2(-D,D)}^{8p-2\delta \frac{4p+1}{4p+2}} \cdot \|u(\cdot,t)\|_{W_2^{(2p+1)}(-D,D)}^{2 - \frac{\delta}{2p+1}}$$

$$+ C' \|u(\cdot,t)\|_{L^2(-D,D)}^{\frac{4p}{2p+1}} \cdot \|u(\cdot,t)\|_{W_2^{(2p+1)}(-D,D)}^{\frac{2}{2p+1}}$$

$$\leqslant \left\| u_x^{2p+1}(\cdot,t) \right\|_{L^2(-D,D)}^2 + C(p,\delta),$$

其中 $C(p,\delta)$ 依赖于 p 与 δ, 还依赖于 $\sup\limits_{0 \leqslant t \leqslant T} \|u(\cdot,t)\|_{L^2(-D,D)}$. 于是

$$\left| 2 \int_{-D}^{D} \left((\operatorname{grad} \varphi(u))_x, u_{x^{2p+1}} \right) \mathrm{d}x \right| \leqslant 2 \left\| u_x^{2p+1}(\cdot,t) \right\|_{L^2(-D,D)}^2 + C(p,\delta),$$

这样式 (3.2.13) 可改写成

$$\frac{\mathrm{d}}{\mathrm{d}t}\left[\|u_x^p(\cdot,t)\|_{L^2(-D,D)}^2 + 2\lambda(-1)^p\int_{-D}^{D}\varphi(u)\mathrm{d}x\right] + 2\varepsilon(1-\lambda)\|u_x^{2p+1}(\cdot,t)\|_{L^2(-D,D)}^2$$

$$\leqslant 2\lambda\varepsilon C(p,\delta) + 2\lambda^2(-1)^p\int_{-D}^{D}(\mathrm{grad}\,\varphi(u),f)\mathrm{d}x + 2\lambda\int_{-D}^{D}(D_x^p f, u_x^p)\,\mathrm{d}x,$$

其中 $0 \leqslant \lambda \leqslant 1$. 或者再对 t 作积分得

$$\|u_x^p(\cdot,t)\|_{L^2(-D,D)}^2 + 2\lambda(-1)^p\int_{-D}^{D}\varphi(u(x,t))\mathrm{d}x$$

$$\leqslant C + 2\lambda(-1)^p\int_0^t\int_{-D}^{D}(\mathrm{grad}\,\varphi(u),f)\mathrm{d}x\mathrm{d}t + 2\lambda\int_0^t\int_{-D}^{D}(D_x^p f, u_\alpha^p)\,\mathrm{d}x\mathrm{d}t.$$

$$(3.2.14)$$

其中 $C = 2\lambda\varepsilon TC(p,\delta) + \|u_{0x^p}\|_{L^2(-D,D)}^2 + 2\lambda(-1)^p\int_{-D}^{D}\varphi(u_0(x))\,\mathrm{d}x.$

式 (3.2.14) 的最后积分

$$\left|\int_0^t\int_{-D}^{D}(D_x^p(Au+g), u_{x^p})\,\mathrm{d}x\mathrm{d}t\right|$$

$$=\left|\int_0^t\int_{-D}^{D}\left(\sum_{k=0}^{p}\binom{p}{k}D_x^k Au_{x^{p-k}} + g_{x^p}, u_{x^p}\right)\mathrm{d}x\mathrm{d}t\right|$$

$$\leqslant C\int_0^t\|u_{x^p}(\cdot,t)\|_{L^2(-D,D)}^2\,\mathrm{d}t + \frac{1}{2}\|g_{x^p}\|_{L^2((-D,D)\times(0,t))}^2 + C',$$

其中 C 与 C' 依赖于矩阵 $A(x,t)$ 的元素对 x 直到 p 阶导数的极大模

$$\max_{1\leqslant i,j\leqslant J}\max_{0\leqslant k\leqslant p}\max_{(x,t)}\cdot\left|D_x^k a_{ij}(x,t)\right|$$

与范数 $\sup\limits_{0\leqslant t\leqslant T}\|u(\cdot,t)\|_{L^2(-D,D)}$.

从引理的条件 (3), 可知

$$2\lambda\int_{-D}^{D}\varphi(u(x,t))\mathrm{d}x \leqslant 2\lambda C\int_{-D}^{D}|u|^l\mathrm{d}x \leqslant \frac{1}{2}\|u_{x^p}(\cdot,t)\|_{L^2(-D,D)}^2 + C(p,\delta),$$

$$2\lambda\left|\int_0^t\int_{-D}^{D}(\mathrm{grad}\,\varphi(u),f)\mathrm{d}x\mathrm{d}t\right| \leqslant \int_0^t\|u_{x^p}(\cdot,t)\|_{L^2(-D,D)}^2\,\mathrm{d}t + C(p,\delta).$$

因此式 (3.2.14) 可写为

$$\|u_{x^p}(\cdot,t)\|_{L^2(-D,D)}^2 \leqslant C \int_0^t \|u_{x^p}(\cdot,t)\|_{L^2(-D,D)}^2 \, \mathrm{d}t + C',$$

其中 C 与 C' 依赖于 p, δ, 矩阵 $A(x,t)$ 的元素对 x 直到 p 阶导数的极大模, g_{x^p} 的 $L^2((-D,D) \times (0,T))$ 模, 而与 ε, λ 无关. 于是得到估计

$$\sup_{0 \leqslant t \leqslant T} \|u_{x^p}(\cdot,t)\|_{L^2(-D,D)} \leqslant C,$$

其中 $p \geqslant 1$, 而且常数 C 不依赖于 ε 与 D.

由此可知问题 (3.2.12), (3.1.2) 的所有可能解在 B^* 中对 $0 \leqslant \lambda \leqslant 1$ 的一致有界性. 于是根据 Leray-Schauder 不动点原理, 问题 (3.2.12), (3.1.2) 在 B^* 中有解 $u_\lambda(x,t)$ 存在. 因而在 $\lambda = 1$ 时, 即问题 (3.1.6), (3.1.2) 在 B^* 中也有解 $u(x,t)$. 从引理 3.2.1 可知此解 $u(x,t)$ 属于空间 z^*.

设问题 (3.1.6), (3.1.2) 有两个解 $u(x,t)$ 与 $\overline{u}(x,t)$. 记

$$W(x,t) = u(x,t) - \overline{u}(x,t).$$

则 $W(x,t)$ 所满足的方程组为

$$\begin{cases} W_t + \varepsilon(-1)^{p+1} W_{x^{2p+2}} + W_{x^{2p+1}} + RW_x + SW = AW, \\ W(x+2D,t) = W(x,t), \\ W(x,0) = 0, \end{cases} \tag{3.2.15}$$

其中 R 与 S 为矩阵,

$$R = \left(\frac{\partial^2 \varphi(u)}{\partial u_i \partial u_j} \right)_{ij}, \quad S = \left(\sum_{k=1}^J \overline{u}_{kx} \int_0^1 \frac{\partial^3 \varphi(\tau u + (1-\tau)\overline{u})}{\partial u_i \partial u_j \partial u_k} \mathrm{d}\tau \right)_{ij},$$

因而

$$RW_x + SW = (\operatorname{grad} \varphi(u))_x - (\operatorname{grad} \varphi(\overline{u}))_x.$$

作式 (3.2.15) 与 W 的数量积, 再对 x 在 $[-D,D]$ 上作积分, 利用分部积分, 得

$$\frac{\mathrm{d}}{\mathrm{d}t} \|W(\cdot,t)\|_{L^2(-D,D)}^2 + 2\varepsilon \|W_{x^{p+1}}(\cdot,t)\|_{L^2(-D,D)}^2 = \int_{-D}^D \left(W, (2A + R_x - 2S) W \right) \mathrm{d}x,$$

其中矩阵 R 是对称的, 于是有

$$\frac{\mathrm{d}}{\mathrm{d}t} \|W(\cdot,t)\|_{L^2(-D,D)}^2 \leqslant C \|W(\cdot,t)\|_{L^2(-D,D)}^2,$$

其中 C 为矩阵 $2A + R_x - 2S$ 的极大模的界. 因此 $W(x,t) \equiv 0$, 即 $u(x,t) \equiv \overline{u}(x,t)$, 解是唯一的. 引理 3.2.2 证明完毕. 　　□

推论 3.2.2　假定引理 3.2.2 的条件成立, 又设对 $k \geqslant 0, h \geqslant 0$,

$(1')$　$u_0(x) \in W_2^{((p+1)(2h+1)+k)}(-D, D)$;

$(2')$　$A(x,t)$ 的元素直到 $D_x^{k+p} D_t^h$ 导数在 $[-D, D] \times [0, T]$ 上有界, $g(x,t)$ 的分量直到 $D_x^{k+p} D_t^h$ 导数在 $[-D, D] \times [0, T]$ 上平方可积;

$(3')$　$\varphi(u)$ 为 $k + h + 3$ 次连续可微.

则周期边界问题 (3.1.6), (3.1.2) 的解 $u(x,t)$ 有光滑性 $D_x^k D_t^h u(x,t) \in z^*$.

3.3　方程组 (3.1.1) 的周期边界问题 (3.1.2)

为了利用 (3.1.6), (3.1.2) 的解 $u_\varepsilon(x,t)$ 在 $\varepsilon \to 0$ 时的极限过程来研究广义高阶 KdV 型方程组 (3.1.1) 的周期边界问题 (3.1.2) 的解 $u(x,t)$, 需要对函数序列 $\{u_\varepsilon(x,t)\}$ 作一系列对 ε 一致的估计.

在引理 3.2.2 的证明中, 对于非线性问题 (3.1.6), (3.1.2) 的所有可能解 $u_{\lambda\varepsilon}(x,t)$ 的 $L^\infty((0,T); W_2^{(p)}(-D, D))$ 范数的估计不仅对 $0 \leqslant \lambda \leqslant 1$ 是一致的, 而且对 $\varepsilon \geqslant 0$ 也是一致的 (甚至对 $D > 0$ 也一致). 因此, 这些估计也就是对问题 (3.1.6), (3.1.2) 可能解的先验估计.

引理 3.3.1　设引理 3.2.2 中的条件成立, 则对方程组 (3.1.6) 的周期边界问题 (3.1.2) 的解有估计

$$\sup_{0 \leqslant t \leqslant T} \|u_\varepsilon(\cdot, t)\|_{W_2^{(p)}(-D, D)} \leqslant K \quad (p \geqslant 1), \tag{3.3.1}$$

其中 K 不依赖于 ε, 而且也不依赖于 D, 因而

$$\sup_{\substack{0 \leqslant t \leqslant T \\ -D \leqslant x \leqslant D}} |u_\varepsilon(x,t)| \leqslant K.$$

引理 3.3.2　设除了满足引理 3.2.2 中 $p = 1$ 的条件外, 还满足

$(2'')$　$A(x,t)$ 的元素对 x 直到二阶导数在 $[-D, D] \times [0, T]$ 上有界, $g(x,t)$ 的分量对 x 直到二阶导数在 $[-D, D] \times [0, T]$ 上平方可积;

$(3'')$　$\varphi(u)$ 四次连续可微.

则问题 (3.1.6), (3.1.2) $(p = 1)$ 的解 $u_\varepsilon(x,t)$, 有

$$\sup_{0 \leqslant t \leqslant T} \|u_{\varepsilon xx}(\cdot, t)\|_{L^2(-D, D)} \leqslant K, \tag{3.3.2}$$

其中 K 不依赖于 ε, 也不依赖于 D.

证明　经过简单计算, 有

$$(u_{xx}, u_{xx})_t = -2\varepsilon (u_{xx}, u_{xxx})_x + 2\varepsilon (u_{xxx}, u_{xxxx})_x - 2\varepsilon (u_{xxxx}, u_{xxxx})$$

$$- 2\left(u_{xx}, u_{xxxx}\right)_x + \left(u_{xxx}, u_{xxx}\right)_x + 2\left(u_{xx}, D_x^2 f\right)$$

$$- 2\sum_{i,j,k,l} \varphi_{ijkl} u_{ixx} u_{jx} u_{kx} u_{lx} - 6\sum_{i,j,k} \varphi_{ijk} u_{ixx} u_{jxx} u_{kx}$$

$$- 2\sum_{i,j} \varphi_{ij} u_{ixx} u_{jxxx},$$

$$((\operatorname{grad}\varphi(u))_x, u_x)_t = -\varepsilon \sum_{i,j,k} \varphi_{ijk} u_{ix} u_{jx} u_{kxxxx} - 2\varepsilon \sum_{i,j} \varphi_{ij} u_{ix} u_{jxxxxx}$$

$$- \sum_{i,j,k} \varphi_{ijk} u_{ix} u_{jx} u_{kxxx} - 2\sum_{i,j} \varphi_{ij} u_{ix} u_{jxxxx}$$

$$- 3\sum_{i,j,k,l} \varphi_{ijk}\varphi_{kl} u_{ix} u_{jx} u_{lx}$$

$$- 2\sum_{i,j,k} \varphi_{ij}\varphi_{jk} u_{ix} u_{kxx} + \sum_{i,j,k} \varphi_{ijk} u_{ix} u_{jx} f_k + 2\sum_{i,j} \varphi_{ij} u_{ix} D_x f_j,$$

$$\left(\sum_{i,j} \varphi_{ij} u_{ixx} u_{jxx}\right)_x = \sum_{i,j,k} \varphi_{ijk} u_{ixx} u_{jxx} u_{kx} + 2\sum_{i,j} \varphi_{ij} u_{ixx} u_{jxxx},$$

$$\left(\sum_{i,j} \varphi_{ij} u_{ix} u_{ixxx}\right)_x = \sum_{i,j,k} \varphi_{ijk} u_{ix} u_{jx} u_{kxxx} + \sum_{i,j} \varphi_{ij} u_{ixx} u_{jxxx}$$

$$+ \sum_{i,j} \varphi_{ij} u_{ix} u_{jxxxx},$$

$$\left(\sum_{i,j,k} \varphi_{ijk} u_{ixx} u_{jx} u_{kx}\right)_x = \sum_{i,j,k,l} \varphi_{ijkl} u_{ixx} u_{jx} u_{kx} u_{lx} + 2\sum_{i,j,k} \varphi_{ijk} u_{ixx} u_{jxx} u_{kx}$$

$$+ \sum_{j,i,k} \varphi_{ijk} u_{ixxx} u_{jx} u_{kx},$$

其中 $\sum$ 表示对各指标从 1 到 J 求和; $\varphi_{ij}, \varphi_{ijk}$ 等为 $\varphi(u)$ 对 $u_i, u_j, u_k, \cdots$ 的偏导数.

　　作以上五个式子的线性组合, 使得右边部分中的 $\sum_{i,j,k} \varphi_{ijk} u_{ixx} u_{jxx} u_{kx}$, $\sum_{i,j} \varphi_{ij} u_{ixx} u_{jxxx}$, $\sum_{i,j,k} \varphi_{ijk} u_{ix} u_{jx} u_{kxxx}$, $\sum_{i,j} \varphi_{ij} u_{ix} u_{jxxxx}$ 相互消去, 即把此五式依次乘以 $3, -5, 8, -10, 5$ 而后相加得

$$3\left(u_{xx}, u_{xx}\right)_t - 5((\operatorname{grad}\varphi(u))_x, u_x)_t + 6\varepsilon\left(u_{xxxx}, u_{xxxx}\right)$$

$$+ \Big[6\varepsilon\left(u_{xx}, u_{xxxx}\right) - 6\varepsilon\left(u_{xxx}, u_{xxxx}\right) + 6\left(u_{xx}, u_{xxxx}\right)$$

$$-3\left(u_{xxx},u_{xxx}\right)+8\sum_{i,j}\varphi_{ij}u_{ixx}u_{jxx}-10\sum_{i,j}\varphi_{ij}u_{ix}u_{jxxx}+5\sum_{i,j,k}\varphi_{ijk}u_{ix}u_{jx}u_{kxx}\Bigg]_x$$

$$=6\left(u_{xx},D_x^2 f\right)-10\sum_{i,j}\varphi_{ij}u_{ix}D_x f_j-5\sum_{i,j,k}\varphi_{ijk}u_{ix}u_{jx}f_k+5\varepsilon\sum_{i,j,k}\varphi_{ijk}u_{ix}u_{jx}u_{kxxxx}$$

$$+10\varepsilon\sum_{i,j}\varphi_{ij}u_{ix}u_{jxxxxx}-\sum_{i,j,k,l}\varphi_{ijkl}u_{ixx}u_{jx}u_{kx}u_{lx}$$

$$+15\sum_{i,j,k,l}\varphi_{ijk}\varphi_{kl}u_{ix}u_{jx}u_{lx}+10\sum_{i,j,k}\varphi_{ij}\varphi_{jk}u_{ix}u_{kxx}.$$

对等式右边部分各项在 $[-D,D]$ 上对 x 的积分作估计, 容易看出, 前三项与后两项有估计式如下:

$$\left|\int_{-D}^{D}\left(u_{xx},D_x^2 f\right)\mathrm{d}x\right|\leqslant C_1\left\|u_{xx}(\cdot,t)\right\|_{L^2(-D,D)}^2+C_2,$$

$$\left|\int_{-D}^{D}\sum_{i,j}\varphi_{ij}u_{ix}D_x f_j\mathrm{d}x\right|\leqslant C_1\left\|u_{xx}(\cdot,t)\right\|_{L^2(-D,D)}^2+C_2,$$

$$\left|\int_{-D}^{D}\sum_{i,j,k}\varphi_{ijk}u_{ix}u_{jx}f_k\mathrm{d}x\right|\leqslant C_1\left\|u_{xx}(\cdot,t)\right\|_{L^2(-D,D)}^2+C_2,$$

$$\left|\int_{-D}^{D}\sum_{i,j,k,l}\varphi_{kl}\varphi_{ijk}u_{ix}u_{jx}u_{lx}\mathrm{d}x\right|\leqslant C_1\left\|u_{xx}(\cdot,t)\right\|_{L^2(-D,D)}^2+C_2,$$

$$\left|\int_{-D}^{D}\sum_{i,j,k}\varphi_{ij}\varphi_{jk}u_{ix}u_{kxx}\mathrm{d}x\right|\leqslant C_1\left\|u_{xx}(\cdot,t)\right\|_{L^2(-D,D)}^2+C_2,$$

其中常数 C_1,C_2 依赖于 A 的元素对 x 直到二阶导数的极大模, g 的分量对 x 直到二阶导数在 $[-D,D]\times[0,T]$ 上的平方积分模以及 $\|u(\cdot,t)\|_{L^2(-D,D)}$. 对于中间三项可以分别估计如下:

$$\left|\int_{-D}^{D}\sum_{i,j,k,l}\varphi_{ijkl}u_{ixx}u_{jx}u_{kx}u_{lx}\mathrm{d}x\right|$$

$$\leqslant\sum_{i,j,k,l}\sup_{-D\leqslant x\leqslant D}\left|\varphi_{ijkl}u_{ix}u_{jx}\right|\left|\int_{-D}^{D}u_{lx}u_{ixx}\mathrm{d}x\right|$$

$$\leqslant C\left\|u_x(\cdot,t)\right\|_{L^\infty(-D,D)}^2\left\|u_x(\cdot,t)\right\|_{L^2(-D,D)}\left\|u_{xx}(\cdot,t)\right\|_{L^2(-D,D)}$$

$$\leqslant C_3 \|u_{xx}(\cdot,t)\|_{L^2(-D,D)}^2 + C_4,$$

其中 C_3, C_4 依赖于 $\|u_x(\cdot,t)\|_{L^2(-D,D)}$, 因为

$$\|u_x(\cdot,t)\|_{L^\infty(-D,D)} \leqslant C \|u_x(\cdot,t)\|_{L^2(-D,D)}^{1/2} \|u_x(\cdot,t)\|_{W_2^{(1)}(-D,D)}^{1/2}$$
$$\leqslant C_5 \|u_{xx}(\cdot,t)\|_{L^2(-D,D)}^{1/2} + C_6,$$

又有

$$\left| \int_{-D}^{D} \sum_{i,j,k} \varphi_{ijk} u_{ix} u_{jx} u_{kxxx} \mathrm{d}x \right| \leqslant \frac{2}{5} \|u_{xxx}(\cdot,t)\|_{L^2(-D,D)}^2 + C_7,$$

$$\left| \int_{-D}^{D} \sum_{i,j} \varphi_{ij} u_{ix} u_{jxxxxx} \mathrm{d}x \right| = \left| \int_{-D}^{D} \left(\sum_{i,j,k} \varphi_{ijk} u_{ix} u_{jx} + \sum_{i,k} \varphi_{ik} u_{ixx} \right) u_{kxxxx} \mathrm{d}x \right|$$
$$\leqslant \frac{2}{5} \|u_{xxxx}(\cdot,t)\|_{L^2(-D,D)}^2 + C_8 \|u_{xx}(\cdot,t)\|_{L^2(-D,D)}^2 + C_9,$$

其中的一些 C 都依赖于 $\sup\limits_{0\leqslant t\leqslant T} \|u(\cdot,t)\|_{W_2^{(1)}(-D,D)}$ 或 $\sup\limits_{0\leqslant t\leqslant T} |u(x,t)|$. 于是式 (3.3.2) 的积分式可改写为

$$\frac{\mathrm{d}}{\mathrm{d}t} \left[3\|u_{xx}(\cdot,t)\|_{L^2(-D,D)}^2 - 5 \int_{-D}^{D} \sum_{i,j} \varphi_{ij} u_{ix} u_{jx} \mathrm{d}x \right] \leqslant C_{10} \|u_{xx}(\cdot,t)\|_{L^2(-D,D)}^2 + C_{11}.$$

对上式作 $[0,t]$ 上的积分得

$$3\|u_{xx}(\cdot,t)\|_{L^2(-D,D)}^2 \leqslant 5 \int_{-D}^{D} \sum_{i,j} \varphi_{ij} u_{ix} u_{jx} \mathrm{d}x \bigg|_0^t$$
$$+ C_{10} \int_0^t \|u_{xx}(\cdot,t)\|_{L^2(-D,D)}^2 \mathrm{d}t + T C_{11} + 3\|u_0''\|_{L^2(-D,D)}^2.$$

因为

$$\left| \int_{-D}^{D} \sum_{i,j} \varphi_{i,j} u_{ix} u_{jx} \mathrm{d}x \right| \leqslant C_{12} \|u_x(\cdot,t)\|_{L^2(-D,D)}^2 \leqslant C_{13},$$

则

$$\|u_{xx}(\cdot,t)\|_{L^2(-D,D)}^2 \leqslant C_{14} \int_0^t \|u_{xx}(\cdot,t)\|_{L^2(-D,D)}^2 \mathrm{d}t + C_{15}.$$

于是可得到引理的估计式 (3.3.1).

推论 3.3.1 在引理 3.2.2 与引理 3.3.2 的条件下, 对于 $p \geqslant 1$, 问题 (3.1.6), (3.1.2) 的解有估计式

$$\|u_{\varepsilon x}\|_{L^\infty((-D,D)\times(0,T))} \leqslant K, \tag{3.3.3}$$

其中 K 不依赖于 ε 与 D.

现在来估计

$$u_{x^k}(x,t) \ (k \geqslant p+1) \quad 与 \quad v_{x^h}(x,t) = u_{x^h t}(x,t) \quad (h \geqslant 0)$$

在 $L^\infty((0,T); L^2(-D,D))$ 上的范数.

把方程组 (3.1.6) 对 t 作一次微分, 得到 $v = u_t$ 的方程

$$v_t + \varepsilon(-1)^{p+1}v_{x^{2p+2}} + v_{x^{2p+1}} = (\operatorname{grad}\varphi(u))_{tx} = D_t f, \tag{3.3.4}$$

其中

$$[(\operatorname{grad}\varphi(u))_{tx}]_i = \sum_{j,k}\varphi_{ijk}v_j u_{kx} + \sum_j \varphi_{ij}v_{jx} \quad (i=1,2,\cdots,J), \tag{3.3.5}$$

作此方程与 $v_{x^{2h}} \ (h \geqslant 0)$ 的数量积, 在 $[-D,D]$ 上作对 x 的积分, 利用分部积分化简得

$$\frac{\mathrm{d}}{\mathrm{d}t}\|v_{x^h}(\cdot,t)\|^2_{L^2(-D,D)} + 2\varepsilon\|v_{x^{h+p+1}}(\cdot,t)\|^2_{L^2(-D,D)}$$

$$+ 2\int_{-D}^{D}(v_{x^h},(\operatorname{grad}\varphi(u))_{tx^{h+1}})\,\mathrm{d}x$$

$$= 2\int_{-D}^{D}(v_{x^h}, D_x^h D_t f)\,\mathrm{d}x,$$

等式左边最后积分项的被积函数可写为

$$(v_{x^h},(\operatorname{grad}\varphi(u))_{tx^{h+1}})$$

$$= \frac{1}{2}\left(\sum_{i,j}\varphi_{ij}v_{ix^h}v_{jx^h}\right)_x + \left(h+\frac{1}{2}\right)\sum_{i,j,k}\varphi_{ijk}v_{ix^h}v_{jx^h}u_{kx}$$

$$+ \sum_{i,j}\sum_{\alpha=2}^{h}\binom{h+1}{\alpha}(D^\alpha\varphi_{ij})v_{ix^h}v_{jx^{h+1-a}} + \sum_{i,j,k}\varphi_{ijk}v_{ix^h}v_j u_{kx^{h+1}}$$

$$+ \sum_{i,j,k}\sum_{\beta=1}^{h}\binom{h}{\beta}(D^\beta\varphi_{ijk})v_{ix^h}v_j u_{kx^{h+1-\beta}}, \tag{3.3.6}$$

当 $h = 0$ 时, 右边只出现前两项; 当 $h = 1$ 时, 不出现第三项.

作以上等式右边各项的积分的估计. 对于 $h \geqslant 0$, 有

$$\left|\int_{-D}^{D}\sum_{i,j,k}\varphi_{ijk}v_{ix^h}v_{jx^h}u_{kx}\mathrm{d}x\right| \leqslant \sum_{i,j,k}\sup_{(x,t)}|\varphi_{ijk}u_{kx}|\cdot\left|\int_{-D}^{D}v_{ix^h}v_{jx^h}\mathrm{d}x\right|$$

$$\leqslant C_1 \|u_x\|_{L^\infty} \|v_x^h(\cdot,t)\|_{L^2(-D,D)}^2;$$

对于 $h \geqslant 2$, 有

$$\left| \int_{-D}^{D} \sum_{i,j} \sum_{a=2}^{h} \binom{h+1}{\alpha} (D_x^a \varphi_{ij}) v_{ix^h} v_{jx^{h+1-\alpha}} \mathrm{d}x \right|$$

$$\leqslant \sum_{i,j} \sum_{a=2}^{h} \binom{h+1}{\alpha} \sup_{(x,t)} |D^\alpha \varphi_{ij}| \cdot \left| \int_{-D}^{D} v_{ix^h} v_{x^{h+1-a}} \mathrm{d}x \right|$$

$$\leqslant C_2 \|v_{x^h}(\cdot,t)\|_{L^2(-D,D)}^2 + C_3 \|v(\cdot,t)\|_{L^2(-D,D)}^2 + C_4;$$

对于 $h \geqslant 1$, 有

$$\left| \int_{-D}^{D} \sum_{i,j,k} \sum_{\beta=1}^{h} \binom{h}{\beta} (D_x^\beta \varphi_{ijk}) v_{ix^h} v_j u_{kx^{h+1-\beta}} \mathrm{d}x \right|$$

$$\leqslant C_5 \|v_{x^h}(\cdot,t)\|_{L^2(-D,D)}^2 + C_6 \|v(\cdot,t)\|_{L^2(-D,D)}^2 + C_7,$$

其中各个 C 依赖于 $\sup\limits_{(x,t)} |D_x^\alpha \varphi_{ij}|$, $\sup\limits_{(x,t)} |D_x^\beta \varphi_{ijk}|$ $(\alpha = 2,3,\cdots,h; \beta = 1,2,\cdots,h)$, 也就依赖于 $\|u_x\|_{L^\infty}$ 与 $\|u_{x^h}\|_{L^\infty}$ $(h \geqslant 1)$, 而且 $\varphi(u)$ 是 $k+3$ 次连续可微的.

对于剩余的项, 当 $h = 1$ 时,

$$\left| \int_{-D}^{D} \sum_{i,j,k} \varphi_{ijk} v_{ix} v_j u_{kxx} \mathrm{d}x \right|$$

$$\leqslant \sum_{i,j,k} \sup_{(x,t)} |\varphi_{ijk} v_j| \left| \int_{-D}^{D} v_{ix} u_{kxx} \mathrm{d}x \right|$$

$$\leqslant C_8 \|v_x(\cdot,t)\|_{L^2(-D,D)}^2 + C_9 \|v(\cdot,t)\|_{L^2(-D,D)}^2 \|u_{xx}(\cdot,t)\|_{L^2(-D,D)}^4$$

$$+ C_{10} \|v(\cdot,t)\|_{L^2(-D,D)}^2 \|u_{xx}(\cdot,t)\|_{L^2(-D,D)}^2,$$

其中

$$\|v(\cdot,t)\|_{L^\infty(-D,D)} \leqslant C \|v(\cdot,t)\|_{L^2(-D,D)}^{\frac{1}{2}} \|v(\cdot,t)\|_{W_2^{(1)}(-D,D)}^{\frac{1}{2}}.$$

当 $h \geqslant 2$ 时,

$$\left| \int_{-D}^{D} \sum_{i,j,k} \varphi_{ijk} v_{ix^h} v_j u_{kx^{h+1}} \mathrm{d}x \right| \leqslant \sum_{i,j,k} \sup_{(x,t)} |\varphi_{ijk} v_j| \cdot \left| \int_{-D}^{D} v_{ix^h} u_{kx^{h+1}} \mathrm{d}x \right|$$

$$\leqslant C_{11} \|v\|_{L^\infty} \left(\|v_{x^h}(\cdot,t)\|_{L^2(-D,D)}^2 \right.$$

$$+ \|u_{x^{h+1}}(\cdot,t)\|_{L^2(-D,D)}^2 \Bigg),$$

以上所有的常数 C 都不依赖于 ε 与 D.

当 $h = 0$ 时, 式 (3.3.6) 可写为

$$\frac{\mathrm{d}}{\mathrm{d}t}\|v(\cdot,t)\|_{L^2(-D,D)}^2 \leqslant C\|v(\cdot,t)\|_{L^2(-D,D)}^2 + C',$$

其中 C, C' 依赖于 $\|u_x\|_{L^\infty((-D,D)\times(0,T))}$. 当 $h = 1$ 时, 式 (3.3.6) 变为

$$\frac{\mathrm{d}}{\mathrm{d}t}\|v_x(\cdot,t)\|_{L^2(-D,D)}^2 \leqslant C\|v_x(\cdot,t)\|_{L^2(-D,D)}^2 + \tilde{C},$$

其中 C 依赖于 $\|u_x\|_{L^\infty}$, 而 $\tilde{C}$ 依赖于 $\|v(\cdot,t)\|_{L^2(-D,D)}$ 与 $\|u_{xx}(\cdot,t)\|_{L^2(-D,D)}$, 但都不依赖于 ε 与 D. □

引理 3.3.3 在引理 3.2.2 与引理 3.3.2 的条件下, 设 $u_0(x) \in W_2^{(2p+2)}(-D,D)$, 又设矩阵 $A(x,t)$ 的元素对 x 与 t 的二阶混合导数在 $[-D,D] \times [0,T]$ 上有界, $g(x,t)$ 的分量对 x 与 t 的二阶混合导数在 $[-D,D] \times [0,T]$ 上平方可积, 则对问题 (3.1.6), (3.1.2) 的解, 有估计式

$$\sup_{0 \leqslant t \leqslant T} \|u_t(\cdot,t)\|_{W_2^{(1)}(-D,D)} \leqslant K,$$

其中 K 不依赖于 ε 与 D.

当 $h \geqslant 2$ 时, 式 (3.3.6) 可写为

$$\frac{\mathrm{d}}{\mathrm{d}t}\|v_{x^h}(\cdot,t)\|_{L^2(-D,D)}^2$$
$$\leqslant C_1 \|v_{x^h}(\cdot,t)\|_{L^2(-D,D)}^2 + C_2 \|u_{x^{h+1}}(\cdot,t)\|_{L^2(-D,D)}^2 + C_3, \tag{3.3.7}$$

其中 $C_i \, (i = 1, 2, 3)$ 依赖于 $\|v\|_{L^\infty}$, $\|u_{x^h}\|_{L^\infty}$, 但不依赖于 ε 与 D. 这样就可以断言:

(A) 设引理 3.2.2 与引理 3.3.2 的条件成立. 又设 $A(x,t)$ 的元素对 t 的导数有对 x 的直到 h 阶在 $[-D,D] \times [0,T]$ 上有界的导数, $g(x,t)$ 的分量对 t 的导数有对 x 直到 h 阶在 $[-D,D] \times [0,T]$ 上平方可积的导数, 而且函数 $\varphi(u)$ 为 $h+3$ 次连续可微. 又设 $u_0(x) \in W_2^{(2p+2+h)}(-D,D)$, 则当 $h \geqslant 2$ 时式 (3.3.7) 成立. 如果有不依赖于 ε 与 D 的估计

$$\sup_{0 \leqslant t \leqslant T} \|u_{x^{h+1}}(\cdot,t)\|_{L^2(-D,D)} \leqslant C,$$

则

$$\sup_{0 \leqslant t \leqslant T} \|v_{x^h}(\cdot,t)\|_{L^2(-D,D)} \leqslant K,$$

其中 K 不依赖于 ε 与 D.

现在作方程组 (3.1.6) 与 $u_{x^{2k}}$ $(k \geqslant p+1)$ 的数量积, 再对 x 在 $[-D, D]$ 上作积分, 得到

$$
\frac{\mathrm{d}}{\mathrm{d}t} \|u_{x^k}(\cdot, t)\|^2_{L^2(-D, D)} + 2\varepsilon \|u_{x^{k+p+1}}(\cdot, t)\|^2_{L^2(-D, D)}
$$

$$
+ 2 \int_{-D}^{D} (u_{x^k}, (\operatorname{grad} \varphi(u))_{x^{k+1}}) \, \mathrm{d}x = 2 \int_{-D}^{D} (u_{x^k}, D_{x^k} f) \, \mathrm{d}x, \tag{3.3.8}
$$

其中对于 $s \geqslant 0$, 有

$$
\int_{-D}^{D} (u_{x^k}, (\operatorname{grad} \varphi(u))_{x^{k+1}}) \, \mathrm{d}x
$$

$$
= (-1)^{k+1+s} \int_{-D}^{D} (u_{x^{2p+1+s}}, (\operatorname{grad} \varphi(u))_{x^{2k-2p-s}}) \, \mathrm{d}x
$$

$$
= (-1)^{k+s} \int_{-D}^{D} \big(v_{x^s} + \varepsilon(-1)^{p+1} u_{x^{2p+2+s}} + (\operatorname{grad} \varphi(u))_{x^{s+1}}
$$

$$
- D_x f, (\operatorname{grad} \varphi(u))_{x^{2k-2p-s}}) \, \mathrm{d}x
$$

$$
= (-1)^{k+s} \int_{-D}^{D} (v_{x^s}, (\operatorname{grad} \varphi(u))_{x^{2k-2p-s}}) \, \mathrm{d}x
$$

$$
+ \varepsilon \int_{-D}^{D} (u_{x^{k+p+1}}, (\operatorname{grad} \varphi(u))_{x^{k-p+1}}) \, \mathrm{d}x
$$

$$
+ (-1)^{p+1} \int_{-D}^{D} \big(D_x^{k-\beta} f, (\operatorname{grad} \varphi(u))_{x^{k-p}} \big) \, \mathrm{d}x.
$$

有如下的估计: 当 $p + \left[\dfrac{s}{2}\right] \leqslant k \leqslant 2p + s$ 时,

$$
\left| \int_{-D}^{D} (v_{x^s}, (\operatorname{grad} \varphi(u))_{x^{2k-2p-s}}) \, \mathrm{d}x \right|
$$

$$
\leqslant C_4 \|v_{x^s}(\cdot, t)\|^2_{L^2(-D, D)} + C_5 \|u_{x^k}(\cdot, t)\|^2_{L^2(-D, D)} + C_6,
$$

$$
\left| \int_{-D}^{D} (u_{x^{k+p+1}}, (\operatorname{grad} \varphi(u))_{x^{k-p+1}}) \, \mathrm{d}x \right|
$$

$$
\leqslant \|u_{x^{k+p+1}}(\cdot, t)\|^2_{L^2(-D, D)} + C_7 \|u_{x^k}(\cdot, t)\|^2_{L^2(-D, D)} + C_8,
$$

$$
\left| \int_{-D}^{D} (D_{x^{k-p}} f, (\operatorname{grad} \varphi(u))_{x^{k-p}}) \, \mathrm{d}x \right| \leqslant C_9 \|u_{x^{k-p}}(\cdot, t)\|^2_{L^2(-D, D)} + C_{10},
$$

其中 C 都依赖于 $\displaystyle\sup_{0 \leqslant t < T} \|u(\cdot, t)\|^2_{L^2(-D, D)}$, 不依赖于 ε 与 D. 于是, 式 (3.3.8) 可

写成

$$\frac{\mathrm{d}}{\mathrm{d}t} \left\| u_x^k(\cdot,t) \right\|_{L^2(-D,D)}^2 \leqslant C_{11} \left\| v_x^s(\cdot,t) \right\|_{L^2(-D,D)}^2 + C_{12} \left\| u_{x^k}(\cdot,t) \right\|_{L^2(-D,D)}^2 + C_{13},$$
(3.3.9)

其中 $p + \left[\dfrac{s}{2}\right] \leqslant k \leqslant 2p+s$, C 都依赖于 $\sup\limits_{0 \leqslant t \leqslant T} \|u(\cdot,t)\|_{L^2(-D,D)}^2$, 不依赖于 ε 与 D.

(B) 设引理 3.2.2 与引理 3.3.2 的条件成立. 设 $A(x,t)$ 的元素在 $[-D,D] \times [0,T]$ 上有对 x 直到 k 阶的有界导数, $g(x,t)$ 的分量在 $[-D,D] \times [0,T]$ 上有对 x 直到 k 阶的平方可积导数, $\varphi(u)$ 是 $\max\{k-p+1, 2k-2p-s\}$ 次连续可微的, 其中

$$\max\{0, k-2p\} \leqslant s \leqslant 2(k-p).$$

又设 $u_0(x) \in W_2^{(k)}(-D,D)$, 则对问题 (3.1.6), (3.1.2) 的解, 式 (3.3.9) 成立. 如果有不依赖于 ε 与 D 的估计式 $\sup\limits_{0 \leqslant t \leqslant T} \|v_{x^s}(\cdot,t)\|_{L^2(-D,D)} \leqslant C$, 则

$$\sup_{0 \leqslant t \leqslant T} \|u_{x^k}(\cdot,t)\|_{L^2(-D,D)} \leqslant K,$$

其中 K 不依赖于 ε 与 D.

现在用以上所得到的积分估计来证明, 当 $\varepsilon \to 0$ 时, 带小参数项的方程组 (3.1.6) 的周期边界问题 (3.1.2) 的解 $u_\varepsilon(x,t)$ 收敛于 KdV 方程组 (3.1.1) 的周期边界问题 (3.1.2) 的整体广义解与古典解.

当 $p=1$ 时, 从引理 3.3.1—引理 3.3.3, 已知 $u_\varepsilon(x,t)$ 有 $\|u_\varepsilon\|_{L^\infty\left((0,T);W_2^{(2)}(-D,D)\right)}$ 与 $\|u_{\varepsilon t}\|_{L^\infty\left((0,T);W_2^{(2)}(-D,D)\right)}$ 不依赖于 ε 的估计. 根据 (B) 的 $s=1, k=3$ 的情况, 由

$$\sup_{0 \leqslant t \leqslant T} \|v_{\varepsilon x}(\cdot,t)\|_{L^2(-D,D)}$$

的对 ε 的一致有界性, 推出 $\sup\limits_{0 \leqslant t \leqslant T} \|v_{\varepsilon xxx}(\cdot,t)\|_{L^2(-D,D)}$ 的对 ε 一致有界性. 根据 (A), 则有 $\sup\limits_{0 \leqslant t \leqslant T} \|v_{\varepsilon xx}(\cdot,t)\|_{L^2(-D,D)}$ 的对 ε 一致有界性. 再根据 (B) 的 $s=2, k=4$ 的情况, 则有 $\sup\limits_{0 \leqslant t \leqslant T} \|v_{\varepsilon xxxx}(\cdot,t)\|_{L^2(-D,D)}$ 对 ε 的一致有界性.

当 $p \geqslant 2$ 时, 同样由引理 3.3.1 和引理 3.3.3, 已知 $u_\varepsilon(x,t)$ 有

$$\|u_\varepsilon\|_{L^\infty\left((0,T);W_2^{(p)}(-D,D)\right)} \quad 与 \quad \|v_\varepsilon\|_{L^\infty\left((0,T);W_2^{(1)}(-D,D)\right)}$$

对 ε 的一致估计. 根据 (B) 的 $s=1, k=p+1$ 的情况, 可以得出

$$\sup_{0 \leqslant t \leqslant T} \|u_{\varepsilon x^{p+1}}(\cdot,t)\|_{L^2(-D,D)}$$

的对 ε 的一致有界性. 根据 (A), 则有 $\sup\limits_{0 \leqslant t \leqslant T} \|v_{\varepsilon x^p}(\cdot, t)\|_{L^2(-D,D)}$ 对 ε 的一致有界性. 又根据 (B) 的 $s = p$, $k = 2p + 2$ 的情况, 得出 $\sup\limits_{0 \leqslant t \leqslant T} \|u_{\varepsilon x^{2p+2}}(\cdot, t)\|_{L^2(-D,D)}$ 对 ε 的一致有界性.

定理 3.3.1　设方程组 (3.1.1) 与周期边界条件 (3.1.2) 满足以下条件:

(1) $u_0(x)$ 是以 $2D$ 为周期的 J 维向量函数, $u_0(x) \in W_2^{(3p+2)}(-D,D)$, $p \geqslant 1$, $D > 0$.

(2) 矩阵 $A(x,t) = (a_{ij}(x,t))$ 的元素

$$a_{ij}(x,t) \in L^\infty \left((0,T); W_\infty^{(2p+2)}(-D,D)\right) \cap W_\infty^{(1)}\left((0,T); W_2^{(\bar{p})}(-D,D)\right), \quad (3.3.10)$$

向量 $g(x,t)$ 的分量

$$g_1(x,t) \in L^2\left((0,T); W_2^{(2p+2)}(-D,D)\right) \cap W_2^{(1)}\left((0,T); W_2^{(\bar{p})}(-D,D)\right), \quad (3.3.11)$$

其中 $\bar{p} = \max(2, p)$, $i, j = 1, 2, \cdots, J$, 而且所有这些函数都是以 $2D$ 为周期的.

(3) 函数 $\varphi(u)$ 对 $u = (u_1, u_2, \cdots, u_J)$ 是 $p + 4$ 次连续可微的, 并且有

$$|\varphi(u)| \leqslant C |(u)|^l, \quad |\operatorname{grad} \varphi(u)| \leqslant C |u|^{l-1}, \quad \left|\frac{\partial^2 \varphi(u)}{\partial u_i \partial u_j}\right| \leqslant C\left(|u|^{l-2} + 1\right),$$

其中 $l = 4p + 2 - \delta$, $\delta > 0$; C 为常数.

则方程组 (3.1.1) 的周期边界问题 (3.1.2) 有唯一的整体广义解

$$u(x,t) = (u_1(x,t), u_2(x,t), \cdots, u_J(x,t)),$$

而且

$$u(x,t) \in L^\infty\left((0,T); W_2^{(2p+2)}(-D,D)\right) \cap W_\infty^{(1)}\left((0,T); W_2^{(\bar{p})}(-D,D)\right), \quad (3.3.12)$$

因而 $u(x,t)$ 及其对 x 直到 $2p+1$ 阶导数在 $[-D, D] \times [0, T]$ 上是 Hölder 连续的.

证明　在定理的条件下, 问题 (3.1.6), (3.1.2) 的解 $u_\varepsilon(x,t)$ 在空间

$$L^\infty\left((0,T); W_2^{(2p+2)}(-D,D)\right) \cap W_\infty^{(1)}\left((0,T); W_2^{(\bar{p})}(-D,D)\right)$$

中对 ε 与 D 是一致有界的. 那么, 存在一个不依赖于 ε 与 D 的常数 $0 < \alpha < 1$, $u_\varepsilon(x,t)$ 及其直到 $2p+1$ 阶对 x 的导数都适合以 α 为指标的 Hölder 条件, 而且它们的 Hölder 系数对 ε 与 D 是一致有界的. 实际上, 从插值公式可知, 当 $\bar{p} \leqslant k \leqslant 2p+1$ 时,

$$\left|u_x^k(x, t_1) - u_x^k(x, t_2)\right|$$

$$\leqslant \left\| u_x^k (\cdot, t_1) - u_x^k (\cdot, t_2) \right\|_{L^\infty(-D,D)}$$

$$\leqslant C \left\| u_{x^p} (\cdot, t_1) - u_{x^p} (\cdot, t_2) \right\|_{L^2(-D,D)}^{1-\beta} \left\| u (\cdot, t_1) - u (\cdot, t_2) \right\|_{W_2^{(2p+2)}(-D,D)}^{\beta}$$

$$\leqslant C \left| t_1 - t_2 \right|^{1-\beta} \sup_{0 \leqslant t \leqslant T} \left\| v_{x^p}(\cdot, t) \right\|_{L^2(-D,D)}^{1-\beta} \sup_{0 \leqslant t \leqslant T} \left\| u(\cdot, t) \right\|_{W_2^{(2p+2)}(-D,D)}^{\beta},$$

当 $0 \leqslant h \leqslant \bar{p} - 1$ 时,

$$\left| u_{x^h} (x, t_1) - u_{x^h} (x, t_2) \right|$$

$$\leqslant C \left| t_1 - t_2 \right| \sup_{0 \leqslant t \leqslant T} \left\| v(\cdot, t) \right\|_{L^2(-D,D)}^{1-\bar{\beta}} \sup_{0 \leqslant t \leqslant T} \left\| v(\cdot, t) \right\|_{W_2^{(\bar{p})}(-D,D)}^{\bar{\beta}},$$

其中

$$1 - \beta = \frac{2p - k + \dfrac{3}{2}}{p + 2} \quad (\bar{p} \leqslant k \leqslant 2p + 1), \quad \bar{\beta} = \frac{h + \dfrac{1}{2}}{\bar{p}} \quad (0 \leqslant h \leqslant \bar{p} - 1),$$

$$t_1, t_2 \in [0, T], x \in [-D, D].$$

因此, $u_\varepsilon(x, t)$ 及其对 x 直到 $\bar{p} - 1$ 阶导数在 $[-D, D] \times [0, T]$ 上是 Lipshitz 连续的, 而 $u_{\varepsilon^k}(x,t)(\bar{p} \leqslant k \leqslant 2p + 1)$ 在 $[-D, D] \times [0, T]$ 上是以 $\dfrac{2p - k + \dfrac{3}{2}}{p + 2}$ 为指标 Hölder 连续的. 这样, 取 $\alpha = \dfrac{1}{2p + 4}$, 函数 $u_\varepsilon(x, t)$ 及其对 x 直到 $2p + 1$ 阶导数都是在 $[-D, D] \times [0, T]$ 上以 α 为指标的 Hölder 连续函数, 而且不难看出它们的 Hölder 系数对 ε 与对 D 是一致有界的.

在向量函数集 $\{u_\varepsilon(x, t)\}$ 中, 可以抽出一个子序列 $\{u_{\varepsilon i}(x, t)\}$, 使得有一个向量函数 $u(x, t) = (u_1(x, t), \cdots, u_J(x, t))$ 存在, 当 $\varepsilon_i \to 0$ 时, $\{u_{\varepsilon i}(x, t)\}$ 在 $[-D, D] \times [0, T]$ 一致收敛于 $u(x, t)$, 而且导数函数序列 $\{u_{\varepsilon i x^k}(x, t)\}, 0 \leqslant k \leqslant 2p + 1$, 分别在 $[-D, D] \times [0, T]$ 上一致收敛于相应的导数向量 $u_x^k(x, t)$. 此外, 序列 $\{u_{\varepsilon i x^h}(x, t)\}$ $(0 \leqslant h \leqslant \bar{p})$ 与 $\{u_{\varepsilon i x^{2p+2}}(x, t)\}$ 分别弱收敛于 $u_{t x^h}(x, t)$ 与 $u_{x^{2p+2}}(x, t)$. 因此, $u(x, t)$ 属于空间

$$L^\infty((0, T); W_2^{(2p+2)}(-D, D)) \cap W_\infty^{(1)} \left((0, T); W_2^{(\bar{p})}(-D, D) \right).$$

对于任意对 x 以 $2D$ 为周期的试验向量函数 $\psi(x, t) = (\psi_1(x, t), \cdots, \psi_J(x, t))$, 当 $\varepsilon_i \to 0$ 时, 积分恒等式

$$\int_0^t \int_{-D}^D \left(\left[u_{\varepsilon i t} + \varepsilon_i (-1)^p u_{\varepsilon i x^2 + 2} + u_{\varepsilon i x^{2p+1}} + (\operatorname{grad} \varphi (u_{\varepsilon i}))_x - A u_{\varepsilon i} - g \right], \psi \right) \mathrm{d}x \mathrm{d}t = 0$$

的极限为

$$\int_0^t \int_{-D}^D \left(\left[u_t + u_{x^{2p+1}} + (\operatorname{grad} \varphi(u))_x - Au - g \right], \psi \right) \mathrm{d}x \mathrm{d}t = 0, \qquad (3.3.13)$$

其中 $0 \leqslant t \leqslant T$. 因此, 所得到的向量函数 $u(x,t)$ 就是 KdV 型方程组 (3.1.1) 周期边界问题 (3.1.2) 的整体广义解.

设问题 (3.1.1), (3.1.2) 有两个整体广义解 $u(x,t)$ 与 $\overline{u}(x,t)$, 记 $W(x,t) \equiv u(x,t) - \overline{u}(x,t)$. 这样, W 适合积分关系式

$$\int_0^t \int_{-D}^D \left([W_t + W_{x^{2p+1}} + (\operatorname{grad} \varphi(u))_x - (\operatorname{grad} \psi(\overline{u}))_x - AW], \psi \right) \mathrm{d}x\mathrm{d}t = 0,$$

其中 ψ 为任意对 x 以 $2D$ 为周期的试验向量函数, $\psi = W$, 那么采用引理 3.2.2 证明中最后部分证明解的唯一性同样的方法, 可知 $W \equiv 0$, 即 $u \equiv \overline{u}$. 问题 (3.1.1), (3.1.2) 的解是唯一的. □

定理 3.3.2 设定理 3.3.1 中的条件成立, 则当 $\varepsilon \to 0$ 时, 问题 (3.1.6), (3.1.2) 的整体解 $u_\varepsilon(x,t)$ 在空间 $L^\infty \left((0,T); W_\infty^{(2p+1)}(-D,D) \right)$ 的范数中收敛于问题 (3.1.1), (3.1.2) 的整体广义解 $u(x,t)$.

证明 对于任意对 x 以 $2D$ 为周期的试验向量函数 $\psi(x,t)$, 向量函数 $z(x,t) = u_\varepsilon(x,t) - u(x,t)$ 适合积分关系式

$$\int_0^t \int_{-D}^D \left(\left[z_t + \varepsilon(-1)^{p+1} u_{\varepsilon x^{2p+2}} + z_{x^{2p+1}} + R_\varepsilon z_x + S_\varepsilon z - Az \right], \psi \right) \mathrm{d}x\mathrm{d}t = 0,$$

其中 $R_\varepsilon = (\varphi_{ij}(u_\varepsilon)), S_\varepsilon = \left(\sum_k u_{\varepsilon tx} \int_0^1 \varphi_{ijk}(\tau u_\varepsilon + (1-\tau)u) \mathrm{d}\tau \right), z(x,0) = 0$, 取 $\psi \equiv z$, 则有

$$\|z(\cdot,t)\|_{L^2(-D,D)}^2 = \int_0^t \int_{-D}^D \left([2A + R_{\varepsilon x} - 2S_\varepsilon] z, z \right) \mathrm{d}x\mathrm{d}t + 2(-1)^p$$
$$\cdot \int_0^t \int_{-D}^D \left(c u_\varepsilon^{2p+2}, z \right) \mathrm{d}x\mathrm{d}t$$

或

$$\|z(\cdot,t)\|_{L^2(-D,D)}^2 \leqslant C \int_0^t \|z(\cdot,t)\|_{L^2(-D,D)}^2 \mathrm{d}t + \varepsilon^2 \|u_{\varepsilon 2p+2}\|_{L^2((-D,D)\times(0,T))}^2,$$

其中 C 依赖于 $2A + R_{\varepsilon x} - 2S_\varepsilon$ 的模. 因此

$$\sup_{0 \leqslant t \leqslant T} \|z(\cdot,t)\|_{L^2(-D,D)}^2 \leqslant \varepsilon^2 \|u_{\varepsilon x^{2p+2}}\|_{L^2((-D,D)\times(0,T))}^2 \mathrm{e}^{CT}$$

或

$$\|z\|_{L^\infty((0,T);L^2(-D,D))} = O(\varepsilon).$$

从插值公式

$$\|z_{x^k}(\cdot, t)\|_{L^\infty(-D,D)} \leqslant C\|z(\cdot, t)\|_{L^2(-D,D)}^{1-\beta}\|z(\cdot, t)\|_{W_2^{(2p+2)}(-D,D)}^{\beta},$$

其中 $\beta = \dfrac{k+\frac{1}{2}}{2p+2}, 0 \leqslant t \leqslant T, 1 \leqslant k \leqslant 2p+1$, 即有

$$\|z_{x^k}\|_{L^\infty((-D,D)\times(0,T))} = O\left(\varepsilon^{1-\frac{k+\frac{1}{2}}{2p+2}}\right),$$

其中 $0 \leqslant k \leqslant 2p+1$, 定理得证.   □

如果对于任意的对 x 以 $2D$ 为周期的试验向量函数 $\psi(x, t)$, 成立积分关系式

$$\int_0^t \int_{-D}^D \left([u_t + (\operatorname{grad} \varphi(u))_x - Au - g], \psi\right) \mathrm{d}x\mathrm{d}t$$
$$+ \int_0^t \int_{-D}^D \left(\left[\varepsilon u_{x^{\beta+1}} + (-1)^{p+1} u_{x^p}\right], \psi_{x^{p+1}}\right) \mathrm{d}x\mathrm{d}t = 0, \tag{3.3.14}$$

其中 $0 \leqslant t \leqslant T$, 则称 $u(x, t)$ 为问题 (3.1.1), (3.1.2) 的整体弱解.

定理 3.3.3　设方程组 (3.1.1) 与周期边值问题 (3.1.2) 满足以下条件:

(1) $u_0(x)$ 是以 $2D$ 为周期的 J 维向量函数, $u_0(x) \in W_2^{(p+1)}(-D,D), p \geqslant 1, D > 0$;

(2) $A(x,t)$ 的元素

$$a_{ij}(x,t) \in L^\infty\left((0,T); W_\infty^{(p+1)}(-D,D)\right) \cap W_\infty^{(1)}\left((0,T); W_\infty^{(1)}(-D,D)\right),$$

$g(x,t)$ 的分量

$$g_i(x,t) \in L^2\left((0,T); W_2^{(p+1)}(-D,D)\right) \cap W_2^{(1)}\left((0,T); W_2^{(1)}(-D,D)\right);$$

(3) $\varphi(u)$ 四次连续可微, 并且 $|\varphi(u)| \leqslant C|u|^l, |\operatorname{grad} \varphi(u)| \leqslant C|u|^{l-1}$,

$$\left|\frac{\partial^2 \varphi(u)}{\partial u_i \partial u_j}\right| \leqslant C\left(|u|^{l-2} + 1\right),$$

其中 $l = 4p+2-\delta, \delta > 0$, C 为常数.

则问题 (3.1.1), (3.1.2) 有一个唯一的整体弱解 $u(x, t)$, 而且

$$u(x,t) \in L^\infty\left((0,T); W_2^{(p+1)}(-D,D)\right) \cap W_\infty^{(1)}\left((0,T); W_2^{(1)}(-D,D)\right), \tag{3.3.15}$$

因而 $u(x, t)$ 及其对 x 直到 p 阶导数在 $[-D, D] \times [0, T]$ 上 Hölder 连续.

定理3.3.4 在定理 3.3.3 的条件下, 当 $\varepsilon \to 0$ 时, 问题 (3.1.6), (3.1.2) 的整体解 $u_\varepsilon(x,t)$ 按空间 $L^\infty\left((0,T); W_\infty^{(p)}(-D,D)\right)$ 的范数收敛于问题 (3.1.1), (3.1.2) 的整体弱解 $u(x,t)$.

对于整体古典解的情况, 有以下定理:

定理 3.3.5 设定理 3.3.1 中的条件成立. 又设矩阵 $A(x,t)$ 的元素 $a_{ij}(x,t)$ 有在 $[-D,D] \times [0,T]$ 上有界的对 t 二阶导数, 向量 $g(x,t)$ 的分量 $g_i(x,t)$ 有在 $[-D,D] \times [0,T]$ 上平方可积的对 t 二阶导数 $(i,j=1,2,\cdots,J)$, 又 $u_0(x) \in W_2^{(4,p+4)}(-D,D)$. 则问题 (3.1.1), (3.1.2) 有一个唯一的整体古典解

$$u(x,t) \in L^\infty\left((0,T); W_2^{(2p+2)}(-D,D)\right)$$
$$\cap W_\infty^{(1)}\left((0,T); W_2^{(\bar{p})}(-D,D)\right) \cap W_\infty^{(2)}\left((0,T); L^2(-D,D)\right), \quad (3.3.16)$$

因此 $u(x,t)$ 及其所有在方程组 (3.1.1) 中所出现的各阶导数都是 Hölder 连续的.

定理3.3.6 在定理 3.3.5 的条件下, 当 $\varepsilon \to 0$ 时, 问题 (3.1.6), (3.1.2) 的整体古典解 $u_\varepsilon(x,t)$ 按空间 $L^\infty\left((0,T); W_\infty^{(2p+1)}(-D,D)\right) \cap W_\infty^{(1)}\left((0,T); W_\infty^{(\bar{p}-1)}(-D,D)\right)$ 的范数收敛于问题 (3.1.1), (3.1.2) 的整体古典解 $u(x,t)$.

3.4　方程组 (3.1.1) 的初值问题 (3.1.3)

现在在区域 $(-\infty,\infty) \times [0,T]$ 上考虑 KdV 型方程组的初值问题 (3.1.1), (3.1.3).

设序列 $\{D_s\}$ 当 $s \to \infty$ 时, $D_s \to \infty$. 对每个 s, 作对 x 以 $2D_s$ 为周期的 $J \times J$ 矩阵函数 $A^{[s]}(x,t)$, 使得当 $x \in [-(D_s-1), (D_s-1)]$ 时, $A^{[s]}(x,t) = A(x,t)$, 保持有与 $A(x,t)$ 相同的光滑性, 并且具有对 s 与对 D_s 一致的相应范数. 譬如, 如果 $A(x,t)$ 的元素 $a_{ij}(x,t)$ 属于

$$L^\infty\left((0,T); W_\infty^{(2p+2)}(-\infty,\infty)\right) \cap W_\infty^{(1)}\left((0,T); W_\infty^{(\bar{p})}(-\infty,\infty)\right),$$

则 $A^{[s]}(x,t)$ 的元素 $a_{ij}^{[s]}(x,t)$ 对 x 以 $2D_s$ 为周期, 属于

$$L^\infty\left((0,T); W_\infty^{(2p+2)}(-D_s,D_s)\right) \cap W_\infty^{(1)}\left((0,T); W_\infty^{(\bar{p})}(-D_s,D_s)\right),$$

而且 $\left\|D_x^k a_{ij}^{[s]}\right\|_{L^\infty([-D_s,D_s]\times[0,T])}$ 与 $\left\|D_x^h D_i a_{ij}^{[s]}\right\|_{L^\infty([-D_s,D_s]\times[0,T])}$ 对 s 一致有界, 其中 $k=0,1,\cdots,2p+2$; $h=0,1,\cdots,\bar{p}$; $i,j=1,2,\cdots,J$.

同样, 作对 x 以 $2D_s$ 为周期的 J 维向量函数 $g^{[s]}(x,t)$, 使得当 $x \in [-(D_s-1), (D_s-1)]$ 时, $g^{[s]}(x,t) = g(x,t)$, 保持有与 $g(x,t)$ 相同的光滑性, 并有对 s 一致的

相应范数. 例如, 如果 $g(x,t)$ 的分量 $g_i(x,t)$ 属于

$$L^2\left((0,T);W_2^{(2p+2)}(-\infty,\infty)\right)\cap W_2^{(1)}\left((0,T);W_2^{(\bar{p})}(-\infty,\infty)\right),$$

则 $g^{[s]}(x,t)$ 的分量 $g_i^{[s]}(x,t)$ 属于

$$L^2\left((0,T);W_2^{(2p+2)}(-D_s,D_s)\right)\cap W_2^{(1)}\left((0,T);W_2^{(j)}(-D_s,D_s)\right),$$

而且 $\left\|D_x^k g_i\right\|_{L^2}$ 和 $\left\|D_x^h D_s g_i\right\|_{L^2}$ 对 s 一致有界, 其中 $k=0,1,\cdots,2p+2;$ $h=0,1,\cdots,\bar{p};$ $i=1,2,\cdots,J.$

又对每个 s 作以 $2D_s$ 为周期的 J 维向量函数 $u_0^{[s]}(x)$, 使得当 $x\in[-(D_s-1),(D_s-1)]$ 时, $u_0^{[s]}(x)\equiv u_0(x)$, 保持有与 $u_0(x)$ 相同的光滑性, 而且有对 s 一致的相应范数. 例如, 如果 $u_0(x)\in W_2^{(k)}(-\infty,\infty)$, 则 $u_0^{[s]}(x)$ 属于 $W_2^{(k)}(-D_s,D_s)$, 即其分量 $u_{0i}^{[s]}(x)$ $(i=1,2,\cdots,J)$ 属于 $W_2^{(k)}(-D_s,D_s)$, 并且 $\left\|u_0^{[s]}\right\|_{W_2^{(k)}(-D_s,D_s)}$ 对 s 一致有界, 其中 $k=3p+2.$

这样, 对于每个 s, 在区域 $[-D_s,D_s]\times[0,T]$ 上考虑带有小参数项的方程组

$$u_t+\varepsilon(-1)^{p+1}u_{x^{2p+2}}+u_{x^{2p+1}}+(\mathrm{grad}\,\varphi(u))_x=A^{[s]}(x,t)u+g^{[s]}(x,t) \quad (3.4.1)$$

的周期边界问题

$$u(x+2D_s,t)=u(x,t),$$
$$u(x,0)=u_0^{[s]}(x) \quad (-D_s\leqslant x\leqslant D_s), \tag{3.4.2}$$

其中 $s=1,2,\cdots$. 根据引理 3.2.2, 对 $\varepsilon>0$ 与每个 s, 方程组 (3.4.1) 的周期边界问题 (3.4.2), 有唯一的解

$$u_\varepsilon^{[s]}(x,t)\in L^\infty\left((0,T);W_2^{(p+1)}(-D_s,D_s)\right)\cap W_2^{(1)}\left((0,T);L^2(-D_s,D_s)\right)$$
$$\cap L^2\left((0,T);W_2^{(2p+2)}(-D_s,D_s)\right).$$

由在 3.3 节中所得到的关于问题 (3.1.6), (3.1.2) 的解 $u_\varepsilon(x,t)$ 的各阶导数的积分估计都是不依赖于 $\varepsilon>0$ 与 $D>0$, 因此这些估计同样对于问题 (3.4.1), (3.4.2) 也是成立的, 而且都是不依赖于 $\varepsilon>0$ 与 D_s 或 s 的.

现在考虑 $s\to\infty$ 或 $D_s\to\infty$ 的极限过程. 因为 $u_\varepsilon^{[s]}(x,t)$ 在

$$L^\infty\left((0,T);W_2^{(2p+2)}(-D_s,D_s)\right)\cap W_\infty^{(1)}\left((0,T);W_2^{(\bar{p})}(-D_s,D_s)\right)$$

上有对 ε 与对 s 或 D_s 一致有界的范数, 所以可以在序列 $\left\{u_\varepsilon^{[s]}(x,t)\right\}$ 中选取出子序列 $\left\{u_\varepsilon^{[s_i]}(x,t)\right\}$, 并在区域 $(-\infty,\infty)\times[0,T]$ 上存在一个函数 $u_\varepsilon(x,t)$, 使得对于

任意有界矩形区域 $[-L, L] \times [0, T]$ 上 $(L > 0)$, 当 $s_i \to \infty$ 时序列 $\left\{ u_\varepsilon^{[s_i]}(x, t) \right\}$ 一致收敛于 $u_\varepsilon(x, t)$. 实际上, 像在定理 3.3.1 中的证明那样, 子序列可以选取, 使得在任意有界矩形区域 $[-L, L] \times [0, T]$ 上 $\left\{ D_x^k u_\varepsilon^{[s_i]}(x, t) \right\}$ $(0 \leqslant k \leqslant 2p + 1)$ 分别一致收敛于相应向量导数 $D_x^k u_\varepsilon(x, t)$, $\left\{ D_x^{2p+2} u_\varepsilon^{[s_i]}(x, t) \right\}$ 与 $\left\{ D_x^h D_t u_\varepsilon^{[s_i]}(x, t) \right\}$ $(0 \leqslant h \leqslant \bar{p})$ 分别弱收敛于 $D_x^{2p+2} u_\varepsilon(x, t)$ 与 $D_x^h D_t u_\varepsilon(x, t)$. 因此, 向量函数 $u_\varepsilon(x, t)$ 属于

$$L^\infty \left((0, T); W_2^{(2p+2)} (-D_s, D_s) \right) \cap W_\infty^{(1)} \left((0, T); W_2^{(\bar{p})} (-D_s, D_s) \right).$$

于是, 可以得到关于方程组 (3.1.6) 的初值问题 (3.1.3) 的解 $u_\varepsilon(x, t)$ 的存在性与唯一性.

引理 3.4.1　设方程组 (3.1.6) 与初始条件 (3.1.3) 满足以下条件:

(1) $u_0(x) \in W_2^{(p+1)}(-\infty, \infty)$, $p \geqslant 1$;

(2) $A(x, t)$ 的元素 $a_{ij}(x, t)$ 对 x 直到 p 阶导数在 $(-\infty, \infty) \times [0, T]$ 上有界, $g(x, t)$ 的分量 $g_i(x, t)$ 对 x 直到 p 阶导数在 $(-\infty, \infty) \times [0, T]$ 上平方可积, 其中 $i, j = 1, 2, \cdots, J$;

(3) $\varphi(u)$ 三次连续可微, 并且有 $|\varphi(u)| \leqslant C|u|^l$, $|\operatorname{grad} \varphi(u)| \leqslant C|u|^{l-1}$,

$$\left| \frac{\partial^2 \varphi(u)}{\partial u_i \partial u_j} \right| \leqslant C \left(|u|^{l-2} + 1 \right) \quad (i, j = 1, 2, \cdots, J),$$

其中 C 为常数. 则初值问题 (3.1.6), (3.1.3) 有一个唯一的解

$$u_\varepsilon(x, t) \in L^\infty \left((0, T); W_2^{(p+1)}(-\infty, \infty) \right) \cap W_2^{(1)} \left((0, T); L^2(-\infty, \infty) \right)$$
$$\cap L^2 \left((0, T); W_2^{(2p+2)}(-\infty, \infty) \right).$$

类似于推论 3.2.2 的推论, 提高问题 (3.1.6), (3.1.3) 中已知函数 $\varphi(u)$, 向量函数 $u_0(x), g(x, t)$ 与矩阵函数 $A(x, t)$ 的光滑性, 就可以得到具有相应光滑性的整体古典解.

因为在 3.3 节中所得到的估计都是不依赖于 ε 与 D 的, 所以对于初值问题 (3.1.6), (3.1.3) 在区域 $(-\infty, \infty) \times [0, T]$ 上的解 $u_\varepsilon(x, t)$ 同样有不依赖于 ε 的各阶导数的估计. 利用 3.3 节中的论证方法, 可以在不同的条件下, 证明初值问题 (3.1.1), (3.1.3) 的整体弱解、广义解与古典解的存在性与唯一性, 并且当 $\varepsilon \to 0$ 时, 初值问题 (3.1.6), (3.1.3) 的整体解的极限为 (3.1.1), (3.1.3) 的相应整体解.

定理 3.4.1　设方程组 (3.1.1) 与初始条件 (3.1.3) 满足以下条件:

(1) $u_0(x) \in W_2^{(3p+2)}(-\infty, \infty)$, $p \geqslant 1$.

(2) $A(x,t)$ 的元素

$$a_{ij}(x,t) \in L^\infty \left((0,T); W_\infty^{(2p+2)}(-\infty,\infty)\right) \cap W_\infty^{(1)} \left((0,T); W_\infty^{(\bar p)}(-\infty,\infty)\right),$$

$g(x,t)$ 的分量

$$g_i(x,t) \in L^2 \left((0,T); W_2^{(2p+2)}(-\infty,\infty)\right) \cap W_2^{(1)} \left((0,T); W_2^{(\bar p)}(-\infty,\infty)\right),$$

其中 $\bar p = \max\{2,p\}; i,j = 1,2,\cdots,J.$

(3) $\varphi(u)$ 是 $p+4$ 次连续可微的, 并且有 $|\varphi(u)| \leqslant C|u|^l$,

$$|\operatorname{grad}\varphi(u)| \leqslant C|u|^{l-1}, \quad \left|\frac{\partial^2 \varphi(u)}{\partial u_i \partial u_j}\right| \leqslant C\left(|u|^{l-2}+1\right),$$

其中 $l = 4p+2-\delta, \delta > 0; i,j = 1,2,\cdots,J; C$ 为常数.

则方程组 (3.1.1) 的初值问题 (3.1.3) 有一个唯一的整体广义解

$$u(x,t) \in L^\infty \left((0,T); W_2^{(2p+2)}(-\infty,\infty)\right) \cap W_\infty^{(1)} \left((0,T); W_2^{(\bar p)}(-\infty,\infty)\right).$$

定理 3.4.2 设定理 3.4.1 中的条件成立, 则当 $\varepsilon \to 0$ 时, 问题 (3.1.6), (3.1.3) 的整体解 $u_\varepsilon(x,t)$ 在空间 $L^\infty \left((0,T), W_\infty^{(2p+1)}(-\infty,\infty)\right)$ 的范数中收敛于问题 (3.1.1), (3.1.3) 的整体广义解 $u(x,t)$.

同样, 可以得到类似于定理 3.3.3—定理 3.3.6 的关于问题 (3.1.1), (3.1.3) 的整体弱解与整体古典解的存在性与唯一性的定理, 以及当 $\varepsilon \to 0$ 时问题 (3.1.6), (3.1.3) 的整体解 $u_\varepsilon(x,t)$ 分别收敛于问题 (3.1.1), (3.1.3) 的整体弱解与整体古典解的极限定理.

定理 3.4.3 设方程组 (3.1.1) 与初始条件 (3.1.3) 满足以下条件:

(1) $u_0(x) \in W_2^{(p+1)}(-\infty,\infty).$

(2) $A(x,t)$ 的元素

$$a_{ij}(x,t) \in L^\infty \left((0,T); W_\infty^{(p+1)}(-\infty,\infty)\right) \cap W_\infty^{(1)} \left((0,T); W_\infty^{(1)}(-\infty,\infty)\right),$$

$g(x,t)$ 的分量

$$g_j(x,t) \in L^2 \left((0,T); W_2^{(p+1)}(-\infty,\infty)\right) \cap W_2^{(1)} \left((0,T); W_2^{(1)}(-\infty,\infty)\right),$$

其中 $i,j = 1,2,\cdots,J.$

(3) $\varphi(u)$ 四次连续可微, 并且有 $|\varphi(u)| \leqslant C|u|^l$,

$$|\operatorname{grad}\varphi(u)| \leqslant C|u|^{l-1}, \quad \left|\frac{\partial^2 \varphi(u)}{\partial u_i \partial u_j}\right| \leqslant C\left(|u|^{l-2}+1\right) \quad (i,j = 1,2,\cdots,J),$$

其中 $l = 4p + 2 - \delta, \delta > 0$; C 为常数.

则问题 (3.1.1), (3.1.3) 有一个唯一的整体弱解

$$u(x,t) \in L^\infty \left((0,T); W_2^{(p+1)}(-\infty, \infty) \right) \cap W_\infty^{(1)} \left((0,T); W_2^{(1)}(-\infty, \infty) \right),$$

并且当 $\varepsilon \to 0$ 时, 问题 (3.1.6), (3.1.3) 的整体解 $u_\varepsilon(x,t)$ 按空间 $L^\infty((0,T); W_\infty^{(p)}(-\infty, \infty))$ 的范数收敛于问题 (3.1.1), (3.1.3) 的整体强解.

定理 3.4.4　设定理 3.4.1 的条件成立. 又设 $A(x,t)$ 的元素 $a_{ij}(x,t)$ 在 $(-\infty, \infty) \times [0,T]$ 上有有界的对 t 的二阶导数, $g(x,t)$ 的分量 $g_i(x,t)$ 有在 $(-\infty, \infty) \times [0,T]$ 上平方可积的对 t 的二阶导数 $(i,j = 1, 2, \cdots, J)$, 又 $u_0(x) \in W_2^{(4,p+4)}(-\infty, \infty)$. 则问题 (3.1.1), (3.1.3) 有一个唯一的整体古典解

$$u(x,t) \in L^\infty \left((0,T); W_2^{(2p+2)}(-\infty, \infty) \right) \cap W_\infty^{(1)} \left((0,T); W_2^{(\bar{p})}(-\infty, \infty) \right)$$
$$\cap W_\infty^{(2)} \left((0,T); L^2(-\infty, \infty) \right).$$

并且当 $\varepsilon \to 0$ 时, 问题 (3.1.6), (3.1.3) 的整体古典解 $u_\varepsilon(x,t)$ 按空间

$$L^\infty \left((0,T); W_\infty^{(2p+1)}(-\infty, \infty) \right) \cap W_\infty^{(1)} \left((0,T); W_\infty^{(\bar{p}-1)}(-\infty, \infty) \right)$$

的范数收敛于问题 (3.1.1), (3.1.3)的整体古典解 $u(x,t)$.

3.5　$p = 1$ 的情况

对于 $p = 1$ 的情况, 考虑 KdV 型方程组 (3.1.4). 像前面的讨论一样, 用带小参数项的相应方程组 (3.1.5) 的解来逼近方程组 (3.1.4) 的解. 为了使用不动点原理来证明方程组 (3.1.5) 的周期边界问题 (3.1.2) 的解的存在性以及当 $\varepsilon \to 0$ 时的收敛性, 需要作方程组

$$u_t + \varepsilon u_{xxxx} + u_{xxx} + \lambda(\text{grad}\,\varphi(u))_x = \lambda f(u) \tag{3.5.1}$$

的问题 (3.1.2) 的解不依赖于 $0 \leqslant \lambda \leqslant 1$, $\varepsilon > 0$, 甚至不依赖于 $D > 0$ 的先验估计.

假定函数 $f(u)$ 具有半有界的 Jacobi 导数矩阵 $\dfrac{\partial f(u)}{\partial u}$, 即存在常数 $b > 0$, 使得对任意 J 维向量 ξ, 对任意 J 维向量值 u, 成立不等式

$$\left(\xi, \frac{\partial f(u)}{\partial u} \xi \right) \leqslant b(\xi, \xi). \tag{3.5.2}$$

作方程组 (3.5.1) 与 u 的数量积, 并在 $[-D, D]$ 上对 x 作积分, 得到

$$\frac{\mathrm{d}}{\mathrm{d}t} \int_{-D}^{D} (u, u)\mathrm{d}x + 2\varepsilon \int_{-D}^{D} (u_{xx}, u_{xx})\,\mathrm{d}x = 2\lambda \int_{-D}^{D} (u, f(u))\mathrm{d}x,$$

其中

$$\int_{-D}^{D} (u, f(u))\mathrm{d}x \leqslant \int_{-D}^{D} \left(u, \left(\int_{0}^{1} \frac{\partial f(\tau u)}{\partial u}\mathrm{d}\tau \right) u + f(0) \right) \mathrm{d}x$$

$$\leqslant \left(b + \frac{1}{2} \right) \int_{-D}^{D} (u, u)\mathrm{d}x + D|f(0)|^2,$$

因此有估计式

$$\|u(\cdot, t)\|_{L^2(-D,D)}^2 \leqslant \mathrm{e}^{(2b+1)T} \left(\|u_0\|_{L^2(-D,D)}^2 + 2D|f(0)|^2 \right),$$

其中 $0 \leqslant \lambda \leqslant 1$, $u_0(x)$ 为已知初值向量函数. 当 $f(u)$ 是齐次向量函数时, 即 $f(0) = 0$ 时,

$$\|u(\cdot, t)\|_{L^2(-D,D)}^2 \leqslant \mathrm{e}^{(2b+1)T} \|u_0\|_{L^2(-D,D)}^2.$$

把方程组 (3.5.1) 对 x 作微分, 作所得方程与 u_x 的数量积, 再对 x 在 $[-D, D]$ 上作积分, 可以化得

$$\frac{\mathrm{d}}{\mathrm{d}t} \int_{-D}^{D} (u_x, u_x)\,\mathrm{d}x + 2\varepsilon \int_{-D}^{D} (u_{xxx}, u_{xxx})\,\mathrm{d}x + 2\lambda \int_{-D}^{D} (\operatorname{grad} \varphi(u), u_{xxx})\,\mathrm{d}x$$

$$= 2\lambda \int_{-D}^{D} \left(u_x, \frac{\partial f(u)}{\partial u} u_x \right) \mathrm{d}x,$$

右边部分第三项

$$\int_{-D}^{D} (\operatorname{grad} \varphi(u), u_{xxx})\,\mathrm{d}x$$

$$= \int_{-D}^{D} (\operatorname{grad} \varphi(u), -u_t - \varepsilon u_{xxxx} - \lambda(\operatorname{grad} \varphi(u))_x + \lambda f(u))\,\mathrm{d}x$$

$$= -\frac{\mathrm{d}}{\mathrm{d}t} \int_{-D}^{D} \varphi(u)\mathrm{d}x + \varepsilon \int_{-D}^{D} ((\operatorname{grad} \varphi(u))_x, u_{xxxx})\mathrm{d}x$$

$$+ \lambda \int_{-D}^{D} (\operatorname{grad} \varphi(u), f(u))\mathrm{d}x.$$

假定成立不等式

$$(\operatorname{grad} \varphi(u), f(u)) \leqslant C|u|^l, \tag{3.5.3}$$

采用引理 3.2.2 中同样的处理, 可以得到估计式

$$\|u_x(\cdot, t)\|_{L^2(-D, D)} \leqslant K,$$

其中 K 除了依赖于已知常数 b, C 外, 还依赖于 $\|u(\cdot, t)\|_{L^2(-D, D)}$, 因此 K 不依赖于 λ 与 ε, 当 $f(0) = 0$ 时还不依赖于 D.

由此可知, 周期边界问题 (3.1.5), (3.1.2) 的解是唯一存在的. 可以同前作出问题 (3.1.5), (3.1.2) 的解的各阶导数对 ε 一致的估计. 当 $\varepsilon \to 0$ 时就能得到方程组 (3.1.4) 的周期边界问题 (3.1.2) 的整体解的存在性.

定理 3.5.1　设方程组 (3.1.4) 与周期边界条件 (3.1.2) 满足以下条件:

(1) $u_0(x)$ 是以 $2D$ 为周期的 J 维向量函数, $u_0(x) \in W_2^{(5)}(-D, D)$;

(2) $f(u)$ 四次连续可微, 具有半有界的 Jacobi 导数矩阵 $\dfrac{\partial f(u)}{\partial u}$;

(3) $\varphi(u)$ 五次连续可微, 并且有 $|\varphi(u)| \leqslant C |u|^l$,

$$|\operatorname{grad} \varphi(u)| \leqslant C |u|^{l-1}, \quad \left| \frac{\partial^2 \varphi(u)}{\partial u_i \partial u_j} \right| \leqslant C \left(|u|^{l-2} + 1 \right),$$

$$(\operatorname{grad} \varphi(u), f(u)) \leqslant C|u|^l,$$

其中 $l = 6 - \delta, \delta > 0$; $i, j = 1, 2, \cdots, J$; C 为常数.
则方程组 (3.1.4) 的周期边界问题 (3.1.2) 有唯一的整体广义解 $u(x, t)$, 而且

$$u(x, t) \in L^\infty \left((0, T); W_2^{(4)}(-D, D) \right) \cap W_\infty^{(1)} \left((0, T); W_2^{(2)}(-D, D) \right).$$

因而 u, u_x, u_{xx}, u_{xxx} 在 $[-D, D] \times [0, T]$ 上 Hölder 连续.

定理 3.5.2　设定理 3.5.1 的条件成立, 则当 $\varepsilon \to 0$ 时, 问题 (3.1.5), (3.1.2) 的整体解 $u_\varepsilon(x, t)$ 按空间 $L^\infty \left((0, T); W_\infty^{(3)}(-D, D) \right)$ 的范数收敛于问题 (3.1.4), (3.1.2) 的整体广义解 $u(x, t)$.

当 $D \to \infty$ 时, 可以得到方程组 (3.1.4) 的初值问题 (3.1.3) 的类似定理.

定理 3.5.3　设定理 3.5.1 的条件 (2) 与 (3) 成立, 又设

(1*) $u_0(x) \in W_2^{(5)}(-\infty, \infty)$;

(2*) $f(0)$ 为零向量.
则方程组 (3.1.4) 的初值问题 (3.1.3) 有唯一的整体广义解

$$u(x, t) \in L^\infty \left((0, T); W_2^{(4)}(-\infty, \infty) \right) \cap W_\infty^{(1)} \left((0, T); W_2^{(2)}(-\infty, \infty) \right).$$

定理 3.5.4   在定理 3.5.3 的条件下, 当 $\varepsilon \to 0$ 时, 问题 (3.1.5), (3.1.3) 的整体解 $u_\varepsilon(x,t)$ 按空间 $L^\infty\left((0,T); W_\infty^{(3)}(-\infty,\infty)\right)$ 的范数收敛于问题 (3.1.4), (3.1.3) 的整体广义解 $u(x,t)$.

对于方程组 (3.1.4) 的周期边界问题 (3.1.2) 与初值问题 (3.1.3), 可以类似有关于整体弱解与整体古典解的存在唯一性定理. 同样, 当 $\varepsilon \to 0$ 时, 方程组 (3.1.5) 的周期边界问题 (3.1.2) 与初值问题 (3.1.3) 的整体解分别在相应函数空间中收敛于方程组 (3.1.4) 的问题 (3.1.2) 或问题 (3.1.3) 的整体弱解或整体古典解.

第 4 章   一类具导数 u_{x^p} 的广义 KdV 方程组的弱解

4.1   引   言

高于三阶导数的 KdV 方程都具有重要的物理意义. D. J. Benney 在 1977 年研究长短波相互作用的一般理论. E. J. Lisher 在 1974 年讨论 KdV 方程在非调和晶格中的应用. P. D. Lax 在 1968 年可积系统理论中提及了高阶 KdV 方程. 这里我们研究如下形式的广义高阶 KdV 方程组

$$u_t + u_{x^{2p+1}} + G\left(u, u_x, \cdots, u_{x^{2s}}\right)_x = A(x,t)u + g(x,t), \qquad (4.1.1)$$

其中非线性部分 $G\left(u, u_x, \cdots, u_{x^{2s}}\right)_x$ 具有如下特殊形式

$$G\left(u, u_x, \cdots, u_{x^{2s}}\right) = \sum_{k=0}^{s} (-1)^k \left(\mathrm{grad}_k \, F\left(u, u_x, \cdots, u_{x^s}\right)\right)_{x^k}, \qquad (4.1.2)$$

$u = (u_1, \cdots, u_N)$ 为 N 维函数向量, $F(p_0, p_1, \cdots, p_s)$ 为 N 维 $(s+1)$ 向量变量 $p_0, p_1, \cdots, p_s \in \mathbb{R}^N$ 的标量函数, $g(x,t)$ 为 N 维向量值函数, "grad_k" ($k = 0, 1, \cdots, s$) 表示对于变量 $p_k = (p_{k_1}, p_{k_2}, \cdots, p_{k_N})$ ($k = 0, 1, \cdots, s$), $p \geqslant 1$ 的梯度算子.

我们要研究方程组 (4.1.1) 周期初值问题

$$\begin{aligned} u(x,t) &= u(x + 2D, t), \\ u(x,0) &= \varphi(x) \end{aligned} \qquad (4.1.3)$$

和初值问题

$$u(x,0) = \varphi(x), \qquad (4.1.4)$$

其中定解区域为 $Q_T = \{-D \leqslant x \leqslant D; \; 0 \leqslant t \leqslant T\}$ 和 $Q_T^* = \{|x| < \infty; \; 0 \leqslant t \leqslant T\}$, $T > 0$, $D > 0$. $\varphi(x)$ 为 N 维向量值函数. 我们证明的方法是利用近似的具有小参数 ε 的扩散方程组

$$u_t + (-1)^{p+1}\varepsilon u_{x^{2p+2}} + u_{x^{2p+1}} + G\left(u, u_x, \cdots, u_{x^{2s}}\right)_x = A(x,t)u + g(x,t), \quad (4.1.5)$$

其中 $\varepsilon > 0$. 当 $\varepsilon \to 0$ 时, 用 (4.1.5) 来逼近方程组 (4.1.1). 我们不仅证明了当 $\varepsilon \to 0$ 时 (4.1.1) 广义解的存在性, 估计近似解的收敛速度, 还讨论了 $t \to \infty$ 的渐近形态和解的 "blow-up" 性质.

4.2　问题 (4.1.3), (4.1.5) 近似解的存在性

我们用 Leray-Schander 不动点证明广义解的存在性.

引理 4.2.1　设标量函数 $F(p_0,\, p_1,\, \cdots,\, p_s) \in C^{s+2}$, 且满足

$$\left| F_{p_{k_1,i_1} p_{k_2,i_2} \cdots p_{k_r,i_r}}(p_0, p_1, \cdots, p_s) \right| \leqslant K_1 \left(\sum_{j=1}^{s} |p_j|^{\frac{1}{2j+1}} \right)^{l - \sum_{j=0}^{r}(2k_j+1)}, \quad (4.2.1)$$

其中 $l = 4p + 2 - \delta$, $\delta > 0$; $k_1, k_2, \cdots, k_r = 0, 1, \cdots, s$; $i_1, i_2, \cdots, i_r = 1, \cdots, N$; $0 \leqslant r \leqslant s + 2$, K_1 是常数.
则对任意 $\eta > 0$, 有

$$\left\| G\left(v, v_x, \cdots, v_{x^{2s}}\right)_x \right\|_{L^2(-D,D)} \leqslant \eta \left\| v_{x^{2p+1}} \right\|_{L^2(-D,D)} + K_2 \|v\|_{L^2(-D,D)} \quad (4.2.2)$$

和

$$\left\| F\left(v, v_x, \cdots, v_{x^s}\right) \right\|_{L^2(-D,D)} \leqslant \eta \left\| v_{x^p} \right\|_{L^2(-D,D)}^2 + K_3 \|v\|_{L^2(-D,D)}^2, \quad (4.2.3)$$

其中 $4p > 2s^2 + 5s$, $v(x) \in H^{2p+1}(-D,D)$ 具有 $2D$ 周期, K_2, K_3 为常数且依赖于 η, $\|v\|_{L^2(-D,D)}$.

证明

$$\left(\operatorname{grad}_k F\left(v, v_x, \cdots, u_{x^s}\right) \right)_{x^{k+1}} \quad (k = 0, 1, \cdots, s)$$

的一般形式为

$$F_{p_{k_1,i_1} p_{k_2,i_2} \cdots p_{k_r,i_r}}\left(v, v_x, \cdots, v_{x^s}\right) \left(v_{i_1 x^{k_1+1}} v_{i_2 x^{k_2+1}} \cdots v_{i_r x^{k_r+1}} \right)_{x^{k-r+1}}$$

和

$$P = F_{p_{k_1,i_1} p_{k_2,i_2} \cdots p_{k_r,i_r}}\left(v, v_x, \cdots, v_{x^s}\right) \left(v_{i_1 x^{k_1+k_1'+1}} v_{i_2 x^{k_2+k_2'+1}} \cdots v_{i_r x^{k_r+k_r'+1}} \right)_{x^{k-r+1}},$$

其中 $k, k_1, k_2, \cdots, k_r = 0, 1, 2, \cdots, s$; $i, i_1, i_2, \cdots, i_r = 0, 1, 2, \cdots, N$; $1 \leqslant r \leqslant k+1$; $k_1' + k_2' + \cdots + k_r' = k - r + 1$; $v = (v_1, \cdots, v_N)$. 上式可写为

$$\|P\|_{L^2(-D,D)} \leqslant \left\| F_{p_{k_1,i_1} p_{k_2,i_2} \cdots p_{k_r,i_r}}\left(v, v_x, \cdots, v_{x^s}\right) \right\|_{L^\infty(-D,D)}$$

$$\cdot \left\| v_{i_1 x^{k_1+k_1'+1}} \right\|_{L^\infty(-D,D)} \cdots \left\| v_{i_{r-1} x^{k_{r-1}+k_{r-1}'+1}} \right\|_{L^\infty(-D,D)}$$

$$\cdot \left\| v_{i_1 x^{k_r+k_r'+1}} \right\|_{L^2(-D,D)}.$$

从条件 (4.2.1) 有

$$\left\| F_{p_{k_1,i_1} p_{k_2,i_2} \cdots p_{k_r,i_r}}(v, v_x, \cdots, v_{x^s}) \right\|_{L^\infty(-D,D)}$$

$$\leqslant K_1 \left\| \left(\sum_{j=1}^s \left| v_{x^j} \right|^{\frac{1}{2j+1}} \right)^{l-\sum_{j=1}^r (2k_j+1)-(2k+1)} \right\|$$

$$\leqslant C_1 \sum_{j=1}^s \left(\bar{C}_j \left\| v \right\|_{L^2(-D,D)}^{1-\frac{2j+1}{4p+2}} \left\| v \right\|_{H^{2p+1}(-D,D)}^{\frac{2j+1}{4p+2}} \right)^{\frac{1-\sum_{j=1}^r (2k_j+1)-(2k+1)}{2j+1}}$$

$$\leqslant C_2 \left\| v \right\|_{H^{2p+1}(-D,D)}^{\frac{1-\sum_{j=1}(2k_j+1)-(2k+1)}{4p+2}} \left(\sum_{j=1}^s \left\| v \right\|_{L^2(-D,D)}^{\left(\frac{1}{2j+1}-\frac{1}{4p+2} \right)\left(l-\sum_{j=1}^r (2k_j+1)-(2k+1) \right)} \right).$$

利用插值公式, 有

$$\left\| v_{i_m x^{k_m+k_m'+1}} \right\|_{L^\infty(-D,D)} \leqslant C_3 \left\| v \right\|_{L^2(-D,D)}^{1-\frac{2k_m+2k_m'+3}{4p+2}} \left\| v \right\|_{H^{2p+1}(-D,D)}^{\frac{2k_m+2k_m'+3}{4p+2}} \quad (m=1,2,\cdots,r-1)$$

与

$$\left\| v_{i_r x^{k_r+k_r'+1}} \right\|_{L^2(-D,D)} \leqslant C_4 \left\| v \right\|_{L^2(-D,D)}^{1-\frac{k_r+k_r'+1}{2p+1}} \left\| v \right\|_{H^{2p+1}(-D,D)}^{\frac{k_r+k_r'+1}{2p+1}}.$$

代入 $\|P\|_{L^2(-D,D)}$ 不等式右端得

$$\|P\|_{L^2(-D,D)} \leqslant C_5 \left\| v \right\|_{H^{2p+1}(-D,D)}^{1-\frac{\delta}{4p+2}} \left\| v \right\|_{L^2(-D,D)}^{r+\frac{\delta}{4p+2}-1} \left(\sum_{j=0}^s \left\| v \right\|_{L^2(-D,D)}^{\frac{1-\sum_{j=1}^r (2k_j+1)-(2k+1)}{2j+1}} \right).$$

G 的表达式具有公共因子

$$\left\| v \right\|_{H^{2p+1}(-D,D)}^{1-\frac{\delta}{4p+2}} \left\| v \right\|_{L^2(-D,D)}^{\frac{\delta}{4p+2}},$$

它和 $k, k_1, k_2, \cdots, k_r = 0, 1, 2, \cdots, s;\ i, i_1, i_2, \cdots, i_r = 0, 1, 2, \cdots, N;\ 1 \leqslant r \leqslant k+1$ 无关, 因此从 G 的表达式有

$$\|G_x\|_{L^2(-D,D)} \leqslant \left\| v \right\|_{H^{2p+1}(-D,D)}^{1-\frac{\delta}{4p+2}} \left\| v \right\|_{L^2(-D,D)}^{\frac{\delta}{4p+2}} C_6(\|v\|_{L^2(-D,D)}),$$

其中 C_6 为 $\|v\|_{L^2(-D,D)}$ 的给定函数. 这就推出了估计 (4.2.2).

从条件 (4.2.1) 有

$$|F\left(v, v_x, \cdots, v_{x^s}\right)| \leqslant C_7 \left(\sum_{j=0}^{s} |v_{x^j}|^{\frac{1}{2j+1}} \right),$$

则

$$\|F\left(v, v_x, \cdots, v_{x^s}\right)\|_{L^2(-D,D)} \leqslant C_7 \sum_{j=1}^{s} \int_{-D}^{D} |v_{x^j}|^{\frac{1}{2j+1}} \, \mathrm{d}x$$

$$\leqslant C_8 \|v\|_{H^p(-D,D)}^{2-\frac{\delta}{2p}} \|v\|_{L^2(-D,D)}^{\frac{\delta}{2p}} \left(\sum_{j=0}^{s} \|v\|_{L^2(-D,D)}^{\frac{1}{2j+1}-2} \right)$$

$$\leqslant \eta \|v\|_{H^p(-D,D)}^2 + C_9(\eta) \left(\sum_{j=0}^{s} \|v\|_{L^2(-D,D)}^{\frac{1}{2j+1}-2} \right)^{\frac{4p}{\delta}} \|v\|_{L^2(-D,D)}^2,$$

其中 $\eta > 0$, $C_9(\eta) > 0$ 为常数且依赖于 η. □

定理 4.2.1 设以下条件满足

(1) 函数 $F(p_0, p_1, \cdots, p_s)$ 的 $s+1$ 次导数满足引理 4.2.1 条件 (4.2.1).

(2) N 维向量值函数 $\varphi(x) \in H^{p+1}(-D, D)$ 满足 $2D$ 的周期函数.

(3) 矩阵函数 $A(x,t) \in L^\infty(0, T; W_\infty^{(p)}(-D, D))$, $(A\xi, \xi) \leqslant b|\xi|^2$, $\xi \in \mathbb{R}^N$, b 是个常数, $g(x,t) \in L^2(0, T; H^p(-D, D))$, 则周期初值问题 (4.1.2), (4.1.3), (4.1.5), 具有一个唯一的整体解 $u(x,t) \in W_2^{(2p+2,1)}(Q_T) \cap L^\infty(0, T; H^{P+1}(-D, D))$.

证明 取 $B = L^\infty(0, T; L^2(-D, D)) \cap L^2(0, T; H^{2p+1}(-D, D))$ 为基本空间. 令 $Z = L^\infty(0, T; H^{p+1}(-D, D)) \cap W_2^{(2p+2,1)}(Q_T)$. 对任意向量值函数 $v = (v_1, \cdots, v_N) \in B$. u 为线性抛物型方程

$$u_t + \varepsilon(-1)^{p+1} u_{x^{2p+2}} + u_{x^{2p+1}} = \lambda A v + \lambda g - \lambda G(v, v_x, \cdots, v_{x^{2s}})_x \qquad (4.2.4)$$

具有周期初值条件

$$u(x, 0) = \lambda \varphi(x), \quad 0 \leqslant \lambda \leqslant 1 \qquad (4.2.5)$$

的解, $u = u(u_1, \cdots, u_N) \in Z$. 由引理 4.2.1, 可知 (4.2.4) 的右端在 Q_T 上平方可积. 周期初值问题 (4.2.4), (4.2.5) 具有唯一广义解 $u(x,t) \in Z$ $(0 \leqslant \lambda \leqslant 1)$. 定义算子 T_λ: $B \to Z \subset B$, $0 \leqslant \lambda \leqslant 1$. 因嵌入映射 $Z \hookrightarrow B$ 是完全连续的, 则算子 T_λ 对于 $0 \leqslant \lambda \leqslant 1$ 是完全连续. 可视为对于任何有界集 $M \subset B$, T_λ 的连续性是一致的. 显然 $T_0 B = 0$.

为了得到周期初值问题 (4.1.3), (4.1.5) 广义解的存在性, 充分证明周期初值问题

$$u_t + \varepsilon(-1)^{p+1} u_{x^{2p+2}} + u_{x^{2p+1}} + \lambda G(u, u_x, \cdots, u_{x^{2s}})_x = \lambda A u + \lambda g \qquad (4.2.6)$$

与 (4.2.5) 所有可能的解 u 是一致有界的.

为此, 作 (4.2.6) 和 u 的内积得

$$\|u(\cdot,t)\|_{L^2(-D,D)}^2 - \lambda^2\|\varphi\|_{L^2(-D,D)}^2 + 2\varepsilon\|u_{x^{p+1}}\|_{L^2(Q_T)}^2$$

$$\leqslant \lambda(2b+1)\int_0^t \|u(\cdot,\tau)\|_{L^2(-D,D)}^2 \mathrm{d}\tau + \lambda\|g\|_{L^2(Q_T)}^2,$$

其中

$$\int_{-D}^{D} (u, G_x)\mathrm{d}x = -\int_{-D}^{D} F_x \mathrm{d}x = 0,$$

b 为常数使得 $(\xi, A\xi) \leqslant b|\xi|^2$, $\xi \in \mathbb{R}^N$. 从这个不等式, 有估计

$$\sup_{0 \leqslant t \leqslant T} \|u(\cdot, t)\|_{L^2(-D,D)} \leqslant K_2,$$

其中 K_2 是常数且与 $\varepsilon > 0$, $D > 0$ 无关.

作方程 (4.2.6) 和 $u_{x^{2p}}$ 的内积, 可得

$$\|u_{x^p}\|_{L^2(-D,D)}^2 - \lambda^2\|\varphi^{(p)}\|_{L^2(-D,D)}^2 + 2\varepsilon\|u_{x^{2p+1}}\|_{L^2(Q_T)}^2$$

$$+ (-1)^p\lambda\int_0^t\int_{-D}^{D}(u_{x^{2p}}, G_x)\mathrm{d}x\mathrm{d}t = \lambda(-1)^p\int_0^t\int_{-D}^{D}(u_{x^{2p}}, Au+g)\mathrm{d}x\mathrm{d}t. \quad (4.2.7)$$

我们有

$$\int_0^t\int_{-D}^{D}(u_{x^{2p}}, G_x)\mathrm{d}x\mathrm{d}t = -\int_0^t\int_{-D}^{D}(u_{x^{2p+1}}, G)\mathrm{d}x\mathrm{d}t$$

$$= \int_0^t\int_{-D}^{D}(u_t + \varepsilon(-1)^{p+1}u_{x^{2p+1}} + \lambda G_x - \lambda Au - \lambda g, G)\mathrm{d}x\mathrm{d}t$$

$$= \int_{-D}^{D} F(u(x,t), \cdots, u_{x^s}(x,t))\mathrm{d}x - \int_{-D}^{D} F(\lambda\varphi, \cdots, \lambda\varphi^{(s)})\mathrm{d}x$$

$$+ \varepsilon(-1)^{p+1}\int_0^t\int_{-D}^{D}(u_{x^{2p+1}}, G_x)\mathrm{d}x\mathrm{d}t - \lambda\int_0^t\int_{-D}^{D}(Au+g, G)\mathrm{d}x\mathrm{d}t.$$

由引理 4.2.1, 有

$$\varepsilon\left|\int_0^t\int_{-D}^{D}(u_{x^{2p+1}}, G_x)\mathrm{d}x\mathrm{d}t\right| \leqslant \frac{1}{2}\varepsilon\|u_{x^{2p+1}}\|_{L^2(Q_T)}^2 + \frac{1}{2}\varepsilon\|G_x\|_{L^2(Q_T)}^2$$

$$\leqslant \varepsilon\|u_{x^{2p+1}}\|_{L^2(Q_T)}^2 + \varepsilon C_{10}\|v\|_{L^2(Q_T)}^2,$$

$$\left| \int_0^t \int_{-D}^D (Au+g, G) \mathrm{d}x\mathrm{d}t \right| = \left| \sum_{k=0}^s \int_0^t \int_{-D}^D ((Au+g)_{x^k}, \mathrm{grad}_k F) \mathrm{d}x\mathrm{d}t \right|$$

$$\leqslant C_{11} \int_0^t \|u_{x^p}(\cdot, \tau)\|_{L^2(-D,D)}^2 \mathrm{d}\tau + C_{12},$$

$$\left| \int_{-D}^D F(u, \cdots, u_{x^s}) \mathrm{d}x \right| \leqslant \frac{1}{2} \|u_{x^p}(\cdot, \tau)\|_{L^2(-D,D)}^2 + C_{13},$$

$$\left| \int_0^t \int_{-D}^D (u_{x^{2p}}, Au+g) \mathrm{d}x\mathrm{d}t \right| \leqslant C_{14} \int_0^t \|u_{x^p}(\cdot, \tau)\|_{L^2(-D,D)}^2 \mathrm{d}\tau + C_{15},$$

其中常数 C 均与 $\varepsilon > 0$, $D > 0$, $\lambda > 0$ 无关. 这表明解 $u(x,t)$ 对 $0 \leqslant \lambda \leqslant 1$ 一致有界. 因此周期初值问题 (4.1.3), (4.1.5) 至少有一个广义解且 $u \in Z$.

广义解的唯一性易得. □

引理 4.2.2 在引理 4.2.1 的条件下, 周期初值问题 (4.1.3), (4.1.5) 的广义解 $u(x,t)$ 有如下估计

$$\sup_{0 \leqslant t \leqslant T} \|u(\cdot, t)\|_{H^{p+1}(-D,D)} + \sqrt{\varepsilon} \|u\|_{W_2^{(2p+2,1)}(Q_T)} \leqslant K_3, \tag{4.2.8}$$

其中 K_3 与 $\varepsilon > 0$, $D > 0$ 无关.

4.3 一致先验估计

引理 4.3.1 在定理 4.2.1 的条件下, 周期初值问题 (4.1.3), (4.1.5) 的广义解有估计

$$\sup_{0 \leqslant t \leqslant T} \|u_{x^p}(\cdot, t)\|_{L^2(-D,D)} \leqslant K_4, \tag{4.3.1}$$

这里常数 K_4 与 $\varepsilon > 0$, $D > 0$ 无关, 仅依赖于 $T > 0$.

引理 4.3.2 在定理 4.2.1 的条件下, $g(x,t) \in L^\infty(Q_T)$, 对于周期初值问题的广义解 $u(x,t)$ 有

$$\sup_{0 \leqslant t \leqslant T} \|u_t(\cdot, t)\|_{H^{-(p+2)}(-D,D)} \leqslant K_5, \tag{4.3.2}$$

这里常数 K_5 与 $\varepsilon > 0$, $D > 0$ 无关, 仅依赖于 $T > 0$.

证明　设 $v(x) \in H_0^{p+2}(-D, D)$, 通过简单计算可得

$$\int_{-D}^{D} v(x)u_t(x, t)\mathrm{d}x = \varepsilon \int_{-D}^{D} v^{(p+2)}(x)u_{x^p}(x, t)\mathrm{d}x$$

$$+ (-1)^p \int_{-D}^{D} v^{(p+1)}(x)u_{x^p}(x, t)\mathrm{d}x$$

$$+ \sum_{k=0}^{s} \int_{-D}^{D} v^{(k+1)}(x)\mathrm{grad}_k F(u(x, t), \cdots, u_{x^s}(x, t))\mathrm{d}x$$

$$+ \int_{-D}^{D} v(x)(A(x, t)u(x, t) + g(x, t))\mathrm{d}x.$$

上面等式右端在 $0 \leqslant t \leqslant T$ 是有界的, 因此 (4.3.2) 成立.　　　　□

由负指数的 Hilbert 空间插值公式, 可得如下引理.

引理 4.3.3　在引理 4.3.2 条件下

$$\|u_{x^k}(\cdot, t + \Delta t) - u_{x^k}(\cdot, t)\|_{L^2(-D, D)} \leqslant K_6 \Delta t^{\frac{p-k}{2k+2}}, \quad k = 0, 1, \cdots, p-1, \quad (4.3.3)$$

其中常数 K_6 与 $\Delta t > 0$, $\varepsilon > 0$, $D > 0$ 无关, 和 $T > 0$ 有关.

现转向一般的 KdV 型方程 (4.1.1)—(4.1.3) 的周期初值问题.

定义 4.3.1　N 维向量值函数 $u(x, t) \in L^2(0, T; H^p(-D, D))$ 是周期初值问题 (4.1.1)—(4.1.3) 的弱解, 如果对任何试验函数 $\psi(x, t) \in W_2^{(p+2, 1)}(Q_T)$, 积分关系

$$\int_0^T \int_{-D}^{D} \left[\psi_t u + (-1)^p \psi_{x^{p+1}} u_{x^p} + \sum_{k=0}^{s} \psi_{x^{k+1}}\mathrm{grad}_k F(u, u_x, \cdots, u_{x^s})\right.$$

$$\left. + \psi(Au + g)\right]\mathrm{d}x\mathrm{d}t + \int_{-D}^{D} \psi(x, 0)\varphi(x)\mathrm{d}x = 0 \tag{4.3.4}$$

成立, 其中 $\psi(x, t)$ 对 x 具有 $2D$ 周期且 $\psi(x, T) \equiv 0$.

周期初值问题 (4.1.3), (4.1.5) 的广义解集 $\{u_\varepsilon(x, t)\}(\varepsilon > 0)$ 在泛函空间

$$L^\infty(0, T; H^p(-D, D)) \cap W_\infty^{(1)}(0, T; H^{-(p+2)}(-D, D))$$

或在函数空间

$$L^\infty(0, T; H^p(-D, D)) \cap C^{(0, \frac{p}{2p+2})}([0, T]; L^2(-D, D))$$

对任何 $\varepsilon > 0$ 是一致有界的. 因此从 $\{u_\varepsilon(x, t)\}$ 中选取子序列 $\{u_{\varepsilon_i}(x, t)\}$, 使得存在 N 维向量值函数 $u(x, t)$, 当 $i \to \infty$, $\varepsilon_i \to \infty$ 时, 子序列 $\{u_{\varepsilon_i x^k}(x, t)\}$ 在

$C^{(1-\delta,\frac{p-k}{2p+2}-\delta)}(Q_T)$ 一致收敛于 $u_{x^k}(x,t)$. 子序列 $\{u_{\varepsilon_i x^p}(x,t)\}$ 在 $L^q(0,T;L^2(-D,$ $D))$, $1 < q < \infty$ 中弱收敛于 $u_{x^p}(x,t)$. 进一步, 对任何 $t \in [0,T]$, 子序列 $\{u_{\varepsilon_i x^k}(x,t)\}$ 在 $[-D,D]$ 上一致收敛于 $u_{x^k}(x,t)$. 子序列 $\{u_{\varepsilon_i x^p}(x,t)\}$ 在 $L^2(-D,D)$ 上弱收敛于 $u_{x^p}(x,t)$. 因此

$$u(x,t) \in L^\infty(0,T;H^p(-D,D)) \cap C^{(0,\frac{p}{2p+2})}([0,T];L^2(-D,D)).$$

因此对于周期初值问题的广义解 $u_\varepsilon(x,t)$, 积分等式

$$\int_0^T \int_{-D}^D \left[\psi_t u_\varepsilon + \varepsilon \psi_{x^{p+2}} u_{x^p} + (-1)^p \psi_{x^{p+1}} u_{\varepsilon x^p} \right.$$
$$+ \sum_{k=0}^s \psi_{x^{k+1}} \mathrm{grad}_k F(u_\varepsilon, u_{\varepsilon x}, \cdots, u_{\varepsilon x^s})$$
$$\left. + \psi(Au + g) \right] \mathrm{d}x\mathrm{d}t + \int_{-D}^D \psi(x,0)\varphi(x)\mathrm{d}x = 0 \qquad (4.3.5)$$

成立, 其中 $\psi(x,t) \in W_2^{(p+2,1)}(Q_T)$ 为任意周期试验函数且 $\psi(x,T) \equiv 0$. 子序列 $\{u_{\varepsilon_i x^k}(x,t)\}$ 在 Q_T 一致收敛于 $u_{x^k}(x,t)$. 子序列 $\{\mathrm{grad}_j, F(u_{\varepsilon_i}(x,t), u_{\varepsilon_i x}(x,t),$ $\cdots, u_{\varepsilon_i x^s}(x,t))\}$, $j = 0,1,\cdots,s$ 在 Q_T 一致收敛于 $\mathrm{grad}_j, F(u(x,t), u_x(x,t), \cdots,$ $u_{x^s}(x,t))$. 因此当 $\varepsilon_i \to 0$ 时, 积分关系 (4.3.5) 的极限就是 (4.3.4), 这就表明 $u(x,t)$ 是周期初值问题的广义解.

定理 4.3.1 设引理 4.3.2 的条件满足, 则周期初值问题 (4.1.1)—(4.1.3) 至少有一个广义解

$$u(x,t) \in L^\infty(0,T;H^p(-D,D)) \cap C^{(0,\frac{p}{2p+2})}([0,T];L^2(-D,D)).$$

4.4 初值问题的广义解

由于在引理 4.3.1 中周期边界条件的广义解的估计与周期 D 无关. 令 $D \to \infty$, 可得

定理 4.4.1 设定理 4.2.1 的条件满足, 把 D 换成 ∞, 则初值问题 (4.1.2), (4.1.4), (4.1.5), 具有唯一的整体解

$$u(x,t) \in L^\infty(0,T;H^{p+1}(\mathbb{R})) \cap W_2^{(2p+2,1)}(Q_T^*), \quad Q_T^* = (0,T) \times \mathbb{R}.$$

在定理 4.4.1 的条件下, 引理 4.3.1—引理 4.3.3 换成如下引理.

引理 4.4.1 设定理 4.4.1 的条件满足. 设 $g(x,t) \in L^\infty(Q_T^*)$, 则如下估计成立

$$\sup_{0 \leqslant t \leqslant T} \|u(\cdot,t)\|_{H^p(\mathbb{R})} + \sup_{0 \leqslant t \leqslant T} \|u_t(\cdot,t)\|_{H^{-(p+2)}(\mathbb{R})} \leqslant K_7, \qquad (4.4.1)$$

$$\|u_{x^k}(\cdot, t+\Delta t) - u_{x^k}(\cdot, t)\|_{L_2(\mathbb{R})} \leqslant K_8 \Delta t^{\frac{p-k}{2p+2}}, \quad k=0,1,\cdots, p-1, \qquad (4.4.2)$$

其中常数 K_7, K_8 与 $\varepsilon > 0$ 无关, 依赖于 T.

定义 4.4.1　N 维向量值函数 $u(x,t) \in L^\infty(0,T; H^p(\mathbb{R}))$ 是 KdV 方程初值问题 (4.1.1), (4.1.2), (4.1.4) 的弱解, 如果对任意试验函数 $\psi(x,t) \in W_2^{(p+2,1)}(Q_T^*)$, 在 $\mathbb{R} \times [0,T)$ 上有限支集, 积分关系

$$\int_0^T \int_{-D}^D \left[\psi_t u + (-1)^p \psi_{x^{p+1}} u_{x^p} + \sum_{k=0}^s \psi_{x^{k+1}} \mathrm{grad}_k F(u, u_x, \cdots, u_{x^s}) \right.$$
$$\left. + \psi(Au+g) \right] \mathrm{d}x\mathrm{d}t + \int_{-D}^D \psi(x,0)\varphi(x)\mathrm{d}x = 0 \qquad (4.4.3)$$

成立.

定理 4.4.2　在引理 4.4.1 的条件下, 对 KdV 方程初值问题 (4.1.1), (4.1.2), (4.1.4) 至少有一个整体弱解

$$u(x,t) \in L^\infty(0,T; H^p(\mathbb{R})) \cap C^{(0, \frac{p}{2p+2})}([0,T]; L^2(\mathbb{R})).$$

4.5　$t \to \infty$ 的渐近解

现考虑 $t \in [0, \infty)$, 以前讨论时与 $T > 0$ 的任何值无关.

设系数矩阵 $A(x,t)$ 是负定的, 即 $(\xi, A\xi) \leqslant -b|\xi|^2$, b 为非负的, $\xi \in \mathbb{R}^N$. 当 $t \to \infty$ 时, $\|u(\cdot, t)\|_{L^2(-D,D)}$ 或 $\|u(\cdot, t)\|_{L^2(\mathbb{R})} \to 0$.

定理 4.5.1　设 $N \times N$ 系数矩阵 $A(x,t)$ 是负定的, 即 $(\xi, A\xi) \leqslant -b|\xi|^2$, b 为非负的, $\xi \in \mathbb{R}^N$, 且 $\|g(x,t)\|_{L^2(Q_T^*)} < \infty$. 设定理 4.2.1 或定理 4.3.1 或定理 4.4.1 或定理 4.4.2 当 $T = \infty$ 时是满足的, 则对于周期初值问题 (4.1.2), (4.1.3), (4.1.5), 或初值问题 (4.1.2), (4.1.4), (4.1.5), 有

$$\lim_{t \to \infty} \|u(\cdot, t)\|_{L^2(-D,D)} = 0,$$

或

$$\lim_{t \to \infty} \|u(\cdot, t)\|_{L^2(\mathbb{R})} = 0.$$

4.5.1　"blow up" 问题

对于方程

$$u_t + u_{x^{2p+1}} + G(u, u_x, \cdots, u_{x^{2s}}) = f(x,t,u) \qquad (4.5.1)$$

的周期初值问题或初值问题的解有如下性质

$$\int_{-D}^D (u, f(x,t,u))\mathrm{d}x \geqslant C_0 \|u(\cdot, t)\|_{L^2(-D,D)}^2 \psi\left(\|u(\cdot, t)\|_{L^2(-D,D)}\right), \qquad (4.5.2)$$

其中 D 为有限或无限, $D \leqslant \infty$, $C_0 > 0$, 且 $\psi(z)$ 满足

$$\int^{\infty} \frac{\mathrm{d}z}{z\psi(z)} < \infty. \tag{4.5.3}$$

对 (4.5.1) 和 u 作内积, 对 $x \in (-D, D)$ 积分, 有

$$\frac{\mathrm{d}}{\mathrm{d}t} \|u(\cdot, t)\|_{L^2(-D,D)}^2 = 2 \int_{-D}^{D} (u, f(x, t, u))\mathrm{d}x,$$

于是

$$\frac{\mathrm{d}}{\mathrm{d}t} W(t) \geqslant C_0 W(t)\psi(W(t)),$$

其中 $W(t) = \|u(\cdot, t)\|_{L^2(-D,D)}^2$. 因此当 t 有限时, $W(t) \to \infty$.

定理 4.5.2 设 $f(x, t, u)$ 满足条件 (4.5.2), (4.5.3). 则 KdV 方程组 (4.4.3) 具周期初值 $(D < \infty)$ 与初值问题 $(D = \infty)$, $\|u(\cdot, t)\|_{L^2(-D,D)}$ 在有限时刻 t, 对于 $D < \infty$ 或 $D = \infty$ 具有

$$\|u(\cdot, t)\|_{L^2(-D,D)} = \infty.$$

第 5 章 一类五阶 KdV 方程的光滑解

5.1 引   言

本节考虑如下方程光滑解的存在性

$$Lu = u_t \left(\frac{\partial F(u)}{\partial u} \right)_x + \left(\frac{\partial G(u, u_x)}{\partial u} \right)_x - \left(\frac{\partial G(u, u_x)}{\partial u_x} \right)_{xx} + u_x^5 = 0, \quad (5.1.1)$$

具有周期边界条件

$$\begin{cases} u(x,t) = u(x + 2D, t), \quad D > 0, \\ u(x,0) = \psi(x), \quad \psi(x) = \psi(x + 2D) \end{cases} \quad (5.1.2)$$

或初值条件

$$u(x,0) = \phi(x), \quad (5.1.3)$$

其中

$$\begin{cases} G(u, u_x) = N_1 + N_2 + N_3 + N_4, \\ N_1 = a_1 u u_x^2, \quad N_2 = a_2 u^2 u_x^2, \quad N_3 = a_3 u^3 u_x^2, \quad N_4 = a_4 u_x^3, \end{cases} \quad (5.1.4)$$

$$\left(\frac{\partial F(u)}{\partial u} \right)_x = \left(\left. \frac{\partial F(q)}{\partial q} \right|_{q=u} \right)_x,$$

$$\left(\frac{\partial G(u, u_x)}{\partial u} \right)_x = \left(\left. \frac{\partial G(q, r)}{\partial q} \right|_{(q,r)=(u,u_x)} \right)_x,$$

$$\left(\frac{\partial G(u, u_x)}{\partial u_x} \right)_{xx} = \left(\left. \frac{\partial G(q, r)}{\partial r} \right|_{(q,r)=(u,u_x)} \right)_{xx},$$

$a_i(i = 1, 2, 3, 4)$ 是常数. 设 $F(u), \psi, \phi$ 满足以下条件

$$\begin{cases} (1) \quad F(\xi) \in C^{s+2}(\mathbb{R}), \quad |F''(\xi)| \leqslant A_1 \left(1 + |\xi|^7 \right), \\ \qquad F'(0) = F(0) = 0, \\ (2) \quad \psi \in H^s(-D, D), \quad \phi \in H^s(\mathbb{R}), \quad s \geqslant 5. \end{cases} \quad (5.1.5)$$

为了简化, 设 u_0, u_n, u_n^p 分别表示 $u(x,t), u_{x^n}(x,t),\ (u_{x^n}(x,t))^p\ (n = 1, 2, \cdots)$ $(p \geqslant 1)$. 对于 $u_0, u_1, \cdots, u_m$ 的连续函数 $P(u_0, u_1, \cdots, u_m)$, 定义算子 Fun:

$$\mathrm{Fun}(p) = \sum_{k=0}^{m} (-1)^k \left(\left. \frac{\partial P(q_0, q_1, \cdots, q_m)}{\partial q_k} \right|_{(q_0, q_1, \cdots, q_m) = (u_0, u_1, \cdots, u_m)} \right)_{x^k}. \tag{5.1.6}$$

用 $\|\cdot\|_p$, $\|\cdot\|_{(2,m)}$ 分别表示范数 $\|\cdot\|_{L^p(A,B)}(1 \leqslant p \leqslant \infty)$, $\|\cdot\|_{H^m(A,B)}(1 \leqslant m \leqslant \infty)$; 当考虑问题 (5.1.1), (5.1.2) 时, 有 $A = -D$, $B = D$, 当考虑问题 (5.1.1), (5.1.3) 时, 有 $A = -\infty$, $B = \infty$.

5.2 周期边值问题 (5.1.1), (5.1.2)

考虑以下正则化问题

$$\begin{cases} L_\varepsilon u = Lu - \varepsilon u_{x^6} = 0, & 0 < \varepsilon < 1, \\ u(x,t) = u(x + 2D, t), & D > 0, \\ u(x,0) = \psi_\varepsilon(x), & \psi_\varepsilon(x) = \psi_\varepsilon(x + 2D), \end{cases} \tag{5.2.1}$$

其中

$$\psi_\varepsilon \in H^\infty(-D, D), \quad \lim_{\varepsilon \to 0} \|\psi_\varepsilon - \psi\|_{(2,s)} = 0. \tag{5.2.2}$$

可以得到

定理 5.2.1 问题 (5.2.1) 有唯一解 $u(x,t) \in H^\infty(0, T; H^\infty(-D, D))$.

现在建立一个独立于 D 和 ε 的先验估计, 用于解决问题 (5.2.1). 为了简化符号, 用 C 表示所有与 D 和 ε 无关的正常数.

引理 5.2.1 在条件 (5.1.5) 下, 问题 (5.2.1) 的解具有以下估计

$$\sup_{0 \leqslant t \leqslant T} \{\|u_2(\cdot, t)\|_2 + \|u_1(\cdot, t)\|_\infty + \|u(\cdot, t)\|_\infty\} \leqslant C. \tag{5.2.3}$$

证明 将 (5.2.1) 与 $2u$ 作内积可得

$$\frac{\mathrm{d}}{\mathrm{d}t} \|u\|_2^2 = 2(u, u_t) = -\varepsilon \|u_3\|_2^2 \leqslant 0,$$

$$\sup_{0 \leqslant t \leqslant T} \|u(\cdot, t)\|_2 \leqslant C.$$

将 (5.2.1) 与 $u_4 + \mathrm{Fun}(F) + \mathrm{Fun}(G)$ 作内积可得

$$\frac{\mathrm{d}}{\mathrm{d}t} \int \left(\frac{1}{2} u_2^2 + G(u, u_1) + F(u) \right) \mathrm{d}x = \varepsilon \int \{u_4 + \mathrm{Fun}(G) + \mathrm{Fun}(F)\} u_6 \mathrm{d}x.$$

利用 Cauchy 不等式和 Nirenberg 不等式, 从 (5.1.4), (5.1.5), 得到

$$\left|\varepsilon\int \mathrm{Fun}(F)u_6\mathrm{d}x\right| \leqslant \frac{\varepsilon}{8}\|u_5\|_2^2 + \varepsilon C\left(1+\int |u|^{14}|u_1|^2\,\mathrm{d}x\right)$$
$$\leqslant \frac{\varepsilon}{8}\|u_5\|_2^2 + \varepsilon C\left(1+\|u\|_{(2,5)}^{9/5}\|u\|_2^{71/5}\right)$$
$$\leqslant \frac{\varepsilon}{4}\|u_5\|_2^2 + C,$$

$$\left|\varepsilon\int \mathrm{Fun}(G)u_6\mathrm{d}x\right| \leqslant \frac{\varepsilon}{8}\|u_5\|_2^2 + \varepsilon C\int\left\{u_1^6\left(1+u^2\right)+u_1^2 u_2^2\sum_{k=0}^{2}u^{2k}\right.$$
$$\left.+u_3^2\sum_{k=1}^{3}u^{2k}+u_2^4+u_1^2 u_3^2\right\}\mathrm{d}x$$
$$\leqslant \frac{\varepsilon}{8}\|u_5\|_2^2 + \varepsilon C\left\{\|u\|_{(2,5)}^{8/5}\|u\|_2^{22/5}+\|u\|_{(2,5)}^{9/5}\|u\|_2^{31/5}\right.$$
$$\left.+\|u\|_{(2,5)}^{7/5}\|u\|_2^{13/5}+\|u\|_{(2,5)}^{9/5}\|u\|_2^{11/5}\right\}$$
$$\leqslant \frac{\varepsilon}{4}\|u_5\|_2^2 + C.$$

然后得到

$$\frac{\mathrm{d}}{\mathrm{d}t}\int\left(\frac{1}{2}u_2^2+G\left(u,u_1\right)+F(u)\right)\mathrm{d}x \leqslant C,$$
$$\int\left(\frac{1}{2}u_2^2+G\left(u,u_1\right)+F(u)\right)\mathrm{d}x \leqslant C.$$

利用 Nirenberg 不等式, 从 (5.1.4), (5.1.5) 得到

$$\left|\int G\left(u,u_1\right)\mathrm{d}x\right|$$
$$\leqslant C\left(\|u\|_{(2,2)}^{5/4}\|u\|_2^{7/4}+\|u\|_{(2,2)}^{3/2}\|u\|_2^{5/2}+\|u\|_{(2,2)}^{7/4}\|u\|_2^{13/4}+\|u\|_{(2,2)}^{7/4}\|u\|_2^{5/4}\right)$$
$$\leqslant \frac{1}{8}\|u_2\|_2^2 + C,$$

$$\left|\int F(u)\mathrm{d}x\right| \leqslant C\int\left(|u|^2+|u|^9\right)\mathrm{d}x \leqslant C\left(1+\|u\|_{(2,2)}^{7/4}\|u\|_2^{29/4}\right) \leqslant \frac{1}{8}\|u_2\|_2^2 + C.$$

于是得

$$\|u_2\|_2^2 \leqslant C.$$

利用 Sobolev 嵌入定理即得 (5.2.3). □

　　引理 5.2.2　在条件 (5.1.5) 下, 问题 (5.2.1) 的解具有以下估计

$$\sup_{0\leqslant t\leqslant T}\left\{\|u_3(\cdot,t)\|_2+\|u_2(\cdot,t)\|_\infty\right\} \leqslant C. \tag{5.2.4}$$

证明 如下选取多项式

$$P_3 = \sum_{k=1}^{4} N_{3k} + \sum_{k=1}^{4} N_{3k4},$$

$$N_{31} = \frac{14}{5}a_1 u u_2^2, \quad N_{32} = \frac{14}{5}a_2 u^2 u_2^2 - \frac{7}{5}a_2 u_1^4,$$

$$N_{33} = \frac{14}{5}a_3 u^3 u_2^2 - \frac{21}{5}a_3 u u_1^4, \quad N_{34} = \frac{42}{5}a_4 u_1 u_2^2,$$

$$N_{314} = \frac{56}{25}a_1 a_4 u u_1^3, \quad N_{324} = \frac{56}{25}a_2 a_4 u^2 u_1^3,$$

$$N_{334} = \frac{56}{25}a_3 a_4 u^3 u_1^3, \quad N_{344} = \frac{42}{25}a_4^2 u_1^4,$$

并将 (5.2.1) 与 $-2u_6 + \text{Fun}(P_3)$ 作内积, 可得

$$\frac{\mathrm{d}}{\mathrm{d}t}\int \left(u_3^2 + P_3\right)\mathrm{d}x$$
$$= \int \left\{-2u_6 + \text{Fun}(P_3)\right\}\left\{-(\text{Fun}(F))_x - (\text{Fun}(G))_x - u_5 + \varepsilon u_6\right\}\mathrm{d}x.$$

利用分部积分、Cauchy 不等式和 Nirenberg 不等式, 可得

$$\int \left\{2u_6\left(\text{Fun}(N_1)\right)_x - u_5 \text{Fun}(N_{31})\right\}\mathrm{d}x = 0,$$

$$\int \left\{2u_6\left(\text{Fun}(N_2)\right)_x - u_5 \text{Fun}(N_{32})\right\}\mathrm{d}x = 0,$$

$$\left|\int \left\{2u_6\left(\text{Fun}(N_3)\right)_x - u_5 \text{Fun}(N_{33})\right\}\mathrm{d}x\right| \leqslant C\left|\int \left(u_1^3 u_3^2 + u_1 u_2^4\right)\mathrm{d}x\right|$$
$$\leqslant C\left(\|u_3\|_2^2 + \|u_2\|_\infty\right) \leqslant C\left(\|u_3\|_2^2 + 1\right),$$

$$\int \left\{2u_6\left[\left(\text{Fun}(N_4)\right)_x + u_5\right] - u_5 \text{Fun}(N_{34})\right\}\mathrm{d}x = 0,$$

$$\left|\int \left\{\left(\text{Fun}(N_4)\right)_x \text{Fun}(N_{34}) + u_5 \text{Fun}(N_{344})\right\}\mathrm{d}x + \sum_{k=1}^{3}\int \left\{\left(\text{Fun}(N_4)\right)_x \text{Fun}(N_{3k})\right.\right.$$
$$\left.\left. + \left(\text{Fun}(N_k)\right)_x \text{Fun}(N_{34}) + u_5 \text{Fun}(N_{3k4})\right\}\mathrm{d}x\right|$$
$$= \left|\int \left\{Q_1(u,u_1)u_3^2 + Q_2(u)u_2^4 + Q_3(u,u_1)u_2^3 + Q_4(u_1)u_2^2\right\}\mathrm{d}x\right|$$
$$\leqslant C\left(\|u_3\|_2^2 + \|u_2\|_\infty^2 + \|u_2\|_\infty + 1\right) \leqslant C\left(\|u_3\|_2^2 + 1\right),$$

$$\left| \int \left\{ \sum_{k=1}^{4} \left(\mathrm{Fun}\left(N_4\right) \right)_x \mathrm{Fun}\left(N_{3k4}\right) + \sum_{k=1}^{3} \left(\mathrm{Fun}\left(P_3\right) - \mathrm{Fun}\left(N_{34}\right) \right) \left(\mathrm{Fun}\left(N_k\right) \right)_x \right.\right.$$
$$\left.\left. - \left(2u_6 - \mathrm{Fun}\left(P_3\right) \right) \left(\mathrm{Fun}(F) \right)_x \right\} \mathrm{d}x \right|$$
$$= \left| \int \left\{ Q_5\left(u, u_1\right) u_3^2 + Q_6\left(u, u_1\right) u_2^3 + Q_7\left(u, u_1\right) u_2^2 + Q_8\left(u, u_1\right) \right\} \mathrm{d}x \right|$$
$$\leqslant C \left(\|u_3\|_2^2 + \|u_2\|_\infty + 1 \right) \leqslant C \left(\|u_3\|_2^2 + 1 \right),$$

其中 $Q_k\ (k = 1, \cdots, 8)$ 是 u 和 u_1 的连续函数,

$$\left| \varepsilon \int u_6 \, \mathrm{Fun}\left(P_3\right) \mathrm{d}x \right| \leqslant \frac{\varepsilon}{2} \|u_6\|_2^2 + \varepsilon C \int \left| \mathrm{Fun}\left(P_3\right) \right|^2 \mathrm{d}x$$
$$\leqslant \frac{\varepsilon}{2} \|u_6\|_2^2 + \varepsilon C \left\{ 1 + \|u_4\|_2^2 + \|u_3\|_2^2 + \int \left(u_2^4 + u_2^2 u_3^2 \right) \mathrm{d}x \right\}$$
$$\leqslant \varepsilon \|u_6\|_2^2 + C.$$

因此有

$$\int \left(u_3^2 + P_3 \right) \mathrm{d}x \leqslant C \left(1 + \int_0^t \|u_3(\cdot, \tau)\|_2^2 \, \mathrm{d}\tau \right),$$
$$\|u_3(\cdot, t)\|_2^2 \leqslant C \left(1 + \int_0^t \|u_3(\cdot, \tau)\|_2^2 \, \mathrm{d}\tau \right).$$

利用 Gronwall 不等式和 Sobolev 嵌入理论, 即得 (5.2.4). □

引理 5.2.3　在条件 (5.1.5) 下, 问题 (5.2.1) 的解具有以下估计

$$\sup_{0 \leqslant t \leqslant T} \left\{ \|u_5(\cdot, t)\|_2 + \|u_4(\cdot, t)\|_\infty + \|u_3(\cdot, t)\|_\infty \right\} \leqslant C. \tag{5.2.5}$$

证明　如下选取多项式

$$P_5 = \sum_{k=1}^{4} N_{5k},$$
$$N_{51} = \frac{22}{5} a_1 u u_4^2 - 22 a_1 u_2 u_3^2, \quad N_{52} = \frac{22}{5} a_2 u^2 u_4^2 - 44 a_2 u u_2 u_3^2,$$
$$N_{53} = \frac{22}{5} a_3 u^3 u_4^2 - 66 a_3 u^2 u_2 u_3^2, \quad N_{54} = \frac{66}{5} a_4 u_1 u_4^2 - \frac{88}{5} a_4 u_3^3,$$

并将 (5.2.1) 与 $-2u_{10} + \mathrm{Fun}\left(P_5\right)$ 作内积, 可得

$$\frac{\mathrm{d}}{\mathrm{d}t} \int \left(u_5^2 + P_5 \right) \mathrm{d}x = \int \left\{ -2u_{10} + \mathrm{Fun}\left(P_5\right) \right\}$$

$$\cdot \left\{ -(\mathrm{Fun}(F))_x - (\mathrm{Fun}(G))_x - u_5 + \varepsilon u_6 \right\} \mathrm{d}x.$$

利用分部积分、Cauchy 不等式和 Nirenberg 不等式, 可得

$$\int \left\{ 2u_{10} \left(\mathrm{Fun}\left(N_1 \right) \right)_x - u_5 \, \mathrm{Fun}\left(N_{51} \right) \right\} \mathrm{d}x = 0,$$

$$\left| \int \left\{ 2u_{10} \left(\mathrm{Fun}\left(N_2 \right) \right)_x - u_5 \, \mathrm{Fun}\left(N_{52} \right) \right\} \mathrm{d}x \right|$$
$$\leqslant C \left| \int \left(u_1 u_2 u_5^2 + u_1 u_4^3 + u_2 u_3 u_4^2 \right) \mathrm{d}x \right|$$
$$\leqslant C \left(\| u_5 \|_2^2 + 1 \right),$$

$$\left| \int \left\{ 2u_{10} \left(\mathrm{Fun}\left(N_3 \right) \right)_x - u_5 \, \mathrm{Fun}\left(N_{53} \right) \right\} \mathrm{d}x \right|$$
$$\leqslant C \left| \int \left\{ \left(uu_2 + u_1^2 \right) \left(u_1 u_5^2 + u_3 u_4^2 \right) + uu_1 u_4^3 + u_1 u_2^2 u_4^2 + u_2^2 u_3^3 + u_1 u_3^4 \right\} \mathrm{d}x \right|$$
$$\leqslant C \left(\| u_5 \|_2^2 + 1 \right),$$

$$\int \left\{ 2u_{10} \left[\left(\mathrm{Fun}\left(N_4 \right) \right)_x + u_5 \right] - u_5 \, \mathrm{Fun}\left(N_{54} \right) \right\} \mathrm{d}x = 0,$$

$$\left| \int \left\{ 2u_{10} (\mathrm{Fun}(F))_x - \mathrm{Fun}\left(P_5 \right) \left(\mathrm{Fun}(F) + \mathrm{Fun}(G) \right)_x \right\} \mathrm{d}x \right|$$
$$= \left| \int \left\{ Q_1 \left(u, u_1, u_2 \right) u_5^2 + Q_2 \left(u, u_1, u_2 \right) u_3 u_4^2 + Q_3 \left(u, u_1, u_2 \right) u_4^2 \right. \right.$$
$$\left. \left. + Q_4 \left(u, u_1, u_2 \right) u_3^4 + Q_5 \left(u, u_1, u_2 \right) u_3^3 + Q_6 \left(u, u_1, u_2 \right) u_3^2 + Q_7 \left(u, u_1, u_2 \right) \right\} \mathrm{d}x \right|$$
$$\leqslant C \left(\| u_5 \|_2^2 + 1 + \left| \int \left(u_4^3 + u_3 u_4^2 + u_3^3 + u_3^4 \right) \mathrm{d}x \right| \right)$$
$$\leqslant C \left(\| u_5 \|_2^2 + 1 \right),$$

其中 Q_k $(k = 1, \cdots, 7)$ 是 u, u_1 和 u_2 的连续函数,

$$\left| \varepsilon \int u_6 \, \mathrm{Fun}\left(P_5 \right) \mathrm{d}x \right| \leqslant \frac{\varepsilon}{4} \| u_8 \|_2^2 + \varepsilon C \left\{ 1 + \int \left(u_6^2 + u_5^2 + u_4^4 + u_4^2 + u_3^2 u_4^2 + u_3^4 \right) \mathrm{d}x \right\}$$
$$\leqslant \frac{\varepsilon}{2} \| u_8 \|_2^2 + C.$$

因此有

$$\int \left(u_5^2 + P_5\right) \mathrm{d}x \leqslant C \left(1 + \int_0^t \|u_5(\cdot,\tau)\|_2^2 \, \mathrm{d}\tau\right),$$

$$\|u_5(\cdot,t)\|_2^2 \leqslant C \left(1 + \int_0^t \|u_5(\cdot,\tau)\|_2^2 \, \mathrm{d}\tau\right),$$

利用 Gronwall 不等式和 Sobolev 嵌入理论，可得 (5.2.5).　　　　　　□

引理 5.2.4　设 $s \geqslant 6$, 在条件 (5.1.5) 下，问题 (5.2.1) 的解具有以下估计

$$\int_0^T \|u_t(\cdot,t)\|_2^2 \, \mathrm{d}t + \int_0^T \|u_{x^{s-5}t}(\cdot,t)\|_2^2 \, \mathrm{d}t + \sup_{0 \leqslant t \leqslant T} \{\|u_s(\cdot,t)\|_2$$

$$+ \|u_{s-1}(\cdot,t)\|_\infty + \cdots + \|u_5(\cdot,t)\|_\infty\} + \varepsilon \int_0^T \|u_{s+3}(\cdot,t)\|_2^2 \, \mathrm{d}t \leqslant C. \quad (5.2.6)$$

证明　如下选取多项式

$$P_6 = \sum_{k=1}^4 N_{6k},$$

$$N_{61} = \frac{26}{5} a_1 u u_5^2, \quad N_{62} = \frac{26}{5} a_2 u^2 u_5^2,$$

$$N_{63} = \frac{26}{5} a_3 u^3 u_5^2, \quad N_{64} = \frac{78}{5} a_4 u_1 u_5^2,$$

并将 (5.2.1) 和 $2u_{12} + \mathrm{Fun}\,(P_6)$ 作内积，可得

$$\frac{\mathrm{d}}{\mathrm{d}t} \int \left(u_6^2 + P_6\right) \mathrm{d}x = \int \{2u_{12} + \mathrm{Fun}\,(P_6)\}$$

$$\cdot \{-(\mathrm{Fun}(F))_x - (\mathrm{Fun}(G))_x - u_5 + \varepsilon u_6\} \, \mathrm{d}x.$$

利用分部积分、Cauchy 不等式和 Nirenberg 不等式得

$$\left|\int \{2u_{12}\,(\mathrm{Fun}\,(N_1))_x + u_5\,\mathrm{Fun}\,(N_{61})\} \, \mathrm{d}x\right| \leqslant C \left|\int \left(u_3 u_6^2 + u_5^3\right) \mathrm{d}x\right|$$

$$\leqslant C \left(\|u_6\|_2^2 + 1\right),$$

$$\left|\int \{2u_{12}\,(\mathrm{Fun}\,(N_2))_x + u_5\,\mathrm{Fun}\,(N_{62})\} \, \mathrm{d}x\right|$$

$$\leqslant C \left|\int \left((u_1 u_2 + u u_3)\, u_6^2 + (u u_5 + u_1 u_4 + u_2 u_3)\, u_5^2 + u_3 u_4^3\right) \mathrm{d}x\right|$$

$$\leqslant C \left(\|u_6\|_2^2 + 1\right),$$

$$\left|\int \{2u_{12}\,(\mathrm{Fun}\,(N_3))_x + u_5\,\mathrm{Fun}\,(N_{63})\} \, \mathrm{d}x\right|$$

$$\leqslant C \left| \int \{Q_1 (u, u_1, \cdots, u_3) u_6^2 + u^2 u_5^3 + Q_2 (u, u_1, \cdots, u_4) u_5^2 \right.$$

$$\left. + Q_3 (u, u_1, \cdots, u_4)\} \mathrm{d}x \right|$$

$$\leqslant C \left(\|u_6\|_2^2 + 1 \right),$$

$$\left| \int \{2u_{12} [(\mathrm{Fun}(N_4))_x + u_5] + u_5 \, \mathrm{Fun}(N_{64})\} \mathrm{d}x \right|$$

$$\leqslant C \left| \int u_4 u_6^2 \mathrm{d}x \right| \leqslant C \|u_6\|_2^2,$$

$$\left| \int \{-2u_{12}(\mathrm{Fun}(F))_x + \mathrm{Fun}(P_6) (\mathrm{Fun}(F) + \mathrm{Fun}(G))_x\} \mathrm{d}x \right|$$

$$\leqslant \left| \int \{Q_4 (u, u_1, \cdots, u_3) u_6^2 + Q_5 (u, u_1, \cdots, u_4) u_5^2 + Q_6 (u, u_1, \cdots, u_4)\} \mathrm{d}x \right|$$

$$\leqslant C \left(\|u_6\|_2^2 + 1 \right),$$

其中 $Q_k \ (k = 1, \cdots, 6)$ 是 $u, u_1, \cdots, u_4$ 的连续函数,

$$\varepsilon \int u_6 \, \mathrm{Fun}(P_6) \, \mathrm{d}x$$

$$\leqslant \frac{\varepsilon}{4} \|u_9\|_2^2 + \varepsilon C \left\{ 1 + \int (u_7^2 + u_6^2 + u_5^4) \, \mathrm{d}x \right\} \leqslant \frac{\varepsilon}{2} \|u_9\|_2^2 + C.$$

因此有

$$\int (u_6^2 + P_6) \, \mathrm{d}x + \varepsilon \int_0^t \|u_9(\cdot, \tau)\|_2^2 \, \mathrm{d}\tau \leqslant C \left(1 + \int_0^t \|u_6(\cdot, \tau)\|_2^2 \, \mathrm{d}\tau \right),$$

$$\|u_6(\cdot, t)\|_2^2 + \varepsilon \int_0^t \|u_9(\cdot, \tau)\|_2^2 \, \mathrm{d}\tau \leqslant C \left(1 + \int_0^t \|u_6(\cdot, \tau)\|_2^2 \, \mathrm{d}\tau \right),$$

利用 Gronwall 不等式和 Sobolev 嵌入理论得

$$\sup_{0 \leqslant t \leqslant T} \{\|u_6(\cdot, t)\|_2 + \|u_5(\cdot, t)\|_\infty\} + \varepsilon \int_0^T \|u_9(\cdot, t)\|_2^2 \, \mathrm{d}t \leqslant C.$$

如果 $7 \leqslant n \leqslant s$, 假设有

$$\sup_{0 \leqslant t \leqslant T} \{\|u_{n-1}(\cdot, t)\|_2 + \|u_{n-2}(\cdot, t)\|_\infty\} + \varepsilon \int_0^T \|u_{n+2}(\cdot, t)\|_2^2 \, \mathrm{d}t \leqslant C,$$

如下选取多项式

$$P_n = \sum_{k=1}^4 N_{nk},$$

$$N_{n1} = \frac{2(2n+1)}{5} a_1 u u_{n-1}^2, \quad N_{n2} = \frac{2(2n+1)}{5} a_2 u^2 u_{n-1}^2,$$

$$N_{n3} = \frac{2(2n+1)}{5} a_3 u^3 u_{n-1}^2, \quad N_{n4} = \frac{6(2n+1)}{5} a_4 u_1 u_{n-1}^2,$$

并将 (5.2.1) 与 $(-1)^n 2u_{2n} + \mathrm{Fun}\,(P_n)$ 作内积, 可得

$$\frac{\mathrm{d}}{\mathrm{d}t} \int \left(u_n^2 + P_n \right) \mathrm{d}x = \int \left\{ (-1)^n 2u_{2n} + \mathrm{Fun}\,(P_n) \right\}$$
$$\cdot \left\{ -(\mathrm{Fun}(F))_x - (\mathrm{Fun}(G))_x - u_5 + \varepsilon u_6 \right\} \mathrm{d}x.$$

通过分部积分得

$$\int \left\{ (-1)^n 2u_{2n} \left(\mathrm{Fun}\,(N_1) \right)_x + u_5 \,\mathrm{Fun}\,(N_{n1}) \right\} \mathrm{d}x$$
$$= \int \left\{ B_1 u_3 u_n^2 + B_2 u_5 u_{n-1}^2 + Q_1 \left(u, u_1, \cdots, u_{n-2} \right) \right\} \mathrm{d}x,$$

$$\int \left\{ (-1)^n 2u_{2n} \left(\mathrm{Fun}\,(N_2) \right)_x + u_5 \,\mathrm{Fun}\,(N_{n2}) \right\} \mathrm{d}x$$
$$= \int \left\{ Q_2 \left(u, u_1, \cdots, u_3 \right) u_n^2 + Q_3 \left(u, u_1, \cdots, u_5 \right) u_{n-1}^2 + Q_4 \left(u, u_1, \cdots, u_{n-2} \right) \right\} \mathrm{d}x,$$

$$\int \left\{ (-1)^n 2u_{2n} \left(\mathrm{Fun}\,(N_3) \right)_x + u_5 \,\mathrm{Fun}\,(N_{n3}) \right\} \mathrm{d}x$$
$$= \int \left\{ Q_5 \left(u, u_1, \cdots, u_3 \right) u_n^2 + Q_6 \left(u, u_1, \cdots, u_5 \right) u_{n-1}^2 + Q_7 \left(u, u_1, \cdots, u_{n-2} \right) \right\} \mathrm{d}x,$$

$$\int \left\{ (-1)^n 2u_{2n} \left[\left(\mathrm{Fun}\,(N_4) \right)_x + u_5 \right] + u_5 \,\mathrm{Fun}\,(N_{n4}) \right\} \mathrm{d}x$$
$$= \int \left\{ B_3 u_4 u_n^2 + B_4 u_6 u_{n-1}^2 + Q_8 \left(u, u_1, \cdots, u_{n-2} \right) \right\} \mathrm{d}x,$$

$$\int \left\{ (-1)^{n+1} 2u_{2n} (\mathrm{Fun}(F))_x - \mathrm{Fun}\,(P_n) \left(\mathrm{Fun}(F) + \mathrm{Fun}(G) \right)_x \right\} \mathrm{d}x$$
$$= \int \left\{ Q_9 \left(u, u_1, u_2 \right) u_n^2 + Q_{10} \left(u, u_1, \cdots, u_4 \right) u_{n-1}^2 + Q_{11} \left(u, u_1, \cdots, u_{n-2} \right) \right\} \mathrm{d}x,$$

其中 $Q_k(k=1,\cdots,11)$ 是 $u, u_1, \cdots, u_{n-2}$ 的连续函数, $B_k(k=1,\cdots,4)$ 是常数, 于是有

$$\left| \int \left\{ (-1)^n 2u_{2n} + \mathrm{Fun}\,(P_n) \right\} \left\{ -(\mathrm{Fun}(F))_x - (\mathrm{Fun}(G))_x - u_5 \right\} \mathrm{d}x \right| \leqslant C \left(\|u_n\|_2^2 + 1 \right).$$

利用分部积分、Cauchy 不等式和 Nirenberg 不等式得

$$\int \varepsilon u_6 \left\{ \mathrm{Fun}\,(P_n) + (-1)^n 2u_{2n} \right\} \mathrm{d}x \leqslant \left(-2\varepsilon + \frac{\varepsilon}{2} \right) \|u_{n+3}\|_2^2 + \varepsilon C \left\{ 1 + \int u_{n-1}^4 \mathrm{d}x \right\}$$

$$\leqslant -\varepsilon \|u_{n+3}\|_2^2 + C.$$

因此有

$$\int \left(u_n^2 + P_n \right) \mathrm{d}x + \varepsilon \int_0^t \|u_{n+2}(\cdot,\tau)\|_2^2 \mathrm{d}\tau \leqslant C \left(1 + \int_0^t \|u_n(\cdot,\tau)\|_2^2 \mathrm{d}\tau \right),$$

$$\|u_n(\cdot,t)\|_2^2 + \varepsilon \int_0^t \|u_{n+3}(\cdot,\tau)\|_2^2 \mathrm{d}\tau \leqslant C \left(1 + \int_0^t \|u_n(\cdot,\tau)\|_2^2 \mathrm{d}\tau \right),$$

利用 Gronwall 不等式和 Sobolev 嵌入理论得

$$\sup_{0 \leqslant t \leqslant T} \left\{ \|u_n(\cdot,t)\|_2 + \|u_{n-1}(\cdot,t)\|_\infty \right\} + \varepsilon \int_0^T \|u_{n+3}(\cdot,t)\|_2^2 \mathrm{d}t \leqslant C.$$

利用归纳法和 (5.2.1) 完成 (5.2.6) 的证明. 由于引理 5.2.1 —引理 5.2.4 中的常数 C 与 ε 无关, 对问题 (5.2.1) 的解序列 $\{u^\varepsilon\}$, 当 $\varepsilon \to 0$ 时可以取在

$$L^\infty(0,T;H^s(-D,D)) \cap W_2^1(0,T;H^{s-5}(-D,D))$$

中弱 * 收敛的子序列; $u = \lim_{\varepsilon \to 0} u^\varepsilon$ 几乎处处满足方程 (5.1.1) 和条件 (5.1.2), $u \in A(D) = \bigcap_{k=0}^{[s/5]} W_\infty^k(0,T;H^{s-5k}(-D,D))$.   □

定理 5.2.2   在条件 (5.1.5) 下, 问题 (5.1.1), (5.1.2) 至少有一个光滑解 $u(x,t) \in A(D)$.

5.3   初值问题 (5.1.1), (5.1.3)

考虑以下问题

$$\begin{cases} L_\varepsilon u = Lu - \varepsilon u_{x^6} = 0, & 0 < \varepsilon < 1, \\ u(x,0) = \phi_\varepsilon(x), \end{cases} \tag{5.3.1}$$

其中

$$\phi_\varepsilon \in H^\infty(\mathbb{R}), \quad \lim_{\varepsilon \to 0} \|\phi_\varepsilon - \phi\|_{(2,s)} = 0. \tag{5.3.2}$$

对于给定的 $\varepsilon > 0$, 取两个序列 $\{D_k\}$ 和 $\{\psi_k\}$, 使得

(1) $D_k > 0$, 当 $k \to \infty$ 时 $D_k \to +\infty$;

(2) $\psi_k \in H^\infty (-D_k, D_k), \psi_k(x) = \psi_k (x + 2D_k)$.

对任意整数 $m > 0$, 当 $x \in (-D_k + 1, D_k - 1)$ 和 $\|\psi_k\|_{(2,m)} \leqslant B$ 时, 有 $\psi_k(x) \equiv \phi_\varepsilon(x)$, 其中 B 是独立于 k 和 m 的常数.

在问题 (5.2.1) 中, 用 D_k 替换 D, ψ_k 替换 ψ_ε. 由于引理 5.2.1 —引理 5.2.4 中的常数 C 与 D 无关, 当 $k \to \infty$ 时, 对 (5.2.1) 的解序列 $\{u^k\}$, 可以对任意正整数 m 取在 $L^2 (0, T; H^m(\mathbb{R})) \cap H^1 (0, T; H^{m-6}(\mathbb{R}))$ 中弱 $*$ 收敛的子序列. 那么有

定理 5.3.1　在条件 (5.1.5), (5.3.2) 下, 问题 (5.3.1) 有唯一的光滑解 $u(x, t) \in H^\infty (0, T; H^\infty(\mathbb{R}))$, 并有如下估计

$$\int_0^T \|u_t(\cdot, t)\|_2^2 \, \mathrm{d}t + \int_0^T \|u_{x^{s-5}t}(\cdot, t)\|_2^2 \, \mathrm{d}t$$

$$+ \sup_{0 \leqslant t \leqslant T} \{ \|u_s(\cdot, t)\|_2 + \|u_{s-1}(\cdot, t)\|_\infty + \cdots + \|u(\cdot, t)\|_\infty \}$$

$$+ \varepsilon \int_0^T \|u_{s+3}(\cdot, t)\|_2^2 \, \mathrm{d}t \leqslant C. \tag{5.3.3}$$

引理 5.3.1　在条件 (5.1.5) 下, 问题 (5.3.1) 的解有

$$\int_0^T \int_{-B}^B u_{s+1}^2(x, t) \mathrm{d}x \mathrm{d}t \leqslant C, \quad B > 0. \tag{5.3.4}$$

证明　取函数 $b(x) \in C^\infty(\mathbb{R})$ 满足

(1) $b_x(x) > 0, x \in \mathbb{R}$;

(2) 对任意整数 $m > 0$, 有 $|b_{x^m}| \leqslant B_1$, 其中 B_1 是一个常数.

对 (5.3.1) 作如下内积

$$((L_\varepsilon u)_{x^{s-1}}, -bu_{s-1})(t) = 0.$$

将上式在 $[0, T]$ 上对 t 积分得

$$\int_0^T ((L_\varepsilon u)_{x^{-1}}, -bu_{s-1})(t)\mathrm{d}t = 0.$$

根据定理 5.3.1, 利用分部积分和 Cauchy 不等式得

$$\left| \int_0^T \int_{\mathbb{R}} u_{x^{s-1}t} bu_{s-1} \mathrm{d}x \mathrm{d}t \right| = \frac{1}{2} \left| \int_{\mathbb{R}} b \left(u_{s-1}^2(x, T) - u_{s-1}^2(x, 0) \right) \mathrm{d}x \right| \leqslant C,$$

$$\left| \int_0^T \int_{\mathbb{R}} (\mathrm{Fun}(F))_{x^s} bu_{s-1} \mathrm{d}x \mathrm{d}t \right| \leqslant C,$$

$$\left| \int_0^T \int_{\mathbb{R}} (\mathrm{Fun}(G))_{x^s} b u_{s-1} \mathrm{d}x \mathrm{d}t \right|$$

$$= \left| \int_0^T \int_{\mathbb{R}} \left\{ (\mathrm{Fun}(G))_{x^{-1}} b u_s + (\mathrm{Fun}(G))_{x^{-1}} b_x u_{s-1} \right\} \mathrm{d}x \mathrm{d}t \right|$$

$$= \left| \int_0^T \int_{\mathbb{R}} \left\{ Q_1 (u, u_1, \cdots, u_{s-1}) b u_s + Q_2 (u, u_1, u_2) b u_s^2 + Q_3 (u, u_1) b u_{s+1} u_s \right. \right.$$

$$\left. \left. + (\mathrm{Fun}(G))_{x^{s-2}} (b_x u_{s-1})_x \right\} \mathrm{d}x \mathrm{d}t \right| \leqslant C,$$

其中 Q_1, Q_2 和 Q_3 是多项式,

$$\left| \int_0^T \int_{\mathbb{R}} \varepsilon u_{s+5} b u_{s-1} \mathrm{d}x \mathrm{d}t \right| = \left| \int_0^T \int_{\mathbb{R}} \varepsilon u_{s+2} (b u_{s-1})_3 \mathrm{d}x \mathrm{d}t \right| \leqslant C,$$

$$- \int_0^T \int_{\mathbb{R}} \varepsilon u_{s+4} b u_{s-1} \mathrm{d}x \mathrm{d}t = - \int_0^T \int_{\mathbb{R}} \left\{ \frac{5}{2} b_1 u_{s+1}^2 + \frac{3}{2} b_3 u_s^2 + u_s (b_3 u_{s-1})_x \right\} \mathrm{d}x \mathrm{d}t.$$

因此可得

$$\int_0^T \int_{\mathbb{R}} \frac{5}{2} b_1 u_{s+1}^2 \mathrm{d}x \mathrm{d}t \leqslant C.$$

由于 $b_1(x) > 0$, $x \in \mathbb{R}$, 可得 (5.3.4). $\qquad\square$

由于 (5.3.1) 和 (5.3.4) 中的常数 C 独立于 ε, 让 $\varepsilon \to 0$ 有

定理 5.3.2 在条件 (5.1.5) 下, 问题 (5.1.1), (5.1.3) 至少具有一个光滑解
$u(x,t) \in \bigcap_{k=0}^{[s/5]} W_\infty^k (0, T; H^{s-5k}(\mathbb{R})) \cap \left(\bigcap_{k=0}^{[(s+1)/5]} W_\infty^k (0, T; H_{\mathrm{loc}}^{s+1-5k}(\mathbb{R})) \right).$

第 6 章　高阶多变量 KdV 型方程组整体弱解的存在性

6.1　引　　言

本章讨论如下一类高阶多变量的 KdV 型方程组

$$u_t + \delta\delta_{2p}u + \delta\operatorname{grad}\varphi(u) = A(x,t)u + g(x,t), \tag{6.1.1}$$

其中 $u(x,t) = (u_1(x,t), u_2(x,t), \cdots, u_N(x,t))$ 为 N 维向量值的 $x \in \mathbb{R}^n, t \in \mathbb{R}^+$ 的未知函数, $\varphi(u) \equiv \varphi(u_1, u_2, \cdots, u_N)$ 为向量 $u \in \mathbb{R}^n$ 的标量函数, $A(x,t)$ 为 $N \times N$ 函数矩阵, $g(x,t)$ 为 N 维向量值函数, $\delta_k = \sum_{i=1}^{n} D_i^k, D_i = \dfrac{\partial}{\partial x_i}(i = 1, 2, \cdots, n), \delta = \delta_1,$ "grad" 表示对向量 u 的梯度算子. 与此同时, 还考虑相应的具小扩散项的方程组

$$u_t + (-1)^{p+1}\varepsilon\delta_{2p+2}u + \delta\delta_{2p}u + \delta\operatorname{grad}\varphi(u) = A(x,t)u + g(x,t), \tag{6.1.2}$$

显然, 它是抛物型方程组.

设 $\Omega \subset \mathbb{R}^n$ 为每个方向具有宽度为 $2l$ 的 n 维立方体, 即

$$\bar{\Omega} = \{x = (x_1, x_2, \cdots, x_n) \,|\, |x_i| \leqslant l, i = 1, 2, \cdots, n\},$$
$$\bar{Q}_T = \{x \in \bar{\Omega}, 0 \leqslant t \leqslant T\} \quad (T \leqslant \infty).$$

对于方程组 (6.1.1) 和 (6.1.2), 讨论它们在 $(n+1)$ 维柱体 Q_T 上的周期边值问题

$$\begin{aligned} u(x,t) &= u(x + 2l_{e_i}, t), \\ u(x,0) &= u_0(x), \end{aligned} \tag{6.1.3}$$

其中 $x + 2l_{e_i} = (x_1, \cdots, x_{i-1}, x_i + 2l, x_{i+1}, \cdots, x_n), i = 1, 2, \cdots, n.$ $u_0(x)$ 为在 $\bar{\Omega} \subset \mathbb{R}^n$ 上的满足周期条件的 N 维初值向量函数. 也研究初值问题

$$u(x,0) = u_0(x), \quad x \in \mathbb{R}^n, \tag{6.1.4}$$

其中 $u_0(x)$ 为在 n 维欧氏空间 $\mathbb{R}^n$ 上的 N 维初值向量函数.

6.2 线性抛物型方程的周期初值问题

考虑如下的线性抛物型方程

$$v_t + \varepsilon(-1)^{p+1}\delta_{2p+2}v + \delta\delta_{2p}v = f(x,t) \tag{6.2.1}$$

在 $Q_T = \Omega \times [0,T]$ 上的周期边界问题

$$\begin{aligned}
v(x,t) &= v\left(x + 2l_{e_i}, t\right) \quad (i = 1,2,\cdots,n), \\
v(x,0) &= v_0(x),
\end{aligned} \tag{6.2.2}$$

其中 $f(x,t) \in L^2(Q_T), v_0(x) \in W_2^{(p+1)}(\Omega), p \geqslant 1$ 为一整数.

引理 6.2.1 对于任何满足周期边界条件的函数 $u(x) \in H^{|\alpha|}(\Omega)$, 有

$$\|D^\alpha u\|_{L^2(\Omega)} \leqslant \prod_{i=1}^n \left\|D_i^{|\alpha|}u\right\|_{L^2(\Omega)}^{\frac{\alpha_i}{|\alpha|}}, \tag{6.2.3}$$

其中 $\alpha = (\alpha_1, \alpha_2, \cdots, \alpha_n), D^\alpha = D_1^{\alpha_1}D_2^{\alpha_2}\cdots D_n^{\alpha_n}, |\alpha| = \sum_{i=1}^n \alpha_i, \alpha_i(i = 1,2,\cdots, n)$ 为 0 或整数.

推论 6.2.1 在引理 6.2.1 的条件下, 有

$$\|D^\alpha u\|_{L^2(\Omega)} \leqslant \sum_{i=1}^n \frac{\alpha_i}{|\alpha|}\left\|D_i^{|\alpha|}v\right\|_{L^2(\Omega)}. \tag{6.2.4}$$

引理 6.2.2 对于线性抛物型方程 (6.2.1) 的周期边界问题 (6.2.2) 的广义解, 有如下的估计:

$$\sup_{0\leqslant t\leqslant T} \|v(\cdot,t)\|_{H^{p+1}(\Omega)} + \|v\|_{W^{(2p+2,1)}(Q_T)} \leqslant K_1 \left(\|v_0\|_{H^{p+1}(\Omega)} + \|f\|_{L^2(Q_r)}\right), \tag{6.2.5}$$

其中 K_1 为一常数, 它与 $l > 0$ 无关, 但依赖于 $T < \infty$ 和 $\varepsilon > 0$.

基于引理 6.2.2 中广义解的先验估计, 利用参数延拓法, 可以证明线性抛物型方程 (6.2.1) 的周期边界问题 (6.2.2) 的广义解 $u(x,t) \in W_2^{(2p+2.1)}(Q_T)$ 存在. 广义解的唯一性, 由于是线性问题, 从估计式 (6.2.5) 即得. 这样, 得到了问题 (6.2.1), (6.2.2) 的广义解的存在性和唯一性.

引理 6.2.3 设 $\varepsilon > 0, f(x,t) \in L^2(Q_T)$ 和 $v_0(x) \in H^{p+1}(\Omega)$, 则线性抛物型方程 (6.2.1) 的周期边界问题 (6.2.2) 有唯一的广义解 $u(x,t) \in Z = W_2^{(2p+2,1)}(Q_T) \cap L^\infty\left(0, T; H^{p+1}(\Omega)\right)$.

6.3　非线性抛物组 (6.1.2) 的周期边界问题 (6.1.3)

用不动点原理和前面的引理来构造非线性抛物组 (6.1.2) 的周期边界问题 (6.1.3) 的广义解.

定理 6.3.1　设方程组 (6.1.2) ($\varepsilon > 0$) 和周期初值向量函数 $u_0(x)$ 满足以下条件:

(I) 初值 N 维向量值函数 $u_0(x)$ 是周期的, 具有对 $x = (x_1, x_2, \cdots, x_n)$ 为 $2l$ 的周期, 且 $u_0(x) \in H^{p+1}(\Omega)$.

(II) 矩阵 $A(x, t)$ 的元素 $a_{ij}(x)$ ($i, j = 1, 2, \cdots, N$) 属于函数空间 $L^\infty(0, T; W_\infty^{(p)}(\Omega))$, N 维向量值函数 $g(x, t)$ 的分量 $g_i(x, t)$ ($i = 1, 2, \cdots, N$) 属于函数空间 $L^2(0, T; H^p(\Omega))$. 所有这些函数都是对 $x = (x_1, x_2, \cdots, x_n)$ 周期的, 其周期为 $2l$.

(III) 标量函数 $\varphi(u)$ 对向量 u 二次连续可微, 且有

(i) $|\varphi(u)| \leqslant K|u|^{s+2}$;

(ii) $|\mathrm{grad}\, \varphi(u)| \leqslant K|u|^{s+1}$;

(iii) $\left| \dfrac{\partial^2 \varphi(u)}{\partial u_i \partial u_j} \right| \leqslant K \left(|u|^s + 1 \right)$ ($i, j = 1, 2, \cdots, N$),

其中 $s = \dfrac{4p}{n} - \delta > 0, \delta > 0, K$ 为一常数.

则至少有一个周期边界问题的 N 维向量值整体广义解

$$u(x, t) \in Z = W_2^{(2p+2.1)}(Q_T) \cap L^\infty(0, T; H^{p+1}(\Omega)), \quad p \geqslant 1.$$

证明　取基空间 B 为 $L^\infty(0, T; L^2(\Omega)) \cap L^2(0, T; H^{2p+1}(\Omega))$. 令

$$B^* = \{u = (u_1, u_2, \cdots, u_N) \,|\, u_i \in B; i = 1, 2, \cdots, N\},$$
$$Z^* = \{u = (u_1, u_2, \cdots, u_N) \,|\, u_i \in Z; i = 1, 2, \cdots, N\}.$$

定义具参数 λ ($0 \leqslant \lambda \leqslant 1$) 由基空间 B^* 映射到它自己的算子 $T_\lambda : B^* \to B^*$ 如下: 对于任意 $v = (v_1, v_2, \cdots, v_N) \in B^*$, 设 $u = T_\lambda v$ 的分量 u_k ($k = 1, 2, \cdots, N$) 是以下线性抛物型方程组周期边界问题

$$\begin{aligned}
&u_{kt} + (-1)^{p+1}\varepsilon \delta_{2p+2} u + \delta \delta_{2p} u_k = \lambda h_k(x, t, v_1, \cdots, v_N), \\
&u_k(x, t) = u_k(x + 2l_{e_i}, t) \quad (i = 1, 2, \cdots, N), \\
&u_k(x, 0) = \lambda u_{0k}(x)
\end{aligned} \tag{6.3.1}$$

的解, 其中 $k = 1, 2, \cdots, N$.

$$h_k(x, t, v_1, \cdots, v_N) = \sum_{i=1}^N a_{ki}(x, t) v_i + g_k(x, t) - \sum_{i=1}^N D_i \left(\frac{\partial \varphi(v_1, v_2, \cdots, v_N)}{\partial u_k} \right). \tag{6.3.2}$$

首先验证方程 (6.3.1) 的右端, 式 (6.3.2) 属于函数空间 $L^2(Q_T)$.

$$\|\delta \operatorname{grad} \varphi(v)\|_{L^2(Q_{T^*})}^2 = \sum_{i,j=1}^{N} \sum_{l,m,k=1}^{N} \int_0^T \int_\Omega \frac{\partial^2 \varphi(v) \partial^2 \varphi(v)}{\partial v_l \partial v_k \partial u_m \partial v_k} D_i v_l D_j v_m \mathrm{d}x \mathrm{d}t$$

$$\leqslant C_5 \int_0^T \int_\Omega \left(|v|^{2s} + 1\right) |Dv|^2 \mathrm{d}x \mathrm{d}t,$$

其中 C_5 为一常数, Dv 表示 v 对 x 的一阶导数. 因此

$$\int_0^T \int_\Omega |v|^{2s} |Dv|^2 \mathrm{d}x \mathrm{d}t \leqslant \int_0^T \|Dv(\cdot,t)\|_{L^{2\xi}(\Omega)}^2 \|v(\cdot,t)\|_{L^{2s\eta}}^{2s} \mathrm{d}t,$$

于此 $\dfrac{1}{\xi} + \dfrac{1}{\eta} = 1$. 由插值公式可得

$$\|Dv(\cdot,t)\|_{L^{2\xi}(\Omega)} \leqslant C_6 \|v(\cdot,t)\|_{L^2(\Omega)}^{\frac{2p}{2p+1} - \frac{n(\xi-1)}{\xi(4p+2)}} \|v(\cdot,t)\|_{H^{2p+1}(\Omega)}^{\frac{1}{2p+1} + \frac{n(\xi-1)}{\xi(4p+2)}},$$

$$\|v(\cdot,t)\|_{L^{2s\eta}(\Omega)} \leqslant C_7 \|v(\cdot,t)\|_{L^2(\Omega)}^{1 - \frac{n(s\eta-1)}{s\eta(4p+2)}} \|v(\cdot,t)\|_{H^{2p+1}(\Omega)}^{\frac{n(sp-1)}{s\eta(4p+2)}}.$$

其中选取 ξ, η 使之满足

$$0 < \frac{1}{2p+1} + \frac{n(\xi-1)}{\xi(4p+2)} < 1, \tag{6.3.3}$$

$$0 < \frac{n(s\eta-1)}{s\eta(4p+2)} < 1. \tag{6.3.4}$$

事实上, 当 $n < 4p+2$ 时, 能取 $\xi = 1, \eta = \infty$; 当 $n \geqslant 4p+2$ 时, 有

$$\xi < \frac{n}{n-4p}, \quad \eta > \frac{n}{4p}. \tag{6.3.5}$$

由式 (6.3.4) 推得

$$s\eta < \frac{n}{n-(4p+2)}. \tag{6.3.6}$$

因 $s = \dfrac{4p}{n} - \delta > 0$, 则当

$$\frac{n}{4p} < \eta < \frac{n}{4p} \left(1 - \frac{4p+2}{n}\right)^{-1} \left(1 - \frac{\delta n}{4p}\right)^{-1}$$

时, 式 (6.3.3) 和式 (6.3.4) 同时成立. 因此, 我们有

$$\int_0^T \int_\Omega |v|^{2s} |Dv|^2 \mathrm{d}x \mathrm{d}t \leqslant C_8 \int_0^T \|v(\cdot,t)\|_{L^2(\Omega)}^{\frac{8p}{n} - 2\delta + \frac{n\delta}{2p+1}} \|v(\cdot,t)\|_{H^{2p+1}(\Omega)}^{2 - \frac{n\delta}{2p+1}} \mathrm{d}t$$

$$\leqslant C_9 \|v\|_{L^2(0,T,H^{2p+1}(\Omega))}^{2-\frac{n\delta}{2p+1}} \left(\sup_{0 \leqslant t \leqslant T} \|v(\cdot,t)\|_{L^2(\Omega)} \right)^{\frac{8p}{n}-2\delta+\frac{n\delta}{2p+1}},$$

其中常数 C_9, 仅依赖于 T, p 和 δ. 这就意味着方程 (6.3.1) 的右端, 式 (6.3.2) 在柱形区域 Q_T 上是平方可积的. 因此, 引理 6.2.3 的条件满足, 方程组 (6.3.1) 有唯一解 $u(x,t) \in Z^* \subset B^*$, 对于 $0 \leqslant \lambda \leqslant 1$ 和 $v \in B^*$. 因此算子 $T_\lambda : B^* \to Z^* \subset B^*$ 对一切 $0 \leqslant \lambda \leqslant 1$ 是确定的.

因嵌入映照 $Z \hookrightarrow B$ 或 $Z^* \hookrightarrow B^*$ 是完全连续的, 对于一切 $0 \leqslant \lambda \leqslant 1$ 算子 $T_\lambda : B^* \to B^*$ 是完全连续的. 对于基空间 B^* 的任意有界集 M, 对应的方程 (6.3.1) 的右端 $h(x,t,u) = (h_1, h_2, \cdots, h_N)$ 是在函数空间 $L^2(Q_T)$ 中一致有界的. 对于任意 $\lambda, \bar{\lambda} \in [0,1]$ 和相应的问题 (6.3.1) 的解 $u_\lambda, u_{\bar{\lambda}}$, 有

$$(u_\lambda - u_{\bar{\lambda}})_t + (-1)^{p+1} \varepsilon \delta_{2p+2} (u_\lambda - u_{\bar{\lambda}}) + \delta \delta_{2p} (u_\lambda - u_{\bar{\lambda}}) = (\lambda - \bar{\lambda}) h(x,t,v),$$

$$u_\lambda(x,t) - u_{\bar{\lambda}}(x,t) = u_\lambda(x + 2l_{e_i}, t) - u_{\bar{\lambda}}(x + 2l_{ei}, t),$$

$$u_\lambda(x,0) - u_{\bar{\lambda}}(x,0) = (\lambda - \bar{\lambda}) u_0(x).$$

由引理 6.2.2 可得

$$\|u_\lambda - u_{\bar{\lambda}}\|_{B^*} \leqslant \|u_\lambda - u_{\bar{\lambda}}\|_{z^*} \leqslant C_{10} |\lambda - \bar{\lambda}| \left\{ \|h\|_{L^2(Q_T)} + \|u_0\|_{H^{p+1}(\Omega)} \right\}.$$

这就证明了对于任意有界集 $M \subset B^*$, 算子 $T_\lambda : B^* \to B^*$ 对于参数 $0 \leqslant \lambda \leqslant 1$ 是一致连续的.

当 $\lambda = 0$ 时, $T_\lambda B^* = 0$.

为了证明周期边界问题 (6.1.2), (6.1.3) 解 $u(x,t)$ 的存在性, 只要充分地建立起对算子 $T_\lambda : B^* \to B^*$ 的一切可能的不动点, 对 $0 \leqslant \lambda \leqslant 1$ 的一致性先验估计, 或是建立对非线性方程组

$$u_t + \varepsilon(-1)^{p+1} \delta_{2p+2} u + \delta \delta_{2p} u = \lambda A u + \lambda g - \lambda \delta \operatorname{grad} \varphi(u) \tag{6.3.7}$$

具周期边界条件

$$u(x,t) = u(x + 2l_{e_i}, t) \quad (i = 1, 2, \cdots, n),$$

$$u(x,0) = \lambda u_0(x)$$

的一切可能的解, 对于 $0 \leqslant \lambda \leqslant 1$ 的一致性先验估计.

作方程组 (6.3.7) 和向量 u 的数量积, 再在柱形区域 $Q_t(0 \leqslant t \leqslant T)$ 上积分, 可得

$$\int_0^t \int_\Omega (u, u_t) \,\mathrm{d}x\mathrm{d}t + (-1)^{p+1} \varepsilon \int_0^t \int_\Omega (u, \delta_{2p+2} u) \,\mathrm{d}x\mathrm{d}t$$

$$+ \int_0^t \int_\Omega (u, \delta\delta_{2p}u)\, \mathrm{d}x\mathrm{d}t + \lambda \int_0^t \int_\Omega (u, \delta\operatorname{grad}\varphi(u))\mathrm{d}x\mathrm{d}t$$

$$= \lambda \int_0^t \int_\Omega (u, Au + g)\mathrm{d}x\mathrm{d}t, \tag{6.3.8}$$

其中 $(\cdot, \cdot)$ 表示 N 维向量的数量积. 有

$$(-1)^{p+1} \int_0^t \int_\Omega (u, \delta_{2p+2}u)\, \mathrm{d}x\mathrm{d}t = \sum_{i=1}^n \left\| D_i^{p+1}u \right\|_{L^2(Q_t)}^2,$$

$$\int_0^t \int_\Omega (u, \delta\delta_{2p}u)\, \mathrm{d}x\mathrm{d}t = 0,$$

$$\int_0^t \int_\Omega (u, \delta\operatorname{grad}\varphi(u))\mathrm{d}x\mathrm{d}t = - \int_0^t \int_\Omega \delta\varphi(u)\mathrm{d}x\mathrm{d}t = 0.$$

因此有不等式

$$\|u(\cdot, t)\|_{L^2(\Omega)}^2 - \lambda^2 \|u_0\|_{L^2(\Omega)}^2 + 2\varepsilon \sum_{i=1}^n \left\| D_i^{p+1}u \right\|_{L^2(Q_t)}^2$$

$$\leqslant \lambda C_{11} \int_0^t \|u(\cdot, t)\|_{L^2(\Omega)}^2 \mathrm{d}t + \lambda \left\| g^2 \right\|_{L^2(Q_T)}.$$

由引理 6.2.1 和 Gronwall 引理可得

$$\sup_{0 \leqslant t \leqslant T} \|u(\cdot, t)\|_{L^2(\Omega)} + \sqrt{\varepsilon}\|u\|_{H^{p+1}(\Omega)} \leqslant \lambda C_{12} \left\{ \|u_0\|_{L^2(\Omega)} + \|g\|_{L^2(Q_T)} \right\}, \tag{6.3.9}$$

其中常数 C_{12} 与 $l > 0$ 和 $\varepsilon > 0$ 无关.

再作方程组 (6.3.7) 和向量 $\delta_{2p}u$ 的数量积, 然后在柱形区域 $Q_t(0 \leqslant t \leqslant T)$ 上积分, 有

$$\int_0^t \int_\Omega (\delta_{2p}u, u_t)\, \mathrm{d}x\mathrm{d}t + (-1)^{p+1}\varepsilon \int_0^t \int_\Omega (\delta_{2p}u, \delta_{2p+2}u)\, \mathrm{d}x\mathrm{d}t$$

$$+ \int_0^t \int_\Omega (\delta_2, u, \delta\delta_{2p}u)\, \mathrm{d}x\mathrm{d}t + \lambda \int_0^t \int_\Omega (\delta_2, u, \delta\operatorname{grad}\varphi(u)\mathrm{d}x\mathrm{d}t)$$

$$= \lambda \int_0^t \int_\Omega (\delta_{2p}u, Au + g)\, \mathrm{d}x\mathrm{d}t. \tag{6.3.10}$$

由分部积分可得

$$\int_0^t \int_\Omega (\delta_{2p}u, u_1)\, \mathrm{d}x\mathrm{d}t = (-1)^p \frac{1}{2} \left\{ \sum_{i=1}^n \left\| D_i^p u(\cdot, t) \right\|_{L^2(\Omega)}^2 - \sum_{i=1}^n \left\| D_i^p u_0 \right\|_{L^2(\Omega)}^2 \right\},$$

$$\int_0^t \int_\Omega (\delta_{2p}u, \delta_{2p+2}u)\,\mathrm{d}x\mathrm{d}t = -\sum_{i,j=1}^n \left\| D_i^p D_j^{p+1}u \right\|_{L^2(\Omega_t)}^2,$$

$$\int_0^t \int_\Omega (\delta_{2p}u, \delta\delta_{2\rho}u)\,\mathrm{d}x\mathrm{d}t = 0,$$

$$\left| \int_0^t \int_\Omega (\delta_{2p}u, Au+g)\,\mathrm{d}x\mathrm{d}t \right| \leqslant C_{13}\int_0^t \|u(\cdot,t)\|_{H^p(\Omega)}^2\mathrm{d}t + C_{14}\|g\|_{L^2(0,T;H^p(\Omega))}^2.$$

对于式 (6.3.10) 的第四项, 有

$$\int_0^t \int_\Omega (\delta_{2p}u, \delta\,\mathrm{grad}\,\varphi(u))\,\mathrm{d}x\mathrm{d}t - \int_0^t \int_\Omega (\delta\delta_{2p}u, \mathrm{grad}\,\varphi(u))\,\mathrm{d}x\mathrm{d}t.$$

将方程组 (6.3.7) 代入上式右端可得

$$\int_0^t \int_\Omega (\delta_{2p}u, \delta\,\mathrm{grad}\,\varphi(u))\,\mathrm{d}x\mathrm{d}t$$

$$= \int_0^t \int_\Omega \left(u_1 + \varepsilon(-1)^{p+1}\delta_{2p+2}u + \lambda\delta\,\mathrm{grad}\,\varphi(u) - \lambda Au - \lambda g, \mathrm{grad}\,\varphi(u)\right)\mathrm{d}x\mathrm{d}t.$$

显然有

$$\int_0^t \int_\Omega (u_1, \mathrm{grad}\,\varphi(u))\,\mathrm{d}x\mathrm{d}t = \int_\Omega \varphi(u(x,t))\mathrm{d}x - \int_\Omega \varphi(u_0(x))\,\mathrm{d}x,$$

$$\lambda\int_0^t \int_\Omega (\delta\,\mathrm{grad}\,\varphi(u), \mathrm{grad}\,\varphi(u))\mathrm{d}x\mathrm{d}t = 0,$$

且

$$\int_0^t \int_\Omega (Au+g, \mathrm{grad}\,\varphi(u))\mathrm{d}x\mathrm{d}t$$

$$\leqslant C_{15}\int_0^t \int_\Omega |u|^{s+2}\mathrm{d}x\mathrm{d}t + C_{16}\int_0^t \int_\Omega |g|\cdot|u|^{s+1}\mathrm{d}x\mathrm{d}t$$

$$\leqslant C_{15}\int_0^t \int_\Omega |u|^{s+2}\mathrm{d}x\mathrm{d}t + C_{17}\left(\int_0^t \int_\Omega |u|^{s+2}\mathrm{d}x\mathrm{d}t\right)^{\frac{s+1}{s+2}}\left(\int_0^t \int_\Omega |g|^{s+2}\mathrm{d}x\mathrm{d}t\right)^{\frac{1}{s+2}}.$$

由估计式

$$\|u(\cdot,t)\|_{L^{s+2}(\Omega)} \leqslant C_{18}\|u(\cdot,t)\|_{L^2(\Omega)}^{1-\frac{ns}{2p(s+2)}}\|u(\cdot,t)\|_{H^p(\Omega)}^{\frac{ns}{(s+2)}},$$

$$\|g(\cdot,t)\|_{L^{s+2}(\Omega)} \leqslant C_{19}\|g(\cdot,t)\|_{L^2(\Omega)}^{1-\frac{ns}{2p(s+2)}}\|g(\cdot,t)\|_{H^p(\Omega)}^{\frac{ns}{2p(s+2)}},$$

得到

$$\lambda\int_0^t \int_\Omega (Au+g, \mathrm{grad}\,\varphi(u))\mathrm{d}x\mathrm{d}t$$

$$\leqslant \lambda C_{20} \int_0^t \|u(\cdot,t)\|_{H^p(\Omega)}^2 \mathrm{d}t + \lambda C_{21} \|g\|_{L^2(0,T;H^p(\Omega))}^2,$$

其中常数 C_{20}, C_{21} 依赖于 $\sup_{0 \leqslant t \leqslant T} \|u(\cdot,t)\|_{L^2(\Omega)}$.

余下的一项有估计

$$\left| (-1)^{p+1}\varepsilon \int_0^t \int_\Omega (\delta_{2p+2}u, \operatorname{grad}\varphi(u))\,\mathrm{d}x\mathrm{d}t \right|$$

$$\leqslant \frac{\varepsilon}{2} \int_0^t \int_\Omega \sum_{i=1}^n \sum_{k=1}^N \left(D_t^{2p+1}u_k\right)^2 \mathrm{d}x\mathrm{d}t + \frac{\varepsilon}{2} \int_0^t \int_\Omega \sum_{i=1}^n \sum_{k=1}^N \left(D_i\frac{\partial\varphi(u)}{\partial u_k}\right)^2 \mathrm{d}x\mathrm{d}t,$$

上式不等式右端第二项有估计

$$\frac{\varepsilon}{2} \int_0^t \int_\Omega \sum_{i=1}^n \sum_{k=1}^N \left(D_i\frac{\partial\varphi(u)}{\partial u_k}\right)^2 \mathrm{d}x\mathrm{d}t$$

$$\leqslant \frac{\varepsilon}{2} C_{22} \int_0^t \int_\Omega \left(|u|^{2s}+1\right)|Du|^2\mathrm{d}x$$

$$\leqslant \frac{\varepsilon}{2} C_{23} \|u\|_{L^2(0,T;H^{2p+1}(\Omega))}^{2-\frac{n\delta}{2p+1}} \left(\sup_{0\leqslant t\leqslant T}\|u(\cdot,t)\|_{L^2(\Omega)}\right)^{\frac{8p}{n}-2\delta+\frac{n\delta}{2p+1}}$$

$$\leqslant \frac{\varepsilon}{2} \sum_{i=1}^n \left\|D_i^{2p+1}u\right\|_{L^2(\Omega_t)}^2 + \frac{\varepsilon}{2} C_{24}. \tag{6.3.11}$$

因此有

$$\left| (-1)^{p+1}\varepsilon \int_0^t \int_\Omega (\delta_{2p+2}u, \operatorname{grad}\varphi(u))\,\mathrm{d}x\mathrm{d}t \right|$$

$$\leqslant \varepsilon\|u\|_{L^2(0,T;H^{2p+1}(\Omega))}^2 + \frac{\varepsilon}{2} C_{24},$$

其中 C_{24} 与 $\varepsilon > 0$ 和 $l > 0$ 无关.

最后, 式 (6.3.10) 变为

$$\sum_{i=1}^n \left\|D_p^i u(\cdot,t)\right\|_{L^2(\Omega)}^2 - \sum_{i=1}^n \left\|D_i^p u_0\right\|_{L^2(\Omega)}^2$$

$$+ (-1)^p \int_\Omega \varphi(u(x,t))\mathrm{d}x - (-1)^p \int_\Omega \varphi(u_0(x))\,\mathrm{d}x + \varepsilon \sum_{ij=1}^n \left\|D_i^p D_j^{p+1}u\right\|_{L^2(\Omega_t)}^2$$

$$\leqslant \lambda C_{25} \int_0^t \|u(\cdot,t)\|_{H^p(\Omega)}^2 \mathrm{d}t + \lambda C_{26} + \lambda C_{27}\|g\|_{L^2(0,T;H^p)}^2,$$

其中常数 C_{25}, C_{26}, C_{27} 均与 $\varepsilon > 0$ 和 $l > 0$ 无关. 从标量函数 $\varphi(u)$ 满足的性质 (i) 及由引理 6.2.1 和插值公式有

$$\left| \int_\Omega \varphi(u(x,t)) \mathrm{d}x \right| \leqslant \frac{1}{2} \sum_{i=1}^{n} \| D_i^p u(\cdot,t) \|_{L^2(\Omega)}^2 + C_{28},$$

$$\left| \int_\Omega \varphi(u_0(x)) \, \mathrm{d}x \right| \leqslant C_{29} \| u_0 \|_{H^p(\Omega)}^2 + C_{30}.$$

这就推出结果

$$\sup_{0 \leqslant t \leqslant T} \| u(\cdot,t) \|_{H^p(\Omega)} + \sqrt{\varepsilon} \| u \|_{L^2(0,T;H^{2p+1}(\Omega))}$$

$$\leqslant C_{31} \left\{ \| u_0 \|_{H^p(\Omega)} + \| g \|_{L^2(0,T;H^{2p}(\Omega))} \right\},$$

其中 C_{31} 为一常数, 它与 $\varepsilon > 0, l > 0$ 和 $\lambda > 0$ 无关, 仅依赖于 $T > 0$.

因此, 周期边界问题 (6.3.7), (6.3.8) 的一切可能解在 B^* 中对 $0 \leqslant \lambda \leqslant 1$ 是一致有界的, 则周期边界问题 (6.3.7), (6.3.8) 至少有一个解 $u_\lambda(x,t) \in B^*$. 从引理 6.2.3 知道, $u_\lambda(x,t) \in Z^*$. 我们得到了周期边界问题的解 $u(x,t) \in Z^*$.

这样完成了周期边界问题整体广义解存在定理的证明. □

下面给出周期边界问题 (6.1.2), (6.1.3) ($\varepsilon > 0$) 广义解的唯一性的证明.

设 $u(x,t)$ 和 $v(x,t)$ 为周期边界问题 (6.1.2), (6.1.3) 的两个广义解, 则 $w(x,t) = u(x,t) - v(x,t)$ 满足方程组

$$w_t + \varepsilon(-1)^{p+1} \delta_{2p+2} w + \delta \delta_{2p} w + R \delta w + S w = A w$$

和周期边界条件

$$w(x,t) = w(x + 2l_{e_i}, t) \quad (i = 1, 2, \cdots, n),$$
$$w(x, 0) = 0,$$

其中

$$R = \left(\frac{\partial^2 \varphi(u)}{\partial u_k \partial u_n} \right)_{km}, \quad S = \left(\sum_{l=1}^{n} \delta v_l \int_0^1 \frac{\partial^3 \varphi(\tau u + (1-\tau)v)}{\partial u_l \partial u_n \partial u_m} \mathrm{d}\tau \right)_{km}.$$

作上述方程组和向量 w 的数量积, 并在柱形区域 Q_t 上积分可得

$$\| w(\cdot,t) \|_{L^2(\Omega)}^2 + 2\varepsilon \sum_{i=1}^{n} \left\| D_i^{p+1} w \right\|_{L^2(Q_t)}^2 = \int_0^t \int_\Omega (w, (2A + \delta R - 2S)w) \mathrm{d}x \mathrm{d}t,$$

其中矩阵 R 是对称的.

当 $2p > n$, 则 $u(x,t), v(x,t) \in W_2^{(2p+2,1)}, (Q_T) \subset L^\infty\left(0, T; W_\infty^{(1)}(\Omega)\right)$. 因此, 矩阵 $2A + \delta R - 2S$ 是有界的, 有

$$\|w(\cdot, t)\|_{L^2(\Omega)}^2 \leqslant C_{31} \int_0^t \|w(\cdot, \tau)\|_{L^2(\Omega)}^2 \mathrm{d}\tau,$$

推之在 Q_T 上 $w(x,t) \equiv 0$, 即 $u(x,t) \equiv v(x,t)$.

定理 6.3.2 设定理 6.3.1 条件满足, 且设 $2p > n, \varphi(u) \in C^3\left(\mathbb{R}^N\right)$, 则周期边界问题 (6.1.2), (6.1.3) 的广义解 $u(x,t)$ 是唯一的.

6.4 周期边界问题 (6.1.1), (6.1.3) 的整体弱解

这部分建立高阶多变量 KdV 型方程组 (6.1.1) 具周期边界条件 (6.1.3) 的整体弱解. 首先, 给出具有小参数扩散项的非线性抛物组 (6.1.2) 具周期边界条件 (6.1.3) 的广义解的某些估计.

从前面的先验估计, 可直接得到以下引理:

引理 6.4.1 在定理 6.3.1 的条件下, 具扩散项 $(\varepsilon > 0)$ 的方程组 (6.1.2) 的周期边界问题 (6.1.3) 的解有估计

$$\sup_{0 \leqslant t \leqslant T} \|u(\cdot, t)\|_{H^p(\Omega)} \leqslant K_2, \tag{6.4.1}$$

其中常数 K_2 依赖于 $T > 0$ 但与 $l > 0, \varepsilon > 0$ 无关.

引理 6.4.2 在引理 6.2.1 的条件下, $g(x,t) \in L^\infty\left(0, T; L_2(\Omega)\right)$, 则对于具扩散系数 $\varepsilon > 0$ 的方程组 (6.1.2) 的周期边界问题 (6.1.3) 的广义解有

$$\sup_{0 \leqslant t \leqslant T} \|u_t(\cdot, t)\|_{H^{-(p+2)}(\Omega)} \leqslant K_3. \tag{6.4.2}$$

引理 6.4.3 在定理 6.3.1 的条件下, 对于周期边界问题 (6.1.2), (6.1.3) 的广义解有估计

$$\|D^\alpha u(\cdot, t_1) - D^\alpha u(\cdot, t_2)\|_{L^2(\Omega)} \leqslant K_4 |t_1 - t_2|^{\frac{p - |\alpha|}{2p + 2}}, \tag{6.4.3}$$

其中 $\alpha = (\alpha_1, \alpha_2, \cdots, \alpha_n), |\alpha| = 0, 1, \cdots, p - 1$, 常数 K_4 依赖于 $T > 0$ 但与 $l > 0, \varepsilon > 0$ 无关.

证明 由插值公式有

$$\|D^\alpha u(\cdot, t)\|_{L^2(\Omega)} \leqslant C_{34} \|u(\cdot, t)\|_{H^{-(p+2)}(\Omega)}^{\frac{p - |\alpha|}{2p + 2}} \cdot \|u(\cdot, t)\|_{H^p(\Omega)}^{\frac{p + 2 + |\alpha|}{2p + 2}},$$

其中 $|\alpha| = 0, 1, \cdots, p - 1$. 对 $D^\alpha u(\cdot, t_1) - D^\alpha u(\cdot, t_2)$ 应用这个不等式可得

$$\|D^\alpha u(\cdot, t_1) - D^\alpha u(\cdot, t_2)\|_{L^2(\Omega)}$$

$$\leqslant C_{34} \left\| u\left(\cdot, t_1\right) - u\left(\cdot, t_2\right) \right\|_{H^{-(p+2)}(\Omega)}^{\frac{p-|\alpha|}{2p+2}} \cdot \left\| u\left(\cdot, t_1\right) - u\left(\cdot, t_2\right) \right\|_{H^p(\Omega)}^{\frac{p+2+|\alpha|}{2p+2}},$$

其中 $t_1, t_2 \in [0, T]$. 由

$$\left\| D^\alpha u\left(\cdot, t_2\right) - D^\alpha u\left(\cdot, t_2\right) \right\|_{L^2(\Omega)}$$

$$\leqslant 2C_{34} \left| t_1 - t_2 \right|^{\frac{p-|\alpha|}{2p+2}} \cdot \sup_{0 \leqslant t \leqslant T} \left\| u(\cdot, t) \right\|_{H^{-(p+2)}(\Omega)}^{\frac{p-|\alpha|}{2p+2}} \cdot \sup_{0 \leqslant t \leqslant T} \left\| u(\cdot, t) \right\|_{H^p(\Omega)}^{\frac{p+2+|\alpha|}{2p+2}},$$

即得式 (6.4.3).　　　　　　　　　　　　　　　　　　　　　　　　□

定义 6.4.1　N 维向量值函数 $u(x, t) \in L^2\left(0, T; H^p(\Omega)\right)$ 称为高阶多变量 KdV 型方程组 (6.1.1) 具周期条件 (6.1.3) 的一个整体弱解, 如果对任意试验函数 $\psi(x, t)$ 成立

$$\int_0^t \int_\Omega \left[\psi_t u + (-1)^p \sum_{i=1}^n D_i^p \delta\psi D_i^p u + \delta\psi \operatorname{grad} \varphi(u) + \psi A u + \psi g \right] dx dt$$

$$+ \int_\Omega \psi(x, 0) u_0(x) dx = 0, \tag{6.4.4}$$

其中 $\psi(x, t) \in W_2^{(p+2,1)}(Q_T)$ 为对 $x = (x_1, x_2, \cdots, x_n)$ 具周期 $2l$ 的函数, 且 $\psi(x, T) \equiv 0$.

对于具扩散系数 $\varepsilon > 0$ 的方程组 (6.1.2) 的周期边界问题 (6.1.3) 的广义解 $u_\varepsilon(x, t)$ 有积分关系式

$$\int_0^t \int_\Omega \left[\psi_t u_\varepsilon + \varepsilon \sum_{i=1}^n D_i^{p+2} \psi D_i^p u_\varepsilon + (-1)^p \sum_{i=1}^n D_i^p \delta\psi D_i^p u_\varepsilon \right.$$

$$\left. + \delta\psi \operatorname{grad} \varphi(u_\varepsilon) + \psi A u_\varepsilon + \psi g \right] dx dt + \int_\Omega \psi(x, 0) u_0(x) dx = 0, \tag{6.4.5}$$

其中 $\psi(x, t)$ 为周期试验函数.

从这部分的三个引理立即可推出周期边界总是 (6.1.2), (6.1.3) 的广义解集合 $\{u_\varepsilon(x, t)\}$ $(\varepsilon > 0)$ 在函数空间

$$W_\infty^{(1)}\left(0, T; H^{-(p+2)}(\Omega)\right) \cap L^\infty\left(0, T; H^p(\Omega)\right)$$

和

$$C^{\left(0, \frac{p}{2p+2}\right)}\left([0, T]; L^2(\Omega)\right) \cap L^\infty\left(0, T; H^p(\Omega)\right)$$

或

$$L^\infty\left(0, T; H^p(\Omega)\right) \cap \left\{ \bigcap_{k=0}^{p-1} C^{\left(0, \frac{p-k}{2p+2}\right)}\left([0, T]; H^k(\Omega)\right) \right\}$$

中, 关于 $\varepsilon > 0$ 和 $l > 0$ 是一致有界的.

因此, 可从广义解的集合 $\{u_\varepsilon(x,t)\}$ 中选取子序列 $\{u_{\varepsilon_s}(x,t)\}$, 使得存在一个 N 维向量值函数 $u(x,t)$, 当 $s \to \infty$ 和 $\varepsilon_s \to 0$ 时, 子序列 $\{D^\alpha u_{\varepsilon_s}(x,t)\}$ 在相应的函数空间 $C^{\left(0,\frac{p-|\alpha|}{2p+2}-\sigma\right)}\left([0,T];H^{|\alpha|}(\Omega)\right)$ 收敛于 $D^\alpha u(x,t), \alpha = (\alpha_1,\alpha_2,\cdots,\alpha_n)$, $|\alpha| = 0,1,\cdots,p-1, \sigma > 0$; 子序列 $\{D^\alpha u_{\varepsilon_s}(x,t)\}, |\alpha| = p$ 在空间 $L^\infty\left(0,T;L^2(\Omega)\right)$ 中弱收敛于 $D^\alpha u(x,t), \alpha = (\alpha_1,\alpha_2,\cdots,\alpha_n)$; 子序列 $\{u_{\varepsilon_s}t(x,t)\}$ 在空间 $H^{-(p+2)}(\Omega))$ 弱收敛于 $u_t(x,t)$. 同时, 对任意 $t \in [0,T]$, 子序列 $\{D^\alpha u_\varepsilon(x,t)\}$ 在函数空间 $H^{(\alpha)}(\Omega)(|\alpha| < p)$ 收敛于 $D^\alpha u(x,t)$, 且子序列 $\{D^\alpha u_\varepsilon(x,t)\}$ 在 $L^2(\Omega)$ 中弱收敛于 $D^\alpha u(x,t)(|\alpha| = p)$.

因此, N 维向量值极限函数 $u(x,t)$ 属于空间

$$L^\infty\left(0,T;H^p(\Omega)\right) \cap W_\infty^{(1)}\left(0,T;H^{-(p+2)}(\Omega)\right)$$

和空间

$$L^\infty\left(0,T;H^p(\Omega)\right) \cap C^{\left(0,\frac{p}{2p+2}\right)}\left([0,T];L^2(\Omega)\right).$$

当 $\varepsilon \to 0$ 时, (6.4.5) 的第二项趋于零, 这是由于

$$\varepsilon\left|\int_0^T\int_\Omega\sum_{i=1}^n D_i^{p+2}\psi D_i^p u_\varepsilon \mathrm{d}x\mathrm{d}t\right| \leqslant \varepsilon C_{35}\|\psi\|_{L^2(0,T;H^{p+2}(\Omega))} \cdot \sup_{0\leqslant t\leqslant T}\|u(\cdot,t)\|_{H^p(\Omega)}.$$

因 $\{u_{\varepsilon_s}(x,t)\}$ 依 $C^{\left(0,\frac{2}{2p+2}-\sigma\right)}\left([0,T];L^2(\Omega)\right)$ 强收敛于 $u(x,t),\{u_{\varepsilon_s}(x,t)\}$, 在柱形区域 Q_T 上几乎处处收敛, 因此序列 $\{\mathrm{grad}\,\varphi(u_{\varepsilon_s}(x,t))\}$ 在 Q_T 上也几乎处处收敛. 从

$$\|\mathrm{grad}\,\varphi(u_{\varepsilon_s})\|_{L^2(Q_T)} \quad (s = 1,2,\cdots)$$

的一致有界性, 可知 $\{\mathrm{grad}\,\varphi(u_{\varepsilon_s}(x,t))\}$ 弱收敛于 $\mathrm{grad}\,\varphi(u(x,t))$. 于是, 当 $\varepsilon_s \to 0$ 时积分关系式 (6.4.5) 的极限为积分关系式 (6.4.4), 这就证明了 $u(x,t)$ 为周期边界问题 (6.1.1), (6.1.3) 的弱解.

定理 6.4.1 设引理 6.4.2 的条件满足, 则高阶多变量的 KdV 型方程组 (6.1.1) $(p \geqslant 1)$ 的周期边界问题 (6.1.3) 至少有一个 N 维向量值的整体弱解

$$u(x,t) \in L^\infty\left(0,T;H^p(\Omega)\right) \cap C^{\left(0,\frac{p}{2p+2}\right)}\left([0,T];L^2(\Omega)\right).$$

6.5 初值问题 (6.1.2), (6.1.4) 的整体弱解

现考虑具扩散项 $(\varepsilon > 0)$ 的方程组 (6.1.2) 的初值问题 (6.1.4).

引理 6.5.1   在定理 6.3.1 的条件下, 对于周期边界问题(6.1.2), (6.1.3) 的广义解有如下估计:

$$\sup_{0\leqslant t\leqslant T}\|u(\cdot,t)\|_{H^{p+1}(\Omega)}+\sqrt{\varepsilon}\|u\|_{L^2(0,T;H^{2p+2}(\Omega))}\leqslant K_5, \tag{6.5.1}$$

其中常数 K_5 依赖于 $T>0$, 但与 $\varepsilon>0$ 和 $l>0$ 无关.

为了得到在无限区域 $Q_T^*=\{x\in\mathbb{R}^n,0\leqslant t\leqslant T\}$ 上初值问题 (6.1.2), (6.1.4) 的解, 用在有限柱形 $Q_T^l=\Omega_e\times[0,T]$ 上周期边界问题的序列去逼近原来的初值问题, 其中

$$\Omega_e=\big\{x\big||x_i|\leqslant l;i=1,2,\cdots,n\big\}.$$

定理 6.5.1   设以下条件满足:

(I′) N 维向量值函数 $u_0(x)\in H^{p+1}(\mathbb{R}^n)$;

(II′) $N\times N$ 矩阵 $A(x,t)\in L^\infty\left(0,T;W_\infty^{(p)}(\mathbb{R}^n)\right)$ 和 N 维向量值函数

$$g(x,t)\in L^2(0,T;H^p(\mathbb{R}^n));$$

(III′) 函数 $\varphi(u)\in C^{(2)}(\mathbb{R}^n)$ 满足条件 (6.3.4), 则初值问题 (6.1.2), (6.1.4) 至少有一个 N 维向量值的整体广义解

$$u(x,t)\in L^\infty\left(0,T;H^{p+1}(\mathbb{R}^n)\right)\cap W_2^{(2p+2,1)}(Q_T^*),\quad \varepsilon>0,p\geqslant1.$$

定理 6.5.2   设条件 (I′)—(III′) 满足, 且设

(IV′) $2p>n,\varphi(u)\in C^{(3)}(\mathbb{R}^n)$.

则初值问题 (6.1.2), (6.1.4) 的广义解 $u(x,t)$ 是唯一的.

6.6   初值问题 (6.1.1), (6.1.4) 的整体弱解

为了建立 KdV 型方程组 (6.1.1) 的初值问题 (6.1.4) 的弱解, 有对于问题 (6.1.4), (6.1.2) 的广义解类似的一致性估计.

引理 6.6.1   在条件 (I′)—(III′) 和 $g(x,t)\in L^\infty(0,T;L^2(\mathbb{R}^n))$ 下, 对于初值问题 (6.1.2), (6.1.4) 的广义解 $u_\varepsilon(x,t)$ 有估计

$$\sup_{0\leqslant t\leqslant T}\|u(\cdot,t)\|_{H^p(\mathbb{R}^n)}+\sup_{0\leqslant t\leqslant T}\|u_t(\cdot,t)\|_{H^{-(p+2)}(\mathbb{R}^n)}\leqslant K_6, \tag{6.6.1}$$

其中 K_6 为一常数, 它依赖于 $T>0$, 但不依赖于 $\varepsilon>0$.

定义 6.6.1 N 维向量值函数 $u(x,t)\in L^\infty(0,T;H^p(\mathbb{R}^n))$ 为初值问题 (6.1.1), (6.1.4) 的整体弱解, 如果对任何试验函数 $\psi(x,t)$, 积分关系式

$$\int_0^T \int_{\mathbb{R}^n} \left[\psi_t u + (-1)^p \sum_{i=1}^n D_i^p \delta\psi D_i^p u + \delta\psi\, \mathrm{grad}\,\psi(u) + \psi Au + \psi g \right] \mathrm{d}x\mathrm{d}t$$

$$+ \int_{\mathbb{R}^n} \psi(x,0)u_0(x)\mathrm{d}x = 0 \tag{6.6.2}$$

成立, 其中 $\psi(x,t) \in W_2^{(p+2,1)}(Q_T)$ 为在 $\mathbb{R}^n \times [0,T]$ 上的有限支集函数.

类似地, 由极限过程 $\varepsilon \to 0$, 能证明初值问题 (6.1.1), (6.1.4) 弱解的存在性.

定理 6.6.1 在引理 6.6.1 的条件下, 高阶多变量 KdV 型方程组 (6.1.1) $(p \geqslant 1)$ 的初值问题 (6.1.4), 至少有一个 N 维向量值整体弱解

$$u(x,t) \in L^\infty\left(0,T; H^p\left(\mathbb{R}^n\right)\right) \cap C^{\left(0,\frac{p}{2p+2}\right)}\left([0,T]; L^2\left(\mathbb{R}^n\right)\right).$$

6.7 无限时间区间上的广义解

之前所建立的各种问题的弱解和广义解的存在性和先验估计, 都是对任何 $T > 0$ 成立的. 由于时间区间 $[0,T]$ 是任意的, 得到的结果对于无限时间 $[0,\infty)$ 也是有效的.

定理 6.7.1 在条件 (I), (III) 下, 且设

(II_∞) $A(x,t) \in L_{\mathrm{loc}}^\infty\left(0,\infty; W_\infty^{(p)}(\Omega)\right), g(x,t) \in L_{\mathrm{loc}}^\infty\left(0,\infty; L^2(\Omega)\right) \cap L_{\mathrm{loc}}^2(0,\infty; H^p(\Omega))$. 则周期边界问题 (6.1.2), (6.1.3) 至少有一个 N 维向量值广义解

$$u(x,t) \in L_{\mathrm{loc}}^\infty\left(0,\infty; H^{p+1}(\Omega)\right) \cap H_{\mathrm{loc}}^1\left(0,\infty; H^{(2p+2)}(\Omega)\right) \cap H_{\mathrm{loc}}^1\left(0,\infty; L^2(\Omega)\right),$$

且周期边界问题 (6.1.1), (6.1.3) 至少有一个 N 维向量值弱解

$$u(x,t) \in L_{\mathrm{loc}}^\infty\left(0,\infty; H^p(\Omega)\right) \cap C_{\mathrm{loc}}^{\left(0,\frac{p}{2p+2}\right)}\left([0,\infty]; L^2(\Omega)\right).$$

定理 6.7.2 在条件 (I′), (III′) 下, 且设

(II_∞') $A(x,t) \in L_{\mathrm{loc}}^\infty\left(0,\infty; W_\infty^{(p)}(\mathbb{R}^n)\right)$, $g(x,t) \in L_{\mathrm{loc}}^\infty\left(0,\infty; L^2(\mathbb{R}^n)\right) \cap L_{\mathrm{loc}}^2(0,\infty; H^p(\mathbb{R}^n))$, 则初值问题 (6.1.2), (6.1.4) 至少有一个广义解

$$u(x,t) \in L_{\mathrm{loc}}^\infty\left(0,\infty; H^{p+1}(\mathbb{R}^n)\right) \cap L_{\mathrm{loc}}^2\left(0,\infty; H^{2p+2}(\mathbb{R}^n)\right) \cap H_{\mathrm{loc}}^1\left(0,\infty; L^2(\mathbb{R}^n)\right),$$

且初值问题 (6.1.1), (6.1.4) 至少有一个弱解

$$u(x,t) \in L_{\mathrm{loc}}^\infty\left(0,\infty; H^p(\mathbb{R}^n)\right) \cap C_{\mathrm{loc}}^{\left(0,\frac{p}{2p+2}\right)}\left([0,\infty]; L^2(\mathbb{R}^n)\right).$$

6.8 广义解当 $t \to \infty$ 时的渐近性

设方程组 (6.1.1), (6.1.2) 的系数矩阵 $A(x,t)$ 是负定的, 即存在正常数 $b > 0$, 使得对任何 N 维向量 $\xi \in \mathbb{R}^n$, 不等式

$$(\xi, A\xi) \leqslant -b|\xi|^2 \tag{6.8.1}$$

成立.

对于上面提到的问题的广义解和弱解, 有

$$\|u(\cdot,t)\|_{L^2(\Omega_l)}^2 \leqslant -2b \int_0^t \|u(\cdot,\tau)\|_{L^2(\Omega_l)}^2 \mathrm{d}\tau + 2 \int_0^t \int_{\Omega_l} (u,g)\mathrm{d}x\mathrm{d}t + \|u_0\|_{L^2(\Omega_l)}^2$$

$$\leqslant -b \int_0^t \|u(\cdot,\tau)\|_{L^2(\Omega_l)}^2 \mathrm{d}\tau + \frac{1}{b}\|g\|_{L^2(\Omega_t)}^2 + \|u_0\|_{L^2(\Omega_l)}^2,$$

其中 $l \leqslant \infty$. 由此推出

$$\|u(\cdot,t)\|_{L^2(\Omega_l)}^2 \leqslant \left\{ \|u_0\|_{L^2(\Omega_l)}^2 + \frac{1}{b}\|g\|_{L^2(\Omega_t)}^2 \right\} \mathrm{e}^{-bt}. \tag{6.8.2}$$

定理 6.8.1　设 $A(x,t)$ 为负定 $N \times N$ 矩阵, $g(x,t) \in L^2\left(Q_\infty^l\right), l \leqslant \infty$. 则对周期边界问题(6.1.1), (6.1.3) ($\varepsilon = 0, l < \infty$) 和 (6.1.2), (6.1.3) ($\varepsilon > 0, l < \infty$) 以及初值问题 (6.1.1), (6.1.4) ($\varepsilon = 0, l = \infty$) 和 (6.1.2),(6.1.4) ($\varepsilon > 0, l = \infty$), 具有渐近性质

$$\lim_{t\to\infty} \|u(\cdot,t)\|_{L^2(\Omega_l)} = 0 \quad (l \leqslant \infty). \tag{6.8.3}$$

6.9 广义解的 "blow-up" 性质

现考虑 KdV 型方程组

$$u_t + \delta\delta_{2p}u + \delta\,\mathrm{grad}\,\varphi(u) = f(x,t,u) \quad (p \geqslant 1) \tag{6.9.1}$$

的广义解 $u(x,t)$ 的 "blow-up" 问题, 作方程组 (6.9.1) 和 N 维向量 u 的数量积, 并在 Ω_l ($l \leqslant \infty$) 上作积分可得

$$\frac{\mathrm{d}}{\mathrm{d}t}\|u(\cdot,t)\|_{L^2(\Omega_l)}^2 = 2 \int_{\Omega_l} (u, f(x,t,u))\mathrm{d}x. \tag{6.9.2}$$

设 N 维向量值函数 $f(x,t,u)$ 具有性质

$$\int_{\Omega_l} (u, f(x,t,u))\mathrm{d}x \geqslant C_0\|u(\cdot,t)\|_{L^2(\Omega)}^2 \psi\left(\|u(\cdot,t)\|_{L^2(\Omega)}^2\right), \tag{6.9.3}$$

其中 $C_0 > 0; \psi(Z) > 0, Z > 0$, 且积分

$$\int_{C_1}^{\infty} \frac{\mathrm{d}Z}{Z\psi(Z)} < \infty \quad (C_1 > 0),\tag{6.9.4}$$

则 (6.9.2) 为

$$\frac{\mathrm{d}}{\mathrm{d}t}W(t) \geqslant 2C_0 W(t)\psi(W(t)),$$

其中 $W(t) = \|u(\cdot, t)\|_{L^2(\Omega_l)}^2$. 由此可知, 当初值 $W(0) = \|u_0\|_{L^2(\Omega_l)}^2 > 0$ 时, $W(t)$ 在 t 的某个有限值趋于无穷.

定理 6.9.1 设 $f(x, t, u)$ 满足条件 (6.9.3), (6.9.4), 且 N 维向量值初值函数 $u_0(x)$ 的模 $\|u_0\|_{L^2(\Omega_1)}$ 大于零, 则对于高阶 $(p \geqslant 1)$ 多变量广义 KdV 型方程 (6.9.1) 的周期边界问题 (6.1.3) $(l < \infty)$ 和初值问题 (6.1.4) $(l = \infty)$ 的广义解 $u(x, t)$, 它的模 $\|u(\cdot, t)\|_{L^2(\Omega_l)}$ $(l \leqslant \infty)$ 在 t 的某有限值处趋于无限.

第 7 章　KdV-BBM 方程的整体解

7.1　引　言

1972 年, Benjamin, Bona 和 Mahony 在文献 [10] 中提出了如下的非线性偏微分方程 (今后称为 BBM 方程)

$$u_t - u_{txx} + u_x + uu_x = f, \tag{7.1.1}$$

其中 $u = u(x, t) : \mathfrak{I} \times [0, \infty) \to \mathbb{R}$, $\mathfrak{I} = [a, b]$ 是实轴上的有界区间. 物理上, u 表示浅水水波的单向振幅, $f \in L^2(\mathfrak{I})$ 是一个与时间无关的外力. 对于齐次的情形, 即 $f = 0$, 能量

$$\mathcal{E}(t) = \|u(t)\|^2 + \|u_x(t)\|^2 \tag{7.1.2}$$

是一个守恒量, 其中 $\|\cdot\|$ 表示 $L^2(\mathfrak{I})$ 上的范数. 方程两边乘 u, 根据狄利克雷边界条件

$$u(a, t) = u(b, t) = 0, \tag{7.1.3}$$

(7.1.2) 很容易验证.

事实上, 方程 (7.1.1) 是从 KdV 方程

$$u_t + u_{xxx} + u_x + uu_x = f \tag{7.1.4}$$

通过将 u_{xxx} 替换为 $-u_{txx}$ 而得到的. 在某种程度上, 方程 (7.1.1) 可看作是方程 (7.1.4) 的一种正则化形式. 特别地, 方程 (7.1.1) 解的存在性已经在文献 [10] 中被证明.

本章我们考虑如下的高维高阶广义的 BBM-KdV 方程的周期初值问题

$$\frac{\partial u}{\partial t} + \sum_{i=1}^{N} \frac{\partial}{\partial x_i} \operatorname{grad} \varphi(u) + (-1)^{\alpha} \sum_{\alpha_1 + \cdots + \alpha_N = \alpha} A^{(\alpha_1, \cdots, \alpha_N)}(t) \frac{\partial^{\alpha+1} u}{\partial x_1^{\alpha_1} \cdots \partial x_N^{\alpha_N} \partial t}$$

$$+ \sum_{i=1}^{N} \sum_{\alpha_1 + \cdots + \alpha_N = \alpha} B^{(\alpha_1, \cdots, \alpha_N, i)} \frac{\partial^{\alpha+1} u}{\partial x_1^{\alpha_1} \cdots \partial x_N^{\alpha_N} \partial x_i}$$

$$= F(x, t), \quad x \in \Omega, \, t > 0, \, \alpha \geqslant 1, \tag{7.1.5}$$

$$u(x_1, \cdots, x_j + E_j, \cdots, x_N, t) = u(x_1, \cdots, x_j, \cdots, x_N, t), \quad x \in \Omega, \, t \geqslant 0, \tag{7.1.6}$$

$$u|_{t=0} = u_0(x), \quad x \in \Omega, \tag{7.1.7}$$

其中 $u_0(x)$ 是周期的矢量函数, 常数 $E_j > 0$ $(j = 1, 2, \cdots, N)$ 表示周期. 令 Ω 表示空间 $\mathbb{R}^N$. $\alpha = \alpha_1 + \alpha_2 + \cdots + \alpha_N$ 是正整数, $\alpha \geqslant 1$, $\alpha_i \geqslant 0$, $i = 1, 2, \cdots, N$.

注意到 $\mathrm{grad}\varphi(u) = (\varphi_{u_1}, \varphi_{u_2}, \cdots, \varphi_{u_M})^{\mathrm{T}}$, $u = (u_1(x, t), u_2(x, t), \cdots, u_M(x, t))^{\mathrm{T}}$ 是未知的实值向量函数. $F = (f_1(x, t), f_2(x, t), \cdots, f_M(x, t))^{\mathrm{T}}$ 是给定的实值向量函数,

$$A^{(\alpha_1, \alpha_2, \cdots, \alpha_N)}(t) = \begin{pmatrix} a_1^{(a_1, \cdots, a_N)}(t) & & & \\ & a_2^{(\alpha_1, \cdots, \alpha_N)}(t) & & \\ & & \ddots & \\ & & & a_M^{(a_1, \cdots, a_N)}(t) \end{pmatrix}$$

是实值函数的对角矩阵,

$$B^{(\alpha_1, \alpha_2, \cdots, \alpha_N, i)}(t) = \begin{pmatrix} b_1^{(a_1, \cdots, a_N, i)}(t) & & & \\ & b_2^{(\alpha_1, \cdots, \alpha_N, i)}(t) & & \\ & & \ddots & \\ & & & b_M^{(a_1, \cdots, a_N, i)}(t) \end{pmatrix}$$

是实常数的对角矩阵.

假设 $A^{(\alpha_1, \cdots, \alpha_N)}(t) \geqslant aI$, 其中 a 是一个正常数, I 是单位矩阵. 选取 $\{\varphi_l^h(x)\}$ 为有限维测试函数空间 $V^h \subset H^{\alpha+1}(\Omega)$ 的基, 记问题 (7.1.5)—(7.1.7) 的 Galerkin 逼近解为

$$u^h(x, t) = \sum_{l=1}^{L} c_l(t) \varphi_l^h(x), \tag{7.1.8}$$

其中 $c_l(t) = (c_{l1}(t), c_{l2}(t), \cdots, c_{lM}(t))^{\mathrm{T}}$ 满足如下的方程

$$\left(\frac{\partial u_m^h}{\partial t}, \varphi_l^h \right) - \left(\frac{\partial \varphi(u^h)}{\partial u_m^h}, \sum_{i=1}^{N} \frac{\partial \varphi_l^h}{\partial x_i} \right)$$

$$+ \sum_{\alpha_1 + \cdots + \alpha_N = \alpha} a_m^{(\alpha_1, \cdots, \alpha_N)}(t) \left(\frac{\partial^{\alpha+1} u_m^h}{\partial x_1^{\alpha_1} \cdots \partial x_N^{\alpha_N} \partial t}, \frac{\partial^{\alpha} \varphi_l^h}{\partial x_1^{\alpha_1} \cdots \partial x_N^{\alpha_N}} \right)$$

$$+ (-1)^{\alpha+1} \sum_{i=1}^{N} \sum_{\alpha_1 + \cdots + \alpha_N = \alpha} b_m^{(\alpha_1, \cdots, \alpha_N, i)} \left(\frac{\partial^{\alpha} u_m^h}{\partial x_1^{\alpha_1} \cdots \partial x_N^{\alpha_N}}, \frac{\partial^{\alpha+1} \varphi_l^h}{\partial x_1^{\alpha_1} \cdots \partial x_N^{\alpha_N} \partial x_i} \right)$$

$$= (f_m, \varphi_l^h), \quad l = 1, 2, \cdots, L, \, m = 1, 2, \cdots, M, \tag{7.1.9}$$

$$(u_m^h(x, 0), \varphi_l^h) = (u_{0m}(x), \varphi_l^h), \quad l = 1, 2, \cdots, L, \, m = 1, 2, \cdots, M. \tag{7.1.10}$$

这是关于未知函数 $c_{lm}(t)$ 的非线性常微分方程的初值问题, 因为基函数是线性无关的, 所以问题 (7.1.9)—(7.1.10) 在区间 $[0, t_0]$ 上局部解存在. 本章的主要结果如下: (i) 我们证明了在大区间 $[0, T]$ 上问题 (7.1.9)—(7.1.10) 的逼近解 $u^h(x,t)$ 的存在性, 并证明了 $u^h(x,t)$ 收敛于问题 (7.1.5)—(7.1.7) 的广义解. (ii) 证明了问题 (7.1.5)—(7.1.7) 广义解的存在唯一性. (iii) 给出了问题 (7.1.9)—(7.1.10) 的有限元解与问题 (7.1.5)—(7.1.7) 解之间的误差估计. (iv) 我们讨论了问题 (7.1.5)—(7.1.7) 解的正则性.

7.2　主要结果及证明

引理 7.2.1　假设 (i) $\|F\|_{L^2} \leqslant M_1$, $u_0(x) \in H^\alpha(\Omega)$; (ii) $\left| \dfrac{\mathrm{d}a_m^{(a_1,\cdots,\alpha_N)}(t)}{\mathrm{d}t} \right| \leqslant$ M_2, $m = 1, 2, \cdots, M$, $\alpha_1 + \alpha_2 + \cdots + \alpha_N = \alpha$, 其中 M_1 和 M_2 是正常数, 则问题 (7.1.9)—(7.1.10) 的解满足如下估计:

$$\left\| u^h \right\|_{H^\alpha} \leqslant c_1, \tag{7.2.1}$$

其中 c_1 是一个不依赖 h 的常数.

　　证明　方程 (7.1.9) 两边乘 c_{lm}, 关于 l 从 1 到 L 求和并利用 Gronwall 不等式, 引理得证.　　　　　　　　　　　　　　　　　　　　　　　　　□

　　引理 7.2.2　在引理 7.2.1 条件下并假设 $\alpha > \dfrac{N}{2}$, 问题 (7.1.9)—(7.1.10) 的解有如下估计:

$$\left\| u^h \right\|_{L^\infty} \leqslant c_2, \tag{7.2.2}$$

其中 c_2 是常数且不依赖 h.

　　证明　根据 Sobolev 嵌入定理和引理 7.2.1, 引理得证.　　　　　　□

　　引理 7.2.3　在引理 7.2.2 的条件下, 假设

$$\varphi(u_1, u_2, \cdots, u_M) \in C^2, \quad \left\| \frac{\partial F}{\partial t} \right\|_{L^2} \leqslant M_1, \quad \left. \frac{\partial u^h(x,t)}{\partial t} \right|_{t=0} \in H^\alpha(\Omega), \tag{7.2.3}$$

则问题 (7.1.9)—(7.1.10) 的解满足如下估计:

$$\left\| \frac{\partial u^h}{\partial t} \right\|_{H^\alpha} \leqslant c_3, \quad \left\| \frac{\partial u^h}{\partial t} \right\|_{L^\infty} \leqslant c_4, \tag{7.2.4}$$

其中 c_3 和 c_4 是不依赖于 h 的常数.

　　证明　对方程 (7.1.9) 关于 t 求导, 然后两边乘 $\dfrac{\mathrm{d}c_{lm}(t)}{\mathrm{d}t}$, 关于 l 从 1 到 L 求和, 并利用 Sobolev 不等式和 Gronwall 不等式, 引理得证.　　　　　　□

根据引理 7.2.1—引理 7.2.3, 我们可得问题 (7.1.9)—(7.1.10) 的解 $u^h(x,t)$ 在区间 $[0,T]$ 上存在.

接下来我们将给出问题 (7.1.5)—(7.1.7) 广义解的定义. 函数 $u(x,t) \in L^\infty(0, T; H^\alpha)$, $u_t(x,t) \in L^\infty(0,T;H^\alpha)$ 称为问题 (7.1.5)—(7.1.7) 的广义解, 如果满足如下的积分等式:

$$
\left(\frac{\partial u_m}{\partial t}, v \right) - \left(\frac{\partial \varphi(u)}{\partial u_m}, \sum_{i=1}^{N} \frac{\partial v}{\partial x_i} \right)
$$
$$
+ \sum_{\alpha_1 + \cdots + \alpha_N = \alpha} a_m^{(\alpha_1, \cdots, \alpha_N)}(t) \left(\frac{\partial^{\alpha+1} u_m}{\partial x_1^{\alpha_1} \cdots \partial x_N^{\alpha_N} \partial t}, \frac{\partial^\alpha v}{\partial x_1^{\alpha_1} \cdots \partial x_N^{\alpha_N}} \right)
$$
$$
+ (-1)^{\alpha+1} \sum_{i=1}^{N} \sum_{\alpha_1 + \cdots + \alpha_N = \alpha} b_m^{(\alpha_1, \cdots, \alpha_N, i)} \left(\frac{\partial^\alpha u_m}{\partial x_1^{\alpha_1} \cdots \partial x_N^{\alpha_N}}, \frac{\partial^{\alpha+1} v}{\partial x_1^{\alpha_1} \cdots \partial x_N^{\alpha_N} \partial x_i} \right)
$$
$$
= (f_m, v), \tag{7.2.5}
$$
$$
(u_m(x,0), v) = (u_{0m}(x), v), \quad m = 1, 2, \cdots, M, \forall v \in H^{\alpha+1}(\Omega). \tag{7.2.6}
$$

定理 7.2.1 假设 (i) $\|F\|_{L^2} \leqslant M_1$, $\left\| \frac{\partial F}{\partial t} \right\|_{L^2} \leqslant M_1$; (ii) $\left| \frac{\mathrm{d} a_m^{(a_1, \cdots, \alpha_N)}(t)}{\mathrm{d} t} \right| \leqslant M_2$, $\alpha_1 + \cdots + \alpha_N = \alpha$, $m = 1, 2, \cdots, M$; (iii) $u_0(x) \in H^{2\alpha+1}(\Omega)$, $\alpha > \dfrac{N}{2}$, 则问题 (7.1.5)—(7.1.7) 的广义解存在.

证明 根据引理 7.2.1—引理 7.2.3 和紧性定理, 可证明广义解的存在性. □

定理 7.2.2 假设定理 7.2.1 中的条件成立, 并假设问题 (7.1.5)—(7.1.7) 的广义解 $u(\cdot, t) \in H^{\alpha+1}(\Omega)$, 则广义解唯一.

证明 假设问题 (7.1.5)—(7.1.7) 存在两个广义解 u_1 和 u_2. 利用 Hadamard 引理 [98]、Sobolev 不等式和 Gronwall 不等式, 我们可得 $u_1 = u_2$, 即广义解唯一. □

定理 7.2.3 若 (i) 定理 7.2.2 中的条件成立; (ii) 问题 (7.1.5)—(7.1.7) 的广义解满足 $u(x,t) \in H^k$, $u_t(x,t) \in H^k$, $k > \alpha+1$; (iii) $\left\| u^h(x,0) - u(x,0) \right\|_{L^2}^2 \leqslant c_5 h^{2k}$; (iv) $v^h = \{ \varphi^h | \varphi^h \in H^{\alpha+1}(\Omega); \varphi^h(x_1, \cdots, x_j + E_j, \cdots, x_N) = \varphi^h(x_1, \cdots, x_j, \cdots, x_N), x \in \Omega; \varphi^h$ 是一个 $k-1$ 阶分段多项式}, 则我们有如下的误差估计:

$$
\sup_{0 \leqslant t \leqslant T} \left\| u - u^h \right\| \leqslant c_6 h^{k-(\alpha+1)}, \tag{7.2.7}
$$

其中 c_5 和 c_6 是不依赖于 h 的常数.

证明 令 $\varepsilon = u - u^h$. 假设 $W_m(\cdot, t) \in V^h$ 且 $\dfrac{\partial w_m}{\partial t}$ 存在, $m = 1, 2, \cdots, M$. 记 $\varepsilon_m = \rho_m - D_m$, 其中 $\rho_m = u_m - w_m$, $D_m = u_m^h - w_m$. 由 (7.1.9) 和 (7.2.5) 可

得

$$
\left(\frac{\partial \rho_m}{\partial t}, \varphi_l^h\right) - \left(\frac{\partial \varphi(u)}{\partial u_m} - \frac{\partial \varphi(w)}{\partial w_m}, \sum_{i=1}^{N} \frac{\partial \varphi_l^h}{\partial x_i}\right)
$$

$$
+ \sum_{\alpha_1+\cdots+\alpha_N=\alpha} a_m^{(\alpha_1,\cdots,\alpha_N)}(t) \left(\frac{\partial^{\alpha+1}\rho_m}{\partial x_1^{\alpha_1}\cdots\partial x_N^{\alpha_N}\partial t}, \frac{\partial^{\alpha}\varphi_l^h}{\partial x_1^{\alpha_1}\cdots\partial x_N^{\alpha_N}}\right)
$$

$$
+(-1)^{\alpha}\sum_{i=1}^{N}\sum_{\alpha_1+\cdots+\alpha_N=\alpha} b_m^{(\alpha_1,\cdots,\alpha_N,i)} \left(\frac{\partial^{\alpha+1}\rho_m}{\partial x_1^{\alpha_1}\cdots\partial x_N^{\alpha_N}\partial x_i}, \frac{\partial^{\alpha}\varphi_l^h}{\partial x_1^{\alpha_1}\cdots\partial x_N^{\alpha_N}}\right)
$$

$$
=\left(\frac{\partial D_m}{\partial t}, \varphi_l^h\right) - \left(\frac{\partial \varphi(u^h)}{\partial u_m^h} - \frac{\partial \varphi(w)}{\partial w_m}, \sum_{i=1}^{N} \frac{\partial \varphi_l^h}{\partial x_i}\right)
$$

$$
+ \sum_{\alpha_1+\cdots+\alpha_N=\alpha} a_m^{(\alpha_1,\cdots,\alpha_N)}(t) \left(\frac{\partial^{\alpha+1}D_m}{\partial x_1^{\alpha_1}\cdots\partial x_N^{\alpha_N}\partial t}, \frac{\partial^{\alpha}\varphi_l^h}{\partial x_1^{\alpha_1}\cdots\partial x_N^{\alpha_N}}\right)
$$

$$
+(-1)^{\alpha+1}\sum_{i=1}^{N}\sum_{\alpha_1+\cdots+\alpha_N=\alpha} b_m^{(\alpha_1,\cdots,\alpha_N,i)} \left(\frac{\partial^{\alpha}D_m}{\partial x_1^{\alpha_1}\cdots\partial x_N^{\alpha_N}}, \frac{\partial^{\alpha+1}\varphi_l^h}{\partial x_1^{\alpha_1}\cdots\partial x_N^{\alpha_N}\partial x_i}\right),
$$

$$
m=1,2,\cdots,M.
$$

因为 $D_m = u_m^h - w_m \in V^h$, 则 $D_m = \sum_{l=1}^{L} d_{lm}\varphi_l^h$. 上述等式两边乘 d_{lm}, 关于 l 从 1 到 L 求和, m 从 1 到 M 求和, 然后利用 Hadamard 引理、Sobolev 不等式, 我们可得

$$
\frac{\mathrm{d}}{\mathrm{d}t}\left[\sum_{m=1}^{M}\left(\|D_m\|_{L^2}^2 + \sum_{\alpha_1+\cdots+\alpha_N=\alpha} a_m^{(\alpha_1,\cdots,\alpha_N)}(t)\left\|\frac{\partial^{\alpha}D_m}{\partial x_1^{\alpha_1}\cdots\partial x_N^{\alpha_N}}\right\|_{L^2}^2\right)\right]
$$

$$
\leqslant M_3 \sum_{m=1}^{M}\left[\left\|\frac{\partial \rho_m}{\partial t}\right\|_{L^2}^2 + \|\rho_m\|_{L^2}^2 + \sum_{\alpha_1+\cdots+\alpha_N=\alpha}\left\|\frac{\partial^{\alpha+1}\rho_m}{\partial x_1^{\alpha_1}\cdots\partial x_N^{\alpha_N}\partial t}\right\|_{L^2}^2\right.
$$

$$
+\sum_{i=1}^{N}\sum_{\alpha_1+\cdots+\alpha_N=\alpha}\left\|\frac{\partial^{\alpha+1}\rho_m}{\partial x_1^{\alpha_1}\cdots\partial x_N^{\alpha_N}\partial x_i}\right\|_{L^2}^2\right]
$$

$$
+M_4 \sum_{m=1}^{M}\left[\|D_m\|_{L^2}^2 + \sum_{\alpha_1+\cdots+\alpha_N=\alpha} a_m^{(\alpha_1,\cdots,\alpha_N)}(t)\left\|\frac{\partial^{\alpha}D_m}{\partial x_1^{\alpha_1}\cdots\partial x_N^{\alpha_N}}\right\|_{L^2}^2\right],
$$

其中 M_3 和 M_4 为常数. 利用有限元逼近理论 [98], 我们有

$$
\begin{aligned}
&\|\rho_m\|_{L^2} \leqslant \bar{c}_1 h^k \|u\|_{H^k}, \quad \left\|\frac{\partial \rho_m}{\partial t}\right\|_{L^2} \leqslant \bar{c}_2 h^k \|u_t\|_{H^k}, \\
&\|\rho_m\|_{H^{\alpha+1}} \leqslant \bar{c}_3 h^{k-\alpha-1}\|u\|_{H^k}, \quad \left\|\frac{\partial \rho_m}{\partial t}\right\|_{H^{\alpha}} \leqslant \bar{c}_4 h^{k-\alpha}\|u_t\|_{H^k}.
\end{aligned} \tag{7.2.8}
$$

因此, 根据 Gronwall 不等式和三角不等式可得

$$\sup_{0 \leqslant t \leqslant T} \left\| u - u^h \right\|_{L^2} \leqslant c_6 h^{k-(\alpha+1)}. \tag{7.2.9}$$

$\square$

定理 7.2.4 若定理 7.2.3 中的条件成立, 且假设 $k > \alpha + 1$, 则问题 (7.1.9)—(7.1.10) 的有限元解收敛到问题 (7.1.5)—(7.1.7) 的广义解.

证明 根据定理 7.2.3, 定理得证. $\square$

接下来, 我们考虑问题 (7.1.5)—(7.1.7) 解的正则性. 选取 Laplace 算子满足周期边界条件的特征函数作为基函数 $\{\psi_l(x)\}$, 即 $\psi_l(x)$ 满足

$$-\Delta \psi_l = \lambda_l \psi_l, \quad l = 1, 2, \cdots, x \in \Omega, \tag{7.2.10}$$

$$\psi_l(x_1, \cdots, x_j + E_j, \cdots, x_N) = \psi_l(x_1, \cdots, x_j, \cdots, x_N), \quad x \in \Omega. \tag{7.2.11}$$

根据正则性可知, $\psi_l(x) \in H^k(\Omega)$. 我们现在利用 Galerkin 方法来研究解的正则性, 构造问题 (7.1.5)—(7.1.7) 的逼近解为

$$u^L(x, t) = \sum_{l=1}^{L} d_l^{(L)}(t) \psi_l(x), \tag{7.2.12}$$

其中 $d_l^{(L)}(t) = \left(d_{l1}^{(L)}(t), d_{l2}^{(L)}(t), \cdots, d_{lM}^{(L)}(t) \right)^{\mathrm{T}}$, $u(x, t)$ 满足 (7.1.9)—(7.1.10).

引理 7.2.4 假设引理 7.2.3 的条件成立且

$$\varphi(u^h) \in C^3, \quad \sum_{i=1}^{N} \left\| \frac{\partial f_m}{\partial x_i} \right\|_{L^2}^2 \leqslant M_1, \quad m = 1, 2, \cdots, M, \quad u_0(x) \in H^{2\alpha+1}(\Omega), \tag{7.2.13}$$

则问题 (7.1.9)—(7.1.10) 的解满足如下的估计

$$\left\| u^L \right\|_{H^{2\alpha+1}} \leqslant c_7, \quad \left\| \frac{\partial u^L}{\partial t} \right\|_{H^{2\alpha}} \leqslant c_8, \tag{7.2.14}$$

其中 c_7, c_8 为常数且与 h 无关.

证明 类似于引理 7.2.3 的证明. $\square$

定理 7.2.5 在引理 7.2.4 的条件下, 存在 $u(x, t)$ 满足 $u(x, t) \in L^\infty(0, T; H^{2\alpha+1}(\Omega))$, $u_t(x, t) \in L^\infty(0, T; H^{2\alpha}(\Omega))$, 且

$$\frac{\partial u}{\partial t} + \sum_{i=1}^{N} \frac{\partial}{\partial x_i} \mathrm{grad}\varphi(u) + (-1)^\alpha \sum_{\alpha_1 + \cdots + \alpha_N = \alpha} A^{(\alpha_1, \cdots, \alpha_N)}(t) \frac{\partial^{\alpha+1} u}{\partial x_1^{\alpha_1} \cdots \partial x_N^{\alpha_N} \partial t}$$

$$+\sum_{i=1}^{N}\sum_{\alpha_1+\cdots+\alpha_N=\alpha}B^{(\alpha_1,\cdots,\alpha_N,i)}\frac{\partial^{\alpha+1}u}{\partial x_1^{\alpha_1}\cdots\partial x_N^{\alpha_N}\partial x_i}=F(x,t),\quad x\in\Omega,\,t>0,$$

$$u(x_1,\cdots,x_j+E_j,\cdots,x_N,t)=u(x_1,\cdots,x_j,\cdots,x_N,t),$$

$$x\in\Omega,\,t\geqslant 0,\,j=1,2,\cdots,N,$$

$$u|_{t=0}=u_0(x),\quad x\in\Omega.$$

证明　类似于定理 7.2.1 的证明. 　　　　　　　　　　　　　　　　　□

第 8 章 KdV-BO 方程的整体解

8.1 引 言

本章我们研究如下的 KdV-BO (Korteweg-de Vries-Benjamin-Ono) 方程的初值问题

$$\partial_t u + \alpha \mathcal{H}(\partial_x^2) - \beta \partial_x^3 u + \partial_x(u^l) = 0, \tag{8.1.1}$$

$$u(x,0) = \varphi(x) \in H^s, \quad x,t \in \mathbb{R}, \tag{8.1.2}$$

其中 α 和 β 是实常数且满足 $\alpha\beta \neq 0.$ $l = 2, 3.$ $\mathcal{H}$ 为 Hilbert 变换

$$\mathcal{H}f(x) = \mathrm{p.v.} \frac{1}{\pi} \int \frac{f(x-y)}{y} \mathrm{d}y.$$

积分-微分方程 (8.1.1) 描述了长波在双流体系统中的无方向传播, 其中密度较大的低层流体无限深, 界面受毛细作用影响. 它是 Benjamin 为研究深水上孤立型重力-毛细表面波而导出的. 关于方程 (8.1.1) 孤立波解的存在性、稳定性和渐近性已有许多研究, 可参考文献 [4,9]. 对于常系数 $\alpha\beta < 0,$ $l = 2,$ Linares 在文献 [76] 中证明了当初值属于 L^2 时 Cauchy 问题 (8.1.1)—(8.1.2) 局部和整体解的存在性.

本章我们研究 (8.1.1)—(8.1.2) 在低正则性空间中解的适定性. 当 $l = 2$ 时, 我们证明 Cauchy 问题 (8.1.1)—(8.1.2) 在空间 H^s $(s \geqslant -1/8)$ 中是局部适定的, 且对于初值属于 L^2 且 $\alpha \cdot \beta < 0$ 是整体适定的. 此外, 当 $l = 3$ 时, 利用傅里叶限制范数方法 [17,63,64] 证明了 Cauchy 问题 (8.1.1)—(8.1.2) 在 $H^s(s \geqslant 1/4)$ 中是局部适定的.

(8.1.1)—(8.1.2) 的积分等价形式为

$$u = S(t)\varphi + \int_0^t S\left(t - t'\right) \left(\partial_x \left(u^l\right)(t')\right) \mathrm{d}t',$$

其中

$$S(t) = \mathcal{F}_x^{-1} \mathrm{e}^{-\mathrm{i}t(\alpha\xi|\xi| + \beta\xi^3)} \mathcal{F}_x, \quad \phi(\xi) = \alpha\xi|\xi| + \beta\xi^3$$

分别是线性方程的酉算子和相位函数. 需要指出的是, 上述相位函数 $\phi(\xi)$ 具有非零奇异点, 这使得它不同于线性 KdV 方程的半群的相位函数, 使问题变得更加困

难. 因此, 我们使用傅里叶限制算子

$$P^N f = \int_{|\xi| \geqslant N} \mathrm{e}^{\mathrm{i}x\xi} \hat{f}(\xi) \mathrm{d}\xi, \quad P_N f = \int_{|\xi| \leqslant N} \mathrm{e}^{\mathrm{i}x\xi} \hat{f}(\xi) \mathrm{d}\xi, \quad \forall N > 0 \qquad (8.1.3)$$

来消除相位函数的奇性. 另外, 这些算子也将用于分解方程 (8.1.1) 中的非线性项 $\partial_x (u^l)$. 为处理该项, 我们首先将其分解为高频部分和相应的低频部分, 如下所示:

$$\partial_x (u^l) = P^N \{\partial_x (u^l)\} + P_N \{\partial_x (u^l)\}. \qquad (8.1.4)$$

接下来, 我们将 (8.1.4) 右边的每一项分解为由傅里叶限制算子 P^N 或 P_N 作用的每一个因子组成的乘积的和, 我们会用不同的技巧来估计每一项, 以克服困难.

定义 8.1.1　对于 $s, b \in \mathbb{R}$, 定义空间 $X_{s,b}$ 为 $\mathbb{R}^2$ 上 Schwartz 函数空间关于如下范数的完备化

$$\|u\|_{X_{s,b}} = \left\| (1 + |\xi|)^s \left(1 + |\tau + \alpha\xi|\xi| + \beta\xi^3|\right)^b \mathcal{F}u \right\|_{L_\xi^2 L_\tau^2}$$

$$= \left\| \langle \xi \rangle^s \langle \tau + \alpha\xi|\xi| + \beta\xi^3 \rangle^b \mathcal{F}u \right\|_{L_\xi^2 L_t^2},$$

其中 $\langle \cdot \rangle = (1 + |\cdot|)$, $\mathcal{F}u = \hat{u}(\tau, \xi)$ 表示 u 关于 t 和 x 的傅里叶变换, 记 $\mathcal{F}_{(\cdot)}u$ 为关于变量 $(\cdot)$ 的傅里叶变换.

我们将用到如下的嵌入关系 $\|u\|_{X_{s_1,b_1}} \leqslant \|u\|_{X_{s_2,b_2}}$, $s_1 \leqslant s_2$, $b_1 \leqslant b_2$. 记 $\int_* \mathrm{d}\delta$ 为卷积积分

$$\int_{\substack{\xi = \xi_1 + \xi_2 \\ \tau = \tau_1 + \tau_2}} \mathrm{d}\tau_1 \mathrm{d}\tau_2 \mathrm{d}\xi_1 \mathrm{d}\xi_2 \quad \text{或} \quad \int_{\substack{\xi = \xi_1 + \xi_2 + \xi_3 \\ \tau = \tau_1 + \tau_2 + \tau_3}} \mathrm{d}\tau_1 \mathrm{d}\tau_2 \mathrm{d}\tau_3 \mathrm{d}\xi_1 \mathrm{d}\xi_2 \mathrm{d}\xi_3. \qquad (8.1.5)$$

令 $\psi \in C_0^\infty(\mathbb{R})$ 满足 $[-1/2, 1/2]$ 上, $\psi = 1$, 且 $\mathrm{supp}\,\psi \subset [-1, 1]$. 记 $\psi_\delta(\cdot) = \psi(\delta^{-1}(\cdot))$, $\delta \in \mathbb{R}$. 引进变量

$$\sigma = \tau + \alpha\xi|\xi| + \beta\xi^3, \quad \sigma_1 = \tau_1 + \alpha\xi_1|\xi_1| + \beta\xi_1^3,$$
$$\sigma_2 = \tau_2 + \alpha\xi_2|\xi_2| + \beta\xi_2^3, \quad \sigma_3 = \tau_3 + \alpha\xi_3|\xi_3| + \beta\xi_3^3. \qquad (8.1.6)$$

记

$$\|f\|_{L_x^p L_t^q} = \left(\int_{-\infty}^\infty \left(\int_{-\infty}^\infty |f(x,t)|^q \mathrm{d}t \right)^{p/q} \mathrm{d}x \right)^{1/p}, \quad \|f\|_{L_t^\infty H_x^s} = \big\| \|f\|_{H_x^s} \big\|_{L_t^\infty},$$

$$\mathcal{F}F_\rho(\xi, \tau) = \frac{f(\xi, \tau)}{(1 + |\tau + \alpha\xi|\xi| + \beta\xi^3|)^\rho}, \quad a = \max\left(1, \left|\frac{2\alpha}{3\beta}\right|\right).$$

记 D_x^s 是关于变量 x 的 s 阶齐次导数. 接下来我们将给出一些关于多线性表达式的记号 [100]. 令 Z 是任意具有不变测度 $\mathrm{d}\xi$ 的交换加群. 对任意整数 $k \geqslant 2$, 记 $\Gamma_k(Z)$ 为 "超平面",

$$\Gamma_k(Z) = \left\{ (\xi_1, \cdots, \xi_k) \in Z^k : \xi_1 + \cdots + \xi_k = 0 \right\},$$

定义一个 $[k;Z]$-乘子为任意函数 $m : \Gamma_k(Z) \to \mathbb{C}$. 如果 m 是一个 $[k;Z]$-乘子, 我们定义 $\|m\|_{[k;Z]}$ 为最优常数且使得不等式

$$\left| \int_{\Gamma_k(Z)} m(\xi) \prod_{j=1}^{k} f_j(\xi_j) \right| \leqslant \|m\|_{[k;Z]} \prod_{j=1}^{k} \|f_j\|_{L^2(Z)}$$

对任意定义在 Z 上的测试函数 f_j 都成立. 显然, $\|m\|_{[k;Z]}$ 至少为测试函数在 m 上确定的一个范数; 我们更感兴趣的是在范数上得到最好的有界性. 本章中, 我们令 $Z = \mathbb{R} \times \mathbb{R}$. 现在我们给出本章的主要结果.

定理 8.1.1 $l = 2$. 令 $s \geqslant -1/8$, $1/2 < b < 1$. 则存在常数 $T > 0$ 使得问题 (8.1.1)—(8.1.2) 存在唯一的局部解 $u(x,t) \in C([0,T];H^s) \cap X_{s,b}$, 其中 $\varphi \in H^s$. 此外, 给定 $t \in (0,T)$, $\varphi \to u$ 是从 H^s 到 $C([0,T];H^s)$ 的 Lipschitz 连续映射.

可证明问题 (8.1.1)—(8.1.2) 的光滑解满足 L^2 守恒律. 因此立刻可得到问题 (8.1.1)—(8.1.2) 在 L^2 中的整体适定性.

定理 8.1.2 对于 $s = 0$, 定理 8.1.1 中得到的解可延拓为一个整体解.

定理 8.1.3 $l = 3$, 若 $s \geqslant 1/4$, $1/2 < b < 5/8$. 则存在常数 $T > 0$ 使得问题 (8.1.1)—(8.1.2) 存在唯一的局部解 $u(x,t) \in C([0,T];H^s) \cap X_{s,b}$, 其中 $\varphi \in H^s$.

注记 8.1.1 定理 8.1.1—定理 8.1.3 不需要条件 $\alpha\beta < 0$.

8.2 预 备 知 识

本节, 我们首先给出一些 $\alpha\beta < 0$ 时的先验估计. 对于 $\alpha\beta > 0$ 时的估计将在下一部分给出.

引理 8.2.1 群 $\{S(t)\}_{-\infty}^{+\infty}$ 满足

$$\|S(t)\varphi\|_{L_x^8 L_t^8} \leqslant C\|\varphi\|_{L^2}. \tag{8.2.1}$$

证明 证明可参见文献 [99]. $\square$

引理 8.2.2

$$\left\| D_x P^{2a} S(t)\varphi \right\|_{L_x^\infty L_t^2} \leqslant C\|\varphi\|_{L^2}, \tag{8.2.2}$$

$$\left\|D_x^{-1/4}P^aS(t)\varphi\right\|_{L_x^4L_t^\infty} \leqslant C\|\varphi\|_{L^2}, \tag{8.2.3}$$

$$\left\|D_x^{1/6}P^{2a}S(t)\varphi\right\|_{L_x^6L_t^6} \leqslant C\|\varphi\|_{L^2}, \tag{8.2.4}$$

其中常数 C 依赖 a.

证明　我们首先证明 (8.2.2). 由 $\phi(\xi) = \alpha\xi|\xi| + \beta\xi^3$, 可得 $\phi'(\xi) = 2\alpha|\xi| + 3\beta\xi^2$, $\phi''(\xi) = 2\alpha(\xi/|\xi|) + 6\beta\xi$. 若 $|\xi| \geqslant N$ (其中 $N = 2a$), ϕ 可逆, 则有

$$P^N S(t)\varphi = \int_{|\xi|\geqslant N} \mathrm{e}^{\mathrm{i}x\xi}\mathrm{e}^{-\mathrm{i}t\phi(\xi)}\hat{\varphi}(\xi)\mathrm{d}\xi = \int_{|\phi^{-1}|\geqslant N} \mathrm{e}^{\mathrm{i}x\phi^{-1}}\mathrm{e}^{-\mathrm{i}t\phi}\hat{\varphi}\left(\phi^{-1}\right)\frac{1}{\phi'}\mathrm{d}\phi$$

$$= \mathcal{F}_t\left(\mathrm{e}^{\mathrm{i}x\phi^{-1}}\chi_{\{|\phi^{-1}|\geqslant N\}}\hat{\varphi}\left(\phi^{-1}\right)\frac{1}{\phi'}\right).$$

因此, 根据 Plancherel 定理和上面的估计, 作变量代换 $\xi = \phi^{-1}$, 我们有

$$\left\|P^N S(t)\varphi\right\|_{L_t^2}^2 = \int_{|\phi^{-1}|\geqslant N} \left|\hat{\varphi}\left(\phi^{-1}\right)\right|^2 \frac{1}{|\phi'|^2}\mathrm{d}\phi = \int_{|\xi|\geqslant N} |\hat{\varphi}(\xi)|^2 \frac{1}{|\phi'(\xi)|^2}\phi'(\xi)\mathrm{d}\xi$$

$$\leqslant \int_{|\xi|\geqslant N} |\hat{\varphi}(\xi)|^2 \frac{1}{|\phi'|}\mathrm{d}\xi = \int_{|\xi|\geqslant N} \frac{|\hat{\varphi}(\xi)|^2}{|3\beta\xi^2|\,|1 + (2\alpha)/(3\beta|\xi|)|}\mathrm{d}\xi$$

$$\leqslant C\int_{|\xi|\geqslant N} \frac{|\hat{\varphi}(\xi)|^2}{|\xi|^2}\mathrm{d}\xi \leqslant C\|\varphi\|_{\dot{H}^{-1}}^2.$$

于是可得估计 (8.2.2). 下证 (8.2.3). 因为

$$\left\|P^aS(t)\varphi\right\|_{L_x^4L_t^\infty}^2 \leqslant C\int_{|\xi|\geqslant a} |\hat{\varphi}(\xi)|^2 \left|\frac{\phi'(\xi)}{\phi''(\xi)}\right|^{1/2}\mathrm{d}\xi$$

$$\leqslant C\int_{|\xi|\geqslant a} |\hat{\varphi}(\xi)|^2 \left|\frac{3\beta\xi^2 + 2\alpha|\xi|}{6\beta\xi + 2\alpha(\xi/|\xi|)}\right|^{1/2}\mathrm{d}\xi$$

$$\leqslant C\int_{|\xi|\geqslant a} |\hat{\varphi}(\xi)|^2 \left(\frac{|3\beta\xi^2|\,|1 + a(1/|\xi|)|}{|6\beta\xi|\,|1 + (1/2)a(1/|\xi|)|}\right)^{1/2}\mathrm{d}\xi$$

$$\leqslant C\int_{|\xi|\geqslant a} |\hat{\varphi}(\xi)|^2 \left(\frac{|3\beta\xi|\,(1 + a(1/a))}{|6\beta\xi|\,(1 - (1/2)a(1/a))}\right)^{1/2}\mathrm{d}\xi \leqslant C\|\varphi\|_{H^{1/4}}^2,$$

其中第一个不等式利用了文献 [62] 中定理 2.5 的证明思想. 于是估计 (8.2.3) 成立. 最后, 估计 (8.2.4) 可由 (8.2.3) 和 (8.2.3) 插值得到.　　□

引理 8.2.3　若 $\rho > 1/2$, 对于任意固定的 N, $0 < N < +\infty$, 成立

$$\|P_N F_\rho\|_{L_x^2 L_t^\infty} \leqslant C\|f\|_{L_\xi^2 L_\tau^2}.$$

证明　证明可见文献 [63].　　□

引理 8.2.4 (i) 若 $\rho > 1/3$, 则

$$\|F_\rho\|_{L_x^4 L_t^4} \leqslant C\|f\|_{L_\xi^2 L_\tau^2}.$$

(ii) 若 $\rho > 3/8$, 则

$$\left\|D_x^{1/8} P^{2a} F_\rho\right\|_{L_x^4 L_t^4} \leqslant C\|f\|_{L_\xi^2 L_\tau^2}.$$

证明 作变量代换 $\tau = \lambda - \phi(\xi)$, 则有

$$F_\rho(x,t) = \int_{-\infty}^{\infty} \int_{-\infty}^{\infty} e^{i(x\xi + t\tau)} \frac{f(\xi,\tau)}{(1+|\tau+\phi(\xi)|)^\rho} d\xi d\tau$$

$$= \int_{-\infty}^{\infty} e^{it\lambda} \left(\int_{-\infty}^{\infty} e^{i(x\xi + t\phi(\xi))} f(\xi, \lambda + \phi(\xi)) d\xi \right) \frac{d\lambda}{(1+|\lambda|)^\rho}.$$

于是利用 (8.2.1) 和 Minkowski 积分不等式并取 $\rho > 1/2$, 我们可得

$$\|F_\rho\|_{L_x^8 L_t^8} \leqslant C \int_{-\infty}^{+\infty} \|f(\xi, \lambda + \phi(\xi))\|_{L_\xi^2} \frac{d\lambda}{(1+|\lambda|)^\rho} \leqslant C\|f\|_{L_\xi^2 L_\tau^2}. \tag{8.2.5}$$

此外有

$$\|F_0\|_{L_x^2 L_t^2} \leqslant C\|f\|_{L_\xi^2 L_\tau^2}. \tag{8.2.6}$$

(8.2.5) 和 (8.2.6) 做插值 (详见文献 [11]) 可得

$$\|F_\rho\|_{L_x^4 L_t^4} \leqslant C\|f\|_{L_\xi^2 L_\tau^2}, \tag{8.2.7}$$

其中 $\rho > 1/3$. 根据 (8.2.5) 和 (8.2.4), 我们可证对于 $\rho > 1/2$,

$$\left\|D_x^{1/6} P^{2a} F_\rho\right\|_{L_x^6 L_t^6} \leqslant C\|f\|_{L_\xi^2 L_\tau^2}. \tag{8.2.8}$$

(8.2.8) 和 (8.2.6) 做插值可得对于 $\rho > 3/8$,

$$\left\|D_x^{1/8} P^{2a} F_\rho\right\|_{L_x^4 L_t^4} \leqslant C\|f\|_{L_\xi^2 L_\tau^2}. \tag{8.2.9}$$

引理得证. $\qquad\qquad\qquad\qquad\qquad\qquad\qquad\qquad\qquad\qquad\qquad \square$

引理 8.2.5 若 $\rho > \theta/2$, 其中 $\theta \in [0,1]$. 则有

$$\left\|D_x^\theta P^{2a} F_\rho\right\|_{L_x^{2/(1-\theta)} L_t^2} \leqslant C\|f\|_{L_\xi^2 L_\tau^2}.$$

证明 证明类似于引理 8.2.4 的证明, 这里略去. $\qquad\qquad\qquad\qquad\qquad \square$

接下来我们考虑方程 (8.1.1) 中 $\alpha\beta > 0$ 时相应的估计. 我们有如下类似于 $\alpha\beta < 0$ 情形时得到的引理.

引理 8.2.6 (参见 [99])　群 $\{S(t)\}_{-\infty}^{+\infty}$ 满足

$$\|S(t)\varphi\|_{L_x^6 L_t^6} \leqslant C\|\varphi\|_{L^2}. \tag{8.2.10}$$

引理 8.2.7

$$\left\|D_x P^{2a} S(t)\varphi\right\|_{L_x^\infty L_t^2} \leqslant C\|\varphi\|_{L^2}, \tag{8.2.11}$$

$$\left\|D_x^{-1/4} P^{2a} S(t)\varphi\right\|_{L_x^4 L_t^\infty} \leqslant C\|\varphi\|_{L^2}, \tag{8.2.12}$$

$$\left\|D_x^{1/6} P^{2a} S(t)\varphi\right\|_{L_x^6 L_t^6} \leqslant C\|\varphi\|_{L^2}. \tag{8.2.13}$$

引理 8.2.8　若 $\rho > 1/2, \forall N > 0$,

$$\|P_N F_\rho\|_{L_x^2 L_t^\infty} \leqslant C\|f\|_{L_\xi^2 L_\tau^2}.$$

引理 8.2.9　(i) 若 $\rho > 3/8$, 则

$$\|F_\rho\|_{L_x^4 L_t^4} \leqslant C\|f\|_{L_\xi^2 L_\tau^2}.$$

(ii) 若 $\rho > 3/8$, 则

$$\left\|D_x^{1/8} P^{2a} F_\rho\right\|_{L_x^4 L_t^4} \leqslant C\|f\|_{L_\xi^2 L_\tau^2}.$$

引理 8.2.10　若 $\rho > \theta/2, \theta \in [0, 1]$, 则

$$\left\|D_x^\theta P^{2a} F_\rho\right\|_{L_x^{2/(1-\theta)} L_t^2} \leqslant C\|f\|_{L_\xi^2 L_\tau^2}.$$

注记 8.2.1　引理 8.2.6—引理 8.2.10 的证明类似于引理 8.2.1—引理 8.2.5 的证明.

引理 8.2.11　假设 f, f_1, f_2 和 f_3 属于 $\mathbb{R}^2$ 上的 Schwartz 空间, 则

(i) $\displaystyle\int_* \overline{\hat{f}}(\xi, \tau)\hat{f}_1(\xi_1, \tau_1)\hat{f}_2(\xi_2, \tau_2)\hat{f}_3(\xi_3, \tau_3)\,\mathrm{d}\delta = \int \bar{f}f_1f_2f_3(x, t)\mathrm{d}x\mathrm{d}t$,

(ii) $\displaystyle\int_* \overline{\hat{f}}(\xi, \tau)\hat{f}_1(\xi_1, \tau_1)\hat{f}_2(\xi_2, \tau_2)\,\mathrm{d}\delta = \int \bar{f}f_1f_2(x, t)\mathrm{d}x\mathrm{d}t$,

其中 $\displaystyle\int_* \mathrm{d}\delta$ 由 (8.1.5) 定义.

证明　我们仅证明 (i), (ii) 的证明类似于 (i). 简便起见, 我们只讨论一个变量的情况. 实际上, 我们有

$$\int_{\xi=\xi_1+\xi_2+\xi_3} \bar{\hat{f}}(\xi)\hat{f}_1(\xi_1)\hat{f}_2(\xi_2)\hat{f}_3(\xi_3)\,\mathrm{d}\xi_1\mathrm{d}\xi_2\mathrm{d}\xi_3$$

$$=\int_{\xi=\xi_1+\xi_2+\xi_3} \bar{\hat{f}}(-\xi)\hat{f}_1(\xi_1)\hat{f}_2(\xi_2)\hat{f}_3(\xi_3)\,\mathrm{d}\xi_1\mathrm{d}\xi_2\mathrm{d}\xi_3$$

$$=\int_{\xi_1}\int_{\xi_2'}\int_{\xi_3'} \bar{\hat{f}}(-\xi_3')\hat{f}_1(\xi_1)\hat{f}_2(\xi_2'-\xi_1)\hat{f}_3(\xi_3'-\xi_2')\,\mathrm{d}\xi_1\mathrm{d}\xi_2'\mathrm{d}\xi_3'$$

$$=\hat{f}*\hat{f}_1*\hat{f}_2*\hat{f}_3(0)=\mathcal{F}\left(\bar{f}f_1f_2f_3\right)(0)=\int \bar{f}f_1f_2f_3(x)\mathrm{d}x.$$

则引理 8.2.11 得证. □

引理 8.2.12 [100] 若 m 和 M 是 $[k;Z]$ 乘子且满足 $|m(\xi)|\leqslant|M(\xi)|$ 对于所有的 $\xi\in\Gamma_k(Z)$, 则 $\|m\|_{[k;Z]}\leqslant\|M\|_{[k;Z]}$.

8.3 局部适定性: $l=2$

实际上, 若对于 $b>1/2$ 有

$$\|\partial_x(u_1u_2)\|_{X_{s,b-1}}\leqslant C\|u_1\|_{X_{s,b}}\|u_2\|_{X_{s,b}},$$

则我们可用 Picard 迭代法来得到问题 (8.1.1)—(8.1.2) 的局部适定性. 因此我们仅需证明上面的双线性估计.

定理 8.3.1 取 $1/2<b$ 足够接近于 $1/2$. 则对于 $1/2<b'$ 和 $s\geqslant-1/8$, 我们有

$$\|\partial_x(u_1u_2)\|_{X_{s,b-1}}\leqslant C\|u_1\|_{X_{s,b'}}\|u_2\|_{X_{s,b'}}. \tag{8.3.1}$$

证明 由对偶性和 Plancherel 等式, 对于 $\bar{f}\in L^2, \bar{f}\geqslant 0$, 我们可得

$$\Upsilon=\int_* \langle\xi\rangle^s|\xi|\frac{\bar{f}(\tau,\xi)}{\langle\sigma\rangle^{1-b}}\mathcal{F}u_1(\tau_1,\xi_1)\,\mathcal{F}u_2(\tau_2,\xi_2)\,\mathrm{d}\delta$$

$$=\int_* \frac{\langle\xi\rangle^s|\xi|}{\langle\sigma\rangle^{1-b}\displaystyle\prod_{j=1}^{2}\langle\xi_j\rangle^s\langle\sigma_j\rangle^{b}}\bar{f}(\tau,\xi)f_1(\tau_1,\xi_1)f_2(\tau_2,\xi_2)\,\mathrm{d}\delta$$

$$\leqslant\left\|\frac{\langle\xi\rangle^s|\xi|}{\langle\sigma\rangle^{1-b}\displaystyle\prod_{j=1}^{2}\langle\xi_j\rangle^s\langle\sigma_j\rangle^{b}}\right\|_{[3;\mathbb{R}\times\mathbb{R}]}\|f\|_{L^2}\prod_{j=1}^{2}\|f_j\|_{L^2},$$

其中 $f_j=\langle\xi_j\rangle^s\langle\sigma_j\rangle^{b'}\hat{u}_j$, $j=1,2$; $\xi=\xi_1+\xi_2$, $\tau=\tau_1+\tau_2$. 显然, $\|f_j\|_{L^2}=\|u_j\|_{X_{s,b'}}$.

因此定理 8.3.1 成立只有当我们有

$$\left\| \frac{\langle\xi\rangle^s|\xi|}{\langle\sigma\rangle^{1-b}\prod\limits_{j=1}^{2}\langle\xi_j\rangle^s\langle\sigma_j\rangle^{b'}} \right\|_{[3;\mathbb{R}\times\mathbb{R}]} \leqslant C.$$

令

$$\mathcal{F}F_\rho^j(\xi,\tau) = \frac{f_j(\xi,\tau)}{(1+|\tau+\beta\xi^3+\alpha\xi|\,\xi||)^\rho}, \quad j=1,2.$$

为了估计积分 Υ, 我们将积分区域划分为几个部分. 考虑最有意义的情况 $s\leqslant 0$.
令 $r=-s$, 根据对称性可得积分在区域

$$|\xi_1|\leqslant|\xi_2|$$

中的估计.

情形 I. 假设 $|\xi|\leqslant 4a$.

子情形 1. 若 $|\xi_1|\leqslant 2a$, 则有 $|\xi_2|\leqslant|\xi-\xi_1|\leqslant 6a$. 所以, 根据引理 8.2.4 (或引理 8.2.9) 和估计 (8.2.6), 积分 Υ 限制在该区域上满足

$$\int_* \frac{|\xi|\bar{f}(\tau,\xi)}{\langle\xi\rangle^r\langle\sigma\rangle^{1-b}} \frac{\langle\xi_1\rangle^r f_1(\tau_1,\xi_1)}{\langle\sigma_1\rangle^{b'}} \frac{\langle\xi_2\rangle^r f_2(\tau_2,\xi_2)}{\langle\sigma_2\rangle^{b'}} d\delta$$

$$\leqslant C\int_* \frac{\bar{f}(\tau,\xi)}{\langle\sigma\rangle^{1-b}} \frac{f_1(\tau_1,\xi_1)}{\langle\sigma_1\rangle^{b'}} \frac{f_2(\tau_2,\xi_2)}{\langle\sigma_2\rangle^{b'}} d\delta \leqslant C\int \overline{F_{1-b}}\cdot F_{b'}^1\cdot F_{b'}^2(x,t) dx dt$$

$$\leqslant C\|F_{1-b}\|_{L_x^2 L_t^2}\|F_{b'}^1\|_{L_x^4 L_t^4}\|F_{b'}^2\|_{L_x^4 L_t^4} \leqslant C\|f\|_{L_\xi^2 L_\tau^2}\|f_1\|_{L_\xi^2 L_\tau^2}\|f_2\|_{L_\xi^2 L_\tau^2}.$$

子情形 2. 若 $2a\leqslant|\xi_1|\leqslant|\xi_2|$, 则对于 $r\leqslant 1/8$, 可得

$$\int_* \frac{|\xi|\bar{f}(\tau,\xi)}{\langle\xi\rangle^r\langle\sigma\rangle^{1-b}} \frac{\langle\xi_1\rangle^r f_1(\tau_1,\xi_1)}{\langle\sigma_1\rangle^{b'}} \frac{\langle\xi_2\rangle^r f_2(\tau_2,\xi_2)}{\langle\sigma_2\rangle^{b'}} d\delta$$

$$\leqslant C\int_* \frac{\bar{f}(\tau,\xi)}{\langle\sigma\rangle^{1-b}} \frac{\langle\xi_1\rangle^r \chi_{|\xi_1|\geqslant 2a} f_1(\tau_1,\xi_1)}{\langle\sigma_1\rangle^{b'}} \frac{\langle\xi_2\rangle^r \chi_{|\xi_2|\geqslant 2a} f_2(\tau_2,\xi_2)}{\langle\sigma_2\rangle^{b'}} d\delta$$

$$\leqslant C\int \overline{F_{1-b}}\cdot D_x^{1/8} P^{2a} F_{b'}^1\cdot D_x^{1/8} P^{2a} F_{b'}^2(x,t) dx dt$$

$$\leqslant C\|F_{1-b}\|_{L_x^2 L_t^2}\|D_x^{1/8} P^{2a} F_{b'}^1\|_{L_x^4 L_t^4}\|D_x^{1/8} P^{2a} F_{b'}^2\|_{L_x^4 L_t^4}$$

$$\leqslant C\|f\|_{L_\xi^2 L_\tau^2}\|f_1\|_{L_\xi^2 L_\tau^2}\|f_2\|_{L_\xi^2 L_\tau^2}.$$

情形 II. 假设 $|\xi|\geqslant 4a$.

子情形 1. 若 $|\xi_1| \leqslant 2a$ 使得 $|\xi_2| \geqslant 2a$, 则有 $|\xi| < 2|\xi_2|$. 于是根据引理 8.2.3—引理 8.2.6 (或引理 8.2.8—引理 8.2.10) 和估计 (8.2.6) 可得

$$\int_* \frac{|\xi|\bar{f}(\tau,\xi)}{\langle\xi\rangle^r\langle\sigma\rangle^{1-b}} \frac{\langle\xi_1\rangle^r f_1(\tau_1,\xi_1)}{\langle\sigma_1\rangle^{b'}} \frac{\langle\xi_2\rangle^r f_2(\tau_2,\xi_2)}{\langle\sigma_2\rangle^{b'}} \mathrm{d}\delta$$

$$\leqslant C\int_* \frac{\bar{f}(\tau,\xi)}{\langle\sigma\rangle^{1-b}} \frac{\chi_{|\xi_1|\leqslant 2a}f_1(\tau_1,\xi_1)}{\langle\sigma_1\rangle^{b'}} \frac{|\xi_2|\chi_{|\xi_2|\geqslant 2a}f_2(\tau_2,\xi_2)}{\langle\sigma_2\rangle^{b'}} \mathrm{d}\delta$$

$$\leqslant C\int \overline{F_{1-b}} \cdot P_{2a}F_{b'}^1 \cdot D_x P^{2a}F_{b'}^2(x,t)\mathrm{d}x\mathrm{d}t$$

$$\leqslant C\|F_{1-b}\|_{L_x^2 L_t^2} \|P_{2a}F_{b'}^1\|_{L_x^2 L_t^\infty} \|D_x P^{2a}F_{b'}^2\|_{L_x^\infty L_t^2}$$

$$\leqslant C\|f\|_{L_\xi^2 L_\tau^2} \|f_1\|_{L_\xi^2 L_\tau^2} \|f_2\|_{L_\xi^2 L_\tau^2}.$$

子情形 2. 若 $2a \leqslant |\xi_1| \leqslant |\xi_2|$, 根据 $\phi(\xi) = \alpha\xi|\xi| + \beta\xi^3$, $\sigma = \tau + \phi(\xi)$, $\sigma_1 = \tau_1 + \phi(\xi_1)$ 和 $\sigma_2 = \tau_2 + \phi(\xi_2)$, 我们可分以下情况讨论:

$$(1)\,\xi \geqslant \xi_1 \quad \xi_1 \geqslant 0; \quad (2)\,\xi \geqslant \xi_1, \quad \xi_1 \leqslant 0;$$
$$(3)\,\xi \leqslant \xi_1, \quad \xi_1 \geqslant 0; \quad (4)\,\xi \leqslant \xi_1, \quad \xi_1 \leqslant 0.$$

根据 (8.1.6) 我们可得如下的等式.

对于 (1), 有等式

$$\sigma - \sigma_1 - \sigma_2 = 3\beta\xi_1\xi_2\left(\xi + \frac{2\alpha}{3\beta}\right).$$

对于 (2), 有如下两种情况:

• 若 $\xi \geqslant 0$, 有等式

$$\sigma - \sigma_1 - \sigma_2 = 3\beta\xi\xi_1\left(\xi_2 + \frac{2\alpha}{3\beta}\right).$$

• 若 $\xi \leqslant 0$, 有

$$\sigma - \sigma_1 - \sigma_2 = 3\beta\xi\xi_2\left(\xi_1 - \frac{2\alpha}{3\beta}\right).$$

对于 (3), 如下等式成立:

• 若 $\xi \geqslant 0$, 我们有

$$\sigma - \sigma_1 - \sigma_2 = 3\beta\xi\xi_2\left(\xi_1 + \frac{2\alpha}{3\beta}\right).$$

• 若 $\xi \leqslant 0$, 有

$$\sigma - \sigma_1 - \sigma_2 = 3\beta\xi\xi_1\left(\xi_2 - \frac{2\alpha}{3\beta}\right).$$

对于 (4), 有等式

$$\sigma - \sigma_1 - \sigma_2 = 3\beta\xi_1\xi_2\left(\xi - \frac{2\alpha}{3\beta}\right).$$

我们只需要证明 (4), 其他的证明 (这里有三种情况 (1)—(3)) 与 (4) 类似.

事实上, 由等式 (4) 可得

$$(a)\quad |\sigma| \geqslant C\,|\xi_1|\,|\xi_2|\left|\left(\xi - \frac{2\alpha}{3\beta}\right)\right|;$$

$$(b)\quad |\sigma_1| \geqslant C\,|\xi_1|\,|\xi_2|\left|\left(\xi - \frac{2\alpha}{3\beta}\right)\right|;$$

$$(c)\quad |\sigma_2| \geqslant C\,|\xi_1|\,|\xi_2|\left|\left(\xi - \frac{2\alpha}{3\beta}\right)\right|.$$

在子情形 2 中的区域中, 积分 Υ 由如下式子控制

$$\int_* \frac{|\xi|^{1-r}\chi_{|\xi|\geqslant 4a}\bar{f}(\tau,\xi)}{\langle\sigma\rangle^{1-b}}\frac{\langle\xi_1\rangle^r\chi_{|\xi_1|\geqslant 2a}f_1(\tau_1,\xi_1)}{\langle\sigma_1\rangle^{b'}}\frac{\langle\xi_2\rangle^r\chi_{|\xi_2|\geqslant 2a}f_2(\tau_2,\xi_2)}{\langle\sigma_2\rangle^{b'}}\mathrm{d}\delta.$$

我们分别考虑 (a)—(c) 三种情况. 首先我们有

$$\left|\left(\xi - \frac{2\alpha}{3\beta}\right)\right| \geqslant |\xi| - a \geqslant |\xi| - \frac{1}{4}|\xi| = \frac{3}{4}|\xi|.$$

如果 (a) 成立, 对于 $r+b-1 \leqslant 1/8$ 和 $r \geqslant b$, 根据引理 8.2.4 (或引理 8.2.9) 和估计 (8.2.6), 可得

$$\int_* \frac{|\xi|^{1-r}\chi_{|\xi|\geqslant 4a}\bar{f}(\tau,\xi)}{(|\xi_1|\,|\xi_2|\,|(\xi-(2\alpha/3\beta))|)^{1-b}}\frac{\langle\xi_1\rangle^r\chi_{|\xi_1|\geqslant 2a}f_1(\tau_1,\xi_1)}{\langle\sigma_1\rangle^{b'}}\frac{\langle\xi_2\rangle^r\chi_{|\xi_2|\geqslant 2a}f_2(\tau_2,\xi_2)}{\langle\sigma_2\rangle^{b'}}\mathrm{d}\delta$$

$$\leqslant C\int_* |\xi|^{b-r}\chi_{|\xi|\geqslant 4a}\bar{f}(\tau,\xi)$$

$$\times \frac{|\xi_1|^{r+b-1}\chi_{|\xi_1|\geqslant 2a}f_1(\tau_1,\xi_1)}{\langle\sigma_1\rangle^{b'}}\frac{|\xi_2|^{r+b-1}\chi_{|\xi_2|\geqslant 2a}f_2(\tau_2,\xi_2)}{\langle\sigma_2\rangle^{b'}}\mathrm{d}\delta$$

$$\leqslant C\int \overline{F_0}\cdot D_x^{1/8}P^{2a}F_{b'}^1\cdot D_x^{1/8}P^{2a}F_{b'}^2(x,t)\mathrm{d}x\mathrm{d}t$$

$$\leqslant C\,\|F_0\|_{L_x^2L_t^2}\left\|D_x^{1/8}P^{2a}F_{b'}^1\right\|_{L_x^4L_t^4}\left\|D_x^{1/8}P^{2a}F_{b'}^2\right\|_{L_x^4L_t^4}$$

$$\leqslant C\|f\|_{L_\xi^2L_\tau^2}\|f_1\|_{L_\xi^2L_\tau^2}\|f_2\|_{L_\xi^2L_\tau^2}.$$

由此若 $r+b-1 \leqslant 1/8, r \geqslant b$, 则

$$\left\|\frac{|\xi|\langle\xi_1\rangle^r\langle\xi_2\rangle^r}{\langle\sigma\rangle^{1-b}\langle\xi\rangle^r\langle\sigma_1\rangle^{b'}\langle\sigma_2\rangle^{b'}}\right\|_{[3;\mathbb{R}\times\mathbb{R}]} \leqslant C.$$

然而, 若 $r \leqslant 1/8$, 则根据引理 8.2.12 可得

$$\left\| \frac{|\xi| \langle \xi_1 \rangle^r \langle \xi_2 \rangle^r}{\langle \sigma \rangle^{1-b} \langle \xi \rangle^r \langle \sigma_1 \rangle^{b'} \langle \sigma_2 \rangle^{b'}} \right\|_{[3; \mathbb{R} \times \mathbb{R}]} \leqslant C.$$

事实上, 若 $r_1 \leqslant r_2$, 由 $\xi = \xi_1 + \xi_2$, 可得

$$\frac{|\xi| \langle \xi_1 \rangle^{r_1} \langle \xi_2 \rangle^{r_1}}{\langle \sigma \rangle^{1-b} \langle \xi \rangle^{r_1} \langle \sigma_1 \rangle^{b'} \langle \sigma_2 \rangle^{b'}} \leqslant C \frac{|\xi| \langle \xi_1 \rangle^{r_2} \langle \xi_2 \rangle^{r_2}}{\langle \sigma \rangle^{1-b} \langle \xi \rangle^{r_2} \langle \sigma_1 \rangle^{b'} \langle \sigma_2 \rangle^{b'}}.$$

如果 (b) 成立, 根据引理 8.2.4 (或引理 8.2.9) 和估计 (8.2.6), 对于 $r + b' \geqslant 1, r - b' \leqslant 1/16$, 我们有

$$\int_* \frac{|\xi|^{1-r} \chi_{|\xi| \geqslant 4a} \bar{f}(\tau, \xi)}{\langle \sigma_1 \rangle^{1-b}} \frac{|\xi_1|^r \chi_{|\xi_1| \geqslant 2a} f_1(\tau_1, \xi_1)}{(|\xi_1| |\xi_2| |(\xi - (2\alpha/3\beta))|)|^{b'}} \frac{\langle \xi_2 \rangle^r \chi_{|\xi_2| \geqslant 2a} f_2(\tau_2, \xi_2)}{\langle \sigma_2 \rangle^{b'}} \mathrm{d}\delta$$

$$\leqslant C \int_* \frac{|\xi|^{1-b'-r} \chi_{|\xi| \geqslant 4a} \bar{f}(\tau, \xi)}{\langle \sigma_1 \rangle^{1-b}} \chi_{|\xi_1| \geqslant 2a} f_1(\tau_1, \xi_1) \frac{|\xi_2|^{2(r-b')} \chi_{|\xi_2| \geqslant 2a} f_2(\tau_2, \xi_2)}{\langle \sigma_2 \rangle^{b'}} \mathrm{d}\delta$$

$$\leqslant C \int \overline{F_{1-b}} \cdot F_0^1 \cdot D_x^{1/8} P^{2a} F_{b'}^2(x, t) \mathrm{d}x \mathrm{d}t$$

$$\leqslant C \| F_{1-b} \|_{L_x^4 L_t^4} \| F_0^1 \|_{L_x^2 L_t^2} \| D_x^{1/8} P^{2a} F_{b'}^2 \|_{L_x^4 L_t^4}$$

$$\leqslant C \| f \|_{L_\xi^2 L_\tau^2} \| f_1 \|_{L_\xi^2 L_\tau^2} \| f_2 \|_{L_\xi^2 L_\tau^2}.$$

类似于 (a), 若 $r \leqslant 1/8$, 由引理 8.2.12 可得

$$\left\| \frac{|\xi| \langle \xi_1 \rangle^r \langle \xi_2 \rangle^r}{\langle \sigma \rangle^{1-b} \langle \xi \rangle^r \langle \sigma_1 \rangle^{b'} \langle \sigma_2 \rangle^{b'}} \right\|_{[3; \mathbb{R} \times \mathbb{R}]} \leqslant C.$$

如果 (c) 成立, 类似于情形 (b) 可得结论. 定理 8.3.1 证毕. $\quad\square$

引理 8.3.1 令 $s \in \mathbb{R}$, $1/2 < b < b' < 1$, $0 < \delta \leqslant 1$, 则有

$$\| \psi_\delta(t) S(t) \varphi \|_{X_{s,b}} \leqslant C \delta^{1/2-b} \| \varphi \|_{H^s},$$

$$\left\| \psi_\delta(t) \int_0^t S(t - t') F(t') \, dt' \right\|_{X_{s,b}} \leqslant C \delta^{1/2-b} \| F \|_{X_{s,b-1}},$$

$$\left\| \psi(t) \int_0^t S(t - t') F(t') \, dt' \right\|_{L_t^\infty H_x^s} \leqslant C \| F \|_{X_{s,b-1}},$$

$$\| \psi_\delta(t) F \|_{X_{s,b-1}} \leqslant C \delta^{b'-b} \| F \|_{X_{s,b'-1}}.$$

接下来我们来证明定理 8.1.1.

对于 $\varphi \in H^s$ $(s \geqslant -1/8)$, 定义算子

$$\Phi_\varphi(u) = \Phi(u) = \psi_1(t)S(t)\varphi + \psi_1(t)\int_0^t S(t-t')\psi_\delta(t')\left(\partial_x u^2\right)(t')\,\mathrm{d}t'$$

和集合

$$\mathcal{B} = \left\{u \in X_{s,b} : \|u\|_{X_{s,b}} \leqslant 2C\|\varphi\|_{H^s}\right\}.$$

为了证明 Φ 是 $\mathcal{B}$ 上的压缩映射, 我们首先证明

$$\Phi(\mathcal{B}) \subset \mathcal{B}.$$

对于 $1/2 < b' < 1$, 根据定理 8.3.1 和引理 8.3.1 我们有

$$\|\Phi(u)\|_{X_{s,b}} \leqslant C\|\varphi\|_{H^s} + C\delta^{b'-b}\|u\|_{X_{s,b}}^2 \leqslant C\|\varphi\|_{H^s} + C\delta^{b'-b}\|u\|_{H^s}\|u\|_{X_{s,b}}.$$

因此, 如果固定 δ 使得 $C\delta^{b'-b}\|\varphi\|_{H^s} \leqslant 1/2$, 则有

$$\Phi(\mathcal{B}) \subset \mathcal{B}.$$

令 $u, v \in \mathcal{B}$, 以类似的方式, 我们可得

$$\|\Phi(u) - \Phi(v)\|_{X_{s,b}} \leqslant C\delta^{b'-b}\left(\|u\|_{H^s} + \|v\|_{H^s}\right)\|u-v\|_{X_{s,b}} \leqslant \frac{1}{2}\|u-v\|_{X_{s,b}}.$$

所以, Φ 是 $\mathcal{B}$ 上的压缩映射, 于是对于 $T < \delta/2$ 存在唯一的不动点其满足 Cauchy 问题 (8.1.1)—(8.1.2).

8.4   定理 8.1.3 的证明

在证明三线性估计之前, 我们首先给出下列引理.

引理 8.4.1   令 $\rho > 1/2$. 则

$$\left\|D_x^{-1/4}P^{2a}F_\rho\right\|_{L_x^4 L_t^\infty} \leqslant C\|f\|_{L_\xi^2 L_\tau^2}.$$

证明   由 (8.2.3) 和 (8.2.5) 的证明可知结论成立.   □

定理 8.4.1   若 $s \geqslant 1/4$, $1/2 < b < 5/8$, 则有

$$\|\partial_x(u_1 u_2 u_3)\|_{X_{s,b-1}} \leqslant C\|u_1\|_{X_{s,b}}\|u_2\|_{X_{s,b}}\|u_3\|_{X_{s,b}}.$$

证明   类似于定理 8.3.1 的证明, 我们仅给出定理证明的框架. 由对偶性和 Plancherel 等式, 对于所有的 $\bar{f} \in L^2, \bar{f} \geqslant 0$, 我们可得

$$\Gamma = \int_* \langle \xi \rangle^s |\xi| \frac{\bar{f}(\tau,\xi)}{\langle \sigma \rangle^{1-b}} \mathcal{F}u_1(\tau_1,\xi_1) \mathcal{F}u_2(\tau_2,\xi_2) \mathcal{F}\bar{u}_3(\tau_3,\xi_3) \mathrm{d}\delta$$

$$= \int_* \frac{\langle \xi \rangle^s |\xi|}{\langle \sigma \rangle^{1-b} \prod_{j=1}^{3} \langle \xi_j \rangle^s \langle \sigma_j \rangle^{b'}} \bar{f}(\tau,\xi) f_1(\tau_1,\xi_1) f_2(\tau_2,\xi_2) f_3(\tau_3,\xi_3) \mathrm{d}\delta$$

$$\leqslant C \|f\|_{L^2} \prod_{j=1}^{3} \|f_j\|_{L^2},$$

其中 $f_j = \langle \xi_j \rangle^s \langle \sigma_j \rangle^{b'} \hat{u}_j, j = 1,2,3.$ $\xi = \xi_1 + \xi_2 + \xi_3, \tau = \tau_1 + \tau_2 + \tau_3.$ 令

$$\mathcal{F}F_\rho^j(\xi,\tau) = \frac{f_j(\xi,\tau)}{(1 + |\tau + \alpha\xi|\xi| + \beta\xi^3|)^\rho}, \quad j = 1,2,3.$$

我们将积分域分割成几个部分来得到积分 Γ 的有界性.

情形 I. 假设 $|\xi| \leqslant 6a$. 由引理 8.2.4 (或引理 8.2.9) 和估计 (8.2.6), 积分 Γ 限制在该区域可由以下控制

$$C \int \frac{\bar{f}(\tau,\xi)}{\langle \sigma \rangle^{1-b}} \frac{f_1(\tau_1,\xi_1)}{\langle \sigma_1 \rangle^{b'}} \frac{f_2(\tau_2,\xi_2)}{\langle \sigma_2 \rangle^{b'}} \frac{f_3(\tau_3,\xi_3)}{\langle \sigma_3 \rangle^{b'}} \mathrm{d}\delta$$

$$\leqslant C \int \overline{F_{1-b}} \cdot F_{b'}^1 \cdot F_{b'}^2 \cdot F_{b'}^3(x,t) \mathrm{d}x\mathrm{d}t$$

$$\leqslant C \|F_{1-b}\|_{L_x^4 L_t^4} \|F_{b'}^1\|_{L_x^4 L_t^4} \|F_{b'}^2\|_{L_x^4 L_t^4} \|F_{b'}^3\|_{L_x^4 L_t^4}$$

$$\leqslant C \|f\|_{L_\xi^2 L_\tau^2} \|f_1\|_{L_\xi^2 L_\tau^2} \|f_2\|_{L_\xi^2 L_\tau^2} \|f_3\|_{L_\xi^2 L_\tau^2}.$$

情形 II. 若 $|\xi| \geqslant 6a$, 根据对称性可假设 $2a \leqslant (1/3)|\xi| \leqslant |\xi_3|$.

如果 $|\xi_1| \leqslant 2a$ 或 $|\xi_2| \leqslant 2a$, 不失一般性可设 $|\xi_1| \leqslant 2a$, 则由引理 8.2.3—引理 8.2.5, 引理 8.2.11 (或者引理 8.2.8—引理 8.2.10) 知积分 Γ 可被如下控制

$$\int_* \frac{\bar{f}(\tau,\xi)}{\langle \sigma \rangle^{1-b}} \frac{\chi_{|\xi_1| \leqslant 2a} f_1(\tau_1,\xi_1)}{\langle \sigma_1 \rangle^{b'}} \frac{f_2(\tau_2,\xi_2)}{\langle \sigma_2 \rangle^{b'}} \frac{\chi_{|\xi_3| \geqslant 2a} |\xi_3| f_3(\tau_3,\xi_3)}{\langle \sigma_3 \rangle^{b'}} \mathrm{d}\delta$$

$$\leqslant C \int \overline{F_{1-b}} \cdot P_{2a} F_{b'}^1 \cdot F_{b'}^2 \cdot D_x P^{2a} F_{b'}^3(x,t) \mathrm{d}x\mathrm{d}t$$

$$\leqslant C \|F_{1-b}\|_{L_x^4 L_t^4} \|P_{2a} F_{b'}^1\|_{L_x^2 L_t^\infty} \|F_{b'}^2\|_{L_x^4 L_t^4} \|D_x P^{2a} F_{b'}^3\|_{L_x^\infty L_t^2}$$

$$\leqslant C \|f\|_{L_\xi^2 L_\tau^2} \|f_1\|_{L_\xi^2 L_\tau^2} \|f_2\|_{L_\xi^2 L_\tau^2} \|f_3\|_{L_\xi^2 L_\tau^2}.$$

如果 $|\xi_1| \geqslant 2a$ 且 $|\xi_2| \geqslant 2a$, 对于 $s \geqslant 1/4$, 则由引理 8.2.3—引理 8.2.5, 引理 8.2.11 (或者引理 8.2.8—引理 8.2.10) 和引理 8.4.1 可得积分 Γ 可被如下控制

$$\int_* \frac{\chi_{|\xi| \geqslant 6a} |\xi|^{1/2} \bar{f}(\tau,\xi)}{\langle \sigma \rangle^{1-b}} \frac{\chi_{|\xi_1| \geqslant 2a} f_1(\tau_1,\xi_1)}{\langle \sigma_1 \rangle^{b'} \langle \xi_1 \rangle^s}$$

$$\cdot \frac{\chi_{|\xi_2|\geqslant 2a} f_2\left(\tau_2,\xi_2\right)}{\langle\sigma_2\rangle^{b'}\langle\xi_2\rangle^s} \frac{\chi_{|\xi_3|\geqslant 2a}\left|\xi_3\right|^{1/2} f_3\left(\tau_3,\xi_3\right)}{\langle\sigma_3\rangle^{b'}} \mathrm{d}\delta$$

$$\leqslant C \int D_x^{1/2}\overline{P^{6a}F_{1-b}}\cdot D_x^{-s}P^{2a}F_{b'}^1\cdot D_x^{-s}P^{2a}F_{b'}^2\cdot D_x^{1/2}P^{2a}F_{b'}^3(x,t)\mathrm{d}x\mathrm{d}t$$

$$\leqslant C\left\|D_x^{1/2}P^{6a}F_{1-b}\right\|_{L_x^4 L_t^2}\left\|D_x^{-s}P^{2a}F_{b'}^1\right\|_{L_x^4 L_t^\infty}\left\|D_x^{-s}P^{2a}F_{b'}^2\right\|_{L_x^4 L_t^\infty}\left\|D_x^{1/2}P^{2a}F_{b'}^3\right\|_{L_x^4 L_t^2}$$

$$\leqslant C\|f\|_{L_\xi^2 L_\tau^2}\|f_1\|_{L_\xi^2 L_\tau^2}\|f_2\|_{L_\xi^2 L_\tau^2}\|f_3\|_{L_\xi^2 L_\tau^2}\,.$$

至此定理 8.4.1 得证. □

最后, 由压缩映射讨论和定理 8.4.1 可知定理 8.1.3 成立.

第 9 章　一类 KdV-NLS 方程组整体解的存在性和唯一性

9.1　引　　言

本章考虑如下一类 KdV-NLS (非线性 Schrödinger) 耦合方程组

$$i\varepsilon_t + a\varepsilon_{xx} - bn\varepsilon = 0 \quad (t > 0, -\infty < x < +\infty), \tag{9.1.1}$$

$$n_t + \frac{1}{2}\left[\beta n_{xx} + n^2 + |\varepsilon|^2\right]_x = 0 \tag{9.1.2}$$

的 Cauchy 问题

$$\varepsilon|_{t=0} = \varepsilon_0(x), \quad n|_{t=0} = n_0(x) \quad (-\infty < x < +\infty), \tag{9.1.3}$$

这里, 未知函数 $n(x,t)$ 为实值函数, $\varepsilon(x,t)$ 为复值函数, 而且当 $|x| \to \infty$ 时, 它们都急剧地趋于零. 与此同时, 还考虑周期初值问题, 即要求 $n(x,t), \varepsilon(x,t), n_0(x)$, $\varepsilon_0(x)$ 均为 x 的周期函数. 在方程 (9.1.1), (9.1.2) 中, a, b, β 均为实数. 显然, 若在方程 (9.1.1), (9.1.2) 中令 $\varepsilon \equiv 0$, 即得到熟知的 KdV 方程

$$n_t + nn_x + \frac{1}{2}\beta n_{xxx} = 0.$$

容易看到, 方程 (9.1.1), (9.1.2) 对于实数 a, b, β 均具有孤立子解, 并有着明确的物理意义.

本章研究的结果表明, 当 a 和 $\beta \cdot b$ 符号相反时, 方程 (9.1.1), (9.1.2) 的 Cauchy 问题和周期初值问题具有整体解. 反之, 仅得到局部解. 论证的方法是: 首先证明具耗散结构 (即具有 Landau 阻尼) 的低频电场扰动密度和电场方程组成的方程组

$$i\varepsilon_t + a\varepsilon_{xx} - bn\varepsilon = 0, \tag{9.1.4}$$

$$n_t + \frac{1}{2}\left[\beta n_{xx} + n^2 + |\varepsilon|^2\right]_x = \alpha n_{xx} \quad (\alpha > 0) \tag{9.1.5}$$

在一定条件下整体解的存在性, 然后利用积分先验估计 (这些估计的界均与 α 无关). 令 $\alpha \to 0$, 由致密性原理即得到方程 (9.1.1), (9.1.2) 整体解的存在性. 还可

以将本节结果推广到更一般的方程组

$$i\varepsilon_t + a\varepsilon_{xx} - bn\varepsilon = 0, \tag{9.1.6}$$

$$n_t + f(n)_x + \beta n_{xxx} + |\varepsilon|_x^2 = 0, \tag{9.1.7}$$

其中 $f(n)$ 必须满足关于自变元一定的增长条件. 在方程 (9.1.6), (9.1.7) 中, 如果电场扰动密度随时间变化较小, 色散作用项也较小, 以至于 n_t, n_{xxx} 可忽略, 可解得 $f(n) = -|\varepsilon|^2$ 或 $n = g\left(|\varepsilon|^2\right)$, 代入式 (9.1.6), 就得到了非线性 Schrödinger 方程

$$i\varepsilon_t + a\varepsilon_{xx} - bg\left(|\varepsilon|^2\right)\varepsilon = 0. \tag{9.1.8}$$

9.2　积分先验估计

为方便, 积分 $\int_{\Omega} f(x)\mathrm{d}x$ 简记为 $\int f(x)\mathrm{d}x$, $(|\varepsilon|^2)_x$ 记为 $|\varepsilon|_x^2$, $(n_x)^2$ 记为 n_x^2, 并以 C_j, K_j, E_j 表示仅与初始条件有关的常数 $(j = 0, 1, \cdots)$.

在以下的证明中, 经常要使用当 $|x| \to \infty$ 时, $n(x,t), \varepsilon(x,t)$ 急剧地趋于零的条件, 即当 $x \to \pm\infty$ 时, $n(x,t), \varepsilon(x,t)$ 及其所出现的任意阶微商均为零.

引理 9.2.1　若 $\varepsilon_0(x) \in L^2$ (记 $\|\varepsilon_0\|^2 = E_0$), 则方程 (9.1.4), (9.1.5), (9.1.3) 的解 $\varepsilon(x,t)$ 有等式

$$\|\varepsilon\|^2 = E_0. \tag{9.2.1}$$

证明　将方程 (9.1.4) 与 ε 作内积并取虚部即得式 (9.2.1).　□

引理 9.2.2　若 $\varepsilon_0 \in H^1, n_0 \in L^2$, 则有

$$\|n\|^2 \leqslant C_0 \|\varepsilon_x\| + C_1, \quad \alpha \int_0^t \int_{a_1}^{b_1} n_x^2 \mathrm{d}x\mathrm{d}t \leqslant C_0 \|\varepsilon_x\| + C_1, \tag{9.2.2}$$

其中常数 C_0, C_1 与 α 无关.

证明　从方程 (9.1.4), (9.1.5) 出发, 经计算易得

$$\frac{\mathrm{d}}{\mathrm{d}t}\left[\int_{a_1}^{b_1} n^2 \mathrm{d}x + \frac{\mathrm{i}}{2b}\int_{a_1}^{b_1} (\varepsilon\bar{\varepsilon}_x - \varepsilon_x\bar{\varepsilon})\,\mathrm{d}x\right] + 2\alpha \int_{a_1}^{b_1} n_x^2 \mathrm{d}x = 0. \tag{9.2.3}$$

式 (9.2.3) 对 t 积分后可得

$$\int n^2 \mathrm{d}x + \frac{\mathrm{i}}{2b}\int (\varepsilon\bar{\varepsilon}_x - \varepsilon_x\bar{\varepsilon})\,\mathrm{d}x + 2\alpha \int_0^t \int n_x^2 \mathrm{d}x\mathrm{d}t$$

$$= \int n_0^2 \mathrm{d}x + \frac{\mathrm{i}}{2b}\int (\varepsilon_0\bar{\varepsilon}_{0x} - \varepsilon_{0x}\bar{\varepsilon}_0)\,\mathrm{d}x.$$

对此式作估计, 应用引理 9.2.1, 易得式 (9.2.2).　□

引理 9.2.3 (Sobolev 不等式) 存在常数 $\delta > 0, C > 0, C$ 依赖于 δ, 使得

$$
\begin{cases}
\left\| D^k f \right\|_{L^\infty} \leqslant C\|f\| + \delta \|D^l f\| & (k < l), \\
\left\| D^k f \right\| \leqslant C\|f\| + \delta \left\| D^l f \right\| & (k \leqslant l).
\end{cases}
\tag{9.2.4}
$$

下面我们考虑 α 和 βb 异号的情况, 为确定起见, 设 $a > 0, b > 0, \beta < 0$.

引理 9.2.4 若引理 9.2.2 的条件成立, 且 $n_0 \cdot |\varepsilon_0|^2, n_{0x}^2, n_0^3 \in L^1$, 则有

$$
\|n_x\|^2 + \|\varepsilon_x\|^2 \leqslant E_1, \quad \alpha \int_0^t \int n_{xx}^2 \mathrm{d}x\mathrm{d}t \leqslant E_1 \quad (0 \leqslant t \leqslant T),
\tag{9.2.5}
$$

其中 E_1 为仅与初始条件有关而与 α 无关的常数.

证明 先证明积分等式

$$
\int \left[a\,|\varepsilon_x|^2 + bn|\varepsilon|^2 - \frac{\beta}{2} bn_x^2 + \frac{b}{3} n^3 \right] \mathrm{d}x - \alpha b \int_0^t \int \left(|n|^2 + |\varepsilon|^2 \right) n_{xx}\mathrm{d}x\mathrm{d}t
$$

$$
- \alpha\beta b \int_0^t \int n_{xx}^2 \mathrm{d}x\mathrm{d}t = K,
\tag{9.2.6}
$$

于此, K 为某一确定常数. 事实上, 如令

$$
H \equiv n_t + \frac{\beta}{2} n_{xxx} + nn_x + \frac{1}{2}|\varepsilon|_x^2 - \alpha n_{xx},
$$

则有

$$
\begin{aligned}
&- \frac{\beta}{2} n_x H_x + \frac{n^2}{2} H \\
={}& \left[-\frac{\beta}{4}(n_x)^2 + \frac{n^3}{6} \right]_t + \left[-\frac{\beta}{2} n(n_x)^2 - \frac{\beta^2}{4} n_x n_{xxx} + \frac{\beta^2}{8} n_{xx}^2 + \frac{n^4}{8} + \frac{\beta}{4} n^2 n_{xx} \right]_x \\
&- \frac{\beta}{4} n_x |\varepsilon|_{xx}^2 + \frac{n^2}{4} |\varepsilon|_x^2 + \frac{\alpha\beta}{2} n_{xxx} n_x - \frac{\alpha}{2} n^2 n_{xx},
\end{aligned}
$$

所以

$$
\begin{aligned}
&\int \left[-\frac{\beta}{2} n_x H_x + \frac{n^2}{2} H \right] \mathrm{d}x \\
={}& \frac{\mathrm{d}}{\mathrm{d}t} \int \left[-\frac{\beta}{4} n_x^2 + \frac{n^3}{6} \right] \mathrm{d}x + \int \left[-\frac{\beta}{4} n_x |\varepsilon|_{xx}^2 + \frac{n^2}{4} |\varepsilon|_x^2 \right] \mathrm{d}x \\
&+ \frac{\alpha\beta}{2} \int n_x n_{xxx} \mathrm{d}x - \frac{\alpha}{2} \int n^2 n_{xx} \mathrm{d}x \\
={}& \frac{\mathrm{d}}{\mathrm{d}t} \int \left[-\frac{\beta}{4} n_x^2 + \frac{n^3}{6} \right] \mathrm{d}x + \int \left[-\frac{\beta}{4} n_{xxx} - \frac{1}{4}(n^2)_x \right] |\varepsilon|^2 \mathrm{d}x
\end{aligned}
$$

$$- \frac{\alpha\beta}{2} \int n_{xx}^2 \mathrm{d}x - \frac{\alpha}{2} \int n^2 n_{xx} \mathrm{d}x$$

$$= \frac{\mathrm{d}}{\mathrm{d}t} \int \left[-\frac{\beta}{4} n_x^2 + \frac{n^3}{6} \right] \mathrm{d}x - \frac{1}{2} \int |\varepsilon|^2 \left[-n_t - \frac{1}{2} |\varepsilon|_x^2 + \alpha n_{xx} \right] \mathrm{d}x$$

$$- \frac{\alpha\beta}{2} \int n_{xx}^2 \mathrm{d}x - \frac{\alpha}{2} \int n^2 n_{xx} \mathrm{d}x$$

$$= \frac{\mathrm{d}}{\mathrm{d}t} \int \left[-\frac{\beta}{4} n_x^2 + \frac{n^3}{6} \right] \mathrm{d}x + \frac{1}{2} \int n_t |\varepsilon|^2 \mathrm{d}x - \frac{\alpha}{2} \int |\varepsilon|^2 n_{xx} \mathrm{d}x$$

$$- \frac{\alpha\beta}{2} \int n_{xx}^2 \mathrm{d}x - \frac{\alpha}{2} \int n^2 n_{xx} \mathrm{d}x. \tag{9.2.7}$$

式 (9.1.4) 与 ε_t 作内积并取实部得

$$a \frac{\mathrm{d}}{\mathrm{d}t} \|\varepsilon_x\|^2 + b \int n |\varepsilon|_t^2 \mathrm{d}x = 0,$$

或

$$a \frac{\mathrm{d}}{\mathrm{d}t} \|\varepsilon_x\|^2 + b \frac{\mathrm{d}}{\mathrm{d}t} \int n |\varepsilon|^2 \mathrm{d}x - b \int n_t |\varepsilon|^2 \mathrm{d}x = 0.$$

以此式代入式 (9.2.7), 并在 $[0,t]$ 上对 t 积分, 便得式 (9.2.6), 其中

$$K = \int \left[a |\varepsilon_{0x}|^2 + b n_0 |\varepsilon_0|^2 - \frac{\beta}{2} n_0 |\varepsilon_0|^2 - \frac{\beta}{2} b n_{0x}^2 + \frac{b}{3} n_0^3 \right] \mathrm{d}x.$$

下面我们对式 (9.2.6) 的一些项进行估计.

(i)

$$\alpha b \int_0^t \int |\varepsilon|^2 n_{xx} \mathrm{d}x \mathrm{d}t$$

$$\leqslant \frac{\alpha |\beta| b}{2} \int_0^t \int n_{xx}^2 \mathrm{d}x \mathrm{d}t + \frac{\alpha b}{|\beta|} \int_0^t \int |\varepsilon|^4 \mathrm{d}x \mathrm{d}t$$

$$\leqslant \frac{\alpha |\beta| b}{2} \int_0^t \int n_{xx}^2 \mathrm{d}x \mathrm{d}t + \frac{\alpha b}{|\beta|} \int_0^t \left[\delta^2 \|\varepsilon_x\|^2 + C^2 \|\varepsilon_0\|^2 \right] \|\varepsilon_0\|^2 \mathrm{d}t$$

$$\leqslant \frac{\alpha |\beta| b}{2} \int_0^t \int n_{xx}^2 \mathrm{d}x \mathrm{d}t + A_1 \delta^2 \|\varepsilon_x\|_{L^2 \times L^\infty}^2 + B_1,$$

这里 $A_1 = \frac{\alpha b T}{|\beta|}, B_1 = \frac{\alpha b}{|\beta|} C^2 \|\varepsilon_0\|^4 T$.

(ii)

$$\alpha b \int_0^t \int n^2 n_{xx} \mathrm{d}x \mathrm{d}t = -2\alpha b \int_0^t \int n n_x^2 \mathrm{d}x \mathrm{d}t$$

$$\leqslant 2b \sup_{0 \leqslant t \leqslant T} \|n\|_\infty (t) \cdot \alpha \int_0^t \int n_x^2 \mathrm{d}x \mathrm{d}t$$

$$\leqslant 2b \left[\delta \left\| n_x \right\|_{L^2 \times L^\infty} + C \|n\|_{L^2 \times L^\infty} \right] \cdot \left[C_0 \left\| \varepsilon_x \right\|_{L^2 \times L^\infty} + C_1 \right]$$

$$\leqslant bC_0 \delta \left(\left\| n_x \right\|_{L^2 \times L^\infty}^2 + \left\| \varepsilon_x \right\|_{L^2 \times L^\infty}^2 \right) + 2C_1 b \delta \left\| n_x \right\|_{L^2 \times L^\infty}$$

$$+ 2CC_0 b \left(C_0^{1/2} \left\| \varepsilon_x \right\|_{L^2 \times L^\infty}^{1/2} \right) + C_1^{1/2} \left\| \varepsilon_x \right\|_{L^2 \times L^\infty}$$

$$+ 2CC_1 b \left(C_0^{1/2} \left\| \varepsilon_x \right\|_{L^2 \times L^\infty}^{1/2} + C_1^{1/2} \right)$$

$$\leqslant bC_0 \delta \left(\left\| n_x \right\|_{L^2 \times L^\infty}^2 + \left\| \varepsilon_x \right\|_{L^2 \times L^\infty}^2 \right) + 2bC_1 \delta \left\| n_x \right\|_{L^2 \times L^\infty}$$

$$+ A_2 \left\| \varepsilon_x \right\|_{L^2 \times L^\infty}^{3/2} + B_2 \left\| \varepsilon_x \right\|_{L^2 \times L^\infty} + B_3 \left\| \varepsilon_x \right\|_{L^2 \times L^\infty}^{1/2} + A_4,$$

这里 $A_2 = 2bCC_0^{3/2}, B_2 = 2bCC_0 C_1^{1/2}, B_3 = 2bCC_1 C_0^{1/2}, A_4 = 2bCC_1^{3/2}.$

(iii)

$$\frac{b}{3} \int n^3 \mathrm{d}x + b \int n |\varepsilon|^2 \mathrm{d}x$$

$$\leqslant \frac{b}{3} \|n\|_{L^\infty} \|n\|^2 + b \|n\|_{L^\infty} E_0$$

$$\leqslant \frac{b}{3} \left[\delta \left\| n_x \right\|_{L^\infty} + C \left(C_0^{1/2} \left\| \varepsilon_x \right\|_{L^2 \times L^\infty}^{1/2} + C_1^{1/2} \right) \right] \left(C_0 \left\| \varepsilon_x \right\|_{L^2 \times L^\infty} + C_1 \right)$$

$$+ bE_0 \delta \left\| n_x \right\|_{L^\infty} + bE_0 C \left(C_0^{1/2} \left\| \varepsilon_x \right\|_{L^2 \times L^\infty}^{1/2} + C_1^{1/2} \right)$$

$$\leqslant \frac{bC_0 \delta}{6} \left(\left\| n_x \right\|_{L^2 \times L^\infty}^2 + \left\| \varepsilon_x \right\|_{L^2 \times L^\infty}^2 \right) + K_1 \left\| \varepsilon_x \right\|_{L^2 \times L^\infty}^{3/2} + K_2 \left\| \varepsilon_x \right\|_{L^2 \times L^\infty}$$

$$+ K_3 \left\| \varepsilon_x \right\|_{L^2 \times L^\infty}^{1/2} + K_4 \left\| n_x \right\|_{L^2 \times L^\infty} + K_5,$$

这里

$$K_1 = \frac{b}{3} CC_0^{3/2}, \quad K_2 = \frac{b}{3} CC_0 C_1^{1/2}, \quad K_3 = bCC_0^{1/2} \left(\frac{C_1}{3} + E_0 \right),$$

$$K_4 = bE_0 \delta + \frac{b}{3} C_1 \delta, \quad K_5 = bCC_1^{1/2} \left(\frac{C_1}{3} + E_0 \right).$$

根据上述估计, 由式 (9.2.6) 可得

$$- \frac{b\beta}{2} \left\| n_x \right\|_{L^2 \times L^\infty}^2 + a \left\| \varepsilon_x \right\|_{L^2 \times L^\infty}^2 + \alpha |\beta| b \left\| n_{xx} \right\|_{L^2 \times L^2}^2$$

$$\leqslant |K| + \frac{\alpha |\beta|}{2} b \left\| n_{xx} \right\|_{L^2 \times L^2}^2 + \delta \left(A_1 \delta + \frac{4}{3} bC_0 \right) \left\| \varepsilon_x \right\|_{L^2 \times L^\infty}^2$$

$$+ \frac{4}{3} bC_0 \delta \left\| n_x \right\|_{L^2 \times L^\infty}^2 + (A_2 + K) \left\| \varepsilon_x \right\|_{L^2 \times L^\infty}^{3/2} + (B_2 + K_2) \left\| \varepsilon_x \right\|_{L^2 \times L^\infty}$$

$$+ (2C_1 b\delta + K_4) \left\| n_x \right\|_{L^2 \times L^\infty} + (B_3 + K_3) \left\| \varepsilon_x \right\|_{L^2 \times L^\infty}^{1/2} + B_1 + A_4 + K_5.$$

注意到 $a > 0, b > 0, \beta < 0$ 的事实, 可设 $-\dfrac{b\beta}{2} > \gamma > 0$, 并可选取 δ 适当小, 使

$$a - \delta\left(\frac{4}{3}bC_0 + A_1\delta\right) \geqslant \frac{a}{2} > 0,$$

$$-\frac{b\beta}{2} - \frac{4}{3}bC_0\delta \geqslant \frac{\gamma}{2} > 0,$$

于是

$$\frac{a}{2}\|\varepsilon_x\|_{L^2\times L^\infty}^2 + \frac{\gamma}{2}\|n_x\|_{L^2\times L^\infty}^2 + \frac{\alpha}{2}|\beta|b\|n_{xx}\|_{L^2\times L^2}^2$$

$$\leqslant (A_2 + K_1)\|\varepsilon_x\|_{L^2\times L^\infty}^{3/2} + (B_2 + K_2)\|\varepsilon_x\|_{L^2\times L^\infty} + (2bC_1\delta + K_4)\|n_x\|_{L^2\times L^\infty}$$

$$+ (B_3 + K_3)\|\varepsilon_x\|_{L^2\times L^\infty}^{1/2} + |K| + B_1 + A_4 + K_5$$

$$\leqslant \frac{a}{4}\|\varepsilon_x\|_{L^2\times L^\infty}^2 + \frac{(A_2 + K_1)^2}{a}\|\varepsilon_x\|_{L^2\times L^\infty} + \left[B_2 + K_2 + \frac{1}{2}(B_3 + K_3)\right]\|\varepsilon_x\|_{L^2\times L^\infty}$$

$$+ (2bC_1\delta + K_4)\|n_x\|_{L^2\times L^\infty} + \frac{1}{2}(B_3 + K_3) + B_1 + A_4 + K_5 + |K|,$$

因而

$$\frac{a}{4}\|\varepsilon_x\|_{L^2\times L^\infty}^2 + \frac{\gamma}{2}\|n_x\|_{L^2\times L^\infty}^2 + \frac{\alpha b}{2}|\beta|\|n_{xx}\|_{L^2\times L^2}^2$$

$$\leqslant \bar{K}_5\|\varepsilon_x\|_{L^2\times L^\infty} + K_6\|n_x\|_{L^2\times L^\infty} + K_7,$$

其中

$$\bar{K}_5 = \frac{1}{a}(A_2 + K_1)^2 + B_2 + K_2 + \frac{1}{2}(B_3 + K_3), \quad K_6 = 2bC_1\delta + K_4,$$

$$K_7 = \frac{1}{2}(B_3 + K_3) + B_1 + A_4 + K_5 + |K|,$$

或者写成形式:

$$\frac{a}{4}\left[\|\varepsilon_x\|_{L^2\times L^\infty} - \frac{2\bar{K}_5}{a}\right]^2 + \frac{\gamma}{2}\left[\|n_x\|_{L^2\times L^\infty} - \frac{K_6}{\gamma}\right]^2 + \frac{\alpha b}{2}|\beta|\|n_{xx}\|_{L^2\times L^2}^2$$

$$\leqslant K_7 + \frac{\bar{K}_5^2}{a} + \frac{1}{2\gamma}K_6^2 = K_8,$$

所以

$$\|\varepsilon_x\|_{L^2\times L^\infty} \leqslant 2\sqrt{\frac{K_8}{a}} + \frac{2\bar{K}_5}{a}, \quad \|n_x\|_{L^2\times L^\infty} \leqslant \sqrt{\frac{2K_8}{\gamma}} + \frac{K_6}{\gamma},$$

$$\alpha\|n_{xx}\|_{L^2\times L^2}^2 = \alpha\int_0^T\int n_{xx}^2\,\mathrm{d}x\mathrm{d}t \leqslant \frac{2}{|\beta|b}K_8.$$

引理 9.2.4 得证. 　　　　　　　　　　　　　　　　　　　　　　　　　　　□

引理 9.2.5 (Teman)　若 $n \in H^4$, 则有估计

$$\begin{cases} \|n\|_{L^4} \leqslant C\|n\|^{11/12} \left[\|n\| + \|n_{xxx}\|\right]^{\frac{1}{12}}, \\ \|n^x\|_{L^4} \leqslant C\|n\|^{7/12} \left[\|n\| + \|n_{xxx}\|\right]^{\frac{5}{12}}. \end{cases} \tag{9.2.8}$$

引理 9.2.6　若引理 9.2.4 的条件成立, 且 $n_{0xx}, \varepsilon_{0xx} \in L^2$, 则有

$$\|n_{xx}\|^2 + \|\varepsilon_{xx}\|^2 \leqslant E_2, \quad \alpha \int_0^t \|n_{xx}\|^2 \, \mathrm{d}t \leqslant E_2', \tag{9.2.9}$$

其中 E_2, E_2' 为仅与初始条件有关的常数.

证明　通过计算, 不难得到

$$\begin{aligned} &\left[\frac{n^4}{4} - \frac{3\beta}{2}nn_x^2 + \frac{9}{20}\beta^2 n_{xx}^2\right]_t + \left[\frac{1}{5}n^5 + \frac{\beta}{2}n^3 n_{xx} + \frac{3}{4}\beta^2 n_x^2 n_{xx}\right. \\ &\left. - \frac{9}{4}\beta n^2 n_x^2 + \frac{9}{20}\beta^3 n_{xx}n_{xxxx} - \frac{9}{40}\beta^3 n_{xxx}^2 + \frac{6}{5}\beta^2 nn_{xx}^2 - \frac{3\beta^2}{2}nn_x n_{xxx}\right]_x \\ &+ \frac{1}{2}\left(n^3 - \frac{3\beta}{2}n_x^2\right)|\varepsilon|_x^2 - \frac{3}{2}\beta nn_x |\varepsilon|_{xx}^2 + \frac{9}{20}\beta^2 n_{xx}|\varepsilon|_{xxx}^2 \\ &- \alpha\left(n^3 - \frac{3\beta}{2}n_x^2\right)n_{xx} - 3\alpha\beta nn_x n_{xxx} - \frac{9}{10}\alpha\beta^2 n_{xx}n_{xxxx} = 0. \end{aligned} \tag{9.2.10}$$

将式 (9.2.10) 对 x 积分, 然后逐项进行估计, 先看非守恒形式项的估计:

(i)

$$\begin{aligned} &\left|\int \frac{1}{2}\left(n^3 - \frac{3}{2}\beta n_x^2\right)|\varepsilon|_x^2 \mathrm{d}x\right| \\ &\leqslant \frac{1}{2}\|n\|_{L^\infty}^3 \int \left||\varepsilon|_x^2\right| \mathrm{d}x + \frac{3|\beta|}{4}\int n_x^2 \left||\varepsilon|_x^2\right| \mathrm{d}x \\ &\leqslant \left(\frac{1}{2}\|n\|_{L^\infty}^3 + \frac{3}{4}|\beta| \|n_x\|_{L^\infty}^2\right)\int \left||\varepsilon|_x^2\right| \mathrm{d}x \\ &\leqslant C_1 + C_2\delta \|n_{x_1}\|^2, \end{aligned}$$

这里应用了 $\|n_x\|, \|\varepsilon\|_{L^\infty}, \|n\|_{L^\infty}, \|\varepsilon_x\|$ 的有界性.

(ii)

$$\begin{aligned} &\frac{3}{2}|\beta|\left|\int nn_x|\varepsilon|_{xx}^2 \mathrm{d}x\right| \\ &= \frac{3}{2}|\beta|\left|\int (nn_x)_x|\varepsilon|_x^2 \mathrm{d}x\right| \leqslant C_3 \int \left[n_x^2 + |nn_{xx}|\right]\left||\varepsilon|_x^2\right| \mathrm{d}x \end{aligned}$$

$$\leqslant C_3' \|n_x\|_{L^\infty}^2 + 2\|n\|_{L^\infty} C_3 \int |n_{xx}| \, |\varepsilon| \, |\varepsilon_x| \, \mathrm{d}x \leqslant C_4 \|n_{xx}\|^2 + C_5.$$

(iii)

$$\left| \alpha \int \left(n^3 - \frac{3\beta}{2} n_x^2 \right) n_{xx} \mathrm{d}x \right|$$

$$\leqslant \alpha \|n\|_{L^\infty}^2 \frac{1}{2} \left[\|n\|^2 + \|n_{xx}\|^2 \right] + \alpha \cdot \frac{3|\beta|}{2} \|n_x\|_{L^\infty} \|n_x\| \|n_{xx}\|$$

$$\leqslant C_6 \|n_{xx}\|^2 + C_7.$$

(iv)

$$\left| 3\alpha\beta \int n n_x n_{xxx} \mathrm{d}x \right|$$

$$\leqslant 3\alpha|\beta| \|n\|_{L^4} \|n_x\|_{L^4} \|n_{xxx}\|$$

$$\leqslant 3\alpha|\beta| C_8 \|n\|^{\frac{11}{12}} (\|n\| + \|n_{xxx}\|)^{\frac{1}{12}} C_9 \|n\|^{\frac{7}{12}} (\|n\| + \|n_{xxx}\|)^{\frac{5}{12}} \|n_{xxx}\|$$

$$\leqslant \alpha C_{10} \|n\|^{3/2} (\|n\| + \|n_{xxx}\|)^{\frac{1}{2}} \|n_{xxx}\| \leqslant \alpha \left(C_{11} + C_{12} \|n_{xxx}\|^{3/2} \right)$$

$$\leqslant \frac{9}{20} \alpha\beta^2 \|n_{xxx}\|^2 + C_{13},$$

这里应用了 Hölder 不等式和引理 9.2.5.

(v) $-\dfrac{9}{10}\alpha\beta^2 \int n_{xx} n_{xxxx} \mathrm{d}x = \dfrac{9}{10}\alpha\beta^2 \|n_{xxx}\|^2.$

(vi) 为估计 $\int \dfrac{9}{20}\beta^2 n_{xx}|\varepsilon|_{xxx}^2 \mathrm{d}x$, 我们先证明不等式

$$\frac{\mathrm{d}}{\mathrm{d}t} \|\varepsilon_{xx}\|^2 \leqslant C_{14} \left[\|n_{xx}\|^2 + \|\varepsilon_{xx}\|^2 \right] + C_{15}. \tag{9.2.11}$$

事实上, 由式 (9.1.4) 对 x 微分二次, 令 $\varepsilon_{xx} = w$, 得

$$\mathrm{i}w_t + aw_{xx} - b(n\varepsilon)_{xx} = \mathrm{i}w_t + aw_{xx} - b\left(n_{xx}\varepsilon + 2n_x\varepsilon_x + nw\right) = 0,$$

上式与 $\bar{w}$ 作内积, 取其虚部, 可得

$$\frac{\mathrm{d}}{\mathrm{d}t}\|w\|^2 \leqslant 2b \left| (n_{xx}\varepsilon + 2n_x\varepsilon_x, w) \right|$$

$$\leqslant b\|\varepsilon\|_{L^\infty} \left(\|n_{xx}\|^2 + \|w\|^2 \right) + 4b \|n_x\|_{L^\infty} \|\varepsilon_x\| \|w\|$$

$$\leqslant C_{14} \left[\|n_{xx}\|^2 + \|w\|^2 \right] + C_{15},$$

即得不等式 (9.2.11). 于是

$$\frac{\beta}{2} \int n_{xx} |\varepsilon|_{xxx}^2 \mathrm{d}x = -\frac{\beta}{2} \int n_{xxx} |\varepsilon|_{xx}^2 \mathrm{d}x$$

$$= \int \left[n_t + n n_x + \frac{1}{2} |\varepsilon|_x^2 - \alpha n_{xx} \right] |\varepsilon|_{xx}^2 \mathrm{d}x$$

$$= \frac{\mathrm{d}}{\mathrm{d}t} \int n_{xx} |\varepsilon|^2 \mathrm{d}x - \int n_{xx} |\varepsilon|_t^2 \mathrm{d}x + \int n n_x |\varepsilon|_{xx}^2 \mathrm{d}x - \alpha \int n_{xx} |\varepsilon|_{xx}^2 \mathrm{d}x,$$

利用 $|\varepsilon|_t^2 = \varepsilon_t \bar{\varepsilon} + \bar{\varepsilon}_t \varepsilon$ 及 $\mathrm{i}\varepsilon_t + a\varepsilon_{xx} - bn\varepsilon = 0$, 可得

$$\left| \int n_{xx} |\varepsilon|_t^2 \mathrm{d}x \right| = \left| \int n_{xx} \left(\varepsilon_t \bar{\varepsilon} + \varepsilon \bar{\varepsilon}_t \right) \mathrm{d}x \right|$$

$$\leqslant 2\|\varepsilon\|_{L^\infty} \int |n_{xx}| \left[a \left| \varepsilon_{xx} \right| + b|n\varepsilon| \right] \mathrm{d}x$$

$$\leqslant 2\|\varepsilon\|_{L^\infty} \left\{ \frac{a}{2} \left[\|n_{xx}\|^2 + \|\varepsilon_{xx}\|^2 \right] + \frac{b}{2} \|n\|_{L^\infty} \left[\|n_{xx}\|^2 + \|\varepsilon\|^2 \right] \right\}$$

$$\leqslant C_{16} \left[\|n_{xx}\|^2 + \|\varepsilon_{xx}\|^2 \right] + C_{17},$$

利用 $|\varepsilon|_{xx}^2 = \varepsilon_{xx} \bar{\varepsilon} + 2\varepsilon_x \bar{\varepsilon}_x + \varepsilon \bar{\varepsilon}_{xx}$, 又可得

$$\left| \alpha \int n_{xx} |\varepsilon|_{xx}^2 \mathrm{d}x \right| \leqslant 2\alpha \|\varepsilon\|_{L^\infty} \cdot \frac{1}{2} \left[\|\varepsilon_{xx}\|^2 + \|n_{xx}\|^2 \right] + 2\alpha \|\varepsilon_x\|_{L^\infty} \|\varepsilon_x\| \|n_{xx}\|$$

$$\leqslant C_{18} \left[\|n_{xx}\|^2 + \|\varepsilon_{xx}\|^2 \right] + C_{19}.$$

至于 $\int n n_x |\varepsilon|_{xx}^2 \mathrm{d}x$, 已在 (ii) 中作了估计.

综合上述各估计, 由式 (9.2.10) 可得

$$\int \left[\frac{n^4}{4} - \frac{3}{2}\beta n n_x^2 + \frac{9}{20}\beta^2 n_{xx}^2 + \frac{9}{20}\beta n_{xx} |\varepsilon|^2 \right] \mathrm{d}x + \alpha\beta^2 \cdot \frac{9}{20} \int_0^t \|n_{xxx}\|^2 \mathrm{d}t$$

$$\leqslant C_{20} \int_0^t \left[\|n_{xx}\|^2 + \|\varepsilon_{xx}\|^2 \right] \mathrm{d}t + C_{21}t$$

$$+ \int \left[\frac{n_0^4}{4} - \frac{3}{2}\beta n_0 n_{0x}^2 + \frac{9}{20}\beta^2 n_{0xx}^2 + \frac{9}{10}\beta n_{0xx} |\varepsilon_0|^2 \right] \mathrm{d}x.$$

由于

$$\int \frac{n^4}{4} \mathrm{d}x \leqslant \frac{1}{4} \|n\|_{L^\infty}^2 \|n\|^2 \leqslant C_{22}, \quad -\frac{3}{2}\beta \int n n_x^2 \mathrm{d}x \leqslant \|n\|_{L^\infty} \cdot \frac{3}{2}|\beta| \|n_x\|^2 \leqslant C_{23},$$

$$\left| \frac{9}{10} \int \beta n_{xx} |\varepsilon|^2 \mathrm{d}x \right| \leqslant C_{24} \left[\delta \|n_{xx}\|^2 + \frac{1}{\delta} \|\varepsilon\|_{L^\infty}^2 E_0 \right] \leqslant C_{24}\delta \|n_{xx}\|^2 + C_{25},$$

所以

$$\left(\frac{9}{20}\beta^2 - C_{24}\delta \right) \|n_{xx}(t)\|^2 \leqslant C_{26} \int_0^t \left[\|n_{xx}\|^2 + \|\varepsilon_{xx}\|^2 \right] \mathrm{d}t + C_{27}.$$

选取 δ 适当小, 使 $\dfrac{9}{20}\beta^2 - C_{24}\delta \geqslant \dfrac{9}{40}\beta^2$, 就有

$$\|n_{xx}(t)\|^2 \leqslant C_{28} \int_0^t \left[\|n_{xx}\|^2 + \|\varepsilon_{xx}\|^2\right] \mathrm{d}t + C_{29}.$$

另由式 (9.2.11) 对 t 积分, 可得

$$\|\varepsilon_{xx}(t)\|^2 \leqslant C_{30} \int_0^t \left[\|n_{xx}\|^2 + \|\varepsilon_{xx}\|^2\right] \mathrm{d}t + C_{31},$$

由此得到

$$\|n_{xx}\|^2 + \|\varepsilon_{xx}\|^2 \leqslant (C_{28} + C_{30}) \int_0^t \left[\|n_{xx}\|^2 + \|\varepsilon_{xx}\|^2\right] \mathrm{d}t + C_{29} + C_{31},$$

根据 Gronwall 不等式, 即得

$$\|n_{xx}(T)\|^2 + \|\varepsilon_{xx}(T)\|^2 \leqslant E_2,$$
$$\alpha \int_0^t \|n_{xxx}\|^2 \, \mathrm{d}t \leqslant E_2'.$$

引理 9.2.6 得证. □

推论 9.2.1 若引理 9.2.6 的条件成立, 则有

$$\|\varepsilon_x\|_{L^\infty} \leqslant E_3, \quad \|n_x\|_{L^\infty} \leqslant E_3, \quad \|\varepsilon_t\| \leqslant E_3, \tag{9.2.12}$$

其中 E_3 为仅与 E_2 有关的常数.

证明 由引理 9.2.3 及引理 9.2.6 推得 $\|\varepsilon_x\|_{L^\infty}, \|n_x\|_{L^\infty}$ 有界, 由式 (9.1.4) 又推得 $\|\varepsilon_t\| \leqslant E_3$. □

引理 9.2.7 若引理 9.2.6 的条件成立, 且 $n_{0xxx}, n_0 n_{0x}, \varepsilon_{0xxx} \in L^2$, 则有

$$\|n_t\|^2 + \|\varepsilon_{xxx}\|^2 \leqslant E_4, \quad \alpha \int_0^t \|n_{xt}\|^2 \, \mathrm{d}t \leqslant E_4', \tag{9.2.13}$$

其中 E_4, E_4' 均为与 α 无关的确定常数.

证明 令 $\varepsilon_{xxx} = \bar{w}$, 则由式 (9.1.4) 有

$$iw_t + aw_{xx} - b(n\varepsilon)_{xxx} = 0,$$

该式与 $\bar{w}$ 作内积, 得

$$(iw_t, w) + a(w_{xx}, w) - b((n\varepsilon)_{xxx}, w) = 0, \tag{9.2.14}$$

其中

$$(n\varepsilon)_{xxx} = n_{xxx}\varepsilon + 3n_{xx}\varepsilon_x + 3n_x\varepsilon_{xx} + n\varepsilon_{xxx},$$

对这些项与 w 的内积的估计如下:

$$|(n_{xxx}\varepsilon, w)| \leqslant \frac{1}{2}\|\varepsilon\|_{L^\infty}\left(\|n_{xxx}\|^2 + \|w\|^2\right),$$

$$|(n_{xx}\varepsilon_x, w)| \leqslant \|\varepsilon_x\|_{L^\infty} \cdot \frac{1}{2}\left(\|n_{xx}\|^2 + \|w\|^2\right),$$

$$|(n_x\varepsilon_{xx}, w)| \leqslant \|n_x\|_{L^\infty} \cdot \frac{1}{2}\left(\|\varepsilon_{xx}\|^2 + \|w\|^2\right).$$

所以

$$|(b(n\varepsilon)_{xxx}, w)| \leqslant C_1\left(\|n_{xxx}\|^2 + \|w\|^2\right).$$

由式 (9.1.5), 可得

$$\|n_{xxx}\|^2 \leqslant C_2\|n_t\|^2 + C_3.$$

故由式 (9.2.14) 取虚部, 得

$$\frac{\mathrm{d}}{\mathrm{d}t}\|w\|^2 \leqslant C_4\left[\|n_t\|^2 + \|w\|^2\right] + C_5. \tag{9.2.15}$$

另一方面, 由式 (9.1.5) 对 t 作微商, 令 $U = n_t$, 得

$$U_t + \frac{\beta}{2}U_{xxx} + Un_x + nU_x + \frac{1}{2}|E|^2_{xt} = \alpha U_{xx}, \tag{9.2.16}$$

上式与 U 作内积, 得

$$\frac{1}{2}\frac{\mathrm{d}}{\mathrm{d}t}\|U\|^2 + \int U^2 n_x \mathrm{d}x + \frac{1}{2}\int nU_x^2\mathrm{d}x + \frac{1}{2}\int |\varepsilon|^2_{xt}U\mathrm{d}x + \alpha\int U_x^2\mathrm{d}x = 0,$$

对该式中的项估计如下:

(i) $\dfrac{1}{2}\left|\displaystyle\int U^2 n_x \mathrm{d}x\right| \leqslant \dfrac{1}{2}\|n_x\|_{L^\infty}\|U\|^2.$

(ii) 由于 $|\varepsilon|^2_{xt} = \varepsilon_{xt}\bar\varepsilon + \varepsilon_x\bar\varepsilon_t + \varepsilon_t\bar\varepsilon_x + \varepsilon\bar\varepsilon_{xt}$ 以及式 (9.1.4) 对 x 求导后易得

$$|\varepsilon_{tx}| \leqslant a|\varepsilon_{xxx}| + b|(n\varepsilon)_x|$$

的事实, 有估计

$$\left|\int |\varepsilon|^2_{xt}U\mathrm{d}x\right| \leqslant 2\|\varepsilon\|_{L^\infty}\int [a|\varepsilon_{xxx}| + b|(n\varepsilon)_x|]\,|U|\mathrm{d}x + 2\|\varepsilon_x\|_{L^\infty} \cdot \frac{1}{2}[\|\varepsilon_t\|^2 + \|U\|^2]$$

$$\leqslant 2\|\varepsilon\|_{L^\infty}\left[\frac{a}{2}\left(\|w\|^2 + \|U\|^2\right) + \frac{b}{2}\|\varepsilon\|_{L^\infty}\left(\|n_x\|^2 + \|U\|^2\right)\right.$$

$$+\frac{b}{2}\|n\|_{L^\infty}\left(\|\varepsilon_x\|^2+\|U\|^2\right)\right]+\|\varepsilon_x\|_{L^\infty}\left(\|\varepsilon_t\|^2+\|U\|^2\right)$$

$$\leqslant C_6\left[\|w\|^2+\|U\|^2\right]+C_7.$$

(iii) $\dfrac{1}{2}\displaystyle\int nU_x^2\mathrm{d}x=-\dfrac{1}{2}\int n_xU^2\mathrm{d}x.$

综合 (i)—(iii), 可得

$$\frac{\mathrm{d}}{\mathrm{d}t}\|U\|^2\leqslant C_8\left[\|w\|^2+\|U\|^2\right]+C_9,$$

此式与式 (9.2.15) 联立求解, 就得引理 9.2.7 的结论.   □

推论 9.2.2   若引理 9.2.7 的条件成立, 则有

$$\|n_{xxx}\|^2\leqslant E_5,\tag{9.2.17}$$

其中 E_5 为与 α 无关的确定常数.

证明   由方程 (9.1.5) 及式 (9.2.13) 推得.   □

9.3   方程 (9.1.4), (9.1.5) Cauchy 问题和周期初值问题局部解的存在性

先考虑 Cauchy 问题 (9.1.4), (9.1.5), (9.1.3). 采用逐次逼近法, 此时对于一切实数 a,b,β 均成立.

引理 9.3.1   若 $n_0(x)\in H^s$, 则对一故 $T\geqslant 0$, 定解问题

$$\begin{cases}\phi_t+\dfrac{\beta}{2}\phi_{xx}-\alpha\phi_{xx}=0\quad(\alpha>0),\\[2mm]\phi|_{t=0}=n_0(x)\end{cases}\tag{9.3.1}$$

的解 $\phi(x,t)\in L^\infty\left(0,T;H^s\right)$, 且

$$|\phi(t)\|_s\leqslant C\|n_0\|_s,\tag{9.3.2}$$

于此, C 为确定常数.

证明   问题 (9.3.1) 的基本解 $E(x,t)=\displaystyle\int_{-\infty}^\infty\exp\left[\mathrm{i}kx-\alpha k^2t+\mathrm{i}\dfrac{\beta}{2}k^3t\right]\mathrm{d}k$, 可将其解表示为卷积形式 $\phi(x,t)=E(x,t)*n_0(x)$, 由 Parseval 等式可得

$$\|D^s\phi(t)\|=\|\widehat{D^s\phi}(t)\|=\left\|(\mathrm{i}k)^s\hat{E}(k,t)\hat{n}_0(k)\right\|$$

$$\leqslant C \left\| (\mathrm{i}k)^s n_0(k) \right\| = C \left\| D^s n_0 \right\|,$$

于此

$$\hat{n}(k,t) = \int_{-\infty}^{\infty} \mathrm{e}^{-\mathrm{i}kx} n(x,t) \mathrm{d}x,$$

$$n(x,t) = \frac{1}{2\pi} \int_{-\infty}^{\infty} \mathrm{e}^{\mathrm{i}kx} \hat{n}(k,t) \mathrm{d}k. \qquad \square$$

引理 9.3.2 对于非齐次定解问题

$$\begin{cases} w_t + \dfrac{\beta}{2} w_{xxx} - \alpha w_{xx} = a(x,t) \quad (\alpha > 0), \\ w|_{t=0} = 0, \end{cases} \tag{9.3.3}$$

若 $a(x,t) \in L^\infty\left(0,T;H^{s-1}\right)$, 则式 (9.3.3) 的解 $w(x,t) \in L^\infty\left(0,T;H^s\right)$, 且有估计

$$\|w(t)\|_t \leqslant C(\alpha)A(t) \sup_{0\leqslant \tau \leqslant t} \|a(\tau)\|_{l-1} \quad (l = 1,2,\cdots,s). \tag{9.3.4}$$

于此, $A(t) = t + t^{\frac{1}{2}}, C(\alpha)$ 为依赖于 α 的常数. 对于 $l = 0$, 引理亦真, 此时置 $\|a(\tau)\|_{-1}$ 为 $\|a(\tau)\|_{H^{-1}}$.

证明 对式 (9.3.3) 的解 $\phi(x,t) = \displaystyle\int_0^t E(x,t-\tau) * a(x,\tau)\mathrm{d}\tau$, 易得

$$\|D^m\phi(t)\| \leqslant \int_0^t \left\| \exp\left(-\alpha k^2(t-\tau)\right)(\mathrm{i}k)^m \hat{a}(k,\tau) \right\| \mathrm{d}\tau$$

$$\leqslant \int_0^t \left\| \exp\left(-\alpha k^2(t-\tau)\right) \frac{(\mathrm{i}k)^m}{(1+k^2)^{m/2}} \left(1+k^2\right)^{m/2} \hat{a}(k,\tau) \right\| \mathrm{d}\tau$$

$$\leqslant \int_0^t \left\| \exp\left(-\alpha k^2(t-\tau)\right) \left(1+k^2\right)^{\frac{1}{2}} \left(1+k^2\right)^{\frac{m-1}{2}} \hat{a}(k,\tau) \right\| \mathrm{d}\tau,$$

利用不等式 $(1+k^2)^{\frac{1}{2}} \leqslant 1+|k|$, 得

$$\|D^m\phi(t)\| \leqslant \int_0^t \left\| \exp\left(-\alpha k^2(t-\tau)\right)(1+|k|)\left(1+k^2\right)^{\frac{m-1}{2}} \hat{a}(k,\tau) \right\| \mathrm{d}\tau$$

$$\leqslant \sum_{i=0}^1 \int_0^t (\alpha(t-\tau))^{-\frac{i}{2}} \sup_{0\leqslant \tau \leqslant t} \left\| z^i \exp\left(-z^2\right) \left(1+k^2\right)^{\frac{m-1}{2}} \hat{a} \right\| \mathrm{d}\tau,$$

于此, $z = |k|(\alpha(t-\tau))^{\frac{1}{2}}, z^i \mathrm{e}^{-z^2} \leqslant \mathrm{const}\ (i=0,1)$, 故有

$$\|\phi(t)\|_m \leqslant C(\alpha)A(t) \sup_{0\leqslant \tau \leqslant t} \|a(\tau)\|_{m-1}, \quad A(t) = t + t^{\frac{1}{2}}. \qquad \square$$

引理 9.3.3 若 $d(x,t) \in L^\infty(0,T;H^s)$, 且当 $|x| \to \infty$ 时, $D^j d \to 0$ $(0 \leqslant j \leqslant s-1)$, 则定解问题

$$\begin{cases} i\zeta_t + a\zeta_{xx} = d(x,t), \\ \zeta|_{t=0} = 0 \end{cases} \tag{9.3.5}$$

的解 $\zeta(x,t)$ 有估计

$$\|\zeta\|_l \leqslant A_1(t) \sup_{0 \leqslant \tau \leqslant t} \|d(\tau)\|_l \quad (l = 0,1,\cdots,s). \tag{9.3.6}$$

于此, $A_1(t) = Ct, C > 0$.

证明 定解问题 (9.3.5) 的解为

$$\zeta(x,t) = \int_0^t R(t-\tau) * (-id(\tau))d\tau,$$

其中

$$R(x,t) = \frac{1}{(4\pi ait)^{1/2}} e^{\frac{x^2}{4ait}} = \frac{1}{(4\pi ait)^{\frac{1}{2}}} e^{-i\frac{x^2}{4at}},$$

则有

$$\|\zeta\| \leqslant \int_0^t \|d(\tau)\|d\tau \leqslant t \sup_{0 \leqslant \tau \leqslant t} \|d(\tau)\|.$$

而

$$D^l\zeta = \int_0^t D^l R(t-\tau) * (-id(\tau))d\tau = \int_0^t R(t-\tau) * D^l(-id(\tau))d\tau,$$

故

$$\|D^l\zeta\| \leqslant Ct \sup_{0 \leqslant \tau \leqslant t} \|d(\tau)\|_l. \qquad \square$$

引理 9.3.4 对于定解问题

$$\begin{cases} i\psi_t + a\psi_{xx} = 0, \\ \psi|_{t=0} = \varepsilon_0(x) \end{cases} \tag{9.3.7}$$

的解 $\psi(x,t)$, 若 $\varepsilon_0(x) \in H^s$, 则有

$$\|\psi(t)\|_t \leqslant C\|\varepsilon_0\|_l \quad (l = 0,1,\cdots,s).$$

证明 类似于引理 9.3.3, 易得该引理.

现考察式 (9.1.4), (9.1.5), (9.1.3) 的如下逐次迫近序列:

$$\begin{cases} i\varepsilon_t^{(k)} + a\varepsilon_{xx}^{(k)} - bv^{(k-1)}u^{(k-1)} = 0, \\ n_t^{(k)} + \frac{\beta}{2}n_{xxx}^{(k)} - \alpha n_{xx}^{(k)} = a_{k-1}(x,t) \quad (k = 1,2,\cdots), \\ n^k(x,0) = \varepsilon^k(x,0) = 0, \end{cases} \tag{9.3.8}$$

其中

$$
\begin{cases}
a_{k-1}(x,t) = -v^{(k-1)}v_x^{(k-1)} - \dfrac{1}{2}\left|u^{(k-1)}\right|_x^2 \\[2mm]
v^{(k-1)} = \phi(t) + n^{(k-1)}, \quad u^{(k-1)} = \psi(t) + \varepsilon^{(k-1)}, \\[2mm]
n^{(0)} = \varepsilon^{(0)} = 0,
\end{cases}
$$

$\phi(t), \psi(t)$ 分别为式 (9.3.1), (9.3.7) 的解. $\qquad\square$

引理 9.3.5　若 $n_0(x), \varepsilon_0(x) \in H^s$ $(s \geqslant 2), n^{(k)}, \varepsilon^{(k)}$ 为式 (9.3.8) 所确定, 则存在 t_1, 使当 $0 \leqslant t \leqslant t_1$ 时, 有

$$
\left\|n^{(k)}(t)\right\|_l \leqslant C_1(\alpha, l), \quad \left\|\varepsilon^{(k)}(t)\right\|_l \leqslant C_2(\alpha, l), \quad \forall k \ (l = 2, 3, \cdots, s). \tag{9.3.9}
$$

证明　应用引理 9.3.2、引理 9.3.3, 可分别得

$$
\left\|n^{(k)}(t)\right\|_2 \leqslant C(\alpha) A(t) \sup_{0 \leqslant \tau \leqslant t} \left\|a_{k-1}(\tau)\right\|_1,
$$

$$
\left\|\varepsilon^{(k)}(t)\right\|_2 \leqslant A_1(t) \sup_{0 \leqslant \tau \leqslant t} \left\|bv^{(k-1)}u^{(k-1)}\right\|_2.
$$

利用这两个估计, 用归纳法证明 $\left\|n^{(k)}(t)\right\|_2, \left\|\varepsilon^{(k)}(t)\right\|_2$ 的一致有界性. 先证当 $k = 1$ 时成立. 由前面的序列公式可知

$$
a_0(x,t) = -v^{(0)}v_x^0 - \frac{1}{2}\left|u^{(0)}\right|_x^2,
$$

于此, $v^{(0)} = \phi, v_x^{(0)} = \phi_x, \left|u^{(0)}\right|_x^2 = u_x^{(0)}\bar{u}^{(0)} + \bar{u}_x^{(0)}u^{(0)} = \psi_x\bar{\psi} + \bar{\psi}_x\psi$. 因为

$$
\left\|v^{(0)}\right\|_{L^\infty} \leqslant C \left\|v^{(0)}\right\|_1 = C\|\phi\|_1 \leqslant C_1 \|n_0\|_1 \quad (\text{引理9.3.1}),
$$

$$
\left\|v_x^{(0)}\right\| \leqslant \|\phi\|_1 \leqslant C_2 \|n_0\|_1,
$$

$$
\|\varphi\|_{L^\infty} \leqslant C_3 \|\psi\|_1 \leqslant C_4 \|\varepsilon_0\|_1 \quad (\text{引理9.3.4}),
$$

$$
\left|\left|u^{(0)}\right|_x^2\right| \leqslant 2 \|\psi\|_{L^\infty} \|\psi_x\| \leqslant \frac{2}{C_3} C_4^2 \|\varepsilon_0\|_1^2,
$$

所以

$$
\|a_0(\tau)\| \leqslant f_1 \left(\|n_0\|_1, \|\varepsilon_0\|_1\right),
$$

这里及下文以 $f_j(\xi, \eta)$ 表示随其变元 ξ, η 单增的正函数 $(j = 1, 2, \cdots)$.

由于

$$
\frac{\partial}{\partial x} a_0(x, \tau) = -\left(v_x^{(0)}\right)^2 - v^{(0)}v_{xx}^{(0)} - \frac{1}{2}\left[u_{xx}^{(0)}\bar{u}^{(0)} + 2u_x^{(0)}\bar{u}_x^{(0)} + u^{(0)}\bar{u}_{xx}^{(0)}\right],
$$

所以

$$\left\| \frac{\partial}{\partial x^{a_0(\tau)}} \right\| \leqslant \|\phi_x\|_{L^\infty} \|\phi_x\| + \|\phi\|_{L^\infty} \|\phi\|_2 + \|\psi\|_{L^\infty} \|\psi\|_2 + \|\psi_x\|_{L^\infty} \|\psi_x\|$$
$$\leqslant f_2 \left(\|n_0\|_2, \|\varepsilon_0\|_2 \right),$$

因而

$$\|a_0(\tau)\|_1 = \left(\|a_0(\tau)\|^2 + \left\| \frac{\partial}{\partial x} a_0(\tau) \right\|^2 \right)^{\frac{1}{2}} \leqslant f_3 \left(\|n_0\|_2, \|\varepsilon_0\|_2 \right),$$

于是得

$$\left\| n^{(1)} \right\|_2 \leqslant C(\alpha) A(t) \sup_{0 \leqslant \tau \leqslant t} \|a_0(\tau)\|_1 \leqslant C(\alpha) A(t_0) \sup_{0 \leqslant \tau \leqslant t} f_3 \left(\|n_0\|_2, \|\varepsilon_0\|_2 \right) = B_1.$$

为估计 $\left\| \varepsilon^{(1)} \right\|_2 \leqslant A_1(t) \sup_{0 \leqslant \tau \leqslant t} \left\| b v^{(0)} u^{(0)} \right\|_2$，我们注意到

$$\left\| v^{(0)} u^{(0)} \right\| \leqslant \|\phi\|_{L^\infty} \|\psi\| \leqslant C \|n_0\|_1 \|\varepsilon_0\|,$$

$$\left\| \left(v^{(0)} u^{(0)} \right)_x \right\| = \left\| v_x^{(0)} u^{(0)} + u_x^{(0)} v^{(0)} \right\| \leqslant \left\| u^{(0)} \right\|_{L^\infty} \left\| v_x^{(0)} \right\| + \left\| v^{(0)} \right\|_{L^\infty} \left\| u_x^{(0)} \right\|$$
$$\leqslant C_5 \|\varepsilon_0\|_1 \|n_0\|_1,$$

$$\left\| \left(v^{(0)} u^{(0)} \right)_{xx} \right\| \leqslant \left\| u^{(0)} \right\|_{L^\infty} \left\| v_{xx}^{(0)} \right\| + 2 \left\| v_x^{(0)} \right\|_{L^\infty} \left\| u_x^{(0)} \right\| + \left\| v^{(0)} \right\|_{L^\infty} \left\| u_{xx}^{(0)} \right\|$$
$$\leqslant C_6 \|\varepsilon_0\|_{L^\infty} \|n_0\|_2 + 2C_7 \|n_{0x}\|_{L^\infty} \|\varepsilon_{0x}\| + C_8 \|n_0\|_{L^\infty} \|\varepsilon_0\|_2,$$

故可得

$$\left\| \varepsilon^{(1)} \right\|_2 \leqslant A_1(t) \sup_{0 \leqslant \tau \leqslant t} f_4 \left(\|n_0\|_2, \|\varepsilon_0\|_2 \right)$$
$$\leqslant A(t_0) \sup_{0 \leqslant \tau \leqslant t} f_4 \left(\|n_0\|_2, \|\varepsilon_0\|_2 \right) = B_2,$$

所以

$$\max \left(\left\| \varepsilon^{(1)} \right\|_2, \left\| n^{(1)} \right\|_2 \right) \leqslant \max (B_1, B_2) = B,$$

于是在 $k = 1$ 时推得了 $\left\| \varepsilon^{(1)} \right\|_2, \left\| n^{(1)} \right\|_2$ 的有界性.

当 $k = 2$ 时，

$$\left\| n^{(2)} \right\|_2 \leqslant C(\alpha) A(t) \sup_{0 \leqslant \tau \leqslant t} \|a_1(\tau)\|_1, \quad \left\| \varepsilon^{(2)} \right\|_2 \leqslant A_1(t) \sup_{0 \leqslant \tau \leqslant t} \left\| b v^{(1)} u^{(1)} \right\|_2,$$

因为

$$\left\| v^{(1)} \right\|_{L^\infty} \leqslant C_9 \left\| v^{(1)} \right\|_2 \leqslant C_9 \left(\|\phi\|_2 + \left\| n^{(1)} \right\|_2 \right) \leqslant C_{10} \left(\|n_0\|_2 + B \right),$$

$$\left\|u^{(1)}\right\|_{L^\infty} \leqslant C_{11} \left\|u^{(1)}\right\|_2 \leqslant C_{11} \left(\|\psi\|_2 + \left\|\varepsilon^{(1)}\right\|_2\right) \leqslant C_{12} \left(\|\varepsilon_0\|_2 + B\right),$$

$$\max\left(\left\|v^{(1)}\right\|_2, \left\|u^{(1)}\right\|_2\right) \leqslant \max\left[\frac{C_{10}}{C_9}\left(\|n_0\|_2 + B\right), \frac{C_{12}}{C_{11}}\left(\|\varepsilon_0\|_2 + B\right)\right] = d,$$

所以

$$\left\|n^{(2)}\right\|_2 \leqslant C(\alpha)A(t) \sup_{0\leqslant\tau\leqslant t} f_5\left(\left\|v^{(1)}\right\|_2, \left\|u^{(1)}\right\|_2\right) \leqslant C(\alpha)A(t_1) f_5(d,d) \leqslant B,$$

$$\left\|\varepsilon^{(2)}\right\|_2 \leqslant A_1(t) \sup_{0\leqslant\tau\leqslant t} f_6\left(\left\|v^{(1)}\right\|_2, \left\|u^{(1)}\right\|_2\right) \leqslant A_1(t_1) f_6(d,d) \leqslant B,$$

这里只需取 $t_1 = \min\left[t_0, \dfrac{B}{Cf_6}, A^{-1}\left(\dfrac{B}{C(\alpha)f_5}\right)\right]$ 就行了.

现在讨论 $k \geqslant 3$ 的情况. 设

$$\max\left(\left\|n^{(k-1)}\right\|_2, \left\|\varepsilon^{(k-1)}\right\|_2\right) \leqslant B,$$

于是

$$\begin{aligned}
\left\|v^{(k-1)}\right\|_1 &\leqslant \left\|v^{(k-1)}\right\|_2 = \left\|\phi + n^{(k-1)}\right\|_2 \leqslant \|\phi\|_2 + \left\|n^{(k-1)}\right\|_2 \\
&\leqslant \left(\frac{C_{10}}{C_9}\right) \cdot \left(\|n_0\|_2 + B\right) \leqslant d,
\end{aligned}$$

$$\begin{aligned}
\left\|u^{(k-1)}\right\|_1 &\leqslant \left\|u^{(k-1)}\right\|_2 = \left\|\psi + \varepsilon^{(k-1)}\right\|_2 \leqslant \|\psi\|_2 + \left\|\varepsilon^{(k-1)}\right\|_2 \\
&\leqslant \left(\frac{C_{12}}{C_{11}}\right) \cdot \left(\|\varepsilon_0\|_2 + B\right) \leqslant d,
\end{aligned}$$

这里 d 为前面的常数. 因此有

$$\begin{aligned}
\left\|n^{(k)}\right\|_2 &\leqslant C(\alpha)A(t) \sup_{0\leqslant\tau\leqslant t} \|a_{k-1}(\tau)\|_1 \leqslant C(\alpha)A(t) \sup_{0\leqslant\tau\leqslant t} f_5\left(\left\|v^{(k-1)}\right\|_1, \left\|u^{(k-1)}\right\|_1\right) \\
&\leqslant C(\alpha)A(t_1) f_5(d,d) \leqslant B,
\end{aligned}$$

$$\begin{aligned}
\left\|\varepsilon^{(k)}\right\|_2 &\leqslant A_1(t) \sup_{0\leqslant\tau\leqslant t} \left\|bv^{(k-1)}u^{(k-1)}\right\|_2 \leqslant A_1(t) \sup_{0\leqslant\tau\leqslant t} f_6\left(\left\|v^{(k-1)}\right\|_1, \left\|u^{(k-1)}\right\|_1\right) \\
&\leqslant A_1(t_1) f_6(d,d) \leqslant B,
\end{aligned}$$

这些不等式对 $0 \leqslant t \leqslant t_1$ 均成立.

同理可证当 $l \geqslant 3$ 时, 对一切 $k = 1, 2, \cdots$, 当 $0 \leqslant t \leqslant t_s$ 时, 有

$$\max\left(\left\|n^{(k)}\right\|_l, \left\|\varepsilon^{(k)}\right\|_l\right) \leqslant B_1.$$

事实上,

$$\left\|n^{(k)}\right\|_l \leqslant C(\alpha)A(t) \sup_{0\leqslant\tau\leqslant t} \|a_{k-1}(\tau)\|_{l-1},$$

$$\left\|a_{k-1}(\tau)\right\|_{l-1} = \left\|-v^{(k-1)}v_x^{(k-1)} - \frac{1}{2}\left|u^{(k-1)}\right|_x^2\right\|_{l-1} \leqslant f_7\left(\left\|v^{(k-1)}\right\|_l, \left\|u^{(k-1)}\right\|_l\right),$$

$$\left\|\varepsilon^{(k)}\right\|_l \leqslant A_1(t) \sup_{0\leqslant\tau\leqslant t} f_8\left(\left\|v^{(k-1)}\right\|_l, \left\|u^{(k-1)}\right\|_l\right),$$

故由归纳法易证, 当 $\left\|n^{(k-1)}\right\|_l \leqslant B_1, \left\|\varepsilon^{(k-1)}\right\|_l \leqslant B_1, \left\|v^{(k-1)}\right\|_l \leqslant d_1, \left\|u^{(k-1)}\right\|_l \leqslant d_1, 0 \leqslant t \leqslant t_s$ 时, 有

$$\left\|n^{(k)}\right\|_l \leqslant B_1, \quad \left\|\varepsilon^{(k)}\right\|_l \leqslant B_1. \qquad \square$$

引理 9.3.6　若 $n_0 \in H^s, \varepsilon_0 \in H^s\ (s \geqslant 2)$, 则存在常数 T^s 和 $\rho\ (0 < \rho < 1)$, 使

$$\sup_{0\leqslant\tau\leqslant t_s}\left[\left\|n^{(k+1)}(\tau) - n^{(k)}(\tau)\right\|_s + \left\|\varepsilon^{(k+1)}(\tau) - \varepsilon^{(k)}(\tau)\right\|_s\right]$$

$$\leqslant \rho \sup_{0\leqslant\tau\leqslant t_s}\left[\left\|n^{(k)} - n^{(k-1)}\right\|_s + \left\|\varepsilon^{(k)} - \varepsilon^{(k-1)}\right\|_s\right]. \qquad (9.3.10)$$

证明　令 $w = n^{(k+1)} - n^{(k)}$, 由式 (9.3.8) 得

$$w_t + \frac{\beta}{2}w_{xxx} - \alpha w_{xx}$$

$$= -v^{(k)}v_x^{(k)} - \frac{1}{2}\left|u^{(k)}\right|_x^2 - \left[-v^{(k-1)}v_x^{(k-1)} - \frac{1}{2}\left|u^{(k-1)}\right|_x^2\right], \qquad (9.3.11)$$

记等式右端为 $\gamma_1\left(n^{(k)}, n^{(k-1)}, \varepsilon^{(k)}, \varepsilon^{(k-1)}\right)$. 由于

$$\gamma_1 = -\left(v^{(k)} - v^{(k-1)}\right)v_x^{(k)} + v^{(k-1)}\left(v_x^{(k-1)} - v_x^{(k)}\right) - \frac{1}{2}\left[\left|u^{(k)}\right|^2 - \left|u^{(k-1)}\right|^2\right]_x,$$

所以

$$|\gamma_1| \leqslant \left|v^{(k)} - v^{(k-1)}\right|\left|v_x^{(k)}\right| + \left|v^{(k-1)}\right|\left|v_x^{(k)} - v_x^{(k-1)}\right|$$

$$+ \left|u_x^{(k)}\right|\left|u^{(k)} - u^{(k-1)}\right| + \left|u^{(k-1)}\right|\left|u_x^{(k)} - u_x^{(k-1)}\right|,$$

因而

$$\|\gamma_1\|_{s-1} \leqslant f_9\left(\left\|U^{(k)} - v^{(k-1)}\right\|_s + \left\|u^{(k)} - u^{(k-1)}\right\|_s\right)$$

$$\leqslant \bar{C}\left[\left\|v^{(k)} - v^{(k-1)}\right\|_s + \left\|u^{(k)} - u^{(k-1)}\right\|_s\right].$$

现对式 (9.3.11) 应用引理 9.3.2, 易得

$$\|w\|_s \leqslant C(\alpha)A(t) \sup_{0\leqslant\tau\leqslant t}\left\|\gamma_1\left(n^{(k)}, n^{(k-1)}, \varepsilon^{(k)}, \varepsilon^{(k-1)}\right)\right\|_{s-1}$$

$$\leqslant \bar{C} \cdot C(\alpha) A(t) \sup_{0 \leqslant \tau \leqslant t} \left[\left\| v^{(k)} - v^{(k-1)} \right\|_s + \left\| u^{(k)} - u^{(k-1)} \right\|_s \right].$$

因为

$$v^{(k)} - v^{(k-1)} = n^{(k)} - n^{(k-1)}, \quad u^{(k)} - u^{(k-1)} = \varepsilon^{(k)} - \varepsilon^{(k-1)},$$

所以

$$\left\| n^{(k+1)} - n^{(k)} \right\|_s \leqslant \bar{C} \cdot C(\alpha) A(t) \sup_{0 \leqslant \tau \leqslant t} \left[\left\| n^{(k)} - n^{(k-1)} \right\|_s + \left\| \varepsilon^{(k)} - \varepsilon^{(k-1)} \right\|_s \right].$$

类似地可得关于 $\left(\varepsilon^{(k)} - \varepsilon^{(k-1)} \right)$ 的估计. 记 $V = \varepsilon^{(k+1)} - \varepsilon^{(k)}$, 由式 (9.3.8) 得

$$iV_t + aV_{xx} - \gamma_2 = 0,$$

其中 $\gamma_2 = -b \left(v^{(k)} u^{(k)} - v^{(k-1)} u^{(k-1)} \right)$. 由引理 9.3.3 有

$$\| V \|_s \leqslant A_1(t) \sup_{0 \leqslant \tau \leqslant t} \| \gamma_2 \|_s.$$

因为

$$
\begin{aligned}
\| \gamma_2 \|_s &= \left\| -b \left(v^{(k)} - v^{(k-1)} \right) u^{(k)} - b v^{(k-1)} \left(u^{(k)} - u^{(k-1)} \right) \right\|_s \\
&\leqslant f_{10} \left(\left\| v^{(k)} - v^{(k-1)} \right\|_s + \left\| u^{(k)} - u^{(k-1)} \right\|_s \right) \\
&\leqslant \bar{\bar{C}} \left[\left\| v^{(k)} - v^{(k-1)} \right\|_s + \left\| u^{(k)} - u^{(k-1)} \right\|_s \right],
\end{aligned}
$$

所以

$$\left\| \varepsilon^{(k+1)} - \varepsilon^{(k)} \right\|_s \leqslant A_1(t) \bar{\bar{C}} \sup_{0 \leqslant \tau \leqslant t} \left[\left\| n^{(k)} - n^{(k-1)} \right\|_s + \left\| \varepsilon^{(k)} - \varepsilon^{(k-1)} \right\|_s \right],$$

于是有

$$\sup_{0 \leqslant \tau \leqslant t} \left[\left\| n^{(k+1)} - n^{(k)} \right\|_s + \left\| \varepsilon^{(k+1)} - \varepsilon^{(k)} \right\|_s \right]$$

$$\leqslant \left(C(\alpha) A(t) \bar{C} + A_1(t) \bar{\bar{C}} \right) \sup_{0 \leqslant \tau \leqslant t} \left[\left\| n^{(k)} - n^{(k-1)} \right\|_s + \left\| \varepsilon^{(k)} - \varepsilon^{(k-1)} \right\|_s \right].$$

现选取 t_s 适当小, 使当 $0 \leqslant t \leqslant t_s$ 时,

$$C(\alpha) A(t) \bar{C} + A_1(t) \bar{\bar{C}} \leqslant \rho < 1,$$

这就得到了式 (9.3.10).

对于方程 (9.1.4), (9.1.5) 的周期初值问题的局部解 (例如周期为 2π), 只需注意到在引理 9.3.2、引理 9.3.3 的证明中, 基本解取为

$$R(x,t) = \sum_{m=-\infty}^{\infty} \exp \left[\mathrm{i}m x - \alpha m^2 t + \mathrm{i} \frac{\beta}{2} m^3 t \right],$$

可类似地进行估计, 结论是同样成立的. 我们有: ∎

定理 9.3.1 (局部解存在定理)　若 $n_0, \varepsilon_0 \in H^s (s \geqslant 3)$，则对任意实数 a, b, β，问题 (9.1.4)，(9.1.5) 的 Cauchy 问题和周期初值问题的局部解是存在的，且其解

$$n(x,t), \varepsilon(x,t) \in L^\infty (0, T; H^s).$$

9.4　方程 (9.1.1)，(9.1.2) Cauchy 问题和周期初值问题整体解的存在性、唯一性

由定理 9.3.1 知道方程 (9.1.4)，(9.1.5) Cauchy 问题和周期初值问题局部解是存在的，根据解的先验估计，又知它们有关导数 L^2 模的上界均与小参数 α 无关，于是根据致密性原理，方程 (9.1.4)，(9.1.5) 存在大范围的解，令 $\alpha \to 0$，就得到了定解问题 (9.1.1)，(9.1.2) 的整体解，有如下定理:

定理 9.4.1　若

(i) $\varepsilon_0(x), n_0(x) \in H^s \ (s \geqslant 3)$;

(ii) 系数 a 与 $b\beta$ 反号.

则方程 (9.1.1)，(9.1.2) 的 Cauchy 问题和周期初值问题的整体解是存在的，且其解

$$n(x,t), \varepsilon(x,t) \in L^\infty (0, T; H^s).$$

关于方程 (9.1.1)，(9.1.2) Cauchy 问题和周期初值问题解的唯一性问题，为证明简单起见，仅考虑它的古典解的唯一性，这就要求方程中出现的函数及其导数均连续有界 (特别是要求 u_t 对 t 的连续性). 显然这种解是存在的. 实际上，只要加强初始函数的光滑性即可得到 (例如由定理 9.4.1，要求 $n_0, \varepsilon_0 \in H^s \ (s \geqslant 7)$). 有下面的唯一性定理:

定理 9.4.2　方程 (9.1.1)，(9.1.2) Cauchy 问题和周期初值问题的古典解是唯一的.

证明　先证明不等式

$$\|\varepsilon\|^2 + \|\varepsilon_{xx}\|^2 + \|n\|^2 + \|n_x\|^2 + \|n_{xx}\|^2$$
$$\leqslant C \int_0^t \left[\|\varepsilon\|^2 + \|\varepsilon_{xx}\|^2 + \|n\|^2 + \|n_x\|^2 + \|n_{xx}\|^2 \right] \mathrm{d}\tau, \qquad (9.4.1)$$

其中 $n = n_1 - n_2, \varepsilon = \varepsilon_1 - \varepsilon_2$，这里假设 n_1, ε_1 和 n_2, ε_2 均为方程 (9.1.1)，(9.1.2) Cauchy 问题 (或周期初值问题) 的两个具有相同初值的古典解，C 为固定常数.

由方程 (9.1.1)，(9.1.2) 可得 ε, n 满足的方程

$$\mathrm{i}\varepsilon_t + a\varepsilon_{xx} - b(n_1\varepsilon_1 - n_2\varepsilon_2) = 0, \qquad (9.4.2)$$

$$n_t + \frac{\beta}{2} n_{xxx} + n_1 n_{1x} - n_2 n_{2x} + \frac{1}{2} \left[|\varepsilon_1|^2 - |\varepsilon_2|^2 \right]_x = 0, \qquad (9.4.3)$$

由于

$$n_1 \varepsilon_1 - n_2 \varepsilon_2 = n_1 \varepsilon + n \varepsilon_2, \quad n_1 n_{1x} - n_2 n_{2x} = n n_{1x} + n_2 n_x,$$

则由式 (9.4.2), 得

$$i(\varepsilon_t, \varepsilon) + a(\varepsilon_{xx}, \varepsilon) - b(n_1 \varepsilon, \varepsilon) - b(n \varepsilon_2, \varepsilon) = 0,$$

取其虚部, 得

$$\frac{\mathrm{d}}{\mathrm{d}t} \|\varepsilon\|^2 \leqslant \|\varepsilon_2\|_\infty \left(\|n\|^2 + \|\varepsilon\|^2 \right). \qquad (9.4.4)$$

式 (9.4.3) 与 n 作内积, 并注意到

$$(n_{xxx}, n) = 0,$$

$$\left(\left(|\varepsilon_1|^2 - |\varepsilon_2|^2 \right)_x, n \right) = - \left(n_x, |\varepsilon_1|^2 - |\varepsilon_2|^2 \right)$$
$$\leqslant \left(\|\varepsilon_1\|_{L^\infty} + \|\varepsilon_2\|_{L^\infty} \right) \cdot \frac{1}{2} \left(\|n_x\|^2 + \|\varepsilon\|^2 \right),$$

$$(n n_{1x} + n_2 n_x, n) \leqslant \|n_{1x}\|_{L^\infty} \|n\|^2 + \frac{1}{2} \|n_{2x}\|_{L^\infty} \|n\|^2$$
$$= \left(\|n_{1x}\|_{L^\infty} + \frac{1}{2} \|n_{2x}\|_{L^\infty} \right) \|n\|^2,$$

可得

$$\frac{\mathrm{d}}{\mathrm{d}t} \|n\|^2 \leqslant 2 \left(\|n_{1x}\|_{L^\infty} + \frac{1}{2} \|n_{2x}\|_{L^\infty} \right) \|n\|^2$$
$$+ \left(\|\varepsilon_1\|_{L^\infty} + \|\varepsilon_2\|_{L^\infty} \right) \left(\|n_x\|^2 + \|\varepsilon\|^2 \right). \qquad (9.4.5)$$

式 (9.4.3) 对 x 微商, 并与 n_x 作内积, 得

$$(n_{xt}, n_x) + \frac{\beta}{2} (n_{xxxx}, n_x) + ((n n_{1x} + n_2 n_x)_x, n_x) + \frac{1}{2} \left(|\varepsilon_1|_{xx}^2 - |\varepsilon_2|_{xx}^2, n_x \right) = 0,$$

在该式中, 由于

$$(n_{xt}, n_x) = \frac{1}{2} \frac{\mathrm{d}}{\mathrm{d}t} \|n_x\|^2, \quad (n_{xxxx}, n_x) = -(n_{xxx}, n_x) = 0,$$

$$|((n n_{1x} + n_2 n_x)_x, n_x)|$$

$$\leqslant \frac{1}{2} \left\| n_{1xxx} \right\|_{L^\infty} \left\| n \right\|^2 + \left(\left\| n_{1x} \right\|_{L^\infty} + \left\| n_{2x} \right\|_{L^\infty} \right) \left\| n_x \right\|^2 + \frac{1}{2} \left\| n_{2x} \right\|_{L^\infty} \left\| n_x \right\|^2,$$

$$
\begin{aligned}
\left| \left(|\varepsilon_1|_{xx}^2 - |\varepsilon_2|_{xx}^2, n_x \right) \right| &\leqslant \left| \left(2 \left(|\varepsilon_{1xx}| \, |\varepsilon| + |\varepsilon_2| \, |\varepsilon_{xx}| + \left(|\varepsilon_{1x}| + |\varepsilon_{2x}| \right) |\varepsilon_x| \right), n_x \right) \right| \\
&\leqslant \left\| \varepsilon_{1xx} \right\|_{L^\infty} \left(\left\| \varepsilon \right\|^2 + \left\| n_x \right\|^2 \right) + \left\| \varepsilon_2 \right\|_{L^\infty} \left(\left\| \varepsilon_{xx} \right\|^2 + \left\| n_x \right\|^2 \right) \\
&\quad + \left(\left\| \varepsilon_{1x} \right\|_{L^\infty} + \left\| \varepsilon_{2x} \right\|_{L^\infty} \right) \left(\left\| \varepsilon_x \right\|^2 + \left\| n_x \right\|^2 \right),
\end{aligned}
$$

因而易得

$$\frac{\mathrm{d}}{\mathrm{d}t} \left\| n_x \right\|^2 \leqslant C_1 \left[\left\| n \right\|^2 + \left\| n_x \right\|^2 + \left\| \varepsilon_x \right\|^2 + \left\| \varepsilon_{xx} \right\|^2 + \left\| \varepsilon \right\|^2 \right]. \tag{9.4.6}$$

用类似的方法, 将式 (9.4.2) 对 x 微商二次, 并与 ε_{xx} 作内积. 我们注意到有下述估计:

$$
\begin{aligned}
&\left| \left((n_1 \varepsilon + n \varepsilon_2)_{xx}, \varepsilon_{xx} \right) \right| \\
&\leqslant \left\| n_{1xx} \right\|_{L^\infty} \cdot \frac{1}{2} \left[\left\| \varepsilon \right\|^2 + \left\| \varepsilon_{xx} \right\|^2 \right] \\
&\quad + 2 \left\| n_{1x} \right\|_{L^\infty} \cdot \frac{1}{2} \left[\left\| \varepsilon_x \right\|^2 + \left\| \varepsilon_{xx} \right\|^2 \right] + \left\| n_1 \right\|_{L^\infty} \left\| \varepsilon_{xx} \right\|^2 \\
&\quad + \left\| \varepsilon_2 \right\|_{L^\infty} \cdot \frac{1}{2} \left[\left\| n_{xx} \right\|^2 + \left\| \varepsilon_{xx} \right\|^2 \right] + 2 \left\| \varepsilon_{2x} \right\|_{L^\infty} \cdot \frac{1}{2} \left[\left\| n_x \right\|^2 + \left\| \varepsilon_{xx} \right\|^2 \right] \\
&\quad + \left\| \varepsilon_{2xx} \right\|_{L^\infty} \cdot \frac{1}{2} \left(\left\| n \right\|^2 + \left\| \varepsilon_{xx} \right\|^2 \right),
\end{aligned}
$$

从而易得

$$\frac{\mathrm{d}}{\mathrm{d}t} \left\| \varepsilon_{xx} \right\|^2 \leqslant C_2 \left[\left\| \varepsilon \right\|^2 + \left\| \varepsilon_x \right\|^2 + \left\| \varepsilon_{xx} \right\|^2 + \left\| n_x \right\|^2 + \left\| n \right\|^2 + \left\| n_{xx} \right\|^2 \right]. \tag{9.4.7}$$

同样, 我们将式 (9.4.3) 对 x 微商二次, 并与 n_{xx} 作内积, 得

$$\left(n_{xxt} + \frac{\beta}{2} n_{xxxxx} + \left(n n_{1x} + n_2 n_x \right)_{xx} + \frac{1}{2} \left[|\varepsilon_1|^2 - |\varepsilon_2|^2 \right]_{xxx}, n_{xx} \right) = 0. \tag{9.4.8}$$

在上式中, 我们注意到

(i) 由于

$$\left(n n_{1x} + n_2 n_x \right)_{xx} = n_{xx} \left(n_{1x} + 2 n_{2x} \right) + n_x \left(2 n_{1xx} + n_{2xx} \right) + n n_{1xxx} + n_2 n_{xxx},$$

故有

$$\left| \left(n_{xx} \left(n_{1x} + 2 n_{2x} \right) + n_x \left(2 n_{1xx} + n_{2xx} \right), n_{xx} \right) \right|$$

$$\leqslant (\|n_{1x}\|_{L^\infty} + 2\|n_{2x}\|_{L^\infty}) \|n_{xx}\|^2 + (2\|n_{1xx}\|_{L^\infty} + \|n_{2xx}\|_{L^\infty})$$
$$\cdot \frac{1}{2}\left(\|n_x\|^2 + \|n_{xx}\|^2\right),$$

$$|(nn_{1xxx}, n_{xx})| \leqslant \|n_{1xxx}\|_{L^\infty} \cdot \frac{1}{2}\left(\|n_{xx}\|^2 + \|n\|^2\right),$$

$$|(n_2 n_{xxx}, n_{xx})| \leqslant \frac{1}{2}\|n_{2x}\|_{L^\infty} \|n_{xx}\|^2.$$

(ii)

$$\left(\frac{1}{2}\left(|\varepsilon_1|^2 - |\varepsilon_2|^2\right)_{xxx}, n_{xx}\right)$$
$$= -\frac{1}{\beta}\left(\frac{\beta}{2}n_{xxx}, \left(|\varepsilon_1|^2 - |\varepsilon_2|^2\right)_{xx}\right)$$
$$= \frac{1}{\beta}\left(n_t + nn_{1x} + n_2 n_x + \frac{1}{2}\left(|\varepsilon_1|^2 - |\varepsilon_2|^2\right)_x, \left(|\varepsilon_1|^2 - |\varepsilon_2|^2\right)_{xx}\right)$$
$$= \frac{1}{\beta}\left(n_{xxt}, |\varepsilon_1|^2 - |\varepsilon_2|^2\right) + \frac{1}{\beta}\left(nn_{1,x} + n_2 n_x, \left(|\varepsilon_1|^2 - |\varepsilon_2|^2\right)_{xx}\right)$$
$$= \frac{1}{\beta}\frac{\mathrm{d}}{\mathrm{d}t}\left(n_{xx}, |\varepsilon_1|^2 - |\varepsilon_2|^2\right) - \frac{1}{\beta}\left(n_{xx}, |\varepsilon_1|_t^2 - |\varepsilon_2|_t^2\right)$$
$$+ \frac{1}{\beta}\left(nn_{1x} + n_2 n_x, |\varepsilon_1|_{xx}^2 - |\varepsilon_2|_{xx}^2\right),$$

其中

$$\left|\left(n_{xx}, |\varepsilon_1|_t^2 - |\varepsilon_2|_t^2\right)\right|$$
$$\leqslant \|\varepsilon_1\|_{L^\infty} \cdot \frac{1}{2}\left(\|n_{xx}\|^2 + \|\varepsilon_t\|^2\right)$$
$$+ (\|\varepsilon_{1t}\|_{L^\infty} + \|\varepsilon_{2t}\|_{L^\infty}) \cdot \frac{1}{2}\left(\|\varepsilon\|^2 + \|n_{xx}\|^2\right) + \|\varepsilon_2\|_{L^\infty} \cdot \frac{1}{2}\left(\|\varepsilon_t\|^2 + \|n_{xx}\|^2\right)$$
$$\leqslant C_3\left[\|n_{xx}\|^2 + \|\varepsilon\|^2 + \|n\|^2 + \|\varepsilon_{xx}\|^2\right],$$

$$\left|\left(nn_{1x} + n_2 n_x, |\varepsilon_1|_{xx}^2 - |\varepsilon_2|_{xx}^2\right)\right|$$
$$\leqslant 2\|n_{1x}\|_{L^\infty}\|\varepsilon_{1xx}\|_{L^\infty} \cdot \frac{1}{2}\left(\|n\|^2 + \|\varepsilon\|^2\right) + 2\|n_{1x}\|_{L^\infty}\|\varepsilon_2\|_{L^\infty} \cdot \frac{1}{2}\left(\|n\|^2 + \|\varepsilon_{xx}\|^2\right)$$
$$+ 2\|n_{1x}\|_{L^\infty}(\|\varepsilon_{1x}\|_{L^\infty} + \|\varepsilon_{2x}\|_{L^\infty})\frac{1}{2}\left(\|\varepsilon_x\|^2 + \|n\|^2\right)$$
$$+ 2\|n_2\|\|\varepsilon_{1xx}\|_{L^\infty} \cdot \frac{1}{2}\left(\|\varepsilon\|^2 + \|n_x\|^2\right)$$

$$+ 2 \left\| n_2 \right\|_{L^\infty} \left\| \varepsilon_2 \right\|_{L^\infty} \cdot \frac{1}{2} \left(\left\| \varepsilon_{xx} \right\|^2 + \left\| n_x \right\|^2 \right)$$

$$+ \left\| n_2 \right\|_{L^\infty} 2 \left(\left\| \varepsilon_{1x} \right\|_{L^\infty} + \left\| \varepsilon_{2x} \right\|_{L^\infty} \right) \frac{1}{2} \left(\left\| \varepsilon_x \right\|^2 + \left\| n_x \right\|^2 \right).$$

根据这些估计, 由式 (9.4.8) 易得

$$\frac{1}{2} \frac{\mathrm{d}}{\mathrm{d}t} \left\| n_{xx} \right\|^2 + \frac{1}{\beta} \frac{\mathrm{d}}{\mathrm{d}t} \left(n_{xx}, |\varepsilon_1|^2 - |\varepsilon_2|^2 \right)$$

$$\leqslant C_4 \left[\left\| n_{xx} \right\|^2 + \left\| n_x \right\|^2 + \left\| \varepsilon \right\|^2 + \left\| n \right\|^2 + \left\| \varepsilon_x \right\|^2 + \left\| \varepsilon_{xx} \right\|^2 \right],$$

积分上式, 有

$$\frac{1}{2} \left\| n_{xx}(t) \right\|^2 \leqslant \frac{1}{2} \left\| n_{xx}(0) \right\|^2 + \frac{1}{|\beta|} \left(\left\| \varepsilon_1 \right\|_{L^\infty} + \left\| \varepsilon_2 \right\|_{L^\infty} \right) \frac{1}{2} \left(\delta \left\| n_{xx}(t) \right\|^2 + \frac{1}{\delta} \left\| \varepsilon(t) \right\|^2 \right)$$

$$+ \frac{1}{\beta} \left(n_{xx}(0), |\varepsilon_1(0)|^2 - |\varepsilon_2(0)|^2 \right)$$

$$+ C_5 \int_0^t \left[\left\| n_{xx} \right\|^2 + \left\| n_x \right\|^2 + \left\| \varepsilon \right\|^2 + \left\| n \right\|^2 + \left\| \varepsilon_x \right\|^2 + \left\| \varepsilon_{xx} \right\|^2 \right] \mathrm{d}t,$$

选取 δ 适当小, 使

$$\frac{1}{|\beta|} \left(\left\| \varepsilon_1 \right\|_{L^\infty} + \left\| \varepsilon_2 \right\|_{L^\infty} \right) \frac{\delta}{2} \leqslant \frac{1}{4},$$

可得

$$\left\| n_{xx}(t) \right\|^2 \leqslant C_5 \int_0^t \left[\left\| n_{xx} \right\|^2 + \left\| n_x \right\|^2 + \left\| n \right\|^2 + \left\| \varepsilon \right\|^2 + \left\| \varepsilon_x \right\|^2 + \left\| \varepsilon_{xx} \right\|^2 \right] \mathrm{d}t + C_6 \left\| \varepsilon \right\|^2.$$

$$(9.4.9)$$

将式 (9.4.4)—(9.4.7) 对 t 在区间 $[0,t]$ 上积分, 并以 $2C_6$ 乘式 (9.4.4), 且注意到 $\left\| \varepsilon_x \right\| \leqslant C \left\| \varepsilon \right\| + \delta \left\| \varepsilon_{xx} \right\|$, 即得到式 (9.4.1).

由 Gronwall 不等式, 可得 $\varepsilon \equiv n \equiv n_x \equiv n_{xx} \equiv \varepsilon_x \equiv \varepsilon_{xx} \equiv 0$, 即得解的唯一性.　　　　　　　　　　　　　　　　　　　　　　　　　　　　　　　□

第 10 章　Hirota 型方程的整体光滑解

10.1　引　言

Hirota 方程 [50] 是孤立子问题研究中的重要非线性发展方程. 它包含了相当丰富的物理内容, 其中有众所周知的 KdV 方程、非线性 Schrödinger 方程、非线性导数 Schrödinger 方程, 特别包含了导数非线性 Schrödinger-KdV 方程, 它在等离子体物理中表现为大振幅低混杂波和有限频率密度扰动的相互作用. 现已有大量文献 [21,43,60,86,92,97,115] 研究了它们的物理性质和孤立子问题. 本章研究如下 Hirota 型非线性发展方程的 Cauchy 问题:

$$i\partial_t\psi + \alpha\partial_x^2\psi + i\beta\partial_x^3\psi + i\gamma\partial_x(|\psi|^2\psi) + \delta|\psi|^2\psi = 0, \tag{10.1.1}$$

$$\psi(x,0) = \varphi(x), \quad x \in \mathbb{R}, t \geqslant 0, \tag{10.1.2}$$

其中, $i = \sqrt{-1}$; $\alpha, \beta, \gamma, \delta$ 为实常数.

通过较复杂的推导, 得到了该问题的守恒律及高阶导数的恒等式. 在此基础上, 利用细致的先验估计方法, 首次得到了该方程 Cauchy 问题整体光滑解的存在性、唯一性, 以及当方程中某些项的系数趋于零时, 解的收敛性和解依空间方向的衰减性估计.

10.2　主 要 结 果

定理 10.2.1 (整体存在唯一性)　设 $\alpha, \beta, \gamma, \delta$ 为实常数, 满足 $\beta\gamma \neq 0$, 初值 $\psi_0(x) \in H^k(\mathbb{R})$, 则对任意常数 $T > 0$, Cauchy 问题 (10.1.1), (10.1.2) 存在唯一解 $\psi(t,x) \in W(k,T)$, 这里

$$W(k,T) = \left\{ u(t,x) \,\middle|\, \partial_t^s u \in L^\infty(0,T; H^{k-3s}(\mathbb{R})); s, k \text{ 为非负整数, 满足 } k \geqslant 3, \ s \leqslant \frac{k}{3} \right\}. \tag{10.2.1}$$

定理 10.2.2 (收敛性)　在定理 10.2.1 的条件下, 有

(i) 记 ψ_δ 为问题 (10.1.1), (10.1.2) 的唯一整体解, 则存在函数 $\psi \in W(k,T)$, 使得 $\psi_\delta \to \psi$ 在 $W(k,T)$ 中弱 * 收敛 $(\delta \to 0)$, 而 ψ 为如下非线性 Schrödinger-KdV 方程相应 Cauchy 问题的唯一整体解:

$$i\partial_t\psi + \alpha\partial_x^2\psi + i\beta\partial_x^3\psi + i\gamma\partial_x(|\psi|^2\psi) = 0. \tag{10.2.2}$$

(ii) 记 $\psi_{\alpha\delta}$ 为问题 (10.1.1), (10.1.2) 的唯一整体解, 存在函数 $\psi \in W(k,T)$, 使得 $\psi_{\alpha\delta} \to \psi$ 在 $W(k,T)$ 中弱 $*$ 收敛 $(\alpha, \delta \to 0)$, 而 ψ 为 mKdV 方程相应 Cauchy 问题的唯一整体解.

(iii) 设 $\alpha \neq 0, \dfrac{\gamma}{\beta} = \dfrac{\delta}{\alpha}$, 记 $\psi_{\beta\gamma}$ 为问题 (10.1.1), (10.1.2) 的唯一整体解, 则存在函数 $\psi \in W^*(k,T)$, 使得 $\psi_{\beta\gamma} \to \psi$ 在 $W^*(k,T)$ 中弱 $*$ 收敛 $(\beta, \gamma \to 0)$, 而 ψ 为如下非线性 Schrödinger 方程相应 Cauchy 问题的唯一整体解:

$$i\partial_t\psi + \alpha\partial_x^2\psi + \delta|\psi|^2\psi = 0, \tag{10.2.3}$$

其中空间 $W^*(k,T)$ 为

$$W^*(k,T) = \left\{ u \,\middle|\, \partial_t^s u \in L^\infty(0,T; H^{k-2s}(\mathbb{R})), k, s \text{ 为非负整数, 满足 } k \geqslant 3, s \leqslant \frac{k}{2} \right\}. \tag{10.2.4}$$

定理 10.2.3 (正则性与衰减估计)　在定理 10.2.1 的条件下, 记 $\psi = \psi(t,x)$ 为 Cauchy 问题 (10.1.1), (10.1.2) 的整体光滑解, 则有

(i) $\partial_t^r\psi(t,x) \in L^2(0,T; H_{\text{loc}}^{k+1-3r}(\mathbb{R}))$, 其中 $r \leqslant \dfrac{k+1}{3}$.

(ii) 设实数 $r \geqslant \dfrac{k-j}{2}, 0 \leqslant j \leqslant k-3$, 如果 $|x|^r\partial_x^j\psi_0 \in L^2(\mathbb{R})$, 则有

$$\partial_x^j\psi(t,x) = O(|x|^{-[1-\frac{1}{2(k-j)}]r}) \quad (|x| \to \infty).$$

10.3　主要结果的证明

10.3.1　定理 10.2.1 的证明

关于 Cauchy 问题 (10.1.1), (10.1.2) 局部光滑解的存在唯一性, 可采用标准的抛物正则方法或 Galerkin 方法证明其局部存在性. 而光滑解的唯一性可利用通常的 L^2 能量估计证明. 为了文章的简洁, 省去这些证明步骤, 读者可参阅文献 [60, 115]. 因此, 为了将 Cauchy 问题 (10.1.1), (10.1.2) 局部解 $\psi = \psi(t,x)$ 延拓到整个时间区间 $[0,T]$, 只需建立模 $\|\partial_x^s\psi(t,\cdot)\|_2$ 关于时间 $t \in [0,T]$ 无关的一致估计. 这里 $\|\cdot\|_p (1 \leqslant p \leqslant \infty)$ 为通常的 $L^p(\mathbb{R})$ 范数. 不失一般性, 在该定理中不妨要求常数 $\alpha, \beta, \gamma, \delta \in [-1,1]$.

引理 10.3.1　设 $\psi = \psi(t,x)$ 为 Cauchy 问题 (10.1.1), (10.1.2) 的光滑解, 则有如下 L^2 模与能量守恒律:

(i)

$$\|\psi(t,\cdot)\|_2 = \|\psi_0\|_2; \tag{10.3.1}$$

(ii)

$$E_1(\psi(t,\cdot)) = E_1(\psi_0) \quad (\beta\gamma \neq 0), \tag{10.3.2}$$

其中能量 $E_1(\psi) = \displaystyle\int_{\mathbb{R}} |\partial_x\psi|^2\mathrm{d}x - \frac{\gamma}{2\beta}\int_{\mathbb{R}}|\psi|^4\mathrm{d}x + \left(\frac{\alpha}{\beta} - \frac{\delta}{\gamma}\right)\mathrm{Im}\int_{\mathbb{R}}\psi\partial_x\overline{\psi}\mathrm{d}x$, $\overline{\psi}$ 为复值函数 ψ 的复共轭, Im 表示复数的虚部.

推论 10.3.1 在上述引理条件下, 有

$$\|\psi(t,\cdot)\|_{H^1(\mathbb{R})} \leqslant C_1, \quad \forall t \in \mathbb{R}^+, \tag{10.3.3}$$

其中常数 C_1 只依赖于 β, γ 和模 $\|\psi_0\|_{H^1(\mathbb{R})}$.

引理 10.3.2 设 $\psi = \psi(t,x)$ 为 Cauchy 问题 (10.1.1), (10.1.2) 的光滑解, 则

$$E_2(\psi(t,\cdot)) = E_2(\psi_0) + \int_0^t F(\psi(t,\cdot))\mathrm{d}t, \tag{10.3.4}$$

其中

$$E_2(\psi) = \int_{\mathbb{R}} |\partial_x^2\psi|^2\mathrm{d}x - \frac{5\gamma}{3\beta}\mathrm{Re}\int_{\mathbb{R}}\psi^2(\partial_x\overline{\psi})^2\mathrm{d}x - \frac{10\gamma}{3\beta}\int_{\mathbb{R}}|\psi|^2|\partial_x\psi|^2\mathrm{d}x,$$

$$F(\psi) = -2\delta\mathrm{Im}\int_{\mathbb{R}}\partial_x^2\psi\partial_x^2(|\psi|^2\psi)\mathrm{d}x - \frac{10\gamma}{3\beta}\mathrm{Re}\int_{\mathbb{R}}R_0[(\partial_x\psi)^2\psi$$
$$- \partial_x(\overline{\psi}^2\partial_x\psi)]\mathrm{d}x - \frac{20\gamma}{3\beta}\mathrm{Re}\int_{\mathbb{R}}R_0[|\partial_x\psi|^2\overline{\psi} - \partial_x(|\psi|^2\partial_x\overline{\psi})]\mathrm{d}x,$$

这里 $R_0 = \mathrm{i}\alpha\partial_x^2\psi - \gamma\partial_x(|\psi|^2\psi) + \mathrm{i}\delta|\psi|^2\psi$, Re 表示复数的实部.

证明 注意到事实: $2\mathrm{Re}\{\overline{u}\partial_x u\} = \partial_x(|u|^2)$, 并利用分部积分, 得到

(1)

$$\frac{\mathrm{d}}{\mathrm{d}t}\int_{\mathbb{R}}|\partial_x^2\psi|^2\mathrm{d}x = 2\mathrm{Re}\int_{\mathbb{R}}\partial_x^2\overline{\psi}\partial_x^2[\mathrm{i}\alpha\partial_x^2\psi - \beta\partial_x^3\psi - \gamma\partial_x(|\psi|^2\psi) + \mathrm{i}\delta|\psi|^2\psi]\mathrm{d}x$$
$$= -2\gamma\mathrm{Re}\int_{\mathbb{R}}\partial_x^2\overline{\psi}\partial_x^3(|\psi|^2\psi)\mathrm{d}x - 2\delta\mathrm{Im}\int_{\mathbb{R}}\partial_x^2\overline{\psi}\partial_x^2(\psi|^2\psi)\mathrm{d}x,$$

其中

$$\mathrm{Re}\int_{\mathbb{R}}\partial_x^2\overline{\psi}\partial_x^3(|\psi|^2\psi)\mathrm{d}x$$
$$= \mathrm{Re}\int_{\mathbb{R}}\partial_x^2\overline{\psi}[|\psi|^2\partial_x^3\psi + 3\partial_x(|\psi|^2)\partial_x^2\psi + 3\partial_x^2(|\psi|^2)\partial_x\psi + \partial_x^3(|\psi|^2)\psi]\mathrm{d}x$$
$$= \frac{5}{2}\int_{\mathbb{R}}\partial_x(|\psi|^2)|\partial_x^2\psi|^2\mathrm{d}x + \frac{5}{2}\int_{\mathbb{R}}\partial_x^2(|\psi|^2)\partial_x(|\partial_x\psi|^2)\mathrm{d}x,$$

故有

$$\frac{\mathrm{d}}{\mathrm{d}t}\int_{\mathbb{R}}|\partial_x^2\psi|^2\mathrm{d}x = -5\gamma\int_{\mathbb{R}}\partial_x(|\psi|^2)|\partial_x^2\psi|^2\mathrm{d}x - 5\gamma\int_{\mathbb{R}}\partial_x^2(|\psi|^2)\partial_x(|\partial_x\psi|^2)\mathrm{d}x$$
$$-2\delta\mathrm{Im}\int_{\mathbb{R}}\partial_x^2\psi\partial_x^2(|\psi|^2\psi)\mathrm{d}x. \tag{10.3.5}$$

(2)

$$\frac{\mathrm{d}}{\mathrm{d}t}\int_{\mathbb{R}}|\psi|^2|\partial_x\psi|^2\mathrm{d}x = 2\mathrm{Re}\int_{\mathbb{R}}|\psi|^2\partial_x\overline{\psi}\partial_x\partial_t\psi\mathrm{d}x + 2\mathrm{Re}\int_{\mathbb{R}}|\partial_x\psi|^2\overline{\psi}\partial_t\psi\mathrm{d}x$$
$$= 2\mathrm{Re}\int_{\mathbb{R}}[|\partial_x\psi|^2\overline{\psi} - \partial_x(|\psi|^2\partial_x\overline{\psi})](-\beta\partial_x^3\psi + R_0)\mathrm{d}x$$
$$= 2\beta\mathrm{Re}\int_{\mathbb{R}}\partial_x^3\psi[\partial_x(|\psi|^2\partial_x\psi) - |\partial_x\psi|^2\overline{\psi}]\mathrm{d}x$$
$$+ 2\mathrm{Re}\int_{\mathbb{R}}R_0[|\partial_x\psi|^2\psi - \partial_x(|\psi|^2\partial_x\overline{\psi})]\mathrm{d}x,$$

其中

$$\mathrm{Re}\int_{\mathbb{R}}\partial_x^3\psi[\partial_x(|\psi|^2\partial_x\psi) - |\partial_x\psi|^2\overline{\psi}]\mathrm{d}x$$
$$= -\mathrm{Re}\int_{\mathbb{R}}\partial_x^2\psi[|\psi|^2\partial_x^3\overline{\psi} + 2\partial_x(|\psi|^2)\partial_x^2\overline{\psi}$$
$$+ \partial_x^2(|\psi|^2)\partial_x\overline{\psi} - |\partial_x\psi|^2\partial_x\overline{\psi} - \partial_x(|\partial_x\psi|^2)\overline{\psi}]\mathrm{d}x$$
$$= -\frac{3}{2}\int_{\mathbb{R}}\partial_x(|\psi|^2)|\partial_x^2\psi|^2\mathrm{d}x.$$

因此得到

$$\frac{\mathrm{d}}{\mathrm{d}t}\int_{\mathbb{R}}|\psi|^2|\partial_x\psi|^2\mathrm{d}x$$
$$= -3\beta\int_{\mathbb{R}}\partial_x(|\psi|^2)|\partial_x^2\psi|^2\mathrm{d}x + 2\mathrm{Re}\int_{\mathbb{R}}R_0[|\partial_x\psi|^2\overline{\psi} - \partial_x(|\psi|^2\partial_x\overline{\psi})]\mathrm{d}x. \tag{10.3.6}$$

(3)

$$\frac{\mathrm{d}}{\mathrm{d}t}\int_{\mathbb{R}}\mathrm{Re}[\psi^2(\partial_x\overline{\psi})^2]\mathrm{d}x = -\frac{\mathrm{d}}{\mathrm{d}t}\mathrm{Re}\int_{\mathbb{R}}\overline{\psi}[2\psi\partial_x\psi\partial_x\overline{\psi} + \psi^2\partial_x^2\overline{\psi}]\mathrm{d}x$$
$$= -\frac{\mathrm{d}}{\mathrm{d}t}\int_{\mathbb{R}}|\psi|^2|\partial_x\psi|^2\mathrm{d}x + \frac{1}{2}\frac{\mathrm{d}}{\mathrm{d}t}\int_{\mathbb{R}}[\partial_x(|\psi|^2)]^2\mathrm{d}x, \tag{10.3.7}$$

其中右端第一项已由式 (10.3.6) 给出, 因此, 只需计算右端第二项. 由方程 (10.1.1) 有

$$\frac{1}{2}\frac{\mathrm{d}}{\mathrm{d}t}\int_{\mathbb{R}}[\partial_x(|\psi|^2)]^2\mathrm{d}x = -2\mathrm{Re}\int_{\mathbb{R}}\partial_x^2(|\psi|^2)\overline{\psi}(-\beta\partial_x^3\psi + R_0)\mathrm{d}x$$

$$= 2\beta \mathrm{Re} \int_{\mathbb{R}} \partial_x \psi \partial_x^2 [\partial_x^2 (|\psi|^2) \overline{\psi}] \mathrm{d}x - 2 \mathrm{Re} \int_{\mathbb{R}} R_0 \partial_x^2 (|\psi|^2) \overline{\psi} \mathrm{d}x$$

$$= -3\beta \int_{\mathbb{R}} \partial_x^2 (|\psi|^2) \partial_x (|\partial_x \psi|^2) \mathrm{d}x - \mathrm{Re} \int_{\mathbb{R}} R_0 \partial_x^2 (|\psi|^2) \overline{\psi} \mathrm{d}x.$$

于是, 由式 (10.3.7), 得到

$$\frac{\mathrm{d}}{\mathrm{d}t} \int_{\mathbb{R}} \mathrm{Re}[\psi^2 (\partial_x \psi)^2] \mathrm{d}x = 3\beta \int_{\mathbb{R}} \partial_x (|\psi|^2) |\partial_x^2 \psi|^2 \mathrm{d}x - 3\beta \int_{\mathbb{R}} \partial_x^2 (|\psi|^2)$$

$$\cdot \partial_x (|\partial_x \psi|^2) \mathrm{d}x + 2 \mathrm{Re} \int_{\mathbb{R}} R_0 [(\partial_x \overline{\psi})^2 \psi - \partial_x (\overline{\psi}^2 \partial_x \psi)] \mathrm{d}x.$$

$$(10.3.8)$$

综合以上所推导的三个等式 (10.3.5), (10.3.6) 与 (10.3.8), 消去其中的两个积分项: $\displaystyle\int_{\mathbb{R}} \partial_x (|\psi|^2) |\partial_x^2 \psi|^2 \mathrm{d}x$ 与 $\displaystyle\int_{\mathbb{R}} \partial_x^2 (|\psi|^2) \partial_x (|\partial_x \psi|^2) \mathrm{d}x$, 然后关于时间 $t \geqslant 0$ 积分, 立刻得到引理的结论. □

推论 10.3.2 对任意实数 $T > 0$, 在引理 10.3.1 的条件下, 有

$$\|\psi(t, \cdot)\|_{H^2(\mathbb{R})} \leqslant C_2, \quad t \in [0, T], \qquad (10.3.9)$$

其中常数 C_2 只依赖于 $C_1, \dfrac{\gamma}{\beta}, T$ 及模 $\|\psi_0\|_{H^2(\mathbb{R})}$.

证明 注意到推论 10.3.1 的结论, 利用 Hölder 不等式及 Gagliardo-Nirenberg 内插不等式, 有 $|F(\psi)| \leqslant C[\|\partial_x^2 \psi\|_2^2 + \|\partial_x^2 \psi\|_2 \|\partial_x \psi\|_4^4 + \|\partial_x^2 \psi\|_2 + \|\partial_x \psi\|_4^4] \leqslant C[1 + \|\partial_x^2 \psi\|_2^2]$, 其中常数 C 依赖于 $C_1, \dfrac{\gamma}{\beta}$ 及模 $\|\psi_0\|_{H^1(\mathbb{R})}$.

利用上估计式, 由式 (10.3.4) 得

$$E_2(\psi(t, \cdot)) \leqslant E_2(\psi_0) + C \int_0^t [1 + \|\partial_x^2 \psi(\tau, \cdot)\|_2^2] \mathrm{d}\tau, \qquad (10.3.10)$$

其中

$$E_2(\psi) \geqslant \|\partial_x^2 \psi\|_2^2 - \left| \frac{15\gamma}{3\beta} \right| \|\psi\|_\infty^2 \|\partial_x \psi\|_2^2 \geqslant \|\partial_x^2 \psi\|_2^2 - C.$$

从而由式 (10.3.10), 利用 Gronwall 引理, 知推论结论成立. □

引理 10.3.3 (积分不等式) 设常数 $P > 1$, 函数 $f(x), g(x) \in H^s(\mathbb{R})$ 及 $B(y) \in C^s(\mathbb{R})$, 这里整数 $s \geqslant 3$, 则

$$\|\partial_x^s (fg) - f \partial_x^s g\|_P \leqslant C_s (\|\partial_x f\|_\infty \|\partial_x^{s-1} g\|_P + \|g\|_\infty \|\partial_x^s f\|_P),$$

$$\|\partial_x^s B(f)\|_P \leqslant C_s \sum_{j=1}^s (\|\partial_f^j B(f)\|_\infty \|f\|_\infty^{j-1}) \|\partial_x^s f\|_P,$$

其中常数 C_s 仅依赖于 s 和 P.

引理 10.3.4　设 $k \geqslant 3$ 为整数, 则在推论 10.3.2 条件下, 有

$$\|\psi(t,\cdot)\|_{H^k(\mathbb{R})} \leqslant C_3, \quad t \in [0,T], \tag{10.3.11}$$

其中常数 C_3 仅依赖于 C_2, T 及模 $\|\psi_0\|_{H^k(\mathbb{R})}$.

证明　由方程 (10.1.1), 可得到

$$\frac{\mathrm{d}}{\mathrm{d}t} \int_{\mathbb{R}} |\partial_x^k \psi|^2 \mathrm{d}x = 2\mathrm{Re} \int_{\mathbb{R}} \partial_x^k \bar{\psi} \partial_x^k \partial_t \psi \mathrm{d}x$$
$$= -2\delta \mathrm{Im} \int_{\mathbb{R}} \partial_x^k \bar{\psi} \partial_x^k (|\psi|^2 \psi) \mathrm{d}x - 2\gamma \mathrm{Re} \int_{\mathbb{R}} \partial_x^k \bar{\psi} \partial_x^{k+1} (|\psi|^2 \psi) \mathrm{d}x. \tag{10.3.12}$$

下面利用推论 10.3.2 的结论及引理 10.3.3 中积分不等式, 分别估计式 (10.3.12) 中右端两项.

(1)

$$\left| 2\delta \mathrm{Im} \int_{\mathbb{R}} \partial_x^k \bar{\psi} \partial_x^k (|\psi|^2 \psi) \mathrm{d}x \right| \leqslant C \|\partial_x^k \psi\|_2 \|\partial_x^k (|\psi|^2 \psi)\|_2 \leqslant C \|\partial_x^k \psi\|_2^2, \tag{10.3.13}$$

其中常数 C 只依赖于 C_2 及模 $\|\psi_0\|_{H^2(\mathbb{R})}$.

(2)

$$\left| 2\gamma \mathrm{Re} \int_{\mathbb{R}} \partial_x^k \bar{\psi} \partial_x^{k+1} (|\psi|^2 \psi) \mathrm{d}x \right|$$
$$= \left| 2\gamma \mathrm{Re} \int_{\mathbb{R}} \partial_x^k \bar{\psi} \partial_x^k [\psi^2 \partial_x \bar{\psi} + 2|\psi|^2 \partial_x \psi] \mathrm{d}x \right|$$
$$\leqslant \left| 2\gamma \mathrm{Re} \int_{\mathbb{R}} \partial_x^k \bar{\psi} [\partial_x^k (\psi^2 \partial_x \bar{\psi}) - \psi^2 \partial_x^{k+1} \bar{\psi}] \mathrm{d}x \right| + \left| 2\gamma \mathrm{Re} \int_{\mathbb{R}} \psi^2 \partial_x^{k+1} \bar{\psi} \partial_x^k \bar{\psi} \mathrm{d}x \right|$$
$$\quad + \left| 4\gamma \mathrm{Re} \int_{\mathbb{R}} \partial_x^k \bar{\psi} [\partial_x^k (|\psi|^2 \partial_x \psi) - |\psi|^2 \partial_x^{k+1} \psi] \mathrm{d}x \right| + \left| 4\gamma \mathrm{Re} \int_{\mathbb{R}} |\psi|^2 \partial_x^{k+1} \psi \partial_x^k \bar{\psi} \mathrm{d}x \right|$$
$$\leqslant 2|\gamma| \|\partial_x^k \psi\|_2 \|\partial_x^k (\psi^2 \partial_x \bar{\psi}) - \psi^2 \partial_x^{k+1} \bar{\psi}\|_2 + \left| 2\gamma \int_{\mathbb{R}} \psi \partial_x \psi (\partial_x^k \bar{\psi})^2 \mathrm{d}x \right|$$
$$\quad + 4|\gamma| \|\partial_x^k \psi\|_2 \|\partial_x^k (|\psi|^2 \partial_x \psi) - |\psi|^2 \partial_x^{k+1} \psi\|_2 + \left| 2\gamma \int_{\mathbb{R}} \partial_x (|\psi|^2) |\partial_x^k \psi|^2 \mathrm{d}x \right|$$
$$\leqslant C \|\partial_x^k \psi\|_2^2, \tag{10.3.14}$$

其中常数 C 只依赖于 C_2 及模 $\|\psi_0\|_{H^2(\mathbb{R})}$.

最后, 将 (10.3.13), (10.3.14) 两式代入式 (10.3.12), 并利用 Gronwall 引理, 立刻得到引理的结论.　　　　　　　　　　　　　　　　　　　　　　　　□

推论 10.3.3 设 $k \geqslant 3$ 为整数, 对任何的常数 $T > 0$, 有

$$\|\psi\|_{W(k,T)} \leqslant C_4, \tag{10.3.15}$$

其中常数 C_4 只依赖于 C_3, T, k 及模 $\|\psi_0\|_{H^k(\mathbb{R})}$.

由推论 10.3.3 中先验估计 (10.3.15) 及 Cauchy 问题 (10.1.1), (10.1.2) 光滑解的局部性, 定理 10.2.1 得证.

10.3.2 定理 10.2.2 的证明

在 10.3 节中, 注意到所得到的先验估计式 (10.3.3), (10.3.9), (10.3.11)及 (10.3.15) 中估计常数 $C_i(i = 1, 2, 3, 4)$ 均与 α 及 $\delta \in [-1, 1]$ 无关, 因此, 利用标准的紧性原理, 令 $\alpha, \delta \to 0$, 立刻得到定理 10.2.2 中结论 (i) 与 (ii). 另外关于结论 (iii), 由条件 $\alpha \neq 0, \dfrac{\gamma}{\beta} = \dfrac{\delta}{\alpha}$, 以及守恒律 (10.3.1), (10.3.2) 及恒等式 (10.3.4), 亦不难发现此时先验估计式 (10.3.3), (10.3.9), (10.3.11) 及 (10.3.15) 中估计常数 $C_i(i = 1, 2, 3, 4)$ 只与比值 $\dfrac{\gamma}{\beta} \left(= \dfrac{\delta}{\alpha} \right)$ 有关. 因而, 令 $\beta \to 0$ (亦有 $\gamma = \dfrac{\delta\beta}{\alpha} \to 0$), 得到 (iii) 的结论.

定理 10.2.2 得证.

10.3.3 定理 10.2.3 的证明

(i) 的证明: 我们只需在空间 $L^2(0, T; H^{k+1}_{\text{loc}}(\mathbb{R}))$ 中估计 Cauchy 问题 (10.1.1), (10.1.2) 的解, 而相应的估计常数只依赖于初值的 $H^k(\mathbb{R})$ 模 ($k \geqslant 3$). 为此, 记函数 $a(x) = \dfrac{e^x}{1 + e^x}, x \in \mathbb{R}$. 不难验证, 该正值函数 $a(x)$ 为 $\mathbb{R}$ 上严格递增的有界 $C^\infty(\mathbb{R})$ 函数, 并且对任意阶导函数都在 $\mathbb{R}$ 上有界.

类似前面的计算, 利用方程 (10.1.1), 有

$$\frac{d}{dt} \int_{\mathbb{R}} a(x)|\partial_x^k \psi|^2 dx = -2\beta \text{Re} \int_{\mathbb{R}} a(x) \partial_x^k \bar{\psi} \partial_x^{k+3} \psi dx - 2\alpha \text{Im} \int_{\mathbb{R}} a(x) \partial_x^k \bar{\psi} \partial_x^{k+2} \psi dx$$

$$+ 2\text{Re} \int_{\mathbb{R}} a(x) \partial_x^k \bar{\psi} \partial_x^k [-\gamma \partial_x(|\psi|^2 \psi) + i\delta |\psi|^2 \psi] dx. \tag{10.3.16}$$

利用分部积分, 分别估计式 (10.3.16) 中右端项:

(i) $-2\beta \text{Re} \displaystyle\int_{\mathbb{R}} a(x) \partial_x^k \bar{\psi} \partial_x^{k+3} \psi dx = -3\beta \displaystyle\int_{\mathbb{R}} a'(x)|\partial_x^{k+1}\psi|^2 dx + \beta \displaystyle\int_{\mathbb{R}} a'''(x)|\partial_x^k \psi|^2 dx$;

(ii) $-2\alpha \text{Im} \displaystyle\int_{\mathbb{R}} a(x) \partial_x^k \bar{\psi} \partial_x^{k+2} \psi dx = 2\alpha \text{Im} \displaystyle\int_{\mathbb{R}} a'(x) \partial_x^k \bar{\psi} \partial_x^{k+1} \psi dx$.

考虑到解 ψ 在 $L^\infty(0,T;H^k(\mathbb{R}))$ 中的有界性, 利用引理 10.3.3 中积分不等式, 类似式 (10.3.13) 与式 (10.3.14) 的推导, 可估计式 (10.3.16) 中右端第 3 项的有界性. 最后, 综合以上 (i), (ii) 两式, 由式 (10.3.16) 得到

$$\frac{\mathrm{d}}{\mathrm{d}t}\int_{\mathbb{R}} a(x)|\partial_x^k\psi|^2\mathrm{d}x + 2\beta\int_{\mathbb{R}} a'(x)|\partial_x^{k+1}\psi|^2\mathrm{d}x \leqslant C,$$

其中常数 C 只依赖式 (10.3.11) 中常数 C_3.

上式关于 t 在 $[0,T]$ 上积分, 由解 ψ 在空间 $L^\infty(0,T;H^k(\mathbb{R}))$ 中的有界性及 $a'(x)$ 的严格单调性质知该定理中 (i) 成立.

(ii) 的证明: 设实数常数 $r\geqslant\dfrac{k}{2}, k\geqslant 3$. 由方程 (10.1.1) 有

$$\begin{aligned}
\frac{\mathrm{d}}{\mathrm{d}t}\int_{\mathbb{R}} |x|^{2r}|\psi|^2\mathrm{d}x = &-2\alpha\mathrm{Im}\int_{\mathbb{R}} |x|^{2r}\psi\partial_x^2\bar\psi\mathrm{d}x - 2\beta\mathrm{Re}\int_{\mathbb{R}} |x|^{2r}\bar\psi\partial_x^3\psi\mathrm{d}x \\
&+ 2\mathrm{Re}\int_{\mathbb{R}} |x|^{2r}\bar\psi[-\gamma\partial_x(|\psi|^2\psi)+\mathrm{i}\delta|\psi|^2\psi]\mathrm{d}x. \quad (10.3.17)
\end{aligned}$$

下面分别估计上式中右端三项:

(1)

$$\begin{aligned}
-2\alpha\mathrm{Im}\int_{\mathbb{R}} |x|^{2r}\psi\partial_x^2\bar\psi\mathrm{d}x &= 2\alpha\mathrm{Im}\int_{\mathbb{R}} \partial_x\psi[|x|^{2r}\partial_x\bar\psi + 2r|x|^{2r-1}\mathrm{sgn}(x)\bar\psi]\mathrm{d}x \\
&= 4r\alpha\mathrm{Im}\int_{\mathbb{R}} |x|^{2r-1}\mathrm{sgn}(x)\bar\psi\partial_x\psi\mathrm{d}x \\
&\leqslant 4r|\alpha|(\||x|^{r-\frac{1}{2}}\psi\|_2^2 + \||x|^{r-\frac{1}{2}}\partial_x\psi\|_2^2).
\end{aligned}$$

(2)

$$\begin{aligned}
-2\beta\mathrm{Re}\int_{\mathbb{R}} |x|^{2r}\bar\psi\partial_x^3\psi\mathrm{d}x = &-2\beta\mathrm{Re}\int_{\mathbb{R}} \partial_x\psi[|x|^{2r}\partial_x^2\bar\psi + 4r|x|^{2r-1}\mathrm{sgn}(x)\partial_x\bar\psi \\
&+ 2r(2r-1)|x|^{2r-2}\bar\psi]\mathrm{d}x \\
= &-6r\beta\int_{\mathbb{R}} |x|^{2r-1}\mathrm{sgn}(x)|\partial_x\psi|^2\mathrm{d}x + 4\beta r(r-1)(2r-1)\cdot \\
&\int_{\mathbb{R}} |x|^{2r-3}\mathrm{sgn}(x)|\psi|^2\mathrm{d}x \\
\leqslant &\, 6r|\beta|\||x|^{r-\frac{1}{2}}\partial_x\psi\|_2^2 + 4|\beta|r(r-1)(2r-1)\||x|^{r-\frac{3}{2}}\psi\|_2^2.
\end{aligned}$$

(3)

$$2\mathrm{Re}\int_{\mathbb{R}} |x|^{2r}\bar\psi[-\gamma\partial_x(|\psi|^2\psi)+\mathrm{i}\delta|\psi|^2\psi]\mathrm{d}x$$

$$= 3\gamma r \int_{\mathbb{R}} |x|^{2r-1} \operatorname{sgn}(x) |\psi|^4 \mathrm{d}x \leqslant 3|\gamma|r\|\psi\|_\infty^2 \||x|^{r-\frac{1}{2}}\psi\|_2^2.$$

故由式 (10.3.17), 有

$$\frac{\mathrm{d}}{\mathrm{d}t}\||x|^{2r}\psi\|_2^2 \leqslant C[\||x|^{r-\frac{3}{2}}\psi\|_2^2 + \||x|^{r-\frac{1}{2}}\psi\|_2^2 + \||x|^{r-\frac{1}{2}}\partial_x\psi\|_2^2]. \tag{10.3.18}$$

由定理的条件, 利用定理 10.2.1 的结论, 知式 (10.1.1), (10.1.2) 的解

$$\psi(t,x) \in L_\infty(0,T;H^k(\mathbb{R})).$$

于是利用 Young 不等式 (因为 $r \geqslant \dfrac{k}{2} \geqslant \dfrac{3}{2}$) 有

$$\||x|^{r-\frac{3}{2}}\psi\|_2^2 + \||x|^{r-\frac{1}{2}}\psi\|_2^2 \leqslant C(1 + \||x|^r\psi\|_2^2). \tag{10.3.19}$$

为了估计式 (10.3.18) 中最后一项, 我们利用如下带权的 Gagliardo-Nirenberg 插值不等式 [75].

$$\||x|^{r-\frac{1}{2}}\psi\|_2^2 \leqslant C\|\partial_x^k\psi\|_2^{\alpha_0}\||x|^r\psi\|_2^{1-\alpha_0}, \tag{10.3.20}$$

其中 $\alpha_0 = \dfrac{3}{2(k+r)}$.

最后, 将式 (10.3.19), (10.3.20) 代回不等式 (10.3.18) 中, 并利用 Gronwall 引理, 得

$$\||x|^r\psi\|_2 \leqslant C, \quad t \in [0,T], \tag{10.3.21}$$

其中常数 C 只依赖于 r, T 及模 $\|\psi_0\|_{H^k(\mathbb{R})}, \||x|^r\psi_0\|_2$.

完全同估计式 (10.3.21) 的证明, 如果 $|x|^r\partial_x^j\psi_0 \in L^2(\mathbb{R}), 0 \leqslant j \leqslant k-3, r \geqslant \dfrac{k-j}{2}$, 则有

$$\||x|^r\partial_x^j\psi(t,\cdot)\|_2 \leqslant C, \quad t \in [0,T]. \tag{10.3.22}$$

最后, 利用如下带权的 Gagliardo-Nirenberg 插值不等式

$$\||x|^s\psi\|_\infty \leqslant C\|\partial_x^k\psi\|_2^{a'}\||x|^r\psi\|_2^{1-a'},$$

其中 $s = \left(1 - \dfrac{1}{2k}\right)r$, $a' = \dfrac{1}{2k}$, 以及先验估计式 (10.3.22), 通过简单推导, 不难发现结论 (ii) 成立.

第 11 章 Hirota 方程初边值问题解的
长时间渐近性

11.1 引 言

如第 10 章所述, 1973 年, Hirota 在文献 [50] 中提出如下的方程:

$$i\frac{\partial u}{\partial t} + \alpha\frac{\partial^2 u}{\partial x^2} + i\beta\frac{\partial^3 u}{\partial x^3} + 3i\gamma|u|^2\frac{\partial u}{\partial x} + \delta|u|^2 u = 0, \tag{11.1.1}$$

其中 u 是一个标量函数, α, β, γ 和 δ 都是实常数且满足 $\alpha\gamma = \beta\delta$. 同时, 在文献 [50] 中, Hirota 得到了方程 (11.1.1) 的精确 N-孤立子解, 其中所用到的方法就是以他名字命名的著名的 Hirota 双线性方法 [51]. 方程 (11.1.1) 可重写为

$$iu_t + \alpha(u_{xx} + 2|u|^2 u) + i\beta(u_{xxx} + 6|u|^2 u_x) = 0, \tag{11.1.2}$$

其中选取 $\delta = 2\alpha$, $\gamma = 2\beta$ 使得约束条件 $\alpha\gamma = \beta\delta$ 成立. 方程 (11.1.2) 是可积的, 因为它可以看作是 NLS 方程和复值 mKdV 方程可积流的叠加. 另一方面, Hirota 方程由于在数学和物理中的应用也吸引了一大批研究者的关注, 涌现了一大批优秀的成果. 比如, 在文献 [101] 中, 作者利用达布变换研究了 Hirota 方程 (11.1.2) 的多孤立子解、呼吸子解和怪波解. 最近, 在文献 [36] 中, 通过反散射方法, Hirota 方程精确的孤立子解被构造. 在微分方程理论研究方面, Hirota 方程 Cauchy 问题的整体光滑解的存在性、唯一性及解的收敛性和衰减估计最早由 Guo 和 Tan 所证明 [48]. 然而, 值得注意的是, Hirota 方程 (11.1.2) 初值问题解的长时间渐近性已经在文献 [54] 中通过非线性速降法而得到.

因此, 本章基于可积系统方法来考虑 Hirota 方程 (11.1.2) 在四分之一平面上的初边值 (IBV) 问题, 即在区域 Ω 上,

$$\Omega = \{(x,t)|0 \leqslant x < \infty, \ 0 \leqslant t < \infty\}.$$

初始数据和边界值记作

$$u(x,0) = u_0(x), \quad u(0,t) = g_0(t), \quad u_x(0,t) = g_1(t), \quad u_{xx}(0,t) = g_2(t). \tag{11.1.3}$$

假设 $u_0(x)$, $g_0(t)$, $g_1(t)$, $g_2(t)$ 属于 Schwartz 空间 $\mathcal{S}([0,\infty))$. 那么该 IBV 问题可以利用 Fokas 提出的统一变换方法 [37,38] 来研究. 实际上, 假设 Hirota 方

程 (11.1.2) 的解 $u(x,t)$ 存在、光滑且当 $x \to \infty$ 时快速衰减, 则 $u(x,t)$ 可以用一个复 k-平面上的 2×2 矩阵 Riemann-Hilbert(RH) 问题的解表示出来, 该 RH 问题的跳跃矩阵由谱函数 $a(k)$, $b(k)$ 和 $A(k)$, $B(k)$ 所确定, 而 $a(k)$, $b(k)$ 由初值 $u(x,0) = u_0(x)$ 确定, $A(k)$, $B(k)$ 则由边值 $u(0,t) = g_0(t)$, $u_x(0,t) = g_1(t)$ 和 $u_{xx}(0,t) = g_2(t)$ 确定. 受到 [7, 72] 的启发, 本章的核心任务是研究 Hirota 方程 (11.1.2) 在半直线上解 $u(x,t)$ 的长时间渐近行为. 与初值问题解的渐近分析 [54] 比较, IBV 问题对应的 RH 问题除了在实轴 $\mathbb{R}$ 上有跳跃外, 还在额外的两条曲线上有跳跃. 另外, 在这两条曲线上 RH 问题的跳跃矩阵是由谱函数 $h(k)$ 确定的. 所以在渐近分析中我们应该对 $h(k)$ 做适当的解析分解. 因此, 方程 (11.1.2) 的初边值问题解的非线性速降分析更困难. 另一方面, Hirota 方程 (11.1.2) 初边值问题所对应的 RH 问题有四个跳跃矩阵, 然而对于 mKdV 方程 [20] 的情形只有三个跳跃矩阵. 与 mKdV 方程分析的另一个区别是其谱曲线有两个对称的稳态点然而 Hirota 方程的谱曲线具有两个非对称的稳态点, 且谱函数 $r(k)$ 不具有对称性. 这一点也与导数 NLS 方程 [7] 的情形不同, 其谱曲线只有一个稳态点. 这就是本章讨论 Hirota 方程初边值问题解的长时间渐近性的一些创新点.

本章安排如下: 11.2 节, 我们构造 RH 问题并证明 Hirota 方程 (11.1.2) 初边值问题的解可以用相应的 2×2 矩阵 RH 问题的解表示. 11.3 节, 我们对原始的 RH 问题进行周线形变. 稳态点邻域内的 RH 问题在 11.4 节分析. 最后 11.5 节, 我们导出 Hirota 方程 (11.1.2) 初边值问题解的精确渐近公式.

11.2 RH 问题

令

$$\sigma_3 = \begin{pmatrix} 1 & 0 \\ 0 & -1 \end{pmatrix}, \quad U(x,t) = \begin{pmatrix} 0 & u \\ -\bar{u} & 0 \end{pmatrix}, \tag{11.2.1}$$

$$V_1(x,t) = \begin{pmatrix} 2\mathrm{i}\beta|u|^2 & 2\mathrm{i}\beta u_x + 2\alpha u \\ 2\mathrm{i}\beta\bar{u}_x - 2\alpha\bar{u} & -2\mathrm{i}\beta|u|^2 \end{pmatrix}, \tag{11.2.2}$$

$$V_2(x,t) = \begin{pmatrix} \mathrm{i}\alpha|u|^2 + \beta(u\bar{u}_x - \bar{u}u_x) & \mathrm{i}\alpha u_x - \beta(u_{xx} + 2|u|^2 u) \\ \mathrm{i}\alpha\bar{u}_x + \beta(\bar{u}_{xx} + 2|u|^2\bar{u}) & -\mathrm{i}\alpha|u|^2 - \beta(u\bar{u}_x - \bar{u}u_x) \end{pmatrix}, \tag{11.2.3}$$

$$V(x,t;k) = 4\beta k^2 U(x,t) + kV_1(x,t) + V_2(x,t). \tag{11.2.4}$$

则 Hirota 方程 (11.1.2) 的 Lax 对 [101] 为

$$\begin{aligned} \Psi_x + \mathrm{i}k[\sigma_3, \Psi] &= U(x,t)\Psi, \\ \Psi_t + \mathrm{i}(4\beta k^3 + 2\alpha k^2)[\sigma_3, \Psi] &= V(x,t;k)\Psi, \end{aligned} \tag{11.2.5}$$

其中 $\Psi(x,t;k)$ 是 2×2 矩阵值函数, $k \in \mathbb{C}$ 是谱参数.

类似文献 [38,39] 中的方法, 利用 Volterra 积分方程

$$\Psi_j(x,t;k) = I + \int_{\gamma_j} \mathrm{e}^{-\mathrm{i}[kx+(4\beta k^3+2\alpha k^2)t]\hat{\sigma}_3} w_j(x',t';k), \quad j = 1,2,3, \qquad (11.2.6)$$

定义 Lax 方程 (11.2.5) 的三个特征函数 $\{\Psi_j\}_1^3$, 其中

$$w_j(x,t;k) = \mathrm{e}^{\mathrm{i}[kx+(4\beta k^3+2\alpha k^2)t]\hat{\sigma}_3}(U\mathrm{d}x + V\mathrm{d}t)\Psi_j(x,t;k),$$

周线 $\{\gamma_j\}_1^3$ 表示从 (x_j,t_j) 到 (x,t) 的光滑周线且 $(x_1,t_1) = (0,\infty)$, $(x_2,t_2) = (0,0)$, $(x_3,t_3) = (\infty,t)$, 如图 11.1 所示.

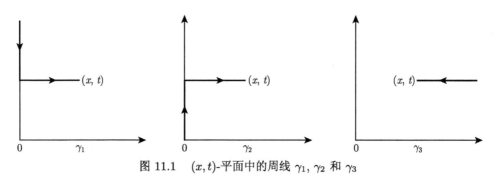

图 11.1　(x,t)-平面中的周线 γ_1, γ_2 和 γ_3

假设初值和边值 $u_0(x)$, $g_0(t)$, $g_1(t)$, $g_2(t)$ 属于 Schwartz 空间 $\mathcal{S}([0,\infty))$. 利用这些函数, 定义谱函数 $\{a(k),\ b(k),\ A(k),\ B(k)\}$ 如下:

$$X(0,k) = \begin{pmatrix} \overline{a(\bar{k})} & b(k) \\ -\overline{b(\bar{k})} & a(k) \end{pmatrix}, \quad T(0,k) = \begin{pmatrix} \overline{A(\bar{k})} & B(k) \\ -\overline{B(\bar{k})} & A(k) \end{pmatrix}, \qquad (11.2.7)$$

其中 $X(x,k)$ 和 $T(t,k)$ 是如下 Volterra 积分方程的解

$$X(x,k) = I - \int_x^\infty \mathrm{e}^{\mathrm{i}k(x'-x)\hat{\sigma}_3}\big(U(x',0)X(x',k)\big)\mathrm{d}x', \qquad (11.2.8)$$

$$T(t,k) = I - \int_t^\infty \mathrm{e}^{\mathrm{i}(4\beta k^3+2\alpha k^2)(t'-t)\hat{\sigma}_3}\big(V(0,t';k)T(t',k)\big)\mathrm{d}t'. \qquad (11.2.9)$$

事实上, 如下的关系成立:

$$\Psi_3(x,t;k) = \Psi_2(x,t;k)\mathrm{e}^{-\mathrm{i}[kx+(4\beta k^3+2\alpha k^2)t]\hat{\sigma}_3}X(0,k), \qquad (11.2.10)$$

$$\Psi_1(x,t;k) = \Psi_2(x,t;k)\mathrm{e}^{-\mathrm{i}[kx+(4\beta k^3+2\alpha k^2)t]\hat{\sigma}_3}T(0,k). \qquad (11.2.11)$$

定义复值 k-平面上的开区域 $\{D_j\}_1^6$, 其中

$$\Sigma = \{k \in \mathbb{C} | \text{Im}(4\beta k^3 + 2\alpha k^2) = 0\}$$

为 D_j 的分界线定向如图 11.2 所示, 且 $k_0 = -\dfrac{\alpha}{3\beta}$. 由于矩阵方程 (11.2.6) 第二列包含指数因子 $e^{-2i[k(x-x')+(4\beta k^3+2\alpha k^2)(t-t')]}$, 由指数有界以及积分路径可知函数 $\{\Psi_j\}_1^3$ 的有界解析区域分别为

$$\begin{aligned}
\Psi_1 &: (D_2, D_5), \\
\Psi_2 &: (D_1 \cup D_3, D_4 \cup D_6), \\
\Psi_3 &: (\mathbb{C}_-, \mathbb{C}_+).
\end{aligned} \qquad (11.2.12)$$

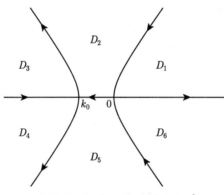

图 11.2　周线 Σ 和区域 $\{D_j\}_1^6$

分析线性 Volterra 积分方程 (11.2.8) 和 (11.2.9) 易得 $a(k)$, $b(k)$ 和 $A(k)$, $B(k)$ 满足如下性质:

(i) $a(k)$ 和 $b(k)$ 在区域 $\text{Im} k > 0$ 内解析, 在区域 $\text{Im} k \geqslant 0$ 内光滑有界;

(ii) 当 $k \to \infty$ 时, $a(k) = 1 + O\left(\dfrac{1}{k}\right)$, $b(k) = O\left(\dfrac{1}{k}\right)$;

(iii) $a(k)\overline{a(\bar{k})} + b(k)\overline{b(\bar{k})} = 1$, $k \in \mathbb{R}$;

(iv) $A(k)$ 和 $B(k)$ 在区域 $k \in \bar{D}_1 \cup \bar{D}_3 \cup \bar{D}_5$ 内光滑有界, 在 $D_1 \cup D_3 \cup D_5$ 内解析;

(v) $A(k) = 1 + O\left(\dfrac{1}{k}\right)$, $B(k) = O\left(\dfrac{1}{k}\right)$, $k \to \infty$;

(vi) $A(k)\overline{A(\bar{k})} + B(k)\overline{B(\bar{k})} = 1$, $k \in \Sigma$.

定义谱函数 $c(k)$ 和 $d(k)$:

$$c(k) = b(k)A(k) - a(k)B(k), \quad k \in \bar{D}_1 \cup \bar{D}_3, \qquad (11.2.13)$$

$$d(k) = a(k)\overline{A(\bar{k})} + b(k)\overline{B(\bar{k})}, \quad k \in \bar{D}_2, \tag{11.2.14}$$

实际上, 这两个函数来自

$$T^{-1}(0,k)X(0,k) = \begin{pmatrix} \overline{d(\bar{k})} & c(k) \\ -\overline{c(\bar{k})} & d(k) \end{pmatrix}.$$

由于方程的初值和边值 $u_0(x)$, $g_0(t)$, $g_1(t)$, $g_2(t)$ 必须满足相容性条件, 那么对应于谱函数就必须满足如下所谓的整体关系:

$$B(k)a(k) - A(k)b(k) = 0, \quad k \in \bar{D}_1 \cup \bar{D}_3. \tag{11.2.15}$$

假设 1　在下面的分析中, 我们假设如下条件成立:

- 初值和边值属于 Schwartz 空间.
- 由 (11.2.7) 定义的谱函数 $a(k), b(k), A(k), B(k)$ 满足整体关系 (11.2.15).
- $a(k)$ 在 $\bar{D}_1 \cup \bar{D}_2 \cup \bar{D}_3$ 中不存在零点, $d(k)$ 在 $\bar{D}_2$ 中也不存在零点.
- 初边值 $u_0(x)$, $g_0(t)$, $g_1(t)$, $g_2(t)$ 在 $x = t = 0$ 处与方程 (11.1.2) 任意阶相容, 即满足

$$g_0(0) = u_0(0), \quad g_1(0) = u_0'(0), \quad g_2(0) = u_0''(0),$$
$$ig_0'(0) + \alpha(2|u_0(0)|^2 u_0(0) + u_0''(0)) + i\beta(u_0'''(0) + 6|u_0(0)|^2 u_0'(0)) = 0, \cdots.$$

定义谱函数 $r_1(k)$ 和 $h(k)$

$$r_1(k) = \frac{\overline{b(\bar{k})}}{a(k)}, \quad k \in \mathbb{R}, \tag{11.2.16}$$

$$h(k) = -\frac{\overline{B(\bar{k})}}{a(k)d(k)}, \quad k \in \bar{D}_2, \tag{11.2.17}$$

令 $r(k)$ 为两者之和

$$r(k) = r_1(k) + h(k) = \frac{\overline{c(\bar{k})}}{d(k)}, \quad k \in \mathbb{R}. \tag{11.2.18}$$

定义 2×2 矩阵值函数 $M(x,t;k)$

$$M(x,t;k) = \begin{cases} \left(\dfrac{[\Psi_2]_1}{a(k)} \quad [\Psi_3]_2 \right), & k \in D_1 \cup D_3, \\[3mm] \left(\dfrac{[\Psi_1]_1}{d(k)} \quad [\Psi_3]_2 \right), & k \in D_2, \\[3mm] \left([\Psi_3]_1 \quad \dfrac{[\Psi_2]_2}{a(\bar{k})} \right), & k \in D_4 \cup D_6, \\[3mm] \left([\Psi_3]_1 \quad \dfrac{[\Psi_1]_2}{d(\bar{k})} \right), & k \in D_5, \end{cases} \tag{11.2.19}$$

其中

$$d(k) = a(k)\overline{A(\bar{k})} + b(k)\overline{B(\bar{k})}, \quad k \in D_2.$$

由 (11.2.10) 和 (11.2.11) 可得函数 $M(x,t;k)$ 满足

$$M_+(x,t;k) = M_-(x,t;k)J(x,t,k), \quad k \in \Sigma, \qquad (11.2.20)$$

其中跳跃曲线如图 11.3, 跳跃矩阵 $J(x,t,k)$ 为

$$
\begin{aligned}
J_1(x,t,k) &= \begin{pmatrix} 1 & 0 \\ -h(k)\mathrm{e}^{t\Phi(k)} & 1 \end{pmatrix}, \\
J_4(x,t,k) &= \begin{pmatrix} 1 + r_1(k)\overline{r_1(\bar{k})} & \overline{r_1(\bar{k})}\mathrm{e}^{-t\Phi(k)} \\ r_1(k)\mathrm{e}^{t\Phi(k)} & 1 \end{pmatrix}, \\
J_3(x,t,k) &= \begin{pmatrix} 1 & -\overline{h(\bar{k})}\mathrm{e}^{-t\Phi(k)} \\ 0 & 1 \end{pmatrix}, \\
J_2(x,t,k) &= (J_1 J_4^{-1} J_3)(x,t,k) = \begin{pmatrix} 1 & -\overline{r(\bar{k})}\mathrm{e}^{-t\Phi(k)} \\ -r(k)\mathrm{e}^{t\Phi(k)} & 1 + r(k)\overline{r(\bar{k})} \end{pmatrix},
\end{aligned}
\qquad (11.2.21)
$$

其中

$$\Phi(k) = 2\mathrm{i}\left(k\frac{x}{t} + 4\beta k^3 + 2\alpha k^2 \right). \qquad (11.2.22)$$

此外, 函数 $M(x,t;k)$ 满足渐近性:

$$M(x,t;k) = I + O\left(\frac{1}{k}\right), \quad k \to \infty. \qquad (11.2.23)$$

可证明上述 2×2 矩阵 RH 问题 (11.2.20) 解存在且唯一, 定义 $u(x,t)$:

$$u(x,t) = 2\mathrm{i}\lim_{k\to\infty}(kM(x,t;k))_{12} \qquad (11.2.24)$$

则 $u(x,t)$ 满足 Hirota 方程 (11.1.2). 此外, $u(x,t)$ 满足初边值条件

$$u(x,0) = u_0(x), \quad u(0,t) = g_0(t), \quad u_x(0,t) = g_1(t), \quad u_{xx}(0,t) = g_2(t).$$

注记 11.2.1　对于 2×2 矩阵 A, 记号 A_{ij} 表示矩阵 A 的第 i 行第 j 列的元素. 由假设 1 中的第三条, 上述 RH 问题 (11.2.20) 的唯一可解性由 "消失引理" 可证, 即当函数 $M(x,t;k)$ 满足 $M(k) = O(1/k)$, $k \to \infty$ 时, RH 问题只有零解, 而 "消失引理" 可由跳跃矩阵 J 的对称性得到, 详细证明可参考文献 [40].

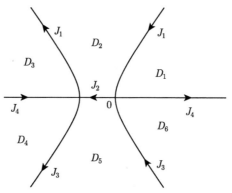

图 11.3　RH 问题的跳跃曲线 Σ

11.3　一类可解的 RH 问题

在构造出主要的 RH 问题后, 下文的长时间渐近分析的核心就是通过形变将原始的 RH 问题化为一个精确可解的 RH 问题. 对于一类特殊的 RH 问题, 下面的定理将给出其精确的大-z 渐近表达式, 这在后续章节中有着重要的应用.

定义 $X = X_1 \cup X_2 \cup X_3 \cup X_4 \subset \mathbb{C}$ 为

$$
\begin{aligned}
&X_1 = \{le^{\frac{i\pi}{4}} | 0 \leqslant l < \infty\}, \quad X_2 = \{le^{\frac{3i\pi}{4}} | 0 \leqslant l < \infty\}, \\
&X_3 = \{le^{-\frac{3i\pi}{4}} | 0 \leqslant l < \infty\}, \quad X_4 = \{le^{-\frac{i\pi}{4}} | 0 \leqslant l < \infty\},
\end{aligned}
\tag{11.3.1}
$$

其定向如图 11.4 所示. 定义函数 $\nu : \mathbb{C} \to (0, \infty)$ 为 $\nu(q) = \dfrac{1}{2\pi} \ln(1 + |q|^2)$. 对

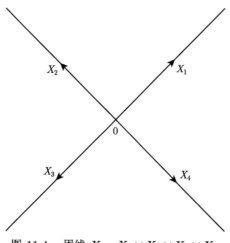

图 11.4　周线 $X = X_1 \cup X_2 \cup X_3 \cup X_4$

于 $q \in \mathbb{C}$, 考虑如下一类 RH 问题:

$$\begin{cases} M_+^X(q,z) = M_-^X(q,z)J^X(q,z), & z \in X, \\ M^X(q,z) \to I, & z \to \infty, \end{cases} \tag{11.3.2}$$

其中跳跃矩阵 $J^X(q,z)$ 为

$$J^X(q,z) = \begin{cases} \begin{pmatrix} 1 & 0 \\ qe^{\frac{iz^2}{2}}z^{2i\nu(q)} & 1 \end{pmatrix}, & z \in X_1, & \begin{pmatrix} 1 & -\dfrac{\bar{q}}{1+|q|^2}e^{-\frac{iz^2}{2}}z^{-2i\nu(q)} \\ 0 & 1 \end{pmatrix}, & z \in X_2, \\[4mm] \begin{pmatrix} 1 & 0 \\ -\dfrac{q}{1+|q|^2}e^{\frac{iz^2}{2}}z^{2i\nu(q)} & 1 \end{pmatrix}, & z \in X_3, & \begin{pmatrix} 1 & \bar{q}e^{-\frac{iz^2}{2}}z^{-2i\nu(q)} \\ 0 & 1 \end{pmatrix}, & z \in X_4. \end{cases} \tag{11.3.3}$$

则有如下的定理.

定理 11.3.1　对于任意的 $q \in \mathbb{C}$, RH 问题 (11.3.2) 存在唯一解 $M^X(q,z)$, 且满足

$$M^X(q,z) = I - \frac{i}{z}\begin{pmatrix} 0 & \beta^X(q) \\ \overline{\beta^X(q)} & 0 \end{pmatrix} + O\left(\frac{q}{z^2}\right), \quad z \to \infty, \ q \in \mathbb{C}, \tag{11.3.4}$$

其中函数 $\beta^X(q)$ 为

$$\beta^X(q) = \sqrt{\nu(q)}e^{i\left(\frac{\pi}{4} - \arg q - \arg \Gamma(i\nu(q))\right)}, \quad q \in \mathbb{C}, \tag{11.3.5}$$

$\Gamma(\cdot)$ 是标准的伽马函数. 而且, 对于 $\mathbb{C}$ 中任意的紧集 $\mathcal{D}$, 下面的估计成立

$$\sup_{q \in \mathcal{D}} \sup_{z \in \mathbb{C} \backslash X} |M^X(q,z)| < \infty, \tag{11.3.6}$$

$$\sup_{q \in \mathcal{D}} \sup_{z \in \mathbb{C} \backslash X} \frac{|M^X(q,z) - I|}{|q|} < \infty. \tag{11.3.7}$$

证明　定理的证明见文献 [7,33,34].　　　　　　　　　　　　　　　　□

11.4　RH 问题的形变

本节旨在对 RH 问题 (11.2.20) 进行一系列的形变得到一个可解的 RH 问题. 我们首先列举出函数 $r_1(k)$, $h(k)$, $r(k)$ 的相关性质以备下文分析所用:

- $r_1(k)$ 在 $\mathbb{R}$ 上光滑有界;
- $h(k)$ 在 $\bar{D}_2$ 中光滑有界且在 D_2 中解析;
- $r(k)$ 在 $\mathbb{R}$ 上光滑有界;

- 存在复常数 $\{r_{1,j}\}_{j=1}^{\infty}$ 和 $\{h_j\}_{j=1}^{\infty}$ 使得, 对任意 $N \geqslant 1$,

$$r_1(k) = \sum_{j=1}^{N} \frac{r_{1,j}}{k^j} + O\left(\frac{1}{k^{N+1}}\right), \quad |k| \to \infty, \quad k \in \mathbb{R}, \tag{11.4.1}$$

$$h(k) = \sum_{j=1}^{N} \frac{h_j}{k^j} + O\left(\frac{1}{k^{N+1}}\right), \quad k \to \infty, \quad k \in \bar{D}_2. \tag{11.4.2}$$

令 $\xi = \dfrac{x}{t}$. 由 (11.2.21) 定义的跳跃矩阵 J 中包含指数因子 $\mathrm{e}^{\pm t\Phi}$, 因此 $\mathrm{Re}\Phi$ 的符号结构对周线形变起着决定性作用. 特别地, 假设 $\xi < \dfrac{\alpha^2}{3\beta}$, 则由 $\dfrac{\partial \Phi}{\partial k} = 0$ 可得, $\Phi(k)$ 有两个实稳态点,

$$k_1 = \frac{-\alpha - \sqrt{\alpha^2 - 3\beta\xi}}{6\beta}, \tag{11.4.3}$$

$$k_2 = \frac{-\alpha + \sqrt{\alpha^2 - 3\beta\xi}}{6\beta}. \tag{11.4.4}$$

$\mathrm{Re}\Phi$ 的符号结构如图 11.5 所示.

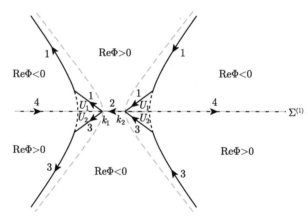

图 11.5　复 k-平面中周线 $\Sigma^{(1)}$ 和 $\mathrm{Re}\Phi$ 的符号结构

第一次变换的目的是将周线 Σ 在上/下平面的部分形变至其通过稳态点 k_1 和 k_2. 令区域 U_1, U_2 如图 11.5 所示. 则第一次变换是

$$M^{(1)}(x,t;k) = M(x,t;k) \times \begin{cases} \begin{pmatrix} 1 & 0 \\ -h(k)\mathrm{e}^{t\Phi(k)} & 1 \end{pmatrix}, & k \in U_1, \\[2ex] \begin{pmatrix} 1 & \overline{h(\bar{k})}\mathrm{e}^{-t\Phi(k)} \\ 0 & 1 \end{pmatrix}, & k \in U_2, \\[2ex] I, & 其他. \end{cases} \tag{11.4.5}$$

于是可得

$$M_+^{(1)}(x,t;k) = M_-^{(1)}(x,t;k)J^{(1)}(x,t,k), \quad k \in \Sigma^{(1)}, \tag{11.4.6}$$

其中 $\Sigma^{(1)}$ 如图 11.5, 跳跃矩阵 $J^{(1)}(x,t,k)$ 为

$$J_1^{(1)} = \begin{pmatrix} 1 & 0 \\ -he^{t\Phi} & 1 \end{pmatrix}, \quad J_2^{(1)} = \begin{pmatrix} 1 & -\bar{r}e^{-t\Phi} \\ -re^{t\Phi} & 1+r\bar{r} \end{pmatrix},$$

$$J_3^{(1)} = \begin{pmatrix} 1 & -\bar{h}e^{-t\Phi} \\ 0 & 1 \end{pmatrix}, \quad J_4^{(1)} = \begin{pmatrix} 1+r_1\bar{r}_1 & \bar{r}_1e^{-t\Phi} \\ r_1e^{t\Phi} & 1 \end{pmatrix},$$

而 $J_i^{(1)}$ 表示 $J^{(1)}$ 限制在标号为 i 的周线上的跳跃矩阵.

第二次变换是

$$M^{(2)}(x,t;k) = M^{(1)}(x,t;k)\delta^{-\sigma_3}(k), \tag{11.4.7}$$

其中复值函数 $\delta(k)$ 定义为

$$\delta(k) = \exp\left\{\frac{1}{2\pi i}\int_{k_1}^{k_2}\frac{\ln(1+|r(s)|^2)}{s-k}ds\right\}, \quad k \in \mathbb{C}\setminus[k_1,k_2]. \tag{11.4.8}$$

命题 11.4.1 函数 $\delta(k)$ 满足如下性质:

(i) $\delta(k)$ 在实轴上满足如下跳跃, 其中实轴定向如图 11.5 所示:

$$\delta_+(k) = \begin{cases} \dfrac{\delta_-(k)}{1+|r(k)|^2}, & k \in (k_1,k_2), \\ \delta_-(k), & k \in \mathbb{R}\setminus[k_1,k_2]. \end{cases}$$

(ii) 当 $k \to \infty$ 时, $\delta(k)$ 满足如下渐近性

$$\delta(k) = 1 + O(k^{-1}), \quad k \to \infty. \tag{11.4.9}$$

(iii) $\delta(k)$ 和 $\delta^{-1}(k)$ 在 $k \in \mathbb{C}\setminus[k_1,k_2]$ 内解析有界, 在 (k_1,k_2) 上连续.

(iv) $\delta(k)$ 满足对称性:

$$\delta(k) = \overline{\delta(\bar{k})}^{-1}, \quad k \in \mathbb{C}\setminus[k_1,k_2].$$

则 $M^{(2)}(x,t;k)$ 满足下面的 RH 问题

$$M_+^{(2)}(x,t;k) = M_-^{(2)}(x,t;k)J^{(2)}(x,t,k), \tag{11.4.10}$$

其中周线 $\Sigma^{(2)} = \Sigma^{(1)}$, 跳跃矩阵 $J^{(2)} = \delta_-^{\sigma_3} J^{(1)} \delta_+^{-\sigma_3}$,

$$J_1^{(2)} = \begin{pmatrix} 1 & 0 \\ -h\delta^{-2}\mathrm{e}^{t\Phi} & 1 \end{pmatrix}, \quad J_2^{(2)} = \begin{pmatrix} 1 & -r_2\delta_-^2\,\mathrm{e}^{-t\Phi} \\ 0 & 1 \end{pmatrix} \begin{pmatrix} 1 & 0 \\ -\bar{r}_2\delta_+^{-2}\mathrm{e}^{t\Phi} & 1 \end{pmatrix},$$

$$J_3^{(2)} = \begin{pmatrix} 1 & -\bar{h}\delta^2\mathrm{e}^{-t\Phi} \\ 0 & 1 \end{pmatrix}, \quad J_4^{(2)} = \begin{pmatrix} 1 & \bar{r}_1\delta^2\mathrm{e}^{-t\Phi} \\ 0 & 1 \end{pmatrix} \begin{pmatrix} 1 & 0 \\ r_1\delta^{-2}\mathrm{e}^{t\Phi} & 1 \end{pmatrix},$$

其中 $r_2(k)$ 的定义为

$$r_2(k) = \frac{\overline{r(\bar{k})}}{1 + r(k)\overline{r(\bar{k})}}. \tag{11.4.11}$$

给定 $N > 1$, 令 $\mathcal{I}$ 表示区间 $\mathcal{I} = \left(0, \dfrac{\alpha^2}{3\beta}\right)$. 在进行下次变形之前, 我们首先利用文献 [7, 72] 中的方法对谱函数 h, r_1, r_2 进行解析分解. 事实上, 如下引理成立.

引理 11.4.1　**存在分解**

$$h(k) = h_a(t, k) + h_r(t, k), \quad t > 0, \quad k \in (\bar{D}_1 \cap \bar{D}_2) \cup (\bar{D}_3 \cap \bar{D}_2),$$

其中函数 h_a 和 h_r 满足:

(1) 对于任意 $t > 0$, $h_a(t, k)$ 在 $k \in \bar{D}_1 \cup \bar{D}_3$ 上定义且连续, 在 $k \in D_1 \cup D_3$ 上解析.

(2) 对于 $\xi \in \mathcal{I}, t > 0$, 函数 $h_a(t, k)$ 满足

$$|h_a(t, k)| \leqslant \frac{C}{1 + |k|^2} \mathrm{e}^{\frac{t}{4}|\mathrm{Re}\Phi(k)|}, \quad k \in \bar{D}_1 \cup \bar{D}_3, \tag{11.4.12}$$

其中常数 C 不依赖 ξ, k, t.

(3) $t \to \infty$ 时, 函数 $h_r(t, \cdot)$ 在 $(\bar{D}_1 \cap \bar{D}_2) \cup (\bar{D}_3 \cap \bar{D}_2)$ 上的 L^1, L^2 以及 L^∞ 范数满足 $O(t^{-3/2})$.

证明　首先考虑函数 $h(k)$ 在 $k \in \bar{D}_1 \cap \bar{D}_2$ 上的分解. 因为 $h(k) \in C^\infty(\bar{D}_2)$, 于是对于 $k \in \bar{D}_1 \cap \bar{D}_2, n = 0, 1, 2,$

$$h^{(n)}(k) = \frac{\mathrm{d}^n}{\mathrm{d}k^n}\left(\sum_{j=0}^{4} \frac{h^{(j)}(0)}{j!} k^j\right) + O(k^{5-n}), \quad k \to 0, \tag{11.4.13}$$

$$h^{(n)}(k) = \frac{\mathrm{d}^n}{\mathrm{d}k^n}\left(\sum_{j=1}^{3} h_j k^{-j}\right) + O(k^{-4-n}), \quad k \to \infty. \tag{11.4.14}$$

定义

$$f_0(k) = \sum_{j=2}^{9} \frac{a_j}{(k + \mathrm{i})^j}, \tag{11.4.15}$$

其中 $\{a_j\}_2^9$ 为复值常数使得

$$f_0(k) = \begin{cases} \displaystyle\sum_{j=0}^{4} \frac{h^{(j)}(0)}{j!}k^j + O(k^5), & k \to 0, \\ \displaystyle\sum_{j=1}^{3} h_j k^{-j} + O(k^{-4}), & k \to \infty. \end{cases} \tag{11.4.16}$$

容易验证 (11.4.16) 对 a_j 施加了 8 个线性独立的条件, 因此系数 a_j 存在且唯一. 令 $f = h - f_0$, 则

(i) $f_0(k)$ 为复平面上的有理函数且在 $\bar{D}_1$ 中没有奇点;

(ii)

$$\frac{\mathrm{d}^n}{\mathrm{d}k^n}f(k) = \begin{cases} O(k^{5-n}), & k \to 0, \\ O(k^{-4-n}), & k \to \infty, \end{cases} \quad k \in \bar{D}_1 \cap \bar{D}_2,\ n = 0,1,2. \tag{11.4.17}$$

因为映射 $k \mapsto \psi = \psi(k)$, $\psi(k) = 8\beta k^3 + 4\alpha k^2$ 是 $\bar{D}_1 \cap \bar{D}_2 \mapsto \mathbb{R}$ 的双射, 因此可定义函数 $F: \mathbb{R} \to \mathbb{C}$

$$F(\psi) = (k+\mathrm{i})^2 f(k), \quad \psi \in \mathbb{R} \setminus \{0\}, \tag{11.4.18}$$

则对于 $\psi \neq 0$, $F(\psi)$ 是 C^5 的且

$$F^{(n)}(\psi) = \left(\frac{1}{24\beta k(k-k_0)}\frac{\partial}{\partial k}\right)^n \left((k+\mathrm{i})^2 f(k)\right), \quad \psi \in \mathbb{R} \setminus \{0\}.$$

根据 (11.4.17), $F \in C^1(\mathbb{R})$, 且对于 $n = 0,1,2$, 当 $|\psi| \to \infty$ 时, $F^{(n)}(\psi) = O(|\psi|^{-2/3})$. 特别地,

$$\left\|\frac{\mathrm{d}^n F}{\mathrm{d}\psi^n}\right\|_{L^2(\mathbb{R})} < \infty, \quad n = 0,1,2, \tag{11.4.19}$$

即 F 属于 $H^2(\mathbb{R})$. 定义 F 的傅里叶变换 $\hat{F}(s)$ 为

$$\hat{F}(s) = \frac{1}{2\pi}\int_{\mathbb{R}} F(\psi)\mathrm{e}^{-\mathrm{i}\psi s}\mathrm{d}\psi, \tag{11.4.20}$$

其中

$$F(\psi) = \int_{\mathbb{R}} \hat{F}(s)\mathrm{e}^{\mathrm{i}\psi s}\mathrm{d}s, \tag{11.4.21}$$

则由 Plancherel 公式可得 $\|s^2\hat{F}(s)\|_{L^2(\mathbb{R})} < \infty$. 根据 (11.4.18) 和 (11.4.21) 可得

$$f(k) = \frac{1}{(k+\mathrm{i})^2}\int_{\mathbb{R}} \hat{F}(s)\mathrm{e}^{\mathrm{i}\psi s}\mathrm{d}s, \quad k \in \bar{D}_1 \cap \bar{D}_2. \tag{11.4.22}$$

重写 $f(k)$ 为

$$f(k) = f_a(t,k) + f_r(t,k), \quad t > 0,\ k \in \bar{D}_1 \cap \bar{D}_2,$$

其中函数 f_a 和 f_r 定义为

$$f_a(t,k) = \frac{1}{(k+\mathrm{i})^2} \int_{-\frac{t}{4}}^{\infty} \hat{F}(s) \mathrm{e}^{\mathrm{i}(8\beta k^3 + 4\alpha k^2)s} \mathrm{d}s, \quad t > 0, \ k \in \bar{D}_1, \tag{11.4.23}$$

$$f_r(t,k) = \frac{1}{(k+\mathrm{i})^2} \int_{-\infty}^{-\frac{t}{4}} \hat{F}(s) \mathrm{e}^{\mathrm{i}(8\beta k^3 + 4\alpha k^2)s} \mathrm{d}s, \quad t > 0, \ k \in \bar{D}_1 \cap \bar{D}_2, \tag{11.4.24}$$

则 $f_a(t,\cdot)$ 在 $\bar{D}_1$ 上连续, 在 D_1 上解析. 对于 $k \in \bar{D}_1$, $\xi \in \mathcal{I}$, 有 $|\mathrm{Re}[\mathrm{i}(8\beta k^3 + 4\alpha k^2)]| \leqslant |\mathrm{Re}\Phi(k)|$, 因此

$$|f_a(t,k)| \leqslant \frac{C}{|k+\mathrm{i}|^2} \|\hat{F}(s)\|_{L^1(\mathbb{R})} \sup_{s \geqslant -\frac{t}{4}} \mathrm{e}^{s\mathrm{Re}[\mathrm{i}(8\beta k^3 + 4\alpha k^2)]}$$

$$\leqslant \frac{C}{1+|k|^2} \mathrm{e}^{\frac{t}{4}|\mathrm{Re}\Phi(k)|}, \quad t > 0, \ k \in \bar{D}_1, \ \xi \in \mathcal{I}.$$

此外有

$$|f_r(t,k)| \leqslant \frac{C}{|k+\mathrm{i}|^2} \int_{-\infty}^{-\frac{t}{4}} s^2 |\hat{F}(s)| s^{-2} \mathrm{d}s$$

$$\leqslant \frac{C}{1+|k|^2} \|s^2 \hat{F}(s)\|_{L^2(\mathbb{R})} \sqrt{\int_{-\infty}^{-\frac{t}{4}} s^{-4} \mathrm{d}s},$$

$$\leqslant \frac{C}{1+|k|^2} t^{-3/2}, \quad t > 0, \ k \in \bar{D}_1 \cap \bar{D}_2, \ \xi \in \mathcal{I}.$$

因此, f_r 在 $\bar{D}_1 \cap \bar{D}_2$ 上的 L^1, L^2 和 L^∞ 范数满足 $O(t^{-3/2})$. 令

$$\begin{aligned} h_a(t,k) &= f_0(k) + f_a(t,k), \quad t > 0, \ k \in \bar{D}_1, \\ h_r(t,k) &= f_r(t,k), \quad\quad\quad\quad\ \ t > 0, \ k \in \bar{D}_1 \cap \bar{D}_2. \end{aligned} \tag{11.4.25}$$

对 $k \in \bar{D}_3 \cap \bar{D}_2$, h 的分解可类似得到. 因此, 引理得证. □

引入开区域 $\{\Omega_j\}_1^8$, 如图 11.6. 下面的引理给出了函数 r_j, $j = 1, 2$ 的解析分解, 证明类似于 [73], 这里不再赘述.

引理 11.4.2 函数 $r_j(k)$, $j = 1, 2$ 存在分解

$$r_1(k) = r_{1,a}(x,t,k) + r_{1,r}(x,t,k), \quad k \in (-\infty, k_1) \cup (k_2, \infty), \tag{11.4.26}$$

$$r_2(k) = r_{2,a}(x,t,k) + r_{2,r}(x,t,k), \quad k \in (k_1, k_2), \tag{11.4.27}$$

其中 $\{r_{j,a}, r_{j,r}\}_1^2$ 有以下性质:

(1) 对于 $\xi \in \mathcal{I}$, $t > 0$, $r_{j,a}(x,t,k)$ 定义在 $\bar{\Omega}_j$ 上且在 Ω_j, $j = 1, 2$ 上解析.

(2) 函数 $r_{1,a}$ 和 $r_{2,a}$ 满足

$$|r_{j,a}(x,t,k)| \leqslant \frac{C}{1+|k|^2} \mathrm{e}^{\frac{t}{4}|\mathrm{Re}\Phi(k)|}, \quad t > 0, \ k \in \bar{\Omega}_j, \ \xi \in \mathcal{I}, \ j = 1, 2, \tag{11.4.28}$$

其中常数 C 不依赖 ξ, k, t.

(3) $t \to \infty$ 时, 函数 $r_{1,r}(x,t,\cdot)$ 在 $(-\infty, k_1) \cup (k_2, \infty)$ 上, $r_{2,r}(x,t,\cdot)$ 在 (k_1, k_2) 上的 L^1, L^2 和 L^∞ 范数都满足 $O(t^{-3/2})$.

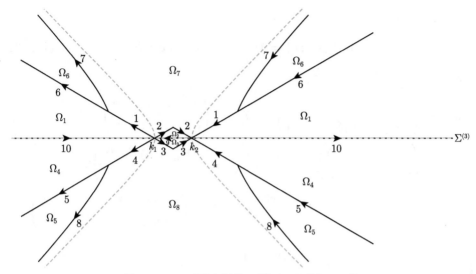

图 11.6 k-平面中周线 $\Sigma^{(3)}$ 和开区域 $\{\Omega_j\}_1^8$

第三次变换旨在将跳跃矩阵中涉及指数因子 $e^{-t\Phi}$ 对应的跳跃曲线形变到 $\mathrm{Re}\Phi$ 为正的区域, 涉及因子 $e^{t\Phi}$ 的跳跃曲线形变到 $\mathrm{Re}\Phi$ 为负的区域. 具体地, 令

$$M^{(3)}(x,t;k) = M^{(2)}(x,t;k)G(k), \tag{11.4.29}$$

其中

$$G(k) = \begin{cases} \begin{pmatrix} 1 & 0 \\ -r_{1,a}\delta^{-2}e^{t\Phi} & 1 \end{pmatrix}, & k \in \Omega_1, \\[3mm] \begin{pmatrix} 1 & -r_{2,a}\delta^2 e^{-t\Phi} \\ 0 & 1 \end{pmatrix}, & k \in \Omega_2, \\[3mm] \begin{pmatrix} 1 & 0 \\ \bar{r}_{2,a}\delta^{-2}e^{t\Phi} & 1 \end{pmatrix}, & k \in \Omega_3, \\[3mm] \begin{pmatrix} 1 & \bar{r}_{1,a}\delta^2 e^{-t\Phi} \\ 0 & 1 \end{pmatrix}, & k \in \Omega_4, \\[3mm] \begin{pmatrix} 1 & -\bar{h}_a\delta^2 e^{-t\Phi} \\ 0 & 1 \end{pmatrix}, & k \in \Omega_5, \\[3mm] \begin{pmatrix} 1 & 0 \\ h_a\delta^{-2}e^{t\Phi} & 1 \end{pmatrix}, & k \in \Omega_6, \\[3mm] I, & k \in \Omega_7 \cup \Omega_8. \end{cases} \tag{11.4.30}$$

于是矩阵函数 $M^{(3)}(x,t;k)$ 满足如下 RH 问题

$$M^{(3)}_+(x,t;k) = M^{(3)}_-(x,t;k)J^{(3)}(x,t,k),\qquad(11.4.31)$$

其中 $J^{(3)} = G^{-1}_-(k)J^{(2)}G_+(k)$ 为

$$J^{(3)}_1 = \begin{pmatrix} 1 & 0 \\ -(r_{1,a}+h)\delta^{-2}\mathrm{e}^{t\Phi} & 1 \end{pmatrix}, \quad J^{(3)}_2 = \begin{pmatrix} 1 & r_{2,a}\delta^2\mathrm{e}^{-t\Phi} \\ 0 & 1 \end{pmatrix},$$

$$J^{(3)}_3 = \begin{pmatrix} 1 & 0 \\ \bar{r}_{2,a}\delta^{-2}\mathrm{e}^{t\Phi} & 1 \end{pmatrix}, \quad J^{(3)}_4 = \begin{pmatrix} 1 & -(\bar{r}_{1,a}+\bar{h})\delta^2\mathrm{e}^{-t\Phi} \\ 0 & 1 \end{pmatrix},$$

$$J^{(3)}_5 = \begin{pmatrix} 1 & -(\bar{r}_{1,a}+\bar{h}_a)\delta^2\mathrm{e}^{-t\Phi} \\ 0 & 1 \end{pmatrix}, \quad J^{(3)}_6 = \begin{pmatrix} 1 & 0 \\ -(r_{1,a}+h_a)\delta^{-2}\mathrm{e}^{t\Phi} & 1 \end{pmatrix},$$

$$J^{(3)}_7 = \begin{pmatrix} 1 & 0 \\ -h_r\delta^{-2}\mathrm{e}^{t\Phi} & 1 \end{pmatrix}, \quad J^{(3)}_8 = \begin{pmatrix} 1 & -\bar{h}_r\delta^2\mathrm{e}^{-t\Phi} \\ 0 & 1 \end{pmatrix},$$

$$J^{(3)}_9 = \begin{pmatrix} 1 & -r_{2,r}\delta^2_-\mathrm{e}^{-t\Phi} \\ 0 & 1 \end{pmatrix}\begin{pmatrix} 1 & 0 \\ -\bar{r}_{2,r}\delta^{-2}_+\mathrm{e}^{t\Phi} & 1 \end{pmatrix},$$

$$J^{(3)}_{10} = \begin{pmatrix} 1 & \bar{r}_{1,r}\delta^2\mathrm{e}^{-t\Phi} \\ 0 & 1 \end{pmatrix}\begin{pmatrix} 1 & 0 \\ r_{1,r}\delta^{-2}\mathrm{e}^{t\Phi} & 1 \end{pmatrix},$$

其中 $J^{(3)}_i$ 表示 $J^{(3)}$ 限制在图 11.6 中标号为 i 的周线上的跳跃矩阵.

显然, 当 $t \to \infty$ 时, 跳跃矩阵 $J^{(3)}$ 除了靠近临界点 k_1 和 k_2 外都快速衰减到单位矩阵 I. 因此, 在研究长时间渐近性时我们只需考虑 $M^{(3)}(x,t;k)$ 满足的 RH 问题在临界点 k_1 和 k_2 邻域内的性质.

11.5　稳态点 k_1 和 k_2 邻域内的 RH 问题

我们引入如下的尺度变换算子:

$$S_{k_1}: \; k \mapsto \frac{z}{\sqrt{-8t(\alpha+6\beta k_1)}} + k_1,\qquad(11.5.1)$$

$$S_{k_2}: \; k \mapsto \frac{z}{\sqrt{8t(\alpha+6\beta k_2)}} + k_2.\qquad(11.5.2)$$

对于 $j = 1,2$ 和 $\varepsilon > 0$ 足够小, 令 $D_\varepsilon(k_j)$ 表示以 k_j 为圆心, ε 为半径的圆盘. 则 $k \mapsto z$ 是从 $D_\varepsilon(k_j)$ 到以原点为圆心半径分别为 $\sqrt{-8t(\alpha+6\beta k_1)}\varepsilon$ 和 $\sqrt{8t(\alpha+6\beta k_2)}\varepsilon$ 的开圆盘的双射. 对式子 (11.4.8) 分部积分得

$$\delta(k) = \left(\frac{k-k_2}{k-k_1}\right)^{-\mathrm{i}\nu(k_1)}\mathrm{e}^{\chi_1(k)} = \left(\frac{k-k_2}{k-k_1}\right)^{-\mathrm{i}\nu(k_2)}\mathrm{e}^{\chi_2(k)},\qquad(11.5.3)$$

其中

$$\nu(k_1) = \frac{1}{2\pi} \ln(1 + |r(k_1)|^2) > 0, \tag{11.5.4}$$

$$\chi_1(k) = \frac{1}{2\pi i} \int_{k_1}^{k_2} \ln\left(\frac{1 + |r(s)|^2}{1 + |r(k_1)|^2}\right) \frac{\mathrm{d}s}{s - k}, \tag{11.5.5}$$

$$\nu(k_2) = \frac{1}{2\pi} \ln(1 + |r(k_2)|^2) > 0, \tag{11.5.6}$$

$$\chi_2(k) = \frac{1}{2\pi i} \int_{k_1}^{k_2} \ln\left(\frac{1 + |r(s)|^2}{1 + |r(k_2)|^2}\right) \frac{\mathrm{d}s}{s - k}. \tag{11.5.7}$$

因此可得

$$S_{k_1}(\delta(k)\mathrm{e}^{-\frac{t\Phi(k)}{2}}) = \delta_{k_1}^0(z)\delta_{k_1}^1(z), \quad S_{k_2}(\delta(k)\mathrm{e}^{-\frac{t\Phi(k)}{2}}) = \delta_{k_2}^0(z)\delta_{k_2}^1(z),$$

其中

$$\delta_{k_1}^0(z) = \left(-8t(k_1 - k_2)^2(\alpha + 6\beta k_1)\right)^{-\frac{i\nu(k_1)}{2}} \mathrm{e}^{\chi_1(k_1)}\mathrm{e}^{2ik_1^2 t(\alpha + 4\beta k_1)}, \tag{11.5.8}$$

$$\delta_{k_1}^1(z) = (-z)^{i\nu(k_1)} \exp\left(\frac{iz^2}{4}\left(1 - \frac{\beta z}{\sqrt{2t}(-(\alpha + 6\beta k_1))^{3/2}}\right)\right)$$

$$\times \left(\frac{k_2 - k_1}{-z/\sqrt{-8t(\alpha + 6\beta k_1)} + k_2 - k_1}\right)^{i\nu(k_1)}$$

$$\times \mathrm{e}^{(\chi_1([z/\sqrt{-8t(\alpha + 6\beta k_1)}] + k_1) - \chi_1(k_1))}, \tag{11.5.9}$$

$$\delta_{k_2}^0(z) = \left(8t(k_1 - k_2)^2(\alpha + 6\beta k_2)\right)^{\frac{i\nu(k_2)}{2}} \mathrm{e}^{\chi_2(k_2)}\mathrm{e}^{2ik_2^2 t(\alpha + 4\beta k_2)}, \tag{11.5.10}$$

$$\delta_{k_2}^1(z) = z^{-i\nu(k_2)} \exp\left(-\frac{iz^2}{4}\left(1 + \frac{\beta z}{\sqrt{2t}(\alpha + 6\beta k_2)^{3/2}}\right)\right)$$

$$\times \left(\frac{k_2 - k_1}{z/\sqrt{8t(\alpha + 6\beta k_2)} + k_2 - k_1}\right)^{-i\nu(k_2)}$$

$$\times \mathrm{e}^{(\chi_2([z/\sqrt{8t(\alpha + 6\beta k_2)}] + k_2) - \chi_2(k_2))}. \tag{11.5.11}$$

定义

$$\check{M}(x, t; z) = M^{(3)}(x, t; k)(\delta_{k_1}^0)^{\sigma_3}(z), \quad k \in D_\varepsilon(k_1) \setminus \Sigma^{(3)}, \tag{11.5.12}$$

$$\tilde{M}(x, t; z) = M^{(3)}(x, t; k)(\delta_{k_2}^0)^{\sigma_3}(z), \quad k \in D_\varepsilon(k_2) \setminus \Sigma^{(3)}. \tag{11.5.13}$$

于是 $\check{M}$ 和 $\tilde{M}$ 是关于 z 的部分解析函数且满足

$$\check{M}_+(x, t; z) = \check{M}_-(x, t; z)\check{J}(x, t, z), \quad k \in \mathcal{X}_{k_1}^\varepsilon,$$

$$\tilde{M}_+(x,t;z) = \tilde{M}_-(x,t;z)\tilde{J}(x,t,z), \quad k \in \mathcal{X}_{k_2}^\varepsilon,$$

其中 $\mathcal{X}_{k_j} = X + k_j$ 表示以 k_j 为中心的周线 X, X 由 (11.3.1) 定义, 其中周线 $\mathcal{X}_{k_j}$ 的定向与图 11.4 中 X 的定向相反, $\mathcal{X}_{k_j}^\varepsilon = \mathcal{X}_{k_j} \cap D_\varepsilon(k_j)$, $j = 1, 2$, 跳跃矩阵为

$$\check{J}(x,t,z) = (\delta_{k_1}^0)^{-\hat{\sigma}_3}(z)J^{(3)}(x,t,k) \tag{11.5.14}$$

$$= \begin{cases}
\begin{pmatrix} 1 & -r_{2,a}(\delta_{k_1}^1)^2 \\ 0 & 1 \end{pmatrix}, & k \in (\mathcal{X}_{k_1}^\varepsilon)_1, \\[12pt]
\begin{pmatrix} 1 & 0 \\ (r_{1,a}+h_a)(\delta_{k_1}^1)^{-2} & 1 \end{pmatrix}, & k \in (\mathcal{X}_{k_1}^\varepsilon)_2 \cap D_3, \\[12pt]
\begin{pmatrix} 1 & 0 \\ (r_{1,a}+h)(\delta_{k_1}^1)^{-2} & 1 \end{pmatrix}, & k \in (\mathcal{X}_{k_1}^\varepsilon)_2 \cap D_2, \\[12pt]
\begin{pmatrix} 1 & (\bar{r}_{1,a}+\bar{h})(\delta_{k_1}^1)^2 \\ 0 & 1 \end{pmatrix}, & k \in (\mathcal{X}_{k_1}^\varepsilon)_3 \cap D_5, \\[12pt]
\begin{pmatrix} 1 & (\bar{r}_{1,a}+\bar{h}_a)(\delta_{k_1}^1)^2 \\ 0 & 1 \end{pmatrix}, & k \in (\mathcal{X}_{k_1}^\varepsilon)_3 \cap D_4, \\[12pt]
\begin{pmatrix} 1 & 0 \\ -\bar{r}_{2,a}(\delta_{k_1}^1)^{-2} & 1 \end{pmatrix}, & k \in (\mathcal{X}_{k_1}^\varepsilon)_4,
\end{cases}$$

$$\tilde{J}(x,t,z) = (\delta_{k_2}^0)^{-\hat{\sigma}_3}(z)J^{(3)}(x,t,k) \tag{11.5.15}$$

$$= \begin{cases}
\begin{pmatrix} 1 & 0 \\ -(r_{1,a}+h_a)(\delta_{k_2}^1)^{-2} & 1 \end{pmatrix}, & k \in (\mathcal{X}_{k_2}^\varepsilon)_1 \cap D_1, \\[12pt]
\begin{pmatrix} 1 & 0 \\ -(r_{1,a}+h)(\delta_{k_2}^1)^{-2} & 1 \end{pmatrix}, & k \in (\mathcal{X}_{k_2}^\varepsilon)_1 \cap D_2, \\[12pt]
\begin{pmatrix} 1 & r_{2,a}(\delta_{k_2}^1)^2 \\ 0 & 1 \end{pmatrix}, & k \in (\mathcal{X}_{k_2}^\varepsilon)_2, \\[12pt]
\begin{pmatrix} 1 & 0 \\ \bar{r}_{2,a}(\delta_{k_2}^1)^{-2} & 1 \end{pmatrix}, & k \in (\mathcal{X}_{k_2}^\varepsilon)_3, \\[12pt]
\begin{pmatrix} 1 & -(\bar{r}_{1,a}+\bar{h})(\delta_{k_2}^1)^2 \\ 0 & 1 \end{pmatrix}, & k \in (\mathcal{X}_{k_2}^\varepsilon)_4 \cap D_5, \\[12pt]
\begin{pmatrix} 1 & -(\bar{r}_{1,a}+\bar{h}_a)(\delta_{k_2}^1)^2 \\ 0 & 1 \end{pmatrix}, & k \in (\mathcal{X}_{k_2}^\varepsilon)_4 \cap D_6.
\end{cases}$$

集合 $(\mathcal{X}^{\varepsilon}_{k_1})_2 \cap D_3$, $(\mathcal{X}^{\varepsilon}_{k_1})_3 \cap D_4$, $(\mathcal{X}^{\varepsilon}_{k_2})_1 \cap D_1$ 和 $(\mathcal{X}^{\varepsilon}_{k_2})_4 \cap D_6$ 对于足够小的 ε 可能为空集.

对于跳跃矩阵 $\tilde{J}(x,t,z)$, 定义

$$q = r(k_2),$$

则对任意固定的 $z \in X$, 当 $t \to \infty$ 时有 $k(z) \to k_2$. 因此,

$$r_{1,a}(k) + h(k) \to q, \quad r_{2,a}(k) \to \frac{\bar{q}}{1+|q|^2}, \quad \delta^1_{k_2} \to \mathrm{e}^{-\frac{\mathrm{i}z^2}{4}} z^{-\mathrm{i}\nu(q)}.$$

则对于足够大的 t, 矩阵 $\tilde{J}$ 趋于 $-J^X$, 其中 J^X 由式子 (11.3.3) 定义. 由于周线 $\mathcal{X}_{k_2}$ 的定向与图 11.4 中的定向是相反的, 因此对应跳跃矩阵为 $-J^X$ 的 RH 问题的解仍然是 $M^X(q,z)$. 因此, 当 $t \to \infty$ 时, 对于 k 在 k_2 邻域内, $M^{(3)}$ 的跳跃矩阵趋于函数 $M^X(\delta^0_{k_2})^{-\sigma_3}$ 的跳跃矩阵. 所以在 k_2 的邻域 $D_{\varepsilon}(k_2)$ 内, 我们可用下面的函数逼近 $M^{(3)}$:

$$M^{(k_2)}(x,t;k) = (\delta^0_{k_2})^{\sigma_3} M^X(q,z)(\delta^0_{k_2})^{-\sigma_3}, \tag{11.5.16}$$

其中 $M^X(q,z)$ 由 (11.3.4) 定义.

对于 $\check{J}(x,t,k)$ 的情形, 当 $t \to \infty$ 时有

$$r_{1,a}(k) + h(k) \to r(k_1), \quad r_{2,a}(k) \to \frac{\overline{r(k_1)}}{1+|r(k_1)|^2}, \quad \delta^1_{k_1} \to \mathrm{e}^{\frac{\mathrm{i}z^2}{4}}(-z)^{\mathrm{i}\nu(k_1)}.$$

令

$$p = r(k_1),$$

则 $t \to \infty$ 时可得

$$\check{J}(x,t,z) \to J^Y(p,z) = \begin{cases} \begin{pmatrix} 1 & \dfrac{\bar{p}}{1+|p|^2}\mathrm{e}^{\frac{\mathrm{i}z^2}{2}}(-z)^{2\mathrm{i}\nu(p)} \\ 0 & 1 \end{pmatrix}, & z \in X_1, \\[20pt] \begin{pmatrix} 1 & 0 \\ -p\mathrm{e}^{-\frac{\mathrm{i}z^2}{2}}(-z)^{-2\mathrm{i}\nu(p)} & 1 \end{pmatrix}, & z \in X_2, \\[20pt] \begin{pmatrix} 1 & -\bar{p}\mathrm{e}^{\frac{\mathrm{i}z^2}{2}}(-z)^{2\mathrm{i}\nu(p)} \\ 0 & 1 \end{pmatrix}, & z \in X_3, \\[20pt] \begin{pmatrix} 1 & 0 \\ \dfrac{p}{1+|p|^2}\mathrm{e}^{-\frac{\mathrm{i}z^2}{2}}(-z)^{-2\mathrm{i}\nu(p)} & 1 \end{pmatrix}, & z \in X_4. \end{cases}$$

另一方面容易验证

$$J^Y(p,z) = \overline{J^X(\bar{p}, -\bar{z})}, \tag{11.5.17}$$

由 RH 问题唯一性可得

$$M^Y(p,z) = \overline{M^X(\bar{p}, -\bar{z})}, \tag{11.5.18}$$

其中 $M^Y(p,z)$ 满足下面 RH 问题

$$\begin{cases} M_+^Y(p,z) = M_-^Y(p,z)J^Y(p,z), & z \in X, \\ M^Y(p,z) \to I, & z \to \infty. \end{cases} \tag{11.5.19}$$

则可得

$$M^Y(p,z) = I - \frac{\mathrm{i}}{z}\begin{pmatrix} 0 & \beta^Y(p) \\ \overline{\beta^Y(p)} & 0 \end{pmatrix} + O\left(\frac{p}{z^2}\right), \tag{11.5.20}$$

其中

$$\beta^Y(p) = \sqrt{\nu(p)}\mathrm{e}^{-\mathrm{i}(\frac{\pi}{4}+\arg p+\arg\Gamma(-\mathrm{i}\nu(p)))}. \tag{11.5.21}$$

所以, 在 k_1 的邻域 $D_\varepsilon(k_1)$ 内可用下面的函数逼近 $M^{(3)}(x,t;k)$:

$$M^{(k_1)}(x,t;k) = (\delta_{k_1}^0)^{\sigma_3}M^Y(p,z)(\delta_{k_1}^0)^{-\sigma_3}. \tag{11.5.22}$$

关于 $M^{(k_2)}$ 和 $M^{(k_1)}$ 有如下的引理, 这些引理在 11.6 节推导渐近公式中起着重要的作用.

引理 11.5.1　对任意的 $t > 0$, $\xi \in \mathcal{I}$, 由 (11.5.16) 定义的函数 $M^{(k_2)}(x,t;k)$ 在 $k \in D_\varepsilon(k_2) \setminus \mathcal{X}_{k_2}^\varepsilon$ 内解析, 而且满足

$$|M^{(k_2)}(x,t;k) - I| \leqslant C, \quad t > 3, \ \xi \in \mathcal{I}, \ k \in \overline{D_\varepsilon(k_2)} \setminus \mathcal{X}_{k_2}^\varepsilon. \tag{11.5.23}$$

在 $\mathcal{X}_{k_2}^\varepsilon$ 上, $M^{(k_2)}$ 满足跳跃关系 $M_+^{(k_2)} = M_-^{(k_2)}J^{(k_2)}$, 其中跳跃矩阵为

$$J^{(k_2)} = (\delta_{k_2}^0)^{\hat{\sigma}_3}J^X,$$

且对于 $1 \leqslant n \leqslant \infty$, $J^{(k_2)}$ 满足如下估计:

$$\|J^{(3)} - J^{(k_2)}\|_{L^n(\mathcal{X}_{k_2}^\varepsilon)} \leqslant Ct^{-\frac{1}{2}-\frac{1}{2n}}\ln t, \quad t > 3, \ \xi \in \mathcal{I}, \tag{11.5.24}$$

其中 $C > 0$ 是不依赖于 t, ξ, k 的常数. 此外, 当 $t \to \infty$ 时,

$$\|(M^{(k_2)})^{-1}(x,t;k) - I\|_{L^\infty(\partial D_\varepsilon(k_2))} = O(t^{-1/2}), \tag{11.5.25}$$

且

$$\frac{1}{2\pi\mathrm{i}}\int_{\partial D_\varepsilon(k_2)}((M^{(k_2)})^{-1}(x,t;k) - I)\mathrm{d}k = -\frac{(\delta_{k_2}^0)^{\hat{\sigma}_3}M_1^X(\xi)}{\sqrt{8t(\alpha+6\beta k_2)}} + O(t^{-1}), \tag{11.5.26}$$

其中 $M_1^X(\xi)$ 的定义为

$$M_1^X(\xi) = -\mathrm{i}\begin{pmatrix} 0 & \beta^X(q) \\ \overline{\beta^X(q)} & 0 \end{pmatrix}. \tag{11.5.27}$$

证明 $M^{(k_2)}$ 的解析性显然. 因为 $|\delta_{k_2}^0(z)| = 1$, 由 $M^{(k_2)}$ 的定义式 (11.5.16) 和估计 (11.3.7), 估计 (11.5.23) 成立. 另一方面有

$$J^{(3)} - J^{(k_2)} = (\delta_{k_2}^0)^{\hat\sigma_3}(\tilde{J} - J^X), \quad k \in \mathcal{X}_{k_2}^\varepsilon.$$

类似文献 [33] 中引理 3.35 的计算 (也可参考 [54] 中的引理 3.22), 我们可得

$$\|\tilde{J} - J^X\|_{L^\infty((\mathcal{X}_{k_2}^\varepsilon)_1)} \leqslant C|\mathrm{e}^{\frac{\mathrm{i}\gamma}{2}z^2}|t^{-1/2}\ln t, \quad 0 < \gamma < \frac{1}{2}, \ t > 3, \ \xi \in \mathcal{I}, \tag{11.5.28}$$

其中 $k \in (\mathcal{X}_{k_2}^\varepsilon)_1$, 即 $z = \sqrt{8t(\alpha + 6\beta k_2)}u\mathrm{e}^{\frac{\mathrm{i}\pi}{4}}$, $0 \leqslant u \leqslant \varepsilon$. 因此,

$$\|\tilde{J} - J^X\|_{L^1((\mathcal{X}_{k_2}^\varepsilon)_1)} \leqslant Ct^{-1}\ln t, \quad t > 3, \ \xi \in \mathcal{I}. \tag{11.5.29}$$

根据不等式 $\|f\|_{L^n} \leqslant \|f\|_{L^\infty}^{1-1/n}\|f\|_{L^1}^{1/n}$ 可得

$$\|\tilde{J} - J^X\|_{L^n((\mathcal{X}_{k_2}^\varepsilon)_1)} \leqslant Ct^{-1/2-1/2n}\ln t, \quad t > 3, \ \xi \in \mathcal{I}. \tag{11.5.30}$$

在 $(\mathcal{X}_{k_2}^\varepsilon)_j$, $j = 2, 3, 4$ 上的范数估计类似. 于是 (11.5.24) 得证.

如果 $k \in \partial D_\varepsilon(k_2)$, 当 $t \to \infty$ 时, 变量 $z = \sqrt{8t(\alpha + 6\beta k_2)}(k - k_2)$ 趋于无穷. 于是由 (11.3.4) 可得

$$M^X(q, z) = I + \frac{M_1^X(\xi)}{\sqrt{8t(\alpha + 6\beta k_2)}(k - k_2)} + O\left(\frac{q}{t}\right), \quad t \to \infty, \ k \in \partial D_\varepsilon(k_2),$$

其中 $M_1^X(\xi)$ 由式子 (11.5.27) 定义. 因为

$$M^{(k_2)}(x, t; k) = (\delta_{k_2}^0)^{\hat\sigma_3}M^X(q, z),$$

则当 $t \to \infty$ 时,

$$(M^{(k_2)})^{-1}(x, t; k) - I = -\frac{(\delta_{k_2}^0)^{\hat\sigma_3}M_1^X(\xi)}{\sqrt{8t(\alpha + 6\beta k_2)}(k - k_2)} + O\left(\frac{q}{t}\right), \quad k \in \partial D_\varepsilon(k_2). \tag{11.5.31}$$

根据 (11.5.31) 和 $|M_1^X| \leqslant C$, 估计式 (11.5.25) 成立. 由 Cauchy 公式和 (11.5.31) 可导出 (11.5.26). $\qquad\square$

类似地, 关于函数 $M^{(k_1)}(x, t; k)$ 有如下引理.

引理 11.5.2　对任意 $t > 0$ 和 $\xi \in \mathcal{I}$, 由式 (11.5.22) 定义的函数 $M^{(k_1)}(x,t;k)$ 在 $k \in D_\varepsilon(k_1) \setminus \mathcal{X}_{k_1}^\varepsilon$ 内解析. 而且,

$$|M^{(k_1)}(x,t;k) - I| \leqslant C, \quad t > 3, \ \xi \in \mathcal{I}, \ k \in \overline{D_\varepsilon(k_1)} \setminus \mathcal{X}_{k_1}^\varepsilon. \tag{11.5.32}$$

在 $\mathcal{X}_{k_1}^\varepsilon$ 上, $M^{(k_1)}$ 满足跳跃关系 $M_+^{(k_1)} = M_-^{(k_1)} J^{(k_1)}$, 跳跃矩阵为

$$J^{(k_1)} = (\delta_{k_1}^0)^{\hat{\sigma}_3} J^Y,$$

并且 $J^{(k_1)}$ 满足如下估计:

$$\|J^{(3)} - J^{(k_1)}\|_{L^n(\mathcal{X}_{k_1}^\varepsilon)} \leqslant C t^{-1/2 - 1/2n} \ln t, \quad t > 3, \ \xi \in \mathcal{I}, \tag{11.5.33}$$

其中 $1 \leqslant n \leqslant \infty$, $C > 0$ 为不依赖于 t, ξ, k 的常数. 当 $t \to \infty$ 时,

$$\|(M^{(k_1)})^{-1}(x,t;k) - I\|_{L^\infty(\partial D_\varepsilon(k_1))} = O(t^{-1/2}), \tag{11.5.34}$$

且

$$\frac{1}{2\pi i} \int_{\partial D_\varepsilon(k_1)} ((M^{(k_1)})^{-1}(x,t;k) - I) dk = -\frac{(\delta_{k_1}^0)^{\hat{\sigma}_3} M_1^Y(\xi)}{\sqrt{-8t(\alpha + 6\beta k_1)}} + O(t^{-1}), \tag{11.5.35}$$

其中 $M_1^Y(\xi)$ 为

$$M_1^Y(\xi) = -i \begin{pmatrix} 0 & \beta^Y(p) \\ \overline{\beta^Y(p)} & 0 \end{pmatrix}. \tag{11.5.36}$$

11.6　长时间渐近公式

本节我们将导出 Hirota 方程 (11.1.2) 在半直线上的长时间渐近表达式.

定义逼近解 $M^{(\mathrm{app})}(x,t;k)$

$$M^{(\mathrm{app})} = \begin{cases} M^{(k_1)}, & k \in D_\varepsilon(k_1), \\ M^{(k_2)}, & k \in D_\varepsilon(k_2), \\ I, & \text{其他.} \end{cases} \tag{11.6.1}$$

令 $\hat{M}(x,t;k)$ 为

$$\hat{M} = M^{(3)}(M^{(\mathrm{app})})^{-1}, \tag{11.6.2}$$

则 $\hat{M}(x,t;k)$ 满足如下 RH 问题

$$\hat{M}_+(x,t;k) = \hat{M}_-(x,t;k)\hat{J}(x,t,k), \quad k \in \hat{\Sigma}, \tag{11.6.3}$$

其中跳跃曲线 $\hat{\Sigma} = \Sigma^{(3)} \cup \partial D_\varepsilon(k_1) \cup \partial D_\varepsilon(k_2)$ 如图 11.7 所示, 跳跃矩阵 $\hat{J}(x, t, k)$ 为

$$
\hat{J} = \begin{cases} M_-^{(\mathrm{app})} J^{(3)} (M_+^{(\mathrm{app})})^{-1}, & k \in \hat{\Sigma} \cap (D_\varepsilon(k_1) \cup D_\varepsilon(k_2)), \\ (M^{(\mathrm{app})})^{-1}, & k \in (\partial D_\varepsilon(k_1) \cup \partial D_\varepsilon(k_2)), \\ J^{(3)}, & k \in \hat{\Sigma} \setminus (\overline{D_\varepsilon(k_1)} \cup \overline{D_\varepsilon(k_2)}). \end{cases} \tag{11.6.4}
$$

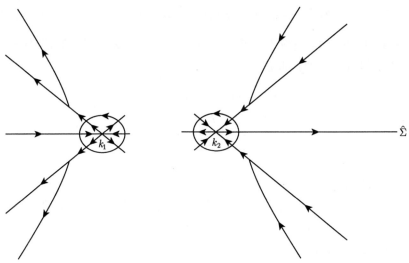

图 11.7　周线 $\hat{\Sigma}$ (为了清晰起见, 我们将其分开呈现)

方便起见, 重写 $\hat{\Sigma}$ 如下:

$$
\hat{\Sigma} = (\partial D_\varepsilon(k_1) \cup \partial D_\varepsilon(k_2)) \cup (\mathcal{X}_{k_1}^\varepsilon \cup \mathcal{X}_{k_2}^\varepsilon) \cup \hat{\Sigma}_1 \cup \hat{\Sigma}_2,
$$

其中

$$
\hat{\Sigma}_1 = \bigcup_{j=1}^6 \Sigma_j^{(3)} \setminus (D_\varepsilon(k_1) \cup D_\varepsilon(k_2)), \quad \hat{\Sigma}_2 = \bigcup_{j=7}^{10} \Sigma_j^{(3)},
$$

而 $\{\Sigma_j^{(3)}\}_1^{10}$ 表示图 11.6 中 $\Sigma^{(3)}$ 限制在标号为 j 的周线. 令 $\hat{w} = \hat{J} - I$, 则有如下引理.

引理 11.6.1 对于 $1 \leqslant n \leqslant \infty$, $t > 3$ 和 $\xi \in \mathcal{I}$, 如下估计成立:

$$
\|\hat{w}\|_{L^n(\partial D_\varepsilon(k_1) \cup \partial D_\varepsilon(k_2))} \leqslant Ct^{-1/2}, \tag{11.6.5}
$$

$$
\|\hat{w}\|_{L^n(\mathcal{X}_{k_1}^\varepsilon \cup \mathcal{X}_{k_2}^\varepsilon)} \leqslant Ct^{-\frac{1}{2} - \frac{1}{2n}} \ln t, \tag{11.6.6}
$$

$$
\|\hat{w}\|_{L^n(\hat{\Sigma}_1)} \leqslant Ce^{-ct}, \tag{11.6.7}
$$

$$
\|\hat{w}\|_{L^n(\hat{\Sigma}_2)} \leqslant Ct^{-3/2}. \tag{11.6.8}
$$

证明　根据 (11.5.25), (11.5.34) 和 (11.6.4), 不等式 (11.6.5) 成立.

对于 $k \in \mathcal{X}_{k_j}^\varepsilon$,

$$\hat{w} = M_-^{(k_j)}(J^{(3)} - J^{(k_j)})(M_+^{(k_j)})^{-1}, \quad j = 1, 2.$$

因此由 (11.5.24) 和 (11.5.33) 可知估计式 (11.6.6) 成立.

对于 $k \in D_1 \cap \hat{\Sigma}_1$, 令 $k = k_2 + ue^{\frac{i\pi}{4}}$, $\varepsilon < u < \infty$, 则可得

$$\text{Re}\Phi(k) = -4u^2(\sqrt{2}\beta u + \sqrt{\alpha^2 - 3\beta\xi}).$$

因为矩阵 $\hat{w}$ 只在 (21) 位置有一个非零元 $-(r_{1,a} + h)\delta^{-2}e^{t\Phi}$, 于是对于 $t \geqslant 1$, 由 (11.4.12) 和 (11.4.28) 可得

$$\begin{aligned}
|\hat{w}_{21}| &= |-(r_{1,a} + h)\delta^{-2}e^{t\Phi}| \\
&\leqslant C|r_{1,a} + h_a|e^{-t|\text{Re}\Phi|} \\
&\leqslant \frac{C}{1 + |k|^2}e^{-\frac{3t}{4}|\text{Re}\Phi|} \leqslant Ce^{-c\varepsilon^2 t}.
\end{aligned}$$

相同的技巧可证 $\hat{w}$ 在 $\hat{\Sigma}_1$ 上的其他估计. 于是 (11.6.7) 得证.

由于矩阵 $\hat{w}$ 在 $\hat{\Sigma}_2$ 上只与 h_r, $r_{1,r}$ 和 $r_{2,r}$ 有关, 因此, 根据引理 11.4.1 和引理 11.4.2 可证估计式 (11.6.8).　　　　　　　　　　　　　□

由引理 11.6.1 中的估计可知

$$\begin{aligned}
\|\hat{w}\|_{(L^1 \cap L^2)(\hat{\Sigma})} &\leqslant Ct^{-1/2}, \\
\|\hat{w}\|_{L^\infty(\hat{\Sigma})} &\leqslant Ct^{-1/2}\ln t,
\end{aligned} \quad t > 3, \ \xi \in \mathcal{I}. \tag{11.6.9}$$

令 $\hat{C}$ 表示作用在 $\hat{\Sigma}$ 上的 Cauchy 算子:

$$(\hat{C}f)(k) = \int_{\hat{\Sigma}} \frac{f(\zeta)}{\zeta - k} \frac{\mathrm{d}\zeta}{2\pi i}, \quad k \in \mathbb{C} \setminus \hat{\Sigma}, \ f \in L^2(\hat{\Sigma}).$$

记 $\hat{C}_+f$ 和 $\hat{C}_-f$ 表示 k 从有向曲线左和右趋于 $\hat{\Sigma}$ 时 $\hat{C}f$ 的值. 众所周知, 算子 $\hat{C}_\pm$ 是 $L^2(\hat{\Sigma})$ 到 $L^2(\hat{\Sigma})$ 的有界算子, 且 $\hat{C}_+ - \hat{C}_- = I$, 这里 I 表示单位算子. 定义算子 $\hat{C}_{\hat{w}}$: $L^2(\hat{\Sigma}) + L^\infty(\hat{\Sigma}) \to L^2(\hat{\Sigma})$ 为 $\hat{C}_{\hat{w}}f = \hat{C}_-(f\hat{w})$, 即定义 $\hat{C}_{\hat{w}}$ 为 $\hat{C}_{\hat{w}}(f) = \hat{C}_+(f\hat{w}_-) + \hat{C}_-(f\hat{w}_+)$, 然后取 $\hat{w}_+ = \hat{w}$, $\hat{w}_- = 0$. 于是由 (11.6.9) 可知

$$\|\hat{C}_{\hat{w}}\|_{B(L^2(\hat{\Sigma}))} \leqslant C\|\hat{w}\|_{L^\infty(\hat{\Sigma})} \leqslant Ct^{-1/2}\ln t, \tag{11.6.10}$$

其中 $B(L^2(\hat{\Sigma}))$ 表示 Banach 空间 $L^2(\hat{\Sigma}) \to L^2(\hat{\Sigma})$ 上的有界算子. 因此, 存在足够大的 $T > 0$ 使得 $t > T$ 时, 算子 $I - \hat{C}_{\hat{w}} \in B(L^2(\hat{\Sigma}))$ 是可逆的. 则可定义 2×2 矩阵值函数 $\hat{\mu}(x, t; k)$

$$\hat{\mu} = I + \hat{C}_{\hat{w}}\hat{\mu}. \tag{11.6.11}$$

于是对于 $t > T$,

$$\hat{M}(x,t;k) = I + \frac{1}{2\pi\mathrm{i}} \int_{\hat{\Sigma}} \frac{(\hat{\mu}\hat{w})(x,t;\zeta)}{\zeta - k}\mathrm{d}\zeta, \quad k \in \mathbb{C} \setminus \hat{\Sigma} \tag{11.6.12}$$

是 RH 问题 (11.6.3) 的唯一解. 此外, 函数 $\hat{\mu}(x,t;k)$ 满足

$$\|\hat{\mu}(x,t;\cdot) - I\|_{L^2(\hat{\Sigma})} = O(t^{-1/2}), \quad t \to \infty, \ \xi \in \mathcal{I}. \tag{11.6.13}$$

事实上, 方程 (11.6.11) 等价于 $\hat{\mu} = I + (I - \hat{C}_{\hat{w}})^{-1}\hat{C}_{\hat{w}}I$. 利用 Neumann 级数可得

$$\|(I - \hat{C}_{\hat{w}})^{-1}\|_{B(L^2(\hat{\Sigma}))} \leqslant \frac{1}{1 - \|\hat{C}_{\hat{w}}\|_{B(L^2(\hat{\Sigma}))}}.$$

因此对足够大的 t, 我们有

$$\begin{aligned}
\|\hat{\mu}(x,t;\cdot) - I\|_{L^2(\hat{\Sigma})} &= \|(I - \hat{C}_{\hat{w}})^{-1}\hat{C}_{\hat{w}}I\|_{L^2(\hat{\Sigma})} \\
&\leqslant \|(I - \hat{C}_{\hat{w}})^{-1}\|_{B(L^2(\hat{\Sigma}))}\|\hat{C}_{-}(\hat{w})\|_{L^2(\hat{\Sigma})} \\
&\leqslant \frac{C\|\hat{w}\|_{L^2(\hat{\Sigma})}}{1 - \|\hat{C}_{\hat{w}}\|_{B(L^2(\hat{\Sigma}))}} \leqslant C\|\hat{w}\|_{L^2(\hat{\Sigma})}.
\end{aligned}$$

结合 (11.6.9) 可知 (11.6.13) 成立. 由 (11.6.12) 可得

$$\lim_{k \to \infty} k(\hat{M}(x,t;k) - I) = -\frac{1}{2\pi\mathrm{i}} \int_{\hat{\Sigma}} (\hat{\mu}\hat{w})(x,t;k)\mathrm{d}k. \tag{11.6.14}$$

利用 (11.6.7) 和 (11.6.13) 可得

$$\begin{aligned}
\int_{\hat{\Sigma}_1} (\hat{\mu}\hat{w})(x,t;k)\mathrm{d}k &= \int_{\hat{\Sigma}_1} \hat{w}(x,t;k)\mathrm{d}k + \int_{\hat{\Sigma}_1} (\hat{\mu}(x,t;k) - I)\hat{w}(x,t;k)\mathrm{d}k \\
&\leqslant \|\hat{w}\|_{L^1(\hat{\Sigma}_1)} + \|\hat{\mu} - I\|_{L^2(\hat{\Sigma}_1)}\|\hat{w}\|_{L^2(\hat{\Sigma}_1)} \\
&\leqslant C\mathrm{e}^{-ct}, \quad t \to \infty.
\end{aligned}$$

类似地, 由 (11.6.6) 和 (11.6.13) 可得

$$O(\|\hat{w}\|_{L^1(\mathcal{X}_{k_1}^\varepsilon \cup \mathcal{X}_{k_2}^\varepsilon)} + \|\hat{\mu} - I\|_{L^2(\mathcal{X}_{k_1}^\varepsilon \cup \mathcal{X}_{k_2}^\varepsilon)}\|\hat{w}\|_{L^2(\mathcal{X}_{k_1}^\varepsilon \cup \mathcal{X}_{k_2}^\varepsilon)}) = O(t^{-1}\ln t), \quad t \to \infty.$$

根据 (11.6.8) 和 (11.6.13) 可知

$$O(\|\hat{w}\|_{L^1(\hat{\Sigma}_2)} + \|\hat{\mu} - I\|_{L^2(\hat{\Sigma}_2)}\|\hat{w}\|_{L^2(\hat{\Sigma}_2)}) = O(t^{-3/2}), \quad t \to \infty.$$

最后, 联立 (11.5.26), (11.5.35), (11.6.5) 和 (11.6.13), 我们可得

$$-\frac{1}{2\pi\mathrm{i}} \int_{\partial D_\varepsilon(k_1) \cup \partial D_\varepsilon(k_2)} (\hat{\mu}\hat{w})(x,t;k)\mathrm{d}k$$

$$= -\frac{1}{2\pi\mathrm{i}} \int_{\partial D_\varepsilon(k_1)\cup\partial D_\varepsilon(k_2)} \hat{w}(x,t;k)\mathrm{d}k$$

$$\quad - \frac{1}{2\pi\mathrm{i}} \int_{\partial D_\varepsilon(k_1)\cup\partial D_\varepsilon(k_2)} (\hat{\mu}(x,t;k)-I)\hat{w}(x,t;k)\mathrm{d}k$$

$$= -\frac{1}{2\pi\mathrm{i}} \int_{\partial D_\varepsilon(k_1)} \left((M^{(k_1)})^{-1}(x,t;k)-I \right)\mathrm{d}k$$

$$\quad - \frac{1}{2\pi\mathrm{i}} \int_{\partial D_\varepsilon(k_2)} \left((M^{(k_2)})^{-1}(x,t;k)-I \right)\mathrm{d}k$$

$$\quad + O(\|\hat{\mu}-I\|_{L^2(\partial D_\varepsilon(k_1)\cup\partial D_\varepsilon(k_2))}\|\hat{w}\|_{L^2(\partial D_\varepsilon(k_1)\cup\partial D_\varepsilon(k_2))})$$

$$= \frac{(\delta_{k_1}^0)^{\hat{\sigma}_3}M_1^Y(\xi)}{\sqrt{-8t(\alpha+6\beta k_1)}} + \frac{(\delta_{k_2}^0)^{\hat{\sigma}_3}M_1^X(\xi)}{\sqrt{8t(\alpha+6\beta k_2)}} + O(t^{-1}), \quad t\to\infty.$$

因此可得到下面的重要关系:

$$\lim_{k\to\infty} k(\hat{M}(x,t;k)-I) = \frac{(\delta_{k_1}^0)^{\hat{\sigma}_3}M_1^Y(\xi)}{\sqrt{-8t(\alpha+6\beta k_1)}} + \frac{(\delta_{k_2}^0)^{\hat{\sigma}_3}M_1^X(\xi)}{\sqrt{8t(\alpha+6\beta k_2)}} + O(t^{-1}\ln t), \quad t\to\infty. \tag{11.6.15}$$

联立 (11.3.1), (11.4.5), (11.4.7), (11.4.9), (11.4.29), (11.4.30) 和 (11.6.2), 对于足够大的 $k\in\mathbb{C}\setminus\hat{\Sigma}$, 则有

$$u(x,t) = 2\mathrm{i}\lim_{k\to\infty}(kM(x,t;k))_{12}$$

$$= 2\mathrm{i}\lim_{k\to\infty}k(\hat{M}(x,t;k)-I)_{12}$$

$$= 2\mathrm{i}\left(\frac{-\mathrm{i}\beta^Y(p)(\delta_{k_1}^0)^2}{\sqrt{-8t(\alpha+6\beta k_1)}} + \frac{-\mathrm{i}\beta^X(q)(\delta_{k_2}^0)^2}{\sqrt{8t(\alpha+6\beta k_2)}} \right) + O\left(\frac{\ln t}{t}\right).$$

整合上面的计算, 我们得到本章的主要定理.

定理 11.6.1　假设 $u_0(x), g_0(t), g_1(t), g_2(t)$ 属于 Schwartz 空间 $S([0,\infty))$ 且假设 1 成立. 则对于任意正常数 N, 当 $t\to\infty$ 时, 半直线上 Hirota 方程 (11.1.2) 初边值问题的解 $u(x,t)$ 满足如下的渐近公式:

$$u(x,t) = \frac{u_{\mathrm{as}}(x,t)}{\sqrt{t}} + O\left(\frac{\ln t}{t}\right), \quad t\to\infty, \ \xi = \frac{x}{t}\in\mathcal{I} = \left(0,\frac{\alpha^2}{3\beta}\right), \tag{11.6.16}$$

渐近主项的系数 $u_{\mathrm{as}}(x,t)$ 为

$$u_{\mathrm{as}}(x,t) = \sqrt{\frac{\nu(k_1)}{-2(\alpha+6\beta k_1)}}\mathrm{e}^{\mathrm{i}\phi_a(\xi,t)} + \sqrt{\frac{\nu(k_2)}{2(\alpha+6\beta k_2)}}\mathrm{e}^{\mathrm{i}\phi_b(\xi,t)}, \tag{11.6.17}$$

其中

$$\phi_a(\xi,t) = -\frac{\pi}{4} - \arg r(k_1) + \arg\Gamma(\mathrm{i}\nu(k_1)) - \nu(k_1)\ln(-8t(k_1-k_2)^2(\alpha+6\beta k_1))$$

$$+ 4k_1^2 t(\alpha + 4\beta k_1) - \frac{1}{\pi} \int_{k_1}^{k_2} \ln\left(\frac{1 + |r(s)|^2}{1 + |r(k_1)|^2}\right) \frac{\mathrm{d}s}{s - k_1},$$

$$\phi_b(\xi, t) = \frac{\pi}{4} - \arg r(k_2) - \arg \Gamma(\mathrm{i}\nu(k_2)) + \nu(k_2) \ln(8t(k_1 - k_2)^2 (\alpha + 6\beta k_2))$$

$$+ 4k_2^2 t(\alpha + 4\beta k_2) - \frac{1}{\pi} \int_{k_1}^{k_2} \ln\left(\frac{1 + |r(s)|^2}{1 + |r(k_2)|^2}\right) \frac{\mathrm{d}s}{s - k_2},$$

而 k_1, k_2, $\nu(k_1)$, $\nu(k_2)$ 由式子 (11.4.3), (11.4.4), (11.5.4) 和 (11.5.6) 分别定义.

第 12 章　一维 KdV 方程的初边值问题

12.1　引　　言

我们研究如下 KdV 方程的初边值问题, 在右半直线上考虑

$$\begin{cases} \partial_t u + \partial_x^3 u + u \partial_x u = 0, & (x,t) \in (0, +\infty) \times (0, T), \\ u(0,t) = f(t), & t \in (0, T), \\ u(x,0) = \phi(x), & x \in (0, +\infty). \end{cases} \tag{12.1.1}$$

在左半直线上考虑

$$\begin{cases} \partial_t u + \partial_x^3 u + u \partial_x u = 0, & (x,t) \in (-\infty, 0) \times (0, T), \\ u(0,t) = g_1(t), & t \in (0, T), \\ \partial_x u(0,t) = g_2(t), & t \in (0, T), \\ u(x,0) = \phi(x), & x \in (-\infty, 0). \end{cases} \tag{12.1.2}$$

边界条件的出现对于右半直线问题需给一个条件, 而在左边界条件需给两个条件, 这是线性要求通过线性方程 $\partial_t u + \partial_x^3 u = 0$ 的计算而得. 事实上对于这样的 u 和 $T > 0$ 我们有

$$\int_{x=0}^{+\infty} u(x,T)^2 \mathrm{d}x$$
$$= \int_{x=0}^{+\infty} u(x,0)^2 \mathrm{d}x + 2 \int_{t=0}^{T} \left(u(0,t) \partial_x^2 u(0,t) - \partial_x u(0,t)^2 \right) \mathrm{d}t \tag{12.1.3}$$

和

$$\int_{x=-\infty}^{0} u(x,T)^2 \mathrm{d}x$$
$$= \int_{x=-\infty}^{0} u(x,0)^2 \mathrm{d}x - 2 \int_{t=0}^{T} \left(u(0,t) \partial_x^2 u(0,t) + \partial_x u(0,t)^2 \right) \mathrm{d}t. \tag{12.1.4}$$

假设 $u(x,0) = 0$ 对 $x > 0$ 且 $u(0,t) = 0$ 对 $0 < t < T$, 可推出 $u(x,T) = 0$ 对 $x > 0$. 然而对于 $x < 0$, $u(x,t) \neq 0$ 的存在性对满足 $u(x,0) = 0$, $x < 0$ 和 $u(0,t) = 0$, $0 < t < T$ 是不能由 (12.1.4) 推出的. 事实上这样的非零解是

存在的. 另一方面, 由 (12.1.4) 可知 $u(x,0) = 0$, $u(0,t) = \partial_x u(0,t) = 0$ 可得 $u(x,t) = 0$ 对 $x < 0, 0 < t < T$ 是对的.

此时自然可考虑 (12.1.1) (12.1.2) 在有限区间 $0 < x < L$ 上的问题:

$$\begin{cases} \partial_t u + \partial_x^3 u + u\partial_x u = 0, & (x,t) \in (0,L) \times (0,T), \\ u(0,t) = f(t), & t \in (0,T), \\ u(L,t) = g_1(t), & t \in (0,T), \\ \partial_x u(L,t) = g_2(t), & t \in (0,T), \\ u(x,0) = \phi(x), & x \in (0,L). \end{cases} \tag{12.1.5}$$

我们定义非齐次 Sobolev 空间 $H^s = H^s(\mathbb{R})$, 其范数为 $\|\phi\|_{H^s} = \left\| \langle \xi \rangle^s \hat{\phi}(\xi) \right\|_{L^2_\xi}$, $\langle \xi \rangle = (1 + |\xi|^2)^{1/2}$. $\mathrm{e}^{-t\partial_x^3}$ 表示线性齐次解群

$$\mathrm{e}^{-t\partial_x^3} \phi(x) = \frac{1}{2\pi} \int_\xi \mathrm{e}^{\mathrm{i}t\xi^3} \hat{\phi}(\xi) \mathrm{d}\xi. \tag{12.1.6}$$

因此 $\left(\partial_t + \partial_x^3 \right) \mathrm{e}^{-t\partial_x^3} \phi(x) = 0$ 且 $\left. \mathrm{e}^{-t\partial_x^3} \phi(x) \right|_{t=0} = \phi(x)$. 由 [62] 知算子 (12.1.6) 的局部光滑不等式是

$$\left\| \theta(t) \mathrm{e}^{-t\partial_x^3} \phi \right\|_{L^\infty_x H^{\frac{s+1}{3}}_t} \leqslant c \|\phi\|_{H^s},$$

$$\left\| \theta(t) \partial_x \mathrm{e}^{-t\partial_x^3} \phi \right\|_{L^\infty_x H^{\frac{s}{3}}_t} \leqslant c \|\phi\|_{H^s}.$$

这里的 Sobolev 指数 $\frac{s+1}{3}$ 和 $\frac{s}{3}$ 是最优的. 在 12.4 节, 我们类似地定义半直线上的非齐次 Sobolev 空间 $H^s(\mathbb{R}^+)$, $H^s(\mathbb{R}^-)$ 和线段上的空间 $H^s(0,L)$. 对于 (12.1.1), 定义 $(\phi, f) \in H^s(\mathbb{R}^+) \times H^{\frac{s+1}{3}}(\mathbb{R}^+)$, 在 (12.1.2) 中, $(\phi, g_1, g_2) \in H^s(\mathbb{R}^-) \times H^{\frac{s+1}{3}}(\mathbb{R}^+) \times H^{\frac{s}{3}}(\mathbb{R}^+)$, 在 (12.1.5) 中, $(\phi, f, g_1, g_2) \in H^s(0,L) \times H^{\frac{s+1}{3}}(\mathbb{R}^+) \times H^{\frac{s+1}{3}}(\mathbb{R}^+) \times H^{\frac{s}{3}}(\mathbb{R}^+)$.

对于下面初值问题的局部适定性, 即存在性、唯一性和一致连续性

$$\begin{cases} \partial_t u + \partial_x^3 u + u\partial_x u = 0, & (x,t) \in \mathbb{R} \times \mathbb{R}, \\ u(x,0) = \phi(x), & (x,t) \in \mathbb{R} \end{cases} \tag{12.1.7}$$

已在三十年前被许多作者讨论过. 对于 $s > \frac{3}{2}$, 先验估计可由能量方法得到, 解能被人为黏性法得到. 对于更糟糕的空间, 必须用调和分析去捕捉高频波的色散性. 对于 $s > \frac{3}{4}$, Kenig 等在 1991 年证明了 (12.1.7) 的局部适定性, 他们用压缩映射

方法, 把空间分为各种完备空间, 利用振荡积分和局部光滑性估计. 对于 $s > -\dfrac{3}{4}$, Bourgain[17], Kenig 等 [63, 64] 通过在 Bourgain 空间 $X_{s,b}$ 中建立的压缩映射证明了 (12.1.7) 的局部适定性. 对于 $s = -\dfrac{3}{4}$, Christ 等在 2003 年 [28] 通过 Miura 变换将 KdV 变成 mKdV (非线性项为 $u^2 \partial_x u$) 得到了局部适定性. 对 $s < -\dfrac{3}{4}$, 这些作者也给出了在初值到解不一致连续下的局部不适定性. 如果我们仅需 C^0 一致连续性, 正则性可能会降低. Kappeler 和 Topalov 在文献 [57] 中已证 KdV 在 $H^{-1}(\mathbb{T})$ 上的 C^0 局部适定性. 但是, Christ 等 [28] 证明了初值到解的映射在 $H^s(\mathbb{T})$, $s < -\dfrac{1}{2}$ 上不能一致连续.

我们研究 (12.1.1) 旨在得到低正则性的结果. 似乎合理的是假设 $-\dfrac{3}{4} < s < \dfrac{3}{2}$. 忽略 $s = \dfrac{1}{2}$ 是由于形式上的相容性条件. Dini 积分型相容性条件我们不去探索它. 对 $s = -\dfrac{3}{4}$ 或者 $s < -\dfrac{3}{4}$ 时的不适定性结果我们也不讨论. 注意映射 $\phi \to \phi(0)$ 在 $H^s(\mathbb{R}^+)$ 上是有定义的, 当 $s > \dfrac{1}{2}$ 时. 如果 $s > \dfrac{1}{2}$, 则 $\dfrac{s+1}{3} > \dfrac{1}{2}$, 则 $\phi(0)$, $f(0)$ 都有意义. 因为 $\phi(0)$, $f(0)$ 表示 $u(0,0)$. 另一方面, 如果 $s < \dfrac{3}{2}$, 则 $s - 1 < \dfrac{1}{2}$, $\dfrac{s}{3} < \dfrac{1}{2}$, 所以在 (12.1.2) 中, $\partial_x u \in H^{s-1}$ 和 $g_2 \in H^{\frac{s}{3}}$ 在零点都没有合适定义的迹.

因此我们考虑问题 (12.1.1) 在下面集合, 当 $-\dfrac{3}{4} < s < \dfrac{3}{2}, s \neq \dfrac{1}{2}$ 时,

$$\phi \in H^s\left(\mathbb{R}^+\right), f \in H^{\frac{s+1}{3}}\left(\mathbb{R}^+\right), \text{ 并且若 } \dfrac{1}{2} < s < \dfrac{3}{2}, \phi(0) = f(0). \qquad (12.1.8)$$

考虑 (12.1.2), 对于 $-\dfrac{3}{4} < s < \dfrac{3}{2}, s \neq \dfrac{1}{2}$ 在集合

$$\phi \in H^s\left(\mathbb{R}^-\right), g_1 \in H^{\frac{s+1}{3}}\left(\mathbb{R}^+\right), g_2 \in H^{\frac{s}{3}}\left(\mathbb{R}^+\right) \text{ 且若 } \dfrac{1}{2} < s < \dfrac{3}{2}, \phi(0) = g_1(0).$$
$$(12.1.9)$$

考虑 (12.1.5), $-\dfrac{3}{4} < s < \dfrac{3}{2}, s \neq \dfrac{1}{2}$ 在集合

$$\phi \in H^s(0, L), f \in H^{\frac{s+1}{3}}\left(\mathbb{R}^+\right), g_1 \in H^{\frac{s+1}{3}}\left(\mathbb{R}^+\right), g_2 \in H^{\frac{s}{3}}\left(\mathbb{R}^+\right)$$
$$\text{且若 } \dfrac{1}{2} < s < \dfrac{3}{2}, \phi(0) = f(0), \phi(L) = g_1(0). \qquad (12.1.10)$$

我们构造的解具有下面特征.

定义 12.1.1　$u(x,t)$ 被称为 (12.1.1), (12.1.8) 或 (12.1.2), (12.1.9) 在 $[0,T]$ 上的广义解如果满足以下条件:

(a) 非线性的定义合理性: $u \in X$ 具有性质, $u \in X \Longrightarrow \partial_x u^2$ 是定义合理的分布.

(b) $u(x,t)$ 在分布意义下满足方程 (12.1.1) [(12.1.2)] 对于

$$(x,t) \in (0,+\infty) \times (0,T) \quad [(x,t) \in (-\infty,0) \times (0,T)].$$

(c) 空间迹: $u \in C\left([0,T]; H_x^s\right)$, $u(\cdot,0) = \phi$ 在 $H^s\left(\mathbb{R}^+\right)$ 中.

(d) 时间迹: $u \in C\left(\mathbb{R}_x; H^{\frac{s+1}{3}}(0,T)\right)$, $u(0,\cdot) = f$ 在 $H^{\frac{s+1}{3}}(0,T)$ 中 $[u(0,\cdot) = g_1$ 在 $H^{\frac{s+1}{3}}(0,T)]$.

(e) 时间导数迹: $\partial_x u \in C\left(\mathbb{R}_x; H^{\frac{s}{3}}(0,T)\right)$ 且仅对 (12.1.2), (12.1.9) 要求 $u(0,\cdot) = g_2$ 在 $H^{\frac{s}{3}}(0,T)$ 中.

此时我们考虑修正的 Bourgain 空间 $X_{s,b} \cap D_\alpha$, $b < \dfrac{1}{2}$, $\alpha > \dfrac{1}{2}$, 其中

$$\|u\|_{X_{s,b}} = \left(\iint_{\xi,\tau} \langle\xi\rangle^{2s} \langle\tau-\xi^3\rangle^{2b} |\hat{u}(\xi,\tau)|^2 \mathrm{d}\xi\mathrm{d}\tau\right)^{1/2},$$
$$\|u\|_{D_\alpha} = \left(\iint_{|\xi|\leqslant 1} \langle\tau\rangle^{2\alpha} |\hat{u}(\xi,\tau)|^2 \mathrm{d}\xi\mathrm{d}\tau\right)^{1/2}. \tag{12.1.11}$$

空间 $X_{s,b}$, $b > \dfrac{1}{2}$ 被用于初值问题 (12.1.7) 的研究. 对于 $b > \dfrac{1}{2}$, 双线性估计无需低频率 D_α, 因此 D_α 在研究初值问题中是不需要的. 对于初边值问题, 边界算子的引入使得取 $b < \dfrac{1}{2}$, 则 D_α 是必须加上去, 引理 12.5.8 才能成立.

定义 12.1.2　$u(x,t)$ 是 (12.1.1) 或 (12.1.2) 在 $[0,T]$ 上的温和解, 如果存在一个序列 $\{u_n\}$ 在 $C\left([0,T]; H^3\left(\mathbb{R}_x^+\right)\right) \cap C^1\left([0,T]; L^2\left(\mathbb{R}_x^+\right)\right)$ 中使得:

(a) $u_n(x,t)$ 在 $L^2\left(\mathbb{R}_x^+\right)$ 中是 (12.1.1) 的解, 在 $L^2\left(\mathbb{R}_x^-\right)$ 上是 (12.1.2) 的解, 其中 $0 < t < T$;

(b) $\lim_{n\to+\infty} \|u_n - u\|_{C\left([0,T]; H^s\left(\mathbb{R}_x^+\right)\right)} = 0$ $[\lim_{n\to+\infty} \|u_n - u\|_{C\left([0,T]; H^s\left(\mathbb{R}_x^-\right)\right)} = 0]$;

(c) $\lim_{n\to+\infty} \|u_n(0,\cdot) - f\|_{H^{\frac{s+1}{3}}(0,T)} = 0$ $[\lim_{n\to+\infty} \|u_n(0,\cdot) - g_1\|_{H^{\frac{s+1}{3}}(0,T)} = 0$, $\lim_{n\to+\infty} \|u_n(0,\cdot) - g_2\|_{H^{\frac{s+1}{3}}(0,T)} = 0]$.

主要结果如下.

定理 12.1.1　设 $-\dfrac{3}{4} < s < \dfrac{3}{2}$, $s \neq \dfrac{1}{2}$.

(a) 给定 (ϕ,f) 满足 (12.1.8), 则存在 $T>0$ 仅依赖于 ϕ,f 在 (12.1.8) 中的模且存在 $u(x,t)$ 同时是 (12.1.1), (12.1.8) 在 $[0,T]$ 的温和解和分布解.

(b) 给定 (ϕ,g_1,g_2) 满足 (12.1.9), 存在 $T>0$ 依赖于 ϕ,g_1,g_2 在 (12.1.9) 的模且存在 $u(x,t)$ 同时是 (12.1.2), (12.1.9) 在 $[0,T]$ 的温和解和分布解.

(c) 给定 (ϕ,f,g_1,g_2) 满足 (12.1.10), 存在 $T>0$ 依赖于 ϕ,f,g_1,g_2 在 (12.1.10) 的模且存在 $u(x,t)$ 同时是 (12.1.5), (12.1.10) 在 $[0,T]$ 的温和解和分布解.

在以上每一种情况中, 初值到解的映射是从空间 (12.1.8)—(12.1.10) 到定义 12.1.1 中的空间的解析映射.

这里主要的工作是关于 ϕ,f 的低正则性要求. 对于 $s\geqslant 0$, 问题 (12.1.5), (12.1.10) 以及 $s>\dfrac{3}{4}$ 时 (12.1.1), (12.1.8) 已分别由 Bona 在 [15] 和 [14] 中研究过, 他们用的是 Laplace 变换. 2008 年, Bona 在文献 [16] 中证明问题 (12.1.1) 的局部适定性问题, 其中 $s>-1$, 在 (12.1.8) 中的 $H^s(\mathbb{R}^+)$ 被替换为加权空间

$$H^s(\mathbb{R}^+)=\left\{\phi\in H^s(\mathbb{R}^+)\,|\,e^{\nu x}\phi(x)\in H^s(\mathbb{R}^+)\right\}$$

对 $\nu>0$. 他们进一步研究了当 $s>-1$ 时,(12.1.5), (12.1.10) 的局部适定性问题, 因此改善了定理 12.1.1(c).

12.2 边界算子工作的回顾

首先介绍 Colliander 和 Kenig[30] 关于 Duhamel 边界算子的工作. 对于更一般情况 H^s, $-\dfrac{3}{4}<s<\dfrac{3}{2},s\neq\dfrac{1}{2}$ 也是必要的. 记

$$\hat{f}(\xi)=\int_x e^{-ix\xi}f(x)\mathrm{d}x.$$

$C_0^\infty(\mathbb{R}^+)$ 表示 $\mathbb{R}$ 上的光滑函数, 支集包含在 $[0,+\infty)$. 令 $C_{0,c}^\infty(\mathbb{R}^+)=C_0^\infty(\mathbb{R}^+)\cap C_c^\infty(\mathbb{R})$. $\dfrac{t_+^{\alpha-1}}{\Gamma(\alpha)}$ 为局部可积函数, 对 $\operatorname{Re}\alpha>0$, 即

$$\left\langle\frac{t_+^{\alpha-1}}{\Gamma(\alpha)},f\right\rangle=\frac{1}{\Gamma(\alpha)}\int_0^{+\infty}t^{\alpha-1}f(t)\mathrm{d}t. \tag{12.2.1}$$

分部积分之, 对 $\operatorname{Re}\alpha>0$, 使得

$$\frac{t_+^{\alpha-1}}{\Gamma(\alpha)}=\partial_t^k\left[\frac{t_+^{\alpha+k-1}}{\Gamma(\alpha+k)}\right],\quad\forall k\in\mathbb{N}.$$

这个公式可拓展至 $\dfrac{t_+^{\alpha-1}}{\Gamma(\alpha)}, \alpha \in \mathbb{C}$. 特别地可得

$$\left.\frac{t_+^{\alpha-1}}{\Gamma(\alpha)}\right|_{\alpha=0} = \delta_0(t).$$

通过计算可知

$$\left[\frac{t_+^{\alpha-1}}{\Gamma(\alpha)}\right]^{\wedge}(\tau) = \mathrm{e}^{-\frac{1}{2}\pi \mathrm{i}\alpha}(\tau - \mathrm{i}0)^{-\alpha}, \tag{12.2.2}$$

其中 $(\tau - \mathrm{i}0)^{-\alpha}$ 是分布意义下的极限. 如 $f \in C_0^\infty(\mathbb{R}^+)$, 定义

$$\mathscr{I}_\alpha f = \frac{t_+^{\alpha-1}}{\Gamma(\alpha)} * f.$$

则由 $\mathrm{Re}\,\alpha > 0$

$$\mathscr{I}_\alpha f(t) = \frac{1}{\Gamma(\alpha)} \int_0^t (t-s)^{\alpha-1} f(s)\mathrm{d}s$$

且 $\mathscr{I}_0 f = f, \mathscr{I}_1 f(t) = \displaystyle\int_0^t f(s)\mathrm{d}s$ 及 $\mathscr{I}_{-1}f = f'$, 且 $\mathscr{I}_\alpha \mathscr{I}_\beta = \mathscr{I}_{\alpha+\beta}$.

引理 12.2.1 若 $f \in C_0^\infty(\mathbb{R}^+)$, 则 $\mathscr{I}_\alpha f \in C_0^\infty(\mathbb{R}^+)$, $\forall \alpha \in \mathbb{C}$.

证明 由 (12.2.1) 和分部积分, 考虑 $\mathrm{Re}\,\alpha > 1$. 此时 $\mathrm{supp}\,\mathscr{I}_\alpha f \subset [0, +\infty)$. 接下来仅需证明 $\mathscr{I}_\alpha f(t)$ 是光滑的. 作变量变换

$$\mathscr{I}_\alpha f(t) = \frac{1}{\Gamma(\alpha)} \int_0^t s^{\alpha-1} f(t-s)\mathrm{d}s.$$

$\mathscr{I}_\alpha f(t)$ 光滑性来自积分号下微分的基本原理, $\partial_t^k f(0) = 0$, $\forall k$. $\qquad\square$

Airy 函数

$$A(x) = \frac{1}{2\pi} \int_\xi \mathrm{e}^{\mathrm{i}x\xi} \mathrm{e}^{\mathrm{i}\xi^3} \mathrm{d}\xi.$$

$A(x)$ 是光滑函数, 具有渐近性质

$$A(x) \sim c_1 x^{-1/4} \mathrm{e}^{-c_2 x^{3/2}} \left(1 + O\left(x^{-3/4}\right)\right), \quad x \to +\infty,$$

$$A(-x) \sim c_2 x^{-1/4} \cos\left(c_2 x^{3/2} - \frac{\pi}{4}\right) \left(1 + O\left(x^{-3/4}\right)\right), \quad x \to +\infty$$

其中 $c_1, c_2 > 0$. 下面我们需计算 $A(0)$, $A'(0)$ 和 $\displaystyle\int_0^{+\infty} A(y)\mathrm{d}y$ 的值, 改变周线计算并利用 $\Gamma(z)\Gamma(1-z) = \pi/\sin \pi z$ 可得

$$A(0) = \frac{1}{2\pi} \int_\xi \mathrm{e}^{\mathrm{i}\xi^3} \mathrm{d}\xi = \frac{1}{6\pi} \int_\eta \eta^{-2/3} \mathrm{e}^{\mathrm{i}\eta} \mathrm{d}\eta = \frac{\frac{\sqrt{3}}{2}\Gamma\left(\frac{1}{3}\right)}{3\pi} = \frac{1}{3\Gamma\left(\frac{2}{3}\right)}.$$

类似可得

$$A'(0) = \frac{1}{2\pi} \int_\xi \mathrm{i}\xi \mathrm{e}^{\mathrm{i}\xi^3} \mathrm{d}\xi = -\frac{1}{3\Gamma\left(\dfrac{1}{3}\right)}.$$

另外,

$$\int_{y=0}^{+\infty} A(y)\mathrm{d}y = \frac{1}{2\pi} \int_\xi \int_{y=0}^{+\infty} \mathrm{e}^{\mathrm{i}y\xi}\mathrm{d}y\mathrm{e}^{\mathrm{i}\xi^3}\mathrm{d}\xi = \frac{1}{2\pi} \int_\xi \widehat{H}(-\xi)\mathrm{e}^{\mathrm{i}\xi^3}\mathrm{d}\xi,$$

其中 $H(y) = 0$, $y < 0$, $H(y) = 1$, $y > 0$ 为 Harviside 函数. 因

$$\widehat{H}(\xi) = \mathrm{p.v.}\frac{1}{\mathrm{i}\xi} + \pi\delta_0(\xi),$$

结合

$$(\mathrm{p.v.}1/x)^\wedge(\xi) = -\mathrm{i}\pi\,\mathrm{sgn}\,\xi$$

即得

$$\int_0^{+\infty} A(y)\mathrm{d}y = \frac{1}{3}.$$

12.2.1　线性形式

定义 Airy 群

$$\mathrm{e}^{-t\partial_x^3}\phi(x) = \frac{1}{2\pi} \int_\xi \mathrm{e}^{\mathrm{i}x\xi}\mathrm{e}^{\mathrm{i}t\xi^3}\hat{\phi}(\xi)\mathrm{d}\xi, \tag{12.2.3}$$

因此

$$\begin{cases} (\partial_t + \partial_x^3)\left[\mathrm{e}^{-t\partial_x^3}\phi\right](x,t) = 0, & (x,t) \in \mathbb{R} \times \mathbb{R}, \\ \left[\mathrm{e}^{-t\partial_x^3}\phi\right](x,0) = \phi(x), & x \in \mathbb{R}. \end{cases} \tag{12.2.4}$$

现引入 Colliander, Kenig[30] 的 Duhamel 边界力算子. 对 $f \in C_0^\infty(\mathbb{R}^+)$, 令

$$\begin{aligned} \mathscr{L}^0 f(x,t) &= 3\int_0^t \mathrm{e}^{-(t-t')\partial_x^3}\delta_0(x)\mathscr{I}_{-2/3}f(t')\,\mathrm{d}t' \\ &= 3\int_0^t A\left(\frac{x}{(t-t')^{1/3}}\right)\frac{\mathscr{I}_{-2/3}f(t')}{(t-t')^{1/3}}\mathrm{d}t', \end{aligned} \tag{12.2.5}$$

因此

$$\begin{cases} (\partial_t + \partial_x^3)\mathscr{L}^0 f(x,t) = 3\delta_0(x)\mathscr{I}_{-2/3}f(t), & (x,t) \in \mathbb{R} \times \mathbb{R}, \\ \mathscr{L}^0 f(x,0) = 0, & x \in \mathbb{R}. \end{cases} \tag{12.2.6}$$

引理 12.2.2 设 $f \in C_0^\infty(\mathbb{R}^+)$. 则对固定的 $0 \leqslant t \leqslant 1, \mathscr{L}^0 f(x,t)$ 和 $\partial_x \mathscr{L}^0 f(x,t)$ 对 $x \in \mathbb{R}$ 是连续的, 满足空间衰减估计

$$\left|\mathscr{L}^0 f(x,t)\right| + \left|\partial_x \mathscr{L}^0 f(x,t)\right| \leqslant c_k \|f\|_{H^{k+1}} \langle x \rangle^{-k}, \quad \forall k \geqslant 0. \tag{12.2.7}$$

对固定 $0 \leqslant t \leqslant 1, \partial_x^2 \mathscr{L}^0 f(x,t)$ 对 $x \neq 0$ 是连续的且满足衰减界

$$\left|\partial_x^2 \mathscr{L}^0 f(x,t)\right| \leqslant c_k \|f\|_{H^{k+2}} \langle x \rangle^{-k}, \quad \forall k \geqslant 0. \tag{12.2.8}$$

证明 为了证明 (12.2.7), 只需证明 $\left\|\langle \xi \rangle \partial_\xi^k (\mathscr{L}^0 f)^\wedge(\xi,t)\right\|_{L_\xi^1} \leqslant c_k \|f\|_{H^k}, \forall k \geqslant 0$. 令 $\phi(\xi,t) = \int_0^t \mathrm{e}^{\mathrm{i}(t-t')\xi} h(t') \,\mathrm{d}t', h \in C_0^\infty(\mathbb{R}^+)$. 则我们有

$$\partial_\xi^k \phi(\xi,t) = \mathrm{i}^k \int_0^t (t-t')^k \mathrm{e}^{\mathrm{i}(t-t')\xi} h(t') \,\mathrm{d}t'. \tag{12.2.9}$$

对 t' 分部积分

$$\begin{aligned}
&\partial_\xi^k \phi(\xi,t) \\
&= \frac{\mathrm{i}(-1)^{k+1} k!}{\xi^{k+1}} \int_0^t \mathrm{e}^{\mathrm{i}(t-t')\xi} \partial_{t'} h(t') \,\mathrm{d}t' + \frac{i(-1)^k k!}{\xi^{k+1}} h(t) \\
&\quad + \frac{i(-1)^{k+1}}{\xi^{k+1}} \int_0^t \mathrm{e}^{\mathrm{i}(t-t')\xi} \partial_{t'} \sum_{\alpha+\beta=k, \alpha \leqslant k-1} c_{\alpha,\beta} \partial_{t'}^\alpha (t-t')^k \partial_{t'}^\beta h(t') \,\mathrm{d}t'. \tag{12.2.10}
\end{aligned}$$

由 (12.2.9), (12.2.10) 和时间局部化, $\left|\partial_\xi^k \phi(\xi,t)\right| \leqslant c_k \|h\|_{H^k} \langle \xi \rangle^{-k-1}$. 因

$$(\mathscr{L}^0 f)^\wedge(\xi,t) = \phi(\xi^3,t), \quad h = 3\mathscr{I}_{-2/3} f,$$

由引理 12.5.3, 我们可得 $\left|\partial_\xi^k (\mathscr{L}^0 f)^\wedge(\xi,t)\right| \leqslant c_k \|f\|_{H^{k+1}} \langle \xi \rangle^{-k-3}$, 可得 (12.2.7). 对 (12.2.5) 中的 t' 进行分部积分

$$\partial_x^3 \mathscr{L}^0 f(x,t) = 3\delta_0(x) \mathscr{I}_{-2/3} f(t) - \mathscr{L}^0 (\partial_t f)(x,t). \tag{12.2.11}$$

结合 $\mathscr{L}^0 (\partial_t f)$ 的连续性我们可得 $\partial_x^2 \mathscr{L}^0 f(x,t)$ 除 $x \neq 0$ 外是连续的, 且在 $x = 0$ 处有阶梯型间断 $3\mathscr{I}_{-2/3} f(t)$. 当 $x \to \pm\infty$ 时, 为了证明 $\partial_x^2 \mathscr{L}^0 f(x,t) \to 0$, 我们注意到对 $x < -1$, 有 $\partial_x^2 \mathscr{L}^0 f(x,t) = \partial_x^2 \mathscr{L}^0 f(-1,t) - \int_x^{-1} \partial_y^3 \mathscr{L}^0 f(y,t) \mathrm{d}y$. 由 (12.2.11) 和 (12.2.7), 令 $x \to -\infty$ 可得 $\partial_x^2 \mathscr{L}^0 f(x,t) \to c$ 当 $x \to -\infty$ 时. 因为 $\partial_x \mathscr{L}^0 f(0,t) = \int_{-\infty}^0 \partial_y^2 \mathscr{L}^0 f(y,t) \mathrm{d}y$, 则必须有 $c = 0$. 类似地可得到 $\partial_x^2 \mathscr{L}^0 f(x,t) \to 0$ 当 $x \to +\infty$. 对 $x < 0$, 利用 $\partial_x^2 \mathscr{L}^0 f(x,t) = \int_{-\infty}^x \partial_y^3 \mathscr{L}^0 f(y,t) \mathrm{d}y$, 对 $x > 0$, 利用 $\partial_x^2 \mathscr{L}^0 f(x,t) = -\int_x^{+\infty} \partial_y^3 \mathscr{L}^0 f(y,t) \mathrm{d}y$, 并结合 (12.2.7) 和 (12.2.11) 可得 (12.2.8) 的界. $\qquad\square$

由引理 12.2.2, 若 $f \in C_0^\infty(\mathbb{R}^+)$, 则 $\mathscr{L}^0 f(x,t)$ 对 $x \in \mathbb{R}$ 连续. 因 $A(0) = \left(3\Gamma\left(\dfrac{2}{3}\right)\right)^{-1}$, 由 $\mathscr{L}^0 f(x,t)$ 在 (12.2.5) 的表达式可得

$$\mathscr{L}^0 f(0,t) = f(t). \tag{12.2.12}$$

此时可清楚地看到若

$$u(x,t) = \mathrm{e}^{-t\partial_x^3}\phi(x) + \mathscr{L}^0\left(f - \mathrm{e}^{-\cdot\,\partial_x^3}\phi\big|_{x=0}\right)(t),$$

则 $u(x,t)$ 是下面线性问题的解

$$\begin{cases} (\partial_t + \partial_x^3)\,u(x,t) = 0, & x \neq 0, \\ u(x,0) = \phi(x), & x \in \mathbb{R}, \\ u(0,t) = f(t), & t \in \mathbb{R}. \end{cases}$$

对于左半直线 (12.1.2) 满足二个边界条件的问题, 可考虑除 $\mathscr{L}^0$ 外, 附加上第二个边界力算子

$$\mathscr{L}^{-1} f(x,t) = \partial_x \mathscr{L}^0 \mathscr{I}_{1/3} f(x,t) = 3 \int_0^t A'\left(\frac{x}{(t-t')^{1/3}}\right) \frac{\mathscr{I}_{-1/3} f(t')}{(t-t')^{2/3}} \mathrm{d}t'. \tag{12.2.13}$$

由引理 12.2.2, 若 $f \in C_0^\infty(\mathbb{R}^+)$, 则 $\mathscr{L}^{-1} f(x,t)$ 对 $x \in \mathbb{R}$ 是连续的. 因 $A'(0) = -\left(3\Gamma\left(\dfrac{1}{3}\right)\right)^{-1}$, 在 (12.2.13) 中, 由 $\mathscr{L}^{-1} f(x,t)$ 的第二个表示知

$$\mathscr{L}^{-1} f(0,t) = -f(t). \tag{12.2.14}$$

由 (12.2.6), $\mathscr{L}^{-1}$ 满足

$$\begin{cases} (\partial_t + \partial_x^3)\mathscr{L}^{-1} f(x,t) = 3\delta_0'(x)\mathscr{I}_{-1/3} f(t), & (x,t) \in \mathbb{R} \times \mathbb{R}, \\ \mathscr{L}^{-1} f(x,0) = 0, & x \in \mathbb{R}. \end{cases}$$

由引理 12.2.2, $\partial_x \mathscr{L}^0 f(x,t)$ 对 $x \in \mathbb{R}$ 是连续的. 因 $A'(0) = -\left(3\Gamma\left(\dfrac{1}{3}\right)\right)^{-1}$,

$$\partial_x \mathscr{L}^0 f(0,t) = -\mathscr{I}_{-1/3} f(t), \tag{12.2.15}$$

再由引理 12.2.2, $\partial_x \mathscr{L}^{-1} f(x,t) = \partial_x^2 \mathscr{L}^0 \mathscr{I}_{1/3} f(x,t)$ 对 $x \neq 0$ 是连续的, 在 $x = 0$ 具有阶梯式间断 $3\mathscr{I}_{-1/3} f(t)$. 因

$$\lim_{x \downarrow 0} \partial_x^2 \mathscr{L}^0 f(x,t) = -\int_0^{+\infty} \partial_y^3 \mathscr{L}^0 f(y,t)\mathrm{d}y = \int_0^{+\infty} \mathscr{L}^0(\partial_t f)(y,t)\mathrm{d}y$$

由 (12.2.11)

$$= 3 \int_{y=0}^{+\infty} A(y)\mathrm{d}y \int_0^t \partial_t \mathscr{I}_{-2/3} f\,(t')\,\mathrm{d}t' = \mathscr{F}_{-2/3} f(t),$$

由 (12.2.5)和 Fubini 定理.

我们有

$$\lim_{x\uparrow 0} \partial_x \mathscr{L}^{-1} f(x,t) = -2\mathscr{I}_{-1/3} f(t), \quad \lim_{x\downarrow 0} \partial_x \mathscr{L}^{-1} f(x,t) = \mathscr{I}_{-1/3} f(t). \quad (12.2.16)$$

由 (12.2.12), (12.2.14)—(12.2.16), 对于 h_1 和 h_2 我们有

$$\mathscr{L}^0 h_1(0,t) + \mathscr{L}^{-1} h_2(0,t) = h_1(t) - h_2(t), \quad (12.2.17)$$

$$\lim_{x\uparrow 0} \mathscr{I}_{1/3} \partial_x \left(\mathscr{L}^0 h_1(x,-) + \mathscr{L}^{-1} h_2(x,-) \right)(t) = -h_1(t) - 2h_2(t), \quad (12.2.18)$$

$$\lim_{x\downarrow 0} \mathscr{I}_{1/3} \partial_x \left(\mathscr{L}^0 h_1(x,-) + \mathscr{L}^{-1} h_2(x,-) \right)(t) = -h_1(t) + h_2(t), \quad (12.2.19)$$

若给定 $g_1(t), g_2(t), \phi$, 令

$$\begin{pmatrix} h_1 \\ h_2 \end{pmatrix} = \frac{1}{3} \begin{pmatrix} 2 & -1 \\ -1 & -1 \end{pmatrix} \begin{pmatrix} g_1 - \mathrm{e}^{\cdot\partial_x^3}\phi\big|_{x=0} \\ \mathscr{I}_{1/3}\left(g_2 - \partial_x \mathrm{e}^{-\cdot\partial_x^3}\phi\big|_{x=0} \right) \end{pmatrix},$$

则若令 $u(x,t) = \mathrm{e}^{-t\partial_x^3}\phi(x) + \mathscr{L}^0 h_1(x,t) + \mathscr{L}^{-1} h_2(x,t)$, 我们有

$$\begin{cases} \left(\partial_t + \partial_x^3\right) u(x,t) = 0, & x \neq 0, \\ u(x,0) = \phi(x), & x \in \mathbb{R}, \\ u(0,t) = g_1(t), & t \in \mathbb{R}, \\ \displaystyle\lim_{x\uparrow 0} \partial_x u(x,t) = g_2(t), & t \in \mathbb{R}. \end{cases}$$

由 (12.2.17), (12.2.19) 右端极限的退化性, 我们发现对于右半直线问题不能同时指定边值 $u(0,t)$ 和 $\lim_{x\downarrow 0} \partial_x u(x,t)$, 这与唯一性计算 (12.1.3) 一致.

12.2.2 非线性形式

我们定义 Duhamel 非齐次解算子 $\mathscr{D}$ 为

$$\mathscr{D}w(x,t) = \int_0^t \mathrm{e}^{-(t-t')\partial_x^3} w\,(x,t')\,\mathrm{d}t', \quad (12.2.20)$$

因此

$$\begin{cases} \left(\partial_t + \partial_x^3\right) \mathscr{D}w(x,t) = w(x,t), & (x,t) \in \mathbb{R} \times \mathbb{R}, \\ \mathscr{D}w(x,0) = 0, & x \in \mathbb{R}. \end{cases} \quad (12.2.21)$$

对于右半线性问题 (12.1.1), 令

$$\Lambda_+ w = e^{-t\partial_x^3}\phi - \frac{1}{2}\mathscr{D}\left(\partial_x w^2\right) + \mathscr{L}^0 h, \tag{12.2.22}$$

其中

$$h(t) = f(t) - e^{-t\partial_x^3}\phi\Big|_{x=0} + \frac{1}{2}\mathscr{D}\left(\partial_x w^2\right)(0,t),$$

且若 u 满足 $\Lambda_+ u = u$, 则 u 是 (12.1.1) 的解. 对于左半线性问题 (12.1.2), 令

$$\Lambda_- w = e^{-t\partial_x^3}\phi - \frac{1}{2}\mathscr{D}\left(\partial_x w^2\right) + \mathscr{L}^0 h_1 + \mathscr{L}^{-1} h_2, \tag{12.2.23}$$

其中

$$\begin{pmatrix} h_1(t) \\ h_2(t) \end{pmatrix} = \begin{pmatrix} 2 & 1 \\ -1 & -1 \end{pmatrix} \begin{pmatrix} g_1(t) - e^{-t\partial_x^3}\Big|_{x=0} + \frac{1}{2}\mathscr{D}\left(\partial_x w^2\right)(0,t) \\ \mathscr{I}_{1/3}\left(g_2(\cdot) - \partial_x e^{-\cdot\partial_x^3}\phi\Big|_{x=0} + \frac{1}{2}\partial_x\mathscr{D}\left(\partial_x w^2\right)(0,\cdot)\right) \end{pmatrix},$$

且若 u 满足 $\Lambda_- u = u$, 则 u 是 (12.1.2) 的解. 因此为了求解问题 (12.1.1) 和 (12.1.2) 即证明 Λ_+, Λ_- 是在适当 Banach 空间上的压缩映射. 对于初值问题, 我们需要辅助的 Bourgain 空间 (12.1.11).

考虑空间 Z 由下面所有的 w 组成: $w \in C\left(\mathbb{R}_t; H_x^s\right) \cap C\left(\mathbb{R}_x; H_t^{\frac{s+1}{3}}\right) \cap X_{s,b} \cap D_\alpha$ 且 $\partial_x w \in C\left(\mathbb{R}_x; H_t^{\frac{s}{3}}\right)$. 我们要证明在 Z 中的球内, Λ_+, Λ_- 是压缩的, 其中球的半径是由初值和边值决定. (这由 Colliander 和 Kenig 于 2002 年在文献 [30] 中作出, 对于 Λ_+, $s = 0$ 无需估计 $\partial_x u \in C\left(\mathbb{R}_x; H_t^{\frac{s}{3}}\right)$, 这一原理很容易推广到 $-\frac{1}{2} < s < \frac{1}{2}$.) 对于这一结论的证明所需的估计见引理 12.5.5 对 $e^{-t\partial_x^3}$, 引理 12.5.6 对 $\mathscr{D}$, 引理 12.5.7, $\lambda = 0$ 时对 $\mathscr{L}^0$ 和引理 12.5.7, $\lambda = -1$ 时对 $\mathscr{L}^{-1}$ 的估计. 在引理 12.5.7 (d) 中的约束对 $\lambda = 0$ 是 $-\frac{1}{2} < s \leqslant 1$, 对引理 12.5.7 (d) $\lambda = -1$ 的约束是 $-\frac{3}{2} < s \leqslant 0$, 因此限制 $-\frac{1}{2} < s \leqslant 0$. 为了得到 $-\frac{3}{4} < s < \frac{3}{2}, s \neq \frac{1}{2}$ 的结果, 在下节中我们引入解析的 $\mathscr{L}_+^\lambda, \mathscr{L}_-^\lambda$ 使得 $\mathscr{L}_\pm^0 = \mathscr{L}^0, \mathscr{L}_\pm^{-1} = \mathscr{L}^{-1}$. 其解的性质是

$$\begin{cases} (\partial_t + \partial_x^3)\mathscr{L}_+^\lambda f(x,t) = 3\frac{x_-^{\lambda-1}}{\Gamma(\lambda)}\mathscr{I}_{-\frac{2}{3}-\frac{\lambda}{3}}f(t), \\ \mathscr{L}_+^\lambda f(x,0) = 0, \\ \mathscr{L}_+^\lambda f(0,t) = e^{\pi i\lambda}f(t) \end{cases}$$

和

$$
\begin{cases}
(\partial_t + \partial_x^3)\mathscr{L}_-^\lambda f(x,t) = 3\dfrac{x_+^{\lambda-1}}{\Gamma(\lambda)}\mathscr{I}_{-\frac{2}{3}-\frac{\lambda}{3}}f(t), \\[2mm]
\mathscr{L}_-^\lambda f(x,0) = 0, \\[2mm]
\mathscr{L}_-^\lambda f(0,t) = 2\sin\left(\dfrac{\pi}{3}\lambda + \dfrac{\pi}{6}\right)f(t).
\end{cases}
$$

由于 $\dfrac{x_-^{\lambda-1}}{\Gamma(\lambda)}$ 和 $\dfrac{x_+^{\lambda-1}}{\Gamma(\lambda)}$ 的支集性质, $(\partial_t + \partial_x^3)\mathscr{L}_+^\lambda f(x,t) = 0$, $x > 0$ 和 $(\partial_t + \partial_x^3)\cdot$ $\mathscr{L}_-^\lambda f(x,t) = 0$, $x < 0$. 对任意 $-\dfrac{3}{4} < s < \dfrac{3}{2}, s \neq \dfrac{1}{2}$, 我们能处理右半边值问题 (12.1.1) 通过用 $\mathscr{L}_+^\lambda$ 对适当的 $\lambda = \lambda(s)$ 来替换 (12.2.22) 中的 $\mathscr{L}^0$, 而对左半边值问题 (12.1.2) 可通过用 $\mathscr{L}_-^{\lambda_1}, \mathscr{L}_-^{\lambda_2}, \lambda_1 \neq \lambda_2$ 替换 (12.2.23) 中的 $\mathscr{L}^0, \mathscr{L}^{-1}$.

12.3　Duhamel 边界力算子类

对于 $\mathrm{Re}\lambda > 0$, $f \in C_0^\infty(\mathbb{R}^+)$, 定义

$$
\begin{aligned}
\mathscr{L}_-^\lambda f(x,t) &= \left[\frac{x_+^{\lambda-1}}{\Gamma(\lambda)} * \mathscr{L}^0\left(\mathscr{I}_{-\lambda/3}f\right)(-,t)\right](x) \\
&= \frac{1}{\Gamma(\lambda)}\int_{-\infty}^x (x-y)^{\lambda-1}\mathscr{L}^0\left(\mathscr{I}_{-\lambda/3}f\right)(y,t)\mathrm{d}y,
\end{aligned}
\tag{12.3.1}
$$

利用 $\dfrac{x_-^{\lambda-1}}{\Gamma(\lambda)} = \mathrm{e}^{\mathrm{i}\pi\lambda}\dfrac{(-x)_+^{\lambda-1}}{\Gamma(\lambda)}$, 定义

$$
\begin{aligned}
\mathscr{L}_+^\lambda f(x,t) &= \left[\frac{x_-^{\lambda-1}}{\Gamma(\lambda)} * \mathscr{L}^0\left(\mathscr{I}_{-\lambda/3}f\right)(-,t)\right](x) \\
&= \frac{\mathrm{e}^{\mathrm{i}\pi\lambda}}{\Gamma(\lambda)}\int_x^{+\infty}(y-x)^{\lambda-1}\mathscr{L}^0\left(\mathscr{I}_{-\lambda/3}f\right)(y,t)\mathrm{d}y.
\end{aligned}
\tag{12.3.2}
$$

对 (12.3.1) 分部积分, 由引理 12.2.2 得到的衰减界和 (12.2.11) 可得

$$
\begin{aligned}
\mathscr{L}_-^\lambda f(x,t) &= \left[\frac{x_+^{(\lambda+3)-1}}{\Gamma(\lambda+3)} * \partial_x^3\mathscr{L}^0 f(-,t)\right](x) \\
&= 3\frac{x_+^{(\lambda+3)-1}}{\Gamma(\lambda+3)}\mathscr{I}_{-\frac{2}{3}-\frac{\lambda}{3}}f(t) - \int_{-\infty}^x \frac{(x-y)^{(\lambda+3)-1}}{\Gamma(\lambda+3)}\mathscr{L}^0\left(\partial_t\mathscr{I}_{-\frac{\lambda}{3}}f\right)(y,t)\mathrm{d}y.
\end{aligned}
\tag{12.3.3}
$$

对于 $\operatorname{Re}\lambda > -3$, 可取 (12.3.3) 作为 $\mathscr{L}_-^\lambda f$ 的定义. 在 (12.3.2) 中做分部积分, 由引理 12.2.2 得到的衰减界和 (12.2.11)

$$
\begin{aligned}
&\mathscr{L}_+^\lambda f(x,t) \\
&= \left[\frac{x_-^{(\lambda+3)-1}}{\Gamma(\lambda+3)} * \partial_x^3 \mathscr{L} f(-,t) \right](x) \\
&= 3\frac{x_-^{(\lambda+3)-1}}{\Gamma(\lambda+3)} \mathscr{I}_{-\frac{2}{3}-\frac{\lambda}{3}} f(t) + \mathrm{e}^{\mathrm{i}\pi\lambda} \int_{-\infty}^x \frac{(-x+y)^{(\lambda+3)-1}}{\Gamma(\lambda+3)} \mathscr{L}^0 \left(\partial_t \mathscr{I}_{-\frac{\lambda}{3}} f \right)(y,t)\mathrm{d}y.
\end{aligned}
$$

$$(12.3.4)$$

对于 $\operatorname{Re}\lambda > -3$, 我们可取 (12.3.4) 可作为 $\mathscr{L}_+^\lambda f$ 的定义. 直接从这些定义可推出, 在分布意义下

$$
\left(\partial_t + \partial_x^3 \right) \mathscr{L}_-^\lambda f(x,t) = 3\frac{x_+^{\lambda-1}}{\Gamma(\lambda)} \mathscr{I}_{-\frac{2}{3}-\frac{\lambda}{3}} f(t)
$$

和

$$
\left(\partial_t + \partial_x^3 \right) \mathscr{L}_+^\lambda f(x,t) = 3\frac{x_-^{\lambda-1}}{\Gamma(\lambda)} \mathscr{I}_{-\frac{2}{3}-\frac{\lambda}{3}} f(t).
$$

引理 12.3.1 ($\mathscr{L}_\pm^\lambda f(x,t)$ 的空间连续性和衰减性质)　令 $f \in C_0^\infty(\mathbb{R}^+)$ 且固定 $t \geqslant 0$. 我们有

$$
\mathscr{L}_\pm^{-2} f = \partial_x^2 \mathscr{L}^0 \mathscr{I}_{\frac{2}{3}} f, \quad \mathscr{L}_\pm^{-1} f = \partial_x \mathscr{L}^0 \mathscr{I}_{\frac{1}{3}} f, \quad \mathscr{L}_\pm^0 f = \mathscr{L} f.
$$

$\mathscr{L}_\pm^{-2} f(x,t)$ 在 $x = 0$ 处具有阶梯间断 $3f(t)$, 否则对 $x \neq 0$, $\mathscr{L}_\pm^{-2} f(x,t)$ 关于 x 连续. 对 $\lambda > -2$, $\mathscr{L}_\pm^\lambda f(x,t)$ 对 $x \in \mathbb{R}$ 是连续的. 对 $-2 \leqslant \lambda \leqslant 1$, $0 \leqslant t \leqslant 1$, $\mathscr{L}_-^\lambda f(x,t)$ 满足衰减界

$$
\left| \mathscr{L}_-^\lambda f(x,t) \right| \leqslant c_{k,\lambda,f} \langle x \rangle^{-k}, \quad \forall x \leqslant 0, \forall k \geqslant 0,
$$

$$
\left| \mathscr{L}_-^\lambda f(x,t) \right| \leqslant c_{\lambda,f} \langle x \rangle^{\lambda-1}, \quad \forall x \geqslant 0.
$$

对 $-2 \leqslant \lambda \leqslant 1$, $0 \leqslant t \leqslant 1$, $\mathscr{L}_+^\lambda f(x,t)$ 满足衰减界

$$
\left| \mathscr{L}_+^\lambda f(x,t) \right| \leqslant c_{k,\lambda,f} \langle x \rangle^{-k}, \quad \forall x \geqslant 0, \forall k \geqslant 0,
$$

$$
\left| \mathscr{L}_+^\lambda f(x,t) \right| \leqslant c_{\lambda,f} \langle x \rangle^{\lambda-1}, \quad \forall x \leqslant 0.
$$

证明　我们仅对 $\mathscr{L}_-^\lambda f$ 给证明, 因为关于 $\mathscr{L}_+^\lambda f$ 的结果可类似得到. 对于 $x \leqslant -2$, 由 (12.3.3) 中的估计并利用从 (12.2.7) ($|y| \geqslant |x|$) 得到的估计

$$
\left| \mathscr{L}^0 \left(\partial_t \mathscr{I}_{-\frac{\lambda}{3}} f \right)(y,t) \right| \leqslant c_{k,f} \langle y \rangle^{-k} \langle x \rangle^{-k}
$$

即可证. 设 $x \geqslant 2$, 取 $\psi \in C^\infty(\mathbb{R})$ 使得 $\psi(y) = 1$, $y \leqslant \frac{1}{4}$ 及 $\psi(y) = 0$, $y \geqslant \frac{3}{4}$. 则

$$
\begin{aligned}
\mathscr{L}_-^\lambda f(x,t) &= \frac{x_+^{(\lambda+3)-1}}{\Gamma(\lambda+3)} * \partial_x^3 \mathscr{L}^0 \mathscr{I}_{-\frac{\lambda}{3}} f(-,t) \\
&= \int_{-\infty}^x \frac{(x-y)^{\lambda+2}}{\Gamma(\lambda+3)} \psi\left(\frac{y}{x}\right) \partial_y^3 \mathscr{L} f^0 \mathscr{I}_{-\frac{\lambda}{3}}(y,t)\mathrm{d}y \\
&\quad + \int_{-\infty}^x \frac{(x-y)^{\lambda+2}}{\Gamma(\lambda+3)} \left[1 - \psi\left(\frac{y}{x}\right)\right] \partial_y^3 \mathscr{L}^0 \mathscr{I}_{-\frac{\lambda}{3}} f(y,t)\mathrm{d}y \\
&= \mathrm{I} + \mathrm{II}.
\end{aligned}
$$

对于 I, $y \leqslant \frac{3}{4}x$, 分部积分

$$
\begin{aligned}
\mathrm{I} &= -\int_{-\infty}^x \partial_y^3 \left[\frac{(x-y)^{\lambda+2}}{\Gamma(\lambda+3)} \psi\left(\frac{y}{x}\right)\right] \mathscr{L}^0 \mathscr{I}_{-\frac{\lambda}{3}} f(y,t)\mathrm{d}y \\
&= \int_{-\infty}^x \frac{(x-y)^{\lambda-1}}{\Gamma(\lambda)} \psi\left(\frac{y}{x}\right) \mathscr{L}^0 \mathscr{I}_{-\frac{\lambda}{3}} f(y,t)\mathrm{d}y \\
&\quad + \sum_{j=1}^3 c_j \int_{-\infty}^x \frac{(x-y)^{\lambda+j-1}}{\Gamma(\lambda+j)} \frac{1}{x^j} \psi^{(j)}\left(\frac{y}{x}\right) \mathscr{L}^0 \mathscr{I}_{-\frac{\lambda}{3}} f(y,t)\mathrm{d}y.
\end{aligned}
$$

对第一项, 因 $y \leqslant \frac{3}{4}x$, $(x-y)^{\lambda-1} \leqslant \left(\frac{1}{4}\right)^{\lambda-1} x^{\lambda-1}$. 第二项, $\frac{1}{4}x \leqslant y \leqslant \frac{3}{4}x$, 因此可用 $\mathscr{L}^0 \mathscr{I}_{-\lambda/3} f(y,t)$ 的衰减性. 在 II 中, $y \geqslant \frac{1}{4}x$, 由 (12.2.11)

$$
\begin{aligned}
\mathrm{II} &= \int_{-\infty}^x \frac{(x-y)^{\lambda+2}}{\Gamma(\lambda+3)} \left[1 - \psi\left(\frac{y}{x}\right)\right] \left(3\delta_0(y)\mathscr{I}_{-2/3} f(t) - \mathscr{L}^0\left(\partial_t \mathscr{I}_{-2/3} f\right)(y,t)\right) \mathrm{d}y \\
&= -\int_{-\infty}^x \frac{(x-y)^{\lambda+2}}{\Gamma(\lambda+3)} \left[1 - \psi\left(\frac{y}{x}\right)\right] \mathscr{L}^0\left(\partial_t \mathscr{I}_{-2/3} f\right)(y,t)\mathrm{d}y.
\end{aligned}
$$

因 $y \geqslant \frac{1}{4}x$, 由引理 12.2.2 我们有

$$
\left|\mathscr{L}^0\left(\partial_t \mathscr{I}_{-2/3} f\right)(y,t)\right| \leqslant c_k \|f\|_{H^{2k+1}} \langle x\rangle^{-k} \langle y\rangle^{-k},
$$

可得界. □

引理 12.3.2 ($\mathscr{L}_\pm^\lambda f(x,t)$ 在 $x=0$ 上的值) 对 $\operatorname{Re}\lambda > -2$,

$$
\mathscr{L}_-^\lambda f(0,t) = 2\sin\left(\frac{\pi}{3}\lambda + \frac{\pi}{6}\right) f(t), \tag{12.3.5}
$$

$$
\mathscr{L}_+^\lambda f(0,t) = \mathrm{e}^{\mathrm{i}\pi\lambda} f(t). \tag{12.3.6}
$$

为了证明上面结论, 我们需要使用 Airy 函数每端的 Mellin 来计算.

引理 12.3.3 (Airy 函数的 Mellin 变换)　若 $0 < \operatorname{Re}\lambda < \dfrac{1}{4}$, 则

$$\int_0^{+\infty} x^{\lambda-1}A(-x)\mathrm{d}x = \frac{1}{3\pi}\Gamma(\lambda)\Gamma\left(-\frac{1}{3}\lambda+\frac{1}{3}\right)\cos\left(\frac{2\pi}{3}\lambda - \frac{\pi}{6}\right). \qquad (12.3.7)$$

若 $\operatorname{Re}\lambda > 0$, 则

$$\int_0^{+\infty} x^{\lambda-1}A(x)\mathrm{d}x = \frac{1}{3\pi}\Gamma(\lambda)\Gamma\left(\frac{1}{3}-\frac{1}{3}\lambda\right)\cos\left(\frac{\pi}{3}\lambda + \frac{\pi}{6}\right). \qquad (12.3.8)$$

注意到尽管 $\Gamma\left(\dfrac{1}{3}-\dfrac{1}{3}\lambda\right)$ 在 $\lambda = 1, 4, 7, \cdots$ 有极点, 但是 $\cos\left(\dfrac{\pi}{3}\lambda + \dfrac{\pi}{6}\right)$ 在这些点上是等于零的.

证明　我们只证明 (12.3.7), (12.3.8) 类似. 由 Airy 函数关于 $x \geqslant 0$ 的衰减性 $A(-x) \leqslant c\langle x\rangle^{-1/4}$, 则上述积分绝对收敛. 设 λ 是实的, 且 $0 < \lambda < \dfrac{1}{4}$, 由解析性, (12.3.7) 得证. 令 $A_1(x) = \dfrac{1}{2\pi}\displaystyle\int_0^{+\infty}\mathrm{e}^{\mathrm{i}x\xi}\mathrm{e}^{\mathrm{i}\xi^3}\mathrm{d}\xi$, 使得 $A(x) = 2\operatorname{Re}A_1(x)$.

令 $A_{1,\varepsilon}(x) = \dfrac{1}{2\pi}\displaystyle\int_{\xi=0}^{+\infty}\mathrm{e}^{\mathrm{i}x\xi}\mathrm{e}^{\mathrm{i}\xi^3}\mathrm{e}^{-\varepsilon\xi}\mathrm{d}\xi$. 则由控制收敛和 Fubini 定理可得

$$\int_0^{+\infty} x^{\lambda-1}A_1(-x)\mathrm{d}x$$

$$= \lim_{\varepsilon\downarrow 0}\lim_{\delta\downarrow 0}\int_{x=0}^{+\infty} x^{\lambda-1}\mathrm{e}^{-\delta x}A_{1,\varepsilon}(-x)\mathrm{d}x$$

$$= \lim_{\varepsilon\downarrow 0}\lim_{\delta\downarrow 0}\frac{1}{2\pi}\int_{\xi=0}^{+\infty}\mathrm{e}^{\mathrm{i}\xi^3}\mathrm{e}^{-\varepsilon\xi}\int_{x=0}^{+\infty} x^{\lambda-1}\mathrm{e}^{-\delta x}\mathrm{e}^{-\mathrm{i}x\xi}\mathrm{d}x\mathrm{d}\xi. \qquad (12.3.9)$$

周线变换得

$$\int_{x=0}^{+\infty} x^{\lambda-1}\mathrm{e}^{-\delta x}\mathrm{e}^{-\mathrm{i}x\xi}\mathrm{d}x = \xi^{-\lambda}\mathrm{e}^{-\lambda\frac{\pi}{2}}\Gamma(\lambda, \delta/\xi), \qquad (12.3.10)$$

其中 $\Gamma(\lambda, z) = \displaystyle\int_{r=0}^{+\infty} r^{\lambda-1}\mathrm{e}^{\mathrm{i}rz}\mathrm{e}^{-r}\mathrm{d}r$. 由控制收敛定理

$$\lim_{\delta\downarrow 0}\int_{x=0}^{+\infty} x^{\lambda-1}\mathrm{e}^{-\delta x}\mathrm{e}^{-\mathrm{i}x\xi}\mathrm{d}x = \xi^{-\lambda}\mathrm{e}^{-\lambda\frac{\pi}{2}}\Gamma(\lambda).$$

因 (12.3.10) 是有界的, 与 $\delta > 0$ 无关, 由控制收敛

$$(12.3.9) = \frac{1}{2\pi}\Gamma(\lambda)\mathrm{e}^{-\mathrm{i}\lambda\frac{\pi}{2}}\lim_{\varepsilon\downarrow 0}\int_{\xi=0}^{+\infty}\mathrm{e}^{\mathrm{i}\xi^3}\mathrm{e}^{-\varepsilon\xi}\xi^{-\lambda}\mathrm{d}\xi.$$

对上式作变量变换 $\eta = \xi^3$ 和周线变换得

$$\frac{1}{6\pi}\Gamma(\lambda)\mathrm{e}^{-\frac{2\pi\lambda\mathrm{i}}{3}}\mathrm{e}^{\frac{\pi\mathrm{i}}{6}}\lim_{\varepsilon\downarrow 0}\int_0^{+\infty}\mathrm{e}^{-r}\mathrm{e}^{-\varepsilon\left(\frac{\sqrt{3}}{2}+\mathrm{i}\frac{1}{2}\right)r^{1/3}}r^{-\frac{2}{3}-\frac{\lambda}{3}}\mathrm{d}r.$$

最后, 由控制收敛得

$$\int_0^{+\infty} x^{\lambda-1} A_1(-x)\mathrm{d}x = \frac{1}{6\pi}\mathrm{e}^{-\frac{2\pi\lambda\mathrm{i}}{3}}\mathrm{e}^{\frac{\pi\mathrm{i}}{6}}\Gamma(\lambda)\Gamma\left(\frac{1}{3}-\frac{\lambda}{3}\right).$$

利用 $A(x) = 2\operatorname{Re}A_1(x)$, 可得 (12.3.7). □

下面证明引理 12.3.2.

引理 12.3.2 的证明 从 (12.3.3) 有

$$\mathscr{L}_-^\lambda f(0,t) = \int_{-\infty}^0 \frac{(-y)^{\lambda+2}}{\Gamma(\lambda+3)} \mathscr{L}^0\left(\partial_t \mathscr{I}_{-\frac{\lambda}{3}}f\right)(y,t)\mathrm{d}y. \tag{12.3.11}$$

由 (12.3.4)

$$\mathscr{L}_+^\lambda f(0,t) = \mathrm{e}^{\mathrm{i}\pi\lambda}\int_0^{+\infty} \frac{y^{\lambda+2}}{\Gamma(\lambda+3)} \mathscr{L}^0\left(\partial_t \mathscr{I}_{-\frac{\lambda}{3}}f\right)(y,t)\mathrm{d}y. \tag{12.3.12}$$

根据积分号下的复微分, (12.3.11) 表明 $\mathscr{L}_-^\lambda f(0,t)$ 在 $\operatorname{Re}\lambda > -2$ 是解析的. 我们仅计算 (12.3.5) 对 $0 < \lambda < \frac{1}{4}, \lambda$ 是实数. 由解析性, 这个结果可推广到 $\operatorname{Re}\lambda > -2$. 对 $0 < \lambda < \frac{1}{4}$, 我们利用 (12.3.1) 来给出

$$\mathscr{L}_-^\lambda f(0,t) = \int_{y=-\infty}^0 \frac{(-y)^{\lambda-1}}{\Gamma(\lambda)} \mathscr{L}^0 f(y,t)\mathrm{d}y.$$

由 $A(-y), y \geqslant 0$ 的衰减性, 利用 Fubini 定理去证明上述方程. 代入 (12.2.5) 且利用 (12.3.7) 可得

$$\mathscr{L}_-^\lambda f(0,t)$$
$$= \frac{1}{\pi}\Gamma\left(-\frac{1}{3}\lambda+\frac{1}{3}\right)\Gamma\left(\frac{1}{3}\lambda+\frac{2}{3}\right)\cos\left(\frac{2\pi}{3}\lambda-\frac{\pi}{6}\right)\mathscr{I}_{\frac{1}{3}\lambda+\frac{2}{3}}\left(\mathscr{I}_{-\frac{\lambda}{3}-\frac{2}{3}}f\right)(t).$$

由等式 $\Gamma(z)\Gamma(1-z) = \dfrac{\pi}{\sin\pi z}$, $\cos x = \sin\left(\dfrac{\pi}{2}-x\right)$ 和 $\sin 2x = 2\cos x\sin x$, 可得

$$\mathscr{L}_-^\lambda f(0,t) = \frac{\cos\left(\dfrac{2\pi}{3}\lambda-\dfrac{\pi}{6}\right)}{\sin\left(-\dfrac{\pi}{3}\lambda+\dfrac{\pi}{3}\right)}\mathscr{I}_{\frac{1}{3}\lambda+\frac{2}{3}}(h)(t)$$
$$= 2\sin\left(\frac{\pi}{3}\lambda+\frac{\pi}{6}\right)\mathscr{I}_{\frac{1}{3}\lambda+\frac{2}{3}}\left(\mathscr{I}_{-\frac{\lambda}{3}-\frac{2}{3}}f\right)(t),$$

这就得到了 (12.3.5). 根据积分号下的复微分, (12.3.12) 表明 $f_+(t,\lambda)$ 对于 $\operatorname{Re}\lambda > -3$ 是解析的. 我们仅计算 (12.3.6), $0 < \lambda, \lambda$ 实数. 由解析性, 这个结果可推广

到 $\operatorname{Re}\lambda > -3$. 对 $0 < \lambda$, 用 (12.3.2) 置换 (12.3.12) 得

$$\mathscr{L}_+^\lambda f(0,t) = \mathrm{e}^{\mathrm{i}\pi\lambda} \int_{y=0}^{+\infty} \frac{y^{\lambda-1}}{\Gamma(\lambda)} \mathscr{L}^0 \mathscr{I}_{-\frac{\lambda}{3}} f(y,t) \mathrm{d}y.$$

由 $A(y), y \geqslant 0$ 的衰减性, 利用 Fubini 定理得

$$\mathscr{L}_+^\lambda f(0,t) = \frac{1}{3\pi} \Gamma\left(\frac{1}{3} - \frac{1}{3}\lambda\right) \cos\left(\frac{\pi}{3}\lambda + \frac{\pi}{6}\right) \mathrm{e}^{\mathrm{i}\pi\lambda} \mathscr{I}_{\frac{1}{3}\lambda+\frac{2}{3}} \left(\mathscr{I}_{-\frac{1}{3}\lambda-\frac{2}{3}} f\right)(t).$$

利用上面相同的等式, 可得 (12.3.6). $\qquad\square$

12.4　一些函数空间的性质

引理 12.4.1 ([30], 引理 2.8)　若 $0 \leqslant \alpha < \dfrac{1}{2}$, 则 $\|\theta h\|_{H^\alpha} \leqslant c\|h\|_{\dot{H}^\alpha}$, 且 $\|\theta h\|_{\dot{H}^{-\alpha}} \leqslant c\|h\|_{H^{-\alpha}}$, 其中 $c = c(\alpha, \theta)$.

引理 12.4.2 ([55], 引理 3.5)　若 $-\dfrac{1}{2} < \alpha < \dfrac{1}{2}$, 则 $\left\|\chi_{(0,+\infty)} f\right\|_{H^\alpha} \leqslant c\|f\|_{H^\alpha}$, 其中 $c = c(\alpha)$.

引理 12.4.3 ([30], 性质 2.4; [55], 引理 3.7, 引理 3.8)　若 $\dfrac{1}{2} < \alpha < \dfrac{3}{2}$, 则

$$H_0^\alpha\left(\mathbb{R}^+\right) = \left\{ f \in H^\alpha\left(\mathbb{R}^+\right) \,|\, f(0) = 0 \right\}.$$

若 $\dfrac{1}{2} < \alpha < \dfrac{3}{2}$ 且 $f \in H^\alpha\left(\mathbb{R}^+\right)$, $f(0) = 0$, 则 $\left\|\chi_{(0,+\infty)} f\right\|_{H_0^\alpha(\mathbb{R}^+)} \leqslant c\|f\|_{H^\alpha(\mathbb{R}^+)}$, 其中 $c = c(\alpha)$.

引理 12.4.4 ([30], 引理 5.1)　若 $s \in \mathbb{R}$ 和 $0 < b < 1, 0 < \alpha < 1$, 则

$$\|\theta(t) w(x,t)\|_{X_{s,b} \cap D_\alpha} \leqslant c\|w\|_{X_{s,b}},$$

其中 $c = c(\theta)$.

引理 12.4.5 ([30], 推论 2.1, 性质 2.2)　对 $\alpha \geqslant 0, H_0^{-\alpha}\left(\mathbb{R}^+\right)$ 是一个复插值空间. 对 $\alpha \geqslant 0, H_0^\alpha\left(\mathbb{R}^+\right)$ 也是一个复插值空间.

12.5　某 些 估 计

12.5.1　Riemann-Liouville 分数阶积分估计

令 $\mathscr{F}_\alpha f = \dfrac{t_+^{\alpha-1}}{\Gamma(\alpha)} * f, f \in C_0^\infty(\mathbb{R})$.

引理 12.5.1 设 $\alpha \in \mathbb{C}$. 若 $\mu_1 \in C_0^\infty(\mathbb{R})$ 且 $\mu_2 \in C^\infty(\mathbb{R})$ 使得 $\mu_2 = 1$ 在 $(-\infty, b]$ 的一个邻域上, 其中 $b = \sup\{t | t \in \operatorname{supp} \mu_1\}$, 则 $\mu_1 \mathscr{F}_\alpha \mu_2 h = \mu_1 \mathscr{F}_\alpha h$. 若 $\mu_2 \in C_0^\infty(\mathbb{R})$, $\mu_1 \in C^\infty(\mathbb{R})$ 使得 $\mu_1 = 1$ 在 $[a, +\infty)$ 的一个邻域上, 其中 $a = \inf\{t | t \in \operatorname{supp} \mu_2\}$, 则 $\mu_1 \mathscr{F}_\alpha \mu_2 h = \mathscr{F}_\alpha \mu_2 h$.

证明 第一个等式来自积分的定义若 $\operatorname{Re}\alpha > 0$. 若 $\operatorname{Re}\alpha < 0$, $k \in \mathbb{N}$ 使得 $-k < \operatorname{Re}\alpha \leqslant -k+1$, 则 $\mathscr{F}_\alpha = \partial_t^k \mathscr{F}_{\alpha+k}$. 令 U 是开集满足

$$\operatorname{supp}\mu_1 \subset (-\infty, b] \subset U \subset \{t | \mu_2(t) = 1\}.$$

则由 $\forall t \in U$, $\mathscr{F}_{\alpha+k}h = \mathscr{F}_{\alpha+k}\mu_2 h$, 可推出 $\forall t \in (-\infty, b], \partial_t^k \mathscr{F}_{\alpha+k}h = \partial_t^k \mathscr{F}_{\alpha+k}\mu_2 h$, 进而推出 $\forall t \in \mathbb{R}, \mu_1 \partial_t^k \mathscr{F}_{\alpha+k}h = \mu_1 \partial_t^k \mathscr{F}_{\alpha+k}\mu_2 h$. 第二个断言来自积分定义若 $\operatorname{Re}\alpha > 0$. 若 $\operatorname{Re}\alpha < 0$, 令 $k \in \mathbb{N}$ 使得 $-k < \operatorname{Re}\alpha \leqslant -k+1$, 因此 $\mathscr{F}_\alpha = \mathscr{F}_{\alpha+k}\partial_t^k$. 由于 $\partial_t^j \mu_2 \subset [a, +\infty) \subset \{t | \mu_1(t) = 1\}$, 我们有

$$\mu_1 \mathscr{F}_{\alpha+k}\left(\partial_t^j \mu_2\right)\left(\partial_t^{k-j}h\right) = \mathscr{F}_{\alpha+k}\left(\partial_t^j \mu_2\right)\left(\partial_t^{k-j}h\right),$$

故 $\mu_1 \mathscr{F}_{\alpha+k}\partial_t^k \mu_2 h = \mathscr{F}_{\alpha+k}\partial_t^k \mu_2 h$. $\qquad\square$

引理 12.5.2 对 $\gamma \in \mathbb{R}, s \in \mathbb{R}$, 有 $\|\mathscr{F}_{i\gamma}h\|_{H^s(\mathbb{R})} \leqslant \cosh\left(\dfrac{1}{2}\pi\gamma\right)\|h\|_{H^s(\mathbb{R})}$.

证明 由 (12.1.11), 我们有

$$\left(\frac{x_+^{i\gamma-1}}{\Gamma(i\gamma)}\right)^\wedge(\xi) = \begin{cases} \mathrm{e}^{\frac{1}{2}\pi\gamma}\mathrm{e}^{-i\gamma\ln|\xi|}, & \xi > 0, \\ \mathrm{e}^{-\frac{1}{2}\pi\gamma}\mathrm{e}^{-i\gamma\ln|\xi|}, & \xi < 0. \end{cases}$$

因此 $\left|\left(\dfrac{x_+^{i\gamma-1}}{\Gamma(i\gamma)}\right)^\wedge(\xi)\right| \leqslant 2\cosh\left(\dfrac{1}{2}\pi\gamma\right)$. $\qquad\square$

引理 12.5.3 若 $0 \leqslant \operatorname{Re}\alpha < +\infty$ 且 $s \in \mathbb{R}$, 则

$$\|\mathscr{I}_{-\alpha}h\|_{H_0^s(\mathbb{R}^+)} \leqslant c\mathrm{e}^{\frac{1}{2}\operatorname{Im}\alpha}\|h\|_{H_0^{s+\alpha}(\mathbb{R}^+)}, \tag{12.5.1}$$

$$\|\mathscr{F}_{-\alpha}h\|_{H^s(\mathbb{R})} \leqslant c\mathrm{e}^{\frac{1}{2}\operatorname{Im}\alpha}\|h\|_{H^{s+\alpha}(\mathbb{R})}. \tag{12.5.2}$$

证明 (12.5.2) 可直接从 (12.2.2) 推得. (12.5.1) 则可从 (12.5.2)、引理 12.2.1 和稠密原理推得. $\qquad\square$

引理 12.5.4 若 $0 \leqslant \operatorname{Re}\alpha < +\infty, s \in \mathbb{R}$, $\mu, \mu_2 \in C_0^\infty(\mathbb{R})$, 则

$$\|\mu \mathscr{I}_\alpha h\|_{H_0^s(\mathbb{R}^+)} \leqslant c\mathrm{e}^{\frac{1}{2}\operatorname{Im}\alpha}\|h\|_{H_0^{s-\alpha}(\mathbb{R}^+)}, \quad c = c(\mu), \tag{12.5.3}$$

$$\|\mu \mathscr{F}_\alpha \mu_2 h\|_{H^s(\mathbb{R})} \leqslant c\mathrm{e}^{\frac{1}{2}\ln\alpha}\|h\|_{H^{s-\alpha}(\mathbb{R})}, \quad c = c(\mu, \mu_2). \tag{12.5.4}$$

证明　我们首先解释 (12.5.3) 如何从 (12.5.4) 推得. 给定 μ, 令 $b = \sup\{t | t \in \mathrm{supp}\,\mu\}$. 取 $\mu_2 \in C_0^\infty(\mathbb{R})$, $\mu_2 = 1$ 在 $[0, b]$. 则限制 $h \in C_0^\infty(\mathbb{R}^+)$, 我们有 $\mu\mathscr{F}_\alpha h = \mu\mathscr{F}_\alpha\mu_2 h$. 由引理 12.2.1 和稠密性, 可得 (12.5.3). 下面证明 (12.5.4). 首先考虑 $s = 0$.

断言　若 $k \in \mathbb{Z}_{\geqslant 0}$, 则 $\|\mu\mathscr{F}_k\mu_2 h\|_{L^2(\mathbb{R})} \leqslant c\|h\|_{H^{-k}(\mathbb{R})}$, 其中 $c = c(\mu, \mu_2)$.

为证此断言, 考虑 $k \in \mathbb{N}$. 若 $g \in C_0^\infty(\mathbb{R})$ 且 $\|g\|_{L^2} \leqslant 1$, 则

$$\begin{aligned}
\|\mu\mathscr{F}_k\mu_2 h\|_{L^2} &= \frac{1}{\Gamma(k)}\sup_g \int_t \mu(t)\int_{s=-\infty}^t (t-s)^{k-1}\mu_2(s)h(s)\mathrm{d}s g(t)\mathrm{d}t \\
&= \frac{1}{\Gamma(k)}\sup_g \int_s h(s)\mu_2(s)\int_{t=s}^{+\infty}\mu(t)(t-s)^{k-1}g(t)\mathrm{d}t\mathrm{d}s \\
&\leqslant \frac{1}{\Gamma(k)}\|h\|_{H^{-k}}\left\|\mu_2(s)\int_{t=s}^{+\infty}\mu(t)(t-s)^{k-1}g(t)\mathrm{d}t\right\|_{H^k(\mathrm{d}s)} \\
&\leqslant c\|h\|_{H^{-k}}\|g\|_{L^2}.
\end{aligned}$$

当 $k = 0$ 时是平凡的, 于是推出此论断.

为证 (12.5.4), 首先取 $\alpha = k \in \mathbb{Z}_{>0}$, $s = m \in \mathbb{Z}$, $h \in C_0^\infty(\mathbb{R})$.

情况 1.　$m \geqslant 0$.

$$\begin{aligned}
\|\mu\mathscr{F}_k\mu_2 h\|_{H^m} &\leqslant \|\mu\mathscr{F}_k\mu_2 h\|_{L^2} + \sum_{j=0}^m \|\mu^{(j)}\mathscr{F}_{k-m+j}\mu_2 h\|_{L^2} \\
&\leqslant c\left(\|h\|_{H^{-k}} + \sum_{j=0}^m \|h\|_{H^{m-k-j}}\right) \leqslant c\|h\|_{H^{m-k}},
\end{aligned}$$

根据上述断言或引理 12.5.3.

情况 2.　$m < 0$. 取 $\mu_3 = 1$ 在 $\mathrm{supp}\,\mu$, $\mu_3 \in C_0^\infty(\mathbb{R}^+)$,

$$\mu\mathscr{F}_k\mu_2 h = \mu\partial_t^{-m}\mathscr{F}_{k-m}\mu_2 h = \mu\partial_t^{-m}\mu_3\mathscr{F}_{k-m}\mu_2 h,$$

因此

$$\|\mu\mathscr{F}_k\mu_2 h\|_{H^m} \leqslant \|\mu_3\mathscr{F}_{k-m}\mu_2 h\|_{L^2}.$$

于是根据断言可推出结论.

接下来, 展开 $\alpha = k + \mathrm{i}\gamma$, $k, \gamma \in \mathbb{R}$. 令 $\mu_3 = 1$ 在 $(-\infty, b]$ 的邻域上, 其中 $b = \sup\{t | t \in \mathrm{supp}\,\mu\}$. 令 $\mu_4 = 1$ 在 $[a, +\infty)$ 的邻域上, 其中 $a = \inf\{t | t \in \mathrm{supp}\,\mu_2\}$, 使得 $\mu_3\mu_4 \in C_0^\infty(\mathbb{R})$. 由引理 12.5.1,

$$\mu\mathscr{F}_{k+\mathrm{i}\gamma}\mu_2 h = \mu\mathscr{F}_{\mathrm{i}\gamma}\mu_3\mu_4\mathscr{F}_k\mu_2 h,$$

由引理 12.5.2

$$\|\mu \mathscr{F}_{k+i\gamma}\mu_2 h\|_{H^m} \leqslant c \cosh\left(\frac{1}{2}\pi\gamma\right)\|\mu_3\mu_4\mathscr{F}_k\mu_2 h\|_{H^m},$$

它是有界的. □

12.5.2 群的估计

在 (12.2.3) 中定义的算子 $e^{-t\partial_x^3}$ 满足 (12.2.4).

引理 12.5.5 令 $s \in \mathbb{R}$. 则:

(a) (空间迹) $\left\|e^{-t\partial_x^3}\phi(x)\right\|_{C(\mathbb{R}_t; H_x^s)} \leqslant c\|\phi\|_{H^s}$;

(b) (时间迹) $\left\|\theta(t)e^{-t\partial_x^3}\phi(x)\right\|_{C\left(\mathbb{R}_x; H_t^{\frac{s+1}{3}}\right)} \leqslant c\|\phi\|_{H^s}$;

(c) (导数时间迹) $\left\|\theta(t)\partial_x e^{-t\partial_x^3}\phi(x)\right\|_{C\left(\mathbb{R}_x; H_t^{\frac{s}{3}}\right)} \leqslant c\|\phi\|_{H^s}$;

(d) (Bourgain 空间估计) 若 $0 < b < 1$ 且 $0 < \alpha < 1$, 则

$$\left\|\theta(t)e^{-t\partial_x^3}\phi(x)\right\|_{X_{s,b} \cap D_\alpha} \leqslant c\|\theta\|_{H^1}\|\phi\|_{H^s},$$

其中 c 不依赖于 θ.

证明 (a),(d) 可根据定义 (12.2.3) 而得, (b),(c) 可见文献 [62]. □

12.5.3 Duhamel 非齐次解算子

算子 $\mathscr{D}$ 在 (12.2.20) 给出定义, 满足 (12.2.21). 令

$$\|u\|_{Y_{s,b}} = \left(\iint_{\xi,\tau} \langle\tau\rangle^{2s/3} \langle\tau-\xi^3\rangle^{2b} |\hat{u}(\xi,\tau)|^2 \mathrm{d}\xi\mathrm{d}\tau\right)^{1/2}.$$

引理 12.5.6 设 $s \in \mathbb{R}$. 则:

(a) (空间迹) 若 $0 \leqslant b < \frac{1}{2}$, 则

$$\|\theta(t)\mathscr{D}w(x,t)\|_{C(\mathbb{R}_t; H_x^s)} \leqslant c\|w\|_{X_{s,-b}};$$

(b) (时间迹) 若 $0 < b < \frac{1}{2}$, 则

$$\|\theta(t)\mathscr{D}w(x,t)\|_{C\left(\mathbb{R}_x; H_t^{\frac{s+1}{3}}\right)} \leqslant \begin{cases} c\|w\|_{X_{s,-b}}, & -1 \leqslant s \leqslant \frac{1}{2}, \\ c\left(\|w\|_{X_{s,-b}} + \|w\|_{Y_{s,-b}}\right), & \forall s. \end{cases}$$

若 $s < \frac{7}{2}$, 则 $\|\theta(t)\mathscr{D}w(x,t)\|_{C\left(\mathbb{R}_x; H_0^{\frac{s+1}{3}}(\mathbb{R}_t^+)\right)}$ 有相同的界.

(c) (导数时间迹) 若 $0 < b < \dfrac{1}{2}$, 则

$$\|\theta(t)\partial_x\mathscr{D}w(x,t)\|_{C\left(\mathbb{R}_x;H_t^{\frac{s}{3}}\right)} \leqslant \begin{cases} c\|w\|_{X_{s,-b}}, & 0 \leqslant s \leqslant \dfrac{3}{2}, \\ c\left(\|w\|_{X_{s,-b}} + \|w\|_{Y_{s,b}}\right), & \forall\, s. \end{cases}$$

若 $s < \dfrac{9}{2}$, 则 $\|\theta(t)\partial_x\mathscr{D}w(x,t)\|_{C\left(\mathbb{R}_x;H_0^{\frac{s}{3}}(\mathbb{R}_t^+)\right)}$ 有相同的界.

(d) (Bourgain 空间估计) 若 $0 \leqslant b < \dfrac{1}{2}$ 且 $\alpha \leqslant 1 - b$, 则

$$\|\theta(t)\mathscr{D}w(x,t)\|_{X_{s,b}\cap D_\alpha} \leqslant c\|w\|_{X_{s,-b}}.$$

注记 12.5.1 Bourgain 空间 $Y_{s,b}$ 出现于引理 12.5.6 (b), (c) 是必要的, 这是为了考虑整个区间 $-\dfrac{3}{4} < s < \dfrac{3}{2}$ $\left(s \neq \dfrac{1}{2}\right)$.

证明 (d) 来自 [30] 中的引理 5.4. (a) 是标准的估计, 可参看文献 [30] 中引理 5.4 和引理 5.5. (b) 在文献 [30] 引理 5.5 中, (c) 类似于文献 [30] 引理 5.5 的证明. □

12.5.4 Duhamel 边界力子类的估计

$\mathscr{L}_\pm^\lambda$ 在 (12.3.1) 和 (12.3.2) 中给出定义, 是 (12.2.6), (12.2.12) 的解.

引理 12.5.7 取 $s \in \mathbb{R}$. 则:

(a) (空间迹) 若 $s - \dfrac{5}{2} < \lambda < s + \dfrac{1}{2}$, $\lambda < \dfrac{1}{2}$, 且 supp $f \subset [0,1]$, 则

$$\|\mathscr{L}_\pm^\lambda f(x,t)\|_{C(\mathbb{R}_t;H_x^s)} \leqslant c\|f\|_{H_0^{\frac{s+1}{3}}(\mathbb{R}^+)}^2;$$

(b) (时间迹) 若 $-2 < \lambda < 1$, 则

$$\|\theta(t)\mathscr{L}_\pm^\lambda f(x,t)\|_{C\left(\mathbb{R}_x;H_0^{\frac{s+1}{3}}(\mathbb{R}_t^+)\right)} \leqslant c\|f\|_{H_0^{\frac{s+1}{3}}(\mathbb{R}^+)};$$

(c) (导数时间迹) 若 $-1 < \lambda < 2$, 则

$$\|\theta(t)\partial_x\mathscr{L}_\pm^\lambda f(x,t)\|_{C\left(\mathbb{R}_x;H_0^{\frac{s}{3}}(\mathbb{R}_t^+)\right)} \leqslant c\|f\|_{H_0^{\frac{s+1}{3}}(\mathbb{R}_t^+)};$$

(d) (Bourgain 空间估计) 若 $s - 1 \leqslant \lambda < s + \dfrac{1}{2}$, $\lambda < \dfrac{1}{2}$, $\alpha \leqslant \dfrac{s-\lambda+2}{3}$, $0 \leqslant b < \dfrac{1}{2}$, 则

$$\|\theta(t)\mathscr{L}_\pm^\lambda f(x,t)\|_{X_{s,b}\cap D_\alpha} \leqslant c\|f\|_{H_0^{\frac{s+1}{3}}(\mathbb{R}_t^+)}.$$

证明 不妨设 $f \in C_0^\infty(\mathbb{R}^+)$. 为证 (a), 我们利用

$$\left(\mathscr{L}^\lambda f\right)^\wedge (\xi, t) = (\xi - \mathrm{i}0)^{-\lambda} \int_0^t \mathrm{e}^{\mathrm{i}(t-t')\xi^3} \mathscr{I}_{-\frac{\lambda}{3}-\frac{2}{3}} f(t')\,\mathrm{d}t'.$$

作变量变换 $\eta = \xi^3$, 利用 $\mathscr{I}_{-\frac{\lambda}{3}-\frac{2}{3}} f(t')$ 的支集性质和 $\lambda < \dfrac{1}{2} \Longrightarrow -\dfrac{2}{3}\lambda - \dfrac{2}{3}$ 且 $s - \dfrac{5}{2} < \lambda < s + \dfrac{1}{2} \Longrightarrow -1 < -\dfrac{2\lambda}{3} - \dfrac{2}{3} + \dfrac{2s}{3} < 1$,

$$\|\phi\|_{H^s}^2 \leqslant \int_\eta |\eta|^{-\frac{2\lambda}{3}-\frac{2}{3}} \langle \eta \rangle^{\frac{2s}{3}} \left| \int_0^t \mathrm{e}^{\mathrm{i}(t-t')\eta} \mathscr{I}_{-\frac{\lambda}{3}-\frac{2}{3}} f(t')\,\mathrm{d}t' \right|^2 \mathrm{d}\eta$$

$$= \int_\eta |\eta|^{-\frac{2\lambda}{3}-\frac{2}{3}} \langle \eta \rangle^{\frac{2s}{3}} \left| \left(\chi_{(-\infty,t)} \mathscr{I}_{-\frac{\lambda}{3}-\frac{2}{3}} f\right)^\wedge (\eta) \right|^2 \mathrm{d}\eta.$$

由引理 12.4.1 (替换 $|\eta|^{-\frac{2\lambda}{3}-\frac{2}{3}}$ 为 $\langle\eta\rangle^{-\frac{2\lambda}{3}-\frac{2}{3}}$)、引理 12.4.2 (去掉时间截断因子 $\chi_{(-\infty,t)}$)、引理 12.5.3 (估计 $\mathscr{I}_{-\frac{\lambda}{3}-\frac{2}{3}}$) 可得估计 (a).

为证 (b), 注意到 $t' \to t - t'$ 表明

$$\left(I - \partial_t^2\right)^{\frac{s+1}{6}} \int_{-\infty}^t \mathrm{e}^{-(t-t')\partial_x^3} h(t')\,\mathrm{d}t' = \int_{-\infty}^t \mathrm{e}^{-(t-t')\partial_x^3} \left(I - \partial_t^2\right)^{\frac{s+1}{6}} h(t')\,\mathrm{d}t',$$

因此 (b) 等价于

$$\left\| \int_\xi \mathrm{e}^{\mathrm{i}x\xi} (\xi - \mathrm{i}0)^{-\lambda} \int_{-\infty}^t \mathrm{e}^{+\mathrm{i}(t-t')\xi^3} \left(\mathscr{I}_{-\frac{\lambda}{3}-\frac{2}{3}} f\right)(t')\,\mathrm{d}t'\mathrm{d}\xi \right\|_{L_t^2} \leqslant c\|f\|_{L_t^2}.$$

利用 $\chi_{(-\infty,t)} = \dfrac{1}{2}\operatorname{sgn}(t - t') + \dfrac{1}{2}$,

$$\int_\xi \mathrm{e}^{\mathrm{i}x\xi} (\xi - \mathrm{i}0)^{-\lambda} \int_{-\infty}^t \mathrm{e}^{+\mathrm{i}(t-t')\xi^3} \left(\mathscr{I}_{-\frac{\lambda}{3}-\frac{2}{3}} f\right)(t')\,\mathrm{d}t'\mathrm{d}\xi$$

$$= \int_\tau \mathrm{e}^{\mathrm{i}t\tau} \left[\lim_{\varepsilon \downarrow 0} \int_{|\tau - \xi^3| > \varepsilon} \mathrm{e}^{\mathrm{i}x\xi} \frac{(\tau - \mathrm{i}0)^{\frac{\lambda}{3}+\frac{2}{3}} (\xi - \mathrm{i}0)^{-\lambda}}{\tau - \xi^3}\mathrm{d}\xi \right] \hat{f}(\tau)\mathrm{d}\tau$$

$$+ \int_\xi \mathrm{e}^{\mathrm{i}x\xi} (\xi - \mathrm{i}0)^{-\lambda} \int_{-\infty}^{+\infty} \mathrm{e}^{+\mathrm{i}(t-t')\xi^3} \left(\mathscr{I}_{-\frac{\lambda}{3}-\frac{2}{3}} f\right)(t')\,\mathrm{d}t'\mathrm{d}\xi$$

$$= \mathrm{I} + \mathrm{II}.$$

写 II 为

$$\mathrm{II} = \int_\xi \mathrm{e}^{\mathrm{i}x\xi} \left(\mathscr{I}_{-\frac{\lambda}{3}-\frac{2}{3}} f\right)^\wedge (\xi^3) (\xi - \mathrm{i}0)^{-\lambda} \mathrm{e}^{\mathrm{i}t\xi^3}\mathrm{d}\xi.$$

作变量代换 $\eta = \xi^3$ 和 (12.2.2) 可得

$$\text{II} = \int_\eta e^{it\eta} e^{ix\eta^{1/3}} (\eta - i0)^{\frac{\lambda}{3}+\frac{2}{3}} (\eta^{1/3} - i0)^{-\lambda} \eta^{-2/3} \hat{f}(\eta) d\eta,$$

它是 $L_t^2 \to L_t^2$ 有界的. 在 I 中, 只需证明

$$\lim_{\varepsilon \downarrow 0} \int_{|\tau - \xi^3| > \varepsilon} e^{ix\xi} \frac{(\tau - i0)^{\frac{\lambda}{3}+\frac{2}{3}} (\xi - i0)^{-\lambda}}{\tau - \xi^3} d\xi \tag{12.5.5}$$

是有界的且不依赖于 τ. 作变量替换 $\xi \to \tau^{1/3}\xi$, 利用

$$\left(\tau^{1/3}\xi - i0\right)^{-\lambda} = \tau_+^{-\lambda/3}\left(c_1\xi_+^{-\lambda} + c_2\xi_-^{-\lambda}\right) + \tau_-^{-\lambda/3}\left(c_1\xi_-^{-\lambda} + c_2\xi_+^{-\lambda}\right),$$

可得

$$(12.5.5) = \chi_{\tau>0}\int_\xi e^{i\tau^{1/3}x\xi}\frac{c_1\xi_+^{-\lambda} + c_2\xi_-^{-\lambda}}{1-\xi^3}d\xi + \chi_{\tau<0}\int_\xi e^{i\tau^{1/3}x\xi}\frac{c_1\xi_-^{-\lambda} + c_2\xi_+^{-\lambda}}{1-\xi^3}.$$

以上两个积分的处理是相同的, 我们仅考虑其中一个. 令在 $\xi = 1$ 附近, $\psi(\xi) = 1$, 在 $\left[\frac{1}{2}, \frac{3}{2}\right]$ 之外为零. 则此项可分为

$$c_1\int_\xi e^{ix\tau^{1/3}\xi}\frac{\psi(\xi)\xi_+^{-\lambda}}{1-\xi^3}d\xi + \int_\xi e^{ix\tau^{1/3}\xi}\frac{(1-\psi(\xi))\left(c_1\xi_+^{-\lambda} + c_2\xi_-^{-\lambda}\right)}{1-\xi^3}d\xi = \text{I}_a + \text{I}_b.$$

在 I_b 中的积分项属于 L^1, $\lambda > -2$, 因此 $|\text{I}_b| \leqslant c$. I_a 是

$$c_1\int_\xi e^{ix\tau^{1/3}\xi}\frac{\psi(\xi)\xi_+^{-\lambda}}{1+\xi+\xi^2}\frac{1}{1-\xi}d\xi.$$

它是 L_t^2 有界的, (b) 证毕.

(c) 是 (b) 部分的推论, 因为 $\partial_x \mathscr{L}_\pm^\lambda = \mathscr{L}_\pm^{\lambda-1}\mathscr{I}_{1/3}$.

为证 (d), 由 (12.2.2) 知

$$\left(\mathscr{L}_-^\lambda f\right)^\wedge(\xi, t) = (\xi - i0)^{-\lambda}\int_\tau \frac{e^{it\tau} - e^{it\xi^3}}{\tau - \xi^3}(\tau - i0)^{\frac{\lambda}{3}+\frac{2}{3}}\hat{f}(\tau)d\tau.$$

令 $\psi(\tau) \in C^\infty(\mathbb{R})$ 使得 $\psi(\tau) = 1, |\tau| \leqslant 1$ 且 $\psi(\tau) = 0, |\tau| \geqslant 2$. 令

$$\hat{u}_1(\xi, t) = (\xi - i0)^{-\lambda}\int_\tau \frac{e^{it\tau} - e^{it\xi^3}}{\tau - \xi^3}\psi\left(\tau - \xi^3\right)(\tau - i0)^{\frac{\lambda}{3}+\frac{2}{3}}\hat{f}(\tau)d\tau,$$

$$\hat{u}_{2,1}(\xi, t) = (\xi - i0)^{-\lambda}\int_\tau \frac{e^{it\tau}}{\tau - \xi^3}\left(1 - \psi\left(\tau - \xi^3\right)\right)(\tau - i0)^{\frac{\lambda}{3}+\frac{2}{3}}\hat{f}(\tau)d\tau,$$

$$\hat{u}_{2,2}(\xi, t) = (\xi - i0)^{-\lambda}\int_\tau \frac{e^{it\xi^3}}{\tau - \xi^3}\left(1 - \psi\left(\tau - \xi^3\right)\right)(\tau - i0)^{\frac{\lambda}{3}+\frac{2}{3}}\hat{f}(\tau)d\tau,$$

因此 $\mathscr{L}_-^\lambda f = u_1 + u_{2,1} + u_{2,2}$. 对于 $-1 < \lambda < \frac{1}{2}$, $(\xi - \mathrm{i}0)^{-\lambda}$, $(\tau - \mathrm{i}0)^{\frac{\lambda}{3}+\frac{2}{3}}$ 是平方积分函数且

$$\|u_{2,1}\|_{X_{s,b}}^2 \leqslant c \int_\tau |\tau|^{\frac{2\lambda}{3}+\frac{4}{3}} \left(\int_\xi \frac{|\xi|^{-2\lambda}\langle\xi\rangle^{2s}}{\langle\tau-\xi^3\rangle^{2-2b}} \mathrm{d}\xi \right) |\hat{f}(\tau)|^2 \mathrm{d}\tau. \tag{12.5.6}$$

因 $-1 < \lambda < \frac{1}{2}$, 则 $-1 < -\frac{2\lambda}{3} - \frac{2}{3} < 0$. 分别考虑 $|\eta| \leqslant 1$, $|\tau| \ll |\eta|$, $|\eta| \ll |\tau|$, 并利用 $s-1 \leqslant \lambda < s + \frac{1}{2}$ 可知 $-1 < \frac{2s}{3} - \frac{2\lambda}{3} - \frac{2}{3} \leqslant 0$, 于是可得

$$\int_\xi \frac{|\xi|^{-2\lambda}\langle\xi\rangle^{2s}}{\langle\tau-\xi^3\rangle^{2-2b}} \mathrm{d}\xi = \int_\eta |\eta|^{-\frac{2\lambda}{3}-\frac{2}{3}}\langle\eta\rangle^{\frac{2s}{3}}\langle\tau-\eta\rangle^{-2+2b}\mathrm{d}\eta \leqslant c\langle\tau\rangle^{-\frac{2\lambda}{3}-\frac{2}{3}+\frac{2s}{3}}. \tag{12.5.7}$$

结合 (12.2.2) 和 (12.5.6) 可知 $\|u_{2,1}\|_{X_{s,b}}$ 有界. 对于 $u_{2,2}$, 注意到 $u_{2,2}(x,t) = \theta(t)\mathrm{e}^{-t\partial_x^3}\phi(x)$, 其中

$$\hat{\phi}(\xi) = (\xi - \mathrm{i}0)^{-\lambda} \int_\tau \frac{1-\psi(\tau-\xi^3)}{\tau-\xi^3} \left(\mathscr{I}_{-\frac{\lambda}{3}-\frac{2}{3}}f\right)^\wedge (\tau)\mathrm{d}\tau. \tag{12.5.8}$$

取 $h = \mathscr{I}_{-\frac{\lambda}{3}-\frac{2}{3}}f$ (因此由引理 12.2.1, $h \in C_0^\infty(\mathbb{R}^+)$), 我们断言

$$\int_\tau \hat{h}(\tau) \frac{1-\psi(\tau-\xi^3)}{\tau-\xi^3}\mathrm{d}\tau = \int_\tau \hat{h}(\tau)\beta(\tau-\xi^3)\mathrm{d}\tau, \tag{12.5.9}$$

其中 $\beta \in \mathscr{S}(\mathbb{R})$. 这是由于 $\mathrm{supp}\, h \subset [0,+\infty)$: 令 $\hat{g}_1(\tau) = \frac{1-\psi(-\tau)}{\tau}$, 则

$$g_1(t) = \frac{\mathrm{i}}{2}\mathrm{sgn}\, t - \frac{\mathrm{i}}{4\pi}\int_s \mathrm{sgn}(t-s)\hat{\psi}(s)\mathrm{d}s.$$

设 $\alpha \in C^\infty(\mathbb{R})$ 使得 $\alpha(t) = 1$ 对 $t > 0$, $\alpha(t) = -1$ 对 $t < -1$, 设

$$g_2(t) = \frac{\mathrm{i}}{2}\alpha(t) - \frac{\mathrm{i}}{4\pi}\int_s \mathrm{sgn}(t-s)\hat{\psi}(s)\mathrm{d}s.$$

为证 $g_2 \in \mathscr{S}(\mathbb{R})$, 由定义和 $\hat{\psi} \in \mathscr{S}$, 我们有 $g_2 \in C^\infty(\mathbb{R})$. 若 $t > 0$, 则由于 $\frac{1}{2\pi}\int \hat{\psi}(\tau)\mathrm{d}\tau = \psi(0) = 1$, 我们有

$$g_2(t) = \frac{\mathrm{i}}{2} - \frac{\mathrm{i}}{4\pi}\int_s \mathrm{sgn}(t-s)\hat{\psi}(s)\mathrm{d}s = \frac{\mathrm{i}}{2\pi}\int_{s>t} \hat{\psi}(s)\mathrm{d}s.$$

若 $t < -1$, 类似地有

$$g_2(t) = -\frac{\mathrm{i}}{2} - \frac{\mathrm{i}}{4\pi}\int_s \mathrm{sgn}(t-s)\hat{\psi}(s)\mathrm{d}s = \frac{\mathrm{i}}{2\pi}\int_{s<t} \hat{\psi}(s)\mathrm{d}s,$$

由此可得 g_2 及其所有导数在 ∞ 处衰减, 即 $g_2 \in \mathscr{S}(\mathbb{R})$. 因 $g_1(t) = g_2(t)$ 对 $t > 0$ 且 $h \in C_0^\infty(\mathbb{R}^+)$, 我们有

$$\int_\tau \hat{h}(\tau) \frac{1 - \psi(\tau - \xi^3)}{\tau - \xi^3} \mathrm{d}\tau = -\left(\hat{h} * \hat{g_1}\right)(\xi^3) = -2\pi \widehat{hg_1}(\xi^3)$$

$$= -2\pi \widehat{hg_2}(\xi^3) = \int_\tau \hat{h}(\tau) \beta(\tau - \xi^3)\, \mathrm{d}\tau,$$

其中 $\beta(\tau) = -\hat{g}_2(-\tau)$, $\beta \in \mathscr{S}(\mathbb{R})$, 则 (12.5.9) 成立. 为了完成 $u_{2,2}$ 的证明, 由引理 12.5.5 (d), 只需证明 $\|\phi\|_{H^s} \leqslant c\|f\|_{H^{\frac{s+1}{3}}}$. 由 (12.5.8), (12.5.9), Cauchy-Schwarz 和 $|\beta(\tau - \xi^3)| \leqslant c\langle \tau - \xi^3 \rangle^{-N}$　对 $N \gg 0$,

$$\|\phi\|_{H^s} \leqslant \int_\xi \langle \xi \rangle^{2s} |\xi|^{-2\lambda} \left(\int_\tau \beta(\tau - \xi^3) |\tau|^{\frac{\lambda}{3} + \frac{2}{3}} |\hat{f}(\tau)| \mathrm{d}\tau\right)^2 \mathrm{d}\xi$$

$$\leqslant \int_\tau \left(\int_\xi |\xi|^{-2\lambda} \langle \xi \rangle^{2s} \langle \tau - \xi^3 \rangle^{-2N+2} \mathrm{d}\xi\right) |\tau|^{\frac{2\lambda}{3} + \frac{4}{3}} |\hat{f}(\tau)|^2 \mathrm{d}\tau.$$

作变量替换 $\eta = \xi^3$, 由 $\lambda < \dfrac{1}{2} \Longrightarrow -\dfrac{2\lambda}{3} - \dfrac{2}{3} > -1$ 知积分里面项可变为

$$\int_\eta |\eta|^{-\frac{2\lambda}{3} - \frac{2}{3}} \langle \eta \rangle^{\frac{2s}{3}} \langle \tau - \eta \rangle^{-2N+2} \mathrm{d}\eta \leqslant c\langle \tau \rangle^{-\frac{2\lambda}{3} - \frac{2}{3} + \frac{2s}{3}}.$$

最后的估计可由 $|\eta| \leqslant 1$, $|\eta| \leqslant \dfrac{1}{2}|\tau|$ 及 $|\eta| \geqslant \dfrac{1}{2}|\tau|$ 分类讨论得到. 由 $\mathrm{e}^{\mathrm{i}t(\tau - \xi^3)}$ 作级数展开, $u_1(x, t) = \sum_{k=1}^{+\infty} \dfrac{1}{k!} \theta_k(t) \mathrm{e}^{-t\partial_x^3} \phi_k(x)$, 其中 $\theta_k(t) = \mathrm{i}^k t^k \theta(t)$ 且

$$\hat{\phi}_k(\xi) = (\xi - \mathrm{i}0)^{-\lambda} \int_\tau (\tau - \xi^3)^{k-1} \psi(\tau - \xi^3) \left(\mathscr{I}_{-\frac{2}{3} - \frac{\lambda}{3}} f\right)^\wedge (\tau) \mathrm{d}\tau.$$

由引理 12.5.5 (d), 只需证明 $\|\phi_k\|_{H^s} \leqslant c\|f\|_{H^{\frac{s+1}{3}}}$. 注意到

$$\|\phi_k\|_{H^s} \leqslant \int_\xi \langle \xi \rangle^{2s} |\xi|^{-2\lambda} \left(\int_{|\tau - \xi^3| \leqslant 1} |\tau|^{\frac{\lambda}{3} + \frac{2}{3}} |\hat{f}(\tau)| \mathrm{d}\tau\right)^2 \mathrm{d}\xi$$

$$\leqslant \int_\tau \left(\int_{|\tau - \xi^3| \leqslant 1} \langle \xi \rangle^{2s} |\xi|^{-2\lambda} \mathrm{d}\xi\right) |\tau|^{\frac{2\lambda}{3} + \frac{4}{3}} |\hat{f}(\tau)|^2 \mathrm{d}\tau.$$

令 $\eta = \xi^3$, 即得到所要的估计.　　　　　　　　　　　　　　　　　　　　　　□

12.5.5　双线性估计

引理 12.5.8　(a)　对 $s > -\dfrac{3}{4}, \exists b = b(s) < \dfrac{1}{2}$ 满足 $\forall \alpha > \dfrac{1}{2}$, 有

$$\|\partial_x(uv)\|_{X_{s,-b}} \leqslant c\|u\|_{X_{s,b} \cap D_\alpha} \|v\|_{X_{s,b} \cap D_\alpha}; \tag{12.5.10}$$

(b) 对 $-\dfrac{3}{4} < s < 3$, $\exists b = b(s) < \dfrac{1}{2}$ 使得 $\forall \alpha > \dfrac{1}{2}$, 我们有

$$\|\partial_x(uv)\|_{Y_{s,-b}} \leqslant c\|u\|_{X_{s,b} \cap D_\alpha}\|v\|_{X_{s,b} \cap D_\alpha}. \tag{12.5.11}$$

注记 12.5.2 引入低频校正算子 D_α 是使双线性估计对 $b < \dfrac{1}{2}$ 是对的. 而 $b < \dfrac{1}{2}$ 是引理 12.5.7 (d) 中需要的.

引理 12.5.9 若 $\dfrac{1}{4} < b < \dfrac{1}{2}$, 则

$$\int_{-\infty}^{+\infty} \frac{\mathrm{d}x}{\langle x - \alpha \rangle^{2b} \langle x - \beta \rangle^{2b}} \leqslant \frac{c}{\langle \alpha - \beta \rangle^{4b-1}}. \tag{12.5.12}$$

证明 仅证明 $\beta = 0$ 不等式成立. 再分别处理 $|\alpha| \leqslant 1$ 和 $|\alpha| \geqslant 1$, 对于后者, 利用

$$\langle x - \alpha \rangle^{-2b} \langle x \rangle^{-2b} \leqslant |x - \alpha|^{-2b} |x|^{-2b}$$

和尺度变换即得结论. $\qquad\square$

下面的引理来自文献 [64] (引理 2.3 (2.11)), 其中 $2b - \dfrac{1}{2} = 1 - l$.

引理 12.5.10 若 $b < \dfrac{1}{2}$, 则

$$\int_{|x| \leqslant \beta} \frac{\mathrm{d}x}{\langle x \rangle^{4b-1} |\alpha - x|^{1/2}} \leqslant \frac{c(1 + \beta)^{2-4b}}{\langle \alpha \rangle^{\frac{1}{2}}}. \tag{12.5.13}$$

引理 12.5.8(a) 的证明 我们先证明 $-\dfrac{3}{4} < s < -\dfrac{1}{2}$ 的情况. 取 $\rho = -s$, 只需证明对于 $\hat{d} \geqslant 0$, $\hat{g}_1 \geqslant 0$, $\hat{g}_2 \geqslant 0$, 有

$$\iint_* \frac{|\xi| d(\xi, \tau)}{\langle \tau - \xi^3 \rangle^b \langle \xi \rangle^\rho} \frac{\langle \xi_1 \rangle^\rho \hat{g}_1(\xi, \tau_1)}{\beta(\xi_1, \tau_1)} \frac{\langle \xi_2 \rangle^\rho \hat{g}_2(\xi_2, \tau_2)}{\beta(\xi_2, \tau_2)} \leqslant c\|d\|_{L^2} \|g_1\|_{L^2} \|g_2\|_{L^2}, \tag{12.5.14}$$

其中 $*$ 表示 ξ, ξ_1, ξ_2 的积分, 满足 $\xi = \xi_1 + \xi_2$, 且 τ, τ_1, τ_2, 满足 $\tau = \tau_1 + \tau_2$, 其中 $\beta_j(\xi_j, \tau_j) = \langle \tau_j - \xi_j^3 \rangle^b + \chi_{|\xi_j| \leqslant 1} \langle \tau_j \rangle^\alpha$. 由对称性, 仅考虑 $|\tau_2 - \xi_2^3| \leqslant |\tau_1 - \xi_1^3|$. 假设 $|\xi_1| \geqslant 1$, $|\xi_2| \geqslant 1$, 否则, (12.5.14) 的界转化为 $\rho = 0$ 的情况下, 这已经在 [30] 中给出.

情况 1. 若 $|\tau_2 - \xi_2^3| \leqslant |\tau_1 - \xi_1^3| \leqslant |\tau - \xi^3|$, 则证

$$\frac{|\xi|}{\langle \tau - \xi^3 \rangle^b \langle \xi \rangle^\rho} \left(\iint_{\tau_1, \xi_1} \frac{\langle \xi_1 \rangle^{2\rho} \langle \xi_2 \rangle^{2\rho}}{\langle \tau_1 - \xi_1^3 \rangle^{2b} \langle \tau_2 - \xi_2^3 \rangle^{2b}} \mathrm{d}\xi_1 \mathrm{d}\tau_1 \right)^{1/2} \leqslant c. \tag{12.5.15}$$

为证此, 注意到

$$\tau - \xi^3 + 3\xi\xi_1\xi_2 = \left(\tau_2 - \xi_2^3\right) + \left(\tau_1 - \xi_1^3\right). \tag{12.5.16}$$

由引理 12.5.9, $\alpha = \xi_1^3$ 且 $\beta = \xi_1^3 + \tau - \xi^3 + 3\xi\xi_1\xi_2$, 可得 (12.5.15) 的界

$$\frac{|\xi|}{\langle\tau - \xi^3\rangle^b \langle\xi\rangle^\rho} \left(\int_{\xi_1} \frac{\langle\xi_1\rangle^{2\rho} \langle\xi_2\rangle^{2\rho}}{\langle\tau - \xi^3 + 3\xi\xi_1\xi_2\rangle^{4b-1}} d\xi_1\right)^{1/2}.$$

由 (12.5.16), $|\xi\xi_1\xi_2| \leqslant |\tau - \xi^3|$. 将 $|\xi_1\xi_2| \leqslant |\tau - \xi^3||\xi|^{-1}$ 代入上式, 则界为

$$\frac{|\xi|^{1-\rho} \langle\tau - \xi^3\rangle^{\rho-b}}{\langle\xi\rangle^\rho} \left(\int_{\xi_1} \frac{d\xi_1}{\langle\tau - \xi^3 + 3\xi\xi_1\xi_2\rangle^{4b-1}}\right)^{1/2}. \tag{12.5.17}$$

取 $u = \tau - \xi^3 + 3\xi\xi_1\xi_2$, 因此, 由 (12.5.16), 我们有 $|u| \leqslant 2|\tau - \xi^3|$. 相应微分

$$d\xi_1 = \frac{cdu}{|\xi|^{1/2} \left|u - \left(\tau - \frac{1}{4}\xi^3\right)\right|^{1/2}}.$$

代入 (12.5.17), 可得 (12.5.17) 的界为

$$\frac{|\xi|^{\frac{3}{4}-\rho} \langle\tau - \xi^3\rangle^{\rho-b}}{\langle\xi\rangle^\rho} \left(\int_{|u|\leqslant 2|\tau-\xi^3|} \frac{du}{\langle u\rangle^{4b-1} \left|u - \left(\tau - \frac{1}{4}\xi^3\right)\right|^{1/2}}\right)^{1/2}.$$

由引理 12.5.10, 这可以被下式控制

$$\frac{\langle\tau - \xi^3\rangle^{\rho+1-3b}}{\langle\xi\rangle^{2\rho-\frac{3}{4}} \left\langle\tau - \frac{1}{4}\xi^3\right\rangle^{1/4}}.$$

若 $b \geqslant \frac{1}{9}\rho + \frac{5}{12}$, 上式有界.

情况 2. $|\tau_2 - \xi_2^3| \leqslant |\tau_1 - \xi_1^3|$, $|\tau - \xi^3| \leqslant |\tau_1 - \xi_1^3|$. 此时我们证明

$$\frac{1}{\langle\tau_1 - \xi_1^3\rangle^b} \left(\iint_{\xi,\tau} \frac{|\xi|^{2-2\rho} |\xi\xi_1\xi_2|^{2\rho}}{\langle\xi\rangle^{2\rho} \langle\tau - \xi^3\rangle^{2b} \langle\tau_2 - \xi_2^3\rangle^{2b}} d\xi d\tau\right)^{1/2} \leqslant c. \tag{12.5.18}$$

因

$$\left(\tau_1 - \xi_1^3\right) + \left(\tau_2 - \xi_2^3\right) - \left(\tau - \xi^3\right) = 3\xi\xi_1\xi_2, \tag{12.5.19}$$

由引理 12.5.9, $\alpha = \xi^3$, $\beta = \xi^3 + (\tau_1 - \xi_1^3) - 3\xi\xi_1\xi_2$, (12.5.18) 的界

$$\frac{1}{\langle\tau_1 - \xi_1^3\rangle^b} \left(\int_\xi \frac{\langle\xi\rangle^{2-4\rho} |\xi\xi_1\xi_2|^{2\rho}}{\langle\tau_1 - \xi_1^3 - 3\xi\xi_1\xi_2\rangle^{4b-1}} d\xi\right)^{1/2}. \tag{12.5.20}$$

我们分类讨论 (12.5.20).

情况 2A. $|\xi_1| \sim |\xi|$ 或 $|\xi_1| \ll |\xi|$. 这里我们使用 $\langle\xi\rangle^{2-4\rho} \leqslant \langle\xi_1\rangle^{2-4\rho}$.

情况 2B. $|\xi| \ll |\xi_1|$ 和 $\left[|\tau_1| \gg \dfrac{1}{4}|\xi_1|^3 \text{ 或 } |\tau_1| \ll \dfrac{1}{4}|\xi_1|^3\right]$. 这里我们利用 $\langle\xi\rangle^{2-4\rho} \leqslant 1$.

情况 2A 和 2B. 对于情况 2A, 令 $g(\xi_1) = \langle\xi_1\rangle^{1-2\rho}$, 在情况 2B 中, 令 $g(\xi_1) = 1$. 由 (12.5.19), $|\xi\xi_1\xi_2| \leqslant |\tau_1 - \xi_1^3|$, (12.5.20) 的界为

$$g(\xi_1) \langle\tau_1 - \xi_1^3\rangle^{\rho-b} \left(\int_\xi \frac{\mathrm{d}\xi}{\langle\tau_1 - \xi_1^3 - 3\xi\xi_1\xi_2\rangle^{4b-1}}\right)^{1/2}. \tag{12.5.21}$$

令 $u = \tau_1 - \xi_1^3 - 3\xi\xi_1\xi_2$, 则

$$\mathrm{d}u = 3\xi_1 (\xi_1 - 2\xi)\,\mathrm{d}\xi = c|\xi_1|^{1/2} \left|u - \left(\tau_1 - \frac{1}{4}\xi_1^3\right)\right|^{1/2} \mathrm{d}\xi.$$

代入 (12.5.21), 可得界

$$\frac{g(\xi_1) \langle\tau_1 - \xi_1^3\rangle^{\rho-b}}{|\xi|^{1/4}} \left(\int_{|u|\leqslant 2|\tau_1 - \xi_1^3|} \frac{\mathrm{d}u}{\langle u\rangle^{4b-1} \left|u - \left(\tau_1 - \frac{1}{4}\xi_1^3\right)\right|^{1/2}}\right)^{1/2}.$$

由引理 12.5.10, 上式由如下控制

$$\frac{g(\xi_1) \langle\tau_1 - \xi_1^3\rangle^{\rho+1-3b}}{|\xi_1|^{1/4} \left\langle\tau_1 - \frac{1}{4}\xi_1^3\right\rangle^{1/4}}. \tag{12.5.22}$$

对情况 2A, $g(\xi_1) = \langle\xi_1\rangle^{1-2\rho}$, (12.5.22) 变为

$$\frac{\langle\tau_1 - \xi_1^3\rangle^{\rho+1-3b}}{\langle\xi_1\rangle^{2\rho-\frac{3}{4}} \left\langle\tau_1 - \frac{1}{4}\xi_1^3\right\rangle^{1/4}},$$

若 $b > \dfrac{1}{9}\rho + \dfrac{5}{12}$, 上式有界. 对情况 2B, $g(\xi_1) = 1$, (12.5.22) 变为

$$\frac{\langle\tau_1 - \xi_1^3\rangle^{\rho+1-3b}}{\langle\xi_1\rangle^{1/4} \left\langle\tau_1 - \frac{1}{4}\xi_1^3\right\rangle^{1/4}},$$

若 $b \geqslant \dfrac{1}{3}\rho + \dfrac{1}{4}$, 上式有界.

情况 2C. $|\xi| \ll |\xi_1|$, $|\tau_1| \sim \dfrac{1}{4}|\xi_1|^3$. 此时考虑 (12.5.20) 且利用 $|\tau_1| \sim \dfrac{1}{4}|\xi_1|^3$, $3|\xi\xi_1\xi_2| \leqslant \dfrac{1}{4}|\xi_1|^3$ 推出 $\langle\tau_1 - \xi_1^3 - 3\xi\xi_1\xi_2\rangle \sim \langle\xi_1\rangle^3$. 代入 (12.5.20), 可得

$$\langle\xi_1\rangle^{3\rho-15b+3} \left(\int_{|\xi|\leqslant|\xi_1|} \langle\xi\rangle^{2-4\rho}\mathrm{d}\xi\right)^{1/2} \leqslant \langle\xi_1\rangle^{\rho-15b+\frac{9}{2}},$$

若 $b \geqslant \dfrac{1}{15}\rho + \dfrac{3}{10}$, 上式有界.

至此我们完成了 $-\dfrac{3}{4} < s < -\dfrac{1}{2}$ 的证明, 我们可插值将结果推广到 $s > -\dfrac{3}{4}$.

由上面可得 (12.5.10) 对 $s = -\dfrac{5}{8}$ 及 $b < \dfrac{1}{2}$ 成立. 因此,

$$\|\partial_x(uv)\|_{X_{\frac{3}{8},-b}}$$

$$\leqslant \|\partial_x(uv)\|_{X_{-\frac{5}{8},-b}} + \|\partial_x\left[(\partial_x u)\,v\right]\|_{X_{-\frac{5}{8},-b}} + \|\partial_x\left[u\left(\partial_x v\right)\right]\|_{X_{-\frac{5}{8},-b}}$$

$$\leqslant \left(\|u\|_{X_{-\frac{5}{8},b}\cap D_\alpha} + \|\partial_\alpha u\|_{X_{-\frac{5}{8},b}\cap D_\alpha}\right)\left(\|v\|_{X_{-\frac{5}{8},b}\cap D_\alpha} + \|\partial_x v\|_{X_{-\frac{5}{8},b}\cap D_\alpha}\right)$$

$$\leqslant \|u\|_{X_{\frac{3}{8},b}\cap D_\alpha}\|v\|_{X_{\frac{3}{8},b}\cap D_\alpha},$$

因此得出 (12.5.10) 当 $s = \dfrac{3}{8}$. 对于 $-\dfrac{3}{4} < s \leqslant \dfrac{3}{8}$, 我们可对 $s = -\dfrac{5}{8}$ 和 $s = \dfrac{3}{8}$ 情况进行插值来得到 (12.5.10). 类似地我们可证对于所有的 $s > -\dfrac{3}{4}$, (12.5.10) 成立. □

引理 12.5.8 (b) 的证明　首先考虑 $-\dfrac{1}{2} < s < -\dfrac{3}{4}$. 取 $\rho = -s$, 注意到 $X_{s,b}$ 的双线性估计引理 (引理 12.5.8 (a)), 只需证明引理在条件 $|\tau| \leqslant \dfrac{1}{8}|\xi|^3$ 下成立.

第一步. 若 $|\xi_1| \geqslant 1$, $|\xi_2| \geqslant 1$, $|\tau_2 - \xi_2^3| \leqslant |\tau_1 - \xi_1^3|$, $|\tau_1 - \xi_1^3| \leqslant 1000\,|\tau - \xi^3|$, 且 $|\tau| \leqslant \dfrac{1}{8}|\xi|^3$, 则

$$\frac{|\xi|}{\langle\tau\rangle^{\frac{\rho}{\xi}}\langle\xi\rangle^{3b}}\left(\int_{\xi_1}\int_{\tau_1}\frac{|\xi_1|^{2\rho}\,|\xi_2|^{2\rho}}{\langle\tau_1-\xi_1^3\rangle^{2b}\langle\tau_2-\xi_2^3\rangle^{2b}}\mathrm{d}\tau_1\mathrm{d}\xi_1\right)^{1/2} \tag{12.5.23}$$

有界.

证明　利用引理 12.5.9 和 $\tau_2 - \xi_2^3 = (\tau - \xi^3) - (\tau_1 - \xi_1^3) + 3\xi\xi_1\xi_2$, 可得 (12.5.23) 的界

$$\frac{|\xi|}{\langle\tau\rangle^{\frac{\rho}{3}}\langle\xi\rangle^{3b}}\left(\int_{\xi_1}\frac{|\xi_1|^{2\rho}\,|\xi_2|^{2\rho}}{\langle\tau-\xi^3+3\xi\xi_1\xi_2\rangle^{4b-1}}\mathrm{d}\xi_1\right)^{1/2}.$$

利用 $|\xi_1||\xi_2| \leqslant \dfrac{|\tau-\xi^3|}{|\xi|}$, 它可由下式控制

$$\frac{|\xi|^{1-\rho}|\tau-\xi^3|^\rho}{\langle\xi\rangle^{3b}\langle\tau\rangle^{\rho/3}}\left(\int_{\xi_1}\frac{1}{\langle\tau-\xi^3+3\xi\xi_1\xi_2\rangle^{4b-1}}\mathrm{d}\xi_1\right)^{1/2}. \tag{12.5.24}$$

令

$$u = \tau - \xi^3 + 3\xi\xi_1(\xi - \xi_1),$$

故 $3\xi\left(\xi_1 - \dfrac{1}{2}\xi\right)^2 = u - \left(\tau - \dfrac{1}{4}\xi^3\right)$, 因此

$$\frac{3}{\sqrt{2}}|\xi|\,|2\xi_1 - \xi| = |\xi|^{1/2}\left|u - \left(\tau - \frac{1}{4}\xi^3\right)\right|^{1/2},$$

且 $\mathrm{d}u = 3\xi(\xi - 2\xi_1)\,\mathrm{d}\xi_1$. 此时 (12.5.24) 的界为

$$\frac{|\xi|^{1-\rho}\,|\tau - \xi^3|^\rho}{\langle\xi\rangle^{3b}\langle\tau\rangle^{\rho/3}}\left(\int_{|u|\leqslant|\tau-\xi^3|}\frac{\mathrm{d}u}{\langle u\rangle^{4b-1}|\xi|^{1/2}\left|u - \left(\tau - \frac{1}{4}\xi^3\right)\right|^{1/2}}\right)^{1/2}.$$

由引理 12.5.10, 上式被

$$\frac{|\xi|^{\frac{3}{4}-\rho}\,|\tau - \xi^3|^\rho\,\langle\tau - \xi^3\rangle^{1-2b}}{\langle\xi\rangle^{3b}\langle\tau\rangle^{\rho/3}\left\langle\tau - \frac{1}{4}\xi^3\right\rangle^{1/4}}$$

控制. 若 $|\tau| \leqslant \dfrac{1}{8}|\xi|^3$, 于是上式简化为

$$\frac{|\xi|^{\frac{3}{4}-\rho}\langle\xi\rangle^{3\rho}\langle\xi\rangle^{3(1-2b)}}{\langle\xi\rangle^{3b}\langle\xi\rangle^{3/4}},$$

且由 $b \geqslant \dfrac{2}{9}\rho + \dfrac{1}{3}$, 知 $2\rho - 9b + 3 \leqslant 0$.

第二步. 若 $|\xi_1| \geqslant 1$, $|\xi_2| \geqslant 1$, $|\tau_2 - \xi_2^3| \leqslant |\tau_1 - \xi_1^3|$, $|\tau - \xi^3| \leqslant \dfrac{1}{1000}|\tau_1 - \xi_1^3|$, 且 $|\tau| \leqslant \dfrac{1}{8}|\xi|^3$, 则

$$\frac{|\xi_1|^\rho}{\langle\tau_1 - \xi_1^3\rangle^b}\left(\int_\xi\int_\tau\frac{|\xi|^2\,|\xi_2|^{2\rho}}{\langle\tau\rangle^{2\rho/3}\langle\xi\rangle^{6b}\langle\tau_2 - \xi_2^3\rangle^{2b}}\mathrm{d}\xi\mathrm{d}\tau\right)^{1/2} \tag{12.5.25}$$

有界.

证明 因 $|\tau| \leqslant |\xi|^3$, 我们有 $\dfrac{1}{\langle\xi\rangle^{6b-2\rho}} \leqslant \dfrac{1}{\langle\tau\rangle^{2b-\frac{2}{3}}}$, 故 (12.5.25) 被下式控制

$$\frac{|\xi_1|^\rho}{\langle\tau_1 - \xi_1^3\rangle^b}\left(\int_\xi\int_\tau\frac{|\xi|^2\,|\xi_2|^{2\rho}}{\langle\xi\rangle^{2\rho}\langle\eta\rangle^{2b}\langle\tau_2 - \xi_2^3\rangle^{2b}}\mathrm{d}\xi\mathrm{d}\tau\right)^{1/2}.$$

由引理 12.5.9 得其可被如下控制

$$\frac{|\xi_1|^\rho}{\langle\tau_1 - \xi_1^3\rangle^b}\left(\int_\xi\frac{|\xi|^2\,|\xi_2|^{2\rho}}{\langle\xi\rangle^{2\rho}\langle\tau_1 - \xi_1^3 - 3\xi\xi_1\xi_2 + \xi^3\rangle^{4b-1}}\mathrm{d}\xi\right)^{1/2}. \tag{12.5.26}$$

情况 1. $3|\xi\xi_1\xi_2| \leqslant \frac{1}{2}|\tau_1 - \xi_1^3|$.

因为 $|\tau - \xi^3| \ll |\tau_1 - \xi_1^3|$, $|\tau| \leqslant \frac{1}{8}|\xi|^3$, 有 $|\xi|^3 \ll |\tau_1 - \xi_1^3|$, 则

$$\langle \tau_1 - \xi_1^3 - 3\xi\xi_1\xi_2 + \xi^3 \rangle \sim \langle \tau_1 - \xi_1^3 \rangle.$$

因此 (12.5.26) 由下式控制

$$\frac{|\xi_1|^\rho}{\langle \tau_1 - \xi_1^3 \rangle^{3b-\frac{1}{2}}} \left(\int_\xi \frac{|\xi|^2 |\xi_2|^{2\rho}}{\langle \xi \rangle^{2\rho}} \mathrm{d}\xi \right)^{1/2}.$$

利用 $|\xi\xi_1\xi_2| \leqslant |\tau_1 - \xi_1^3|$, 上式可由如下控制

$$\frac{|\tau_1 - \xi_1^3|^\rho}{\langle \tau_1 - \xi_1^3 \rangle^{3b-\frac{1}{2}}} \left(\int_\xi \frac{|\xi|^{2-2\rho}}{\langle \xi \rangle^{2\rho}} \mathrm{d}\xi \right)^{1/2}. \tag{12.5.27}$$

在区域 $|\xi| \leqslant |\tau_1 - \xi_1^3|^{1/3}$ 上, 有

$$\int_\xi \frac{|\zeta|^{2-2\rho}}{\langle \xi \rangle^{2\rho}} \mathrm{d}\xi \leqslant \langle \tau_1 - \xi_1^3 \rangle^{1-\frac{4}{3}\rho},$$

因此 (12.5.27) 可被下式控制

$$\langle \tau_1 - \xi_1^3 \rangle^{1+\frac{1}{3}\rho-3b},$$

若 $b \geqslant \frac{5}{12}$, 上式有界.

情况 2. $3|\xi\xi_1\xi_2| \geqslant \frac{1}{2}|\tau_1 - \xi_1^3|$.

此时, $|\xi| \leqslant \frac{1}{10}|\xi_1|$. 事实上, 若 $|\xi_1| \leqslant 10|\xi|$, 则 $3|\xi\xi_1\xi_2| \leqslant 330|\xi|^3 \leqslant \frac{1}{3}|\tau_1 - \xi_1^3|$. 取 $u = \tau_1 - \xi_1^3 - 3\xi_1(\xi - \xi_1)\xi + \xi^3$, $\mathrm{d}u = 3\xi_1(-2\xi + \xi_1) + 3\xi^2$. 则 $3|\xi|^2 \leqslant \frac{3}{100}|\xi_1|^2$, $3|\xi_1(-2\xi + \xi_1)| \geqslant \frac{12}{5}|\xi_1|^2$, 因此 $3|\xi|^2 \ll 3|\xi_1(2\xi - \xi_1)|$. 可知 (12.5.26) 的界由如下控制

$$\frac{|\xi_1|^\rho}{\langle \tau_1 - \xi_1^3 \rangle^b} \left(\int_\xi \frac{|\xi|^2 |\xi_2|^{2\rho} |3\xi_1(\xi_1 - 2\xi) + 3\xi^2|}{\langle \xi \rangle^{2\rho} \langle \tau_1 - \xi_1^3 - 3\xi\xi_1\xi_2 + \xi^3 \rangle^{4b-1} |\xi_1(\xi_1 - 2\xi)|} \mathrm{d}\xi \right)^{1/2}.$$

利用 $|\xi_2| \sim |\xi_1|$, $|\xi_1(\xi_1 - 2\xi)| \sim |\xi_1|^2$, 上式受控于

$$\frac{|\xi_1|^{2\rho-1}}{\langle \tau_1 - \xi_1^3 \rangle^b} \left(\int_{|u| \leqslant |\tau_1 - \xi_1^3|} \frac{|\xi|^{2-2\rho}}{\langle u \rangle^{4b-1}} \mathrm{d}u \right)^{1/2}.$$

由 $|\xi| \leqslant \dfrac{|\tau_1 - \xi_1^3|}{|\xi_1|^2}$, 则上式受控于

$$\frac{|\xi_1|^{2\rho-1} |\tau_1 - \xi_1^3|^{1-\rho}}{|\xi_1|^{2(1-\rho)} \langle \tau_1 - \xi_1^3 \rangle^b} \left(\int_{|u| \leqslant |\tau_1 - \xi_1^3|} \frac{\mathrm{d}u}{\langle u \rangle^{4b-1}} \right)^{1/2}.$$

对 u 积分计算, 则上式的界为

$$\frac{|\xi_1|^{4\rho-3}}{\langle \tau_1 - \xi_1^3 \rangle^{\rho+3b-2}},$$

若 $b \geqslant \dfrac{2}{3} - \dfrac{1}{3}\rho$, 上式有界.

现考虑 $\dfrac{3}{2} < s < 3$. 因 $s > 0$, 在区域 $|\tau| \leqslant 2|\xi|^3$ 上, 有 $\|\partial_x(uv)\|_{Y_{s,-b}} \leqslant c\|\partial_x(uv)\|_{X_{s,-b}}$. 则只需证对 $\hat{d} \geqslant 0$, $\hat{g}_1 \geqslant 0$, $\hat{g}_2 \geqslant 0$, 有

$$\iint_* \frac{|\xi| \langle \tau \rangle^{s/3} \hat{d}(\xi,\tau)}{\langle \tau - \xi^3 \rangle^b} \frac{\hat{g}_1(\xi_1,\tau_1)}{\langle \tau_1 - \xi_1^3 \rangle^b \langle \xi_1 \rangle^s} \frac{\hat{g}_2(\xi_2,\tau_2)}{\langle \tau_2 - \xi_2^3 \rangle^b \langle \xi_2 \rangle^s} \leqslant c\|d\|_{L^2} \|g_1\|_{L^2} \|g_2\|_{L^2},$$

其中 $*$ 表示对 ξ, ξ_1, ξ_2 的积分, 其中 $\xi = \xi_1 + \xi_2$, 对 τ, τ_1, τ_2 的积分, 满足 $\tau = \tau_1 + \tau_2$, $|\tau| \gg |\xi|^3$. 下证

$$\frac{|\xi| \langle \tau \rangle^{s/3}}{\langle \tau - \xi^3 \rangle^b} \left(\int_{\xi_1} \int_{\tau_1} \frac{\mathrm{d}\xi_1 \mathrm{d}\tau_1}{\langle \tau_1 - \xi_1^3 \rangle^{2b} \langle \xi_1 \rangle^{2s} \langle \tau_2 - \xi_2^3 \rangle^{2b} \langle \xi_2 \rangle^{2s}} \right)^{1/2} \leqslant c. \qquad (12.5.28)$$

因 $\tau - \xi^3 + 3\xi\xi_1\xi_2 = (\tau_2 - \xi_2^3) + (\tau_1 - \xi_1^3)$, 由引理 12.5.9, 可得 (12.5.28) 的界

$$|\xi| \langle \tau \rangle^{\frac{s}{3}-b} \left(\int_{\xi_1} \frac{1}{\langle \xi_1 \rangle^{2s} \langle \xi_2 \rangle^{2s}} \frac{1}{\langle \tau - \xi^3 + 3\xi\xi_1\xi_2 \rangle^{4b-1}} \mathrm{d}\xi_1 \right)^{1/2}. \qquad (12.5.29)$$

情况 1. $|\xi_1| \ll |\xi_2|$ 或 $|\xi_2| \ll |\xi_1|$. 此时 $3|\xi\xi_1\xi_2| \ll |\xi|^3$, 再结合 $|\xi|^3 \ll |\tau|$, 可得 $\langle \tau - \xi^3 + 3\xi\xi_1\xi_2 \rangle \sim \langle \tau \rangle$. 因此

$$(12.5.29) \leqslant \langle \tau \rangle^{\frac{s}{3}-3b+\frac{1}{2}} \left(\int_{\xi_1} \frac{|\xi|^2 \mathrm{d}\xi_1}{\langle \xi_1 \rangle^{2s} \langle \xi_2 \rangle^{2s}} \right)^{1/2}$$

$$\leqslant \langle \tau \rangle^{\frac{s}{3}-3b+\frac{1}{2}} \left(\int_{\xi_1} \frac{\mathrm{d}\xi_1}{\langle \xi_1 \rangle^{2s-2} \langle \xi_2 \rangle^{2s-2}} \right)^{1/2}. \qquad (12.5.30)$$

若 $s > \dfrac{3}{2}$, $b > \dfrac{1}{9}s + \dfrac{1}{6}$, (12.5.30) 是有界的.

情况 2. $|\xi_1| \sim |\xi_2|$.

情况 2A. $3|\xi\xi_1\xi_2| \sim |\tau|$ 或 $3|\xi\xi_1\xi_2| \gg |\tau|$. 则在 (12.5.29) 中可忽略 $\langle\tau-\xi^3+3\xi\xi_1\xi_2\rangle^{4b-1}$, 且其有界于

$$\left(\int_{\xi_1} \frac{|\xi|^2\langle\tau\rangle^{\frac{2s}{3}-2b}}{\langle\xi_1\rangle^{2s}\langle\xi_2\rangle^{2s}}d\xi_1\right)^{1/2}.$$

利用 $\langle\tau\rangle \leqslant c\langle\xi\rangle\langle\xi_1\rangle\langle\xi_2\rangle$, $\langle\xi\rangle \leqslant \langle\xi_1\rangle+\langle\xi_2\rangle$, 且 $\langle\xi_1\rangle \sim \langle\xi_2\rangle$, 则上式可被如下控制

$$\left(\int \frac{1}{\langle\xi_1\rangle^{2s+6b-2}}d\xi_1\right)^{1/2}.$$

因此我们需要 $2s+6b-2>1$, 若 $s>\frac{3}{2}$, $b>0$, 它自动满足.

情况 2B. $3|\xi\xi_1\xi_2| \ll |\tau|$. 此时证明类似于情况 1 的方法. 因此对于 $-\frac{3}{4}<s<-\frac{1}{2}$, $\frac{3}{2}<s<3$, 我们有估计 (12.5.11). 整个区域 $-\frac{3}{4}<s<3$ 由插值可得到. □

12.6 左半直线问题

现在证明定理 12.1.1 (b). 首先转到 (12.1.2) 的线性化形式. 考虑 $-1<\lambda_1,\lambda_2<1$, $h_1,h_2\in C_0^\infty(\mathbb{R}^+)$, 令

$$u(x,t) = \mathscr{L}_-^{\lambda_1}h_1(x,t) + \mathscr{L}_-^{\lambda_2}h_2(x,t).$$

由引理 12.3.1, $u(x,t)$ 在 $x=0$ 上连续, 由引理 12.3.2

$$u(0,t) = 2\sin\left(\frac{\pi}{3}\lambda_1+\frac{\pi}{6}\right)h_1(t) + 2\sin\left(\frac{\pi}{3}\lambda_2+\frac{\pi}{6}\right)h_2(t).$$

由定义 (12.3.1)

$$\partial_x u(x,t) = \mathscr{L}_-^{\lambda_1-1}\mathscr{I}_{-1/3}h_1(x,t) + \mathscr{L}_-^{\lambda_2-1}\mathscr{I}_{-1/3}h_2(x,t).$$

由引理 12.3.1, $\partial_x u(x,t)$ 在 $x=0$ 连续, 且由引理 12.3.2

$$\partial_x u(0,t) = 2\sin\left(\frac{\pi}{3}\lambda_1-\frac{\pi}{6}\right)h_1(t) + 2\sin\left(\frac{\pi}{3}\lambda_2-\frac{\pi}{6}\right)h_2(t).$$

联合

$$\begin{pmatrix} u(0,t) \\ \mathscr{I}_{-1/3}[\partial_x u(0,\cdot)](t) \end{pmatrix} = 2\begin{pmatrix} \sin\left(\frac{\pi}{3}\lambda_1+\frac{\pi}{6}\right) & \sin\left(\frac{\pi}{3}\lambda_2+\frac{\pi}{6}\right) \\ \sin\left(\frac{\pi}{3}\lambda_1-\frac{\pi}{6}\right) & \sin\left(\frac{\pi}{3}\lambda_2-\frac{\pi}{6}\right) \end{pmatrix}\begin{pmatrix} h_1(t) \\ h_2(t) \end{pmatrix}.$$

该 2×2 矩阵具有行列式 $\sqrt{3} \sin \frac{\pi}{3} (\lambda_2 - \lambda_1) \neq 0$ 对于 $\lambda_1 - \lambda_2 \neq 3n$, $n \in \mathbb{Z}$. 因此,
对 $-1 < \lambda_1, \lambda_2 < 1$, $\lambda_1 \neq \lambda_2$, 若给定 $g_1(t), g_2(t)$, 令

$$\begin{pmatrix} h_1(t) \\ h_2(t) \end{pmatrix} = A \begin{pmatrix} g_1(t) \\ \mathscr{I}_{1/3} g_2(t) \end{pmatrix},$$

其中

$$A = \frac{1}{2\sqrt{3} \sin \left[\frac{\pi}{3} (\lambda_2 - \lambda_1) \right]} \begin{pmatrix} \sin \left(\frac{\pi}{3} \lambda_2 - \frac{\pi}{6} \right) & -\sin \left(\frac{\pi}{3} \lambda_2 + \frac{\pi}{6} \right) \\ -\sin \left(\frac{\pi}{3} \lambda_1 - \frac{\pi}{6} \right) & \sin \left(\frac{\pi}{3} \lambda_1 + \frac{\pi}{6} \right) \end{pmatrix},$$

则 $u(x, t)$ 是

$$\begin{cases} \partial_t u + \partial_x^3 u = 0, & x < 0, \\ u(x, 0) = 0, \\ u(0, t) = g_1(t), \\ \partial_x u(0, t) = g_2(t) \end{cases}$$

的解. 若 $-1 < \lambda_1, \lambda_2 < 1$, $\lambda_1 \neq \lambda_2$, 令

$$\Lambda w(x, t)$$
$$= \theta(t) \mathrm{e}^{-t\partial_x^3} \phi(x) - \frac{1}{2} \theta(t) \mathscr{D} \partial_x w^2(x, t) + \theta(t) \mathscr{L}_-^{\lambda_1} h_1(x, t) + \theta(t) \mathscr{L}_-^{\lambda_2} h_2(x, t),$$

其中

$$\begin{pmatrix} h_1(t) \\ h_2(t) \end{pmatrix} = A \begin{pmatrix} g_1(t) - \theta(t) \mathrm{e}^{-t\partial_x^3} \phi \big|_{x=0} + \frac{1}{2} \theta(t) \mathscr{D} \partial_x w^2(0, t) \\ \theta(t) \mathscr{I}_{1/3} \left(g_2 - \theta \partial_x \mathrm{e}^{-\cdot \partial_x^3} \phi \big|_{x=0} + \frac{1}{2} \theta \partial_x \mathscr{D} \partial_x w^2(0, \cdot) \right)(t) \end{pmatrix}.$$

则对于 $x < 0$, $0 < t < 1$, 在分布意义下有 $(\partial_t + \partial_x^3) \Lambda w(x, t) = -\frac{1}{2} \partial_x w^2(x, t)$.
我们有

$$\|h_1\|_{H_0^{\frac{s+1}{3}} (\mathbb{R}+)} + \|h_2\|_{H_0^{\frac{s+1}{3}} (\mathbb{R}+)}$$
$$\leqslant c \left\| g_1(t) - \theta(t) \mathrm{e}^{-t\partial_x^3} \phi \big|_{x=0} + \frac{1}{2} \theta(t) \mathscr{D} \partial_x w^2(0, t) \right\|_{H_0^{\frac{s+1}{3}} (\mathbb{R}+)}$$
$$+ c \left\| \theta(t) \mathscr{I}_{1/3} \left(g_2 - \theta \partial_x \mathrm{e}^{-\cdot \partial_x^3} \phi \big|_{x=0} + \frac{1}{2} \theta \partial_x \mathscr{D} \partial_x w^2(0, \cdot) \right)(t) \right\|_{H_0^{\frac{s+1}{3}} (\mathbb{R}+)}.$$

$$(12.6.1)$$

由引理 12.5.5 (b) 有 $\left\| g_1(t) - \theta(t)\mathrm{e}^{-t\partial_x^3}\phi\big|_{x=0} \right\|_{H_t^{\frac{s+1}{3}}} \leqslant c\|g_1\|_{H^{\frac{s+1}{3}}} + c\|\phi\|_{H^s}$. 若 $-\dfrac{3}{4} < s < \dfrac{1}{2}$, 则 $\dfrac{1}{12} < \dfrac{s+1}{3} < \dfrac{1}{2}$. 由引理 12.4.2 可知 $g_1(t) - \theta(t)\mathrm{e}^{-t\partial_x^3}\phi\big|_{x=0} \in H_0^{\frac{s+1}{3}}(\mathbb{R}_t^+)$. 若 $\dfrac{1}{2} < s < \dfrac{3}{2}$, 则 $\dfrac{1}{2} < \dfrac{s+1}{3} < \dfrac{5}{6}$. 由相容性条件, $g_1(t) - \theta(t)\mathrm{e}^{-t\partial_x^3}\phi\big|_{x=0}$ 在 $t = 0$ 有定义. 由引理 12.4.3, $g_1(t) - \theta(t)\mathrm{e}^{-t\partial_x^3}\phi\big|_{x=0}$ 也属于 $H_0^{\frac{s+1}{3}}(\mathbb{R}_t^+)$. 故可得若 $-\dfrac{3}{4} < s < \dfrac{3}{2}$, $s \neq \dfrac{1}{2}$, 则

$$\left\| g_1(t) - \theta(t)\mathrm{e}^{-t\partial_x^3}\phi|_{x=0} \right\|_{H_0^{\frac{s+1}{3}}(\mathbb{R}^+)} \leqslant c\|g_1\|_{H^{\frac{s+1}{3}}} + c\|\phi\|_{H^s}.$$

由引理 12.5.6 (b), 引理 12.5.8 知

$$\left\| \theta(t)\mathscr{D}\partial_x w^2(0,t) \right\|_{H_0^{\frac{s+1}{3}}(\mathbb{R}_t^+)} \leqslant c\|w\|_{X_{s,b} \cap D_\alpha}^2.$$

由引理 12.5.5 (c), $\left\| g_2(t) - \theta(t)\partial_x \mathrm{e}^{-t\partial_x^3}\phi\big|_{x=0} \right\|_{H_t^{s/3}} \leqslant c\|g_2\|_{H^{s/3}} + c\|\phi\|_{H^s}$. 若 $-\dfrac{3}{4} < s < \dfrac{3}{2}$, 则 $\dfrac{s}{3} < \dfrac{1}{2}$, 于是由引理 12.4.2, $g_2(t) - \theta(t)\partial_x \mathrm{e}^{-t\partial_x^3}\phi\big|_{x=0} \in H_0^{s/3}(\mathbb{R}^+)$. 由引理 12.5.4

$$\left\| \theta(t)\mathscr{I}_{1/3}\left(g_2 - \theta\partial_x \mathrm{e}^{-\cdot\partial_x^3}\phi\big|_{x=0} \right) \right\|_{H_0^{\frac{s+1}{3}}(\mathbb{R}^+)} \leqslant c\|g_1\|_{H^{\frac{s+1}{3}}} + c\|\phi\|_{H^s}.$$

由引理 12.5.4, 引理 12.5.6 (c), 引理 12.5.8 可得

$$\left\| \theta(t)\mathscr{I}_{1/3}\left(\theta\partial_x \mathscr{D}\partial_x w^2(0,\cdot) \right)(t) \right\|_{H_0^{\frac{s+1}{3}}(\mathbb{R}_t^+)} \leqslant c\|w\|_{X_{s,b} \cap D_\alpha}^2.$$

将 (12.6.1) 和上面估计结合, 可得

$$\|h_1\|_{H_0^{\frac{s+1}{3}}(\mathbb{R}^+)} + \|h_2\|_{H_0^{\frac{s+1}{3}}(\mathbb{R}^+)}$$
$$\leqslant c\|g_1\|_{H_t^{\frac{s+1}{3}}} + \|g_2\|_{H_t^{s/3}} + c\|\phi\|_{H^s} + c\|w\|_{X_{s,b} \cap D_\alpha}^2. \tag{12.6.2}$$

由引理 12.5.5 (a), 引理 12.5.6 (a), 引理 12.5.7 (a), 引理 12.5.8 及 (12.6.2), 则对于 $b(s) \leqslant b < \dfrac{1}{2}$, $s - \dfrac{5}{2} < \lambda_1 < s + \dfrac{1}{2}$, $s - \dfrac{5}{2} < \lambda_2 < s + \dfrac{1}{2}$, $\alpha > \dfrac{1}{2}$ 有

$$\|\Lambda w(x,t)\|_{C(\mathbb{R}_t; H_x^s)} \leqslant c\|\phi\|_{H^s} + c\|g_1\|_{H^{\frac{s+1}{3}}} + c\|g_2\|_{H^{\frac{s}{3}}} + c\|w\|_{X_{x,b} \cap D_\alpha}^2.$$

在 $C\left(\mathbb{R}_t; H_x^s\right)$ 意义下, $w(x,0) = \phi(x)$. 由引理 12.5.5 (b), 引理 12.5.6 (b), 引理 12.5.7 (b), 引理 12.5.8 和 (12.6.2) 可得

$$\|\Lambda w(x,t)\|_{C\left(\mathbb{R}_x; H_t^{\frac{s+1}{3}}\right)} \leqslant c\|\phi\|_{H^s} + c\|g_1\|_{H^{\frac{s+1}{3}}} + c\|g_2\|_{H^{\frac{s}{3}}} + c\|w\|^2_{X_{s,b}D_\alpha},$$

这里 $b(s) < b < \frac{1}{2}$. 在 $C\left(\mathbb{R}_x; H_t^{\frac{s+1}{3}}\right)$ 意义下, $\Lambda w(0,t) = g_1(t)$ 对 $0 \leqslant t \leqslant 1$. 由引理 12.5.5 (c), 引理 12.5.6 (c), 引理 12.5.7 (c), 引理 12.5.8 和 (12.6.2)

$$\|\partial_x \Lambda w(x,t)\|_{C\left(\mathbb{R}_x; H_t^{\frac{s}{3}}\right)} \leqslant c\|\phi\|_{H^s} + c\|g_1\|_{H^{\frac{s+1}{3}}} + c\|g_2\|_{H^{\frac{s}{3}}} + c\|w\|^2_{X_{s,b}\cap D_\alpha},$$

其中 $b(s) < b < \frac{1}{2}$. 在 $C\left(\mathbb{R}_x; H_t^{s/3}\right)$ 意义下, $\partial_x w(0,t) = g_2(t)$ 对 $0 \leqslant t \leqslant 1$. 由引理 12.5.5 (d), 引理 12.5.6 (d), 引理 12.5.7 (d), 引理 12.5.8 和 (12.6.2), 我们有

$$\|\Lambda w\|_{X_{s,b}\cap D_\alpha} \leqslant c\|\phi\|_{H^s} + c\|g_1\|_{H^{\frac{s+1}{3}}} + c\|g_2\|_{H^{\frac{s}{3}}} + c\|w\|^2_{X_{s,b}\cap D_\alpha},$$

其中 $s-1 \leqslant \lambda_1 < s+\frac{1}{2}$, $s-1 \leqslant \lambda_2 < s+\frac{1}{2}$, $\lambda_1 < \frac{1}{2}$, $\lambda_2 < \frac{1}{2}$, $\alpha \leqslant \frac{s-\lambda_1+2}{3}$, $\alpha \leqslant \frac{s-\lambda_2+2}{3}$, $b(s) < b < \frac{1}{2}$, 且 $\frac{1}{2} < \alpha \leqslant 1-b$.

总结起来, 约束是 $-\frac{3}{4} < s < \frac{3}{2}$, $s \neq \frac{1}{2}$, $b(s) < b < \frac{1}{2}$,

$$s-1 \leqslant \lambda_1 < s+\frac{1}{2}, \quad -1 < \lambda_1 < \frac{1}{2},$$

$$s-1 \leqslant \lambda_2 < s+\frac{1}{2}, \quad -1 < \lambda_2 < \frac{1}{2}, \tag{12.6.3}$$

$$\frac{1}{2} < \alpha \leqslant \frac{s-\lambda_1+2}{3},$$

$$\frac{1}{2} < \alpha \leqslant \frac{s-\lambda_2+2}{3}, \tag{12.6.4}$$

$$\alpha \leqslant 1-b.$$

因 $s < \frac{3}{2} \Longrightarrow s-1 < \frac{1}{2}$, $s > -\frac{3}{4} \Longrightarrow s+\frac{1}{2} > -\frac{1}{4}$, 我们得 $\lambda_1 \neq \lambda_2$ 满足 (12.6.3). 条件 $\lambda_1 < s+\frac{1}{2}$, $\lambda_2 < s+\frac{1}{2}$ 表明 $\frac{s-\lambda_1+2}{3} > \frac{1}{2}$, $\frac{s-\lambda_2+2}{3} > \frac{1}{2}$, 因此可满足 (12.6.3).

定义空间 Z, 其上模为

$$\|w\|_Z = \|w\|_{C(\mathbb{R}_t; H_x^s)} + \|w\|_{C\left(\mathbb{R}_x; H_t^{\frac{s+1}{3}}\right)} + \|\partial_x w\|_{C\left(\mathbb{R}_x; H_t^{\frac{s+1}{3}}\right)} + \|w\|_{X_{x,b}\cap D_\alpha}.$$

由以上估计

$$\|\Lambda w\|_Z \leqslant c\|\phi\|_{H^s} + c\|g_1\|_{H^{\frac{s+1}{3}}} + c\|g_2\|_{H^{\frac{s}{3}}} + c\|w\|_Z^2.$$

现在

$$\Lambda w_1(x,t) - \Lambda w_2(x,t)$$

$$= -\frac{1}{2}\theta(t)\mathscr{D}\partial_x\,(w_1 - w_2)\,(w_1 + w_2)\,(x,t) + \theta(t)\mathscr{L}_{-1}^{\lambda_1}h_1(x,t) + \theta(t)\mathscr{S}_{-}^{\lambda_2}h_2(x,t),$$

其中

$$\begin{pmatrix} h_1(t) \\ h_2(t) \end{pmatrix} = \frac{1}{2}A \begin{pmatrix} \theta(t)\mathscr{D}\partial_x\,(w_1 - w_2)\,(w_1 + w_2)\,(0,t) \\ \theta(t)\mathscr{I}_{1/3}\,(\theta\partial_x\mathscr{D}\partial_x\,(w_1 - w_2)\,(w_1 + w_2)\,(0,\cdot))\,(t) \end{pmatrix}.$$

类似的讨论可证

$$\|\Lambda w_1 - \Lambda w_2\|_2 \leqslant c\,(\|w_1\|_Z + \|w_2\|_Z)\,(\|w_1 - w_2\|_Z).$$

取 $\|\phi\|_{H^s} + \|g_1\|_{H^{\frac{s+1}{3}}} + \|g_2\|_{H^{\frac{s}{3}}} \leqslant \delta$, $\delta > 0$ 适当小, 可得在 Z 空间中的不动点 $(\Lambda u = u)$.

定理 12.1.1 (b) 可由标准的尺度原理得到. 在问题 (12.1.2) 中给定 $\tilde{\phi}$, $\tilde{g}_1$ 和 $\tilde{g}_2$, 然后求解 $\tilde{u}$. 对 $0 \leqslant \lambda \ll 1$, 令 $\phi(x) = \lambda^2\tilde{\phi}(x)$, $g_1(t) = \lambda^2\tilde{g}_1(t)$, $g_2(t) = \lambda^3\tilde{g}_2\,(\lambda^3 t)$. 取 λ 充分小使得

$$\|\phi\|_{H^s} + \|g_1\|_{H^{\frac{s+1}{3}}} + \|g_2\|_{H^{\frac{s}{3}}}$$

$$\leqslant \lambda^{\frac{3}{2}}\,\langle\lambda^s\rangle\,\|\tilde{\phi}\|_{H^s} + \lambda^{\frac{1}{2}}\langle\lambda\rangle^{s+1}\,\|\tilde{g}_1\|_{H^{\frac{s+1}{3}}} + \lambda^{\frac{3}{2}}\langle\lambda\rangle^s\,\|\tilde{g}_2\|_{H^{\frac{s}{3}}} \leqslant \delta.$$

则由上面的讨论, 存在 $0 \leqslant t \leqslant 1$ 上的解 $u(x,t)$. 则 $\tilde{u}(x,t) = \lambda^{-2}u\,(\lambda^{-1}x, \lambda^{-3}t)$ 是 $0 \leqslant t \leqslant \lambda^3$ 上要求的解.

12.7　右半直线问题

现在证定理 12.1.1 (a). 若 $-1 < \lambda < 1$, 给定 $f \in C_0^\infty\,(\mathbb{R}^+)$. 令 $u(x,t) =$ $\mathrm{e}^{-\pi\lambda \mathrm{i}}\mathscr{L}_+^\lambda f(x,t)$. 则由引理 12.3.1, $u(x,t)$ 在 $x = 0$ 连续. 由引理 12.3.2, $u(0,t) = f(t)$. 则 $u(x,t)$ 为

$$\begin{cases} \partial_t u + \partial_x^3 u = 0, \\ u(x,0) = 0, \\ u(0,t) = f(t) \end{cases}$$

的解. 因此为了考虑非线性问题 (12.1.1), 其中给定 f 和 ϕ, 可取 $-1 < \lambda < 1$, 令

$$\Lambda w(x,t) = \theta(t)\mathrm{e}^{-t\partial_x^3}\phi(x) - \frac{1}{2}\theta(t)\mathscr{D}\partial_x w^2(x,t) + \theta(t)\mathscr{L}_+^\lambda h(x,t),$$

其中

$$h(t) = \mathrm{e}^{-\pi\mathrm{i}\lambda}\left[f(t) - \theta(t)\mathrm{e}^{-t\partial_x^3}\phi\Big|_{x=0} + \frac{1}{2}\theta(t)\mathscr{D}\partial_x w^2(0,t) \right].$$

则

$$\left(\partial_t + \partial_x^3\right)\Lambda w(x,t) = -\frac{1}{2}\partial_x w^2(x,t).$$

由引理 12.5.5 (b), $\left\|f(t) - \theta(t)\mathrm{e}^{-t\partial_x^3}\phi\Big|_{x=0}\right\|_{H^{\frac{s+1}{3}}} \leqslant c\|f\|_{H^{\frac{s+1}{3}}} + c\|\phi\|_{H^s}$. 若 $-\frac{3}{4} <$ $s < \frac{1}{2}$, 则 $\frac{1}{12} < \frac{s+1}{3} < \frac{1}{2}$. 由引理 12.4.2 可得 $f(t) - \theta(t)\mathrm{e}^{-t\partial_x^3}\phi|_{x=0} \in H_0^{\frac{s+1}{3}}$. 若 $\frac{1}{2} < s < \frac{3}{2}$, 则 $\frac{1}{2} < \frac{s+1}{3} < \frac{5}{6}$, 于是根据相容性原理, $f(t) - \theta(t)\mathrm{e}^{-t\partial_x^3}\phi\Big|_{x=0}$ 在 $t = 0$ 为 0. 由引理 12.4.3, $f(t) - \theta(t)\mathrm{e}^{-t\partial_x^3}\phi\Big|_{x=0} \in H_0^{\frac{s+1}{3}}(\mathbb{R}^+)$. 因此可得, 若 $-\frac{3}{4} < s < \frac{3}{2}$, $s \neq \frac{1}{2}$, 则

$$\left\|f(t) - \theta(t)\mathrm{e}^{-t\partial_x^3}\phi\Big|_{x=0}\right\|_{H^{\frac{s+1}{3}}(\mathbb{R}^+)} \leqslant c\|f\|_{H^{\frac{s+1}{3}}} + c\|\phi\|_{H^s}.$$

由引理 12.5.6 (b), 引理 12.5.8 可得

$$\left\|\theta(t)\mathscr{D}\partial_x w^2(0,t)\right\|_{H_0^{\frac{s+1}{3}}(\mathbb{R}^+)} \leqslant c\|w\|_{X_{s,b}\cap D_\alpha}^2,$$

联合之可得

$$\|h\|_{H_0^{\frac{s+1}{3}}(\mathbb{R}^+)} \leqslant c\|f\|_{H^{\frac{s+1}{3}}} + c\|\phi\|_{H^s} + c\|w\|_{X_{s,b}\cap D_\alpha}^2. \tag{12.7.1}$$

如 12.6 节所证, 我们完成定理 12.1.1 (a) 的证明.

12.8 直线段问题

现在证明直线段问题 (12.1.5). 由标准尺度变换, 只需证明 $\exists \delta > 0$, $\exists L_1 \gg 0$ 使得对任意 $L > L_1$, f, g_1, g_2, ϕ 满足

$$\|f\|_{H^{\frac{s+1}{3}}(\mathbb{R}^+)} + \|g_1\|_{H^{\frac{s+1}{3}}(\mathbb{R}^+)} + \|g_2\|_{H^{\frac{s}{3}}(\mathbb{R}^+)} + \|\phi\|_{H^s(0,L)} \leqslant \delta,$$

则我们可得 (12.1.5) 的解当 $T=1$. 利用上面二节的技术, 只需证明对于所有边界条件 f, g_1, g_2, 存在 $u(x,t)$ 满足

$$\begin{cases} \partial_t u + \partial_x^3 u = 0, & (x,t)\in(0,L)\times(0,1), \\ u(0,t)=f(t), & t\in(0,1), \\ u(L,t)=g_1(t), & t\in(0,1), \\ \partial_x u(L,t)=g_2(t), & t\in(0,1), \\ u(x,0)=0, & x\in(0,L), \end{cases} \tag{12.8.1}$$

使得

$$\|u\|_{C(\mathbb{R}_t;H_x^s)} + \|u\|_{C\left(\mathbb{R}_x;H_t^{\frac{s+1}{3}}\right)} + \|\partial_x u\|_{C\left(\mathbb{R}_\alpha;H_t^{\frac{s}{3}}\right)} + \|u\|_{X_{s,b}\cap D_\alpha}$$
$$\leqslant \|f\|_{H^{\frac{s+1}{3}}(\mathbb{R}^+)} + \|g_1\|_{H^{\frac{s+1}{3}}(\mathbb{R}^+)} + \|g_2\|_{H^{\frac{s}{3}}(\mathbb{R}^+)}. \tag{12.8.2}$$

令

$$\begin{aligned} \mathscr{L}_1 h_1(x,t) &= \mathscr{L}_-^{\lambda_1} h_1(x-L,t), \\ \mathscr{L}_2 h_2(x,t) &= \mathscr{L}_-^{\lambda_2} h_2(x-L,t), \\ \mathscr{L}_3 h_3(x,t) &= \mathscr{L}_+^{\lambda_3} h_3(x,t). \end{aligned}$$

由引理 12.3.2 和 12.5 节中的估计, 求解 (12.8.1), (12.8.2) 即要证明矩阵方程

$$(g_1, \mathscr{I}_{1/3} g_2, f)^{\mathrm{T}} = (E_L + K_L)(h_1, h_2, h_3)^{\mathrm{T}} \tag{12.8.3}$$

有有界逆, 其中

$$E_L = \begin{pmatrix} 2\sin\left(\frac{\pi}{3}\lambda_1+\frac{\pi}{6}\right) & 2\sin\left(\frac{\pi}{3}\lambda_2+\frac{\pi}{6}\right) & 0 \\ 2\sin\left(\frac{\pi}{3}\lambda_1-\frac{\pi}{6}\right) & 2\sin\left(\frac{\pi}{3}\lambda_2-\frac{\pi}{6}\right) & 0 \\ \mathscr{L}_1|_{x=0} & \mathscr{L}_2|_{x=0} & \mathrm{e}^{\mathrm{i}\pi\lambda_3} \end{pmatrix},$$

$$K_L = \begin{pmatrix} 0 & 0 & \mathscr{L}_3|_{x=L} \\ 0 & 0 & \mathscr{I}_{1/3}^t(\partial_x \mathscr{L}_3)\big|_{x=L} \\ 0 & 0 & 0 \end{pmatrix}.$$

矩阵 E_L 是可逆的且其逆为

$$
E_L^{-1} = \begin{pmatrix}
\dfrac{\sin\left(\dfrac{\pi}{3}\lambda_2 - \dfrac{\pi}{6}\right)}{\sqrt{3}\sin\left(\dfrac{\pi}{3}\lambda_2 - \dfrac{\pi}{3}\lambda_1\right)} & \dfrac{-\sin\left(\dfrac{\pi}{3}\lambda_2 + \dfrac{\pi}{6}\right)}{\sqrt{3}\sin\left(\dfrac{\pi}{3}\lambda_2 - \dfrac{\pi}{3}\lambda_1\right)} & 0 \\[6mm]
\dfrac{-\sin\left(\dfrac{\pi}{3}\lambda_1 - \dfrac{\pi}{6}\right)}{\sqrt{3}\sin\left(\dfrac{\pi}{3}\lambda_2 - \dfrac{\pi}{3}\lambda_1\right)} & \dfrac{\sin\left(\dfrac{\pi}{3}\lambda_1 + \dfrac{\pi}{6}\right)}{\sqrt{3}\sin\left(\dfrac{\pi}{3}\lambda_2 - \dfrac{\pi}{3}\lambda_1\right)} & 0 \\[6mm]
A_1 & A_2 & \mathrm{e}^{-\mathrm{i}\pi\lambda_3}
\end{pmatrix},
$$

其中

$$
A_1 = \frac{\sqrt{3}\mathrm{e}^{-\mathrm{i}\pi\lambda_3}\sin\left(\dfrac{\pi}{3}\lambda_1 - \dfrac{\pi}{6}\right)}{\sin\left(\dfrac{\pi}{3}\lambda_2 - \dfrac{\pi}{3}\lambda_1\right)}\mathscr{L}_2\bigg|_{x=0} - \frac{\sqrt{3}\mathrm{e}^{-\mathrm{i}\pi\lambda_3}\sin\left(\dfrac{\pi}{3}\lambda_2 - \dfrac{\pi}{6}\right)}{\sin\left(\dfrac{\pi}{3}\lambda_2 - \dfrac{\pi}{3}\lambda_1\right)}\mathscr{L}_1\bigg|_{x=0},
$$

$$
A_2 = \frac{-\sqrt{3}\mathrm{e}^{-\mathrm{i}\pi\lambda_3}\sin\left(\dfrac{\pi}{3}\lambda_1 + \dfrac{\pi}{6}\right)}{\sin\left(\dfrac{\pi}{3}\lambda_2 - \dfrac{\pi}{3}\lambda_1\right)}\mathscr{L}_2\bigg|_{x=0} + \frac{\sqrt{3}\mathrm{e}^{-\mathrm{i}\pi\lambda_3}\sin\left(\dfrac{\pi}{3}\lambda_2 + \dfrac{\pi}{6}\right)}{\sin\left(\dfrac{\pi}{3}\lambda_2 - \dfrac{\pi}{3}\lambda_1\right)}\mathscr{L}_1\bigg|_{x=0}.
$$

当 $L \to +\infty$ 时, 因 $\mathscr{L}_1|_{x=0}: H_0^{\frac{s+1}{3}}(\mathbb{R}^+) \to H_0^{\frac{s+1}{3}}(\mathbb{R}^+)$, $\mathscr{L}_2|_{x=0}: H_0^{\frac{s+1}{3}}(\mathbb{R}^+) \to H_0^{\frac{s+1}{3}}(\mathbb{R}^+)$ 是一致有界的, E_L^{-1} 模是一致有界的, 则 (12.8.3) 变为

$$
E_L^{-1}\left(g_1, \mathscr{I}_{1/3}g_2, f\right)^{\mathrm{T}} = \left(I + E_L^{-1}K_L\right)(h_1, h_2, h_3)^{\mathrm{T}}, \tag{12.8.4}
$$

因此只需证明 $\left(I + E_L^{-1}K_L\right)$ 是可逆的. 我们断言当 $L \to +\infty$ 时 $K_L: \left[H_0^{\frac{s+1}{3}}(\mathbb{R}^+)\right]^3 \to \left[H_0^{\frac{s+1}{3}}(\mathbb{R}^+)\right]^3$ 是有界的, 且其范数趋于零. 为此我们需要引理 12.5.7 (b) 的一个修正结果.

引理 12.8.1 对于 $-2 < \lambda < 1$, $x > 0$

$$
\left\|\theta(t)\mathscr{L}_+^{\lambda}h(x,t)\right\|_{H_0^{\frac{s+1}{3}}(\mathbb{R}^+)} \leqslant c(x)\|h\|_{H_0^{\frac{s+1}{3}}(\mathbb{R}^+)},
$$

其中当 $x \to +\infty$ 时 $c(x) \to 0$.

证明 由唯一性计算知 $\mathscr{L}_+^{\lambda}f(x,t) = \mathscr{L}^0 h(x,t)$, $x > 0$. 由 (12.2.5)

$$
\theta(t)\mathscr{L}^0 h(x,t) = \theta(t)\int_0^t \frac{\theta\left(2(t-t')\right)}{(t-t')^{1/3}}A\left(\frac{x}{(t-t')^{1/3}}\right)\mathscr{I}_{-2/3}h(t')\,\mathrm{d}t'
$$

$$
= -\theta(t)\int_0^t \partial_{t'}\left[\frac{\theta\left(2(t-t')\right)}{(t-t')^{1/3}}A\left(\frac{x}{(t-t')^{1/3}}\right)\right]\theta(4t')\mathscr{I}_{1/3}h(t')\,\mathrm{d}t'.
$$

因 $A(x)$ 在 $x \to +\infty$ 时急剧衰减, 我们有

$$
\begin{aligned}
H(t) := & - \partial_t \left[\frac{\theta(2t)}{t^{1/3}} A\left(\frac{x}{t^{1/3}}\right) \chi_{t \geqslant 0} \right] \\
= & - 2\theta'(2t) x^{-1} \left(\frac{x}{t^{1/3}}\right) A\left(\frac{x}{t^{1/3}}\right) \chi_{t \geqslant 0} \\
& + \frac{1}{3}\theta(2t) x^{-4} \left(\frac{x}{t^{1/3}}\right)^4 A\left(\frac{x}{t^{1/3}}\right) \chi_{t \geqslant 0} \\
& + \frac{1}{3}\theta(2t) x^{-4} \left(\frac{x}{t^{1/3}}\right)^5 A'\left(\frac{x}{t^{1/3}}\right) \chi_{t \geqslant 0},
\end{aligned}
$$

因此 $\mathscr{L}^0 h(x,t) = \theta(t) H * \left(\theta(4\cdot) \mathscr{I}_{1/3} h\right)(t)$. 由 $x \to +\infty$ 时 $A(x)$ 的渐近性质,

$$
\|\widehat{H}\|_{L^\infty} \leqslant \|H\|_{L^1} \leqslant \sup_{x \geqslant \frac{\pi}{2}} \left(\left| x^4 A(x) \right| + \left| x^5 A'(x) \right| \right) \to 0, \quad x \to +\infty.
$$

我们有

$$
\left\| \mathscr{L}^0 h(x,t) \right\|_{H^{\frac{s+1}{3}}} \leqslant \|\widehat{H}\|_{L^\infty} \left\| \theta(4t) \mathscr{I}_{1/3} h(t) \right\|_{H^{\frac{s+1}{3}}} \leqslant c(x) \|h\|_{H^{\frac{s+1}{3}}},
$$

其中 $c(x) \to 0$ 当 $x \to +\infty$. $\qquad\square$

由此引理, $\mathscr{L}_3|_{x=L} : H_0^{\frac{s+1}{3}}(\mathbb{R}^+) \to H_0^{\frac{s+1}{3}}(\mathbb{R}^+)$ 和

$$
\mathscr{I}_{1/3}\left(\partial_x \mathscr{L}_3\right)\big|_{x=L} = \mathscr{I}_{1/3}\left(\mathscr{L}_+^{\lambda_3-1} \mathscr{I}_{-1/3}\right)\Big|_{x=L} : H_0^{\frac{s+1}{3}}(\mathbb{R}^+) \to H_0^{\frac{s+1}{3}}(\mathbb{R}^+)
$$

是有界的, 且范数趋于 0 当 $L \to +\infty$ 时. 因此 $K_L : \left[H_0^{\frac{s+1}{3}}(\mathbb{R}^+) \right]^3 \to \left[H_0^{\frac{s+1}{3}}(\mathbb{R}^+) \right]^3$ 有相同的性质, 则在 (12.8.4) 中的矩阵 $\left(I + E_L^{-1} K_L\right)$ 有有界逆, 且当 $a \to +\infty$ 时, 此界关于 L 是一致的.

第 13 章　KdV-NLS 方程的初边值问题

13.1　引　　言

非线性 Schrödinger-KdV 方程组

$$\begin{cases} iu_t + u_{xx} = \alpha uv + \beta |u|^2 u, & (x,t) \in \mathbb{R} \times (0,T), \\ v_t + v_{xxx} + vv_x = \gamma \left(|u|^2\right)_x, & (x,t) \in \mathbb{R} \times (0,T), \\ u(x,0) = u_0(x), v(x,0) = v_0(x), & x \in \mathbb{R} \end{cases} \qquad (13.1.1)$$

主要描述流体力学和等离子物理中短波和长波在色散介质中的相互作用, 其中 $u = u(x,t)$ 是复值函数, $v = v(x,t)$ 是实值函数 α, β, γ 为实常数. 当初值 (u_0, v_0) 属于经典的 Sobolev 空间 $H^s(\mathbb{R}) \times H^k(\mathbb{R})$ 时, 方程组 (13.1.1) 在全空间情形下的适定性理论得到了广泛的研究:

- M. Tsutsumi [105] 证明了当 $s = k + 1/2$, $k \in \mathbb{Z}^+$ 时, 方程组 (13.1.1) 是整体适定的.

- B. Guo 和 C. Miao [46] 证明了当 $\beta = 0$, $s = k \in \mathbb{Z}^+$ 时, 方程组 (13.1.1) 是整体适定的.

- D. Bekiranov, T. Ogawa 和 G. Ponce [8] 运用傅里叶限制方法, 证明了当 $k = s - \dfrac{1}{2}$, $s \geqslant 0$ 时, 方程组 (13.1.1) 是局部适定的.

- A. J. Corcho 和 F. Linares [31] 改进了文献 [8] 中的结果, 证明了当 $s \geqslant 0$, $k > -3/4$, 且满足 $s-1 \leqslant k \leqslant 2s-1/2(s \leqslant 1/2)$ 和 $s-1 \leqslant k < s+1/2(s > 1/2)$ 时, 方程组 (13.1.1) 是局部适定的.

- H. Pecher [87] 在 $\alpha\gamma > 0$ 且 $s = k$ 的假设条件下, 分别证明了当 $3/5 < s < 1(\beta = 0)$ 和 $2/3 < s < 1(\beta \neq 0)$ 时, 方程组 (13.1.1) 是局部适定的.

- Y. Wu [111] 改进了文献 [31] 中的结果. 对于任意的 $\beta \in \mathbb{R}$ 的情形, 证明了当 $s \geqslant 0, -3/4 < k < 4s$ 且 $s - 2 < k < s+1$ 时, 方程组 (13.1.1) 是局部适定的; 对于 $\beta = 0$ 的情形, 证明了当 $-3/4 < k < 4s$, $s - 2 < k < s+1$ 时, 方程组 (13.1.1) 是局部适定的. 进一步, 当 $\alpha\gamma > 0$ 时, 对于任意的 $\beta \in \mathbb{R}$, 证明了当 $k = s$ 且 $1/2 < s < 1$ 时, 方程组 (13.1.1) 是整体适定的.

- H. Wang 和 S. Cui [107] 分别证明了当 $\beta \in \mathbb{R}, k = -3/4, s = 0$ 和 $\beta = 0, -3/16 < s \leqslant 1/4$ 时, 方程组 (13.1.1) 是局部适定的.

● Z. Guo 和 Y. Wang [47] 分别证明了当 $\beta \in \mathbb{R}, k = -3/4, s = 0$ 和 $\beta = 0, s > -1/16$ 时, 方程组 (13.1.1) 是局部适定的.

值得一提的是, 非线性 Schrödinger-KdV 方程组在半直线情形下的适定性理论的研究将变得更为困难.

13.1.1 半直线上的模型

本章, 我们将主要介绍如下右半直线 $\mathbb{R}^+ = (0, +\infty)$ 上的 Schrödinger-KdV 方程组

$$\begin{cases} iu_t + u_{xx} = \alpha uv + \beta|u|^2 u, & (x,t) \in (0, +\infty) \times (0,T), \\ v_t + v_{xxx} + vv_x = \gamma(|u|^2)_x, & (x,t) \in (0, +\infty) \times (0,T), \\ u(x,0) = u_0(x), v(x,0) = v_0(x), & x \in (0, +\infty), \\ u(0,t) = f(t), v(0,t) = g(t), & t \in (0,T) \end{cases} \tag{13.1.2}$$

和左半直线 $\mathbb{R}^- = (-\infty, 0)$ 上的 Schrödinger-KdV 方程组

$$\begin{cases} iu_t + u_{xx} = \alpha uv + \beta|u|^2 u, & (x,t) \in (-\infty, 0) \times (0,T), \\ v_t + v_{xxx} + vv_x = \gamma(|u|^2)_x, & (x,t) \in (-\infty, 0) \times (0,T), \\ u(x,0) = u_0(x), v(x,0) = v_0(x), & x \in (-\infty, 0), \\ u(0,t) = f(t), v(0,t) = g(t), v_x(0,t) = h(t), & t \in (0,T) \end{cases} \tag{13.1.3}$$

的适定性理论.

注意到在右半直线情形中, v 的边值条件为一个, 而在左半直线情形中, v 的边值条件为两个. 这是因为当考虑线性 KdV 方程 $v_t + v_{xxx} = 0$ 的光滑解 $v = v(x,t)$ 时, 可得在 $0 \leqslant t \leqslant T$ 上成立积分等式

$$\int_0^{+\infty} v^2(x,t)dx = \int_0^{+\infty} v^2(x,0)dx + \int_0^t \left[2v(0,t')v_{xx}(0,t') - v_x^2(0,t')\right]dt' \tag{13.1.4}$$

和

$$\int_{-\infty}^0 v^2(x,t)dx = \int_{-\infty}^0 v^2(x,0)dx - \int_0^t \left[2v(0,t')v_{xx}(0,t') - v_x^2(0,t')\right]dt'. \tag{13.1.5}$$

当对任意的 $x > 0$ 和 $0 < t' < t$, $v(x,0) = v(0,t') = 0$ 时, 从 (13.1.4) 可推得 $v(x,t) = 0, \forall x > 0$. 但是, 当对任意的 $x < 0$ 和 $0 < t' < t$, $v(x,0) = v(0,t') = 0$ 时, 从 (13.1.5) 却不能排除 $v(x,t) \neq 0, \forall x < 0$. 因此, 为了在左半直线情形下得到 $v(x,t) = 0, x < 0$, 需满足初边值条件: $v(x,0) = v(0,t') = v_x(0,t') = 0$.

13.1.2　初边值的函数空间

定义非齐次 Sobolev 空间 $H^s(\mathbb{R})$, 赋予其范数 $\|\phi\|_{H^s(\mathbb{R})} = \|\langle\xi\rangle^s \hat{\phi}(\xi)\|_{L^2(\mathbb{R})}$, 其中 $\langle\xi\rangle = 1 + |\xi|$, $\hat{\phi}$ 表示 ϕ 的傅里叶变换.

令算子 $e^{it\partial_x^2}$ 和 $e^{-it\partial_x^3}$ 分别表示相应于线性 Schrödinger 方程和线性 KdV 方程的齐次解半群, 其具体表达式为

$$e^{it\partial_x^2}\phi(x) = \frac{1}{2\pi}\int_{\mathbb{R}} e^{ix\xi} e^{-it\xi^2} \hat{\phi}(\xi) \mathrm{d}\xi \tag{13.1.6}$$

和

$$e^{-t\partial_x^3}\phi(x) = \frac{1}{2\pi}\int_{\mathbb{R}} e^{i\xi x} e^{it\xi^3} \hat{\phi}(\xi) \mathrm{d}\xi. \tag{13.1.7}$$

并且, 由经典的振荡积分理论可知成立如下局部光滑化估计

$$\left\|\psi(t)e^{it\partial_x^2}\phi(x)\right\|_{\mathcal{C}\left(\mathbb{R}_x; H^{(2s+1)/4}(\mathbb{R}_t)\right)} \leqslant c\|\phi\|_{H^s(\mathbb{R})},$$

$$\left\|\psi(t)e^{-t\partial_x^3}\phi(x)\right\|_{\mathcal{C}\left(\mathbb{R}_x; H^{(k+1)/3}(\mathbb{R}_t)\right)} \leqslant c\|\phi\|_{H^k(\mathbb{R})}$$

和

$$\left\|\psi(t)\partial_x e^{-t\partial_x^3}\phi(x)\right\|_{\mathcal{C}\left(\mathbb{R}_x; H^{k/3}(\mathbb{R}_t)\right)} \leqslant c\|\phi\|_{H^k(\mathbb{R})},$$

其中 $\psi(t)$ 为局部光滑截断函数. 因此, 在初边值问题 (13.1.2) 和 (13.1.3) 的研究中, 一个自然的考虑是分别选择如下初边值空间:

$$\mathscr{H}_+^{s,k} := H^s(\mathbb{R}^+) \times H^k(\mathbb{R}^+) \times H^{(2s+1)/4}(\mathbb{R}^+) \times H^{(k+1)/3}(\mathbb{R}^+);$$
$$\mathscr{H}_-^{s,k} := H^s(\mathbb{R}^-) \times H^k(\mathbb{R}^-) \times H^{(2s+1)/4}(\mathbb{R}^+) \times H^{(k+1)/3}(\mathbb{R}^+) \times H^{k/3}(\mathbb{R}^+). \tag{13.1.8}$$

并且, 对于初边值问题 (13.1.2), 则取 (u_0, v_0, f, g) 属于

$$\begin{cases} \mathscr{H}_+^{s,k}, & s, k < 1/2, \\ \mathscr{H}_+^{s,k}, u_0(0) = f(0), & 1/2 < s < 3/2, k < 1/2, \\ \mathscr{H}_+^{s,k}, v_0(0) = g(0), & s < 1/2, 1/2 < k < 3/2, \\ \mathscr{H}_+^{s,k}, u_0(0) = f(0), v_0(0) = g(0), & 1/2 < s, k < 3/2. \end{cases} \tag{13.1.9}$$

类似, 对于初边值问题 (13.1.3), 则取 (u_0, v_0, f, g, h) 属于

$$\begin{cases} \mathscr{H}_-^{s,k}, & s, k < 1/2, \\ \mathscr{H}_-^{s,k}, u_0(0) = f(0), & 1/2 < s < 3/2, k < 1/2, \\ \mathscr{H}_-^{s,k}, v_0(0) = g(0), & s < 1/2, 1/2 < k < 3/2, \\ \mathscr{H}_-^{s,k}, u_0(0) = f(0), v_0(0) = g(0), & 1/2 < s, k < 3/2. \end{cases} \tag{13.1.10}$$

13.1.3　主要结果

定理 13.1.1 (右半直线上的局部适定性)　定义指标集

$$\mathcal{D} := \left\{ (s,k) \in \mathbb{R}^2;\ 0 \leqslant s < \frac{1}{2}, \max\left\{ -\frac{3}{4}, s-1 \right\} < k < \min\left\{ 4s - \frac{1}{2}, \frac{1}{2} \right\} \right\},$$

$$\mathcal{D}_0 := \left\{ (s,k) \in \mathbb{R}^2;\ \frac{1}{2} < s < 1, s-1 < k < \frac{1}{2} \right\}.$$

如果初边值问题 (13.1.2) 满足条件 (13.1.9)，且

$$(s,k) \in \mathcal{D}, \quad \beta \neq 0; \quad (s,k) \in \mathcal{D} \cup \mathcal{D}_0, \quad \beta = 0.$$

则存在正时间

$$T = T\left(\|u_0\|_{H^s(\mathbb{R}^+)}, \|v_0\|_{H^k(\mathbb{R}^+)}, \|f\|_{H^{(2s+1)/4}(\mathbb{R}^+)}, \|g\|_{H^{(k+1)/3}(\mathbb{R}^+)} \right)$$

和分部意义下的局部解 (u,v) 使满足

$$(u(\cdot,t), v(\cdot,t)) \in \mathcal{C}\left([0,T]; H^s\left(\mathbb{R}^+ \right) \times H^k\left(\mathbb{R}^+ \right) \right).$$

并且, 解映射 $(u_0, v_0, f, g) \longmapsto (u(\cdot,t), v(\cdot,t))$ 为从 (13.1.9) 中所规定的空间到 $\mathcal{C}([0,T]; H^s(\mathbb{R}^+) \times H^k(\mathbb{R}^+))$ 中的局部 Lipschitz 连续映射.

注记 13.1.1　在定理 13.1.1 中, 初值 (u_0, v_0) 属于 Sobolev 空间 $L^2(\mathbb{R}^+) \times H^{-\frac{3}{4}+}(\mathbb{R}^+)$ 几乎是最佳结果. 因为在文献 [31] 中, 当 $\beta \neq 0$ 时端点情形为 $(s,k) = \left(0, -\frac{3}{4} \right)$.

定理 13.1.2 (右半直线上关于小初值的局部适定性)　定义指标集

$$\tilde{\mathcal{D}} := \left\{ (s,k) \in \mathbb{R}^2; 1/4 \leqslant s < \frac{1}{2}, 1/2 < k < \min\left\{ 4s - \frac{1}{2}, s + \frac{1}{2} \right\} \right\},$$

$$\tilde{\mathcal{D}}_0 := \left\{ (s,k) \in \mathbb{R}^2; \frac{1}{2} < s < 1, 1/2 < k < s + \frac{1}{2} \right\}.$$

如果初边值问题 (13.1.2) 满足条件 (13.1.9)，且

$$(s,k) \in \tilde{\mathcal{D}}, \quad \beta \neq 0; \quad (s,k) \in \tilde{\mathcal{D}} \cup \tilde{\mathcal{D}}_0, \quad \beta = 0.$$

此外, 假设存在充分小 δ 使得成立

$$\|v_0\|_{H^k(\mathbb{R}^+)} + \|g\|_{H^{(s+1)/3}(\mathbb{R}^+)} \leqslant \delta, \tag{13.1.11}$$

则存在正时间

$$T = T\left(\|u_0\|_{H^s(\mathbb{R}^+)}, \|v_0\|_{H^k(\mathbb{R}^+)}, \|f\|_{H^{(2s+1)/4}(\mathbb{R}^+)}, \|g\|_{H^{(k+1)/3}(\mathbb{R}^+)}\right)$$

和分部意义下的局部解 (u,v) 使满足

$$(u(\cdot,t), v(\cdot,t)) \in \mathcal{C}\left([0,T]; H^s\left(\mathbb{R}^+\right) \times H^k\left(\mathbb{R}^+\right)\right). \tag{13.1.12}$$

并且, 解映射 $(u_0, v_0, f, g) \longmapsto (u(\cdot,t), v(\cdot,t))$ 为从 (13.1.9) 中所规定的空间到 $\mathcal{C}([0,T]; H^s(\mathbb{R}^+) \times H^k(\mathbb{R}^+))$ 中的局部 Lipschitz 连续映射.

类似地, 对于左半直线情形, 有如下结果:

定理 13.1.3 (左半直线上的局部适定性)　定义指标集

$$\mathcal{E} := \left\{(s,k) \in \mathbb{R}^2; 1/8 \leqslant s < \frac{1}{2}, 0 \leqslant k \leqslant \min\left\{4s - \frac{1}{2}, \frac{1}{2}\right\}\right\},$$

$$\mathcal{E}_0 := \left\{(s,k) \in \mathbb{R}^2; \frac{1}{2} < s < 1, 0 \leqslant k \leqslant \frac{1}{2}\right\}.$$

如果初边值问题 (13.1.3) 满足条件 (13.1.10), 且

$$(s,k) \in \mathcal{E}, \quad \beta \neq 0; \quad (s,k) \in \mathcal{E} \cup \mathcal{E}_0, \quad \beta = 0.$$

则存在正时间

$$T = T\left(\|u_0\|_{H^s(\mathbb{R}^-)}, \|v_0\|_{H^k(\mathbb{R}^-)}, \|f\|_{H^{(2s+1)/4}(\mathbb{R}^-)}, \|g\|_{H^{(k+1)/3}(\mathbb{R}^-)}, \|h\|_{H^{k/3}(\mathbb{R}^-)}\right)$$

和分部意义下的局部解 (u,v) 使满足

$$(u(\cdot,t), v(\cdot,t)) \in \mathcal{C}\left([0,T]; H^s\left(\mathbb{R}^-\right) \times H^k\left(\mathbb{R}^-\right)\right). \tag{13.1.13}$$

并且, 解映射 $(u_0, v_0, f, g, h) \longmapsto (u(\cdot,t), v(\cdot,t))$ 为从 (13.1.10) 中所规定的空间到 $\mathcal{C}([0,T]; H^s(\mathbb{R}^-) \times H^k(\mathbb{R}^-))$ 中的局部 Lipschitz 连续映射.

定理 13.1.4 (左半直线上关于小初值的局部适定性)　定义指标集

$$\bar{\mathcal{E}}_1 := \left\{(s,k) \in \mathbb{R}^2; 0 \leqslant s < \frac{1}{2}, \min\left\{-\frac{3}{4}, s-1\right\} \leqslant k \leqslant \min\left\{4s - \frac{1}{2}, 0\right\}\right\},$$

$$\bar{\mathcal{E}}_2 := \left\{(s,k) \in \mathbb{R}^2; \frac{1}{4} < s < \frac{1}{2}, 1/2 < k < \min\left\{4s - \frac{1}{2}, s+1/2\right\}\right\},$$

$$\bar{\mathcal{E}}_{10} := \{(s,k) \in \mathbb{R}^2; 1/2 \leqslant s < 1, s-1 < k < 0\},$$

$$\bar{\mathcal{E}}_{20} := \{(s,k) \in \mathbb{R}^2; 1/2 \leqslant s < 1, 1/2 < k < s+1/2\}.$$

如果初边值问题 (13.1.3) 满足条件 (13.1.10), 且

$$(s,k) \in \bar{\mathcal{E}}_1 \cup \bar{\mathcal{E}}_2, \quad \beta \neq 0; \quad (s,k) \in \bar{\mathcal{E}}_1 \cup \bar{\mathcal{E}}_2 \cup \bar{\mathcal{E}}_{10} \cup \bar{\mathcal{E}}_{20}, \quad \beta = 0.$$

此外, 假设存在充分小 δ 使得成立

$$\|v_0\|_{H^k(\mathbb{R}^-)} + \|g\|_{H^{(s+1)/3}(\mathbb{R}^-)} + \|h\|_{H^{k/3}(\mathbb{R}^-)} \leqslant \delta. \qquad (13.1.14)$$

则存在正时间

$$T = T\left(\|u_0\|_{H^s(\mathbb{R}^-)}, \|v_0\|_{H^k(\mathbb{R}^-)}, \|f\|_{H^{(2s+1)/4}(\mathbb{R}^-)}, \|g\|_{H^{(k+1)/3}(\mathbb{R}^-)}, \|h\|_{H^{k/3}(\mathbb{R}^-)}\right)$$

和分部意义下的局部解 (u, v) 使满足

$$(u(\cdot, t), v(\cdot, t)) \in \mathcal{C}\left([0, T]; H^s\left(\mathbb{R}^-\right) \times H^k\left(\mathbb{R}^-\right)\right). \qquad (13.1.15)$$

并且, 解映射 $(u_0, v_0, f, g, h) \longmapsto (u(\cdot, t), v(\cdot, t))$ 为从 (13.1.10) 中所规定的空间到 $\mathcal{C}([0, T]; H^s(\mathbb{R}^-) \times H^k(\mathbb{R}^-))$ 中的局部 Lipschitz 连续映射.

注记 13.1.2　　与右半直线情形不同的是, 定理 13.1.4 中并不包含 $L^2(\mathbb{R}^-) \times H^{-\frac{3}{4}+}(\mathbb{R}^-)$. 这是由于在修正的 Bourgain 空间中建立双线性估计时, 关于 NLS 分量的估计中不能包含 $s = 0$ 的情形, 具体可见命题 13.5.4.

13.1.4　证明技巧

为了求解初边值问题 (13.1.2), 构造如下带辅助外力项的 Cauchy 问题

$$\begin{cases} iu_t + u_{xx} = \alpha uv + \beta|u|^2 u + \mathcal{T}_1(x)h_1(t), & (x, t) \in \mathbb{R} \times (0, T), \\ v_t + v_{xxx} + vv_x = \gamma\left(|u|^2\right)_x + \mathcal{T}_2(x)h_2(t), & (x, t) \in \mathbb{R} \times (0, T), \\ u(x, 0) = \tilde{u}_0(x), v(x, 0) = \tilde{v}_0(x), & x \in \mathbb{R}, \end{cases} \qquad (13.1.16)$$

其中 $\mathcal{T}_1$ 和 $\mathcal{T}_2$ 为支集在 $\mathbb{R}^-$ 中的分布, $\tilde{u}_0, \tilde{v}_0$ 为 u_0, v_0 在 $\mathbb{R}$ 中的延拓, 边界力函数 h_1, h_2 的选取保证对任意的 $t \in (0, T)$ 满足

$$\tilde{u}(0, t) = f(t), \quad \tilde{v}(0, t) = g(t).$$

借助于 (13.1.16) 的解 $(\tilde{u}, \tilde{v})$, 通过做限制便可得到初边值问题 (13.1.2) 分部意义的解, 即

$$(u, v) = (\tilde{u}|_{\mathbb{R}^+ \times (0, T)}, \tilde{v}|_{\mathbb{R}^+ \times (0, T)}).$$

类似地, 为了得到初边值问题 (13.1.3) 的解, 考虑如下带辅助外力项的 Cauchy 问题

$$\begin{cases} iu_t + u_{xx} = \alpha uv + \beta|u|^2 u + \mathcal{T}_1(x)h_1(t), & (x, t) \in \mathbb{R} \times (0, T), \\ v_t + v_{xxx} + vv_x = \gamma\left(|u|^2\right)_x + \mathcal{T}_2(x)h_2(t) + \mathcal{T}_3(x)h_3(t), & (x, t) \in \mathbb{R} \times (0, T), \\ u(x, 0) = \tilde{u}_0(x), v(x, 0) = \tilde{v}_0(x), & x \in \mathbb{R}, \end{cases}$$

$$(13.1.17)$$

其中 $\mathcal{T}_1, \mathcal{T}_2$ 和 $\mathcal{T}_3$ 为支集在 $\mathbb{R}^+$ 中的分布, $\tilde{u}_0, \tilde{v}_0$ 为 u_0, v_0 在 $\mathbb{R}$ 中的延拓, 边界力函数 h_1, h_2, h_3 的选取保证对任意的 $t \in (0, T)$ 满足

$$\tilde{u}(0, t) = f(t), \quad \tilde{v}(0, t) = g(t), \quad \tilde{u}_x(0, t) = h(t).$$

对于初值问题 (13.1.16) 和 (13.1.17) 的求解, 主要用到经典的限制范数方法和 Riemann-Liouville 分数阶积分的逆算子. 值得注意的是, 对于 Bourgain 空间的 $X^{s,b}, Y^{s,b}$ 的运用, 我们将改用 $b < 1/2$, 而不是通常的 $b > 1/2$.

13.2 Riemann-Liouville 分数阶积分算子的相关估计

令 $\mathbb{R}^* = \mathbb{R} \setminus \{0\}$. 定义集合 A 上的特征函数为 χ_A. 选取截断函数 $\psi \in C_0^\infty(\mathbb{R})$ 使得

$$\psi(t) = \begin{cases} 1, & |t| \leqslant 1, \\ 0, & |t| \geqslant 2. \end{cases} \tag{13.2.1}$$

对 $\delta > 0$, 记 $\psi_\delta(t) := \dfrac{1}{\delta}\psi(t/\delta)$.

记 $\langle x \rangle = 1 + |x|$. 定义 $f(x, y) \lesssim g(x, y)$ 表示存在常数 C 使得

$$f(x, y) \leqslant Cg(x, y), \quad \forall (x, y) \in \mathbb{R}^2.$$

经典的 Schwartz 函数空间记为 $\mathscr{S}(\mathbb{R}^n)$, 缓增分布空间则记为 $\mathscr{S}'(\mathbb{R}^n)$. 对于 $u \in \mathscr{S}(\mathbb{R}^2)$, 定义时-空傅里叶变换为

$$\hat{u}(\xi, \tau) = \iint_{\mathbb{R}^2} \mathrm{e}^{-\mathrm{i}(\xi x + \tau t)} u(x, t) \mathrm{d}x\mathrm{d}t.$$

而 $\mathscr{F}_x u(\xi, t)$ 表示对 x 的傅里叶变换, $\mathscr{F}_t u(\xi, t)$ 表示对 t 的傅里叶变换. 此外, 定义 $(\tau - \mathrm{i}0)^\alpha = \lim_{\gamma \to 0^-}(\tau - \gamma\mathrm{i})^\alpha$ 表示在分布意义下等式成立.

13.2.1 函数空间

对 $s \geqslant 0$, 称 $\phi \in H^s(\mathbb{R}^+)$, 如果存在 $\tilde{\phi} \in H^s(\mathbb{R})$ 使得 $\phi = \tilde{\phi}|_{\mathbb{R}^+}$. 因此, 定义 $\|\phi\|_{H^s(\mathbb{R}^+)} := \inf_{\tilde{\phi}} \|\tilde{\phi}\|_{H^s(\mathbb{R})}$. 对 $s \geqslant 0$ 定义

$$H_0^s(\mathbb{R}^+) = \{\phi \in H^s(\mathbb{R}^+); \mathrm{supp}(\phi) \subset [0, +\infty)\}.$$

对 $s < 0$, 定义 $H^s(\mathbb{R}^+)$ 和 $H_0^s(\mathbb{R}^+)$ 分别为 $H_0^{-s}(\mathbb{R}^+)$ 和 $H^{-s}(\mathbb{R}^+)$ 的对偶空间.

定义

$$C_0^\infty(\mathbb{R}^+) = \{\phi \in C^\infty(\mathbb{R}); \mathrm{supp}(\phi) \subset [0, +\infty)\},$$

并且定义 $C_{0,c}^\infty(\mathbb{R}^+)$ 表示 $C_0^\infty(\mathbb{R}^+)$ 中全体具有紧支集的函数所组成的集合. 众所周知, $C_{0,c}^\infty(\mathbb{R}^+)$ 在 $H_0^s(\mathbb{R}^+)$ 中稠密.

以下结果是 Sobolev 空间的常规性质.

引理 13.2.1　设 $-\dfrac{1}{2} < s < \dfrac{1}{2}$. 则存在常数 c_s 使得

$$\left\| \chi_{(0,+\infty)} f \right\|_{H^s(\mathbb{R})} \leqslant c_s \|f\|_{H^s(\mathbb{R})}, \quad \forall f \in H^s(\mathbb{R}).$$

引理 13.2.2　设 $0 \leqslant s \leqslant \dfrac{1}{2}$. 则存在常数 $c_{\psi,s}$ 使得

(a) $\|\psi f\|_{H^s(\mathbb{R})} \leqslant c_{s,\psi} \|f\|_{\dot{H}^s(\mathbb{R})}, \forall f \in \dot{H}^s(\mathbb{R})$;

(b) $\|\psi f\|_{\dot{H}^{-s}(\mathbb{R})} \leqslant c_{s,\psi} \|f\|_{H^{-s}(\mathbb{R})}, \forall f \in \dot{H}^{-s}(\mathbb{R})$.

引理 13.2.3　设 $\dfrac{1}{2} < s < \dfrac{3}{2}$. 则有 $H_0^s(\mathbb{R}^+) = \{f \in H^s(\mathbb{R}^+); f(0) = 0\}$, 且存在常数 c_s 使得

$$\left\| \chi_{(0,+\infty)} f \right\|_{H_0^s(\mathbb{R}^+)} \leqslant c_s \|f\|_{H^s(\mathbb{R}^+)}, \quad \forall f \in \dot{H}^s(\mathbb{R}).$$

引理 13.2.4　设 $f \in H_0^s(\mathbb{R}^+), s \in \mathbb{R}$. 则存在常数 c_s 使得

$$\|\psi f\|_{H_0^s(\mathbb{R}^+)} \leqslant c_{s,\psi} \|f\|_{H_0^s(\mathbb{R}^+)}.$$

现考虑初值问题

$$\begin{cases} \mathrm{i} w_t - \phi(-\mathrm{i}\partial_x) w = F(w), & (x,t) \in \mathbb{R} \times (0,T), \\ w(x,0) = w_0(x), & x \in \mathbb{R}, \end{cases} \tag{13.2.2}$$

其中 F 为非线性项, ϕ 为可测实值函数, $\phi(-\mathrm{i}\partial_x)$ 为乘子算子, 其定义为

$$[\phi(-\mathrm{i}\partial_x) w]^\wedge(\xi) := \phi(\xi)\hat{w}(\xi).$$

则相应的积分形式为

$$w(t) = W_\phi(t)w_0 - \mathrm{i} \int_0^t W_\phi(t-t') F(w(t')) \, \mathrm{d}t',$$

其中 $W_\phi(t) = \mathrm{e}^{-\mathrm{i}t\phi(-\mathrm{i}\partial_x)}$ 为酉群. 记 $X^{s,b}(\phi)$ 为对应于方程 (13.2.2) 的 Bourgain 空间, $X^{s,b}(\phi)$ 为关于如下范数在 $\mathscr{S}'(\mathbb{R}^2)$ 上的完备化

$$\begin{aligned} \|w\|_{X^{s,b}(\phi)} &= \|W_\phi(-t)w\|_{H_t^b(\mathbb{R};H_x^s(\mathbb{R}))} \\ &= \|\langle\xi\rangle^s \langle\tau\rangle^b \mathscr{F}(\mathrm{e}^{\mathrm{i}t\phi(-\mathrm{i}\partial_x)}w(\xi,\tau))\|_{L_\tau^2 L_\xi^2} \\ &= \|\langle\xi\rangle^s \langle\tau+\phi(\xi)\rangle^b \hat{w}(\xi,\tau)\rangle\|_{L_\tau^2 L_\xi^2}. \end{aligned}$$

在 Zakharov 方程局部适定性的研究中, Ginibre, Tsutsum, Velo [44] 建立了如下重要估计.

引理 13.2.5 设 $-\dfrac{1}{2} < b' < b \leqslant 0$ 或 $0 \leqslant b' < b < \dfrac{1}{2}, w \in X^{s,b}(\phi), s \in \mathbb{R}.$ 则

$$\|\psi_T w\|_{X^{s,b'}(\phi)} \leqslant cT^{b-b'}\|w\|_{X^{s,b}(\phi)}.$$

这里我们用到的是分别相应于 Schrödinger 和 Airy 半群的 Bourgain 空间 $X^{s,b} = X^{s,b}(\xi^2)$ 和 $Y^{s,b} = X^{s,b}(-\xi^3)$. 我们也引入如下 Bourgain 空间

$$\|w\|_{W^{s,b}} = \left(\iint \langle \tau \rangle^s \langle \tau + \xi^2 \rangle^{2b} |\widehat{w}(\xi,\tau)|^2 \mathrm{d}\xi \mathrm{d}\tau \right)^{\frac{1}{2}},$$

$$\|w\|_{U^{s,b}} = \left(\iint \langle \tau \rangle^{2s/3} \langle \tau - \xi^3 \rangle^{2b} |\widehat{w}(\xi,\tau)|^2 \mathrm{d}\xi \mathrm{d}\tau \right)^{\frac{1}{2}},$$

$$\|w\|_{V^\alpha} = \left(\iint \langle \tau \rangle^{2\alpha} |\widehat{w}(\xi,\tau)|^2 \mathrm{d}\xi \mathrm{d}\tau \right)^{\frac{1}{2}}.$$

13.2.2 Riemann-Liouville 分数阶积分

对任意的 Re > 0, 定义缓增分布 $\dfrac{t_+^{\alpha-1}}{\Gamma(\alpha)}$ 为 Re$\alpha > 0$,

$$\left\langle \frac{t_+^{\alpha-1}}{\Gamma(\alpha)}, f \right\rangle := \frac{1}{\Gamma(\alpha)} \int_0^{+\infty} t^{\alpha-1} f(t) \mathrm{d}t.$$

运用分部积分, 可得

$$\frac{t_+^{\alpha-1}}{\Gamma(\alpha)} = \partial_t^k \left(\frac{t_+^{\alpha+k-1}}{\Gamma(\alpha+k)} \right), \quad \forall k \in \mathbb{N}.$$

通过上述表达式, 可将 $\dfrac{t_+^{\alpha-1}}{\Gamma(\alpha)}$ 的定义推广至任意的 $\alpha \in \mathbb{C}$. 通过在合适的围道上积分, 又可得

$$\left(\frac{t_+^{\alpha-1}}{\Gamma(\alpha)} \right)^{\wedge} (\tau) = \mathrm{e}^{-\frac{1}{2}\pi\alpha}(\tau - \mathrm{i}0)^{-\alpha}, \tag{13.2.3}$$

这里 $(\tau - \mathrm{i}0)^{-\alpha}$ 为分布意义下的极限. 如 $f \in C_0^\infty(\mathbb{R}^+)$, 定义

$$\mathcal{I}_\alpha f = \frac{t_+^{\alpha-1}}{\Gamma(\alpha)} * f.$$

因此, 当 Re$\alpha > 0$ 时,

$$\mathcal{I}_\alpha f(t) = \frac{1}{\Gamma(\alpha)} \int_0^t (t-s)^{\alpha-1} f(s) \mathrm{d}s.$$

并注意到

$$\mathcal{I}_0 f = f, \quad \mathcal{I}_1 f(t) = \int_0^t f(s)\,\mathrm{d}s, \quad \mathcal{I}_{-1} f = f', \quad \mathcal{I}_\alpha \mathcal{I}_\beta = \mathcal{I}_{\alpha+\beta}.$$

Riemann-Liouville 分数阶积分算子有如下性质, 更多细节可见文献 [53]:

引理 13.2.6　如果 $f \in C_0^\infty(\mathbb{R}^+)$, 则对任意的 $\alpha \in \mathbb{C}$, 成立 $\mathcal{I}_\alpha f \in C_0^\infty(\mathbb{R}^+)$.

引理 13.2.7　如果 $0 \leqslant \alpha < \infty, s \in \mathbb{R}, \varphi \in C_0^\infty(\mathbb{R})$, 则成立

$$\|\mathcal{I}_{-\alpha} h\|_{H_0^s(\mathbb{R}^+)} \leqslant c \|h\|_{H_0^{s+\alpha}(\mathbb{R}^+)}, \tag{13.2.4}$$

$$\|\varphi \mathcal{I}_\alpha h\|_{H_0^s(\mathbb{R}^+)} \leqslant c_\varphi \|h\|_{H_0^{s-\alpha}(\mathbb{R}^+)}. \tag{13.2.5}$$

13.2.3　一维积分基本估计

引理 13.2.8　成立如下积分估计:

$$\int_{-\infty}^{+\infty} \frac{\mathrm{d}x}{\langle \alpha_0 + \alpha_1 x + x^2 \rangle^b} \leqslant C, \quad \forall b > \frac{1}{2}, \tag{13.2.6}$$

$$\int_{-\infty}^{+\infty} \frac{\mathrm{d}x}{\langle \alpha_0 + \alpha_1 x + \alpha_2 x^2 + x^3 \rangle^b} \leqslant C, \quad \forall b > \frac{1}{3}, \tag{13.2.7}$$

其中常数 C 仅依赖 b.

引理 13.2.9　设 $0 \leqslant b_1, b_2 < \dfrac{1}{2}$ 且满足 $b_1 + b_2 > \dfrac{1}{2}$. 则存在正常数 $c = c(b_1, b_2)$ 使得

$$\int \frac{\mathrm{d}y}{\langle y - \alpha \rangle^{2b_1} \langle y - \beta \rangle^{2b_2}} \leqslant \frac{c}{\langle \alpha - \beta \rangle^{2b_1 + 2b_2 - 1}}.$$

引理 13.2.10　成立如下积分估计:

$$\int_{|x| < \beta} \frac{\mathrm{d}x}{\langle x \rangle^{4b-1} |\alpha - x|^{\frac{1}{2}}} \leqslant c \frac{(1+\beta)^{2-4b}}{\langle \alpha \rangle^{\frac{1}{2}}}, \quad \forall b < \frac{1}{2},$$

其中常数 c 仅依赖 b.

13.3　$\mathbb{R}^+$ 和 $\mathbb{R}^-$ 上的线性问题

本节, 我们将讨论与相关线性问题解的具体表达式. 具体地, 考虑线性 Schrödinger 方程初边值问题

$$\begin{cases} \mathrm{i} u_t(x,t) + u_{xx}(x,t) = 0, & (x,t) \in \mathbb{R}^+ \times (0, +\infty), \\ u(x,0) = u_0(x), & x \in \mathbb{R}^+, \\ u(0,t) = f(t), & t > 0 \end{cases} \tag{13.3.1}$$

和

$$\begin{cases} iu_t(x,t) + u_{xx}(x,t) = 0, & (x,t) \in \mathbb{R}^- \times (0,+\infty), \\ u(x,0) = u_0(x), & x \in \mathbb{R}^-, \\ u(0,t) = f(t), & t > 0, \end{cases} \tag{13.3.2}$$

以及考虑线性 KdV 方程初边值问题

$$\begin{cases} v_t(x,t) + v_{xxx}(x,t) = 0, & (x,t) \in \mathbb{R}^+ \times (0,+\infty), \\ v(x,0) = v_0(x), & x \in \mathbb{R}^+, \\ v(0,t) = f(t), & t > 0 \end{cases} \tag{13.3.3}$$

和

$$\begin{cases} v_t(x,t) + v_{xxx}(x,t) = 0, & (x,t) \in \mathbb{R}^- \times (0,+\infty), \\ v(x,0) = v_0(x), & x \in \mathbb{R}^-, \\ v(0,t) = f(t), & t > 0, \\ v_x(0,t) = h(t), & t > 0. \end{cases} \tag{13.3.4}$$

为此, 对于 Schrödinger 方程, 我们研究如下问题

$$\begin{cases} iu_t + u_{xx} = \mathcal{T}_1(x)h_1(t), & (x,t) \in \mathbb{R} \times (0,+\infty), \\ u(x,0) = \tilde{u}_0(x), & x \in \mathbb{R} \end{cases} \tag{13.3.5}$$

和

$$\begin{cases} iu_t + u_{xx} = \mathcal{T}_2(x)h_2(t), & (x,t) \in \mathbb{R} \times (0,+\infty), \\ u(x,0) = \tilde{u}_0(x), & x \in \mathbb{R}, \end{cases} \tag{13.3.6}$$

以及对于 KdV 方程, 研究如下问题

$$\begin{cases} v_t + v_{xxx} = \mathcal{T}_3(x)h_3(t), & (x,t) \in \mathbb{R} \times (0,+\infty), \\ v(x,0) = \tilde{v}_0(x), & x \in \mathbb{R} \end{cases} \tag{13.3.7}$$

和

$$\begin{cases} v_t + v_{xxx} = \mathcal{T}_4(x)h_4(t) + \mathcal{T}_5(x)h_5(t), & (x,t) \in \mathbb{R} \times (0,+\infty), \\ v(x,0) = \tilde{v}_0(x), & x \in \mathbb{R}, \end{cases} \tag{13.3.8}$$

其中 $\tilde{u}_0, \tilde{v}_0$ 是 u_0, v_0 在 $\mathbb{R}$ 上的延拓, $\mathcal{T}_1$ 和 $\mathcal{T}_3$ 为支集在 $\mathbb{R}^-$ 中的分布, $\mathcal{T}_2, \mathcal{T}_4$ 和 $\mathcal{T}_5$ 为支集在 $\mathbb{R}^+$ 上的分布, $h_i(i = 1, \cdots, 5)$ 为适当边界力函数. 因此, 通过分别对初值问题 (13.3.5)—(13.3.8) 的解做相应区域上限制即可得到初边值问题 (13.3.1)—(13.3.4) 的解.

13.3.1　Schrödinger 方程自由传播子的线性估计

定义相应于线性 Schrödinger 方程的线性算子群 $e^{it\partial_x^2} : \mathscr{S}'(\mathbb{R}) \to \mathscr{S}'(\mathbb{R})$ 为

$$e^{it\partial_x^2}\phi(x) = \left(e^{-it\xi^2}\widehat{\phi}(\xi)\right)^{\vee}(x).$$

因此, 成立

$$\begin{cases} (i\partial_t + \partial_x^2)\, e^{it\partial_x^2}\phi(x) = 0, & (x,t) \in \mathbb{R} \times \mathbb{R}, \\ e^{it\partial_x^2}\phi(x)\big|_{t=0} = \phi(x), & x \in \mathbb{R}. \end{cases} \tag{13.3.9}$$

引理 13.3.1　设 $s \in \mathbb{R}$, $0 < b < 1$. 如果 $\phi \in H^s(\mathbb{R})$, 则

(a) (空间迹) $\left\| e^{it\partial_x^2}\phi(x) \right\|_{\mathcal{C}\left(\mathbb{R}_t; H^s(\mathbb{R}_x^+)\right)} \leqslant c\|\phi\|_{H^s(\mathbb{R})}$;

(b) (时间迹) $\left\| \psi(t) e^{it\partial_x^2}\phi(x) \right\|_{\mathcal{C}\left(\mathbb{R}_x; H^{(2s+1)/4}(\mathbb{R}_t)\right)} \leqslant c\|\phi\|_{H^s(\mathbb{R})}$;

(c) (Bourgain 空间) $\left\| \psi(t) e^{it\partial_x^2}\phi(x) \right\|_{X^{s,b}} \leqslant c\|\psi(t)\|_{H^1(\mathbb{R})}\|\phi\|_{H^s(\mathbb{R})}$.

13.3.2　线性 Schrödinger 方程的边界力算子

对于 $f \in C_0^\infty(\mathbb{R}^+)$, 定义边界力算子

$$\begin{aligned} \mathcal{L}f(x,t) &= 2e^{i\frac{\pi}{4}} \int_0^t e^{i(t-t')\partial_x^2} \delta_0(x) \mathcal{I}_{-\frac{1}{2}} f(t')\, dt' \\ &= \frac{1}{\sqrt{\pi}} \int_0^t (t-t')^{-\frac{1}{2}} e^{\frac{ix^2}{4(t-t')}} \mathcal{I}_{-\frac{1}{2}} f(t')\, dt'. \end{aligned}$$

以上两式的等价性由下式容易得到

$$\mathcal{F}_x \left(\frac{e^{-i\frac{\pi}{4}\operatorname{sgn}a}}{2|a|^{1/2}\sqrt{\pi}} e^{\frac{ix^2}{4a}} \right)(\xi) = e^{-ia\xi^2}, \quad \forall a \in \mathbb{R}.$$

从这个定义可知

$$\begin{cases} (i\partial_t + \partial_x^2)\mathcal{L}f(x,t) = 2e^{i\frac{\pi}{4}}\delta_0(x)\mathcal{I}_{-\frac{1}{2}}f(t), & (x,t) \in \mathbb{R} \times (0,T), \\ \mathcal{L}f(x,0) = 0, & x \in \mathbb{R}, \\ \mathcal{L}f(0,t) = f(t), & t \in (0,T). \end{cases} \tag{13.3.10}$$

下面的引理将给出函数 $\mathcal{L}f(x,t)$ 的连续性质.

引理 13.3.2　设 $f \in C_{0,c}^\infty(\mathbb{R}^+)$, 则 $\mathcal{L}f(x,t)$ 具有如下性质

(a) 对固定的时间 t, $\mathcal{L}f(x,t)$ 对于空间变量 $x \in \mathbb{R}$ 是连续的, 并且 $\partial_x \mathcal{L}f(x,t)$ 对于任意的 $x \neq 0$ 连续. 进一步,

$$\lim_{x \to 0^-} \partial_x \mathcal{L}f(x,t) = e^{-i\frac{\pi}{4}}\mathcal{I}_{-1/2}f(t), \quad \lim_{x \to 0^+} \partial_x \mathcal{L}f(x,t) = -e^{-i\frac{\pi}{4}}\mathcal{I}_{-1/2}f(t).$$

(b) 对非负整数 N, k 和固定的 x, $\partial_t^k \mathcal{L}f(x,t)$ 对所有的 $t \in \mathbb{R}^+$ 连续, 且在 $[0,T]$ 上有点态估计

$$\left| \partial_t^k \mathcal{L}f(x,t) \right| + \left| \partial_x \mathcal{L}f(x,t) \right| \leqslant c\langle x \rangle^{-N},$$

其中 $c = c(f, N, k, T)$.

现令 $u(x,t) = e^{it\partial_x^2}\phi(x) + \mathcal{L}\left(f - e^{i \cdot \partial_x^2}\phi(\cdot)\big|_{x=0} \right)(x,t)$, 则由引理 13.3.2(a) 可得, $u(x,t)$ 对 x 连续, 且 $u(0,t) = f(t)$. 因此, $u(x,t)$ 是如下初边值问题在分布意义下的解

$$\begin{cases} iu_t(x,t) + u_{xx}(x,t) = 0, & (x,t) \in \mathbb{R}^* \times \mathbb{R}, \\ u(x,0) = \phi(x), & x \in \mathbb{R}, \\ u(0,t) = f(t), & t \in (0,T). \end{cases} \tag{13.3.11}$$

13.3.3 线性 Schrödinger 方程的 Duhamel 边界力算子类

对于满足 $\text{Re}\lambda > -2$ 的 $\lambda \in \mathbb{C}$ 和 $f \in C_0^\infty(\mathbb{R}^+)$, 定义

$$\mathcal{L}_+^\lambda f(x,t) = \left[\frac{x_-^{\lambda-1}}{\Gamma(\lambda)} * \mathcal{L}\left(\mathcal{I}_{-\frac{\lambda}{2}}f \right)(\cdot,t) \right](x),$$

以及

$$\mathcal{L}_-^\lambda f(x,t) = \left[\frac{x_+^{\lambda-1}}{\Gamma(\lambda)} * \mathcal{L}\left(\mathcal{I}_{-\frac{\lambda}{2}}f \right)(\cdot,t) \right](x),$$

其中 $\dfrac{x_{-1}^{\lambda-1}}{\Gamma(\lambda)} = \dfrac{(-x)_+^{\lambda-1}}{\Gamma(\lambda)}$.

由上述定义可得在分布意义下成立

$$\left(i\partial_t + \partial_x^2 \right) \mathcal{L}_+^\lambda f(x,t) = \frac{2e^{\frac{i\pi}{4}}}{\Gamma(\lambda)} x_-^{\lambda-1} \mathcal{I}_{-\frac{1}{2}-\frac{\lambda}{2}}f(t), \tag{13.3.12}$$

$$\left(i\partial_t + \partial_x^2 \right) \mathcal{L}_-^\lambda f(x,t) = \frac{2e^{\frac{i\pi}{4}}}{\Gamma(\lambda)} x_+^{\lambda-1} \mathcal{I}_{-\frac{1}{2}-\frac{\lambda}{2}}f(t). \tag{13.3.13}$$

如果 $\text{Re}\lambda > 0$, 则成立

$$\mathcal{L}_+^\lambda f(x,t) = \frac{1}{\Gamma(\lambda)} \int_x^{+\infty} (y-x)^{\lambda-1} \mathcal{L}\left(\mathcal{I}_{-\frac{\lambda}{2}}f \right)(y,t)\mathrm{d}y, \tag{13.3.14}$$

$$\mathcal{L}_-^\lambda f(x,t) = \frac{1}{\Gamma(\lambda)} \int_{-\infty}^x (x-y)^{\lambda-1} \mathcal{L}\left(\mathcal{I}_{-\frac{\lambda}{2}}f \right)(y,t)\mathrm{d}y. \tag{13.3.15}$$

对 $\mathrm{Re}\lambda > -2$, 由 (13.3.10) 可得

$$
\mathcal{L}_+^\lambda f(x,t)
$$
$$
= \frac{1}{\Gamma(\lambda+2)} \int_x^{+\infty} (y-x)^{\lambda+1} \partial_y^2 \mathcal{L}\left(\mathcal{I}_{-\frac{\lambda}{2}} f\right)(y,t)\mathrm{d}y
$$
$$
= -\int_x^{+\infty} \frac{(y-x)^{\lambda+1}}{\Gamma(\lambda+2)} \left(\mathrm{i}\partial_t \mathcal{L}\mathcal{I}_{-\frac{\lambda}{2}} f\right)(y,t)\mathrm{d}y + 2\mathrm{e}^{\mathrm{i}\frac{\pi}{4}} \frac{x_-^{\lambda+1}}{\Gamma(\lambda+2)} \mathcal{I}_{-1/2-\lambda/2} f(t)
$$
$$
\tag{13.3.16}
$$

和

$$
\mathcal{L}_-^\lambda f(x,t)
$$
$$
= \frac{1}{\Gamma(\lambda+2)} \int_{-\infty}^x (x-y)^{\lambda+1} \partial_y^2 \mathcal{L}\left(\mathcal{I}_{-\frac{\lambda}{2}} f\right)(y,t)\mathrm{d}y
$$
$$
= -\int_{-\infty}^x \frac{(x-y)^{\lambda+1}}{\Gamma(\lambda+2)} \left(\mathrm{i}\partial_t \mathcal{L}\mathcal{I}_{-\frac{\lambda}{2}} f\right)(y,t)\mathrm{d}y + 2\mathrm{e}^{\mathrm{i}\frac{\pi}{4}} \frac{x_+^{\lambda+1}}{\Gamma(\lambda+2)} \mathcal{I}_{-1/2-\lambda/2} f(t).
$$
$$
\tag{13.3.17}
$$

注意到 $\left.\dfrac{x_\pm^{\lambda-1}}{\Gamma(\lambda)}\right|_{\lambda=0} = \delta_0$, 则 $\mathcal{L}_\pm^0 f(x,t) = \mathcal{L}f(x,t)$. 由 (13.3.16) 和 (13.3.17) 有 $\mathcal{L}_\pm^{-1} f(x,t) = \partial_x \mathcal{L}\left(\mathcal{I}_{1/2} f\right)(x,t)$.

由引理 13.3.2 可知当 $\lambda > -2$, $t \in [0,1]$ 时, $\mathcal{L}_\pm^\lambda f(x,t)$ 的定义是有意义. 此外, 由控制收敛定理和引理 13.3.2 可得, 对固定的 $t \in (0,1]$ 和 $\mathrm{Re}\lambda > -1$, 函数 $\mathcal{L}^\lambda f(x,t)$ 对任意的 $x \in \mathbb{R}$ 是连续的.

下面定义 $\mathcal{L}_\pm^\lambda f(x,t)$ 在 $x = 0$ 处的值.

引理 13.3.3　令 $\mathrm{Re}\lambda > -1$, $f \in C_0^\infty(\mathbb{R}^+)$. 则

$$
\mathcal{L}_\pm^\lambda f(0,t) = \mathrm{e}^{\mathrm{i}\frac{\pi\lambda}{4}} f(t).
$$

引理 13.3.4　令 $s \in \mathbb{R}$, $f \in C_0^\infty(\mathbb{R}^+)$. 则成立如下估计

(a) (空间迹)　$\left\|\mathcal{L}_\pm^\lambda f(x,t)\right\|_{C\left(\mathbb{R}_t; H^s\left(\mathbb{R}_x^+\right)\right)} \leqslant c\|f\|_{H_0^{(2s+1)/4}(\mathbb{R}+)}$, $s - \dfrac{3}{2} < \lambda < \min\left\{s + \dfrac{1}{2}, \dfrac{1}{2}\right\}$, $\mathrm{supp}(f) \subset [0,1]$.

(b) (时间迹)　$\left\|\psi(t)\mathcal{L}_\pm^\lambda f(x,t)\right\|_{C\left(\mathbb{R}_x; H_0^{(2s+1)/4}\left(\mathbb{R}_t^+\right)\right)} \leqslant c\|f\|_{H_0^{(2s+1)/4}(\mathbb{R}+)}$, $-1 < \lambda < 1$.

(c) (Bourgain 空间)　$\left\|\psi(t)\mathcal{L}_\pm^\lambda f(x,t)\right\|_{X^{s,b}} \leqslant \|f\|_{H_0^{(2s+1)/4}(\mathbb{R}+)}$, $s - \dfrac{1}{2} < \lambda < \min\left\{s + \dfrac{1}{2}, \dfrac{1}{2}\right\}$, $b < \dfrac{1}{2}$.

13.3.4 KdV 方程的线性群

定义相应于线性 KdV 方程的线性酉算子群 $e^{-t\partial_x^3} : \mathscr{S}'(\mathbb{R}) \to \mathscr{S}'(\mathbb{R})$ 为

$$e^{-t\partial_x^3}\phi(x) = \left(e^{it\xi^3}\widehat{\phi}(\xi)\right)^{\vee}(x).$$

因此, 满足方程

$$\begin{cases} (\partial_t + \partial_x^3)\,e^{-t\partial_x^3}\phi(x,t) = 0, & (x,t) \in \mathbb{R} \times \mathbb{R}, \\ e^{-t\partial_x^3}(x,0) = \phi(x), & x \in \mathbb{R}. \end{cases} \tag{13.3.18}$$

此外, 有如下估计成立.

引理 13.3.5   设 $k \in \mathbb{R}$, $0 < b < 1$. 如果 $\phi \in H^s(\mathbb{R})$, 那么

(a) (空间迹) $\left\|e^{-t\partial_x^3}\phi(x)\right\|_{\mathcal{C}\left(\mathbb{R}_t; H^k(\mathbb{R}_x)\right)} \leqslant c\|\phi\|_{H^k(\mathbb{R})}$;

(b) (时间迹) $\left\|\psi(t)e^{-t\partial_x^3}\phi(x)\right\|_{\mathcal{C}\left(\mathbb{R}_x; H^{(k+1)/3}(\mathbb{R}_t)\right)} \leqslant c\|\phi\|_{H^k(\mathbb{R})}$;

(c) (导数时间迹) $\left\|\psi(t)\partial_x e^{-t\partial_x^3}\phi(x)\right\|_{\mathcal{C}\left(\mathbb{R}_x; H^{k/3}(\mathbb{R}_t)\right)} \leqslant c\|\phi\|_{H^k(\mathbb{R})}$;

(d) (Bourgain 空间) $\left\|\psi(t)e^{-t\partial_x^3}\phi(x)\right\|_{Y^{k,b} \cap V^\alpha} \leqslant c\|\phi\|_{H^k(\mathbb{R})}$.

13.3.5 线性 KdV 方程的边界力算子

对任意的 $g \in C_0^\infty(\mathbb{R}^+)$, 定义与线性 KdV 方程相对应的 Duhamel 边界力算子为

$$\begin{aligned} \mathcal{V}g(x,t) &= 3\int_0^t e^{-(t-t')\partial_x^3}\delta_0(x)\mathcal{I}_{-2/3}g\,(t')\,\mathrm{d}t' \\ &= 3\int_0^t \int_{\mathbb{R}} e^{i(t-t')\xi^3} e^{ix\xi}\mathrm{d}\xi \mathcal{I}_{-2/3}g\,(t')\,\mathrm{d}t' \\ &= 3\int_0^t \int_{\mathbb{R}} \frac{1}{(t-t')^{1/3}} e^{i\xi^3} e^{ix\xi/(t-t')^{1/3}}\mathrm{d}\xi \mathcal{I}_{-2/3}f\,(t')\,\mathrm{d}t' \\ &= 3\int_0^t A\left(\frac{x}{(t-t')^{1/3}}\right)\frac{\mathcal{I}_{-2/3}g\,(t')}{(t-t')^{1/3}}\mathrm{d}t', \end{aligned} \tag{13.3.19}$$

其中 $A(x)$ 为 Airy 函数

$$A(x) = \frac{1}{2\pi}\int_\xi e^{ix\xi} e^{i\xi^3}\mathrm{d}\xi.$$

由 $\mathcal{V}$ 的定义, 可知

$$\begin{cases} (\partial_t + \partial_x^3)\,\mathcal{V}g(x,t) = 3\delta_0(x)\mathcal{I}_{-\frac{2}{3}}g(t), & (x,t) \in \mathbb{R} \times \mathbb{R}, \\ \mathcal{V}g(x,0) = 0, & x \in \mathbb{R}. \end{cases} \tag{13.3.20}$$

引理 13.3.6　设 $g \in C_0^\infty(\mathbb{R}^+)$, $t \in [0, 1]$. 那么

(a) 函数 $\mathcal{V}g(\cdot, t)$ 和 $\partial_x \mathcal{V}g(\cdot, t)$ 关于任意的 $x \in \mathbb{R}$ 是连续的, 且满足空间衰减估计

$$|\mathcal{V}g(x, t)| + |\partial_x \mathcal{V}g(x, t)| \leqslant c_k \|g\|_{H^{k+1}} \langle x \rangle^{-k}, \quad \forall k \geqslant 0.$$

(b) 函数 $\partial_x^2 \mathcal{V}g(x, t)$ 在 $x \neq 0$ 处连续, 在 $x = 0$ 处的跃度为 $3\mathcal{I}_{\frac{2}{3}}g(t)$, 且 $\partial_x^2 \mathcal{V}g(x, t)$ 满足空间衰减估计

$$\left|\partial_x^2 \mathcal{V}g(x, t)\right| \leqslant c_k \|f\|_{H^{k+2}} \langle x \rangle^{-k}, \quad \forall k \geqslant 0.$$

因为 $A(0) = \dfrac{1}{3\Gamma\left(\dfrac{2}{3}\right)}$, 由 (13.3.19) 可知 $\mathcal{V}g(0, t) = g(t)$. 因此, 如果令

$$v(x, t) = \mathrm{e}^{-t\partial_x^3}\phi(x) + \mathcal{V}\left(g - \mathrm{e}^{-\cdot\partial_x^3}\phi\Big|_{x=0}\right)(x, t), \tag{13.3.21}$$

那么 v 为下述方程的分布解

$$\begin{cases} v_t(x, t) + v_{xxx}(x, t) = 0, & (x, t) \in \mathbb{R}^* \times \mathbb{R}, \\ v(x, 0) = \phi(x), & x \in \mathbb{R}, \\ v(0, t) = g(t), & t \in (0, +\infty), \end{cases} \tag{13.3.22}$$

进而, 通过做限制可得线性 KdV 方程关于右半直线上的初边值问题的解.

对于左半直线上的初边值问题, 由于其含有两个边值条件, 因此, 定义第二个边界力算子

$$\mathcal{V}^{-1}g(x, t) = \partial_x \mathcal{V}\mathcal{I}_{1/3}g(x, t) = 3\int_0^t A'\left(\frac{x}{(t-t')^{1/3}}\right)\frac{\mathcal{I}_{-1/3}g(t')}{(t-t')^{2/3}}\mathrm{d}t'. \tag{13.3.23}$$

由引理 13.3.6, 可知对任意的 $g \in C_0^\infty(\mathbb{R}^+)$, 函数 $\mathcal{V}^{-1}g(x, t)$ 关于 $x \in \mathbb{R}$ 是连续的, 且由 $A'(0) = -\dfrac{1}{3\Gamma\left(\dfrac{1}{3}\right)}$ 可得 $\mathcal{V}^{-1}g(0, t) = -g(t)$. 此外, $\mathcal{V}^{-1}g(x, t)$ 在分布意义下满足

$$\begin{cases} \left(\partial_t + \partial_x^3\right)\mathcal{V}^{-1}g(x, t) = 3\delta_0'(x)\mathcal{I}_{-\frac{1}{3}}g, & (x, t) \in \mathbb{R} \times \mathbb{R}, \\ \mathcal{V}^{-1}g(x, 0) = 0, & x \in \mathbb{R}. \end{cases} \tag{13.3.24}$$

由引理 13.3.6 可得 $\partial_x \mathcal{V}^{-1}g(x, t)$ 关于 $x \in \mathbb{R}$ 是连续的, 并且, 由 $A'(0) = -\dfrac{1}{3\Gamma\left(\dfrac{1}{3}\right)}$ 可得

$$\partial_x \mathcal{V}g(0, t) = -\mathcal{I}_{-\frac{1}{3}}g(t), \tag{13.3.25}$$

此外, $\partial_x \mathcal{V}^{-1}g(x,t) = \partial_x^2 \mathcal{V}\mathcal{I}_{\frac{1}{2}}g(x,t)$ 在 $x \neq 0$ 处是连续的, 在 $x = 0$ 处的跃度为 $3\mathcal{I}_{-\frac{1}{3}}g(t)$. 事实上,

$$
\begin{aligned}
\lim_{x\to 0^+} \partial_x^2 \mathcal{V}g(x,t) &= -\int_0^{+\infty} \partial_y^3 \mathcal{V}g(y,t)\mathrm{d}y = \int_0^{+\infty} \partial_t \mathcal{V}g(y,t)\mathrm{d}y \\
&= 3\int_0^{+\infty} A(y)\mathrm{d}y \int_0^t \partial_t \mathcal{I}_{-\frac{2}{3}}g\left(t'\right)\mathrm{d}t' = \mathcal{I}_{-\frac{2}{3}}g(t),
\end{aligned}
$$

因此, 由引理 13.3.6(b) 可得

$$
\lim_{x\to 0^-} \partial_x \mathcal{V}^{-1}g(x,t) = -2\mathcal{I}_{-\frac{1}{3}}g(t) \quad \text{和} \quad \lim_{x\to 0^+} \partial_x \mathcal{V}^{-1}g(x,t) = \mathcal{I}_{-\frac{1}{3}}g(t).
$$

另一方面, 对于给定的 $h_1(t), h_2(t) \in C_0^\infty(\mathbb{R}^+)$, 成立如下关系:

$$
\mathcal{V}h_1(0,t) + \mathcal{V}^{-1}h_2(0,t) = h_1(t) - h_2(t),
$$
$$
\lim_{x\to 0^-} \mathcal{I}_{\frac{1}{3}} \partial_x \left(\mathcal{V}h_1(x,\cdot) + \partial_x \mathcal{V}^{-1}h_2(x,\cdot)\right)(t) = -h_1(t) - 2h_2(t),
$$
$$
\lim_{x\to 0^+} \mathcal{I}_{\frac{1}{3}} \partial_x \left(\mathcal{V}h_1(x,\cdot) + \partial_x \mathcal{V}^{-1}h_2(x,\cdot)\right)(t) = -h_1(t) + h_2(t).
$$

对于给定的 $v_0(x), g(t)$ 和 $h(t)$, 令

$$
\begin{pmatrix} h_1 \\ h_2 \end{pmatrix} := \frac{1}{3} \begin{pmatrix} 2 & -1 \\ -1 & -1 \end{pmatrix} \begin{pmatrix} g - \mathrm{e}^{-\cdot\partial_x^3}v_0\big|_{x=0} \\ \mathcal{I}_{\frac{1}{3}}\left(h - \partial_x \mathrm{e}^{-\cdot\partial_x^3}v_0\big|_{x=0}\right) \end{pmatrix}.
$$

则可得 $v(x,t) = \mathrm{e}^{-t\partial_x^3}v_0(x) + \mathcal{V}h_1(x,t) + \mathcal{V}^{-1}h_2(x,t)$ 为如下初边值问题的分布解

$$
\begin{cases}
v_t(x,t) + v_{xxx}(x,t) = 0, & (x,t) \in \mathbb{R}^+ \times \mathbb{R}, \\
v(x,0) = v_0(x), & x \in \mathbb{R}, \\
v(0,t) = g(t), & t \in \mathbb{R}, \\
\lim_{x\to 0^-} \partial_x v(x,t) = h(t), & t \in \mathbb{R}.
\end{cases} \tag{13.3.26}
$$

13.3.6　线性 KdV 方程的 Duhamel 边界力算子类

本节将主要给出算子 $\mathcal{V}$ 和 $\mathcal{V}^{-1}$ 的推广. 设 $\lambda \in \mathbb{C}$, $\mathrm{Re}\lambda > -3$, $g \in C_0^\infty(\mathbb{R}^+)$, 定义算子

$$
\mathcal{V}_-^\lambda g(x,t) = \left[\frac{x_+^{\lambda-1}}{\Gamma(\lambda)} * \mathcal{V}\left(\mathcal{I}_{-\frac{\lambda}{3}}g\right)(\cdot,t)\right](x)
$$

和

$$
\mathcal{V}_+^\lambda g(x,t) = \left[\frac{x_-^{\lambda-1}}{\Gamma(\lambda)} * \mathcal{V}\left(\mathcal{I}_{-\frac{\lambda}{3}}g\right)(\cdot,t)\right](x),
$$

其中 $\dfrac{x_-^{\lambda-1}}{\Gamma(\lambda)} = \mathrm{e}^{\mathrm{i}\pi\lambda}\dfrac{(-x)_+^{\lambda-1}}{\Gamma(\lambda)}$. 由 (13.3.20) 可得

$$\left(\partial_t + \partial_x^3\right)\mathcal{V}_-^\lambda g(x,t) = 3\frac{x_+^{\lambda-1}}{\Gamma(\lambda)}\mathcal{I}_{-\frac{2}{3}-\frac{\lambda}{3}}g(t) \tag{13.3.27}$$

和

$$\left(\partial_t + \partial_x^3\right)\mathcal{V}_+^\lambda g(x,t) = 3\frac{x_-^{\lambda-1}}{\Gamma(\lambda)}\mathcal{I}_{-\frac{2}{3}-\frac{\lambda}{3}}g(t). \tag{13.3.28}$$

引理 13.3.7 ($\mathcal{V}_\pm^\lambda g(x,t)$ 的空间连续性和衰减性质)　对于任意的 $g \in C_0^\infty(\mathbb{R}^+)$ 以及固定的 $t \geqslant 0$. 则成立

$$\mathcal{V}_\pm^{-2}g = \partial_x^2\mathcal{V}\mathcal{I}_{\frac{2}{3}}g, \quad \mathcal{V}_\pm^{-1}g = \partial_x\mathcal{V}\mathcal{I}_{\frac{1}{3}}g \quad \text{和} \quad \mathcal{V}_\pm^0 g = \mathcal{V}g.$$

此外, $\mathcal{V}_\pm^{-2}g(x,t)$ 在 $x \neq 0$ 处是连续的, 在 $x=0$ 的跃度为 $3g(t)$. 对于 $\lambda > -2$, $\mathcal{V}_\pm^\lambda g(x,t)$ 在任意的 $x \in \mathbb{R}$ 处就是连续的. 对于 $-2 \leqslant \lambda \leqslant 1, 0 \leqslant t \leqslant 1$, $\mathcal{V}_\pm^\lambda g(x,t)$ 满足如下衰减估计:

$$\begin{aligned}
\left|\mathcal{V}_-^\lambda g(x,t)\right| &\leqslant c_{m,\lambda,g}\langle x\rangle^{-m}, \quad \forall\, x \leqslant 0,\ m \geqslant 0,\\
\left|\mathcal{V}_-^\lambda g(x,t)\right| &\leqslant c_{\lambda,g}\langle x\rangle^{\lambda-1}, \quad \forall\, x \geqslant 0,\\
\left|\mathcal{V}_+^\lambda g(x,t)\right| &\leqslant c_{m,\lambda,g}\langle x\rangle^{-m}, \quad \forall x \geqslant 0,\ m \geqslant 0
\end{aligned}$$

和

$$\left|\mathcal{V}_+^\lambda g(x,t)\right| \leqslant c_{\lambda,g}\langle x\rangle^{\lambda-1}, \qquad \forall\, x \leqslant 0.$$

引理 13.3.8 ($\mathcal{V}_\pm^\lambda g(x,t)$ 在 $x=0$ 处的值)　对于 $\mathrm{Re}\lambda > -2, g \in C_0^\infty(\mathbb{R}^+)$, 成立

$$\mathcal{V}_-^\lambda g(0,t) = 2\sin\left(\frac{\pi}{3}\lambda + \frac{\pi}{6}\right)g(t)$$

和

$$\mathcal{V}_+^\lambda g(0,t) = \mathrm{e}^{\mathrm{i}\pi\lambda}g(t).$$

下面, 我们将运用 $\mathcal{V}_-^\lambda$ 类来求解含分布 $\dfrac{x_-^\lambda}{\Gamma(\lambda)}$ 的初值问题 (13.3.8). 对于 $-1 < \lambda_1, \lambda_2 < 1, h_1, h_2 \in C_0^\infty(\mathbb{R}^+)$, 令

$$v(x,t) = \mathcal{V}_-^{\lambda_1}h_1(x,t) + \mathcal{L}_-^{\lambda_2}h_2(x,t). \tag{13.3.29}$$

由引理 13.3.7, 可得 $u(x,t)$ 对 x 连续; 并由引理 13.3.8 可得, 成立

$$v(0,t) = 2\sin\left(\frac{\pi}{3}\lambda_1 + \frac{\pi}{6}\right)h_1(t) + 2\sin\left(\frac{\pi}{3}\lambda_1 + \frac{\pi}{6}\right)h_2(t)$$

和

$$v_x(x,t) = \mathcal{V}_-^{\lambda_1-1}\mathcal{I}_{-\frac{1}{3}}h_1(t) + \mathcal{V}_-^{\lambda_2-1}\mathcal{I}_{-\frac{1}{3}}h_2(t).$$

此外, 由引理 13.3.7 可知, $v_x(x,t)$ 对 x 连续. 由引理 13.3.8 又可知

$$\mathcal{I}_{\frac{1}{3}}v_x(0,t) = 2\sin\left(\frac{\pi}{3}\lambda_1 - \frac{\pi}{6}\right)h_1(t) + 2\sin\left(\frac{\pi}{3}\lambda_1 - \frac{\pi}{6}\right)h_2(t). \qquad (13.3.30)$$

因此, 成立

$$\begin{pmatrix} v(0,t) \\ \mathcal{I}_{1/3}v_x(0,t) \end{pmatrix} = 2\begin{pmatrix} \sin\left(\frac{\pi}{3}\lambda_1 + \frac{\pi}{6}\right) & \sin\left(\frac{\pi}{3}\lambda_2 + \frac{\pi}{6}\right) \\ \sin\left(\frac{\pi}{3}\lambda_1 - \frac{\pi}{6}\right) & \sin\left(\frac{\pi}{3}\lambda_2 - \frac{\pi}{6}\right) \end{pmatrix}\begin{pmatrix} h_1(t) \\ h_2(t) \end{pmatrix}. \qquad (13.3.31)$$

注意到 (13.3.31) 式中的 2×2 矩阵的行列式的值等于 $\sqrt{3}\sin\left(\frac{\pi}{3}(\lambda_2-\lambda_1)\right)$, 且当 $\lambda_1 - \lambda_2 \neq 3n$ 时, 该行列式的值不等于 0. 因此, 对于 $-1 < \lambda_1,\lambda_2 < 1$, 且 $\lambda_1 \neq \lambda_2$ 时, 可得

$$\begin{pmatrix} h_1(t) \\ h_2(t) \end{pmatrix} = A\begin{pmatrix} g(t) \\ \mathcal{I}_{1/3}h(t) \end{pmatrix},$$

其中

$$A = \frac{1}{2\sqrt{3}\sin\left(\frac{\pi}{3}(\lambda_2-\lambda_1)\right)}$$
$$\begin{pmatrix} \sin\left(\frac{\pi}{3}\lambda_2 - \frac{\pi}{6}\right) & -\sin\left(\frac{\pi}{3}\lambda_2 + \frac{\pi}{6}\right) \\ -\sin\left(\frac{\pi}{3}\lambda_1 - \frac{\pi}{6}\right) & \sin\left(\frac{\pi}{3}\lambda_1 + \frac{\pi}{6}\right) \end{pmatrix}. \qquad (13.3.32)$$

进而可得 $v(x,t)$ 为方程 (13.3.8) 的解.

本节的最后, 我们给出算子 $\mathcal{V}_\pm^\lambda$ 的如下重要估计:

引理 13.3.9 对于任意的 $k \in \mathbb{R}$, 成立

(a) (空间迹) $\left\|\mathcal{V}_\pm^\lambda g(x,t)\right\|_{C(\mathbb{R}_t;H^k(\mathbb{R}_x))} \leqslant c\|g\|_{H_0^{(k+1)/3}(\mathbb{R}^+)}$, $\forall k - \frac{5}{2} < \lambda < k + \frac{1}{2}$, $\lambda < \frac{1}{2}$, $\mathrm{supp}(g) \subset [0,1]$;

(b) (时间迹) $\left\|\psi(t)\mathcal{V}_\pm^\lambda g(x,t)\right\|_{C\left(\mathbb{R}_x;H_0^{(k+1)/3}(\mathbb{R}_t^+)\right)} \leqslant c\|g\|_{H_0^{(k+1)/3}(\mathbb{R}^+)}$, $\forall -2 < \lambda < 1$;

(c) (导数时间迹) $\left\|\psi(t)\partial_x\mathcal{V}_\pm^\lambda g(x,t)\right\|_{C\left(\mathbb{R}_x;H_0^{k/3}(\mathbb{R}_t^+)\right)} \leqslant c\|g\|_{H_0^{(k+1)/3}(\mathbb{R}^+)}$, $\forall -1 < \lambda < 2$;

(d) (Bourgain 空间)　$\left\|\psi(t)\mathcal{V}_\pm^\lambda g(x,t)\right\|_{Y^{k,b}\cap V^\alpha} \leqslant c\|g\|_{H_0^{(k+1)/3}(\mathbb{R}+)}$, $\forall k-1 \leqslant$
$\lambda < k+\dfrac{1}{2}, \lambda < \dfrac{1}{2}, \alpha \leqslant \dfrac{s-\lambda+2}{3}, 0 \leqslant b < \dfrac{1}{2}$.

13.4　Duhamel 非齐次解算子

对于 Schrödinger 方程的 Duhamel 非齐次解算子 $\mathcal{S}$ 定义为

$$\mathcal{S}w(x,t) = -\mathrm{i}\int_0^t \mathrm{e}^{\mathrm{i}(t-t')\partial_x^2}w\left(x,t'\right)\mathrm{d}t'.$$

因此,

$$\begin{cases} (\mathrm{i}\partial_t + \partial_x^2)\,\mathcal{S}w(x,t) = w(x,t), & (x,t) \in \mathbb{R}\times\mathbb{R}, \\ \mathcal{S}w(x,0) = 0, & x \in \mathbb{R}. \end{cases} \tag{13.4.1}$$

对应于 KdV 方程的非齐次解算子 $\mathcal{K}$ 定义为

$$\mathcal{K}w(x,t) = \int_0^t \mathrm{e}^{-(t-t')\partial_x^3}w\left(x,t'\right)\mathrm{d}t'.$$

因此,

$$\begin{cases} (\partial_t + \partial_x^3)\,\mathcal{K}w(x,t) = w(x,t), & (x,t) \in \mathbb{R}\times\mathbb{R}, \\ \mathcal{K}w(x,0) = 0, & x \in \mathbb{R}. \end{cases} \tag{13.4.2}$$

下面, 我们将给出 Duhamel 非齐次解算子 $\mathcal{S}$ 和 $\mathcal{K}$ 的一些基本估计 [25].

引理 13.4.1　令 $s \in \mathbb{R}$. 则

(a) (空间迹) $\|\psi(t)\mathcal{S}w(x,t)\|_{C(\mathbb{R}_t;H^s(\mathbb{R}_x))} \leqslant c\|w\|_{X^{s,d_1}}, -\dfrac{1}{2} < d_1 < 0$;

(b) (时间迹) 对任意的 $-\dfrac{1}{2} < d_1 < 0$, 成立

$$\|\psi(t)\mathcal{S}w(x,t)\|_{C\left(\mathbb{R}_x;H^{(2s+1)/4}(\mathbb{R}_t)\right)} \lesssim \begin{cases} \|w\|_{X^{s,d_1}}, & -\dfrac{1}{2} < s \leqslant \dfrac{1}{2}, \\ (\|w\|_{W^{s,d_1}} + \|w\|_{X^{s,d_1}}), & s \in \mathbb{R}; \end{cases}$$

(c) (Bourgain 空间估计) 当 $-\dfrac{1}{2} < d_1 \leqslant 0 \leqslant b \leqslant d_1+1$ 时, 成立

$$\|\psi(t)\mathcal{S}w(x,t)\|_{X^{s,b}} \leqslant c\|w\|_{X^{s,d_1}}.$$

引理 13.4.2　令 $k \in \mathbb{R}$. 则

(a) (空间迹) 当 $-\dfrac{1}{2} < d_2 < 0$ 时, 成立

$$\|\psi(t)\mathcal{K}w(x,t)\|_{\mathcal{C}(\mathbb{R}_t;H^k(\mathbb{R}_x))} \leqslant c\|w\|_{Y^{k,d_2}};$$

(b) (时间迹) 当 $-\dfrac{1}{2} < d_2 < 0$ 时, 成立

$$\|\psi(t)\mathcal{K}w(x,t)\|_{\mathcal{C}(\mathbb{R}_x;H^{(k+1)/3}(\mathbb{R}_t))} \lesssim \begin{cases} \|w\|_{Y^{k,d_2}}, & -1 \leqslant k \leqslant \dfrac{1}{2}, \\ \|w\|_{Y^{k,d_2}} + \|w\|_{U^{k,d_2}}, & k \in \mathbb{R}; \end{cases}$$

(c) (导数时间迹) 当 $-\dfrac{1}{2} < d_2 < 0$ 时, 成立

$$\|\psi(t)\partial_x\mathcal{K}w(x,t)\|_{\mathcal{C}(\mathbb{R}_x;H_t^{k/3}(\mathbb{R}))} \lesssim \begin{cases} \|w\|_{Y^{k,d_2}}, & 0 \leqslant k \leqslant \dfrac{3}{2}, \\ \|w\|_{Y^{k,d_2}} + \|w\|_{U^{k,d_2}}, & k \in \mathbb{R}; \end{cases}$$

(d) (Bourgain 空间估计) 当 $0 < b < \dfrac{1}{2},\ \alpha > 1 - b$ 时, 成立

$$\|\psi(t)\mathcal{K}w(x,t)\|_{Y^{k,b}\cap V^{\alpha}} \leqslant \|w\|_{Y^{k,-b}}.$$

13.5 非线性估计

13.5.1 已知的非线性估计

引理 13.5.1 设 $u_1, u_2, u_3 \in X^{s,b}$ 且 $\dfrac{3}{8} < b < \dfrac{1}{2}$, $s \geqslant 0$. 则对任意的 $0 < a < \dfrac{1}{2}$ 成立

$$\|u_1 u_2 \bar{u}_3\|_{X^{s,-a}} \leqslant c\|u_1\|_{X^{s,b}} \|u_2\|_{X^{s,b}} \|u_3\|_{X^{s,b}}.$$

引理 13.5.2 设 $v_1, v_2 \in Y^{k,b} \cap V^{\alpha}$ 且 $k > -\dfrac{3}{4}$, $\alpha > \dfrac{1}{2}$, $\max\left\{\dfrac{5}{12} - \dfrac{s}{9}, \dfrac{1}{4} - \dfrac{s}{3}, \dfrac{3}{10} - \dfrac{s}{15}, \dfrac{1}{4}\right\} < b < \dfrac{1}{2}$. 则

$$\|(v_1 v_2)_x\|_{Y^{k,-b}} \leqslant c\|v_1\|_{Y^{k,b}\cap V^{\alpha}} \|v_2\|_{Y^{k,b}\cap V^{\alpha}}. \tag{13.5.1}$$

13.5.2 耦合项的双非线性估计

命题 13.5.1 设 $s, k, a, b \in \mathbb{R}$ 且 $k - |s| > \max\left\{2 - 6b, \dfrac{5}{2} - 9a\right\}$, $\dfrac{7}{18} < 2b - \dfrac{1}{2} \leqslant a < b$. 则存在正常数 $c = c(s,k,a,b)$ 使得对任意的 $u \in X^{s,b}$ 和 $v \in Y^{k,b}$ 成立

$$\|uv\|_{X^{s,-a}} \leqslant c\|u\|_{X^{s,b}} \|v\|_{Y^{k,b}}.$$

命题 13.5.2　设 $s, k, a, b \in \mathbb{R}$ 且 $\dfrac{1}{2} < s \leqslant 2a, \dfrac{1}{3} < a < b < \dfrac{1}{2}, k > s - 2a$. 则存在正常数 $c = c(s, k, a, b)$ 使得对任意的 $u \in X^{s,b}$ 和 $v \in Y^{k,b}$ 成立

$$\|uv\|_{W^{s,-a}} \leqslant c\|u\|_{X^{s,b}} \|v\|_{Y^{k,b}}.$$

命题 13.5.3　设 $s, k, a, b \in \mathbb{R}$ 且 $s \geqslant 0$,

$$k \leqslant \min\left\{s + 6b + 3a - \frac{7}{2}, s + 3b - 1, 4s + 2a - \frac{3}{2}, 4s + 3a + 6b - \frac{7}{2}\right\},$$

以及 $\dfrac{3}{8} < a \leqslant b < \dfrac{1}{2}$. 则存在正常数 $c = c(a, b, s, k)$ 使得对任意的 $u_1, u_2 \in X^{s,b}$ 成立

$$\|(u_1 \bar{u}_2)_x\|_{Y^{k,-a}} \leqslant c \|u_1\|_{X^{s,b}} \|u_2\|_{X^{s,b}}.$$

命题 13.5.4　设 $s, k, a, b \in \mathbb{R}$, 且下列条件之一成立:

(a) $\dfrac{1}{4} < b < \dfrac{1}{2}, s > \dfrac{1}{4}, 0 \leqslant k \leqslant \min\left\{3a, 2s + 6b + 3a - \dfrac{7}{2}\right\}$;

(b) $\dfrac{1}{4} < b < \dfrac{1}{2}, 1 - 2b < s \leqslant 3a - 1/2, k \leqslant 0$.

则存在常数 $c = c(k, s, b, a)$ 使得对任意的 $u_1, u_2 \in X^{s,b}$ 成立

$$\|(u_1 \bar{u}_2)_x\|_{U^{k,-a}} \leqslant c \|u_1\|_{X^{s,b}} \|u_2\|_{X^{s,b}}.$$

13.5.3　命题 13.5.1的证明

类似于文献 [31] 中引理 3.1 的证明, 我们需要在适当的区域 $\mathcal{R}_j \subset \mathbb{R}^4 (j = 1, 2, 3)$ 中建立如下有界性:

$$\left\| w_1(\xi, \tau) \right.$$

$$:= \frac{\langle\xi\rangle^{2s}}{\langle\tau + \xi^2\rangle^{2a}} \iint \frac{\chi_{\mathcal{R}_1} \mathrm{d}\tau_1 \mathrm{d}\xi_1}{\langle\tau_1 - \xi_1^3\rangle^{2b} \langle\xi_1\rangle^{2k} \langle\xi - \xi_1\rangle^{2s} \langle\tau - \tau_1 + (\xi - \xi_1)^2\rangle^{2b}} \left. \vphantom{\frac{\langle\xi\rangle^{2s}}{\langle\tau\rangle}} \right\|_{L^\infty_{\xi,\tau}} \leqslant c,$$

$$\tag{13.5.2}$$

$$\left\| w_2(\xi_1, \tau_1) \right.$$

$$:= \frac{1}{\langle\xi_1\rangle^{2k} \langle\tau_1 - \xi_1^3\rangle^{2b}} \iint \frac{\langle\xi\rangle^{2s}\chi_{\mathcal{R}_2}\mathrm{d}\tau\mathrm{d}\xi}{\langle\tau + \xi^2\rangle^{2a} \langle\tau - \tau_1 + (\xi - \xi_1)^2\rangle^{2b} \langle\xi - \xi_1\rangle^{2s}} \left. \vphantom{\frac{1}{\langle\xi_1\rangle}} \right\|_{L^\infty_{\xi_1 \tau_1}} \leqslant c,$$

$$\tag{13.5.3}$$

$$\left\| w_3(\xi_2, \tau_2) \right.$$

$$:= \frac{1}{\langle\xi_2\rangle^{2s}\langle\tau_2 - \xi_2^2\rangle^{2b}} \left\| \iint \frac{\langle\xi_1 - \xi_2\rangle^{2s}\chi_{\mathcal{R}_3}\mathrm{d}\tau_1\mathrm{d}\xi_1}{\langle\tau_1 - \tau_2 + (\xi_1-\xi_2)^2\rangle^{2a}\langle\tau_1 - \xi_1^3\rangle^{2b}\langle\xi_1\rangle^{2k}} \right\|_{L^\infty_{\xi_2\tau_2}} \leqslant c.$$

$$(13.5.4)$$

为此, 定义

$$\mathcal{A} := \left\{ (\xi,\xi_1,\tau,\tau_1) \in \mathbb{R}^4; |\xi_1| > 2, \left|\xi_1^2 - \xi_1 + 2\xi\right| \geqslant \frac{1}{2}\left|\xi_1\right|^2 \right\}.$$

进一步, 定义

$$\mathcal{R}_1 := \mathcal{R}_{1_1} \cup \mathcal{R}_{1_2} \cup \mathcal{R}_{1_3},$$

其中

$$\mathcal{R}_{1_1} := \left\{ (\xi,\xi_1,\tau,\tau_1) \in \mathbb{R}^4; |\xi_1| \leqslant 2 \right\},$$
$$\mathcal{R}_{1_2} := \left\{ (\xi,\xi_1,\tau,\tau_1) \in \mathbb{R}^4; |\xi_1| > 2, \left|\xi_1^2 - \xi_1 + 2\xi\right| \leqslant \frac{1}{2}\left|\xi_1\right|^2 \right\},$$
$$\mathcal{R}_{1_3} := \left\{ (\xi,\xi_1,\tau,\tau_1) \in \mathcal{A}; \max\left\{ \left|\tau_1 - \xi_1^3\right|, \left|\tau - \tau_1 + (\xi - \xi_1)^2\right|, \left|\tau + \xi^2\right| \right\} = \left|\tau + \xi^2\right| \right\}.$$

并定义

$$\mathcal{R}_2 := \left\{ (\xi,\xi_1,\tau,\tau_1) \in \mathcal{A}; \max\left\{ \left|\tau_1 - \xi_1^3\right|, \left|\tau - \tau_1 + (\xi - \xi_1)^2\right|, \left|\tau + \xi^2\right| \right\} = \left|\tau_1 - \xi_1^3\right| \right\}$$

和

$$\mathcal{R}_3 := \left\{ (\xi,\xi_1,\tau,\tau_1) \in \mathcal{A}; \max\left\{ \left|\tau_1 - \xi_1^3\right|, \left|\tau - \tau_1 + (\xi - \xi_1)^2\right|, \left|\tau + \xi^2\right| \right\} = \left|\tau - \tau_1 + (\xi - \xi_1)^2\right| \right\}.$$

显然, $\mathcal{R}_1 \cup \mathcal{R}_2 \cup \mathcal{R}_3 = \mathbb{R}^4$. 并且, 注意到 $\mathcal{R}_{1_2}$ 中的点满足不等式

$$\frac{1}{2}\left|\xi_1\right|^2 \leqslant \left|3\xi_1^2 - 2\xi_1 + 2\xi\right|. \tag{13.5.5}$$

事实上, 对任意的 $(\xi,\xi_1,\tau,\tau_1) \in \mathcal{R}_{1_2}$, 成立

$$\begin{aligned} \left|3\xi_1^2 - 2\xi_1 + 2\xi\right| &= \left|(2\xi_1^2 - \xi_1) + (\xi_1^2 - \xi_1 + 2\xi)\right| \\ &\geqslant \left|2\xi_1^2 - \xi_1\right| - \left|\xi_1^2 - \xi_1 + 2\xi\right| \\ &\geqslant \left|\xi_1\right|\left|2\xi_1 - 1\right| - \frac{1}{2}\left|\xi_1\right|^2 \\ &\geqslant \left|\xi_1\right|^2 - \frac{1}{2}\left|\xi_1\right|^2 = \frac{1}{2}\left|\xi_1\right|^2. \end{aligned}$$

此外, 注意到假设 $\dfrac{7}{18} < 2b - \dfrac{1}{2} \leqslant a < b$ 蕴含了如下关系式:

$$\frac{4}{9} < b < \frac{1}{2} \quad \text{和} \quad 4b - 1 \leqslant 2a. \tag{13.5.6}$$

现在, 我们证明 (13.5.2) 式. 结合不等式 $\langle \xi \rangle^{2s} \leqslant \langle \xi - \xi_1 \rangle^{2s} \langle \xi_1 \rangle^{2|s|}$ 和引理 13.2.9, 由于 $b > 1/4$, $a > 0$, 可得

$$w_1(\tau, \xi) \lesssim \frac{1}{\langle \tau + \xi^2 \rangle^{2a}} \int \frac{\chi_{\mathcal{R}_1} \langle \xi_1 \rangle^{2|s|-2k}}{\langle \tau + \xi^2 - \xi_1^3 + \xi_1^2 - 2\xi\xi_1 \rangle^{4b-1}} \mathrm{d}\xi_1. \tag{13.5.7}$$

下面, 我们将分别在子区域 $\mathcal{R}_1$, $\mathcal{R}_2$ 和 $\mathcal{R}_3$ 上的对 (13.5.7) 式做进一步估计.

区域 $\mathcal{R}_{1_1}$ 由积分区域的有界性易得 (13.5.7) 式右手端有界.

区域 $\mathcal{R}_{1_3}$ 运用 $|\xi_1| > 2$ 和 $|\xi_1|^3 \lesssim |\tau + \xi^2|$ 可得

$$w_1(\tau, \xi) \lesssim \int \frac{\langle \xi_1 \rangle^{2|s|-2k}}{\langle \xi_1 \rangle^{6a} \langle \tau + \xi^2 - \xi_1^3 + \xi_1^2 - 2\xi\xi_1 \rangle^{4b-1}} \mathrm{d}\xi_1.$$

由 $|s| - k \leqslant 3a$, 又可得

$$w_1(\tau, \xi) \lesssim \int \frac{\mathrm{d}\xi_1}{\langle \tau + \xi^2 - \xi_1^3 + \xi^2 - 2\xi\xi_1 \rangle^{4b-1}}.$$

因为 $b > \dfrac{1}{3}$, 则由引理 13.2.8 直接可得最后的积分收敛.

区域 $\mathcal{R}_{1_2}$ 由三角不等式有

$$\langle \tau + \xi^2 \rangle \langle \tau + \xi^2 - \xi_1^3 + \xi_1^2 - 2\xi\xi_1 \rangle \geqslant \langle \xi_1^3 - \xi_1^2 + 2\xi\xi_1 \rangle,$$

进而可得

$$\begin{aligned} w_1(\xi, \tau) &\lesssim \langle \tau + \xi^2 \rangle^{4b-1-2a} \int \frac{\chi_{\mathcal{R}_{1_2}} \langle \xi_1 \rangle^{2|s|-2k}}{\langle \xi_1^3 - \xi_1^2 + 2\xi\xi_1 \rangle^{4b-1}} \mathrm{d}\xi_1 \\ &\leqslant \int \frac{\chi_{\mathcal{R}_1} \langle \xi_1 \rangle^{2|s|-2k}}{\langle \xi_1^3 - \xi_1^2 + 2\xi\xi_1 \rangle^{4b-1}} \mathrm{d}\xi_1, \end{aligned} \tag{13.5.8}$$

作变量变换

$$\eta = \xi_1^3 - \xi_1^2 + 2\xi\xi_1, \quad \mathrm{d}\eta = \left(3\xi_1^2 - 2\xi_1 + 2\xi\right) \mathrm{d}\xi_1,$$

并利用 $\mathcal{R}_{1_2}$ 的定义以及 (13.5.5) 式, 可得

$$w_1(\xi,\tau) \lesssim \int \frac{\chi_{\{|\eta|\leqslant|\xi_1|^3/2\}}\langle\xi_1\rangle^{2|s|-2k}}{|3\xi_1^2 - 2\xi_1 + 2\xi|\langle\eta\rangle^{4b-1}}\mathrm{d}\eta$$

$$\lesssim \int \frac{\chi_{\{|\eta|\leqslant|\xi_1|^3/2\}}\langle\xi_1\rangle^{2|s|-2k}}{|\xi_1|^2\langle\eta\rangle^{4b-1}}\mathrm{d}\eta$$

$$\lesssim \int \frac{\mathrm{d}\eta}{\langle\eta\rangle^{\frac{2k-2|s|+2}{3}+4b-1}}.$$

由于 $k - |s| \geqslant 2 - 6b$, 因此, 最后的积分收敛. 这就完成了在 $\mathcal{R}_1$ 中的估计.

区域 $\mathcal{R}_2$ 此时, 可知成立

$$\frac{1}{2}|\xi_1^3| \leqslant 3|\tau_1 - \xi_1^3| \lesssim \langle\tau_1 - \xi_1^3\rangle. \tag{13.5.9}$$

通过作变量变换 $\eta = \tau_1 - \xi_1^2 + 2\xi\xi_1$, $\mathrm{d}\eta = 2\xi_1\mathrm{d}\xi$ 即可推出

$$|\eta| \leqslant |\tau_1 - \xi_1^3| + |\xi_1^3 - \xi_1^2 + 2\xi\xi_1| \lesssim \langle\tau_1 - \xi_1^3\rangle. \tag{13.5.10}$$

因为 $a + b > 1/2$, 运用引理 13.2.9, 结合 (13.5.10) 式以及事实 $|\xi_1| > 2 \implies |\xi_1| \sim \langle\xi_1\rangle$, 可得

$$w_2(\xi_1,\tau_1) \lesssim \frac{\langle\xi_1\rangle^{2|s|-2k}}{\langle\tau_1-\xi_1^3\rangle^{2b}}\int \frac{\chi_{\mathcal{R}_2}\mathrm{d}\xi}{\langle\tau_1-\xi_1^2+2\xi\xi_1\rangle^{2a+2b-1}}$$

$$\sim \frac{|\xi_1|^{2|s|-2k}}{\langle\tau_1-\xi_1^3\rangle^{2b}}\int_{|\eta|\leqslant|\tau_1-\xi_1^3|}\frac{(1+|\eta|)^{1-2a-2b}}{2|\xi_1|}\mathrm{d}\eta$$

$$\lesssim \frac{|\xi_1|^{2|s|-2k-1}}{\langle\tau_1-\xi_1^3\rangle^{2b}}\frac{1}{\langle\tau_1-\xi_1^3\rangle^{2a+2b-2}} = \frac{|\xi_1|^{2|s|-2k-1}}{\langle\tau_1-\xi_1^3\rangle^{2a+4b-2}},$$

因此, 利用 (13.5.9) 式以及事实: $\frac{1}{3} < a < b \Rightarrow 2a + 4b - 2 > 6a - 2 > 0$, 可得当 $k - |s| > -9a + \frac{5}{2}$ 时, 成立

$$w_2(\xi_1,\tau_1) \lesssim \frac{|\xi_1|^{2|s|-2k-1}}{\langle\tau_1-\xi_1^3\rangle^{6a-2}} \lesssim \frac{|\xi_1|^{2|s|-2k-1}}{|\xi_1^3|^{6a-2}} = \frac{1}{|\xi_1|^{2k-2|s|+18a-5}} \leqslant c.$$

区域 $\mathcal{R}_3$ 在此情形下, 运用类似于 (13.5.3) 的讨论方法即可得到 (13.5.4) 式成立.

这就完成了命题 13.5.1 的证明.

13.5.4　命题 13.5.2 的证明

鉴于命题 13.5.1, 只需证明命题 13.5.2 在假设 $|\tau| > 10|\xi|^2$ 下成立. 因此, 类似于命题 13.5.1, 我们需要证明

$$
w(\xi,\tau) := \frac{\chi\{|\tau| > 10|\xi|^2\}}{\langle\tau + \xi^2\rangle^{2a-s}} \iint \frac{\mathrm{d}\tau_1 \mathrm{d}\xi_1}{\langle\tau_1 - \xi_1^3\rangle^{2b} \langle\xi_1\rangle^{2k} \langle\tau - \tau_1 + (\xi - \xi_1)^2\rangle^{2b} \langle\xi - \xi_1\rangle^{2s}}
$$

是有界的.

为此, 我们将分如下两种情形来讨论.

情形 1: $k \geqslant 0$. 由于 $s \leqslant 2a, b > \dfrac{1}{3}$, 则由 s, k 的非负性以及引理 13.2.8 可知

$$
w(\xi,\tau) \lesssim \langle\tau\rangle^{s-2a} \int \frac{\mathrm{d}\xi_1}{\langle\tau + \xi^2 - \xi_1^3 + \xi_1^2 - 2\xi\xi_1\rangle^{4b-1}} \leqslant c.
$$

情形 2: $k < 0$. 此时分 $|\xi_1| \leqslant 2|\xi - \xi_1|$ 和 $2|\xi - \xi_1| \leqslant |\xi_1|$ 两种情况来讨论. 当 $|\xi_1| \leqslant 2|\xi - \xi_1|$ 时, 则

$$
w(\xi,\tau) \lesssim \int \frac{\mathrm{d}\xi_1}{\langle\tau + \xi^2 - \xi_1^3 + \xi^2 - 2\xi\xi_1\rangle^{4b-1}} \leqslant c_b.
$$

这里用到了 $s \leqslant 2a, k + s \geqslant 0$ 和 $b > \dfrac{1}{3}$.

另一方面, 当 $2|\xi - \xi_1| \leqslant |\xi_1|$ 时, 可知 $|\tau| > 10|\xi|^2 \geqslant \dfrac{5}{2}|\xi_1|^2$, 因此, $\langle\xi_1\rangle^{-2k} \lesssim \langle\tau\rangle^{-k}$. 则由 $k - s \geqslant -2a$, 可得

$$
w(\xi,\tau) \lesssim \langle\tau\rangle^{s-k-2a} \int \frac{\mathrm{d}\xi_1}{\langle\tau + \xi^2 - \xi_1^3 + \xi^2 - 2\xi\xi_1\rangle^{4b-1}} \leqslant c.
$$

这就完成了命题 13.5.2 的证明.

13.5.5　命题 13.5.3 的证明

设 $\tau = \tau_1 - \tau_2, \xi = \xi_1 - \xi_2, \sigma = \tau - \xi^3, \sigma_1 = \tau_1 + \xi_1^2, \sigma_2 = \tau_2 + \xi_2^2$. 由文献 [31] 中讨论可知, 需要证明

$$
\iiint \int_{\mathbb{R}^4} \frac{|\xi|\langle\xi\rangle^k f(\xi_1,\tau_1) g(\xi_2,\tau_2) \bar{\phi}(\xi,\tau)}{\langle\sigma\rangle^a \langle\sigma_1\rangle^b \langle\xi_1\rangle^s \langle\sigma_2\rangle^b \langle\xi_2\rangle^s} \mathrm{d}\tau_1 \mathrm{d}\xi_1 \mathrm{d}\tau \mathrm{d}\xi
$$

$$
\leqslant \|\phi\|_{L^2} \|f\|_{L^2} \|g\|_{L^2}. \tag{13.5.11}
$$

通过做积分区域分解, 可将 (13.5.11) 式左端分解为

$$
Z_1 + Z_2 + Z_3 + Z_4 := \iiint_{\mathcal{R}_1} + \iiint_{\mathcal{R}_2} + \iiiint_{\mathcal{R}_3} + \iiiint_{\mathcal{R}_4}, \tag{13.5.12}
$$

其中

$$\mathcal{R}_1 = \{(\xi, \xi_1, \tau, \tau_1) \in \mathbb{R}^4; |\xi| \leqslant 10\},$$
$$\mathcal{R}_2 = \{(\xi, \xi_1, \tau, \tau_1) \in \mathbb{R}^4; |\xi| > 10, |\xi_1| > 2|\xi_2|\},$$
$$\mathcal{R}_3 = \{(\xi, \xi_1, \tau, \tau_1) \in \mathbb{R}^4; |\xi| > 10, |\xi_2| > 2|\xi_1|\},$$
$$\mathcal{R}_4 = \left\{(\xi, \xi_1, \tau, \tau_1) \in \mathbb{R}^4; |\xi| > 10, \frac{|\xi_2|}{2} \leqslant |\xi_1| \leqslant 2|\xi_2|\right\}.$$

区域 $\mathcal{R}_1$ 先对 ξ 和 τ 做积分, 利用 Cauchy-Schwarz 不等式可得

$$Z_1^2 \lesssim \|g\|_{L_{\tau_2}^2 L_{\xi_2}^2}^2 \|f\|_{L_{\tau_1}^2 L_1^2}^2 \|\phi\|_{L_\tau^2 L_\xi^2}^2 \left\| \frac{1}{\langle\xi_1\rangle^{2s}\langle\sigma_1\rangle^{2b}} \iint \frac{\chi_{\{|\xi|\leqslant 10\}}\mathrm{d}\tau\mathrm{d}\xi}{\langle\sigma\rangle^{2a}\langle\sigma_2\rangle^{2b}\langle\xi_2\rangle^{2s}} \right\|_{L_{\xi_1}^\infty L_{\tau_1}^\infty}.$$

利用 $s \geqslant 0, a \leqslant b$ 和引理 13.2.9, 可得

$$\frac{1}{\langle\xi_1\rangle^{2s}\langle\sigma_1\rangle^{2b}} \iint \frac{\chi_{\{|\xi|\leqslant 10\}}\mathrm{d}\tau\mathrm{d}\xi}{\langle\sigma\rangle^{2a}\langle\sigma_2\rangle^{2b}\langle\xi_2\rangle^{2s}} \lesssim \int \frac{\chi_{\{|\xi|\leqslant 10\}}\mathrm{d}\xi}{\langle\xi^3 - \xi^2 + 2\xi\xi_1 - \tau_1 - \xi_1^2\rangle^{4a-1}}.$$

由引理 13.2.6 和 $\frac{1}{4} < a < \frac{1}{2}$ 可得该积分有界.

对于 Z_2, Z_3 和 Z_4 的估计, 我们将利用如下代数等式

$$(\tau - \xi^3) - (\tau_1 + \xi_1^2) + (\tau_2 + \xi_2^2)$$
$$= -\xi^3 - \xi_1^2 + (\xi_1 - \xi)^2 = -\xi(\xi^2 - \xi + 2\xi_1). \tag{13.5.13}$$

区域 $\mathcal{R}_2$ 在此情形下, 可知 $\frac{1}{2}|\xi_1| \leqslant |\xi| \leqslant \frac{3}{2}|\xi_1|$. 因此, 由 $|\xi| > 10$, 可得

$$|\xi^2 - \xi + 2\xi_1| \geqslant |\xi|^2 - |\xi - 2\xi_1| \geqslant |\xi|^2 - 5|\xi| \geqslant \frac{1}{2}|\xi|^2. \tag{13.5.14}$$

结合 (13.5.13) 和 (13.5.14) 可得

$$|\xi|^3 \lesssim \max\{|\sigma|, |\sigma_1|, |\sigma_2|\}. \tag{13.5.15}$$

对区域 $\mathcal{R}_2$ 做分解: $\mathcal{R}_2 = \mathcal{R}_{2_1} \cup \mathcal{R}_{2_2} \cup \mathcal{R}_{2_3}$, 其中

$$\mathcal{R}_{2_1} = \{(\xi, \xi_1, \tau, \tau_1) \in \mathcal{R}_2; \max\{|\sigma|, |\sigma|, |\sigma_2|\} = |\sigma|\},$$
$$\mathcal{R}_{2_2} = \{(\xi, \xi_1, \tau, \tau_1) \in \mathcal{R}_2; \max\{|\sigma|, |\sigma_1|, |\sigma_2|\} = |\sigma_1|\},$$
$$\mathcal{R}_{2_3} = \{(\xi, \xi_1, \tau, \tau_1) \in \mathcal{R}_2; \max\{|\sigma|, |\sigma_2|, |\sigma_2|\} = |\sigma_2|\}.$$

为了得到 $\mathcal{R}_{2_1}$ 上的估计, 我们先对 τ_2 和 ξ_2 积分, 用 Cauchy-Schwarz 不等式和 $|\xi_1| \sim |\xi|$ 可得 $\mathcal{R}_{2_1}$ 上的积分可被下式控制

$$\chi_{\{|\xi|>10\}} \frac{\langle\xi\rangle^{2k-2s+2}}{\langle\sigma\rangle^{2a}} \iint \frac{\mathrm{d}\tau_2\mathrm{d}\xi_2}{\langle\sigma_1\rangle^{2b}\langle\sigma_2\rangle^{2b}}. \tag{13.5.16}$$

利用引理 13.2.9 又可得 (13.5.16) 式可被下式控制

$$\chi_{\{|\xi|>10\}} \frac{\langle\xi\rangle^{2k-2s+2}}{\langle\sigma\rangle^{2a}} \int \frac{\mathrm{d}\xi_2}{\langle\tau+\xi^2+2\xi\xi_2\rangle^{4b-1}}. \tag{13.5.17}$$

作变量变换 $\eta=\tau+\xi^2+2\xi\xi_2$, 可得 $\mathrm{d}\eta=2\xi\mathrm{d}\xi_2$ 和 $|\eta|\leqslant 2|\sigma|$. 则利用 (13.5.15) 式可得 (13.5.17) 式可被下式控制

$$\chi_{\{|\xi|>10\}} \frac{\langle\xi\rangle^{2k-2s+1}}{\langle\sigma\rangle^{2a}} \int_{|\eta|\leqslant 2|\sigma|} \frac{\mathrm{d}\eta}{\langle\eta\rangle^{4b-1}}$$

$$\lesssim \frac{\langle\xi\rangle^{2k-2s+1}}{\langle\sigma\rangle^{4b-2+2a}} \lesssim \langle\xi\rangle^{2k-2s-12b-6a+7}, \tag{13.5.18}$$

当 $k-s\leqslant 6b+3a-\dfrac{7}{2}$ 时, 则它是有界的.

对于 $\mathcal{R}_{2_2}$ 上的估计, 利用 $|\xi|\sim|\xi_1|$、引理 13.2.9 和引理 13.2.6 可得

$$\frac{1}{\langle\xi_1\rangle^{2s}\langle\sigma_1\rangle^{2b}} \iint \frac{\chi_{\{|\xi^3|\leqslant|\sigma_1|\}}|\xi|^2\langle\xi\rangle^{2k}\mathrm{d}\tau\mathrm{d}\xi}{\langle\sigma\rangle^{2a}\langle\sigma_2\rangle^{2b}} \lesssim \iint \frac{\langle\xi\rangle^{2k-2s+2-6b}\mathrm{d}\tau\mathrm{d}\xi}{\langle\sigma\rangle^{2a}\langle\sigma_2\rangle^{2b}}$$

$$\lesssim \iint \frac{\mathrm{d}\tau\mathrm{d}\xi}{\langle\xi_2\rangle^{2s}\langle\sigma\rangle^{2a}\langle\sigma_2\rangle^{2b}} \sim \int \frac{\mathrm{d}\xi}{\langle\xi^3-\xi^2+2\xi\xi_1-\tau_1-\xi_1^2\rangle^{4a-1}} \lesssim 1.$$

这里用到了 $k-s\leqslant 3b-1$ 和 $\dfrac{1}{3}<a<\dfrac{1}{2}$.

$\mathcal{R}_{2_3}$ 中的估计与 $\mathcal{R}_{2_2}$ 类似.

区域 $\mathcal{R}_3$ 对于 Z_3 的估计遵循与 Z_2 相同的思想. 事实上, 在 $\mathcal{R}_3$ 中成立 $\dfrac{|\xi_2|}{2}\leqslant|\xi|\leqslant 2|\xi_2|$. 则由 $|\xi|>10$, 可得

$$|\xi^2-\xi+2\xi_1| \geqslant |\xi|^2-|\xi+2\xi_1| \geqslant |\xi|^2-3|\xi| \geqslant \frac{|\xi|^2}{2}.$$

因此, 对于 Z_3 的估计可像 Z_2 的讨论分成三种情况来完成.

区域 $\mathcal{R}_4$ 对 $\mathcal{R}_4$ 做分解: $\mathcal{R}_4=\mathcal{R}_{4_1}\cup\mathcal{R}_{4_2}$, 其中

$$\mathcal{R}_{4_1}=\left\{(\xi,\xi_1,\tau,\tau_1)\in\mathcal{R}_4; |\xi_1|\geqslant 2|\xi^2-\xi+2\xi_1|\right\}, \quad \mathcal{R}_{4_2}=\mathcal{R}_4\backslash\mathcal{R}_{4_1}.$$

在 $\mathcal{R}_{4_1}$ 中, 由于 $|\xi^2|\leqslant|\xi^2-\xi+2\xi_1|+|2\xi_1-\xi|\leqslant 6|\xi_1|$, 因此, 只需证明函数

$$w_{41}(\xi_1,\tau_1):=\frac{1}{\langle\xi_1\rangle^{2s}\langle\sigma_1\rangle^{2b}} \iint \frac{\chi_{\{|\xi|^2\leqslant 6|\xi_1|\}}|\xi|^2\langle\xi\rangle^{2k}\mathrm{d}\tau\mathrm{d}\xi}{\langle\xi_2\rangle^{2s}\langle\sigma\rangle^{2a}\langle\sigma_2\rangle^{2b}}$$

是有界的. 由 $a < b, |\xi_1| \sim |\xi_2|$ 和引理 13.2.9 可得

$$w_{41}(\xi_1, \tau_1) \lesssim \frac{1}{\langle \sigma_1 \rangle^{2b}} \int \frac{\chi_{\{|\xi|^2 \leqslant 6|\xi_1|\}} \langle \xi \rangle^{2k+2-8s} \mathrm{d}\xi}{\langle -\xi^3 + \tau_1 + (\xi - \xi)^2 \rangle^{4a-1}}. \tag{13.5.19}$$

利用 $4a - 1 < 2b$ 和三角不等式, 可得

$$\langle \sigma_1 \rangle^{4a-1} \left\langle -\xi^3 + \tau_1 + (\xi - \xi)^2 \right\rangle^{4a-1} \geqslant \left\langle -\xi^3 - 2\xi\xi_1 + \xi^2 \right\rangle^{4a-1}.$$

于是

$$w_{41}(\xi_1, \tau_1) \leqslant \int \frac{\chi_{\{|\xi|^2 \leqslant c|\xi_1|\}} \langle \xi \rangle^{2k-8s+2} \mathrm{d}\xi}{\langle \xi^3 - \xi^2 + 2\xi_1\xi \rangle^{4a-1}}. \tag{13.5.20}$$

现假设 $|\xi^2 - \xi + 2\xi_1| > 1$. 则当 $|\xi| > 10$ 时, 可得 $\langle \xi^3 - \xi^2 + 2\xi\xi_1 \rangle \sim \langle \xi^2 - \xi + 2\xi_1 \rangle \cdot \langle \xi \rangle$. 因此, (13.5.20) 式可被下式控制

$$c \int \frac{\chi_{\{|\xi|^2 \leqslant |\xi_1|\}} \langle \xi \rangle^{2k-8s+3-4a} \mathrm{d}\xi}{\langle \xi^2 - \xi + 2\xi_1 \rangle^{4a-1}} \lesssim \langle \xi_1 \rangle^{k-4s+3/2-2a} \int \frac{\mathrm{d}\xi}{\langle \xi^2 - \xi + 2\xi_1 \rangle^{4a-1}} \lesssim 1.$$

这里用到了 $k \leqslant 4s + 2a - 3/2$ 和 $a > \dfrac{3}{8}$.

如果 $|\xi^2 - \xi + 2\xi_1| \leqslant 1$, 作变量变换 $\eta = \xi^3 - \xi^2 + 2\xi\xi_1$, 可得 $|\eta| \leqslant |\xi| \leqslant c|\xi_1|^{1/2}$, 以及当 $|\xi| > 10$ 时, 成立

$$\left| \frac{\mathrm{d}\eta}{\mathrm{d}\xi} \right| = |3\xi^2 - 2\xi + 2\xi_1| \geqslant |2\xi^2 - \xi| - |\xi^2 - \xi + 2\xi_1|$$

$$\geqslant 2|\xi|^2 - |\xi| - 1 \geqslant 2|\xi|^2 - 2|\xi| \geqslant \frac{1}{2}|\xi|^2.$$

因此, 对于 $k \leqslant 4s + 2a - 1$, (13.5.20) 式可由下式控制

$$\int_{|\eta| < c|\xi_1|^{1/2}} \frac{\langle \xi_1 \rangle^{k-4s} \mathrm{d}\eta}{\langle \eta \rangle^{4a-1}} \lesssim \langle \xi_1 \rangle^{k-4s+1-2a} \lesssim 1.$$

现给出 Z_4 在集合 $\mathcal{R}_{4_2}$ 上的估计. 此时, 对 $\mathcal{R}_{4_2}$ 应用代数关系式 (13.5.13), 可得有如下情况发生:

$$|\sigma| \gtrsim |\xi||\xi_1|, \quad |\sigma_1| \gtrsim |\xi||\xi_1|, \quad \text{或} |\sigma_2| \gtrsim |\xi||\xi_1|. \tag{13.5.21}$$

在上述每种情况下, 我们又可分如下情形来讨论:

$$|\xi|^2 \leqslant 10|\xi_1| \quad \text{和} \quad 10|\xi_1| \leqslant |\xi|^2.$$

先设

$$\max\{|\sigma|, |\sigma_1|, |\sigma_2|\} = |\sigma| \quad \text{和} \quad |\xi|^2 \leqslant 10|\xi_1|.$$

则成立

$$\frac{\langle\xi\rangle^{2k+2-8s}}{\langle\sigma\rangle^{2a}} \iint \frac{\mathrm{d}\tau_2\mathrm{d}\xi_2}{\langle\sigma_1\rangle^{2b}\langle\sigma_2\rangle^{2b}}$$

$$\lesssim \frac{\langle\xi\rangle^{2k+2-8s}}{\langle\sigma\rangle^{2a}} \int \frac{\mathrm{d}\xi_2}{\langle2\xi\xi_2 - \xi^3 - \tau - 2\xi^2\rangle^{4b-1}}. \tag{13.5.22}$$

作变量变换 $\eta = 2\xi\xi_2 - \xi^3 - \tau - 2\xi^2$. 则 $\mathrm{d}\eta = 2\xi\mathrm{d}\xi_2$ 且成立 $|\eta| \leqslant c|\sigma|$. 因此, 当 $k < 4s + 3a + 6b - 7/2$ 时, (13.5.22) 式右端可被下式控制

$$c\frac{\langle\xi\rangle^{2k+1-8s}}{\langle\sigma\rangle^{2a}} \int_{|\eta|\leqslant c|\sigma|} \frac{\mathrm{d}\eta}{\langle\eta\rangle^{4b-1}} \lesssim \frac{\langle\xi\rangle^{2k+1-8s}}{\langle\sigma\rangle^{2a+4b-2}} \lesssim \frac{\langle\xi\rangle^{2k+1-8s}}{\langle\xi\rangle^{2a+4b-2}\langle\xi\rangle^{4a+8b-4}} \lesssim 1.$$

对于情况 $\max\{|\sigma|, |\sigma_1|, |\sigma_2|\} = |\sigma_2|, |\xi|^2 < 10|\xi_1|$ 可相同处理. 因此, 只需考虑 $10|\xi_1| \leqslant |\xi|^2$ 的情形. 由 $|\xi^2 - \xi + 2\xi_1| \sim |\xi|^2$ 和代数关系式 (13.5.13) 可得

$$3\max\{|\sigma|, |\sigma_1|, |\sigma_2|\} \geqslant |\xi||\xi^2 - \xi + 2\xi_1| \geqslant |\xi|^3.$$

设 $\max\{|\sigma|, |\sigma_1|, |\sigma_2|\} = |\sigma|$, 则当 $k \leqslant 2s + 3a + 6b - \dfrac{7}{2}$ 时, 可得

$$\frac{|\xi|^2\langle\xi\rangle^{2k}}{\langle\sigma\rangle^{2a}} \iint \frac{\mathrm{d}\tau_2\mathrm{d}\xi_2}{\langle\xi_1\rangle^{2s}\langle\sigma_1\rangle^{2b}\langle\xi_2\rangle^{2s}\langle\sigma_2\rangle^{2b}}$$

$$\lesssim \frac{\langle\xi\rangle^{2k+2-4s}}{\langle\sigma\rangle^{2a}} \iint \frac{\chi_{\{|\xi_1|\leqslant10|\xi|^2\}}\mathrm{d}\tau_2\mathrm{d}\xi_2}{\langle\sigma_1\rangle^{2b}\langle\sigma_2\rangle^{2b}} \overset{2k+2-4s}{\underset{\langle\sigma\rangle^{2a}}{\sum}} \int \frac{\mathrm{d}\xi_2}{\langle2\xi\xi_2 - \xi^3 - \tau - 2\xi^2\rangle^{4b-1}}$$

$$\lesssim \frac{\langle\xi\rangle^{2k+1-4s}}{\langle\sigma\rangle^{2a}} \int_{|\eta|\leqslant|\sigma|} \frac{\mathrm{d}\eta}{\langle\eta\rangle^{4b-1}}$$

$$\lesssim \frac{\langle\xi\rangle^{2k+1-4s}}{\langle\sigma\rangle^{2a+4b-2}} \lesssim \frac{\langle\xi\rangle^{2k+1-4s}}{\langle\xi\rangle^{6a+12b-6}} \lesssim 1.$$

现假设 $\max\{|\sigma|, |\sigma_1|, |\sigma_2|\} = |\sigma_1|$. 则 $|\sigma_1| \leqslant |\xi|^3$. 我们需要控制函数

$$w(\xi_1, \tau_1) = \frac{1}{\langle\xi_1\rangle^{2s}\langle\tau_1 + \xi_1^2\rangle^{2b}} \iint \frac{|\xi|^2\langle\xi\rangle^{2k}\mathrm{d}\tau\mathrm{d}\xi}{\langle\tau - \xi^3\rangle^{2a}\langle\tau_2 + \xi_2^2\rangle^{2b}\langle\xi_2\rangle^{2s}}. \tag{13.5.23}$$

运用引理 13.2.8 和引理 13.2.9 可得, w_1 可被下式控制

$$c\langle\xi\rangle^{2k-4s+2-6b} \int \frac{\mathrm{d}\xi}{\langle\xi^3 - \xi^2 + 2\xi\xi_1 + \tau_1 + \xi_1^2\rangle^{4a-1}}$$

且当 $a > \dfrac{3}{8}$ 和 $k \leqslant 2s - 1 + 3b$ 时, 上述积分有界. 这就完成了命题 13.5.3 证明.

13.5.6 命题 13.5.4 的证明

令 $\tau = \tau_1 - \tau_2, \xi = \xi_1 - \xi_2, \sigma = \tau - \xi^3, \sigma_1 = \tau_1 + \xi_1^2, \sigma_2 = \tau_2 + \xi_2^2.$

(a) 的证明 由命题 13.5.3, 我们可做假设 $|\tau| > 10|\xi|^3$. 由命题 13.5.3 的证明过程又可知, 需证明函数

$$w(\tau, \xi) = \chi_{\{|\tau|>10|\xi|^3\}} \frac{|\xi|^2 \langle\tau\rangle^{\frac{2k}{3}}}{\langle\sigma\rangle^{2a}} \iint \frac{\mathrm{d}\tau_2 \mathrm{d}\xi_2}{\langle\xi_1\rangle^{2s} \langle\sigma_1\rangle^{2b} \langle\sigma_2\rangle^{2b} \langle\xi_2\rangle^{2s}} \qquad (13.5.24)$$

是有界的.

设 $|\xi| \leqslant 1$, 则成立 $\langle\tau - \xi^3\rangle \sim \langle\tau\rangle$. 因此, 对于 $k \leqslant 6a$, 成立

$$\chi_{\{|\tau|>10|\xi|^3\}} \frac{|\xi|^2 \langle\tau\rangle^{\frac{2k}{3}}}{\langle\tau + \xi^3\rangle^{2a}} \lesssim \langle\tau\rangle^{\frac{2k}{3} - 2a} \lesssim 1. \qquad (13.5.25)$$

利用引理 13.2.9 可得

$$\iint \frac{\mathrm{d}\tau_2 \mathrm{d}\xi_2}{\langle\xi_1\rangle^{2s} \langle\sigma_1\rangle^{2b} \langle\sigma_2\rangle^{2b} \langle\xi_2\rangle^{2s}}$$

$$\lesssim \int \frac{\mathrm{d}\xi_2}{\langle\xi_2\rangle^{2s} \langle\xi_1\rangle^{2s} \langle\tau + \xi^2 + 2\xi\xi_2\rangle^{4b-1}} \lesssim \int \frac{\mathrm{d}\xi_2}{\langle\xi_2\rangle^{2s} \langle\xi_1\rangle^{2s}} \lesssim 1.$$

这里用到了 $\frac{1}{4} < b < \frac{1}{2}$ 和 $s > \frac{1}{4}$.

如果 $|\xi| \geqslant 2$, 则成立

$$\frac{|\xi|^2 \langle\tau\rangle^{\frac{2k}{3}}}{\langle\tau + \xi^3\rangle^{2a}} \lesssim \langle\tau\rangle^{\frac{2k}{3} - 2a} |\xi|^2. \qquad (13.5.26)$$

因为 $\frac{1}{4} < b < \frac{1}{2}$ 和 $4b - 1 + 2s > 1$, 应用引理 13.2.9 可得

$$\iint \frac{\mathrm{d}\tau_2 \mathrm{d}\xi_2}{\langle\xi_1\rangle^{2s} \langle\tau_1 + \xi^2\rangle^{2b} \langle\tau_2 + \xi_2^2\rangle^{2b} \langle\xi_2\rangle^{2s}} \lesssim \int \frac{\mathrm{d}\xi_2}{\langle\xi_2\rangle^{2s} \langle\tau + \xi^2 + 2\xi\xi_2\rangle^{4b-1}}$$

$$\lesssim |\xi|^{1-4b} \int \frac{\mathrm{d}\xi_2}{\left(\frac{1}{|\xi|} + |\xi_2|\right)^{2s} \left(\frac{1}{|\xi|} + \left|\frac{\tau + \xi^2}{2\xi} + \xi_2\right|\right)^{4b-1}}$$

$$\lesssim \frac{|\xi|^{2s-1}}{\langle\tau + \xi^2\rangle^{4b+2s-2}} \lesssim \frac{|\xi|^{2s-1}}{\langle\tau\rangle^{4b+2s-2}}. \qquad (13.5.27)$$

结合 (13.5.26) 和 (13.5.27) 并利用 $|\tau - \xi^3| \sim |\xi|^3$, 可得

$$w(\tau, \xi) \lesssim \langle\tau\rangle^{\frac{2k}{3} - 2a - 4b - 2s + 2} |\xi|^{2s+1} \lesssim \langle\tau\rangle^{\frac{2k}{3} - 2a - 4b - 2s + 2 + \frac{2s}{3} + \frac{1}{3}} \lesssim 1.$$

这里用到了 $k \leqslant 2s + 6b + 3a - \dfrac{7}{2}$. 这就完成了 (a) 部分的证明.

(b) 的证明　由命题 13.5.3 的证明过程和 $k \leqslant 0$ 可知, 需证明函数

$$w_1(\xi_1, \tau_1) = \frac{\langle \tau \rangle^{\frac{2k}{3}}}{\langle \xi_1 \rangle^{2s} \langle \sigma_1 \rangle^{2b}} \iint \frac{\chi_{|\xi|<2} \mathrm{d}\tau \mathrm{d}\xi}{\langle \sigma \rangle^{2a} \langle \sigma_2 \rangle^{2b} \langle \xi_2 \rangle^{2s}}$$

和

$$w_2(\tau, \xi) = \chi_{\{|\xi|>2, 10|\tau| \leqslant |\xi|^3\}} \frac{|\xi|^2}{\langle \sigma \rangle^{2a}} \iint \frac{\mathrm{d}\tau_2 \mathrm{d}\xi_2}{\langle \xi_1 \rangle^{2s} \langle \sigma_1 \rangle^{2b} \langle \xi_2 \rangle^{2s} \langle \sigma_2 \rangle^{2b}} \tag{13.5.28}$$

是有界的.

运用与命题 13.5.3 中关于 Z_1 的相同讨论, 即可得到对 w_1 的估计.

为了估计 w_2, 我们将用到 $|\sigma| \sim |\xi|^3$. 由此可得

$$w_2(\tau, \xi) \leqslant \chi_{\{|\xi|>2, 10|\tau| \leqslant |\xi|^3\}} \frac{|\xi|^2}{\langle \xi \rangle^{6a}} \iint \frac{\mathrm{d}\tau_2 \mathrm{d}\xi_2}{\langle \xi_1 \rangle^{2s} \langle \sigma_1 \rangle^{2b} \langle \xi_2 \rangle^{2s} \langle \sigma_2 \rangle^{2b}}. \tag{13.5.29}$$

如同 (a) 部分的证明, 我们首先可得 (13.5.29) 的右端可被 $|\xi|^{2s+1-6a}$ 控制. 当 $s < 3a - 2$ 时, $|\xi|^{2s+1-6a}$ 是有界的. 这就完成了命题的证明.

13.6　主要结果的证明

13.6.1　定理 13.1.1 的证明

设 $(s, k) \in \mathcal{D} \cup \mathcal{D}_0$. 当 $(s, k) \in \mathcal{D}_0$ 时, 考虑 $\beta = 0$; 而当 $(s, k) \in \mathcal{D}$ 时, β 为任意实数. 选取 $a = a(s, k) < b = b(s, k) < \dfrac{1}{2}$ 使得引理 13.5.1、引理 13.5.2 中的非线性估计和命题 13.5.1, 命题 13.5.3 以及命题 13.5.4(a) 均成立. 令 $d = -a$.

设 $\tilde{u}_0, \tilde{v}_0, \tilde{f}$ 和 $\tilde{g}$ 是 u_0, v_0, f 和 g 的延拓, 且使得

$$\|\tilde{u}_0\|_{H^s(\mathbb{R})} \leqslant c \|u_0\|_{H^s(\mathbb{R}^+)}, \quad \|\tilde{v}_0\|_{H^k(\mathbb{R})} \leqslant c \|v_0\|_{H^k(\mathbb{R}^+)},$$

$$\|\tilde{f}\|_{H^{\frac{2s+1}{4}}(\mathbb{R})} \leqslant c \|f\|_{H^{\frac{2s+1}{4}}(\mathbb{R}^+)}, \quad \|\tilde{g}\|_{H^{\frac{k+1}{3}}(\mathbb{R})} \leqslant c \|g\|_{H^{\frac{k+1}{3}}(\mathbb{R}^+)}.$$

由 (13.3.9), (13.3.12), (13.3.18), (13.3.28), (13.4.1) 和 (13.4.2) 可知, 我们需要证明算子 $\Lambda = (\Lambda_1, \Lambda_2)$ 存在不动点, 其中

$$\Lambda_1(u, v) = \psi(t)\mathrm{e}^{\mathrm{i}t\partial_x^2} \tilde{u}_0(x) + \psi(t)\mathcal{S}\left(\alpha\psi_T uv + \beta\psi_T |u|^2 u\right)(x, t)$$
$$+ \psi(t)\mathrm{e}^{-\mathrm{i}\frac{\lambda_1 \pi}{4}} \mathcal{L}_+^{\lambda_1} h_1(x, t),$$

$$\Lambda_2(u,v) = \psi(t)\mathrm{e}^{-t\partial_x^3}\tilde{v}_0(x) + \psi(t)\mathcal{K}\left(\gamma\psi_T\left(|u|^2\right)_x - \frac{1}{2}\psi_T\left(v^2\right)_x\right)(x,t)$$
$$+ \psi(t)\mathrm{e}^{-\mathrm{i}\pi\lambda}\mathcal{V}_+^{\lambda_2}h_2(x,t),$$

$$h_1(t) = \left[\psi(t)\tilde{f}(t) - \psi(t)\mathrm{e}^{\mathrm{i}t\partial_x^2}\tilde{u}_0\Big|_{x=0} - \psi(t)\mathcal{S}\left(\alpha\psi_T uv + \beta\psi_T|u|^2 u\right)(0,t)\right]\Big|_{(0,+\infty)}$$

和

$$h_2(t)$$
$$= \left[\psi(t)\tilde{g}(t) - \psi(t)\mathrm{e}^{-t\partial_x^3}\tilde{v}_0\Big|_{x=0} - \psi(t)\mathcal{K}\left(\gamma\psi_T\left(|u|^2\right)_x - \frac{1}{2}\psi_T\left(v^2\right)_x\right)(0,t)\right]\Big|_{(0,+\infty)}.$$

这里的 $\lambda_1 = \lambda_1(s)$ 和 $\lambda_2 = \lambda_2(k)$ 待定, 且将保证引理 13.3.4 和引理 13.3.9 成立.

考虑 Banach 空间 $Z = Z(s,k) = Z_1 \times Z_2$, 其中

$$Z_1 = \mathcal{C}\left(\mathbb{R}_t; H^s\left(\mathbb{R}_x\right)\right) \cap \mathcal{C}\left(\mathbb{R}_x; H^{\frac{2s+1}{4}}\left(\mathbb{R}_t\right)\right) \cap X^{s,b},$$

$$Z_2 = \mathcal{C}\left(\mathbb{R}_t; H^k\left(\mathbb{R}_x\right)\right) \cap \mathcal{C}\left(\mathbb{R}_x; H^{\frac{k+1}{3}}\left(\mathbb{R}_t\right)\right) \cap Y^{k,b} \cap V^\alpha.$$

首先, 我们将证明当 $u \in Z_1$, $v \in Z_2$ 时, 函数 $\mathcal{L}_+^{\lambda_1}h_1$ 和 $\mathcal{V}_+^{\lambda_2}h_2$ 有定义. 为此, 由引理 13.3.4 和引理 13.3.9 知, 只需证明 $h_1 \in H_0^{\frac{2s+1}{4}}\left(\mathbb{R}^+\right)$ 和 $h_2 \in H_0^{\frac{k+1}{3}}\left(\mathbb{R}^+\right)$.

令 $(s,k) \in \mathcal{D}$. 由假设可知 $f \in H^{\frac{2s+1}{4}}\left(\mathbb{R}^+\right)$. 由引理 13.2.3 和引理 13.3.1 可得

$$\left\|\left(\psi(t)\mathrm{e}^{\mathrm{i}t\partial_x^2}\tilde{u}_0\Big|_{x=0}\right)\Big|_{(0,+\infty)}\right\|_{H^{\frac{2s+1}{4}}(\mathbb{R}^+)} \leqslant \left\|\psi(t)\mathrm{e}^{\mathrm{i}t\partial_x^2}\tilde{u}_0\Big|_{x=0}\right\|_{H^{\frac{2s+1}{4}}(\mathbb{R})}$$
$$\leqslant c\left\|\tilde{u}_0\right\|_{H^s(\mathbb{R})}. \tag{13.6.1}$$

由引理 13.2.1, 引理 13.4.1(b), 引理 13.5.1, 引理 13.2.5 和命题 13.5.1 又可知对充分小的 ε, 成立

$$\left\|\psi(t)\mathcal{S}\left(\psi_T\alpha uv + \psi_T\beta|u|^2 u\right)(0,t)\Big|_{(0,+\infty)}\right\|_{H^{\frac{2s+1}{4}}(\mathbb{R}^+)}$$
$$\leqslant \left\|\psi(t)\mathcal{S}\left(\psi_T\alpha uv + \psi_T\beta|u|^2 u\right)(0,t)\right\|_{H^{\frac{2s+1}{4}}(\mathbb{R})}$$
$$\leqslant c\left\|\psi_T\left(\alpha uv + \beta|u|^2 u\right)\right\|_{X^{s,d}} \leqslant cT^\varepsilon\left\|\alpha uv + \beta|u|^2 u\right\|_{X^{s,d+\varepsilon}}$$
$$\leqslant cT^\varepsilon\left(\|u\|_{X^{s,b}}^3 + \|u\|_{X^{s,b}}\|v\|_{Y^{k,b}}\right). \tag{13.6.2}$$

如果 $0 \leqslant s < \frac{1}{2}$, 则 $\frac{1}{4} \leqslant \frac{2s+1}{4} < \frac{1}{2}$, 且由引理 13.2.1 可得 $H^{\frac{2s+1}{4}}\left(\mathbb{R}^+\right) = H_0^{\frac{2s+1}{4}}\left(\mathbb{R}^+\right)$. 因此, 由 (13.6.1) 和 (13.6.2) 可得 $h_1 \in H_0^{\frac{2s+1}{4}}\left(\mathbb{R}^+\right)$.

由假设可知 $g \in H^{\frac{k+1}{3}}(\mathbb{R}^+)$. 由引理 13.3.5(b) 可得

$$\left\| \left. \psi(t)\mathrm{e}^{-t\partial_x^3}\tilde{v}_0 \right|_{x=0} \right|_{(0,+\infty)} \right\|_{H^{\frac{k+1}{3}}(\mathbb{R}^+)} \leqslant \left\| \left. \psi(t)\mathrm{e}^{-t\partial_x^3}\tilde{v}_0 \right|_{x=0} \right\|_{H^{\frac{k+1}{3}}(\mathbb{R})}$$
$$\leqslant c\|\tilde{v}_0\|_{H^k(\mathbb{R})}. \tag{13.6.3}$$

由引理 13.2.1, 引理 13.4.2(b), 引理 13.5.2, 引理 13.2.5 和命题 13.5.3 又可得对充分小的 ε 成立

$$\left\| \left. \psi(t)\mathcal{K}\left[\psi_T \left(\gamma\left(|u|^2\right)_x - \frac{1}{2}\left(v^2\right)_x \right) \right](0,t) \right|_{(0,+\infty)} \right\|_{H^{\frac{k+1}{3}}(\mathbb{R}^+)}$$
$$\leqslant \left\| \psi(t)\mathcal{K}\left[\psi_T \left(\gamma\left(|u|^2\right)_x - \frac{1}{2}\left(v^2\right)_x \right) \right](0,t) \right\|_{H^{\frac{k+1}{3}}(\mathbb{R})}$$
$$\leqslant c\left\| \psi_T \left(\left(|u|^2\right)_x - \frac{1}{2}\left(v^2\right)_x \right) \right\|_{Y^{k,d}} \leqslant cT^{\varepsilon} \left\| \left(|u|^2\right)_x - \frac{1}{2}\left(v^2\right)_x \right\|_{Y^{k,d+\varepsilon}}$$
$$\leqslant cT^{\varepsilon}\left(\|u\|_{X^{s,b}}^2 + \|v\|_{Y^{k,b}\cap V^{\alpha}}^2 \right). \tag{13.6.4}$$

如果 $-\dfrac{3}{4} < k < \dfrac{1}{2}$, 则 $\dfrac{1}{12} < \dfrac{k+1}{3} < \dfrac{1}{2}$, 且由引理 13.2.1 可知 $H^{\frac{k+1}{3}}(\mathbb{R}^+) = H_0^{\frac{k+1}{3}}(\mathbb{R}^+)$. 因此, 由 (13.6.3) 和 (13.6.4) 可得 $h_2 \in H_0^{\frac{k+1}{3}}(\mathbb{R}^+)$.

如果 $(s,k) \in \mathcal{D}_0$, 用相同讨论即可证明 $h_2 \in H_0^{\frac{k+1}{3}}(\mathbb{R}^+)$. 为了证明 $h_1 \in H_0^{\frac{2s+1}{4}}(\mathbb{R}^+)$, 只需要再结合引理 13.2.3 和相容性条件 $u(0) = f(0)$.

下一步, 证明 Λ 定义为压缩映射. 由引理 13.2.1($(s,k) \in \mathcal{D}$) 或引理 13.2.3 ($(s,k) \in \mathcal{D}_0$), 引理 13.3.1, 引理 13.3.4, 引理 13.4.1, 命题 13.5.1, 命题 13.5.2 和引理 13.2.5 可推得

$$\|\Lambda_1(u,v)\|_{Z_1} \leqslant c(\|u_0\|_{H^s(\mathbb{R}^+)} + \|f\|_{H^{\frac{2s+1}{4}}(\mathbb{R}^+)} + T^{\varepsilon}(\|u\|_{X^{s,b}}\|v\|_{Y^{k,b}\cap V^{\alpha}}$$
$$+ c_1(\beta)\|u\|_{X^{s,b}}^3)), \tag{13.6.5}$$

其中 $\varepsilon \ll 1$, 而当 $\beta = 0$ 时, $c_1(\beta) = 0$; 当 $\beta \neq 0$ 时, $c_1(\beta) = 0$.

由引理 13.2.1, 引理 13.3.5, 引理 13.3.9, 引理 13.4.2, 命题 13.5.3, 命题 13.5.4 和引理 13.2.5 可推得

$$\|\Lambda_2(u,v)\|_{Z_2}$$
$$\leqslant c\left(\|v_0\|_{H^k(\mathbb{R}^+)} + \|g\|_{H^{\frac{k+1}{3}}(\mathbb{R}^+)} + T^{\varepsilon}\|u\|_{X^{s,b}}^2 + T^{\varepsilon}\|v\|_{Y^{k,b}\cap V^{\alpha}}^2 \right). \tag{13.6.6}$$

类似地, 可得

$$\|\Lambda(u_1, v_1) - \Lambda(u_2, v_2)\|_Z$$
$$\leqslant cT^\varepsilon \{ \|v_1\|_{Y^{k,b}} \|u_1 - u_2\|_{X^{s,b}} + \|u_2\|_{X^{s,b}} \|v_1 - v_2\|_{Y^{k,b}}$$
$$+ (\|u_1\|_{X^{s,b}} + \|u_2\|_{X^{s,b}}) \|u_1 - u_2\|_{X^{s,b}} + \|v_1 - v_2\|_{Y^{k,b} \cap V^\alpha} (\|v_1\|_{Y^{k,b} \cap V^\alpha}$$
$$+ \|v_2\|_{Y^{k,b} \cap V^\alpha}) + (\|u_1\|_{X^{s,b}}^2 + \|u_2\|_{X^{s,b}}^2) \|u_1 - u_2\|_{X^{s,b}} \}. \tag{13.6.7}$$

令 Z 中的球:

$$B = \{(u, v) \in Z; \|u\|_{Z_1} \leqslant M_1, \|v\|_{Z_2} \leqslant M_2\},$$

其中

$$M_1 = 2c \left(\|u_0\|_{H^s(\mathbb{R}^+)} + \|f\|_{H^{\frac{2s+1}{4}}(\mathbb{R}^+)} \right), \quad M_2 = 2c \left(\|v_0\|_{H^k(\mathbb{R}^+)} + \|g\|_{H^{\frac{k+1}{3}}(\mathbb{R}^+)} \right).$$

当 (u, v) 属于 B 时, 由 (13.6.5)—(13.6.7) 可得

$$\|\Lambda_1(u, v)\|_{Z_1} \leqslant \frac{M_1}{2} + cT^\varepsilon M_1 M_2,$$

$$\|\Lambda_2(u, v)\|_{Z_2} \leqslant \frac{M_2}{2} + cT^\varepsilon (M_1^2 + M_2^2),$$

$$\|\Lambda(u_1, v_1) - \Lambda(u_2, v_2)\|_{Z_1} \leqslant cT^\varepsilon (M_1^2 + M_1 + M_2) \left[\|u_1 - u_2\|_{Z_1} + \|v_1 - v_2\|_{Z_2} \right],$$

$$\|\Lambda(u_1, v_1) - \Lambda(u_2, v_2)\|_{Z_2} \leqslant cT^\varepsilon \left[M_1 \|u_1 - u_2\|_{Z_1} + M_2 \|v_1 - v_2\|_{Z_2} \right].$$

则可选取充分小得 $T = T(M_1, M_2)$, 使得

$$\|\Lambda_1(u, v)\|_{Z_1} \leqslant M_1,$$

$$\|\Lambda_2(u, v)\|_{Z_2} \leqslant M_2$$

和

$$\|\Lambda(u_1, v_1) - \Lambda(u_2, v_2)\|_Z \leqslant \frac{1}{2} \|(u_1, v_1) - (u_2, v_2)\|_Z.$$

则 Λ 是 $Z \cap B$ 上的压缩映射, 进而可得 Λ 在 B 上存在不动点 (u, v).

因此,

$$(u, v) := \left(u|_{(x,t) \in \mathbb{R}^+ \times (0,T)}, v|_{(x,t) \in \mathbb{R}^+ \times (0,T)} \right)$$

为初边值问题 (13.1.2) 在分布意义下的解.

13.6.2　定理 13.1.2 的证明

关于区域 $\tilde{\mathcal{D}} \cup \tilde{\mathcal{D}}_0$ 上的证明与定理 13.1.1 基本相同, 因此, 我们仅需给出一些恰当的修正.

首先, 在这两者之间最大的不同是 Λ_2 算子中截断函数 ψ_T 的位置以及函数 h_2 的定义. 在本小节中, 定义

$$
\begin{aligned}
\Lambda_2(u,v) &= \psi(t)\mathrm{e}^{-t\partial_x^3}\tilde{v}_0(x) + \psi(t)\mathcal{K}\left[\gamma\partial_x\left(|\psi_T u|^2\right) - \frac{1}{2}\partial_x(v)^2\right](x,t) \\
&\quad + \psi(t)\mathrm{e}^{-\lambda_2\pi}\mathcal{V}_+^{\lambda_2}h_2(x,t), \\
h_2(t) &= \left(\psi(t)\tilde{g}(t) - \psi(t)\mathrm{e}^{-t\partial_x^3}\tilde{v}_0\Big|_{x=0}\right. \\
&\quad \left. - \psi(t)\mathcal{K}\left[\left(\gamma\partial_x\left(|\psi_T u|^2\right) - \frac{1}{2}\partial_x(v)^2\right)\right](0,t)\right)\Big|_{(0,+\infty)}.
\end{aligned}
$$

值得注意的是, 在非线性项 $(v^2)_x$ 中并没有用到截断函数 ψ_T. 这是因为在这里我们需要使用修正的 Bourgain 空间 $U^{k,b}$ 和 D^α, 而对它们的使用将在证明过程中不再产生 T 的正次幂.

由定理 13.1.1 的证明和命题 13.5.4 可得

$$
\begin{aligned}
&\|\Lambda_1(u,v)\|_{Z_1} \\
&\leqslant c\left(\|u_0\|_{H^s(\mathbb{R}^+)} + \|f\|_{H^{\frac{2s+1}{4}}(\mathbb{R}^+)} + T^\varepsilon\|u\|_{X^{s,b}}\|v\|_{Y^{k,b}}\right) + T^\varepsilon c_1(\beta)\|u\|_{X^{s,b}},
\end{aligned}
\tag{13.6.8}
$$

$$
\begin{aligned}
&\|\Lambda_2(u,v)\|_{Z_2} \\
&\leqslant c\left(\|v_0\|_{H^k(\mathbb{R}^+)} + \|g\|_{H^{\frac{k+1}{3}}(\mathbb{R}^+)} + T^\varepsilon\|u\|_{X^{s,b}}^2 + \|v\|_{Y^{k,b}\cap V^\alpha}^2\right),
\end{aligned}
\tag{13.6.9}
$$

且

$$
\begin{aligned}
&\|\Lambda(u_1,v_1) - \Lambda(u_2,v_2)\|_Z \\
&\leqslant c\left\{T^\varepsilon\|v_1\|_{Y^{k,b}}\|u_1-u_2\|_{X^{s,b}} + T^\varepsilon\|u_2\|_{X^{s,b}}\|v_1-v_2\|_{Y^{k,b}}\right. \\
&\quad + \left(\|u_1\|_{X^{s,b}} + \|u_2\|_{X^{s,b}}\right)\|u_1-u_2\|_{X^{s,b}} \\
&\quad + c_1(\beta)\left(\|u_1\|_{X^{s,b}}^2 + \|u_2\|_{X^{s,b}}^2\right)\|u_1-u_2\|_{X^{s,b}} \\
&\quad \left. + \|v_1-v_2\|_{Y^{k,b}\cap V^\alpha}\left(\|v_1\|_{Y^{k,b}\cap V^\alpha} + \|v_2\|_{Y^{k,b}\cap V^\alpha}\right)\right\},
\end{aligned}
\tag{13.6.10}
$$

其中当 $\beta = 0$ 时, $c_1(\beta) = 0$; 而当 $c_1(\beta) = 1$ 时, $\beta \neq 0$.

定义 Z 中的球

$$
B = \{(u,v) \in Z; \|u\|_{Z_1} \leqslant M_1, \|v\|_{Z_2} \leqslant M_2\},
$$

其中

$$M_1 = 2c \left(\|u_0\|_{H^s(\mathbb{R}^+)} + \|f\|_{H^{\frac{2s+1}{4}}(\mathbb{R}^+)} \right),$$

$$M_2 = 2c \left(\|v_0\|_{H^k(\mathbb{R}^+)} + \|g\|_{H^{\frac{k+1}{3}}(\mathbb{R}^+)} \right) = 2c\delta.$$

当 (u,v) 属于 B 时, 由 (13.6.8)—(13.6.10) 可得

$$\|\Lambda_1(u,v)\|_{Z_1} \leqslant \frac{M_1}{2} + cT^\varepsilon M_1 M_2,$$

$$\|\Lambda_2(u,v)\|_{Z_2} \leqslant \frac{M_2}{2} + c\left(T^\varepsilon M_1^2 + M_2^2\right),$$

$$\|\Lambda(u_1,v_1) - \Lambda(u_2,v_2)\|_{Z_1} \leqslant cT^\varepsilon \left(M_1^2 + M_1 + M_2\right)\left(\|u_1 - u_2\|_{Z_1} + \|v_1 - v_2\|_{Z_2}\right),$$

$$\|\Lambda(u_1,v_1) - \Lambda(u_2,v_2)\|_{Z_2} \leqslant c\left(M_1 T^\varepsilon \|u_1 - u_2\|_{Z_1} + M_2 \|v_1 - v_2\|_{Z_2}\right).$$

因此, 由小性条件 (13.1.11), 可选取充分小得 $T = T(M_1, M_2)$ 使得

$$\|\Lambda_1(u,v)\|_{Z_1} \leqslant M_1,$$

$$\|\Lambda_2(u,v)\|_{Z_2} \leqslant M_2,$$

$$\|\Lambda(u_1,v_1) - \Lambda(u_2,v_2)\|_{Z\cap B} \leqslant \frac{1}{2}\|(u_1 - u_2, v_1 - v_2)\|_Z.$$

因此, Λ 是 $Z \cap B$ 中的压缩映射, 进而可得 Λ 在 B 上存在不动点 (u,v).

因此,

$$(u,v) := \left(u|_{(x,t)\in\mathbb{R}^+\times(0,T)}, v|_{(x,t)\in\mathbb{R}^+\times(0,T)} \right)$$

为初边值问题 (13.1.2) 在分布意义下的解.

13.6.3 定理 13.1.3的证明

令 $(s,k) \in \mathcal{E} \cup \mathcal{E}_0$. 当 $\beta = 0$ 时, 考虑 $(s,k) \in \mathcal{E}_0$; 当 β 为任意实数时, 考虑 $(s,k) \in \mathcal{E}$. 选取 $a = a(s,k) < b = b(s,k) < \frac{1}{2}$ 使得引理 13.5.1, 引理 13.5.2 和命题 13.5.1—命题 13.5.4 中的非线性估计均成立. 令 $d = -a$.

设 $\tilde{u}_0, \tilde{v}_0, \tilde{f}, \tilde{g}$ 和 $\tilde{h}$ 是 u_0, v_0, f, g 和 h 的延拓, 且使得 $\|\tilde{u}_0\|_{H^s(\mathbb{R})} \leqslant c\|u_0\|_{H^s(\mathbb{R}^-)}$, $\|\tilde{v}_0\|_{H^k(\mathbb{R})} \leqslant c\|v_0\|_{H^k(\mathbb{R}^-)}$, $\|\tilde{f}\|_{H^{\frac{2s+1}{4}}(\mathbb{R})} \leqslant c\|f\|_{H^{\frac{2s+1}{4}}(\mathbb{R}^+)}$, $\|\tilde{g}\|_{H^{\frac{k+1}{3}}(\mathbb{R})} \leqslant c\|g\|_{H^{\frac{k+1}{3}}(\mathbb{R}^+)}$ 和 $\|\tilde{h}\|_{H^{\frac{k}{3}}(\mathbb{R})} \leqslant c\|h\|_{H^{\frac{k}{3}}(\mathbb{R}^+)}$.

由 (13.3.13), (13.3.26), (13.4.1) 和 (13.4.2) 可知, 我们需要证明算子 $\Lambda = (\Lambda_1, \Lambda_2)$ 存在不动点, 其中

$$\Lambda_1(u,v) = \psi(t)e^{it\partial_x^2}\tilde{u}_0(x) + \psi(t)\mathcal{S}\left(\alpha\psi_T uv + \beta\psi_T|u|^2 u\right)(x,t) + \psi(t)\mathcal{L}_-^\lambda h_1(x,t),$$

$$\Lambda_2(u,v) = \psi(t)\mathrm{e}^{-t\partial_x^3}\tilde{v}_0(x) + \psi(t)\mathcal{K}\left[\gamma\psi_T\left(|u|^2\right)_x - \frac{1}{2}\psi_T\left(v^2\right)_x\right](x,t)$$
$$+ \psi(t)\mathcal{V}h_2(x,t) + \psi(t)\mathcal{V}^{-1}h_3(x,t).$$

这里

$$h_1(t)$$
$$= \mathrm{e}^{-\mathrm{i}\frac{\lambda\pi}{4}}\left(\psi(t)\tilde{f}(t) - \psi(t)\mathrm{e}^{\mathrm{i}t\partial_x^2}\tilde{u}_0\Big|_{x=0} - \psi(t)\mathcal{S}\left(\alpha\psi_T uv + \beta\psi_T|u|^2 u\right)(0,t)\right)\Big|_{(0,+\infty)},$$

$$\begin{pmatrix} h_2 \\ h_3 \end{pmatrix} = \frac{1}{3}\begin{pmatrix} 2 & -1 \\ -1 & -1 \end{pmatrix} A,$$

以及

$$A = \begin{pmatrix} \psi(t)\left(\tilde{g} - \mathrm{e}^{\cdot\partial_x^3}\tilde{v}_0\Big|_{x=0} - \mathcal{K}\left[\gamma\psi_T\left(|u|^2\right)_x - \frac{1}{2}\psi_T\left(v^2\right)_x\right](0,t)\right)\Big|_{(0,+\infty)} \\ \mathcal{I}_{\frac{1}{3}}\psi(t)\left(\tilde{h} - \partial_x\mathrm{e}^{\cdot\partial_x^3}\tilde{v}_0 - \partial_x\mathcal{K}\left[\gamma\psi_T\left(|u|^2\right)_x - \frac{1}{2}\psi_T\left(v^2\right)_x\right](0,t)\right)\Big|_{(0,+\infty)} \end{pmatrix}.$$

考虑 Banach 空间 $Z = Z(s,k) = Z_1 \times Z_2$, 其中

$$Z_1 = \mathcal{C}\left(\mathbb{R}_t; H^s\left(\mathbb{R}_x\right)\right) \cap \mathcal{C}\left(\mathbb{R}_x; H^{\frac{2s+1}{4}}\left(\mathbb{R}_t\right)\right) \cap X^{s,b},$$

$$Z_2 = \left\{w \in \mathcal{C}\left(\mathbb{R}_t; H^k\left(\mathbb{R}_x\right)\right) \cap \mathcal{C}\left(\mathbb{R}_x; H^{\frac{k+1}{3}}\left(\mathbb{R}_t\right)\right) \cap Y^{k,b} \cap V^\alpha; \right.$$
$$\left. \partial_x w \in \mathcal{C}\left(\mathbb{R}_x; H^{\frac{k}{3}}\left(\mathbb{R}_t\right)\right)\right\}$$

且定义其上范数为

$$\|(u,v)\|_Z = \|u\|_{Z_1} + \|v\|_{Z_2}$$
$$:= \|u\|_{\mathcal{C}(\mathbb{R}_t; H^s(\mathbb{R}_x))} + \|u\|_{\mathcal{C}\left(\mathbb{R}_x; H^{\frac{2s+1}{4}}(\mathbb{R}_t)\right)} + \|u\|_{X^{s,b}}$$
$$+ \|v\|_{\mathcal{C}(\mathbb{R}_t; H^k(\mathbb{R}_x))} + \|v\|_{\mathcal{C}\left(\mathbb{R}_x; H^{\frac{k+1}{3}}(\mathbb{R}_t)\right)} + \|v\|_{Y^{k,b}} + \|v\|_{V^\alpha}$$
$$+ \|\partial_x v\|_{\mathcal{C}\left(\mathbb{R}_x; H^{\frac{k}{3}}(\mathbb{R}_t)\right)}.$$

类似于定理 13.1.1 的证明, 可得 $\mathcal{L}_-h_0(x,t)$ 是有定义的. 现证明函数 $\mathcal{V}^{-1}h_2(x,t)$ 和 $\mathcal{V}^{-1}h_3(x,t)$ 亦有定义. 基于定理 13.1.1 的证明, 可知

$$\psi(t)\left(\tilde{g} - \mathrm{e}^{\cdot\partial_x^3}\tilde{v}_0\Big|_{x=0} - \mathcal{K}\left[\gamma\psi_T\left(|u|^2\right)_x - \frac{1}{2}\psi_T\left(v^2\right)_x\right](0,t)\right)\Big|_{(0,+\infty)} \in H_0^{\frac{k+1}{3}}\left(\mathbb{R}^+\right).$$

$$(13.6.11)$$

由引理 13.2.4, 引理 13.3.5, 引理 13.4.2 和命题 13.5.2, 命题 13.5.3, 可得

$$\left\| \mathcal{I}_{\frac{1}{3}} \psi(t) \left(\tilde{h} - \partial_x \mathrm{e}^{\cdot \partial_x^3} v_0 - \partial_x \mathcal{K} \left[\gamma \psi_T \left(|u|^2 \right)_x - \frac{1}{2} \psi_T \left(v^2 \right)_x \right] (0,t) \right) \Big|_{(0,+\infty)} \right\|_{H^{\frac{k+1}{3}}(\mathbb{R}^+)}$$

$$\leqslant c \left\| \psi(t) \left(\tilde{h} - \partial_x \mathrm{e}^{\cdot \partial_x^3} v_0 - \partial_x \mathcal{K} \left[\gamma \psi_T \left(|u|^2 \right)_x - \frac{1}{2} \psi_T \left(v^2 \right)_x \right] (0,t) \right) \right\|_{H^{\frac{k}{3}}(\mathbb{R})}$$

$$\leqslant c \|h\|_{H^{\frac{k}{3}}(\mathbb{R}^+)} + \|v_0\|_{H^k(\mathbb{R}^-)} + \left\| \psi_T \left(v^2 \right)_x \right\|_{Y^{k,-a}} + \left\| \psi_T \left(|u|^2 \right)_x \right\|_{Y^{k,-a}}$$

$$\leqslant c \|h\|_{H^{\frac{k}{3}}(\mathbb{R}^+)} + \|v_0\|_{H^k(\mathbb{R}^-)} + T^\varepsilon \left\| \left(v^2 \right)_x \right\|_{Y^{k,-a+\varepsilon}} + T^\varepsilon \left\| \left(|u|^2 \right)_x \right\|_{Y^{k,-a+\varepsilon}}$$

$$\leqslant c \|h\|_{H^{\frac{k}{3}}(\mathbb{R}^+)} + \|v_0\|_{H^k(\mathbb{R}^-)} + T^\varepsilon \|v\|_{Y^{k,b}}^2 + T^\varepsilon \|u\|_{X^{s,b}}^2. \tag{13.6.12}$$

由此可得

$$\mathcal{I}_{\frac{1}{3}} \psi(t) \left(\tilde{h} - \partial_x \mathrm{e}^{\cdot \partial_x^3} v_0 - \partial_x \mathcal{K} \left[\gamma \psi_T \left(|u|^2 \right)_x - \frac{1}{2} \psi_T \left(v^2 \right)_x \right] (0,t) \right) \Big|_{(0,+\infty)}$$

$$\in H^{\frac{k+1}{3}}(\mathbb{R}^+).$$

因为 $(s,k) \in \mathcal{E} \cup \mathcal{E}_0$, 故 $0 \leqslant k < \frac{1}{2}$, 因此, $0 \leqslant \frac{k+1}{3} < \frac{1}{2}$. 由引理 13.2.1 可得

$$\mathcal{I}_{\frac{1}{3}} \psi(t) \left(\tilde{h} - \partial_x \mathrm{e}^{\cdot \partial_x^3} v_0 - \partial_x \mathcal{K} \left[\gamma \psi_T \left(|u|^2 \right)_x - \frac{1}{2} \psi_T \left(v^2 \right)_x \right] (0,t) \right) \Big|_{(0,+\infty)}$$

$$\in H_0^{\frac{k+1}{3}}(\mathbb{R}^+). \tag{13.6.13}$$

则由 (13.6.11) 和 (13.6.13) 可得函数 $\mathcal{V}^{-1} h_2(x,t)$ 和 $\mathcal{V}^{-1} h_3(x,t)$ 有定义.

下证 Λ 为球 Z 上的压缩映射. 基于定理 13.1.1 可得

$$\|\Lambda_1(u,v)\|_{Z_1} \leqslant cT^\varepsilon \|u\|_{X^{s,b}} \|v\|_{Y^{k,b}} + cT^\varepsilon \|u\|_{X^{s,b}}^3 + c\|u_0\|_{H^s(\mathbb{R}^-)} + c\|f\|_{H_0^{\frac{2s+1}{4}}(\mathbb{R}^+)}$$

和

$$\left\| \psi(t) \mathrm{e}^{-t\partial_x^3} \tilde{v}_0(x) + \psi(t)\mathcal{K} \right.$$
$$\left. \left[\gamma \psi_T \left(|u|^2 \right)_x - \frac{1}{2} \psi_T \left(v^2 \right)_x \right] (x,t) \right\|_{C(\mathbb{R}_t; H^k(\mathbb{R}_x)) \cap C(\mathbb{R}_x; H^{\frac{k+1}{3}}(\mathbb{R}_t)) \cap Y^{k,b} \cap V^\alpha}$$

$$\leqslant c \|v_0\|_{H^k(\mathbb{R}^-)} + T^\varepsilon \|u\|_{X^{s,b}}^2 + T^\varepsilon \|v\|_{Y^{k,b} \cap V^\alpha}^2. \tag{13.6.14}$$

利用引理 13.3.5 和引理 13.4.2 可得

$$\left\| \partial_x \left(\psi(t) \mathrm{e}^{-t\partial_x^3} \tilde{v}_0(x) + \psi(t)\mathcal{K} \left[\gamma \psi_T \left(|u|^2 \right)_x - \frac{1}{2} \psi_T \left(v^2 \right)_x \right] (x,t) \right) \right\|_{C(\mathbb{R}_x; H^{\frac{k}{3}}(\mathbb{R}_t))}$$

$$\leqslant c\|v_0\|_{H^k(\mathbb{R}^-)} + T^\varepsilon\|u\|^2_{X^{s,b}} + T^\varepsilon\|v\|_{Y^{k,b}\cap V^\alpha}. \tag{13.6.15}$$

令 $W_2 = \mathcal{C}\left(\mathbb{R}_t; H^k\left(\mathbb{R}_x\right)\right)\cap\mathcal{C}\left(\mathbb{R}_x; H^{\frac{k+1}{3}}\left(\mathbb{R}_t\right)\right)\cap Y^{k,b}\cap V^\alpha$. 由类似于定理 13.1.1 的证明讨论, 可得

$$\left\|\mathcal{V}\left(\psi(t)\left(\tilde{g} - \left.\mathrm{e}^{\cdot\partial_x^3}\tilde{v}_0\right|_{x=0} - \mathcal{K}\left[\gamma\psi_T\left(|u|^2\right)_x - \frac{1}{2}\psi_T\left(v^2\right)_x\right](0,t)\right)\bigg|_{(0,+\infty)}\right)\right\|_{W_2}$$
$$\leqslant c\|g\|_{H^{\frac{k+1}{3}}(\mathbb{R}^+)} + \|v_0\|_{H^k(\mathbb{R}^-)} + T^\varepsilon\|v\|^2_{H^k(\mathbb{R})} + T^\varepsilon\|u\|^2_{H^s(\mathbb{R})}. \tag{13.6.16}$$

利用引理 13.3.9 中的导数估计可得

$$\left\|\partial_x\mathcal{V}\left(\psi(t)\left(\tilde{g} - \left.\mathrm{e}^{\cdot\partial_x^3}\tilde{v}_0\right|_{x=0}\right.\right.\right.$$
$$\left.\left.\left. - \mathcal{K}\left[\gamma\psi_T\left(|u|^2\right)_x - \frac{1}{2}\psi_T\left(v^2\right)_x\right](0,t)\right)\bigg|_{(0,+\infty)}\right)\right\|_{\mathcal{C}(\mathbb{R}_x;H^{\frac{k}{3}}(\mathbb{R}_t))}$$
$$\leqslant c\|g\|_{H^{\frac{k+1}{3}}(\mathbb{R}^+)} + \|v_0\|_{H^k(\mathbb{R}^-)} + T^\varepsilon\|v\|^2_{H^k(\mathbb{R})} + T^\varepsilon\|u\|^2_{H^s(\mathbb{R})}. \tag{13.6.17}$$

由引理 13.3.9 和 (13.6.12) 又可得

$$\left\|\mathcal{V}\left(\mathcal{I}_{\frac{1}{3}}\psi(t)\left(\tilde{h} - \partial_x\mathrm{e}^{\cdot\partial_x^3}v_0 - \partial_x\mathcal{K}\left[\gamma\psi_T\left(|u|^2\right)_x - \frac{1}{2}\psi_T\left(v^2\right)_x\right](0,t)\right)\bigg|_{(0,+\infty)}\right)\right\|_{W_2}$$
$$\leqslant c\|v_0\|_{H^k(\mathbb{R}^-)} + T^\varepsilon\|u\|^2_{X^{s,b}} + T^\varepsilon\|v\|^2_{Y^{k,b}\cap V^\alpha}. \tag{13.6.18}$$

综合估计 (13.6.14)—(13.6.18) 可得

$$\|\Lambda_2(u,v)\|_{Z_2}$$
$$\leqslant c\|v_0\|_{H^k(\mathbb{R}^-)} + \|g\|_{H^{\frac{k+1}{3}}(\mathbb{R}^+)} + \|h\|_{H^{\frac{k}{3}}(\mathbb{R}^+)} + T^\varepsilon\|v\|^2_{Y^{k,b}} + T^\varepsilon\|u\|^2_{X^{s,b}}.$$

于是, 运用与定理 13.1.1 一样的讨论即可完成定理 13.1.3 的证明.

13.6.4　定理 13.1.4 的证明

令 $(s,k) \in \widetilde{\mathcal{E}}_1 \cup \widetilde{\mathcal{E}}_{1_0} \cup \widetilde{\mathcal{E}}_2 \cup \widetilde{\mathcal{E}}_{2_0}$. 选取 $a = a(s,k) < b = b(s,k) < \dfrac{1}{2}$ 使得引理 13.5.1, 引理 13.5.2 和命题 13.5.1, 命题 13.5.3 以及命题 13.5.4 中的非线性估计均成立. 令 $d = -a$. 令 $\tilde{u}_0, \tilde{v}_0, \tilde{f}, \tilde{g}$ 和 $\tilde{h}$ 是 u_0, v_0, f, g 和 h 的延拓. 令 $\lambda_1 = \lambda_1(s), \lambda_2 = \lambda_2(k), \lambda_3 = \lambda_2(k)$ 使得引理 13.3.4 和引理 13.3.9 成立.

由 (13.3.9), (13.3.13), (13.3.27), (13.4.1) 和 (13.4.2) 可得, 我们需要证明算子 $\Lambda = (\Lambda_1, \Lambda_2)$ 存在不动点, 其中

$$\Lambda_1(u,v) = \psi(t)\mathrm{e}^{\mathrm{i}t\partial_x^2}\tilde{u}_0(x) + \psi(t)\mathcal{S}\left(\alpha\psi_T uv + \beta\psi_T|u|^2 u\right)(x,t) + \psi(t)\mathcal{L}^{\lambda_1}h_1(x,t)$$

和

$$
\begin{aligned}
\Lambda_2(u,v) = & \psi(t)\mathrm{e}^{-t\partial_x^3}\tilde{v}_0(x) + \psi(t)\mathcal{K}\left[\gamma\psi_T\left(|u|^2\right)_x - \frac{1}{2}\left(v^2\right)_x\right](x,t) \\
& + \psi(t)\mathcal{V}_-^{\lambda_2}h_2(x,t) + \psi(t)\mathcal{V}_-^{\lambda_3}h_3(x,t).
\end{aligned}
$$

这里

$$
h_1(t) = \mathrm{e}^{-\mathrm{i}\frac{\lambda\pi}{4}}(\tilde{f}(t) - \psi(t)\mathrm{e}^{\mathrm{i}t\partial_x^2}\tilde{u}_0|_{x=0} - \psi(t)\mathcal{S}(\alpha\psi_T uv + \beta\psi_T|u|^2u)(0,t))|_{(0,+\infty)},
$$

$$
\begin{pmatrix} h_2(t) \\ h_3(t) \end{pmatrix}
$$
$$
= A \begin{pmatrix} \psi(t)\left(\tilde{g} - \mathrm{e}^{\cdot\partial_x^3}\tilde{v}\Big|_{x=0} - \mathcal{K}\left[\gamma\psi_T\left(|u|^2\right)_x - \frac{1}{2}\left(v^2\right)_x\right](0,t)\right)\Big|_{(0,+\infty)} \\ \mathcal{I}_{\frac{1}{3}}\psi(t)\left(\tilde{h} - \partial_x\mathrm{e}^{\cdot\partial_x^3}\tilde{v}_0 - \partial_x\mathcal{K}\left[\gamma\psi_T\left(|u|^2\right)_x - \frac{1}{2}\left(v^2\right)_x\right](0,t)\right)\Big|_{(0,+\infty)} \end{pmatrix}
$$

且

$$
A = \frac{1}{2\sqrt{3}\sin\pi/3\,(\lambda_3 - \lambda_2)} \begin{pmatrix} \sin\left(\frac{\pi}{3}\lambda_3 - \frac{\pi}{6}\right) & -\sin\left(\frac{\pi}{3}\lambda_3 + \frac{\pi}{6}\right) \\ -\sin\left(\frac{\pi}{3}\lambda_2 - \frac{\pi}{6}\right) & \sin\left(\frac{\pi}{3}\lambda_2 + \frac{\pi}{6}\right) \end{pmatrix}.
$$

令 Z 为定理 13.1.3 所给定的空间. 由类似于定理 13.1.3 的证明可知, $\mathcal{L}h_1(x,t)$ 的定义是有意义的, 且

$$
\begin{aligned}
\|\Lambda_1(u,v)\|_{Z_1} \leqslant & cT^\varepsilon\|u\|_{X^{s,b}}\|v\|_{Y^{k,b}} + cc_1(\beta)T^\varepsilon\|u\|_{X^{s,b}}^3 \\
& + c\|u_0\|_{H^s(\mathbb{R}^-)} + c\|f\|_{H_0^{2+1}},
\end{aligned} \tag{13.6.19}
$$

其中当 $\beta = 0$ 时, $c_1(\beta) = 0$, 而当 $\beta \neq 0$ 时, $c_1(\beta) = 1$.

由类似于定理 13.1.3 的证明亦可知, $\mathcal{V}_-^{\lambda_2}h_2$ 和 $\mathcal{V}_-^{\lambda_3}h_3$ 的定义是有意义的.

由引理 13.3.9 可知当 $-1 < \lambda_2, \lambda_3 < \min\left\{\frac{1}{2}, k+\frac{1}{2}\right\}$ 时, 成立

$$
\left\|\mathcal{V}_-^{\lambda_2}\left(\psi(t)\left(g - \mathrm{e}^{\cdot\partial_x^3}\tilde{v}_0\Big|_{x=0} - \mathcal{K}\left[\gamma\psi_T\left(|u|^2\right)_x - \frac{1}{2}\left(v^2\right)_x\right](0,t)\right)\Big|_{(0,+\infty)}\right)\right\|_{Z_2}
$$
$$
\leqslant c\left\|\psi(t)\left(g - \mathrm{e}^{\cdot\partial_x^3}\tilde{v}_0\Big|_{x=0} - \mathcal{K}\left[\gamma\psi_T\left(|u|^2\right)_x - \frac{1}{2}\left(v^2\right)_x\right](0,t)\right)\Big|_{(0,+\infty)}\right\|_{H_0^{\frac{k+1}{3}}(\mathbb{R}+)},
$$
$$
\tag{13.6.20}
$$

$$\left\| \mathcal{V}_-^{\lambda_3} \psi(t) \mathcal{I}_{\frac{1}{3}} \left(\tilde{h} - \partial_x \mathrm{e}^{\cdot \partial_x^3} \tilde{v}_0 - \partial_x \mathcal{K} \left[\gamma \psi_T \left(|u|^2 \right)_x - \frac{1}{2} \left(v^2 \right)_x \right] (0,t) \right) \Big|_{(0,+\infty)} \right\|_{Z_2}$$

$$\leqslant c \left\| \psi(t) \mathcal{I}_{\frac{1}{3}} \left(\tilde{h} - \partial_x \mathrm{e}^{\cdot \partial_x^3} \tilde{v}_0 - \partial_x \mathcal{K} \left[\gamma \psi_T \left(|u|^2 \right)_x - \frac{1}{2} \left(v^2 \right)_x \right] (0,t) \right) \Big|_{(0,+\infty)} \right\|_{H_0^{\frac{k+1}{3}}(\mathbb{R}^+)} .$$

$$(13.6.21)$$

由引理 13.2.4, 引理 13.3.5, 引理 13.4.2, 引理 13.5.2 和命题 13.5.3 又可得

$$\left\| \mathcal{I}_{\frac{1}{3}} \psi(t) \left(\tilde{h} - \partial_x \mathrm{e}^{\cdot \partial_x^3} v_0 - \partial_x \mathcal{K} \left[\gamma \psi_T \left(|u|^2 \right)_x - \frac{1}{2} \left(v^2 \right)_x \right] (0,t) \right) \Big|_{(0,+\infty)} \right\|_{H_0^{\frac{k+1}{3}}(\mathbb{R}^+)}$$

$$\leqslant c \left\| \psi(t) \left(h - \partial_x \mathrm{e}^{\cdot \partial_x^3} v_0 - \partial_x \mathcal{K} \left[\gamma \psi_T \left(|u|^2 \right)_x - \frac{1}{2} \left(v^2 \right)_x \right] (0,t) \right) \right\|_{H^{\frac{k}{3}}(\mathbb{R})}$$

$$\leqslant c \left(\|h\|_{H^{\frac{k}{3}}(\mathbb{R}^+)} + \|v_0\|_{H^k(\mathbb{R}^-)} + \left\| \left(v^2 \right)_x \right\|_{Y^{k,-a}} \right.$$

$$\left. + \left\| \left(v^2 \right)_x \right\|_{U^{k,-a}} + \left\| \psi_T \left(|u|^2 \right)_x \right\|_{Y^{k,-a}} \right)$$

$$\leqslant c \left(\|h\|_{H^{\frac{k}{3}}(\mathbb{R}^+)} + \|v_0\|_{H^k(\mathbb{R}^-)} + \left\| \left(v^2 \right)_x \right\|_{Y^{k,-a}} \right.$$

$$\left. + \left\| \left(v^2 \right)_x \right\|_{U^{s,-a}} + T^\varepsilon \left\| \left(|u|^2 \right)_x \right\|_{Y^{k,-a+\varepsilon}} \right)$$

$$\leqslant c \left(\|h\|_{H^{\frac{k}{3}}(\mathbb{R}^+)} + \|v_0\|_{H^k(\mathbb{R}^-)} + \|v\|_{Y^{k,b} \cap V^\alpha}^2 + T^\varepsilon \|u\|_{X^{s,b}}^2 \right) . \quad (13.6.22)$$

由引理 13.4.2 和 (13.6.20)—(13.6.22) 可得

$$\|\Lambda_2(u,v)\|_{Z_2} \leqslant c \left(\|v_0\|_{H^k(\mathbb{R}^-)} + \|g\|_{H^{\frac{k+1}{3}}(\mathbb{R}^+)} + \|h\|_{H^{\frac{k}{3}}(\mathbb{R}^+)} \right.$$

$$\left. + \|v\|_{Y^{k,b}}^2 + T^\varepsilon \|u\|_{X^{s,b}} \|v\|_{Y^{k,b} \cap V^\alpha} \right) . \quad (13.6.23)$$

综合 (13.6.19) 和 (13.6.23) 可得

$$\|\Lambda(u,v)\|_Z$$

$$\leqslant c \left(\|u_0\|_{H^s(\mathbb{R}^-)} + \|v_0\|_{H^k(\mathbb{R}^-)} + \|f\|_{H^{\frac{2s+1}{4}}(\mathbb{R}^+)} + \|g\|_{H^{\frac{k+1}{3}}(\mathbb{R}^+)} + \|h\|_{H^{\frac{k}{3}}(\mathbb{R}^+)} \right)$$

$$+ c \left(T^\varepsilon \|u\|_{X^{s,b}} \|v\|_{Y^{k,b}} + \|v\|_{Y^{k,b} \cap V^\alpha}^2 + T^\varepsilon \|u\|_{X^{s,b}}^2 \right) . \quad (13.6.24)$$

则运用与定理 13.1.2 一样的讨论即可得证定理 13.1.4 成立.

第 14 章 五阶 KdV 方程的初边值问题

14.1 引　　言

本章考虑五阶 KdV 方程的初边值问题

$$
\begin{cases}
u_t - \partial_x^5 u + f(x,t) = 0, & x,\ t > 0, \\
u(x,0) = \phi(x), & x > 0, \\
u(0,t) = h_1(t), \quad u_x(0,t) = h_2(t), \quad u_{2x}(0,t) = h_3(t), \\
u_{3x}(0,t) = h_4(t), \quad u_{4x}(0,t) = h_5(t), \quad t > 0,
\end{cases}
\tag{14.1.1}
$$

其中

$$
f(x,t) = a_1 u_x u_{2x} + a_2 u u_{3x} + a_3 u^2 u_x,
$$

常数 a_1, a_2 满足 $a_1 = 2a_2$, $a_3 = -3a_2$. 令 $a_2 = 10$, 因此取

$$
f(x,t) = 20 u_x u_{2x} + 10 u u_{3x} - 30 u^2 u_x.
$$

KdV 方程

$$
\partial_t u + \alpha \partial_x^3 u + \partial_x(u^2) = 0
$$

首先被 Boussinesq [18] 提出, 接着被 Korteweg 和 de Vries [69] 重新发现. KdV 方程最开始提出是用来描述浅水波的, 现在它在研究非线性时提供了一个有用的逼近模型. 当三阶的色散关系需要被五阶的色散关系加强时, 可以得到一个新的色散方程

$$
\partial_t u + \beta \partial_x^5 u + \partial_x(u^2) = 0,
$$

它被称为五阶 KdV 方程或 Kawahara 方程.

本章我们将考虑初边值问题 (14.1.1) 的解, 其中 $(x,t) \in (\Omega, \mathbb{R}^+)$, Ω 是 $\mathbb{R}$ 上的区间段, 带有初值条件

$$
u(x,0) = \phi(x), \quad x \in \Omega
\tag{14.1.2}
$$

和合适的边值条件. 在对物理问题的应用上, 变量 x 在传播媒介中通常代表位置, t 代表时间, $u(x,t)$ 代表速度. 下面, 如果 $f(t,x)$ 是关于 x 和 t 的函数, 则 f_{nx}

是 $\partial_x^n f$ 的简写, 类似地 f_t 是 $\partial_t f$ 的简写. 当 $\Omega = \mathbb{R}$ 时, 这个问题就变为一个已知的经典问题. Gardner 等 [42] 和 Lax [71] 在 20 世纪 60 年代通过反射散方法研究过这个问题, 另外 Sjöberg [96] 和 Temam [102] 之后使用了对偏微分方程分析的新方法对它进行过研究, 之后也有很多学者研究过这个问题.

关于 KdV 方程在有限区间上的问题, Bubnov [22, 23] 考虑了线段 $(0,1)$ 上的边值问题

$$
\begin{cases}
u_t + uu_x + u_{xxx} = f(x,t), \quad u(x,0) = 0, \\
\alpha_1 u_{2x}(0,t) + \alpha_2 u_x(0,t) + \alpha_3 u(0,t) = 0, \\
\beta_1 u_{2x}(1,t) + \beta_2 u_x(1,t) + \beta_3 u(1,t) = 0, \\
\xi_1 u_x(1,t) + \xi_2 u(1,t) = 0,
\end{cases}
\tag{14.1.3}
$$

也可参考文献 [12]. 这里, $\alpha_i, \beta_i, \xi_j \in \mathbb{R}$, $i = 1,2,3$, $j = 1,2$ 是实数. 由 [22] 可知, 对给定 $T > 0$ 和 $f \in H^1(0,T;L^2(0,1))$, 存在与 $\|f\|_{H^1(0,T;L^2(0,1))}$ 有关的 $T^* > 0$ 使得 (14.1.3) 有唯一解

$$
u \in L^2(0,T^*;H^3(0,1)), \quad u_t \in L_\infty(0,T^*;L^2(0,1)) \cap L^2(0,T^*;H^1(0,1)).
$$

在 [114] 中, Zhang 考虑了在 $(0,1)$ 上带狄利克雷边值条件的 KdV 方程. 引入一个控制理论来稳定方程, 可得初边值问题

$$
\begin{cases}
u_t + uu_x + u_{xxx} = 0, \quad u(x,0) = \phi(x), \quad x \in (0,1), \quad t \geqslant 0, \\
u(0,t) = 0, \quad u(1,t) = 0, \quad u_x(1,t) = \gamma u_x(0,t), \quad t \geqslant 0,
\end{cases}
\tag{14.1.4}
$$

其中 $0 < |\gamma| < 1$, 并证明了方程 (14.1.4) 在空间 $H^{3k+1}(0,1)$, $k = 0,1,\cdots$ 上的全局适定性.

在 21 世纪初, Bona, Sun, Zhang[14] 和 Colliander, Kenig [30] 分别提出了两种不同的方法, 来研究 KdV 方程在半平面上的非齐次边值的适定性问题. Kenig, Pilod [61] 考虑了方程 (14.1.1) 的初值问题, 得到了 $H^s(\mathbb{R})$, $s \geqslant 2$ 上的局部适定性.

对于非齐次边值问题 (14.1.1), 我们欲证明当初值属于 $H^{2+s}(0,r)$, 边值 $h_1(t)$, $h_2(t)$, $h_3(t)$, $h_4(t)$, $h_5(t)$ 分别属于 $H^{s_1}(0,T), \cdots, H^{s_5}(0,T)$ 时, 可以得到问题 (14.1.1) 的适定性, 其中 $s_1, s_2, \cdots, s_5$ 依赖于 s. 与 Bona[15] 证明全局适定性的方法不同, 我们运用了先验估计. 下面将看到, 指数 $s_1, s_2, \cdots, s_5$ 自然地取为 $s_1 = \dfrac{s+2}{5}$, $s_2 = \dfrac{s+1}{5}$, $s_3 = \dfrac{s}{5}$, $s_4 = \dfrac{s-1}{5}$, $s_5 = \dfrac{s-2}{5}$. 在研究边值问题 (14.1.1) 的适定性时, 初值 $\phi(x)$ 和边值 $h_j(t)$, $j = 1,2,\cdots,5$ 需要满足兼容性条件:

$$\phi_k(0) = h_1^{(k)}(0), \quad \partial_x\phi_k(0) = h_2^{(k)}(0), \quad \partial_x^2\phi_k(0) = h_3^{(k)}(0),$$

$$\partial_x^3\phi_k(0) = h_4^{(k)}(0), \quad \partial_x^4\phi_k(0) = h_5^{(k)}(0), \tag{14.1.5}$$

$k = 0, 1, 2, \cdots, [s/5]$, $h_j^{(k)}(t)$ 是 h_j 关于 t 的 k-阶导数,

$$\begin{cases} \phi_0(x) = \phi(x), \\ \phi_k(x) = \partial_x^5\phi_{k-1}(x). \end{cases} \tag{14.1.6}$$

为简单起见, 记 u_{nx} 是 u 关于 x 的 n-阶导数.

首先给出弱解的定义和本章的主要结论.

定义 14.1.1 如果对于任意试验函数 $\psi(x,t) \in C^3((0,T) \times (0,+\infty))$ 满足 $\psi(T) = 0$, 下面等式成立

$$-\int_0^T \int_0^{+\infty} u_{2x}\psi_t \mathrm{d}x\mathrm{d}t + \int_0^T \int_0^{+\infty} \partial_x^4 u\psi_{3x} \mathrm{d}x\mathrm{d}t$$

$$= \int_0^T (-u_{4x}\psi_{2x}(0,t) - u\psi_{tx}(0,t) + u_x\psi_t(0,t))\mathrm{d}t + \int_0^T \int_0^{+\infty} f(x,t)\psi_{2x}\mathrm{d}x.$$

则 $u(x,t) \in L_t^\infty(0,T; H_x^2(0,+\infty)) \cap L_t^2(0,T; H_x^4(0,+\infty))$ 被称为问题 (14.1.1) 的弱解.

定理 14.1.1 给定 $T > 0$ 和 $s \geqslant 0$. 若 $(\phi, h) \in X_{s,T}$, $h = (h_1, \cdots, h_5)$ 满足 s-兼容条件. 则存在仅依赖于 $\|(\phi,h)\|_{X_{s,T}}$ 的 $T^* \in [0,T]$ 使得问题 (14.1.1) 存在唯一解 $u \in Y_{s,T^*}$. 进一步, 任取 $T' < T^*$, 存在 (ϕ, h) 的邻域 U 使得问题 (14.1.1) 在空间 $Y_{s,T'}$ 上存在唯一解, 其中 $(\psi, h) \in U$ 且解映射是 Lipschitz 连续的.

定理 14.1.2 任取 $T > 0$, $s \geqslant 0$. 对任意满足 s-兼容条件的 $(\phi, h) \in X_{1,T}$, 边值问题 (14.3.1) 存在唯一解 $u \in Y_{1,T}$. 进一步, 边值问题 (14.3.1) 的解映射是 Lipschitz 连续的.

空间 $X_{s,T}$, $Y_{s,T}$ 的定义分别由 (14.2.26) 和 (14.3.2) 给出.

14.2 线性估计和光滑性质

本节将讨论线性问题

$$\begin{cases} u_t - \partial_x^5 u = f(x,t), \quad x, \ t > 0, \\ u(x,0) = \phi(x), \quad x > 0, \\ u(0,t) = h_1(t), \quad u_x(0,t) = h_2(t), \quad u_{2x}(0,t) = h_3(t), \\ u_{3x}(0,t) = h_4(t), \quad u_{4x}(0,t) = h_5(t), \quad t > 0 \end{cases} \tag{14.2.1}$$

的光滑性质. 由于 (14.2.1) 是线性的, 我们将分开讨论这个问题. 首先考虑不带外力的齐次边界问题

$$\begin{cases} u_t - \partial_x^5 u = 0, & x, t > 0, \\ u(x,0) = \phi(x), & x > 0, \\ u(0,t) = u_x(0,t) = u_{2x}(0,t) = u_{3x}(0,t) = u_{4x}(0,t) = 0, & t > 0. \end{cases} \tag{14.2.2}$$

定义 A 是线性算子

$$Af = \partial_x^5 f.$$

考虑 A 是 $L^2(\mathbb{R}^+)$ 上的无界算子, 定义域为

$$D(A) = \{f \in H^5(\mathbb{R}^+), f(0) = \partial_x f(0) = 0\}.$$

边值问题 (14.2.2) 可重新写为

$$\frac{\mathrm{d}u}{\mathrm{d}t} = Au, \quad u(0) = \phi. \tag{14.2.3}$$

$$\langle Af, f \rangle_{L^2(\mathbb{R}^+)} = \int_0^{+\infty} \partial_x^5 f \cdot f \mathrm{d}x = -\frac{1}{2}(\partial_x^2 f)^2(0) \leqslant 0.$$

易证 A 和它的伴随矩阵 A^* 是耗散的, 任意 $f \in D(A)$ 和 $g \in D(A^*)$, 其中

$$D(A^*) = \{g \in H^5(\mathbb{R}^+), g(0) = \partial_x g(0) = \partial_x^2 g(0) = 0\}.$$

在 $H^1(\mathbb{R}^+)$ 上应用标准的半群理论, 对任意的 $\phi \in H^2(\mathbb{R}^+)$, 函数

$$u(t) = W_0(t)\phi$$

属于空间 $C_b(\mathbb{R}^+; H_x^2(\mathbb{R}^+))$.

命题 14.2.1　给定 $s \in \mathbb{R}$, 任取 $\phi \in H^{s+1}(\mathbb{R}^+)$. 解 $u(t) = W_0(t)\phi$ 满足

$$\|u\|_{L^2(0,T;H_x^{2+s}(\mathbb{R}^+))} + \sup_{t>0} \|u(\cdot,t)\|_{H_x^s(\mathbb{R}^+)} \leqslant C\|\phi\|_{H_x^s(\mathbb{R}^+)}. \tag{14.2.4}$$

证明　假定 $\phi \in D(A)$, 则 $u(t) \in D(A)$ 及 $u \in C_t(0,T;L_x^2(\mathbb{R}^+))$ 对任意 $t \geqslant 0$ 成立. 为了得到 (14.2.4), 用 $2(1+x)u$ 乘以方程

$$\begin{cases} u_t - \partial_x^5 u = 0, \\ u(x,0) = \phi(x), & x, t > 0, \\ u(0,t) = u_x(0,t) = u_{2x}(0,t) = u_{3x}(0,t) = u_{4x}(0,t) = 0, \end{cases} \tag{14.2.5}$$

在 $\mathbb{R}^+$ 上积分可得

$$2\int_0^{+\infty} u_t(1+x)u\mathrm{d}x - 2\int_0^{+\infty} \partial_x^5 u(1+x)u\mathrm{d}x$$
$$= \int_0^{+\infty} \partial_t(u^2)(x,t)\mathrm{d}x + 5\|u_{2x}\|_{L_x^2(\mathbb{R}^+)}^2 = 0,$$

因此,

$$\int_0^{+\infty} u^2(x,t)\mathrm{d}x + \int_0^t \|u_{2x}\|_{L_x^2(\mathbb{R}^+)}^2\mathrm{d}t \leqslant C\|\phi\|_{L_x^2(\mathbb{R}^+)}^2, \tag{14.2.6}$$

由此可得 (14.2.4). □

下面考虑非齐次线性方程

$$\begin{cases} u_t - \partial_x^5 u = f(x,t), \\ u(x,0) = 0, \quad x,\ t > 0, \\ u(0,t) = u_x(0,t) = u_{2x}(0,t) = u_{3x}(0,t) = u_{4x}(0,t) = 0. \end{cases} \tag{14.2.7}$$

考虑到算子 A, 我们可将 (14.2.2) 写为非齐次发展方程的初值问题

$$\frac{\mathrm{d}u}{\mathrm{d}t} = Au + f, \quad u(0) = 0. \tag{14.2.8}$$

由标准半群理论, 对任意的 $f \in L_{t,\mathrm{loc}}^2((\mathbb{R}^+), L_x^2(\mathbb{R}^+))$,

$$u(t) = \int_0^t W_0(t-\tau)f(\tau)\mathrm{d}\tau \tag{14.2.9}$$

属于空间 $C_t(\mathbb{R}^+; H_x^1(\mathbb{R}^+))$ 且被称为 (14.2.8) 的温和解, 它在分布意义下是问题 (14.2.2) 的温和解.

命题 14.2.2 任取 $f \in L_{t,\mathrm{loc}}^1([0,T], L_x^2(\mathbb{R}^+))$, 存在常数 C 使得方程 (14.2.7) 的解 u 满足

$$\|u\|_{L^2(0,T;H_x^{2+s}(\mathbb{R}^+))} + \sup_{t\in[0,T]} \|u(\cdot,t)\|_{H_x^s(\mathbb{R}^+)}^2$$
$$\leqslant C\left(\|f\|_{L_{t,\mathrm{loc}}^1([0,T];H_x^s(\mathbb{R}^+))}^2 + \|\phi\|_{H_x^s(\mathbb{R}^+)}^2\right). \tag{14.2.10}$$

证明 由 Kato 光滑效应和命题 14.2.1 可得结论. □

下面引理将会被多次运用, 证明可见 [14].

引理 14.2.1 任取 $f \in L^2(0,+\infty)$, 定义

$$Kf(x) = \int_0^{+\infty} e^{\gamma(\mu)x}f(\mu)\mathrm{d}\mu,$$

其中 $\gamma(\mu)$ 是定义在 $(0,\infty)$ 上的连续复值函数, 且满足下面三个条件:

　　(i) $\mathrm{Re}\gamma(\mu) < 0$, $\mu > 0$;

　　(ii) 存在 $\delta > 0$ 和 $b > 0$ 使得

$$\sup_{0<\mu<\delta} \frac{|\mathrm{Re}\gamma(\mu)|}{\mu} \geqslant b;$$

　　(iii) 存在复值 $\alpha + \mathrm{i}\beta$ 满足

$$\lim_{\mu\to+\infty} \frac{\gamma(\mu)}{\mu} = \alpha + \mathrm{i}\beta.$$

则存在常数 C 使得对任意的 $f \in L^2(0,+\infty)$ 有

$$\|Kf\|_{L^2(\mathbb{R}^+)} \leqslant C\|f(\cdot)\|_{L^2(\mathbb{R}^+)}.$$

下面考虑非齐次边值问题

$$\begin{cases} u_t - \partial_x^5 u = 0, \\ u(x,0) = 0, \quad x,\ t > 0, \\ u(0,t) = h_1(t), \quad u_x(0,t) = h_2(t), \quad u_{2x}(0,t) = h_3(t), \\ u_{3x}(0,t) = h_4(t), \quad u_{4x}(0,t) = h_5(t). \end{cases} \tag{14.2.11}$$

关于 t 应用 Laplace 变换, 方程 (14.2.11) 被转换为

$$\begin{cases} s\hat{u}(x,s) - \partial_x^5 \hat{u}(x,s) = 0, \\ \hat{u}(0,s) = \hat{h}_1(s), \quad \hat{u}_x(0,s) = \hat{h}_2(s), \quad \hat{u}_{2x}(0,s) = \hat{h}_3(s), \\ \hat{u}_{3x}(0,s) = \hat{h}_4(s), \quad \hat{u}_{4x}(0,s) = \hat{h}_5(s), \end{cases} \tag{14.2.12}$$

其中

$$\hat{u}(x,s) = \int_0^{+\infty} \mathrm{e}^{-st} u(x,t)\mathrm{d}t$$

且

$$\hat{h}_j(s) = \int_0^{\infty} \mathrm{e}^{-st} h_j(t)\mathrm{d}t.$$

方程 (14.2.12) 的解可被表示为

$$\hat{u}(x,s) = \sum_{j=1}^{5} c_j(s)\mathrm{e}^{\lambda_j(s)x},$$

其中 $\lambda_j(s), j = 1, 2, \cdots, 5$ 是下面特征方程的解

$$s - \lambda^5 = 0$$

且 $c_j(s), j = 1, 2, \cdots, 5$ 是下面线性问题的解

$$\underbrace{\begin{pmatrix} 1 & 1 & 1 & 1 & 1 \\ \lambda_1 & \lambda_2 & \lambda_3 & \lambda_4 & \lambda_5 \\ \lambda_1^2 & \lambda_2^2 & \lambda_3^2 & \lambda_4^2 & \lambda_5^2 \\ \lambda_1^3 & \lambda_2^3 & \lambda_3^3 & \lambda_4^3 & \lambda_5^3 \\ \lambda_1^4 & \lambda_2^4 & \lambda_3^4 & \lambda_4^4 & \lambda_5^4 \end{pmatrix}}_{A} \begin{pmatrix} c_1 \\ c_2 \\ c_3 \\ c_4 \\ c_5 \end{pmatrix} = \underbrace{\begin{pmatrix} \hat{h}_1 \\ \hat{h}_2 \\ \hat{h}_3 \\ \hat{h}_4 \\ \hat{h}_5 \end{pmatrix}}_{\hat{h}}.$$

利用克拉默法则,

$$c_j = \frac{\Delta_j(s)}{\Delta(s)}, \quad j = 1, 2, \cdots, 5,$$

Δ 是矩阵 A 的行列式, 矩阵 A 的第 j 列替换为 $\hat{h}_j$ 后的行列式为 Δ_j. 由 $\hat{u}$ 的 Laplace 逆变换可知对任意的 $r > 0$ 有

$$u(x,t) = \frac{1}{2\pi i} \int_{r-i\infty}^{r+i\infty} e^{st} \hat{u}(x,s) ds = \sum_{j=1}^5 \frac{1}{2\pi i} \int_{r-i\infty}^{r+i\infty} e^{st} \frac{\Delta_j(s)}{\Delta(s)} e^{\lambda_j(s)x} ds.$$

方程 (14.2.11) 的解可被写为

$$u(x,t) = u_1(x,t) + u_2(x,t) + \cdots + u_5(x,t),$$

其中 $u_m(x,t)$ 是 (14.2.11) 的解, 且 $h_j \equiv 0$, $j \neq m$, $m,j = 1,2,\cdots,5$, 并且 $u_m(x,t)$ 有下面表达式

$$u_m(x,t) = \sum_{j=1}^5 \frac{1}{2\pi i} \int_{r-i\infty}^{r+i\infty} e^{st} \frac{\Delta_{j,m}(s)}{\Delta(s)} e^{\lambda_j(s)x} \hat{h}_m(s) ds = W_m(t) h_m, \quad (14.2.13)$$

$m = 1,2,\cdots,5$. 令 $\hat{h}_m(t) = 1$, $\hat{h}_k(t) = 0$, $k \neq m$, $k,m = 1,2,\cdots,5$, 此时 $\Delta_{j,m}(s)$ 由 $\Delta_j(s)$ 得出, 且当 $k \neq m$ 时, $\hat{h}_m(t) = 1, \hat{h}_k(t) = 0$. 由 $\Delta_j(s)$ 可得 u_m 有下面形式

$$u_m(x,t) = \sum_{j=1}^5 \frac{1}{2\pi i} \int_0^{+i\infty} e^{st} \frac{\Delta_{j,m}(s)}{\Delta(s)} e^{\lambda_j(s)x} \hat{h}_m(s) ds$$
$$+ \sum_{j=1}^5 \frac{1}{2\pi i} \int_{-i\infty}^0 e^{st} \frac{\Delta_{j,m}(s)}{\Delta(s)} e^{\lambda_j(s)x} \hat{h}_m(s) ds$$

$$= I_m(x,t) + II_m(x,t),$$

$m = 1, 2, \cdots, 5.$ 令 $s = i\rho^5$, 则关于 ρ 的五个根可写为

$$\lambda_1^+(\rho) = i\rho; \quad \lambda_2^+(\rho) = \rho(\cos(9\pi/10) + i\sin(9\pi/10));$$
$$\lambda_3^+(\rho) = \rho(\cos(13\pi/10) + i\sin(13\pi/10));$$
$$\lambda_4^+(\rho) = \rho(\cos(17\pi/10) + i\sin(17\pi/10));$$
$$\lambda_5^+(\rho) = \rho(\cos(\pi/10) + i\sin(\pi/10)).$$

因此 $I_m(x,t)$ 和 $II_m(x,t)$ 可表示为

$$I_m(x,t) = \sum_{j=1}^{5} \frac{1}{2\pi} \int_0^{+\infty} e^{i\rho^5 t} e^{\lambda_j^+(\rho)x} \frac{\Delta_{j,m}^+(\rho)}{\Delta^+(\rho)} 5\rho^4 \hat{h}_m^+(\rho) d\rho$$

和

$$II_m(x,t) = \sum_{j=1}^{5} \frac{1}{2\pi} \int_0^{+\infty} e^{i\rho^5 t} e^{\lambda_j^-(\rho)x} \frac{\Delta_{j,m}^-(\rho)}{\Delta^-(\rho)} 5\rho^4 \hat{h}_m^-(\rho) d\rho,$$

其中 $\hat{h}_m^+(\rho) = \hat{h}_m(i\rho^5)$, $\Delta^+(\rho)$ 和 $\Delta_{j,m}^+(\rho)$ 分别由 $\Delta(s)$ 和 $\Delta_{j,m}(s)$ 得到, 这里 s 被 $i\rho^5$ 替换, $\lambda_j(s)$ 被 $\lambda_j^+(\rho)$ 替换, $j = 1, 2, \cdots, 5$. 注意, $\Delta^-(\rho) = \bar{\Delta}^+(\rho)$ 且 $\Delta_{j,m}^-(\rho) = \bar{\Delta}_{j,m}^+(\rho)$, $j = 1, 2, \cdots, 5$, $\Delta_m^-(\rho) = \bar{\Delta}_m^+(\rho)$.

下面只给出关于 u_1 的估计.

命题 14.2.3　*给定任意 $s \in [0, 5]$, 存在常数 C 使得*

$$\|u_1\|_{L^2(0,T;H_x^{2+s}(\mathbb{R}^+))} + \sup_{t\geqslant 0} \|u_1(\cdot,t)\|_{H_x^s(\mathbb{R}^+)} \leqslant C\|h_1\|_{H_t^{\frac{s+2}{5}}(\mathbb{R}^+)}, \tag{14.2.14}$$

$\partial_x^k u_1 \in C_x(0, +\infty; H_t^{\frac{s+2-k}{5}}(\mathbb{R}^+))$ 且

$$\sup_{x\in\mathbb{R}^+} \|\partial_x^k u_1(x,\cdot)\|_{H_t^{\frac{s+2-k}{5}}(\mathbb{R}^+)} \leqslant C\|h_1\|_{H_t^{\frac{s+2}{5}}(\mathbb{R}^+)} \tag{14.2.15}$$

对任意的 $h_1 \in H_t^{\frac{s+2}{5}}(\mathbb{R}^+)$ 成立.

证明　首先考虑 $s = 0$. 由于 $\lambda_1 + \lambda_2 + \cdots + \lambda_5 = 1$, 因此当 $\rho \to +\infty$ 时,

$$\Delta_{1,1} = \begin{vmatrix} 1 & 1 & 1 & 1 & 1 \\ 0 & \lambda_2 & \lambda_3 & \lambda_4 & \lambda_5 \\ 0 & \lambda_2^2 & \lambda_3^2 & \lambda_4^2 & \lambda_5^2 \\ 0 & \lambda_2^3 & \lambda_3^3 & \lambda_4^3 & \lambda_5^3 \\ 0 & \lambda_2^4 & \lambda_3^4 & \lambda_4^4 & \lambda_5^4 \end{vmatrix} \sim \rho^{10}.$$

同理, 当 $\rho \to +\infty$ 时我们有

$$\Delta_{2,1} = \begin{vmatrix} 1 & 1 & 1 & 1 & 1 \\ \lambda_1 & 0 & \lambda_3 & \lambda_4 & \lambda_5 \\ \lambda_1^2 & 0 & \lambda_3^2 & \lambda_4^2 & \lambda_5^2 \\ \lambda_1^3 & 0 & \lambda_3^3 & \lambda_4^3 & \lambda_5^3 \\ \lambda_1^4 & 0 & \lambda_3^4 & \lambda_4^4 & \lambda_5^4 \end{vmatrix} \sim \rho^{10},$$

$$\Delta_{3,1} = \begin{vmatrix} 1 & 1 & 1 & 1 & 1 \\ \lambda_1 & \lambda_2 & 0 & \lambda_4 & \lambda_5 \\ \lambda_1^2 & \lambda_2^2 & 0 & \lambda_4^2 & \lambda_5^2 \\ \lambda_1^3 & \lambda_2^3 & 0 & \lambda_4^3 & \lambda_5^3 \\ \lambda_1^4 & \lambda_2^4 & 0 & \lambda_4^4 & \lambda_5^4 \end{vmatrix} \sim \rho^{10},$$

$$\Delta_{4,1} = \begin{vmatrix} 1 & 1 & 1 & 1 & 1 \\ \lambda_1 & \lambda_2 & \lambda_3 & 0 & \lambda_5 \\ \lambda_1^2 & \lambda_2^2 & \lambda_3^2 & 0 & \lambda_5^2 \\ \lambda_1^3 & \lambda_2^3 & \lambda_3^3 & 0 & \lambda_5^3 \\ \lambda_1^4 & \lambda_2^4 & \lambda_3^4 & 0 & \lambda_5^4 \end{vmatrix} \sim \rho^{10},$$

$$\Delta_{5,1} = \begin{vmatrix} 1 & 1 & 1 & 1 & 1 \\ \lambda_1 & \lambda_2 & \lambda_3 & \lambda_4 & 0 \\ \lambda_1^2 & \lambda_2^2 & \lambda_3^2 & \lambda_4^2 & 0 \\ \lambda_1^3 & \lambda_2^3 & \lambda_3^3 & \lambda_4^3 & 0 \\ \lambda_1^4 & \lambda_2^4 & \lambda_3^4 & \lambda_4^4 & 0 \end{vmatrix} \sim \rho^{10}.$$

因此,

$$\frac{\Delta_{1,1}}{\Delta} \sim \frac{\Delta_{2,1}}{\Delta} \sim \frac{\Delta_{3,1}}{\Delta} \sim \frac{\Delta_{4,1}}{\Delta} \sim \frac{\Delta_{5,1}}{\Delta} \sim 1.$$

通过变量代换可得

$$\begin{aligned}
\|\mathrm{I}_1\|_{L_x^2(\mathbb{R}^+)}^2 &\leqslant C \int_1^{+\infty} |\hat{h}_1^+(\rho)|^2 (5\rho^4)^2 \mathrm{d}\rho \\
&\leqslant C \int_1^{+\infty} |\hat{h}_1^+(\rho)|^2 (1+\mu^2)^{\frac{2}{5}} \mathrm{d}\mu \\
&\leqslant C \|h_1\|_{H_t^{\frac{2}{5}}(\mathbb{R}^+)}^2.
\end{aligned}$$

对 II_1 进行同样的估计可得

$$\|\mathrm{II}_1\|_{L_x^2(\mathbb{R}^+)}^2 \leqslant C \|h_1\|_{H_t^{\frac{2}{5}}(\mathbb{R}^+)}^2.$$

因此

$$\|u_1\|_{C_t(\mathbb{R}^+;L_x^2(\mathbb{R}^+))} \leqslant C\|h_1\|_{H_t^{\frac{2}{5}}(\mathbb{R}^+)}. \tag{14.2.16}$$

为了证明 (14.2.15), 考虑

$$\partial_x^k I_1(x,t) = \sum_{j=1}^5 \frac{1}{2\pi} \int_0^{+\infty} \mathrm{e}^{\mathrm{i}\rho^5 t}(\lambda_j^+(\rho))^k \mathrm{e}^{\lambda_j^+(\rho)x} \frac{\Delta_{j,1}^+(\rho)}{\Delta^+(\rho)} 5\rho^4 \hat{h}_1^+(\rho)\mathrm{d}\rho$$

$$= \sum_{j=1}^5 \frac{1}{2\pi} \int_0^{+\infty} \mathrm{e}^{\mathrm{i}\mu t}(\lambda_j^+(\rho))^k \mathrm{e}^{\lambda_j^+(\theta(\mu))x} \frac{\Delta_{j,1}^+(\theta(\mu))}{\Delta^+(\theta(\mu))} \hat{h}_1^+(\mathrm{i}\mu)\mathrm{d}\mu,$$

其中 $\theta(\mu)$ 是 $\mu = \rho^5$ 关于 $\rho \geqslant 1$ 的实数解.

关于变量 t, 利用 Plancherel 定理可得, 对任意的 $x \in \mathbb{R}^+$, 有

$$\|\partial_x^k I_1(x,t)\|_{H_t^{\frac{2-k}{5}}(\mathbb{R}^+)}^2 \leqslant \sum_{j=1}^5 \frac{1}{2\pi} \int_0^{+\infty} |\lambda_j^+(\theta(\mu))|^{2k}(1+\mu^2)^{\frac{2-k}{5}}|\hat{h}_1^+(\mathrm{i}\mu)|^2 \mathrm{d}\mu, \tag{14.2.17}$$

因此结合引理 14.2.1 和 (14.2.17) 我们有

$$\int_0^{+\infty} \|\partial_x^k I_1(x,t)\|_{H_t^{\frac{2-k}{5}}(\mathbb{R}^+)}^2 \mathrm{d}x$$

$$\leqslant C \sum_{j=1}^4 \frac{1}{2\pi} \int_0^{+\infty} |\lambda_j^+(\theta(\mu))|^{2k}(1+\mu^2)^{\frac{2-k}{5}}|\hat{h}_1^+(\mathrm{i}\mu)|^2 \mathrm{d}\mu$$

$$\leqslant C \int_0^{+\infty} (1+\mu^2)^{\frac{2}{5}}|\hat{h}_1^+(\mathrm{i}\mu)|^2 \mathrm{d}\mu$$

$$\leqslant C\|h_1\|_{H_t^{\frac{2}{5}}(\mathbb{R}^+)}^2. \tag{14.2.18}$$

为了说明 $\partial_x^k I_1(x,t)$ 关于 x 连续, 任取 $x_0, x \in \mathbb{R}^+$, 且注意到

$$\partial_x^k I_1(x,t) - \partial_x^k I_1(x_0,t)$$

$$\leqslant \sum_{j=1}^5 \frac{1}{2\pi} \int_1^{+\infty} \mathrm{e}^{\mathrm{i}\mu t} |\lambda_j^+(\theta(\mu))|^k (\mathrm{e}^{\lambda_j^+(\theta(\mu))x} - \mathrm{e}^{\lambda_j^+(\theta(\mu))x_0}) \frac{\Delta_{j,1}^+(\theta(\mu))}{\Delta^+(\theta(\mu))} \hat{h}_1^+(\mathrm{i}\mu)\mathrm{d}\mu,$$

关于变量 t 使用 Plancherel 定理可得

$$\|\partial_x^k I_1(x,t) - \partial_x^k I_1(x_0,t)\|_{L_t^2(\mathbb{R}^+)}^2$$

$$\leqslant \sum_{j=1}^5 \frac{1}{2\pi} \int_1^{+\infty} |\lambda_j^+(\theta(\mu))|^{2k} (\mathrm{e}^{\lambda_j^+(\theta(\mu))x} - \mathrm{e}^{\lambda_j^+(\theta(\mu))x_0}) \left|\frac{\Delta_{j,1}^+(\theta(\mu))}{\Delta^+(\theta(\mu))}\right|^2 |\hat{h}_1^+(\mathrm{i}\mu)|^2 \mathrm{d}\mu$$

$$\leqslant C \sum_{j=1}^{5} \int_{1}^{+\infty} (1+\mu^2)^{\frac{2}{5}} |\hat{h}_1^+(i\mu)|^2 d\mu.$$

利用 Fatou's 引理可得

$$\lim_{x \to x_0} \|\partial_x^k I_1(x,t) - \partial_x^k I_1(x_0,t)\|^2_{L_t^2(\mathbb{R}^+)}$$

$$\leqslant \sum_{j=1}^{5} \frac{1}{2\pi} \int_{1}^{+\infty} e^{i\mu t} |\lambda_j^+(\theta(\mu))|^{2k} \lim_{x \to x_0} \left(e^{\lambda_j^+(\theta(\mu))x} \right.$$

$$\left. - e^{\lambda_j^+(\theta(\mu))x_0} \right) \left| \frac{\Delta_{j,1}^+(\theta(\mu))}{\Delta^+(\theta(\mu))} \right|^2 |\hat{h}_1^+(i\mu)|^2 d\mu$$

$$= 0.$$

同样的估计也可以得到

$$\int_{0}^{+\infty} \|\partial_x^k I_1(x,t) - \partial_x^k I_1(x_0,t)\|^2_{L_t^2(\mathbb{R}^+)} dx$$

$$\leqslant \sup_{x \in \mathbb{R}^+} \|\partial_x^k I_1(x,t) - \partial_x^k I_1(x_0,t)\|^2_{L_t^2(\mathbb{R}^+)}$$

$$\leqslant C \|h_1\|^2_{H_t^{\frac{2}{5}}(\mathbb{R}^+)}.$$

当 $s=5$ 时, u 是下列方程的解

$$\begin{cases} u_t - \partial_x^5 u = 0, \\ u(x,0) = 0, \quad x, \ t > 0, \\ u(0,t) = h_1(t), \quad u_x(0,t) = u_{2x}(0,t) = u_{3x}(0,t) = u_{4x}(0,t) = 0. \end{cases} \quad (14.2.19)$$

令 $v = u_t$, 则 v 满足下面方程

$$\begin{cases} v_t - \partial_x^5 v = 0, \\ v(x,0) = 0, \quad x, \ t > 0, \\ v(0,t) = h_1'(t), \quad v_x(0,t) = v_{2x}(0,t) = v_{3x}(0,t) = v_{4x}(0,t) = 0. \end{cases} \quad (14.2.20)$$

对方程 (14.2.20) 中的 v 应用 (14.2.4), (14.2.18) 可得

$$\sup_{t \geqslant 0} \|v(\cdot,t)\|_{L_x^2(\mathbb{R}^+)} \leqslant C \|h_1\|_{H_t^{\frac{2}{5}}(\mathbb{R}^+)}, \quad (14.2.21)$$

$\partial_x^k v \in C_x(\mathbb{R}^+; H_t^{\frac{2-k}{5}}(\mathbb{R}^+))$ 且

$$\sup_{x \in \mathbb{R}^+} \|\partial_x^k v(x,\cdot)\|_{H_t^{\frac{2-k}{5}}(\mathbb{R}^+)} \leqslant C \|h_1\|_{H_t^{\frac{2}{5}}(\mathbb{R}^+)}. \quad (14.2.22)$$

定义

$$U(x,t) = \int_0^t v(x,\tau)\mathrm{d}\tau,$$

则

$$U(0,t) = \int_0^t v(0,\tau)\mathrm{d}\tau = h_1(t).$$

进一步可得

$$U_t - \partial_x^5 U = \int_0^t (v_t - \partial_x^5 v)\mathrm{d}\tau = 0,$$

因此 U 是方程 (14.2.19) 的解.

因为 $U_t = \partial_x^5 U$, 由 (14.2.21), (14.2.22) 知

$$\|u\|_{L^2(0,T;H_x^7(\mathbb{R}^+))} + \sup_{t \geqslant 0}\|U(\cdot,t)\|_{H_x^5(\mathbb{R}^+)} \leqslant C\|h_1\|_{H_t^{\frac{2}{5}}(\mathbb{R}^+)}, \tag{14.2.23}$$

$\partial_x^k U \in C_x(\mathbb{R}^+; H_t^{\frac{2-k}{5}}(\mathbb{R}^+))$ 且

$$\sup_{x \in \mathbb{R}^+}\|\partial_x^k U(x,\cdot)\|_{H_t^{\frac{2-k}{5}}(\mathbb{R}^+)} \leqslant C\|h_1\|_{H^{\frac{2}{5}}(\mathbb{R}^+)}. \tag{14.2.24}$$

$\square$

因为 $u_2,\cdots,u_5$ 的证明与 u_1 类似, 我们省略之. 注意到

$$\Delta_{1,2} = \begin{vmatrix} 0 & 1 & 1 & 1 & 1 \\ 1 & \lambda_2 & \lambda_3 & \lambda_4 & \lambda_5 \\ 0 & \lambda_2^2 & \lambda_3^2 & \lambda_4^2 & \lambda_5^2 \\ 0 & \lambda_2^3 & \lambda_3^3 & \lambda_4^3 & \lambda_5^3 \\ 0 & \lambda_2^4 & \lambda_3^4 & \lambda_4^4 & \lambda_5^4 \end{vmatrix} \sim \rho^9,$$

$$\Delta_{2,2} = \begin{vmatrix} 1 & 0 & 1 & 1 & 1 \\ \lambda_1 & 1 & \lambda_3 & \lambda_4 & \lambda_5 \\ \lambda_1^2 & 0 & \lambda_3^2 & \lambda_4^2 & \lambda_5^2 \\ \lambda_1^3 & 0 & \lambda_3^3 & \lambda_4^3 & \lambda_5^3 \\ \lambda_1^4 & 0 & \lambda_3^4 & \lambda_4^4 & \lambda_5^4 \end{vmatrix} \sim \rho^9,$$

$$\Delta_{3,2} = \begin{vmatrix} 1 & 1 & 0 & 1 & 1 \\ \lambda_1 & \lambda_2 & 1 & \lambda_4 & \lambda_5 \\ \lambda_1^2 & \lambda_2^2 & 0 & \lambda_4^2 & \lambda_5^2 \\ \lambda_1^3 & \lambda_2^3 & 0 & \lambda_4^3 & \lambda_5^3 \\ \lambda_1^4 & \lambda_2^4 & 0 & \lambda_4^4 & \lambda_5^4 \end{vmatrix} \sim \rho^9,$$

$$\Delta_{4,2} = \begin{vmatrix} 1 & 1 & 1 & 0 & 1 \\ \lambda_1 & \lambda_2 & \lambda_3 & 1 & \lambda_5 \\ \lambda_1^2 & \lambda_2^2 & \lambda_3^2 & 0 & \lambda_5^2 \\ \lambda_1^3 & \lambda_2^3 & \lambda_3^3 & 0 & \lambda_5^3 \\ \lambda_1^4 & \lambda_2^4 & \lambda_3^4 & 0 & \lambda_5^4 \end{vmatrix} \sim \rho^9,$$

$$\Delta_{5,2} = \begin{vmatrix} 1 & 1 & 1 & 1 & 0 \\ \lambda_1 & \lambda_2 & \lambda_3 & \lambda_4 & 1 \\ \lambda_1^2 & \lambda_2^2 & \lambda_3^2 & \lambda_4^2 & 0 \\ \lambda_1^3 & \lambda_2^3 & \lambda_3^3 & \lambda_4^3 & 0 \\ \lambda_1^4 & \lambda_2^4 & \lambda_3^4 & \lambda_4^4 & 0 \end{vmatrix} \sim \rho^9.$$

因此,

$$\frac{\Delta_{1,2}}{\Delta} \sim \rho^{-1}, \quad \frac{\Delta_{2,2}}{\Delta} \sim \rho^{-1}, \quad \frac{\Delta_{3,2}}{\Delta} \sim \rho^{-1}, \quad \frac{\Delta_{4,2}}{\Delta} \sim \rho^{-1}, \quad \frac{\Delta_{5,2}}{\Delta} \sim \rho^{-1}.$$

与上面类似的过程, 我们可得

$$\frac{\Delta_{1,3}}{\Delta} \sim \rho^{-2}, \quad \frac{\Delta_{2,3}}{\Delta} \sim \rho^{-2}, \quad \frac{\Delta_{3,3}}{\Delta} \sim \rho^{-2}, \quad \frac{\Delta_{4,3}}{\Delta} \sim \rho^{-2}, \quad \frac{\Delta_{5,3}}{\Delta} \sim \rho^{-2},$$

$$\frac{\Delta_{1,4}}{\Delta} \sim \rho^{-3}, \quad \frac{\Delta_{2,4}}{\Delta} \sim \rho^{-3}, \quad \frac{\Delta_{3,4}}{\Delta} \sim \rho^{-3}, \quad \frac{\Delta_{4,4}}{\Delta} \sim \rho^{-3}, \quad \frac{\Delta_{5,4}}{\Delta} \sim \rho^{-3}.$$

$$\frac{\Delta_{1,5}}{\Delta} \sim \rho^{-4}, \quad \frac{\Delta_{2,5}}{\Delta} \sim \rho^{-4}, \quad \frac{\Delta_{3,5}}{\Delta} \sim \rho^{-4}, \quad \frac{\Delta_{4,5}}{\Delta} \sim \rho^{-4}, \quad \frac{\Delta_{5,5}}{\Delta} \sim \rho^{-4}.$$

令 $h(t) = (h_1(t), h_2(t), \cdots, h_5(t))$, (14.2.11) 的解 u 可写为

$$u(t) = W_b(t)h = \sum_{j=1}^5 W_j(t)h_j, \tag{14.2.25}$$

其中变量 x 被省略不写, W_j 在 (14.2.13) 中被定义. 对 $s \geqslant 0, T > 0$, 令

$$X_{s,T} := H_x^s(\mathbb{R}^+) \times \mathcal{H}_t^s(\mathbb{R}^+), \tag{14.2.26}$$

其中

$$\mathcal{H}_t^s(\mathbb{R}^+) := H_t^{\frac{s+2}{5}}(\mathbb{R}^+) \times H_t^{\frac{s+1}{5}}(\mathbb{R}^+) \times H_t^{\frac{s}{5}}(\mathbb{R}^+) \times H_t^{\frac{s-1}{5}}(\mathbb{R}^+) \times H_t^{\frac{s-2}{5}}(\mathbb{R}^+)$$

和

$$\|h\|_{\mathcal{H}_t^s}^2 := \|h_1\|_{H_t^{(s+2)/5}}^2 + \|h_2\|_{H_t^{(s+1)/5}}^2 + \|h_3\|_{H_t^{s/5}}^2 + \|h_4\|_{H_t^{(s-1)/5}}^2 + \|h_5\|_{H_t^{(s-2)/5}}^2.$$

那么可以得出下面结论:

命题 14.2.4   任意给定 $s \in [0, 5]$, 存在常数 C 使得

$$\|u\|_{L^2(0,T;H_x^{2+s}(\mathbb{R}^+))} + \sup_{t \geqslant 0} \|u(\cdot, t)\|_{H_x^s(\mathbb{R}^+)} \leqslant C\|h\|_{\mathcal{H}^s(\mathbb{R}^+)}, \tag{14.2.27}$$

$\partial_x^k u \in C_x(\mathbb{R}^+; H_t^{\frac{s+2-k}{5}}(\mathbb{R}^+))$ 且

$$\sup_{x \in \mathbb{R}^+} \|\partial_x^k u(x, \cdot)\|_{H_t^{\frac{s+2-k}{5}}(\mathbb{R}^+)} \leqslant C\|h\|_{\mathcal{H}_t^s(\mathbb{R}^+)}, \tag{14.2.28}$$

对任意的 $h \in \mathcal{H}_t^s(\mathbb{R}^+)$ 都成立.

14.3   局部适定性

本节我们将给出下面非线性项的估计:

$$f(x, t) = 20u_x u_{2x} + 10u u_{3x} - 30u^2 u_x.$$

下面将考虑非线性边值问题:

$$\begin{cases} u_t - \partial_x^5 u + 20u_x u_{2x} + 10u u_{3x} - 30u^2 u_x = 0, \\ u(x, 0) = \phi(x), \quad x, \ t > 0, \\ u(0, t) = h_1(t), \quad u_x(0, t) = h_2(t), \quad u_{2x}(0, t) = h_3(t), \\ u_{3x}(0, t) = h_4(t), \quad u_{4x}(0, t) = h_5(t). \end{cases} \tag{14.3.1}$$

任取 $T > 0$ 和 $s \geqslant 0$, $X_{s,T}$ 如 (14.2.26) 所定义, $Y_{s,T}$ 是下面函数的集合

$$u \in C_t(0, T; H_x^s(\mathbb{R}^+)) \quad \text{且} \quad u_{2x} \in C_x(\mathbb{R}^+; L_t^2(\mathbb{R}^+)). \tag{14.3.2}$$

范数 $\|\cdot\|_{Y_{s,T}}$ 被定义为

$$\|u\|_{Y_{s,T}}^2 = \|u\|_{L^2(0,T;H_x^{2+s}(\mathbb{R}^+))}^2 + \|u\|_{C_t(0,T;H_x^s(\mathbb{R}^+))}^2 + \|u_{2x}\|_{C_x(\mathbb{R}^+;L_t^2(0,T))}^2.$$

14.3.1   非线性估计

与文献 [14] 类似, 我们有如下结论.

命题 14.3.1   给定 $s \geqslant 0$. 存在常数 C 对任意的 $T > 0$ 和 $u, v \in Y_{s,T}$ 有

$$\int_0^T \|(u(\cdot, t)v(\cdot, t))_x\|_{H^s(\mathbb{R}^+)}\mathrm{d}t \leqslant CT^{1/2}\|u\|_{Y_{s,T}}\|v\|_{Y_{s,T}}. \tag{14.3.3}$$

证明 下面将给出 $0 \leqslant s \leqslant 1$ 部分的证明. s 取其他值的证明类似. 首先注意到

$$\int_0^T \|(u(\cdot,t)v(\cdot,t))_x\|_{L^2(\mathbb{R}^+)}\mathrm{d}t$$
$$\leqslant \int_0^T \|u_x(\cdot,t)v(\cdot,t)\|_{L^2(\mathbb{R}^+)}\mathrm{d}t + \int_0^T \|u(\cdot,t)v_x(\cdot,t)\|_{L^2(\mathbb{R}^+)}\mathrm{d}t.$$

利用 Poincaré 不等式可得

$$\|u(\cdot,t)v_x(\cdot,t)\|_{L^2(\mathbb{R}^+)}$$
$$\leqslant \|u(\cdot,t)\|_{L^\infty(\mathbb{R}^+)}\|v_x(\cdot,t)\|_{L^2(\mathbb{R}^+)}$$
$$\leqslant C(\|u(\cdot,t)\|_{L^2(\mathbb{R}^+)} + \|u(\cdot,t)\|_{L^2(\mathbb{R}^+)}^{1/2}\|v_x(\cdot,t)\|_{L^2(\mathbb{R}^+)}^{1/2})\|v_x(\cdot,t)\|_{L^2(\mathbb{R}^+)}.$$

对上面式子关于 t 积分, 有如下结果

$$\int_0^T \|u(\cdot,t)\|_{L^2(\mathbb{R}^+)}\|v_x(\cdot,t)\|_{L^2(\mathbb{R}^+)}\mathrm{d}t$$
$$\leqslant \sup_{t\in[0,T]}\|u(\cdot,t)\|_{L^2(\mathbb{R}^+)}\int_0^T \|v_x(\cdot,t)\|_{L^2(\mathbb{R}^+)}\mathrm{d}t$$
$$\leqslant T^{1/2}\sup_{t\in[0,T]}\|u(\cdot,t)\|_{L^2(\mathbb{R}^+)}\left(\int_0^T \|v_x(\cdot,t)\|_{L^2(\mathbb{R}^+)}^2\mathrm{d}t\right)^{1/2}$$
$$\leqslant CT^{1/2}\|u\|_{Y_{0,T}}\|v\|_{Y_{0,T}}$$

和

$$\int_0^T \|u(\cdot,t)\|_{L^2(\mathbb{R}^+)}^{1/2}\|u_x(\cdot,t)\|_{L^2(\mathbb{R}^+)}^{1/2}\|v_x(\cdot,t)\|_{L^2(\mathbb{R}^+)}\mathrm{d}t$$
$$\leqslant T^{1/2}\sup_{t\in[0,T]}\|u(\cdot,t)\|_{L^2(\mathbb{R}^+)}^{1/2}\|u_x(\cdot,t)\|_{L^2(\mathbb{R}^+)}^{1/2}\left(\int_0^T \|v_x(\cdot,t)\|_{L^2(\mathbb{R}^+)}^2\mathrm{d}t\right)^{1/2}$$
$$\leqslant CT^{1/2}\|u\|_{Y_{0,T}}\|v\|_{Y_{0,T}},$$

这里我们使用了 Sobolev 不等式.

结合上面三个不等式可得

$$\int_0^T \|u(\cdot,t)v_x(\cdot,t)\|_{L^2(\mathbb{R}^+)}\mathrm{d}t \leqslant CT^{1/2}\|u\|_{Y_{0,T}}\|v\|_{Y_{0,T}}.$$

类似地有

$$\int_0^T \|u_x(\cdot,t)v(\cdot,t)\|_{L^2(\mathbb{R}^+)}\mathrm{d}t \leqslant CT^{1/2}\|u\|_{Y_{0,T}}^2\|v\|_{Y_{0,T}}.$$

因此, 当 $s = 0$ 时, (14.3.3) 成立. 下面证明 (14.3.3) 对 $s = 1$ 也成立.

$$\|(u(\cdot,t)v(\cdot,t))_x\|_{H^1(\mathbb{R}^+)} \leqslant \|(u(\cdot,t)v(\cdot,t))_x\|_{L^2(\mathbb{R}^+)} + \|(u(\cdot,t)v(\cdot,t))_{xx}\|_{L^2(\mathbb{R}^+)}$$

及

$$\|(u(\cdot,t)v(\cdot,t))_{xx}\|_{L^2(\mathbb{R}^+)} \leqslant \|(u_x(\cdot,t)v(\cdot,t))_x\|_{L^2(\mathbb{R}^+)} + \|(u(\cdot,t)v_x(\cdot,t))_x\|_{L^2(\mathbb{R}^+)}.$$

不等式 (14.3.3) 在 $s = 0$ 时可得

$$\int_0^T \|(u(\cdot,t)v(\cdot,t))_{xx}\|_{L^2(\mathbb{R}^+)}\mathrm{d}t \leqslant CT^{1/2}(\|u_x\|_{Y_{0,T}}\|v\|_{Y_{0,T}} + \|u\|_{Y_{0,T}}\|v_x\|_{Y_{0,T}})$$
$$\leqslant CT^{1/2}\|u\|_{Y_{1,T}}\|v\|_{Y_{1,T}},$$

再结合 (14.3.3) 有

$$\int_0^T \|u(\cdot,t)v(\cdot,t)\|_{H^1(\mathbb{R}^+)}\mathrm{d}t \leqslant CT^{1/2}\|u\|_{Y_{1,T}}\|v\|_{Y_{1,T}}.$$

因此当 $s \in (0,1)$,(14.3.3) 可由插值理论得到. $\qquad\square$

命题 14.3.2　给定 $s \geqslant 0$. 存在常数 C 使得对任意的 $T > 0$ 和 $u \in Y_{s,T}$ 有

$$\int_0^T \|(u_x(\cdot,t)u_x(\cdot,t))_x\|_{H_x^s(\mathbb{R}^+)}\mathrm{d}t \leqslant C(T^{3/4} + T^{1/2})\|u\|_{Y_{s,T}}^2. \tag{14.3.4}$$

证明　下面是对 $s \in [0,1]$ 的证明. s 取其他值的证明是类似的. 首先注意到

$$\int_0^T \|(u_x(\cdot,t)u_x(\cdot,t))_x\|_{L_x^2(\mathbb{R}^+)}\mathrm{d}t \leqslant 2\int_0^T \|u_x(\cdot,t)u_{xx}(\cdot,t)\|_{L_x^2(\mathbb{R}^+)}\mathrm{d}t.$$

使用 Poincaré 不等式可得

$$\|u_x(\cdot,t)u_{xx}(\cdot,t)\|_{L_x^2(\mathbb{R}^+)}$$
$$\leqslant \|u_x(\cdot,t)\|_{L_x^\infty(\mathbb{R}^+)}\|u_{xx}(\cdot,t)\|_{L_x^2(\mathbb{R}^+)}$$
$$\leqslant C(\|u_x(\cdot,t)\|_{L_x^2(\mathbb{R}^+)} + \|u_x(\cdot,t)\|_{L_x^2(\mathbb{R}^+)}^{1/2}\|u_{xx}(\cdot,t)\|_{L_x^2(\mathbb{R}^+)}^{1/2})\|u_{xx}(\cdot,t)\|_{L_x^2(\mathbb{R}^+)}.$$

这两项关于 t 进行积分是有界的:

$$\int_0^T \|u_x(\cdot,t)\|_{L_x^2(\mathbb{R}^+)}\|u_{xx}(\cdot,t)\|_{L_x^2(\mathbb{R}^+)}\mathrm{d}t$$
$$\leqslant \sup_{t\in[0,T]}\|u_x(\cdot,t)\|_{L_x^2(\mathbb{R}^+)}\int_0^T \|u_{xx}(\cdot,t)\|_{L_x^2(\mathbb{R}^+)}\mathrm{d}t$$

$$\leqslant C \sup_{t\in[0,T]} \|u_x(\cdot,t)\|_{L_x^2(\mathbb{R}^+)} \int_0^T \|u_x(\cdot,t)\|_{L_x^2(\mathbb{R}^+)}^{1/2} \|u_{xxx}(\cdot,t)\|_{L_x^2(\mathbb{R}^+)}^{1/2} \mathrm{d}t$$

$$\leqslant CT^{3/4} \sup_{t\in[0,T]} \|u_x(\cdot,t)\|_{L_x^2(\mathbb{R}^+)}^{3/2} \left(\int_0^T \|u_{xxx}(\cdot,t)\|_{L_x^2(\mathbb{R}^+)}^2 \mathrm{d}t\right)^{1/4}$$

$$\leqslant CT^{3/4} \|u\|_{Y_{0,T}}^2$$

和

$$\int_0^T \|u_x(\cdot,t)\|_{L_x^2(\mathbb{R}^+)}^{1/2} \|u_{xx}(\cdot,t)\|_{L_x^2(\mathbb{R}^+)}^{3/2} \mathrm{d}t$$

$$\leqslant C \sup_{t\in[0,T]} \|u_x(\cdot,t)\|_{L_x^2(\mathbb{R}^+)}^{1/2} \int_0^T \|u_x(\cdot,t)\|_{L_x^2(\mathbb{R}^+)}^{1/2} \|u_{xxx}(\cdot,t)\|_{L_x^2(\mathbb{R}^+)} \mathrm{d}t$$

$$\leqslant CT^{1/2} \sup_{t\in[0,T]} \|u_x(\cdot,t)\|_{L_x^2(\mathbb{R}^+)} \left(\int_0^T \|u_{xxx}(\cdot,t)\|_{L_x^2(\mathbb{R}^+)}^2 \mathrm{d}t\right)^{1/2}$$

$$\leqslant CT^{1/2} \|u\|_{Y_{0,T}}^2.$$

由上面三个不等式可得

$$\int_0^T \|u_x(\cdot,t)u_{xx}(\cdot,t)\|_{L_x^2(\mathbb{R}^+)} \mathrm{d}t \leqslant C(T^{3/4}+T^{1/2})\|u\|_{Y_{0,T}}^2. \tag{14.3.5}$$

因此, (14.3.4) 在 $s=0$ 时成立. 由

$$\|(u_x(\cdot,t)u_x(\cdot,t))_x\|_{H^1(\mathbb{R}^+)} \leqslant \|(u_x(\cdot,t)u_x(\cdot,t))_x\|_{L^2(\mathbb{R}^+)} + \|(u_x(\cdot,t)u_x(\cdot,t))_{xx}\|_{L^2(\mathbb{R}^+)}$$

和

$$\|(u_x(\cdot,t)u_x(\cdot,t))_{xx}\|_{L^2(\mathbb{R}^+)} \leqslant 2\|(u_{2x}(\cdot,t)u_x(\cdot,t))_x\|_{L^2(\mathbb{R}^+)}$$

可得

$$\int_0^T \|(u_x(\cdot,t)u_x(\cdot,t))_{xx}\|_{L^2(\mathbb{R}^+)} \mathrm{d}t$$

$$\leqslant C(T^{3/4}+T^{1/2})(\|u_{2x}\|_{Y_{0,T}}\|u_x\|_{Y_{0,T}} + \|u_x\|_{Y_{0,T}}\|u_{2x}\|_{Y_{0,T}})$$

$$\leqslant C(T^{3/4}+T^{1/2})\|u\|_{Y_{1,T}}^2.$$

结合 (14.3.5) 可得

$$\int_0^T \|(u_x^2(\cdot,t))_x\|_{H^1(\mathbb{R}^+)} \mathrm{d}t \leqslant C(T^{1/2}+T^{3/4})\|u\|_{Y_{1,T}}^2. \tag{14.3.6}$$

$\square$

命题 14.3.3　给定 $s \geqslant 0$. 存在常数 C 使得对任意的 $T > 0$ 和 $u \in Y_{s,T}$ 有

$$\int_0^T \|(uu_{xx})_x(\cdot, t)\|_{H_x^s(\mathbb{R}^+)} \mathrm{d}t \leqslant C(T^{1/2} + T^{1/4}) \|u\|_{Y_{s,T}}^2. \tag{14.3.7}$$

证明　下面我们将给出 uu_{xxx} 的证明 ($u_x u_{xx}$ 项的证明可参考上面).
注意到

$$\int_0^T \|uu_{xxx}(\cdot, t)\|_{L_x^2(\mathbb{R}^+)} \mathrm{d}t \leqslant C \int_0^T \|u(\cdot, t)\|_{L^\infty(\mathbb{R}^+)} \|u_{xxx}(\cdot, t)\|_{L_x^2(\mathbb{R}^+)} \mathrm{d}t$$

$$\leqslant C \int_0^T \|u(\cdot, t)\|_{H^1(\mathbb{R}^+)} \|u_{xxx}(\cdot, t)\|_{L_x^2(\mathbb{R}^+)} \mathrm{d}t$$

$$\leqslant C \int_0^T \|u(\cdot, t)\|_{H^1(\mathbb{R}^+)} \|u_{xxx}(\cdot, t)\|_{L_x^2(\mathbb{R}^+)} \mathrm{d}t$$

$$\leqslant C \sup_{t \in [0,T]} \|u(\cdot, t)\|_{H^1(\mathbb{R}^+)} \int_0^T \|u_{xxx}(\cdot, t)\|_{L_x^2(\mathbb{R}^+)} \mathrm{d}t$$

$$\leqslant C T^{1/2} \|u\|_{Y_{0,T}}^2.$$

$s = 1$ 的证明与上面相似, 证明过程被省略.　　　　　　　　　　　□

命题 14.3.4　给定 $s \geqslant 0$. 存在常数 C 使得对任意的 $T > 0$ 和 $u \in Y_{s,T}$, 有

$$\int_0^T \|(u^2(\cdot, t)u(\cdot, t))_x\|_{H^s(\mathbb{R}^+)} \mathrm{d}t \leqslant C T^{1/2} \|u\|_{Y_{s,T}}^3. \tag{14.3.8}$$

证明　下面将对 $0 \leqslant s \leqslant 1$ 给出证明. s 取其他值的证明类似. 首先注意到

$$\int_0^T \|(u^2(\cdot, t)u(\cdot, t))_x\|_{L^2(\mathbb{R}^+)} \mathrm{d}t \leqslant \int_0^T \|u_x(\cdot, t)u^2(\cdot, t)\|_{L^2(\mathbb{R}^+)} \mathrm{d}t.$$

使用 Poincaré 不等式可得

$$\|u^2(\cdot, t)u_x(\cdot, t)\|_{L^2(\mathbb{R}^+)}$$
$$\leqslant \|u^2(\cdot, t)\|_{L^\infty(\mathbb{R}^+)} \|u_x(\cdot, t)\|_{L^2(\mathbb{R}^+)}$$
$$\leqslant C(\|u^2(\cdot, t)\|_{L^2(\mathbb{R}^+)} + \|u^2(\cdot, t)\|_{L^2(\mathbb{R}^+)}^{1/2} \|uu_x(\cdot, t)\|_{L^2(\mathbb{R}^+)}^{1/2}) \|u_x(\cdot, t)\|_{L^2(\mathbb{R}^+)}.$$

对这两项关于时间 t 积分, 则

$$\int_0^T \|u^2(\cdot, t)\|_{L^2(\mathbb{R}^+)} \|u_x(\cdot, t)\|_{L^2(\mathbb{R}^+)} \mathrm{d}t$$

$$\leqslant \sup_{t \in [0,T]} \|u^2(\cdot, t)\|_{L^2(\mathbb{R}^+)} \int_0^T \|u_x(\cdot, t)\|_{L^2(\mathbb{R}^+)} \mathrm{d}t$$

$$\leqslant \sup_{t\in[0,T]} \|u(\cdot,t)\|_{H^1(\mathbb{R}^+)}^2 \int_0^T \|u_x(\cdot,t)\|_{L^2(\mathbb{R}^+)}^2 \mathrm{d}t$$

$$\leqslant CT^{1/2}\|u\|_{Y_{0,T}}^3$$

和

$$\int_0^T \|u^2(\cdot,t)\|_{L^2(\mathbb{R}^+)}^{1/2}\|uu_x(\cdot,t)\|_{L^2(\mathbb{R}^+)}^{1/2}\|u_x(\cdot,t)\|_{L^2(\mathbb{R}^+)}\mathrm{d}t$$

$$\leqslant \sup_{t\in[0,T]} \|u^2(\cdot,t)\|_{L^2(\mathbb{R}^+)}^{1/2} \left(\int_0^T \|uu_x(\cdot,t)\|_{L^2(\mathbb{R}^+)}^2\mathrm{d}t\right)^{\frac{1}{4}} \left(\int_0^T \|u_x(\cdot,t)\|_{L^2(\mathbb{R}^+)}^{\frac{4}{3}}\mathrm{d}t\right)^{\frac{3}{4}}$$

$$\leqslant \sup_{t\in[0,T]} \|u^2(\cdot,t)\|_{L^2(\mathbb{R}^+)}^{1/2} \left(\int_0^T \|u(\cdot,t)\|_{L^2(\mathbb{R}^+)}^2\mathrm{d}t\right)^{\frac{1}{4}} \int_0^T \|u_x(\cdot,t)\|_{H^1(\mathbb{R}^+)}^2\mathrm{d}t\|u\|_{Y_{0,T}}$$

$$\leqslant CT^{1/4}\|u\|_{Y_{0,T}}^2\|u\|_{Y_{0,T}},$$

这里我们使用了 Sobolev 不等式.

结合上面三个不等式可得

$$\int_0^T \|u^2(\cdot,t)u_x(\cdot,t)\|_{L^2(\mathbb{R}^+)}\mathrm{d}t \leqslant C(T^{1/2}+T^{1/4})\|u\|_{Y_{0,T}}^3.$$

类似有

$$\int_0^T \|u_x^2(\cdot,t)u(\cdot,t)\|_{L^2(\mathbb{R}^+)}\mathrm{d}t \leqslant C(T^{1/2}+T^{1/4})\|u\|_{Y_{0,T}}^3.$$

因此, (14.3.8) 在 $s=0$ 时也成立. 下面将证明 (14.3.8) 对 $s=1$ 成立. 注意到

$$\|(u^2(\cdot,t)u(\cdot,t))_x\|_{H^1(\mathbb{R}^+)} \leqslant \|(u^2(\cdot,t)u(\cdot,t))_x\|_{L^2(\mathbb{R}^+)} + \|(u^2(\cdot,t)v(\cdot,t))_{xx}\|_{L^2(\mathbb{R}^+)}$$

和

$$\|(u^2(\cdot,t)u(\cdot,t))_{xx}\|_{L^2(\mathbb{R}^+)} \leqslant \|((u^2)_x(\cdot,t)u(\cdot,t))_x\|_{L^2(\mathbb{R}^+)} + \|(u^2(\cdot,t)u_x(\cdot,t))_x\|_{L^2(\mathbb{R}^+)}$$

成立. 由不等式 (14.3.8) 在 $s=0$ 处成立,

$$\int_0^T \|(u^2(\cdot,t)u(\cdot,t))_{xx}\|_{L^2(\mathbb{R}^+)}\mathrm{d}t$$

$$\leqslant C(T^{1/2}+T^{1/4})(\|(u^2)_x\|_{Y_{0,T}}\|u\|_{Y_{0,T}} + \|u^2\|_{Y_{0,T}}\|u_x\|_{Y_{0,T}})$$

$$\leqslant C(T^{1/2}+T^{1/4})\|u\|_{Y_{1,T}}^3.$$

再结合 (14.3.8) 可得

$$\int_0^T \|u^2(\cdot,t)u(\cdot,t)\|_{H^1(\mathbb{R}^+)}\mathrm{d}t \leqslant C(T^{1/2}+T^{1/4})\|u\|_{Y_{1,T}}^3.$$

由插值不等式, (14.3.8) 对于 $s\in(0,1)$ 也成立. $\qquad\square$

14.3.2　定理 14.1.1 的证明

命题 14.3.5　给定 $T > 0$. 对任意 $(\phi, h) \in X_{0,T}$, $h = (h_1, \cdots, h_5)$, 存在依赖于 $\|(\phi, h)\|_{X_{0,T}}$ 的 $T^* \in [0, T]$ 使得边值方程 (14.3.1) 由唯一解 $u \in Y_{0,T^*}$. 进一步, 对任意 $T' < T^*$, 存在 (ϕ, h) 的邻域 U 使得方程 (14.3.1) 在 $Y_{0,T'}$ 存在唯一解并且解映射从 U 到 $Y_{0,T'}$ 是 Lipschitz 连续的.

证明　将方程 (14.3.1) 写为积分形式

$$u(t) = W_0(t)\phi + W_b(t)h + \int_0^t W_0(t-\tau)f(\tau)\mathrm{d}\tau, \tag{14.3.9}$$

其中算子 $W_b(t)$ 在 (14.2.25) 和 (14.2.13) 给出定义. 对给定的 $(\phi, h) \in X_{0,T}$, 令 $r > 0$ 及 $\theta > 0$, 将在下面给出定义. 令

$$S_{\theta,r} = \{v \in Y_{0,\theta}, \|v\|_{Y_{0,\theta}} \leqslant r\}.$$

集合 $S_{\theta,r}$ 是闭的、凸的, 是 $Y_{0,\theta}$ 的有界子集, 因此是一个完备的矩阵空间. 在 $S_{\theta,r}$ 上定义一个映射

$$\Gamma(v) = W_0(t)\phi + W_b(t)h + \int_0^t W_0(t-\tau)f(v(\tau))\mathrm{d}\tau,$$

$v \in S_{\theta,r}$, 其中 $f(v) = 20v_x v_{2x} + 10vv_{3x} - 30v^2 v_x$. 任取 $v \in S_{\theta,r}$,

$$\|\Gamma(v)\|_{Y_{0,\theta}} \leqslant C_0\|(\phi, h)\|_{X_{0,T}} + C_1 \int_0^\theta \|f(\cdot, \tau)\|_{L^2(\mathbb{R}^+)}\mathrm{d}\tau$$
$$\leqslant C_0\|(\phi, h)\|_{X_{0,T}} + C_\theta\|v\|_{Y_{0,\theta}}^2,$$

其中 C_0 是不依赖于 ϕ, h, T, θ 的常数及 C_θ 是依赖于时间 T 的常数. $Y_{0,\theta}$ 的范数有三个部分, 上面结论都是在前面的线性估计得到. 取 $r > 0$ 和 $\theta > 0$ 使得

$$\begin{cases} r = 2C_0\|(\phi, h)\|_{X_{0,T}}, \\ C_\theta\|v\|_{Y_{0,\theta}} \leqslant \dfrac{1}{2}, \end{cases} \tag{14.3.10}$$

则

$$\|\Gamma(v)\|_{Y_{0,\theta}} \leqslant r$$

对任意的 $v \in S_{\theta,r}$ 都成立. 因此, 对上面假设的 r 和 θ, Γ 把 $S_{\theta,r}$ 映射到 $S_{\theta,r}$. 这样的不等式使得我们如 (14.3.10) 所示选取 r 和 θ,

$$\|\Gamma(v_1) - \Gamma(v_2)\|_{Y_{0,\theta}} \leqslant \frac{1}{2}\|v_1 - v_2\|_{Y_{0,\theta}}$$

对任意 $v_1, v_2 \in S_{\theta,r}$ 都成立. 另一方面, 映射 Γ 是 $S_{\theta,r}$ 上的压缩映射. 它的不动点 $u = \Gamma(u)$ 是方程 (14.3.1) 在 $S_{\theta,r}$ 上的唯一解. □

考虑加外力的线性方程 (14.2.1), 任取 $(\phi,h) \in X_{0,T}$ 和 $f \in L_t^1(0,T;L_x^2(\mathbb{R}^+))$, 应用上面的线性估计, (14.2.1) 的解 u 属于空间 $Y_{0,T}$ 且对常数 C (不依赖于 ϕ, h_j, f, $j = 1,2,\cdots,5$) 满足

$$\|u\|_{Y_{0,T}} \leqslant C(\|(\phi,h)\|_{X_{0,T}} + \|f\|_{L_t^1(0,T;L_x^2(\mathbb{R}^+))}). \tag{14.3.11}$$

下面引理给出了方程 (14.2.1) 在 $Y_{s,T}$ 上解的证明, 其中 $s \in [0,5]$.

引理 14.3.1 任给 $T > 0$ 和 $s \in [0,5]$, 给定 $f \in W^{s/5,1}(0,T;L^2(\mathbb{R}^+))$ 和 $(\phi,h) \in X_{s,T}$ 满足兼容性条件, 则方程 (14.2.1) 有唯一解 $u \in Y_{s,T}$ 和

$$\|u\|_{Y_{s,T}} \leqslant C(\|(\phi,h)\|_{X_{s,T}} + \|f\|_{W_t^{s/5,1}(0,T;L_x^2(\mathbb{R}^+))}) \tag{14.3.12}$$

对一些不依赖于 ϕ, h 和 f 的 $C > 0$ 成立. 进一步, 若 $s = 5$, 则 $u_t \in Y_{0,T}$ 且

$$\|u_t\|_{Y_{0,T}} \leqslant C(\|(\phi,h)\|_{X_{5,T}} + \|f\|_{W_t^{1,1}(0,T;L_x^2(\mathbb{R}^+))}). \tag{14.3.13}$$

证明 这里只给出 $s = 5$ 的证明, s 的其他值证明可由插值和 (14.3.11) 得出. u 为方程 (14.2.1) 的解, 令 $v = u_t$, 则 v 满足下列方程

$$\begin{cases} v_t - \partial_x^5 v = f_t, & x, \ t > 0, \\ v(x,0) = f(x,0) + \partial_x^5 \phi(x), & x > 0, \\ v(0,t) = h_1'(t), \quad v_x(0,t) = h_2'(t), \quad v_{2x}(0,t) = h_3'(t), \\ v_{3x}(0,t) = h_4'(t), \quad v_{4x}(0,t) = h_5'(t). \end{cases} \tag{14.3.14}$$

对方程 (14.3.14) 的 v 应用 (14.3.11) 可得

$$\|v\|_{Y_{0,T}} \leqslant C(\|(f(\cdot,0) - \partial_x^5\phi(\cdot), h')\|_{X_{0,T}} + \|f_t\|_{L_t^1(0,T;L_x^2(\mathbb{R}^+))}). \tag{14.3.15}$$

定义

$$u(x,t) = \int_0^t v(x,\tau)\mathrm{d}\tau + \phi(x),$$

则 $u(x,0) = \phi(x)$ 且

$$u(0,t) = \int_0^t v(0,\tau)\mathrm{d}\tau + \phi(x) = \int_0^t h_1'(\tau)\mathrm{d}\tau + \phi(x) = h_1(t).$$

类似地, $u_x(0,t) = h_2(t)$, $u_{2x}(0,t) = h_3(t)$, $u_{3x}(0,t) = h_4(t)$, $u_{4x}(0,t) = h_5(t)$. 容易得知

$$u_t - \partial_x^5 u = f(x,t).$$

则 u 满足边值问题 (14.2.1). 因为

$$\partial_x^5 u = u_t - f = v - f,$$

则 $u \in Y_{5,T}$ 且满足 (14.3.12).　　　　　　　　　　　　　　　　□

定理 14.1.1 的证明　给定满足 s-兼容性条件的 $(\phi, h) \in X_{s,T}$, 令 $r > 0$ 且给定 $\theta > 0$, $S_{\theta,r}$ 是 v 在空间 $C(0,\theta; L^2(\mathbb{R}^+)) \cap L^2(0,\theta; H^2(\mathbb{R}^+))$ 上的集合, 且满足

$$\partial_t^j v \in Y_{5,\theta}, \quad j = 0, 1, \cdots, [s/5] - 1 \quad 及 \quad \partial_t^{[s/5]} v \in Y_{5-5[s/5],\theta}$$

和

$$\|\partial_t^{[s/5]} v\|_{Y_{5-5[s/5],\theta}} + \sum_{j=0}^{[s/5]-1} \|\partial_t^j v\|_{Y_{5,\theta}} \leqslant r.$$

令

$$\mathcal{Y}_{s,\theta} = Y_{5-5[s/5],\theta} \times \prod_{j=0}^{[s/5]-1} Y_{5,\theta},$$

则集合 $S_{\theta,r}$ 是 $\mathcal{Y}_{s,\theta}$ 上的闭子集, 映射 $v \to (v, \partial_t v, \cdots, \partial_t^{[s/5]} v) \equiv v$. 对任意 $v \in S_{\theta,r}$, 考虑方程

$$\begin{cases} u_t^{(k)} - \partial_x^5 u^{(k)} = E(x,t), \\ u^{(k)}(x,0) = \phi_k(x), \quad x,\ t > 0, \\ u^{(k)}(0,t) = h_1^{(k)}(t), \quad u_x^{(k)}(0,t) = h_2^{(k)}(t), \quad u_{2x}^{(k)}(0,t) = h_3^{(k)}(t), \\ u_{3x}^{(k)}(0,t) = h_4^{(k)}(t), \quad u_{4x}^{(k)}(0,t) = h_5^{(k)}(t) \end{cases} \tag{14.3.16}$$

其中

$$E(x,t) = \partial_x \left(\sum_{j=0}^{k} \frac{k!}{j!(k-j)!} (u_x)^{(j)} (u_{2x})^{(k-j)} + u^3 \right),$$

$k = 0, 1, 2, \cdots, \left[\frac{s}{5}\right]$, $u^{(k)} = \partial_t^k u$, $v^{(k)} = \partial_t^k v$ 且 $\phi_k, h_1^{(k)}, \cdots, h_5^{(k)}$ 满足 s-兼容条件. 由命题 14.3.5, 边值问题 (14.3.16) 定义了一个从 Γ 到 $S_{\theta,r}$ 的映射 $\mathcal{Y}_{s,\theta}$. 并且

$$\|\Gamma(v)\|_{\mathcal{Y}_{s,\theta}} \leqslant C\|(\phi,h)\|_{X_{s,T}} + C_\theta \|v\|_{\mathcal{Y}_{s,\theta}}. \tag{14.3.17}$$

对一些不依赖于 h, ϕ 和 θ 的常数 C 成立. 因此, 由命题 14.3.5 的证明可知如果取到合适的 r 和 θ, 则 Γ 是 $S_{\theta,r}$ 到 $S_{\theta,r}$ 的压缩映射. 故而, 不动点 $u \in S_{\theta,r}$

是 (14.2.1) 的唯一解. 至此 $s=5$ 的证明完成. 当 $s>5$ 时, 由上面的结论可得

$$u^{(j)} \in C_t(0,\theta; H_x^5(\mathbb{R}^+)) \cap L_t^2(0,\theta; H_x^7(\mathbb{R}^+)),$$

$j=0,1,\cdots,[s/5]-1$ 及

$$u^{[s/5]} \in Y_{s-5[s/5],\theta} = C_t(0,\theta; H_x^{s-5[s/5]}(\mathbb{R}^+)) \cap L_t^2(0,\theta; H_x^{s-5[s/5]+2}(\mathbb{R}^+)).$$

当 $k=[s/5]-1$ 时, (14.3.16) 意味着

$$\begin{cases} u_t^{([\frac{s}{5}]-1)} - \partial_x^5 u^{([\frac{s}{5}]-1)} = G(x,t), \\ u(x,0) = \phi(x), \quad x,\ t>0, \\ u(0,t) = h_1(t), \quad u_x(0,t) = h_2(t), \quad u_{2x}(0,t) = h_3(t), \\ u_{3x}(0,t) = h_4(t), \quad u_{4x}(0,t) = h_5(t), \end{cases} \tag{14.3.18}$$

其中

$$G(x,t) = \partial_x \left(\sum_{j=0}^{[\frac{s}{5}]-1} \frac{\left(\left[\frac{s}{5}\right]-1\right)!}{j!\left(\left[\frac{s}{5}\right]-1-j\right)!} (v_x)^{(j)} (v_{2x})^{([\frac{s}{5}]-1-j)} + v^3 \right).$$

因此我们可得结论

$$u^{([\frac{s}{5}]-1)} \in C_t(0,\theta; H_x^{s-5[\frac{s}{5}]+4}(\mathbb{R}^+)).$$

进一步可知上面最后一个方程左端属于

$$C_t(0,\theta; H_x^{s-5[\frac{s}{5}]}(\mathbb{R}^+)) \cap L_t^2(0,\theta; H_x^{s-5[\frac{s}{5}]+2}(\mathbb{R}^+)),$$

且

$$u^{([\frac{s}{5}]-1)} \in C_t(0,\theta; H_x^{s-5[\frac{s}{5}]+5}(\mathbb{R}^+)) \cap L_t^2(0,\theta; H_x^{s-5[\frac{s}{5}]+7}(\mathbb{R}^+)).$$

重复上面的过程, 可得

$$u \in C_t(0,\theta; H_x^s(\mathbb{R}^+)) \cap L_t^2(0,\theta; H_x^{s+2}(\mathbb{R}^+))$$

且

$$\partial_t^j u \in C_t(0,\theta; H_x^{s-5j}(\mathbb{R}^+)) \cap L_t^2(0,\theta; H_x^{s-5j+2}(\mathbb{R}^+)),$$

$j=1,2,\cdots,\left[\frac{s}{5}\right]-1$ 以及

$$\partial_t^{[\frac{s}{5}]} u \in C_t(0,\theta; H_x^{s-5[\frac{s}{5}]}(\mathbb{R}^+)) \cap L_t^2(0,\theta; H_x^{s-5[\frac{s}{5}]+2}(\mathbb{R}^+)). \qquad \Box$$

14.4 全局适定性

定理 14.1.1 中的结论是局部的, 解的存在依赖于 $\|(\phi, h)\|_{X_{s,T}}$. 事实上, $\|(\phi, h)\|_{X_{s,T}}$ 越大, T^* 越小. 然而若 $T^* = T$, 不论 $\|(\phi, h)\|_{X_{s,T}}$ 取何值, 问题 (14.3.1) 是全局适定的. 下面将讨论问题 (14.3.1) 的全局适定性.

在给出定理 14.1.2 的证明之前, 我们先证明下面命题.

命题 14.4.1 任取 $T > 0$, 存在连续且非减函数 $\alpha_0 : \mathbb{R}^+ \to \mathbb{R}^+$ 满足对方程 (14.3.1) 的任意解 u 有

$$\sup_{t \geqslant 0} \|u(\cdot, t)\|_{H^1(\mathbb{R}^+)} \leqslant \alpha_0 \|(\phi, h)\|_{X_{1,T}}. \tag{14.4.1}$$

证明 u 为边值问题 (14.3.1) 的光滑解, 下面由 u-边界条件可得 H^1-守恒律

$$\frac{\mathrm{d}}{\mathrm{d}t} \int_0^{+\infty} (u_x^2 + 2u^3)\mathrm{d}x = F(u)\big|_0^{+\infty},$$

$F(u)$ 是关于 $u, u_x, \cdots, u_{4x}$ 的函数.

则

$$u \in C_t(0, T; H_x^1(\mathbb{R}^+)).$$

至此, (14.4.1) 得证. $\qquad\square$

定理 14.1.2 的证明 由前面已经得到的局部适定性结论, 为了得到 (14.3.1) 的光滑解, 下面只需进行 H^2 先验估计.

结合 u-边界条件和 $u \in H^1$ 可得

$$\frac{\mathrm{d}}{\mathrm{d}t} \int_0^{+\infty} (u_{2x}^2 + 10uu_x^2 + 5u^4)\mathrm{d}x = G(u, u_x, u_{2x}, u_{3x}, u_{4x})\big|_0^{+\infty}.$$

因此

$$u \in C_t(0, T; H_x^2(\mathbb{R}^+)).$$

至此, 定理 14.1.2 得证. $\qquad\square$

第 15 章　五阶 mKdV 方程解的长时间渐近性

15.1　引　言

本章我们研究五阶修正 KdV (fmKdV) 方程 [108] 初值问题解的长时间渐近行为,

$$u_t + \alpha(6u^2 u_x + u_{xxx})$$
$$+\beta(30u^4 u_x + 10u_x^3 + 40uu_x u_{xx} + 10u^2 u_{xxx} + u_{xxxxx}) = 0, \quad (15.1.1)$$
$$u(x, 0) = u_0(x), \qquad\qquad\qquad\qquad (15.1.2)$$

其中 $u = u(x, t)$ 是实值函数, $\alpha > 0$, $\beta > 0$ 分别表示三阶和五阶非线性项的耗散系数, $u_0(x)$ 是光滑函数并且当 $|x| \to \infty$ 时衰减足够快, 即 $u_0(x) \in \mathcal{S}(\mathbb{R})$. 方程 (15.1.1) 是可积的, 基于 Lax 对, 作者在文献 [108] 中构造了方程的无穷多守恒律, 同时, 利用达布变换得到了方程的周期解和有理解. 本章的目的是利用 RH 方法来研究方程 (15.1.1) 在直线上的初值问题 [78, 80]. 给定初值 $u_0(x) \in \mathcal{S}(\mathbb{R})$, 那么可以证明初值问题 (15.1.1)—(15.1.2) 的解 $u(x, t)$ 可以用一个 2×2 矩阵 RH 问题的解来表示. 该 RH 问题在复值 k-平面有跳跃, 跳跃矩阵由两个谱函数 $a(k)$, $b(k)$ 确定, 而这两个谱函数可由初值函数 $u_0(x)$ 精确确定. 于是, 利用非线性速降法对得到的 RH 问题进行分析就可得到方程解渐近主项的精确表达式.

本章的主要结果如下:

定理 15.1.1　假设 $u_0(x)$ 属于 Schwartz 空间 $\mathcal{S}(\mathbb{R})$ 且使得离散谱不存在. 令 $\xi = \dfrac{x}{t}$, 则对于任意的正常数 $\varepsilon > 0$, $c > 0$, $t \to \infty$ 时, fmKdV 方程 (15.1.1) 在全直线上 Cauchy 问题的解 $u(x, t)$ 的渐近行为可分为五个区域, 见图 15.1, 且满足:

(i) 对于 $\xi < -\dfrac{9\alpha^2}{20\beta} - \varepsilon$, $u(x, t)$ 快速衰减到 0.

(ii) 对于 $-\dfrac{9\alpha^2}{20\beta} + \varepsilon < \xi < -\varepsilon$,

$$u(x, t) = -\frac{u_{as}(x, t)}{\sqrt{t}} + O\left(\frac{\ln t}{t}\right), \qquad (15.1.3)$$

其中渐近主项系数 $u_{as}(x, t)$ 为

$$u_{as}(x, t) = \sqrt{\frac{\nu(k_1)}{k_1(3\alpha - 40\beta k_1^2)}} \cos\left(16tk_1^3(8\beta k_1^2 - \alpha)\right.$$

$$- \nu(k_1) \ln(16tk_1k_2^2(3\alpha - 40\beta k_1^2))$$

$$+ \phi_a(\xi)\Big) + \sqrt{\frac{\nu(k_2)}{k_2(40\beta k_2^2 - 3\alpha)}} \cos\left(16tk_2^3(8\beta k_2^2 - \alpha)\right.$$

$$+ \nu(k_2)\ln(16tk_2^3(40\beta k_2^2 - 3\alpha)) + \phi_b(\xi)\Big),$$

而且

$$\phi_a(\xi) = -\frac{\pi}{4} - \arg r(k_1) + \arg \Gamma(i\nu(k_1)) + 2\nu(k_1)\ln\left(\frac{k_2}{2k_1}\right)$$

$$- \frac{1}{\pi}\int_{k_1}^{k_2} \ln\left(\frac{1 + |r(s)|^2}{1 + |r(k_1)|^2}\right)\left(\frac{1}{s - k_1} - \frac{1}{s + k_1}\right)ds,$$

$$\phi_b(\xi) = \frac{\pi}{4} - \arg r(k_2) - \arg \Gamma(i\nu(k_2)) + 2\nu(k_2)\ln 2$$

$$- \frac{1}{\pi}\int_{k_1}^{k_2} \ln\left(\frac{1 + |r(s)|^2}{1 + |r(k_2)|^2}\right)\left(\frac{1}{s - k_2} - \frac{1}{s + k_2}\right)ds,$$

$k_1,\ k_2,\ \nu(k_1),\ \nu(k_2)$ 分别由式子 (15.3.5), (15.3.6), (15.3.41) 和 (15.3.43) 定义.

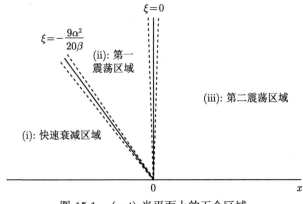

图 15.1　　(x,t)-半平面上的五个区域

(iii) 对于 $\xi > \varepsilon$,

$$u(x,t) = -\sqrt{\frac{\nu(k_2)}{k_2t(40\beta k_2^2 - 3\alpha)}} \cos(16tk_2^3(8\beta k_2^2 - \alpha) + \nu(k_2)\ln(64tk_2^3(40\beta k_2^2 - 3\alpha))$$

$$+ \phi_0(\xi)) + O\left(\frac{\ln t}{t}\right), \tag{15.1.4}$$

其中

$$\phi_0(\xi) = \frac{\pi}{4} - \arg r(k_2) - \arg \Gamma(i\nu(k_2)) - \frac{1}{\pi}\int_{-k_2}^{k_2} \ln\left(\frac{1 + |r(s)|^2}{1 + |r(k_2)|^2}\right)\frac{ds}{s - k_2}.$$

(a) 对于 $\left|\xi + \dfrac{9\alpha^2}{20\beta}\right| t^{2/3} < c$,

$$u(x,t) = -\left(\frac{4}{3\alpha}\right)^{1/3} \frac{P(s)\cos\psi(s,t)}{t^{1/3}} + O(t^{-2/3}), \qquad (15.1.5)$$

其中

$$s = -(6\alpha)^{-1/3}\left(\frac{x}{t} + \frac{9\alpha^2}{20\beta}\right)t^{2/3},$$

$$\psi(s,t) = \arg r\left(\sqrt{\frac{3\alpha}{40\beta}}\right) + \frac{6\alpha^2}{25\beta}\sqrt{\frac{3\alpha}{10\beta}}t + \frac{(3\alpha)^{5/6}}{(5\beta)^{1/2}2^{1/6}}t^{1/3}s,$$

$P(s)$ 是下面 Painlevé II 方程的实值非奇异解

$$P_{ss}(s) - sP(s) + 2P^3(s) = 0 \qquad (15.1.6)$$

且满足当 $s \to +\infty$, $P(s) \sim -\left|r\left(\sqrt{\dfrac{3\alpha}{40\beta}}\right)\right|$ Ai(s), Ai$(\cdot)$ 是经典的 Airy 函数.

(b) 对于 $|\xi|t^{2/3} < c$,

$$u(x,t) = -\frac{(2\nu)^{1/2}(5\beta)^{1/4}}{(3\alpha)^{3/4}t^{1/2}}\cos\left(\frac{6\alpha^2(3\alpha)^{1/2}}{25\beta(5\beta)^{1/2}}t + \frac{(3\alpha)^{5/6}}{(5\beta)^{1/2}}\tilde{s}t^{1/3} + \nu\ln(24\alpha t) + \Delta\right)$$

$$+ \frac{\tilde{P}(\tilde{s})}{(3\alpha t)^{1/3}} + O(t^{-2/3}), \qquad (15.1.7)$$

其中

$$\tilde{s} = (3\alpha)^{-1/3}\xi t^{2/3}, \quad \nu = \frac{1}{2\pi}\ln\left(1 + \left|r\left(\sqrt{\frac{3\alpha}{20\beta}}\right)\right|^2\right) > 0,$$

$$\Delta = \frac{\pi}{4} - \arg r\left(\sqrt{\frac{3\alpha}{20\beta}}\right) - \Gamma(i\nu) + \frac{3\nu}{2}\left(\ln(3\alpha) - \ln(5\beta)\right)$$

$$- \frac{1}{\pi}\int_{-\sqrt{\frac{3\alpha}{20\beta}}}^{\sqrt{\frac{3\alpha}{20\beta}}}\ln\left(\frac{1 + |r(s)|^2}{1 + \left|r\left(\sqrt{\frac{3\alpha}{20\beta}}\right)\right|^2}\right)\frac{\mathrm{d}s}{s - \sqrt{\frac{3\alpha}{20\beta}}},$$

$\Gamma(\cdot)$ 是标准的伽马函数, $\tilde{P}(s)$ 是方程 (15.1.6) 的实值非奇异解满足当 $s \to +\infty$ 时,

$$\tilde{P}(s) \sim r(0)\text{Ai}(s).$$

本章安排如下: 15.2 节为预备知识, 我们首先证明方程 (15.1.1) 的解如何由一个相应的 2×2 矩阵 RH 问题的解表示, 然后给出 Painlevé II 方程对应的 RH 问题并证明一个重要的定理用来分析下文过渡区域中解的渐近性. 15.3 节旨在导出 fmKdV 方程 (15.1.1) 解在区域 (ii) 中的长时间精确渐近表达式, 区域 (i) 和 (iii) 中方程解的渐近分析类似, 这里略去证明. 第一和第二过渡区域 (a), (b) 中解的渐近性将分别在 15.4 节和 15.5 节中讨论.

15.2 预 备 知 识

15.2.1　RH 问题

方程 (15.1.1) 具有如下的 Lax 对 (见 [108]):

$$\begin{aligned}
\Psi_x &= X\Psi, \quad X = \mathrm{i}k\sigma_3 + U, \\
\Psi_t &= T\Psi, \quad T = (-16\mathrm{i}\beta k^5 + 4\mathrm{i}\alpha k^3)\sigma_3 + V,
\end{aligned} \tag{15.2.1}$$

(即 fmKdV 方程 (15.1.1) 可由零曲率方程 $X_t - T_x + [X, T] = 0$ 导出), 其中, $\Psi(x, t; k)$ 是 2×2 矩阵值函数, $k \in \mathbb{C}$ 是谱参数,

$$\sigma_3 = \begin{pmatrix} 1 & 0 \\ 0 & -1 \end{pmatrix}, \quad U = \begin{pmatrix} 0 & u \\ -u & 0 \end{pmatrix}, \quad V = \begin{pmatrix} A & B \\ C & -A \end{pmatrix}, \tag{15.2.2}$$

$$A = 8\mathrm{i}\beta k^3 u^2 - \mathrm{i}(6\beta u^4 + 2\alpha u^2 + 4\beta u u_{xx} - 2\beta u_x^2)k,$$

$$\begin{aligned}
B = &-16\beta k^4 u + 8\mathrm{i}\beta k^3 u_x + (8\beta u^3 + 4\alpha u + 4\beta u_{xx})k^2 \\
&- \mathrm{i}(12\beta u^2 u_x + 2\beta u_{xxx} + 2\alpha u_x)k \\
&- 6\beta u^5 - 2\alpha u^3 - 10\beta u^2 u_{xx} - 10\beta u u_x^2 - \beta u_{xxxx} - \alpha u_{xx},
\end{aligned}$$

$$C = -B + 16\mathrm{i}\beta k^3 u_x - \mathrm{i}(24\beta u^2 u_x + 4\alpha u_x + 4\beta u_{xxx})k.$$

引入新的特征函数 $\mu(x, t; k)$

$$\mu(x, t; k) = \Psi(x, t; k)\mathrm{e}^{-\mathrm{i}[kx + (-16\beta k^5 + 4\alpha k^3)t]\sigma_3}, \tag{15.2.3}$$

可得到如下的 Lax 对

$$\begin{aligned}
\mu_x - \mathrm{i}k[\sigma_3, \mu] &= U\mu, \\
\mu_t + \mathrm{i}(16\beta k^5 - 4\alpha k^3)[\sigma_3, \mu] &= V\mu.
\end{aligned} \tag{15.2.4}$$

考虑 (15.2.4) 的 x-部分, 利用 Volterra 积分方程定义两个特征函数 μ_1 和 μ_2

$$\mu_1(x, t; k) = I + \int_{-\infty}^{x} \mathrm{e}^{\mathrm{i}k(x-x')\hat{\sigma}_3}[U(x', t)\mu_1(x', t; k)]\mathrm{d}x', \tag{15.2.5}$$

$$\mu_2(x,t;k) = I - \int_x^\infty e^{ik(x-x')\hat{\sigma}_3}[U(x',t)\mu_2(x',t;k)]dx', \qquad (15.2.6)$$

其中 $\hat{\sigma}_3$ 作用到 2×2 矩阵 X 为 $\hat{\sigma}_3 X = [\sigma_3, X]$, 则 $e^{\hat{\sigma}_3} = e^{\sigma_3} X e^{-\sigma_3}$. 令 $\mu = (\mu^{(1)} \ \mu^{(2)})$, 其中 $\mu^{(1)}$ 和 $\mu^{(2)}$ 分别表示 2×2 矩阵 μ 的第一列和第二列. 于是由 (15.2.5)—(15.2.6) 可得

(i) $\det \mu_j = 1$, $j = 1, 2$.

(ii) $\mu_2^{(1)}$ 和 $\mu_1^{(2)}$ 在 $\{k \in \mathbb{C} | \mathrm{Im}k > 0\}$ 上解析有界, 且 $(\mu_2^{(1)} \ \mu_1^{(2)}) \to I$, 当 $k \to \infty$ 时.

(iii) $\mu_1^{(1)}$ 和 $\mu_2^{(2)}$ 在 $\{k \in \mathbb{C} | \mathrm{Im}k < 0\}$ 上解析有界, 且 $(\mu_1^{(1)} \ \mu_2^{(2)}) \to I$, 当 $k \to \infty$ 时.

(iv) $\{\mu_j\}_1^2$ 在实轴上连续.

(v) 对称性:

$$\overline{\mu_j(x,t;\bar{k})} = \mu_j(x,t;-k) = \sigma_2 \mu_j(x,t;k)\sigma_2, \qquad (15.2.7)$$

其中

$$\sigma_2 = \begin{pmatrix} 0 & -i \\ i & 0 \end{pmatrix}.$$

由矩阵 X 满足的对称性:

$$\overline{X(x,t;\bar{k})} = X(x,t;-k) = \sigma_2 X(x,t;k)\sigma_2,$$

对称关系 (15.2.7) 显然成立.

微分方程组 (15.2.1) 的任意两个基础解系可以由一个与 x 和 t 无关的矩阵函数关联, 因此存在 $s(k)$ 使得

$$\mu_1(x,t;k) = \mu_2(x,t;k)e^{i[kx+(-16\beta k^5 + 4\alpha k^3)t]\hat{\sigma}_3}s(k), \quad \det s(k) = 1, \quad k \in \mathbb{R}.$$
$$(15.2.8)$$

令 $x \to \infty, t = 0$ 可得

$$s(k) = \lim_{x\to\infty} e^{-ikx\hat{\sigma}_3}\mu_1(x,0;k), \qquad (15.2.9)$$

即

$$s(k) = I + \int_{-\infty}^\infty e^{-ikx\hat{\sigma}_3}[U(x,0)\mu_1(x,0;k)]dx. \qquad (15.2.10)$$

根据对称性 (15.2.7), 矩阵值谱函数 $s(k)$ 可写为

$$s(k) = \begin{pmatrix} \bar{a}(k) & b(k) \\ -\bar{b}(k) & a(k) \end{pmatrix}, \qquad (15.2.11)$$

其中 $\bar{a}(k) = \overline{a(\bar{k})}$, $\bar{b}(k) = \overline{b(\bar{k})}$ 表示 Schwartz 共轭. 谱函数 $a(k)$ 和 $b(k)$ 可由方程 (15.2.10) 的解确定, 实际上是由初值 $u_0(x)$ 所确定. 另一方面, $a(k)$ 在上半平面 $\{k \in \mathbb{C} | \mathrm{Im} k > 0\}$ 解析且在 $\{k \in \mathbb{C} | \mathrm{Im} k \geqslant 0\}$ 上连续, 当 $k \to \infty$, $a(k) \to 1$ 时. 此外, $|a(k)|^2 + |b(k)|^2 = 1$, $k \in \mathbb{R}$. 最后, $a(-k) = \bar{a}(k)$, $b(-k) = \bar{b}(k)$.

由 $\mu_j(x, t; k)$ 的解析性质, 定义矩阵值函数 $M(x, t; k)$

$$M(x, t; k) = \begin{cases} \begin{pmatrix} \dfrac{\mu_2^{(1)}(x, t; k)}{a(k)} & \mu_1^{(2)}(x, t; k) \end{pmatrix}, & \mathrm{Im}\, k > 0, \\[4mm] \begin{pmatrix} \mu_1^{(1)}(x, t; k) & \dfrac{\mu_2^{(2)}(x, t; k)}{\bar{a}(k)} \end{pmatrix}, & \mathrm{Im}\, k < 0. \end{cases} \tag{15.2.12}$$

则对于 $x \in \mathbb{R}$ 和 $t \geqslant 0$, 当 k 从 $\pm \mathrm{Im} k > 0$ 趋于 $\mathbb{R}$ 时, 函数 M 的边值 $M_\pm(x, t; k)$ 满足

$$M_+(x, t; k) = M_-(x, t; k) J(x, t; k), \quad k \in \mathbb{R}, \tag{15.2.13}$$

其中

$$J(x, t; k) = \begin{pmatrix} 1 + |r(k)|^2 & \bar{r}(k) \mathrm{e}^{-t\Phi(k)} \\ r(k) \mathrm{e}^{t\Phi(k)} & 1 \end{pmatrix},$$
$$r(k) = \frac{\bar{b}(k)}{a(k)}, \quad \Phi(k) = 2\mathrm{i}\left(-k\frac{x}{t} + 16\beta k^5 - 4\alpha k^3\right). \tag{15.2.14}$$

此外, 由 $\mu_j(x, t; k)$ 和 $s(k)$ 的性质, $M(x, t; k)$ 满足:

(i) $k \to \infty$:

$$M(x, t; k) \to I. \tag{15.2.15}$$

(ii) 对称性:

$$\overline{M(x, t; \bar{k})} = M(x, t; -k) = \sigma_2 M(x, t; k) \sigma_2. \tag{15.2.16}$$

(iii) 留数条件: 令 $\{k_j\}_1^N$ 为 $a(k)$ 的零点集. 假设这些零点是有限的、单的且都不是实的, 则 $M(x, t; k)$ 满足如下的留数条件:

$$\begin{aligned} \mathrm{Res}_{k=k_j} M^{(1)}(x, t; k) &= \mathrm{i}\chi_j \mathrm{e}^{t\Phi(k_j)} M^{(2)}(x, t; k_j), \\ \mathrm{Res}_{k=\bar{k}_j} M^{(2)}(x, t; k) &= \mathrm{i}\bar{\chi}_j \mathrm{e}^{-t\Phi(\bar{k}_j)} M^{(1)}(x, t; \bar{k}_j). \end{aligned} \tag{15.2.17}$$

定理 15.2.1　令 $\{r(k), \{k_j, \chi_j\}_1^N\}$ 是由初值 $u_0(x)$ 确定的谱数据, 定义 $M(x, t; k)$ 为满足跳跃条件 (15.2.13), 归一化条件 (15.2.15) 以及留数条件 (15.2.17) 的 RH 问题的解. 则 $M(x, t; k)$ 存在并且唯一. 定义 $u(x, t)$

$$u(x, t) = -2\mathrm{i} \lim_{k \to \infty} (k M(x, t; k))_{12}. \tag{15.2.18}$$

于是 $u(x, t)$ 满足 fmKdV 方程 (15.1.1), 且 $u(x, 0) = u_0(x)$.

证明 当 $a(k)$ 没有零点时, 上述 RH 问题的存在唯一性可由 "消失引理" 得到, 即根据 $J^\dagger(\bar{k}) = J(k)$, 上述 RH 问题只有零解若 $M(k) = O(1/k)$, $k \to \infty$ (可参考 [74] 中的证明). 如果 $a(k)$ 存在零点, 根据文献 [40] 中的方法, 该奇异的 RH 问题可被映射成一个正则的 RH 问题. 此外, 如果 M 是 RH 问题的解且 $u(x,t)$ 由 (15.2.18) 定义, 则根据穿衣方法 [39] 可知 $u(x,t)$ 是 fmKdV 方程 (15.1.1) 的解. 当 $t = 0$ 时, 根据 RH 问题的唯一性可得 $u(x,0) = u_0(x)$. □

15.2.2 Painlevé II RH 问题

定义定向周线 Σ 为: $\Sigma = \bigcup_{j=1}^6 \{\Sigma_j = e^{i(j-1)\pi/3}\mathbb{R}_+\}$ (图 15.2), 相应的跳跃矩阵为 $v_j = v \upharpoonright \Sigma_j$,

$$v_1 = \begin{pmatrix} 1 & p \\ 0 & 1 \end{pmatrix}, \quad v_2 = \begin{pmatrix} 1 & 0 \\ q & 1 \end{pmatrix}, \quad v_3 = \begin{pmatrix} 1 & r \\ 0 & 1 \end{pmatrix},$$
$$v_4 = \begin{pmatrix} 1 & 0 \\ p & 1 \end{pmatrix}, \quad v_5 = \begin{pmatrix} 1 & q \\ 0 & 1 \end{pmatrix}, \quad v_6 = \begin{pmatrix} 1 & 0 \\ r & 1 \end{pmatrix}, \tag{15.2.19}$$

其中复数 p, q 和 r 满足

$$p + q + r + pqr = 0. \tag{15.2.20}$$

对于 $s \in \mathbb{R}$ 和 $z \in \Sigma$, 令

$$v_s(z) = e^{-i(\frac{4}{3}z^3 + sz)\sigma_3} v e^{i(\frac{4}{3}z^3 + sz)\sigma_3}. \tag{15.2.21}$$

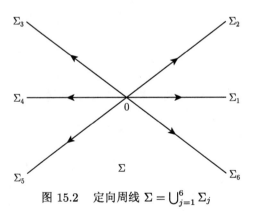

图 15.2 定向周线 $\Sigma = \bigcup_{j=1}^6 \Sigma_j$

令 $M(s,z)$ 是定义在 $\mathbb{C} \setminus \Sigma$ 上的 2×2 矩阵值全纯函数且满足如下的 RH 问题:

• $M(s,z)$ 的连续边值 $M_\pm(s,z)$ 满足跳跃条件 $M_+(s,z) = M_-(s,z)v_s(z)$, $z \in \Sigma$;

- $M(s,z) \to I$, 当 $z \to \infty$.

若

$$M(s,z) = I + \frac{M_1(s)}{z} + O(z^{-2}). \tag{15.2.22}$$

则

$$y(s) = 2\mathrm{i}(M_1(s))_{12} = -2\mathrm{i}(M_1(s))_{21} \tag{15.2.23}$$

满足 Painlevé II 方程

$$y_{ss}(s) = sy(s) + 2y^3(s), \quad s \in \mathbb{R}. \tag{15.2.24}$$

对于一般的 p, q, r 和 s 满足 $p+q+r+pqr = 0$, $s \in \mathbb{R}$, RH 问题的解 $M(s,z)$ 可能不存在. 然而, 对于上述 p, q 和 r, 方程 (15.2.24) 初值问题的局部解都可以通过 RH 问题的解得到. 特别地, 由文献 [35, 41] 可知对于 $q \in \mathbb{C}$,

$$q, \quad p = \bar{q}, \quad r = -[(q + \bar{q})/(1 + |q|^2)] \in \mathbb{R}, \tag{15.2.25}$$

RH 问题的解 $M(s,z)$ 对于任意的 $s \in \mathbb{R}$ 都存在, 且由公式 (15.2.23) 可得到 Painlevé II 方程 (15.2.24) 的一个整体纯虚解. 进一步, 如果 $\mathrm{Re}q = 0$ (相当于 $r = 0$), 我们有

$$(M_1(s))_{11} = -(M_1(s))_{22}, \quad (M_1(s))'_{11} = 2\mathrm{i}(M_1(s))^2_{12}, \tag{15.2.26}$$

$$y(s) = q\mathrm{Ai}(s) + O\left(\frac{\mathrm{e}^{-(4/3)s^{3/2}}}{s^{1/4}}\right), \quad s \to +\infty. \tag{15.2.27}$$

15.2.3　一类与 Painlevé II 方程解相关的 RH 问题

给定两实数 $\hat{k}_1, \hat{k}_2$, 定义 $\hat{\Gamma}$ 为周线 $\hat{\Gamma} = \hat{\Gamma}_1 \cup \hat{\Gamma}_2 \cup \hat{\Gamma}_3$, 其中

$$\begin{aligned}
\hat{\Gamma}_1 &= \{\hat{k}_2 + l\mathrm{e}^{\frac{\pi i}{6}}|l \geqslant 0\} \cup \{\hat{k}_1 + l\mathrm{e}^{\frac{5\pi i}{6}}|l \geqslant 0\}, \\
\hat{\Gamma}_2 &= \{\hat{k}_2 + l\mathrm{e}^{-\frac{\pi i}{6}}|l \geqslant 0\} \cup \{\hat{k}_1 + l\mathrm{e}^{-\frac{5\pi i}{6}}|l \geqslant 0\}, \\
\hat{\Gamma}_3 &= \{l|\hat{k}_1 \leqslant l \leqslant \hat{k}_2\}
\end{aligned} \tag{15.2.28}$$

定向如图 15.3 所示. 对于参数 $\rho \in \mathbb{C}$, $s \in \mathbb{R}$, 考虑如下一类 RH 问题:

$$\begin{cases} \hat{M}_+(\rho,s;\hat{k}) = \hat{M}_-(\rho,s;\hat{k})\hat{J}(\rho,s,\hat{k}), & \hat{k} \in \hat{\Gamma}, \\ \hat{M}(\rho,s;\hat{k}) \to I, & \hat{k} \to \infty, \end{cases} \tag{15.2.29}$$

其中跳跃矩阵 $\hat{J}(\rho, s, \hat{k})$ 为

$$
\hat{J}(\rho, s, \hat{k}) = \begin{cases}
\begin{pmatrix} 1 & 0 \\ \rho \mathrm{e}^{2\mathrm{i}(s\hat{k}+\frac{4}{3}\hat{k}^3)} & 1 \end{pmatrix}, & \hat{k} \in \hat{\Gamma}_1, \\[2em]
\begin{pmatrix} 1 & \bar{\rho}\mathrm{e}^{-2\mathrm{i}(s\hat{k}+\frac{4}{3}\hat{k}^3)} \\ 0 & 1 \end{pmatrix}, & \hat{k} \in \hat{\Gamma}_2, \\[2em]
\begin{pmatrix} 1 & \bar{\rho}\mathrm{e}^{-2\mathrm{i}(s\hat{k}+\frac{4}{3}\hat{k}^3)} \\ 0 & 1 \end{pmatrix} \begin{pmatrix} 1 & 0 \\ \rho \mathrm{e}^{2\mathrm{i}(s\hat{k}+\frac{4}{3}\hat{k}^3)} & 1 \end{pmatrix}, & \hat{k} \in \hat{\Gamma}_3.
\end{cases} \quad (15.2.30)
$$

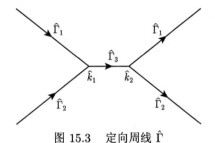

图 15.3　定向周线 $\hat{\Gamma}$

引理 15.2.1　RH 问题 (15.2.29) 存在唯一解 $\hat{M}(\rho, s, \hat{k})$ 满足

$$
\hat{M}(\rho, s, \hat{k}) = I + \frac{\begin{pmatrix} \dfrac{\mathrm{i}}{2}\displaystyle\int^s y^2(\zeta)\mathrm{d}\zeta & \dfrac{\mathrm{e}^{-\mathrm{i}\phi}}{2}y(s) \\ \dfrac{\mathrm{e}^{\mathrm{i}\phi}}{2}y(s) & -\dfrac{\mathrm{i}}{2}\displaystyle\int^s y^2(\zeta)\mathrm{d}\zeta \end{pmatrix}}{\hat{k}} + O(\hat{k}^{-2}), \quad \hat{k} \to \infty,
$$

(15.2.31)

其中 $\phi = \arg\rho$, $y(s)$ 是 Painlevé II 方程 (15.2.24) 的纯虚解且满足当 $s \to +\infty$ 时,

$$
y(s) \sim \mathrm{i}|\rho|\mathrm{Ai}(s),
$$

此外, $\hat{M}(\rho, s, \hat{k})$ 对于 $\hat{k} \in \mathbb{C} \setminus \hat{\Gamma}$ 一致有界.

证明　因为跳跃矩阵 $\hat{J}(\rho, s, \hat{k})$ 在 $\hat{\Gamma} \cap \mathbb{R}$ 是埃尔米特正定的并且在 $\hat{\Gamma} \setminus \mathbb{R}$ 满足 $\hat{J}(\rho, s, \hat{k}) = \hat{J}^\dagger(\rho, s, \bar{\hat{k}})$, 因此由消失引理可得 $\hat{M}$ 存在且唯一. 此外, 关于 $\hat{M}$ 的 RH 问题 (15.2.29) 可转化为上述的 Painlevé II RH 问题. 事实上, 令 $\{\hat{\Omega}_j\}_0^2$ 如图 15.4 所示. 则函数

$$
\hat{M}^{(2)}(\rho, s; \hat{k}) = \mathrm{e}^{\mathrm{i}(\frac{\phi}{2}-\frac{\pi}{4})\sigma_3}\hat{M}^{(1)}(\rho, s; \hat{k})\mathrm{e}^{-\mathrm{i}(\frac{\phi}{2}-\frac{\pi}{4})\sigma_3}, \tag{15.2.32}
$$

其中 $\hat{M}^{(1)}(\rho, s; \hat{k})$ 定义为

$$\hat{M}^{(1)}(\rho, s; \hat{k}) = \begin{cases} \hat{M}(\rho, s; \hat{k}), & \hat{k} \in \hat{\Omega}_0 \\ \hat{M}(\rho, s; \hat{k}) \begin{pmatrix} 1 & 0 \\ -\rho e^{2i(s\hat{k}+\frac{4}{3}\hat{k}^3)} & 1 \end{pmatrix}, & \hat{k} \in \hat{\Omega}_1, \\ \hat{M}(\rho, s; \hat{k}) \begin{pmatrix} 1 & \bar{\rho}e^{-2i(s\hat{k}+\frac{4}{3}\hat{k}^3)} \\ 0 & 1 \end{pmatrix}, & \hat{k} \in \hat{\Omega}_2, \end{cases} \tag{15.2.33}$$

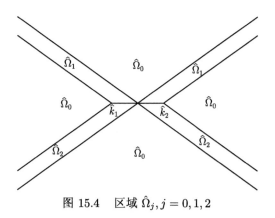

图 15.4   区域 $\hat{\Omega}_j, j = 0, 1, 2$

且 $\phi = \arg \rho$ 满足 Painlevé II RH 问题如果令

$$q = i|\rho|, \quad p = \bar{q} = -i|\rho|, \quad r = 0, \tag{15.2.34}$$

其满足关系式 (15.3.63). 若展开

$$\hat{M}^{(2)}(\rho, s; \hat{k}) = I + \frac{\hat{M}_1^{(2)}(s)}{\hat{k}} + O(\hat{k}^{-2}), \tag{15.2.35}$$

于是有

$$(\hat{M}_1^{(2)}(s))_{12} = \frac{y(s)}{2i}, \quad (\hat{M}_1^{(2)}(s))_{21} = -\frac{y(s)}{2i}, \tag{15.2.36}$$

其中 $y(s)$ 是 Painlevé II 方程 (15.2.24) 的纯虚解满足 $s \to +\infty$,

$$y(s) \sim i|\rho|\mathrm{Ai}(s).$$

结合之前的变换可知 (15.2.31) 成立. □

15.3 区域 (ii) 中解的长时间渐近分析

本节旨在将原始的 RH 问题 (15.2.13) 形变至一类精确可解的 RH 问题进而得到 fmKdV 方程 (15.1.1) 解的长时间精确渐近表达式. 方便起见, 假设 $a(k) \neq 0$, $\{k \in \mathbb{C} | \mathrm{Im}\, k \geqslant 0\}$, 使得离散谱不存在. 即考虑如下的 RH 问题

$$\begin{cases} M_+(x,t;k) = M_-(x,t;k)J(x,t;k), & k \in \mathbb{R}, \\ M(x,t;k) \to I, & k \to \infty, \end{cases} \tag{15.3.1}$$

其中跳跃矩阵 $J(x,t;k)$ 为

$$J(x,t;k) = \begin{pmatrix} 1 + |r(k)|^2 & \bar{r}(k)\mathrm{e}^{-t\Phi(k)} \\ r(k)\mathrm{e}^{t\Phi(k)} & 1 \end{pmatrix},$$
$$r(k) = \frac{\bar{b}(k)}{a(k)}, \quad \Phi(k) = 2\mathrm{i}(-k\xi + 16\beta k^5 - 4\alpha k^3), \quad \xi = \frac{x}{t}. \tag{15.3.2}$$

根据对称关系 (15.2.7) 可得

$$r(-k) = \overline{r(\bar{k})}, \quad k \in \mathbb{R}. \tag{15.3.3}$$

此外, 方程 (15.1.1) 的解 $u(x,t)$ 与 RH 问题的解 $M(x,t;k)$ 有如下的关系:

$$u(x,t) = -2\mathrm{i} \lim_{k \to \infty} (kM(x,t;k))_{12}. \tag{15.3.4}$$

由于跳跃矩阵 J 中涉及指数项 $\mathrm{e}^{\pm t\Phi}$, 因此, 当 $t \to \infty$ 时, $\Phi(k)$ 的实部符号表就起着关键的作用. 在区域 (ii): $\xi \in \mathcal{I} = \left(-\dfrac{9\alpha^2}{20\beta} + \varepsilon, -\varepsilon \right)$ 中, 由 $\dfrac{\partial \Phi}{\partial k} = 0$, $\Phi(k)$ 存在四个不同的实稳态点:

$$\pm k_1 = \pm \sqrt{\frac{3\alpha}{40\beta}\left(1 - \sqrt{1 + \frac{20\beta\xi}{9\alpha^2}}\right)}, \tag{15.3.5}$$

$$\pm k_2 = \pm \sqrt{\frac{3\alpha}{40\beta}\left(1 + \sqrt{1 + \frac{20\beta\xi}{9\alpha^2}}\right)}. \tag{15.3.6}$$

实部 $\Phi(k)$ 的符号表如图 15.5 所示.

第一次形变 从 RH 问题 (15.3.1) 出发, 引入一个新矩阵函数 $M^{(1)}$

$$M^{(1)}(x,t;k) = M(x,t;k)\delta^{-\sigma_3}(k), \tag{15.3.7}$$

其中复值函数 $\delta(k)$ 为

$$\delta(k) = \exp\left\{\frac{1}{2\pi i}\left(\int_{-k_2}^{-k_1} + \int_{k_1}^{k_2}\right)\frac{\ln(1+|r(s)|^2)}{s-k}ds\right\}, \quad k \in \mathbb{C}\backslash([-k_2,-k_1]\cup[k_1,k_2]).$$

$$(15.3.8)$$

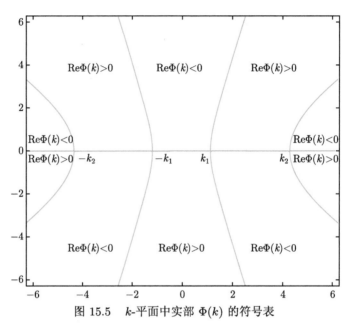

图 15.5　k-平面中实部 $\Phi(k)$ 的符号表

引理 15.3.1　函数 $\delta(k)$ 有以下性质:

(i) $\delta(k)$ 满足下面的跳跃关系:

$$\delta_+(k) = \delta_-(k)(1+|r(k)|^2), \quad k \in (-k_2,-k_1)\cup(k_1,k_2).$$

(ii) 当 $k \to \infty$, $\delta(k)$ 满足

$$\delta(k) = 1 + O(k^{-1}), \quad k \to \infty. \tag{15.3.9}$$

(iii) 对于 $k \in \mathbb{C}\backslash([-k_2,-k_1]\cup[k_1,k_2])$, $\delta(k)$ 和 $\delta^{-1}(k)$ 有界解析, 而其在 $(-k_2,-k_1)\cup(k_1,k_2)$ 上连续.

(iv) $\delta(k)$ 满足对称关系:

$$\delta(k) = \overline{\delta(\bar{k})}^{-1}, \quad k \in \mathbb{C}\backslash([-k_2,-k_1]\cup[k_1,k_2]).$$

则 $M^{(1)}(x,t;k)$ 满足

$$M_+^{(1)}(x,t;k) = M_-^{(1)}(x,t;k)J^{(1)}(x,t;k), \quad k \in \mathbb{R}, \tag{15.3.10}$$

其中跳跃矩阵 $J^{(1)} = \delta_-^{\sigma_3} J \delta_+^{-\sigma_3}$,

$$
\begin{aligned}
&J^{(1)}(x,t;k) \\
&= \begin{cases}
\begin{pmatrix} 1 & r_4(k)\delta^2(k)\mathrm{e}^{-t\Phi(k)} \\ 0 & 1 \end{pmatrix} \begin{pmatrix} 1 & 0 \\ r_1(k)\delta^{-2}(k)\mathrm{e}^{t\Phi(k)} & 1 \end{pmatrix}, & |k| > k_2, \ |k| < k_1, \\
\begin{pmatrix} 1 & 0 \\ r_3(k)\delta_-^{-2}(k)\mathrm{e}^{t\Phi}(k) & 1 \end{pmatrix} \begin{pmatrix} 1 & r_2(k)\delta_+^2(k)\mathrm{e}^{-t\Phi(k)} \\ 0 & 1 \end{pmatrix}, & k_1 < |k| < k_2,
\end{cases}
\end{aligned}
\tag{15.3.11}
$$

$\{r_j(k)\}_1^4$ 的定义如下

$$
\begin{aligned}
r_1(k) &= r(k), & r_2(k) &= \frac{\bar{r}(k)}{1 + r(k)\bar{r}(k)}, \\
r_3(k) &= \frac{r(k)}{1 + r(k)\bar{r}(k)}, & r_4(k) &= \bar{r}(k).
\end{aligned}
\tag{15.3.12}
$$

$\{r_j(k)\}_1^4$ **的解析分解** 定义复平面上的四个开集 $\{\Omega_j\}_1^4$, 如图 15.6 所示使得

$$\Omega_1 \cup \Omega_3 = \{k \in \mathbb{C} | \mathrm{Re}\Phi(k) < 0\},$$
$$\Omega_2 \cup \Omega_4 = \{k \in \mathbb{C} | \mathrm{Re}\Phi(k) > 0\}.$$

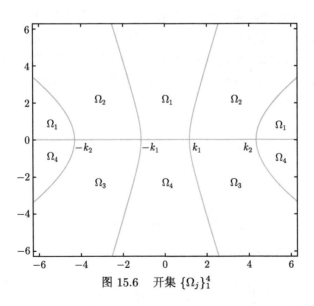

图 15.6 开集 $\{\Omega_j\}_1^4$

引理 15.3.2 $\{r_j(k)\}_1^4$ 存在如下分解

$$r_j(k) = \begin{cases} r_{j,a}(x,t,k) + r_{j,r}(x,t,k), & |k| > k_2,\ |k| < k_1,\ k \in \mathbb{R},\ j = 1,4, \\ r_{j,a}(x,t,k) + r_{j,r}(x,t,k), & k_1 < |k| < k_2,\ k \in \mathbb{R},\ j = 2,3, \end{cases}$$
(15.3.13)

其中 $\{r_{j,a}, r_{j,r}\}_1^4$ 有以下性质:

(1) 对于 $\xi \in \mathcal{I}$, $t > 0$, $j = 1,2,3,4$, $r_{j,a}(x,t,k)$ 在 $k \in \bar{\Omega}_j$ 上定义且连续, 且在 Ω_j 上解析.

(2) 函数 $r_{1,a}$ 和 $r_{4,a}$ 满足

$$|r_{j,a}(x,t,k)| \leqslant \frac{C}{1+|k|^2} e^{\frac{t}{4}|\mathrm{Re}\Phi(k)|}, \quad k \in \bar{\Omega}_j \cap \{k \in \mathbb{C}||\mathrm{Re}k| > k_2\}, \quad j = 1,4,$$
(15.3.14)

其中常数 C 不依赖 ξ, k, t.

(3) 当 $t \to \infty$ 时, 函数 $r_{1,r}(x,t,\cdot)$ 和 $r_{4,r}(x,t,\cdot)$ 在 $(-\infty,-k_2) \cup (k_2,\infty) \cup (-k_1,k_1)$ 上的 L^1, L^2 以及 L^∞ 范数满足 $O(t^{-3/2})$.

(4) 当 $t \to \infty$ 时, 函数 $r_{2,r}(x,t,\cdot)$ 和 $r_{3,r}(x,t,\cdot)$ 在 $(-k_2,-k_1) \cup (k_1,k_2)$ 上的 L^1, L^2 以及 L^∞ 范数满足 $O(t^{-3/2})$.

(5) 对于 $j = 1,2,3,4$, 下面的对称性成立:

$$r_{j,a}(x,t,k) = \overline{r_{j,a}(x,t,-\bar{k})}, \quad r_{j,r}(x,t,k) = \overline{r_{j,r}(x,t,-\bar{k})}.$$
(15.3.15)

证明　首先考虑谱函数 $r_1(k)$ 的分解. 记 $\Omega_1 = \Omega_1^1 \cup \Omega_1^2 \cup \Omega_1^3$, 其中 Ω_1^1, Ω_1^2 和 Ω_1^3 分别表示 Ω_1 在 $\{k \in \mathbb{C}|\mathrm{Re}k > k_2\}$, $\{k \in \mathbb{C}|\mathrm{Re}k < -k_2\}$ 中的区域以及剩余的部分. 我们推导 $r_1(k)$ 在区域 Ω_1^1 中的分解, 然后利用对称性将之延拓到区域 Ω_1^2, 最后给出 $r_1(k)$ 在 Ω_1^3 中的分解. 因为 $u_0(x) \in \mathcal{S}(\mathbb{R})$, 则 $r_1(k) = r(k) \in \mathcal{S}(\mathbb{R})$. 于是对于 $n = 0,1,2$, 可得

$$r_1^{(n)}(k) = \frac{\mathrm{d}^n}{\mathrm{d}k^n} \left(\sum_{j=0}^{6} \frac{r_1^{(j)}(k_2)}{j!} (k-k_2)^j \right) + O((k-k_2)^{7-n}), \quad k \to k_2,$$
(15.3.16)

令

$$f_0(k) = \sum_{j=5}^{11} \frac{a_j}{(k-\mathrm{i})^j},$$
(15.3.17)

其中 $\{a_j\}_5^{11}$ 为复值常数使得

$$f_0(k) = \sum_{j=0}^{6} \frac{r_1^{(j)}(k_2)}{j!} (k-k_2)^j + O((k-k_2)^7), \quad k \to k_2.$$
(15.3.18)

容易验证 (15.3.18) 对 a_j 施加了七个线性独立条件, 因此 a_j 存在且唯一. 令 $f = r_1 - f_0$, 则有

(i) $f_0(k)$ 为复平面上的有理函数且在区域 Ω_1^1 内没有奇点;

(ii)

$$\frac{\mathrm{d}^n}{\mathrm{d}k^n}f(k) = \begin{cases} O((k-k_2)^{7-n}), & k \to k_2, \\ O(k^{-5-n}), & k \to \infty, \end{cases} \quad k \in \mathbb{R}, \ n = 0,1,2. \qquad (15.3.19)$$

$r_1(k)$ 的分解如下. 定义映射 $k \mapsto \phi = \phi(k)$,

$$\phi(k) = -\mathrm{i}\Phi(k) = 2(16\beta k^5 - 4\alpha k^3 - \xi k), \qquad (15.3.20)$$

其为 $(k_2, \infty) \mapsto (-128\beta k_2^5 + 16\alpha k_2^3, \infty)$ 的双射 (图 15.7), 因此可定义函数 F

$$F(\phi) = \begin{cases} \dfrac{(k-\mathrm{i})^3}{k-k_2}f(k), & \phi > -128\beta k_2^5 + 16\alpha k_2^3, \\ 0, & \phi \leqslant -128\beta k_2^5 + 16\alpha k_2^3. \end{cases} \qquad (15.3.21)$$

则有

$$F^{(n)}(\phi) = \left(\frac{1}{160\beta(k^2 - k_2^2)\left(k^2 + k_2^2 - \dfrac{3\alpha}{20\beta}\right)} \frac{\partial}{\partial k} \right)^n \left(\frac{(k-\mathrm{i})^3}{k-k_2}f(k) \right),$$

$$\phi > -128\beta k_2^5 + 16\alpha k_2^3.$$

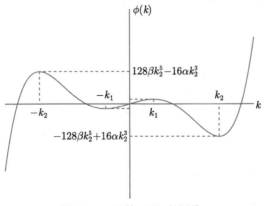

图 15.7 函数 $\phi(k)$ 的图像

由 (15.3.19), 对于 $n = 0, 1, 2$, 当 $|\phi| \to \infty$ 时, $F^{(n)}(\phi) = O(|\phi|^{-3/5})$. 因此,

$$\left\| \frac{\mathrm{d}^n F}{\mathrm{d}\phi^n} \right\|_{L^2(\mathbb{R})} < \infty, \quad n = 0, 1, 2, \tag{15.3.22}$$

即 F 属于 $H^2(\mathbb{R})$. 定义函数 F 的傅里叶变换 $\hat{F}(s)$ 为

$$\hat{F}(s) = \frac{1}{2\pi} \int_{\mathbb{R}} F(\phi)\mathrm{e}^{-\mathrm{i}\phi s}\mathrm{d}\phi,$$

其中

$$F(\phi) = \int_{\mathbb{R}} \hat{F}(s)\mathrm{e}^{\mathrm{i}\phi s}\mathrm{d}s, \tag{15.3.23}$$

根据 Plancherel 定理得 $\|s^2 \hat{F}(s)\|_{L^2(\mathbb{R})} < \infty$. 联立方程 (15.3.21) 和 (15.3.23) 知

$$f(k) = \frac{k - k_2}{(k - \mathrm{i})^3} \int_{\mathbb{R}} \hat{F}(s)\mathrm{e}^{\mathrm{i}\phi s}\mathrm{d}s, \quad k > k_2. \tag{15.3.24}$$

改写函数 f 为

$$f(k) = f_a(x, t, k) + f_r(x, t, k), \quad t > 0, \ k > k_2,$$

其中函数 f_a 和 f_r 的定义为

$$f_a(x, t, k) = \frac{k - k_2}{(k - \mathrm{i})^3} \int_{-\frac{t}{4}}^{\infty} \hat{F}(s)\mathrm{e}^{s\Phi(k)}\mathrm{d}s, \quad t > 0, \ k \in \Omega_1^1,$$

$$f_r(x, t, k) = \frac{k - k_2}{(k - \mathrm{i})^3} \int_{-\infty}^{-\frac{t}{4}} \hat{F}(s)\mathrm{e}^{s\Phi(k)}\mathrm{d}s, \quad t > 0, \ k > k_2,$$

则有 $f_a(x, t, \cdot)$ 在 $\bar{\Omega}_1^1$ 上连续, 在 Ω_1^1 上解析. 此外还有

$$|f_a(x, t, k)| \leqslant \frac{|k - k_2|}{|k - \mathrm{i}|^3} \|\hat{F}(s)\|_{L^1(\mathbb{R})} \sup_{s \geqslant -\frac{t}{4}} \mathrm{e}^{s\mathrm{Re}\Phi(k)}$$

$$\leqslant \frac{C|k - k_2|}{|k - \mathrm{i}|^3} \mathrm{e}^{\frac{t}{4}|\mathrm{Re}\Phi(k)|}, \quad t > 0, \ k \in \bar{\Omega}_1^1, \ \xi \in \mathcal{I} \tag{15.3.25}$$

和

$$|f_r(x, t, k)| \leqslant \frac{|k - k_2|}{|k - \mathrm{i}|^3} \int_{-\infty}^{-\frac{t}{4}} s^2 |\hat{F}(s)| s^{-2} \mathrm{d}s$$

$$\leqslant \frac{C}{1 + |k|^2} \|s^2 \hat{F}(s)\|_{L^2(\mathbb{R})} \sqrt{\int_{-\infty}^{-\frac{t}{4}} s^{-4} \mathrm{d}s},$$

$$\leqslant \frac{C}{1+|k|^2}t^{-3/2}, \quad t > 0, \ k > k_2, \ \xi \in \mathcal{I}. \tag{15.3.26}$$

所以, f_r 在 (k_2, ∞) 上的 L^1, L^2 和 L^∞ 范数满足 $O(t^{-3/2})$. 令

$$\begin{aligned} r_{1,a}(x,t,k) &= f_0(k) + f_a(x,t,k), \quad t > 0, \ k \in \bar{\Omega}_1^1, \\ r_{1,r}(x,t,k) &= f_r(x,t,k), \qquad\qquad\quad t > 0, \ k > k_2, \end{aligned} \tag{15.3.27}$$

即得 $r_1(k)$ 在区域 Ω_1^1 中的分解. 对于 $k < -k_2$, 利用对称性 (15.3.15) 将上述分解进行延拓即得.

下面推导 $r_1(k)$ 在区间 $-k_1 < k < k_1$ 上的分解. 类似文献 [33, 73] 中的方法, 改写函数 $r_1(k)$ 如下:

$$r_1(k) = r_+(k^2) + kr_-(k^2), \quad k \in \mathbb{R}, \tag{15.3.28}$$

其中 $r_\pm : [0, \infty) \to \mathbb{C}$ 的定义分别为

$$r_+(s) = \frac{r_1(\sqrt{s}) + r_1(-\sqrt{s})}{2}, \quad r_-(s) = \frac{r_1(\sqrt{s}) - r_1(-\sqrt{s})}{2\sqrt{s}}, \quad s \geqslant 0.$$

对函数 $r_1(k)$ 作如下的泰勒级数展开

$$r_1(k) = \sum_{j=0}^{10} q_j k^j + \frac{1}{10!}\int_0^k r_1^{(11)}(t)(k-t)^{10}\mathrm{d}t, \quad q_j = \frac{r_1^{(j)}(0)}{j!}. \tag{15.3.29}$$

于是可得

$$\begin{aligned} r_+(s) &= \sum_{j=0}^{5} q_{2j}s^j + \frac{1}{2 \times 10!}\int_0^{\sqrt{s}} (r_1^{(11)}(t) - r_1^{(11)}(-t))(\sqrt{s} - t)^{10}\mathrm{d}t, \\ r_-(s) &= \sum_{j=0}^{4} q_{2j+1}s^j + \frac{1}{2 \times 10!\sqrt{s}}\int_0^{\sqrt{s}} (r_1^{(11)}(t) + r_1^{(11)}(-t))(\sqrt{s} - t)^{10}\mathrm{d}t. \end{aligned} \tag{15.3.30}$$

令 $\{p_j^\pm\}_0^4$ 表示泰勒级数的系数

$$r_\pm(k^2) = \sum_{j=0}^{4} p_j^\pm (k^2 - k_1^2)^j + \frac{1}{4!}\int_{k_1^2}^{k^2} r_\pm^{(5)}(t)(k^2 - t)^4\mathrm{d}t,$$

则可知 $f_0(k)$:

$$f_0(k) = \sum_{j=0}^{4} p_j^+ (k^2 - k_1^2)^j + k\sum_{j=0}^{4} p_j^- (k^2 - k_1^2)^j, \tag{15.3.31}$$

有下列性质:

(i) $f_0(k)$ 为复平面上的多项式且其系数有界.

(ii) $f(k) = r_1(k) - f_0(k)$ 满足

$$\frac{\mathrm{d}^n}{\mathrm{d}k^n} f(k) \leqslant C|k^2 - k_1^2|^{5-n}, \quad -k_1 < k < k_1, \ \xi \in \mathcal{I}, \ n = 0, 1, 2, \qquad (15.3.32)$$

其中 C 不依赖 ξ, k. 于是 $r_1(k)$ 在 $-k_1 < k < k_1$ 上的分解推导如下. 因为由 (15.3.20) 定义的映射 $k \mapsto \phi$ 是 $(-k_1, k_1) \to (128\beta k_1^5 - 16\alpha k_1^3, -128\beta k_1^5 + 16\alpha k_1^3)$ 的双射 (参见图 15.7), 因此可定义函数 $F(\phi)$ 如下:

$$F(\phi) = \begin{cases} \dfrac{1}{k^2 - k_1^2} f(k), & |\phi| < -128\beta k_1^5 + 16\alpha k_1^3, \\[2mm] 0, & |\phi| \geqslant -128\beta k_1^5 + 16\alpha k_1^3. \end{cases} \qquad (15.3.33)$$

则有

$$F^{(n)}(\phi) = \left(\frac{1}{160\beta(k^2 - k_1^2)\left(k^2 + k_1^2 - \dfrac{3\alpha}{20\beta}\right)} \frac{\partial}{\partial k} \right)^n \frac{f(k)}{k^2 - k_1^2},$$
$$|\phi| < -128\beta k_1^5 + 16\alpha k_1^3. \qquad (15.3.34)$$

由方程 (15.3.32) 和 (15.3.34) 可得

$$\left| \frac{\mathrm{d}^n}{\mathrm{d}\phi^n} F(\phi) \right| \leqslant C, \quad |\phi| < -128\beta k_1^5 + 16\alpha k_1^3, \quad n = 0, 1, 2.$$

因此, $F(\phi)$ 满足 (15.3.22). 另一方面, 根据 (15.3.23) 和 (15.3.33) 得

$$(k^2 - k_1^2) \int_{\mathbb{R}} \hat{F}(s) \mathrm{e}^{s\Phi(k)} \mathrm{d}s = \begin{cases} f(k), & |k| < k_1, \\ 0, & |k| \geqslant k_1. \end{cases} \qquad (15.3.35)$$

令

$$f(k) = f_a(x, t, k) + f_r(x, t, k), \quad t > 0, \ |k| < k_1, \ \xi \in \mathcal{I},$$

其中函数 f_a 和 f_r 的定义分别为

$$f_a(x, t, k) = (k^2 - k_1^2) \int_{-\frac{t}{4}}^{\infty} \hat{F}(s) \mathrm{e}^{s\Phi(k)} \mathrm{d}s, \quad t > 0, \ k \in \Omega_1^3,$$

$$f_r(x, t, k) = (k^2 - k_1^2) \int_{-\infty}^{-\frac{t}{4}} \hat{F}(s) \mathrm{e}^{s\Phi(k)} \mathrm{d}s, \quad t > 0, \ |k| < k_1,$$

则可得 $f_a(x, t, \cdot)$ 在 $\bar{\Omega}_1^3$ 上连续, 在 Ω_1^3 上解析. 此外, 由 (15.3.25) 和 (15.3.26) 可得

$$|f_a(x, t, k)| \leqslant C|k^2 - k_1^2|\mathrm{e}^{\frac{t}{4}|\mathrm{Re}\Phi(k)|}, \quad t > 0, \ k \in \bar{\Omega}_1^3, \ \xi \in \mathcal{I},$$
$$|f_r(x, t, k)| \leqslant Ct^{-3/2}, \qquad\qquad t > 0, \ |k| < k_1, \ \xi \in \mathcal{I}.$$

于是有

$$r_{1,a}(x, t, k) = f_0(k) + f_a(x, t, k), \quad r_{1,r}(x, t, k) = f_r(x, t, k),$$

则我们得到 $r_1(k)$ 在 $|k| < k_1$ 上的分解. 因此, 我们得到了 $r_1(k)$ 在 $|k| > k_2$ 和 $|k| < k_1$ 上的如引理所述的分解. 函数 $r_3(k)$ 的分解可类似地按照 $r_1(k)$ 在 $|k| < k_1$ 上的分解方法得到.

最后, 函数 $r_2(k)$ 和 $r_4(k)$ 的分解可通过 $r_3(k)$ 和 $r_1(k)$ 的 Schwartz 共轭得到. $\qquad\square$

第二次形变 本次形变旨在将跳跃矩阵中涉及指数因子 $\mathrm{e}^{-t\Phi}$ 对应的跳跃曲线形变到 $\mathrm{Re}\Phi$ 为正的区域, 涉及因子 $\mathrm{e}^{t\Phi}$ 的跳跃曲线形变到 $\mathrm{Re}\Phi$ 为负的区域. 具体地, 令

$$M^{(2)}(x, t; k) = M^{(1)}(x, t; k)G(k), \tag{15.3.36}$$

其中

$$G(k) = \begin{cases} \begin{pmatrix} 1 & 0 \\ -r_{1,a}\delta^{-2}\mathrm{e}^{t\Phi} & 1 \end{pmatrix}, & k \in D_1, \quad \begin{pmatrix} 1 & -r_{2,a}\delta^2\mathrm{e}^{-t\Phi} \\ 0 & 1 \end{pmatrix}, & k \in D_2, \\[3mm] \begin{pmatrix} 1 & 0 \\ r_{3,a}\delta^{-2}\mathrm{e}^{t\Phi} & 1 \end{pmatrix}, & k \in D_3, \quad \begin{pmatrix} 1 & r_{4,a}\delta^2\mathrm{e}^{-t\Phi} \\ 0 & 1 \end{pmatrix}, & k \in D_4, \\[3mm] I, & k \in D_5 \cup D_6. \end{cases} \tag{15.3.37}$$

则矩阵函数 $M^{(2)}(x, t; k)$ 满足如下 RH 问题:

$$M_+^{(2)}(x, t; k) = M_-^{(2)}(x, t; k)J^{(2)}(x, t; k), \quad k \in \Upsilon, \tag{15.3.38}$$

其中跳跃矩阵 $J^{(2)} = G_-^{-1}(k)J^{(1)}G_+(k)$ 为

$$J_1^{(2)} = \begin{pmatrix} 1 & 0 \\ r_{1,a}\delta^{-2}\mathrm{e}^{t\Phi} & 1 \end{pmatrix}, \quad J_2^{(2)} = \begin{pmatrix} 1 & -r_{2,a}\delta^2\mathrm{e}^{-t\Phi} \\ 0 & 1 \end{pmatrix},$$

$$J_3^{(2)} = \begin{pmatrix} 1 & 0 \\ -r_{3,a}\delta^{-2}\mathrm{e}^{t\Phi} & 1 \end{pmatrix}, \quad J_4^{(2)} = \begin{pmatrix} 1 & r_{4,a}\delta^2\mathrm{e}^{-t\Phi} \\ 0 & 1 \end{pmatrix},$$

$$J_5^{(2)} = \begin{pmatrix} 1 & r_{4,r}\delta^2\mathrm{e}^{-t\Phi} \\ 0 & 1 \end{pmatrix} \begin{pmatrix} 1 & 0 \\ r_{1,r}\delta^{-2}\mathrm{e}^{t\Phi} & 1 \end{pmatrix},$$

$$J_6^{(2)} = \begin{pmatrix} 1 & 0 \\ r_{3,r}\delta_-^{-2}\mathrm{e}^{t\Phi} & 1 \end{pmatrix} \begin{pmatrix} 1 & r_{2,r}\delta_+^2\mathrm{e}^{-t\Phi} \\ 0 & 1 \end{pmatrix},$$

这里 $J_i^{(2)}$ 表示 $J^{(2)}$ 限制在图 15.8 标号为 i 的周线上的跳跃矩阵. 显然, 当 $t \to \infty$ 时, 跳跃矩阵 $J^{(2)}$ 除了在临近临界点 $\pm k_1$ 和 $\pm k_2$ 外都快速衰减到单位矩阵 I. 因此, 在研究长时间渐近性时我们只需考虑 $M^{(2)}(x,t;k)$ 满足的 RH 问题在临界点 $\pm k_1$ 和 $\pm k_2$ 邻域内的性质.

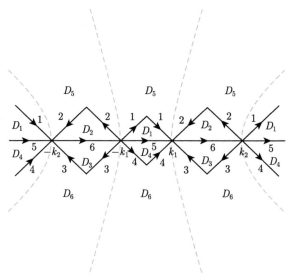

图 15.8 复值 k-平面上的有向周线 Υ 和开集 $\{D_j\}_1^6$

稳态点 $\pm k_1$ 和 $\pm k_2$ 邻域内的 RH 问题分析 引入如下的尺度变换算子:

$$\begin{aligned}
S_{-k_2} &: k \mapsto \frac{z}{4\sqrt{t(40\beta k_2^3 - 3\alpha k_2)}} - k_2, \\
S_{-k_1} &: k \mapsto \frac{z}{4\sqrt{t(3\alpha k_1 - 40\beta k_1^3)}} - k_1, \\
S_{k_1} &: k \mapsto \frac{z}{4\sqrt{t(3\alpha k_1 - 40\beta k_1^3)}} + k_1, \\
S_{k_2} &: k \mapsto \frac{z}{4\sqrt{t(40\beta k_2^3 - 3\alpha k_2)}} + k_2.
\end{aligned} \tag{15.3.39}$$

对公式 (15.3.8) 进行分部积分得

$$\delta(k) = \left(\frac{k-k_2}{k-k_1}\right)^{-\mathrm{i}\nu(k_1)} \left(\frac{k+k_1}{k+k_2}\right)^{-\mathrm{i}\nu(k_1)} \mathrm{e}^{\chi_1(k)}$$

$$= \left(\frac{k-k_2}{k-k_1}\right)^{-\mathrm{i}\nu(k_2)} \left(\frac{k+k_1}{k+k_2}\right)^{-\mathrm{i}\nu(k_2)} \mathrm{e}^{\chi_2(k)}, \tag{15.3.40}$$

其中

$$\nu(k_1) = \frac{1}{2\pi} \ln(1 + |r(k_1)|^2) > 0, \tag{15.3.41}$$

$$\chi_1(k) = \frac{1}{2\pi\mathrm{i}} \int_{k_1}^{k_2} \ln\left(\frac{1 + |r(s)|^2}{1 + |r(k_1)|^2}\right) \left(\frac{1}{s-k} - \frac{1}{s+k}\right) \mathrm{d}s, \tag{15.3.42}$$

$$\nu(k_2) = \frac{1}{2\pi} \ln(1 + |r(k_2)|^2) > 0, \tag{15.3.43}$$

$$\chi_2(k) = \frac{1}{2\pi\mathrm{i}} \int_{k_1}^{k_2} \ln\left(\frac{1 + |r(s)|^2}{1 + |r(k_2)|^2}\right) \left(\frac{1}{s-k} - \frac{1}{s+k}\right) \mathrm{d}s. \tag{15.3.44}$$

因此我们有

$$S_{-k_2}(\delta(k)\mathrm{e}^{-\frac{t\Phi(k)}{2}}) = \delta^0_{-k_2}(z)\delta^1_{-k_2}(z),$$

$$S_{-k_1}(\delta(k)\mathrm{e}^{-\frac{t\Phi(k)}{2}}) = \delta^0_{-k_1}(z)\delta^1_{-k_1}(z),$$

$$S_{k_1}(\delta(k)\mathrm{e}^{-\frac{t\Phi(k)}{2}}) = \delta^0_{k_1}(z)\delta^1_{k_1}(z),$$

$$S_{k_2}(\delta(k)\mathrm{e}^{-\frac{t\Phi(k)}{2}}) = \delta^0_{k_2}(z)\delta^1_{k_2}(z),$$

其中

$$\delta^0_{-k_2}(z) = \left(16tk_2^3(40\beta k_2^2 - 3\alpha)\right)^{-\frac{\mathrm{i}\nu(k_2)}{2}} 2^{-\mathrm{i}\nu(k_2)} \mathrm{e}^{\chi_2(-k_2)} \mathrm{e}^{-8\mathrm{i}k_2^3 t(8\beta k_2^2 - \alpha)}, \tag{15.3.45}$$

$$\delta^1_{-k_2}(z) = (-z)^{\mathrm{i}\nu(k_2)} \mathrm{e}^{(\chi_2(z/\sqrt{16tk_2(40\beta k_2^2 - 3\alpha)} - k_2) - \chi_2(-k_2))}$$

$$\times \left(\frac{-z/\sqrt{16tk_2(40\beta k_2^2 - 3\alpha)} - k_1 + k_2}{k_2}\right)^{-\mathrm{i}\nu(k_2)}$$

$$\times \left(\frac{k_2}{-z/\sqrt{16tk_2(40\beta k_2^2 - 3\alpha)} + k_1 + k_2}\right)^{-\mathrm{i}\nu(k_2)}$$

$$\times \left(\frac{-z/\sqrt{16tk_2(40\beta k_2^2 - 3\alpha)} + 2k_2}{2k_2}\right)^{-\mathrm{i}\nu(k_2)}$$

$$\times \exp\left(\frac{\mathrm{i}z^2}{4}\left[1 - \frac{(40\beta k_2^2 - \alpha)z}{4\sqrt{t}(40\beta k_2^3 - 3\alpha k_2)^{3/2}} + \frac{5\beta z^2}{4tk_2(40\beta k_2^2 - 3\alpha)^2}\right.\right.$$

$$\left.\left. - \frac{\beta z^3}{16t^{3/2}(40\beta k_2^3 - 3\alpha k_2)^{5/2}}\right]\right), \tag{15.3.46}$$

$$\delta^0_{-k_1}(z) = \left(16tk_1k_2^2(3\alpha - 40\beta k_1^2)\right)^{\frac{\mathrm{i}\nu(k_1)}{2}} \left(\frac{k_2}{2k_1}\right)^{-\mathrm{i}\nu(k_1)} \mathrm{e}^{\chi_1(-k_1)} \mathrm{e}^{-8\mathrm{i}k_1^3 t(8\beta k_1^2 - \alpha)},$$

$$\tag{15.3.47}$$

$$\delta^1_{-k_1}(z) = z^{-i\nu(k_1)}e^{(\chi_1(z/\sqrt{16tk_1(3\alpha-40\beta k_1^2)}-k_1)-\chi_1(-k_1))}$$

$$\times \left(\frac{k_2}{z/\sqrt{16tk_1(3\alpha-40\beta k_1^2)}-k_1+k_2}\right)^{-i\nu(k_1)}$$

$$\times \left(\frac{-z/\sqrt{16tk_1(3\alpha-40\beta k_1^2)}+k_1+k_2}{k_2}\right)^{-i\nu(k_1)}$$

$$\times \left(\frac{2k_1}{-z/\sqrt{16tk_1(3\alpha-40\beta k_1^2)}+2k_1}\right)^{-i\nu(k_1)}$$

$$\times \exp\left(-\frac{iz^2}{4}\left[1+\frac{(40\beta k_1^2-\alpha)z}{4\sqrt{t}(3\alpha k_1-40\beta k_1^3)^{3/2}}-\frac{5\beta z^2}{4tk_1(3\alpha-40\beta k_1^2)^2}\right.\right.$$

$$\left.\left.+\frac{\beta z^3}{16t^{3/2}(3\alpha k_1-40\beta k_1^3)^{5/2}}\right]\right), \tag{15.3.48}$$

$$\delta^0_{k_1}(z) = \left(16tk_1k_2^2(3\alpha-40\beta k_1^2)\right)^{-\frac{i\nu(k_1)}{2}}\left(\frac{k_2}{2k_1}\right)^{i\nu(k_1)}e^{\chi_1(k_1)}e^{8ik_1^3t(8\beta k_1^2-\alpha)}, \tag{15.3.49}$$

$$\delta^1_{k_1}(z) = (-z)^{i\nu(k_1)}e^{(\chi_1(z/\sqrt{16tk_1(3\alpha-40\beta k_1^2)}+k_1)-\chi_1(k_1))}$$

$$\times \left(\frac{-z/\sqrt{16tk_1(3\alpha-40\beta k_1^2)}-k_1+k_2}{k_2}\right)^{-i\nu(k_1)}$$

$$\times \left(\frac{k_2}{z/\sqrt{16tk_1(3\alpha-40\beta k_1^2)}+k_1+k_2}\right)^{-i\nu(k_1)}$$

$$\times \left(\frac{z/\sqrt{16tk_1(3\alpha-40\beta k_1^2)}+2k_1}{2k_1}\right)^{-i\nu(k_1)}$$

$$\times \exp\left(\frac{iz^2}{4}\left[1-\frac{(40\beta k_1^2-\alpha)z}{4\sqrt{t}(3\alpha k_1-40\beta k_1^3)^{3/2}}-\frac{5\beta z^2}{4tk_1(3\alpha-40\beta k_1^2)^2}\right.\right.$$

$$\left.\left.-\frac{\beta z^3}{16t^{3/2}(3\alpha k_1-40\beta k_1^3)^{5/2}}\right]\right), \tag{15.3.50}$$

$$\delta^0_{k_2}(z) = \left(16tk_2^3(40\beta k_2^2-3\alpha)\right)^{\frac{i\nu(k_2)}{2}}2^{i\nu(k_2)}e^{\chi_2(k_2)}e^{8ik_2^3t(8\beta k_2^2-\alpha)}, \tag{15.3.51}$$

$$\delta^1_{k_2}(z) = z^{-i\nu(k_2)}e^{(\chi_2(z/\sqrt{16tk_2(40\beta k_2^2-3\alpha)}+k_2)-\chi_2(k_2))}$$

$$\times \left(\frac{k_2}{z/\sqrt{16tk_2(40\beta k_2^2-3\alpha)}-k_1+k_2}\right)^{-i\nu(k_2)}$$

$$\times \left(\frac{2k_2}{z/\sqrt{16tk_2(40\beta k_2^2-3\alpha)}+2k_2}\right)^{-i\nu(k_2)}$$

$$\times \left(\frac{z/\sqrt{16tk_2(40\beta k_2^2 - 3\alpha)} + k_1 + k_2}{k_2} \right)^{-i\nu(k_2)}$$

$$\times \exp\left(-\frac{iz^2}{4}\left[1 + \frac{(40\beta k_2^2 - \alpha)z}{4\sqrt{t}(40\beta k_2^3 - 3\alpha k_2)^{3/2}} + \frac{5\beta z^2}{4tk_2(40\beta k_2^2 - 3\alpha)^2} \right. \right.$$

$$\left. \left. + \frac{\beta z^3}{16t^{3/2}(40\beta k_2^3 - 3\alpha k_2)^{5/2}} \right] \right). \tag{15.3.52}$$

对于 $j = 1, 2$, 令 $D_\varepsilon(\pm k_j)$ 表示以 $\pm k_j$ 为圆心以足够小 $\varepsilon > 0$ 为半径的圆盘. 定义

$$\tilde{\tilde{M}}(x,t;z) = M^{(2)}(x,t;k)(\delta_{-k_2}^0)^{\sigma_3}(z), \quad k \in D_\varepsilon(-k_2) \setminus \Upsilon,$$

$$\check{M}(x,t;z) = M^{(2)}(x,t;k)(\delta_{-k_1}^0)^{\sigma_3}(z), \quad k \in D_\varepsilon(-k_1) \setminus \Upsilon,$$

$$\check{M}(x,t;z) = M^{(2)}(x,t;k)(\delta_{k_1}^0)^{\sigma_3}(z), \quad k \in D_\varepsilon(k_1) \setminus \Upsilon,$$

$$\tilde{M}(x,t;z) = M^{(2)}(x,t;k)(\delta_{k_2}^0)^{\sigma_3}(z), \quad k \in D_\varepsilon(k_2) \setminus \Upsilon.$$

则 $\check{M}$, $\check{M}$, $\tilde{M}$ 和 $\tilde{M}$ 满足

$$\tilde{\tilde{M}}_+(x,t;z) = \tilde{\tilde{M}}_-(x,t;z)\tilde{\tilde{J}}(x,t;z), \quad k \in \mathcal{X}_{-k_2}^\varepsilon,$$

$$\check{M}_+(x,t;z) = \check{M}_-(x,t;z)\check{J}(x,t;z), \quad k \in \mathcal{X}_{-k_1}^\varepsilon,$$

$$\check{M}_+(x,t;z) = \check{M}_-(x,t;z)\check{J}(x,t;z), \quad k \in \mathcal{X}_{k_1}^\varepsilon,$$

$$\tilde{M}_+(x,t;z) = \tilde{M}_-(x,t;z)\tilde{J}(x,t;z), \quad k \in \mathcal{X}_{k_2}^\varepsilon,$$

其中 $\mathcal{X}_{\pm k_j} = X \pm k_j$ 表示以 $\pm k_j$ 为交叉中心的周线 X, 而 X 由 (11.3.1) 定义, $\mathcal{X}_{\pm k_j}^\varepsilon = \mathcal{X}_{\pm k_j} \cap D_\varepsilon(\pm k_j)$, $j = 1, 2$. 此外, 相对应的跳跃矩阵分别为

$$\tilde{\tilde{J}}(x,t;z) = \begin{cases} \begin{pmatrix} 1 & r_{2,a}(\delta_{-k_2}^1)^2 \\ 0 & 1 \end{pmatrix}, & k \in (\mathcal{X}_{-k_2}^\varepsilon)_1, \\[12pt] \begin{pmatrix} 1 & 0 \\ -r_{1,a}(\delta_{-k_2}^1)^{-2} & 1 \end{pmatrix}, & k \in (\mathcal{X}_{-k_2}^\varepsilon)_2, \\[12pt] \begin{pmatrix} 1 & -r_{4,a}(\delta_{-k_2}^1)^2 \\ 0 & 1 \end{pmatrix}, & k \in (\mathcal{X}_{-k_2}^\varepsilon)_3, \\[12pt] \begin{pmatrix} 1 & 0 \\ r_{3,a}(\delta_{-k_2}^1)^{-2} & 1 \end{pmatrix}, & k \in (\mathcal{X}_{-k_2}^\varepsilon)_4, \end{cases} \tag{15.3.53}$$

$$\check{J}(x,t;z) = \begin{cases} \begin{pmatrix} 1 & 0 \\ r_{1,a}(\delta^1_{-k_1})^{-2} & 1 \end{pmatrix}, & k \in (\mathcal{X}^\varepsilon_{-k_1})_1, \\[2mm] \begin{pmatrix} 1 & -r_{2,a}(\delta^1_{-k_1})^2 \\ 0 & 1 \end{pmatrix}, & k \in (\mathcal{X}^\varepsilon_{-k_1})_2, \\[2mm] \begin{pmatrix} 1 & 0 \\ -r_{3,a}(\delta^1_{-k_1})^{-2} & 1 \end{pmatrix}, & k \in (\mathcal{X}^\varepsilon_{-k_1})_3, \\[2mm] \begin{pmatrix} 1 & r_{4,a}(\delta^1_{-k_1})^2 \\ 0 & 1 \end{pmatrix}, & k \in (\mathcal{X}^\varepsilon_{-k_1})_4, \end{cases} \tag{15.3.54}$$

$$\breve{J}(x,t;z) = \begin{cases} \begin{pmatrix} 1 & r_{2,a}(\delta^1_{k_1})^2 \\ 0 & 1 \end{pmatrix}, & k \in (\mathcal{X}^\varepsilon_{k_1})_1, \\[2mm] \begin{pmatrix} 1 & 0 \\ -r_{1,a}(\delta^1_{k_1})^{-2} & 1 \end{pmatrix}, & k \in (\mathcal{X}^\varepsilon_{k_1})_2, \\[2mm] \begin{pmatrix} 1 & -r_{4,a}(\delta^1_{k_1})^2 \\ 0 & 1 \end{pmatrix}, & k \in (\mathcal{X}^\varepsilon_{k_1})_3, \\[2mm] \begin{pmatrix} 1 & 0 \\ r_{3,a}(\delta^1_{k_1})^{-2} & 1 \end{pmatrix}, & k \in (\mathcal{X}^\varepsilon_{k_1})_4, \end{cases} \tag{15.3.55}$$

$$\tilde{J}(x,t;z) = \begin{cases} \begin{pmatrix} 1 & 0 \\ r_{1,a}(\delta^1_{k_2})^{-2} & 1 \end{pmatrix}, & k \in (\mathcal{X}^\varepsilon_{k_2})_1, \\[2mm] \begin{pmatrix} 1 & -r_{2,a}(\delta^1_{k_2})^2 \\ 0 & 1 \end{pmatrix}, & k \in (\mathcal{X}^\varepsilon_{k_2})_2, \\[2mm] \begin{pmatrix} 1 & 0 \\ -r_{3,a}(\delta^1_{k_2})^{-2} & 1 \end{pmatrix}, & k \in (\mathcal{X}^\varepsilon_{k_2})_3, \\[2mm] \begin{pmatrix} 1 & r_{4,a}(\delta^1_{k_2})^2 \\ 0 & 1 \end{pmatrix}, & k \in (\mathcal{X}^\varepsilon_{k_2})_4. \end{cases} \tag{15.3.56}$$

对于跳跃矩阵 $\tilde{J}(x,t;z)$, 定义

$$q = r(k_2),$$

于是当 $t \to \infty$ 时, 有 $k(z) \to k_2$. 因此,

$$r_{1,a}(k) \to q, \quad r_{2,a}(k) \to \frac{\bar{q}}{1+|q|^2}, \quad \delta^1_{k_2} \to \mathrm{e}^{-\frac{\mathrm{i}z^2}{4}} z^{-\mathrm{i}\nu(q)}.$$

则对于足够大的 t, 矩阵 $\tilde{J}$ 趋于 J^X, 其中 J^X 由 (11.3.3) 定义. 即当 $t \to \infty$, k 趋于 k_2 时, 函数 $M^{(2)}$ 的跳跃矩阵趋于 $M^X(\delta^0_{k_2})^{-\sigma_3}$ 的跳跃矩阵. 因此在 k_2 的邻

域 $D_\varepsilon(k_2)$ 内可用下面的函数逼近 $M^{(2)}$:

$$M^{(k_2)}(x,t;k) = (\delta_{k_2}^0)^{\sigma_3} M^X(q,z)(\delta_{k_2}^0)^{-\sigma_3}, \tag{15.3.57}$$

其中 $M^X(q,z)$ 为 RH 问题 (11.3.2) 的解且满足 (11.3.4). 另一方面, 根据对称性 (15.3.3), 可得

$$\tilde{\tilde{J}}(x,t;z) \to \overline{J^X(q,-\bar{z})}, \quad t \to \infty.$$

因此, 根据 RH 问题解的唯一性, 在 $-k_2$ 的邻域 $D_\varepsilon(-k_2)$ 内可用下面的函数逼近 $M^{(2)}$:

$$M^{(-k_2)}(x,t;k) = (\delta_{-k_2}^0)^{\sigma_3} \overline{M^X(q,-\bar{z})}(\delta_{-k_2}^0)^{-\sigma_3}. \tag{15.3.58}$$

对于 $\check{J}(x,t;z)$, 当 $t \to \infty$ 时, 可得

$$r_{1,a}(k) \to r(k_1), \quad r_{2,a}(k) \to \overline{\frac{r(k_1)}{1+|r(k_1)|^2}}, \quad \delta_{k_1}^1 \to \mathrm{e}^{\frac{\mathrm{i}z^2}{4}}(-z)^{\mathrm{i}\nu(k_1)}.$$

所以当 $t \to \infty$ 时有

$$\check{J}(x,t;z) \to J^Y(p,z) = \begin{cases} \begin{pmatrix} 1 & \dfrac{\bar{p}}{1+|p|^2}\mathrm{e}^{\frac{\mathrm{i}z^2}{2}}(-z)^{2\mathrm{i}\nu(p)} \\ 0 & 1 \end{pmatrix}, & z \in X_1, \\[4mm] \begin{pmatrix} 1 & 0 \\ -p\mathrm{e}^{-\frac{\mathrm{i}z^2}{2}}(-z)^{-2\mathrm{i}\nu(p)} & 1 \end{pmatrix}, & z \in X_2, \\[4mm] \begin{pmatrix} 1 & -\bar{p}\mathrm{e}^{\frac{\mathrm{i}z^2}{2}}(-z)^{2\mathrm{i}\nu(p)} \\ 0 & 1 \end{pmatrix}, & z \in X_3, \\[4mm] \begin{pmatrix} 1 & 0 \\ \dfrac{p}{1+|p|^2}\mathrm{e}^{-\frac{\mathrm{i}z^2}{2}}(-z)^{-2\mathrm{i}\nu(p)} & 1 \end{pmatrix}, & z \in X_4, \end{cases}$$

其中

$$p = r(k_1).$$

容易验证

$$J^Y(p,z) = \overline{J^X(\bar{p},-\bar{z})},$$

则

$$M^Y(p,z) = \overline{M^X(\bar{p},-\bar{z})}, \tag{15.3.59}$$

其中 $M^Y(p, z)$ 是下面 RH 问题的唯一解

$$\begin{cases} M_+^Y(p, z) = M_-^Y(p, z) J^Y(p, z), & z \in X, \\ M^Y(p, z) \to I, & z \to \infty. \end{cases}$$

因此可得

$$M^Y(p, z) = I - \frac{\mathrm{i}}{z} \begin{pmatrix} 0 & \beta^Y(p) \\ \overline{\beta^Y(p)} & 0 \end{pmatrix} + O\left(\frac{p}{z^2}\right),$$

其中

$$\beta^Y(p) = \sqrt{\nu(p)} \mathrm{e}^{-\mathrm{i}(\frac{\pi}{4} + \arg p + \arg \Gamma(-\mathrm{i}\nu(p)))}.$$

所以, 在 k_1 的邻域 $D_\varepsilon(k_1)$ 内可用下面的函数逼近 $M^{(2)}$:

$$M^{(k_1)}(x, t; k) = (\delta_{k_1}^0)^{\sigma_3} M^Y(p, z)(\delta_{k_1}^0)^{-\sigma_3}. \tag{15.3.60}$$

再次利用 (15.3.3), 我们可用

$$M^{(-k_1)}(x, t; k) = (\delta_{-k_1}^0)^{\sigma_3} \overline{M^Y(p, -\bar{z})} (\delta_{-k_1}^0)^{-\sigma_3} \tag{15.3.61}$$

在 $-k_1$ 的邻域 $D_\varepsilon(-k_1)$ 内逼近 $M^{(2)}(x, t; k)$.

命题 15.3.1　令 $0 < \kappa < 1/2$ 为一给定的足够小正数, 则对于 $k \in (\mathcal{X}_{k_2}^\varepsilon)_1$, 即 $z = 4\sqrt{tk_2(40\beta k_2^2 - 3\alpha)} u \mathrm{e}^{\frac{\mathrm{i}\pi}{4}}, 0 \leqslant u \leqslant \varepsilon$, 有

$$\left| r_{1,a}\left(\frac{z}{4\sqrt{t(40\beta k_2^3 - 3\alpha k_2)}} + k_2 \right) (\delta_{k_2}^1)^{-2}(z) - r(k_2) \mathrm{e}^{\frac{\mathrm{i}z^2}{2}} z^{2\mathrm{i}\nu(k_2)} \right| \leqslant C(k_2) |\mathrm{e}^{\frac{\mathrm{i}\kappa}{2} z^2}| \frac{\ln t}{\sqrt{t}}. \tag{15.3.62}$$

证明　记

$$r_{1,a}\left(\frac{z}{4\sqrt{t(40\beta k_2^3 - 3\alpha k_2)}} + k_2 \right) (\delta_{k_2}^1)^{-2}(z) - r(k_2) \mathrm{e}^{\frac{\mathrm{i}z^2}{2}} z^{2\mathrm{i}\nu(k_2)}$$

$$= \mathrm{e}^{\mathrm{i}\kappa z^2} \left\{ r_{1,a}\left(\frac{z}{4\sqrt{t(40\beta k_2^3 - 3\alpha k_2)}} + k_2 \right) z^{2\mathrm{i}\nu(k_2)} \right.$$

$$\times \mathrm{e}^{-2[\chi_2(z/\sqrt{16tk_2(40\beta k_2^2 - 3\alpha)} + k_2) - \chi_2(k_2)]}$$

$$\times \left(\frac{k_2}{z/\sqrt{16tk_2(40\beta k_2^2 - 3\alpha)} - k_1 + k_2} \right)^{2\mathrm{i}\nu(k_2)}$$

$$\times \left(\frac{2k_2}{z/\sqrt{16tk_2(40\beta k_2^2 - 3\alpha)} + 2k_2} \right)^{2\mathrm{i}\nu(k_2)}$$

$$
\times \left(\frac{z/\sqrt{16tk_2(40\beta k_2^2 - 3\alpha)} + k_1 + k_2}{k_2} \right)^{2i\nu(k_2)}
$$

$$
\times \exp\left(\frac{i(1-2\kappa)z^2}{2} \left[1 + \frac{(40\beta k_2^2 - \alpha)z}{4(1-2\kappa)\sqrt{t}(40\beta k_2^3 - 3\alpha k_2)^{3/2}} \right.\right.
$$

$$
+ \frac{5\beta z^2}{4(1-2\kappa)tk_2(40\beta k_2^2 - 3\alpha)^2}
$$

$$
\left.\left. + \frac{\beta z^3}{16(1-2\kappa)t^{3/2}(40\beta k_2^3 - 3\alpha k_2)^{5/2}} \right] \right) - r(k_2)e^{\frac{i(1-2\kappa)z^2}{2}} z^{2i\nu(k_2)} \Bigg\}
$$

$$
= e^{\frac{i\kappa}{2}z^2}(\mathrm{I} + \mathrm{II} + \mathrm{III} + \mathrm{IV} + \mathrm{V} + \mathrm{VI}), \tag{15.3.63}
$$

其中

$$
\mathrm{I} = e^{\frac{i\kappa}{2}z^2} z^{2i\nu(k_2)} e^{\frac{i(1-2\kappa)z^2}{2}} \left[r_{1,a}\left(\frac{z}{4\sqrt{t(40\beta k_2^3 - 3\alpha k_2)}} + k_2 \right) - r(k_2) \right],
$$

$$
\mathrm{II} = e^{\frac{i\kappa}{2}z^2} z^{2i\nu(k_2)} r_{1,a}\left(\frac{z}{4\sqrt{t(40\beta k_2^3 - 3\alpha k_2)}} + k_2 \right) \left[e^{\frac{i(1-2\kappa)z^2}{2}(1+\Delta)} - e^{\frac{i(1-2\kappa)z^2}{2}} \right],
$$

$$
\mathrm{III} = e^{\frac{i\kappa}{2}z^2} z^{2i\nu(k_2)} r_{1,a}\left(\frac{z}{4\sqrt{t(40\beta k_2^3 - 3\alpha k_2)}} + k_2 \right) \exp\left(\frac{i(1-2\kappa)z^2}{2}(1+\Delta) \right)
$$

$$
\times \left[e^{-2[\chi_2(z/\sqrt{16tk_2(40\beta k_2^2 - 3\alpha)} + k_2) - \chi_2(k_2)]} - 1 \right],
$$

$$
\mathrm{IV} = e^{\frac{i\kappa}{2}z^2} z^{2i\nu(k_2)} r_{1,a}\left(\frac{z}{4\sqrt{t(40\beta k_2^3 - 3\alpha k_2)}} + k_2 \right) \exp\left(\frac{i(1-2\kappa)z^2}{2}(1+\Delta) \right)
$$

$$
\times e^{-2[\chi_2(z/\sqrt{16tk_2(40\beta k_2^2 - 3\alpha)} + k_2) - \chi_2(k_2)]}
$$

$$
\times \left[\left(\frac{k_2}{z/\sqrt{16tk_2(40\beta k_2^2 - 3\alpha)} - k_1 + k_2} \right)^{2i\nu(k_2)} - 1 \right],
$$

$$
\mathrm{V} = e^{\frac{i\kappa}{2}z^2} z^{2i\nu(k_2)} r_{1,a}\left(\frac{z}{4\sqrt{t(40\beta k_2^3 - 3\alpha k_2)}} + k_2 \right) \exp\left(\frac{i(1-2\kappa)z^2}{2}(1+\Delta) \right)
$$

$$
\times e^{-2[\chi_2(z/\sqrt{16tk_2(40\beta k_2^2 - 3\alpha)} + k_2) - \chi_2(k_2)]}
$$

$$
\times \left(\frac{k_2}{z/\sqrt{16tk_2(40\beta k_2^2 - 3\alpha)} - k_1 + k_2} \right)^{2i\nu(k_2)}
$$

$$
\times \left[\left(\frac{2k_2}{z/\sqrt{16tk_2(40\beta k_2^2 - 3\alpha)} + 2k_2} \right)^{2i\nu(k_2)} - 1 \right],
$$

$$
\mathrm{VI} = e^{\frac{i\kappa}{2}z^2} z^{2i\nu(k_2)} r_{1,a}\left(\frac{z}{4\sqrt{t(40\beta k_2^3 - 3\alpha k_2)}} + k_2 \right) \exp\left(\frac{i(1-2\kappa)z^2}{2}(1+\Delta) \right)
$$

$$
\times e^{-2[\chi_2(z/\sqrt{16tk_2(40\beta k_2^2 - 3\alpha)} + k_2) - \chi_2(k_2)]}
$$

$$\times \left(\frac{k_2}{z/\sqrt{16tk_2(40\beta k_2^2 - 3\alpha)} - k_1 + k_2} \right)^{2i\nu(k_2)}$$

$$\times \left(\frac{2k_2}{z/\sqrt{16tk_2(40\beta k_2^2 - 3\alpha)} + 2k_2} \right)^{2i\nu(k_2)}$$

$$\times \left[\left(\frac{z/\sqrt{16tk_2(40\beta k_2^2 - 3\alpha)} + k_1 + k_2}{k_2} \right)^{2i\nu(k_2)} - 1 \right],$$

$$\Delta = \frac{(40\beta k_2^2 - \alpha)z}{4(1 - 2\kappa)\sqrt{t}(40\beta k_2^3 - 3\alpha k_2)^{3/2}} + \frac{5\beta z^2}{4(1 - 2\kappa)tk_2(40\beta k_2^2 - 3\alpha)^2}$$

$$+ \frac{\beta z^3}{16(1 - 2\kappa)t^{3/2}(40\beta k_2^3 - 3\alpha k_2)^{5/2}}.$$

注意到等式 (15.3.63) 中的每一项都是一致有界的. 实际上, $\left| e^{\frac{i\kappa}{2}z^2} \right|$ 和 $\left| e^{\frac{i(1-2\kappa)z^2}{2}} \right|$ 有界显然成立, 根据 (15.3.14) 可知 $\left| r_{1,a}\left(\frac{z}{4\sqrt{t(40\beta k_2^2 - 3\alpha k_2)}} + k_2 \right) \right|$ 有界. 又因为 χ_2 为纯虚数, 则 $e^{-2[\chi_2(z/\sqrt{16tk_2(40\beta k_2^2 - 3\alpha)} + k_2) - \chi_2(k_2)]}$ 是有界的. 因为 $\nu(k_2) = \frac{1}{2\pi}\ln(1 + |r(k_2)|^2) < \infty$, 则有

$$\sup_{0 \leqslant s \leqslant \varepsilon} \left| \left(\frac{k_2}{4\sqrt{tk_2(40\beta k_2^2 - 3\alpha)}se^{\frac{i\pi}{4}}/\sqrt{16tk_2(40\beta k_2^2 - 3\alpha)} - k_1 + k_2} \right)^{2i\nu(k_2)} \right|$$

$$= \sup_{0 \leqslant s \leqslant \varepsilon} e^{2\nu(k_2)\arg(1 - k_1/k_2 + s/k_2 e^{\frac{i\pi}{4}})} \leqslant C,$$

且 $|z^{2i\nu(k_2)}| = e^{-2\nu(k_2)\arg(z)}$ 是有界的. 另外, 对于 κ 足够小, 有

$$\mathrm{Re}(1 + \Delta) = 1 + \frac{(40\beta k_2^2 - \alpha)z}{4(1 - 2\kappa)\sqrt{t}(40\beta k_2^3 - 3\alpha k_2)^{3/2}} + \frac{5\beta z^2}{4(1 - 2\kappa)tk_2(40\beta k_2^2 - 3\alpha)^2}$$

$$+ \frac{\beta z^3}{16(1 - 2\kappa)t^{3/2}(40\beta k_2^3 - 3\alpha k_2)^{5/2}}$$

$$= 1 + \frac{(40\beta k_2^2 - \alpha)s}{\sqrt{2}(1 - 2\kappa)(40\beta k_2^3 - 3\alpha k_2)} - \frac{2\sqrt{2}\beta s^3}{(1 - 2\kappa)(40\beta k_2^3 - 3\alpha k_2)} > 0,$$

因此 $e^{\frac{i(1-2\kappa)z^2}{2}(1+\Delta)}$ 是有界的. 根据引理 15.3.2,

$$|\mathrm{I}| \leqslant C|e^{\frac{i\kappa}{2}z^2}ze^{\frac{t}{4}|\mathrm{Re}\Phi(k)|}| \frac{1}{4\sqrt{t(40\beta k_2^3 - 3\alpha k_2)}} \leqslant \frac{C}{\sqrt{t}},$$

其中 $\mathrm{Re}\Phi(k) < 0$ 对于 $k \in (\mathcal{X}_{k_2}^{\varepsilon})_1$.

$$|\mathrm{II}| \leqslant C|e^{\frac{i\kappa}{2}z^2}| \sup_{0 \leqslant \varepsilon \leqslant 1} \left| \frac{\mathrm{d}}{\mathrm{d}\varepsilon} e^{\frac{i(1-2\kappa)z^2}{2}(1+\varepsilon\Delta)} \right| \leqslant \frac{C}{\sqrt{t}}.$$

$$
|\mathrm{III}| \leqslant C \sup_{0 \leqslant \varepsilon \leqslant 1} \left| \mathrm{e}^{-2\varepsilon[\chi_2(z/\sqrt{16tk_2(40\beta k_2^2 - 3\alpha)} + k_2) - \chi_2(k_2)]} \right|
$$

$$
\times \left| 2\mathrm{e}^{\frac{\mathrm{i}\kappa}{2}z^2} \left[\chi_2\left(\frac{z}{\sqrt{16tk_2(40\beta k_2^2 - 3\alpha)}} + k_2 \right) - \chi_2(k_2) \right] \right|.
$$

根据 (15.3.44) 可得

$$
\chi_2(k) = \frac{1}{2\pi\mathrm{i}} \left\{ \ln\left(\frac{1 + |r(k_1)|^2}{1 + |r(k_2)|^2} \right) [\ln(k + k_1) - \ln(k - k_1)] \right.
$$

$$
\left. + \int_{k_1}^{k_2} [\ln(k + s) - \ln(k - s)] \mathrm{d}\ln(1 + |r(s)|^2) \right\}.
$$

则

$$
\chi_2\left(\frac{z}{\sqrt{16tk_2(40\beta k_2^2 - 3\alpha)}} + k_2 \right) - \chi_2(k_2)
$$

$$
= \frac{1}{2\pi\mathrm{i}} \left\{ \ln\left(\frac{1 + |r(k_1)|^2}{1 + |r(k_2)|^2} \right) \left[\ln\left(\frac{\frac{z}{\sqrt{16tk_2(40\beta k_2^2 - 3\alpha)}} + k_2 + k_1}{k_2 + k_1} \right) \right. \right.
$$

$$
\left. - \ln\left(\frac{\frac{z}{\sqrt{16tk_2(40\beta k_2^2 - 3\alpha)}} + k_2 - k_1}{k_2 - k_1} \right) \right]
$$

$$
+ \int_{k_1}^{k_2} \left[\ln\left(\frac{\frac{z}{\sqrt{16tk_2(40\beta k_2^2 - 3\alpha)}} + k_2 + s}{k_2 + s} \right) \right.
$$

$$
\left. \left. - \ln\left(\frac{\frac{z}{\sqrt{16tk_2(40\beta k_2^2 - 3\alpha)}} + k_2 - s}{k_2 - s} \right) \right] \mathrm{d}\ln(1 + |r(s)|^2) \right\} = \mathrm{III}_1 + \mathrm{III}_2.
$$

利用不等式 $|\ln(1 + a)| \leqslant |a|$, 我们有

$$
|\mathrm{e}^{\frac{\mathrm{i}\kappa}{2}z^2} \mathrm{III}_1| \leqslant C|\mathrm{e}^{\frac{\mathrm{i}\kappa}{2}z^2} z| \frac{1}{\sqrt{t}} \leqslant \frac{C}{\sqrt{t}}.
$$

记 $\mathrm{III}_2 = \mathrm{III}_{2,1} - \mathrm{III}_{2,2}$, 其中

$$
\mathrm{III}_{2,1} = \int_{k_1}^{k_2} \ln\left(\frac{\frac{z}{\sqrt{16tk_2(40\beta k_2^2 - 3\alpha)}} + k_2 + s}{k_2 + s} \right) \mathrm{d}\ln(1 + |r(s)|^2),
$$

$$\text{III}_{2,2} = \int_{k_1}^{k_2} \ln \left(\frac{\dfrac{z}{\sqrt{16tk_2(40\beta k_2^2 - 3\alpha)}} + k_2 - s}{k_2 - s} \right) \mathrm{d}\ln(1 + |r(s)|^2).$$

令 $g(s) = \partial_s \ln(1 + |r(k_2 s)|^2)$, 则可得

$$\text{III}_{2,2} = \int_1^{k_1/k_2} \ln \left(\frac{\dfrac{z}{\sqrt{16tk_2(40\beta k_2^2 - 3\alpha)}} + k_2 - k_2 s}{k_2 - k_2 s} \right) \mathrm{d}\ln(1 + |r(k_2 s)|^2)$$

$$= \int_1^{k_1/k_2} g(1) \ln \left(\frac{\dfrac{z}{\sqrt{16tk_2(40\beta k_2^2 - 3\alpha)}} + k_2 - k_2 s}{k_2 - k_2 s} \right) \mathrm{d}s$$

$$+ \int_1^{k_1/k_2} [g(s) - g(1)] \ln \left(\frac{\dfrac{z}{\sqrt{16tk_2(40\beta k_2^2 - 3\alpha)}} + k_2 - k_2 s}{k_2 - k_2 s} \right) \mathrm{d}s$$

$$= \text{III}_{2,2,1} + \text{III}_{2,2,2}.$$

因此有

$$\left| \mathrm{e}^{\frac{\mathrm{i}\kappa}{2} z^2} \text{III}_{2,2,2} \right| \leqslant \frac{\left| \mathrm{e}^{\frac{\mathrm{i}\kappa}{2} z^2} z \right|}{k_2 \sqrt{16tk_2(40\beta k_2^2 - 3\alpha)}} \int_1^{k_1/k_2} \left| \frac{g(s) - g(1)}{s - 1} \right| \mathrm{d}s$$

$$\leqslant \frac{C}{\sqrt{t}}.$$

另一方面,

$$\text{III}_{2,2,1} = \frac{g(1)}{k_2} \int_0^{k_2 - k_1} \ln \left(\frac{\dfrac{z}{\sqrt{16tk_2(40\beta k_2^2 - 3\alpha)}} + s}{s} \right) \mathrm{d}s.$$

如果 $k_2 - k_1 < 1$, 则可得

$$\text{III}_{2,2,1} \leqslant \frac{g(1)}{k_2} \int_0^1 \ln \left(\frac{\dfrac{z}{\sqrt{16tk_2(40\beta k_2^2 - 3\alpha)}} + s}{s} \right) \mathrm{d}s$$

$$= \frac{g(1)}{k_2} \left\{ \ln \left(\frac{z}{\sqrt{16tk_2(40\beta k_2^2 - 3\alpha)}} + 1 \right) + \frac{z}{\sqrt{16tk_2(40\beta k_2^2 - 3\alpha)}} \right.$$

$$\times \left[\ln\left(\frac{z}{\sqrt{16tk_2(40\beta k_2^2 - 3\alpha)}} + 1 \right) - \ln\left(\frac{z}{\sqrt{16tk_2(40\beta k_2^2 - 3\alpha)}} \right) \right] \Bigg\}.$$

因此,

$$
\begin{aligned}
|\mathrm{e}^{\frac{\mathrm{i}\kappa}{2}z^2}\mathrm{III}_{2,2,1}| &\leqslant \frac{C|\mathrm{e}^{\frac{\mathrm{i}\kappa}{2}z^2}z|}{\sqrt{16tk_2(40\beta k_2^2 - 3\alpha)}}\left(1 + \frac{|z|}{\sqrt{16tk_2(40\beta k_2^2 - 3\alpha)}} \right) \\
&\quad + \frac{C|\mathrm{e}^{\frac{\mathrm{i}\kappa}{2}z^2}z\ln z|}{\sqrt{16tk_2(40\beta k_2^2 - 3\alpha)}} \\
&\quad + \frac{C|\mathrm{e}^{\frac{\mathrm{i}\kappa}{2}z^2}z|}{\sqrt{16tk_2(40\beta k_2^2 - 3\alpha)}}\left| \ln\left(\frac{1}{\sqrt{16tk_2(40\beta k_2^2 - 3\alpha)}} \right) \right| \\
&\leqslant C\frac{\ln t}{\sqrt{t}}.
\end{aligned}
$$

如果 $k_2 - k_1 \geqslant 1$, 我们有

$$\mathrm{III}_{2,2,1} = \frac{g(1)}{k_2}\left(\int_0^1 + \int_1^{k_2-k_1} \right)\ln\left(\frac{\frac{z}{\sqrt{16tk_2(40\beta k_2^2 - 3\alpha)}} + s}{s} \right)\mathrm{d}s.$$

此外,

$$
\begin{aligned}
&\left| \mathrm{e}^{\frac{\mathrm{i}\kappa}{2}z^2}\frac{g(1)}{k_2}\int_1^{k_2-k_1}\ln\left(\frac{\frac{z}{\sqrt{16tk_2(40\beta k_2^2 - 3\alpha)}} + s}{s} \right)\mathrm{d}s \right| \\
&\leqslant C|\mathrm{e}^{\frac{\mathrm{i}\kappa}{2}z^2}z|\int_1^{k_2-k_1}\frac{1}{s\sqrt{16tk_2(40\beta k_2^2 - 3\alpha)}}\mathrm{d}s \leqslant \frac{C}{\sqrt{t}}.
\end{aligned}
$$

因此同样有

$$|\mathrm{e}^{\frac{\mathrm{i}\kappa}{2}z^2}\mathrm{III}_{2,2,1}| \leqslant C\frac{\ln t}{\sqrt{t}}.$$

这就证明了

$$|\mathrm{III}| \leqslant C\frac{\ln t}{\sqrt{t}}.$$

$$
\begin{aligned}
|\mathrm{IV}| &\leqslant C\left| \mathrm{e}^{\frac{\mathrm{i}\kappa}{2}z^2}\int_1^{1-k_1/k_2+z[16tk_2(40\beta k_2^2-3\alpha)]^{-1/2}}\tau^{-2\mathrm{i}\nu(k_2)-1}\mathrm{d}\tau \right| \\
&\leqslant C\frac{|\mathrm{e}^{\frac{\mathrm{i}\kappa}{2}z^2}z|}{\sqrt{t}}\sup\left\{ |\tau^{-2\mathrm{i}\nu(k_2)-1}| : \tau = 1 - \frac{s'k_1}{k_2} \right.
\end{aligned}
$$

$$+\frac{s'z}{\sqrt{16tk_2(40\beta k_2^2-3\alpha)}}, 0\leqslant s'\leqslant 1\Bigg\}$$

$$\leqslant\frac{C}{\sqrt{t}},$$

其中 $|\tau^{-2\mathrm{i}\nu(k_2)-1}|\leqslant C\mathrm{e}^{2\nu(k_2)\arg(\tau)}<C$ 对于 $\tau=1-\dfrac{s'k_1}{k_2}+\dfrac{s'z}{\sqrt{16tk_2(40\beta k_2^2-3\alpha)}}=$

$1-\dfrac{s'k_1}{k_2}+s'se^{\frac{\pi \mathrm{i}}{4}}, 0\leqslant s'\leqslant 1, 0\leqslant s\leqslant\varepsilon.$ 对于 V 和 VI 类似地估计也可得到.　□

引理 15.3.3　对于任意的 $t>0$, $\xi\in\mathcal{I}$, $j=1,2$, 由 (15.3.60), (15.3.61), (15.3.57) 和 (15.3.58) 分别定义的函数 $M^{(\pm k_j)}(x,t;k)$ 在 $k\in D_\varepsilon(\pm k_j)\setminus\mathcal{X}^\varepsilon_{\pm k_j}$ 上解析. 此外,

$$|M^{(\pm k_j)}(x,t;k)-I|\leqslant C,\quad t>3, \xi\in\mathcal{I}, k\in\overline{D_\varepsilon(\pm k_j)}\setminus\mathcal{X}^\varepsilon_{\pm k_j}, j=1,2. \quad (15.3.64)$$

在 $\mathcal{X}^\varepsilon_{\pm k_j}$ 上, $M^{(\pm k_j)}(x,t;k)$ 满足跳跃条件 $M^{(\pm k_j)}_+=M^{(\pm k_j)}_- J^{(\pm k_j)}$, 其中跳跃矩阵 $J^{(\pm k_j)}$ 对于 $1\leqslant n\leqslant\infty$ 满足如下估计:

$$\|J^{(2)}-J^{(\pm k_j)}\|_{L^n(\mathcal{X}^\varepsilon_{\pm k_j})}\leqslant Ct^{-\frac{1}{2}-\frac{1}{2n}}\ln t,\quad t>3, \xi\in\mathcal{I}, j=1,2, \quad (15.3.65)$$

其中 $C>0$ 是一个常数且不依赖于 t,ξ,k. 当 $t\to\infty$ 时, 我们有

$$\|(M^{(\pm k_j)})^{-1}(x,t;k)-I\|_{L^\infty(\partial D_\varepsilon(\pm k_j))}=O(t^{-1/2}), \quad (15.3.66)$$

并且

$$\frac{1}{2\pi\mathrm{i}}\int_{\partial D_\varepsilon(k_1)}((M^{(k_1)})^{-1}(x,t;k)-I)\mathrm{d}k$$

$$=-\frac{(\delta^0_{k_1})^{\hat\sigma_3}M^Y_1(\xi)}{4\sqrt{tk_1(3\alpha-40\beta k_1^2)}}+O(t^{-1}), \quad (15.3.67)$$

$$\frac{1}{2\pi\mathrm{i}}\int_{\partial D_\varepsilon(-k_1)}((M^{(-k_1)})^{-1}(x,t;k)-I)\mathrm{d}k$$

$$=\frac{(\delta^0_{-k_1})^{\hat\sigma_3}\overline{M^Y_1(\xi)}}{4\sqrt{tk_1(3\alpha-40\beta k_1^2)}}+O(t^{-1}), \quad (15.3.68)$$

$$\frac{1}{2\pi\mathrm{i}}\int_{\partial D_\varepsilon(k_2)}((M^{(k_2)})^{-1}(x,t;k)-I)\mathrm{d}k$$

$$=-\frac{(\delta^0_{k_2})^{\hat\sigma_3}M^X_1(\xi)}{4\sqrt{tk_2(40\beta k_2^2-3\alpha)}}+O(t^{-1}), \quad (15.3.69)$$

$$\frac{1}{2\pi\mathrm{i}}\int_{\partial D_\varepsilon(-k_2)}((M^{(-k_2)})^{-1}(x,t;k)-I)\mathrm{d}k$$

$$= \frac{(\delta^0_{-k_2})^{\hat{\sigma}_3} \overline{M_1^X(\xi)}}{4\sqrt{tk_2(40\beta k_2^2 - 3\alpha)}} + O(t^{-1}), \tag{15.3.70}$$

其中 $M_1^X(\xi)$ 和 $M_1^Y(\xi)$ 分别为

$$M_1^X(\xi) = -\mathrm{i} \begin{pmatrix} 0 & \beta^X(q) \\ \overline{\beta^X(q)} & 0 \end{pmatrix}, \quad M_1^Y(\xi) = -\mathrm{i} \begin{pmatrix} 0 & \beta^Y(p) \\ \overline{\beta^Y(p)} & 0 \end{pmatrix}. \tag{15.3.71}$$

证明 我们仅考虑对函数 $M^{(k_2)}(x,t;k)$ 性质的证明, 其他的类似可证.

函数 $M^{(k_2)}$ 的解析性显然. 因为 $|\delta^0_{k_2}(z)| = 1$, 则由 $M^{(k_2)}$ 的定义 (15.3.57) 以及估计 (15.3.24) 可知式 (15.3.64) 成立. 另一方面, 由于

$$J^{(2)} - J^{(k_2)} = (\delta^0_{k_2})^{\hat{\sigma}_3}(\tilde{J} - J^X), \quad k \in \mathcal{X}^\varepsilon_{k_2},$$

则由命题 15.3.1 我们可得

$$\|\tilde{J} - J^X\|_{L^\infty((\mathcal{X}^\varepsilon_{k_2})_1)} \leqslant C|\mathrm{e}^{\frac{\mathrm{i}\kappa}{2}z^2}|t^{-1/2}\ln t, \quad 0 < \kappa < \frac{1}{2},\ t > 3,\ \xi \in \mathcal{I}. \tag{15.3.72}$$

因此可得

$$\|\tilde{J} - J^X\|_{L^1((\mathcal{X}^\varepsilon_{k_2})_1)} \leqslant Ct^{-1}\ln t, \quad t > 3,\ \xi \in \mathcal{I}. \tag{15.3.73}$$

根据不等式 $\|f\|_{L^n} \leqslant \|f\|_{L^\infty}^{1-1/n}\|f\|_{L^1}^{1/n}$, 则有

$$\|\tilde{J} - J^X\|_{L^n((\mathcal{X}^\varepsilon_{k_2})_1)} \leqslant Ct^{-1/2-1/2n}\ln t, \quad t > 3,\ \xi \in \mathcal{I}. \tag{15.3.74}$$

在 $(\mathcal{X}^\varepsilon_{k_2})_j,\ j = 2,3,4$ 上的其他范数的证明类似可证. 因此, 估计式 (15.3.65) 成立.

如果 $k \in \partial D_\varepsilon(k_2)$, 则当 $t \to \infty$ 时, 变量 $z = 4\sqrt{tk_2(40\beta k_2^2 - 3\alpha)}(k - k_2)$ 也趋于无穷. 因此由 (11.3.4) 可得

$$M^X(q,z) = I + \frac{M_1^X(\xi)}{4\sqrt{tk_2(40\beta k_2^2 - 3\alpha)}(k - k_2)} + O\left(\frac{q}{t}\right), \quad t \to \infty,\ k \in \partial D_\varepsilon(k_2),$$

其中 $M_1^X(\xi)$ 由式子 (15.3.71) 定义. 又因为

$$M^{(k_2)}(x,t;k) = (\delta^0_{k_2})^{\hat{\sigma}_3} M^X(q,z),$$

则有

$$(M^{(k_2)})^{-1}(x,t;k) - I = -\frac{(\delta^0_{k_2})^{\hat{\sigma}_3} M_1^X(\xi)}{4\sqrt{tk_2(40\beta k_2^2 - 3\alpha)}(k - k_2)} + O\left(\frac{q}{t}\right),$$

$$t \to \infty,\ k \in \partial D_\varepsilon(k_2). \tag{15.3.75}$$

所以根据 (15.3.75) 和 $|M_1^X| \leqslant C$ 可得 (15.3.66). 利用 Cauchy 公式和 (15.3.75), 可导出式 (15.3.69). $\qquad\square$

最后一步　定义逼近解 $M^{(\mathrm{app})}(x,t;k)$

$$M^{(\mathrm{app})} = \begin{cases} M^{(-k_2)}, & k \in D_\varepsilon(-k_2), \\ M^{(-k_1)}, & k \in D_\varepsilon(-k_1), \\ M^{(k_1)}, & k \in D_\varepsilon(k_1), \\ M^{(k_2)}, & k \in D_\varepsilon(k_2), \\ I, & \text{其他}. \end{cases} \tag{15.3.76}$$

令 $\hat{M}(x,t;k)$

$$\hat{M} = M^{(2)}(M^{(\mathrm{app})})^{-1}, \tag{15.3.77}$$

则 $\hat{M}(x,t;k)$ 满足如下 RH 问题

$$\hat{M}_+(x,t;k) = \hat{M}_-(x,t;k)\hat{J}(x,t;k), \quad k \in \hat{\Upsilon}, \tag{15.3.78}$$

其中跳跃曲线 $\hat{\Upsilon} = \Upsilon \cup \partial D_\varepsilon(-k_2) \cup \partial D_\varepsilon(-k_1) \cup \partial D_\varepsilon(k_1) \cup \partial D_\varepsilon(k_2)$ 如图 15.9 所示, 跳跃矩阵 $\hat{J}(x,t;k)$ 为

$$\hat{J} = \begin{cases} M_-^{(\mathrm{app})} J^{(2)} (M_+^{(\mathrm{app})})^{-1}, & k \in \hat{\Upsilon} \cap (D_\varepsilon(-k_2) \cup D_\varepsilon(-k_1) \cup D_\varepsilon(k_1) \cup D_\varepsilon(k_2)), \\ (M^{(\mathrm{app})})^{-1}, & k \in (\partial D_\varepsilon(-k_2) \cup \partial D_\varepsilon(-k_1) \cup \partial D_\varepsilon(k_1) \cup \partial D_\varepsilon(k_2)), \\ J^{(2)}, & k \in \hat{\Upsilon} \setminus (\overline{D_\varepsilon(-k_2)} \cup \overline{D_\varepsilon(-k_1)} \cup \overline{D_\varepsilon(k_1)} \cup \overline{D_\varepsilon(k_2)}). \end{cases} \tag{15.3.79}$$

简便起见, 改写 $\hat{\Upsilon}$ 为如下形式:

$$\hat{\Upsilon} = \hat{\Upsilon}_1 \cup \hat{\Upsilon}_2 \cup \hat{\Upsilon}_3 \cup \hat{\Upsilon}_4,$$

其中

$$\hat{\Upsilon}_1 = \bigcup_1^4 \Upsilon_j \setminus (D_\varepsilon(-k_2) \cup D_\varepsilon(-k_1) \cup D_\varepsilon(k_1) \cup D_\varepsilon(k_2)), \quad \hat{\Upsilon}_2 = \bigcup_5^6 \Upsilon_j,$$

$$\hat{\Upsilon}_3 = \partial D_\varepsilon(-k_2) \cup \partial D_\varepsilon(-k_1) \cup \partial D_\varepsilon(k_1) \cup \partial D_\varepsilon(k_2),$$

$$\hat{\Upsilon}_4 = \mathcal{X}_{-k_2}^\varepsilon \cup \mathcal{X}_{-k_1}^\varepsilon \cup \mathcal{X}_{k_1}^\varepsilon \cup \mathcal{X}_{k_2}^\varepsilon,$$

$\{\Upsilon_j\}_1^6$ 表示 Υ 限制在标号为 j 的周线, 如图 15.8 所示. 令 $\hat{w} = \hat{J} - I$, 则有如下引理.

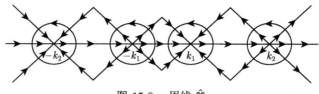

图 15.9　周线 $\hat{\Upsilon}$

引理 15.3.4 对于 $1 \leqslant n \leqslant \infty$, $t > 3$, $\xi \in \mathcal{I}$, 下面的估计成立:

$$\|\hat{w}\|_{L^n(\hat{\Upsilon}_1)} \leqslant Ce^{-ct}, \tag{15.3.80}$$

$$\|\hat{w}\|_{L^n(\hat{\Upsilon}_2)} \leqslant Ct^{-3/2}, \tag{15.3.81}$$

$$\|\hat{w}\|_{L^n(\hat{\Upsilon}_3)} \leqslant Ct^{-1/2}, \tag{15.3.82}$$

$$\|\hat{w}\|_{L^n(\hat{\Upsilon}_4)} \leqslant Ct^{-\frac{1}{2}-\frac{1}{2n}}\ln t. \tag{15.3.83}$$

证明 对于 $k \in \Omega_1 \cap \{k \in \mathbb{C} | \mathrm{Re}k > k_2\} \cap \hat{\Upsilon}_1$, 有 $-|\mathrm{Re}\Phi(k)| \leqslant -c\varepsilon^2$. 因为 $\hat{w}$ 仅在 (21) 位置有非零元 $r_{1,a}\delta^{-2}e^{t\Phi}$, 因此对于 $t \geqslant 1$, 由 (15.3.14) 可得

$$|\hat{w}_{21}| = |r_{1,a}\delta^{-2}e^{t\Phi}| \leqslant \frac{C}{1+|k|^2}e^{-\frac{3t}{4}|\mathrm{Re}\Phi|} \leqslant Ce^{-c\varepsilon^2 t}.$$

类似的方法, 其他估计成立. 因此 (15.3.80) 得证. 此外, 矩阵 $\hat{w}$ 在 $\hat{\Upsilon}_2$ 上仅与小项 $r_{j,r}$, $j = 1, \cdots, 4$ 有关, 根据引理 15.3.2, 估计式 (15.3.81) 成立. 由 (15.3.66), (15.3.76) 和 (15.3.79) 可得 (15.3.82). 当 $k \in \mathcal{X}^\varepsilon_{\pm k_j}$ 时, 我们有

$$\hat{w} = M^{(\pm k_j)}_{-}(J^{(2)} - J^{(\pm k_j)})(M^{(\pm k_j)}_{+})^{-1}, \quad j = 1, 2.$$

因此根据 (15.3.64) 和 (15.3.65) 可得估计式 (15.3.83). □

引理 15.3.4 中的估计表明

$$\|\hat{w}\|_{(L^1 \cap L^2)(\hat{\Upsilon})} \leqslant Ct^{-1/2}, \qquad t > 3, \ \xi \in \mathcal{I}. \tag{15.3.84}$$
$$\|\hat{w}\|_{L^\infty(\hat{\Upsilon})} \leqslant Ct^{-1/2}\ln t,$$

令 $\hat{C}$ 表示作用在 $\hat{\Upsilon}$ 上的 Cauchy 算子:

$$(\hat{C}f)(k) = \int_{\hat{\Upsilon}} \frac{f(\zeta)}{\zeta - k} \frac{\mathrm{d}\zeta}{2\pi \mathrm{i}}, \quad k \in \mathbb{C} \setminus \hat{\Upsilon}, \ f \in L^2(\hat{\Upsilon}).$$

记 $\hat{C}_+ f$ 和 $\hat{C}_- f$ 表示 k 从有向曲线左和右趋于 $\hat{\Upsilon}$ 时 $\hat{C}f$ 的值. 定义算子 $\hat{C}_{\hat{w}}$: $L^2(\hat{\Upsilon}) + L^\infty(\hat{\Upsilon}) \to L^2(\hat{\Upsilon})$ 为 $\hat{C}_{\hat{w}}f = \hat{C}_-(f\hat{w})$. 于是由 (15.3.84) 可得

$$\|\hat{C}_{\hat{w}}\|_{B(L^2(\hat{\Upsilon}))} \leqslant C\|\hat{w}\|_{L^\infty(\hat{\Upsilon})} \leqslant Ct^{-1/2}\ln t, \tag{15.3.85}$$

其中 $B(L^2(\hat{\Upsilon}))$ 表示 Banach 空间 $L^2(\hat{\Upsilon}) \to L^2(\hat{\Upsilon})$ 上的有界算子. 因此, 存在足够大的 $T > 0$ 使得当 $t > T$ 时, 算子 $I - \hat{C}_{\hat{w}} \in B(L^2(\hat{\Upsilon}))$ 是可逆的. 于是可定义 2×2 矩阵值函数 $\hat{\mu}(x, t; k)$:

$$\hat{\mu} = I + \hat{C}_{\hat{w}}\hat{\mu}. \tag{15.3.86}$$

则当 $t > T$ 时,

$$\hat{M}(x,t;k) = I + \frac{1}{2\pi i} \int_{\hat{\Upsilon}} \frac{(\hat{\mu}\hat{w})(x,t;\zeta)}{\zeta - k} d\zeta, \quad k \in \mathbb{C} \setminus \hat{\Upsilon} \qquad (15.3.87)$$

为 RH 问题 (15.3.78) 的唯一解. 此外, 函数 $\hat{\mu}(x,t;k)$ 满足

$$\|\hat{\mu}(x,t;\cdot) - I\|_{L^2(\hat{\Upsilon})} = O(t^{-1/2}), \quad t \to \infty, \ \xi \in \mathcal{I}. \qquad (15.3.88)$$

于是由 (15.3.87) 可知

$$\lim_{k \to \infty} k(\hat{M}(x,t;k) - I) = -\frac{1}{2\pi i} \int_{\hat{\Upsilon}} (\hat{\mu}\hat{w})(x,t;k) dk. \qquad (15.3.89)$$

利用 (15.3.80) 和 (15.3.88), 则有

$$\begin{aligned}
\int_{\hat{\Upsilon}_1} (\hat{\mu}\hat{w})(x,t;k) dk &= \int_{\hat{\Upsilon}_1} \hat{w}(x,t;k) dk + \int_{\hat{\Upsilon}_1} (\hat{\mu}(x,t;k) - I)\hat{w}(x,t;k) dk \\
&\leqslant \|\hat{w}\|_{L^1(\hat{\Upsilon}_1)} + \|\hat{\mu} - I\|_{L^2(\hat{\Upsilon}_1)} \|\hat{w}\|_{L^2(\hat{\Upsilon}_1)} \\
&\leqslant C e^{-ct}, \quad t \to \infty.
\end{aligned}$$

由 (15.3.81) 和 (15.3.88), 可得

$$O(\|\hat{w}\|_{L^1(\hat{\Upsilon}_2)} + \|\hat{\mu} - I\|_{L^2(\hat{\Upsilon}_2)} \|\hat{w}\|_{L^2(\hat{\Upsilon}_2)}) = O(t^{-3/2}), \quad t \to \infty.$$

类似地, 由 (15.3.83) 和 (15.3.88), 我们有

$$O(\|\hat{w}\|_{L^1(\hat{\Upsilon}_4)} + \|\hat{\mu} - I\|_{L^2(\hat{\Upsilon}_4)} \|\hat{w}\|_{L^2(\hat{\Upsilon}_4)}) = O(t^{-1} \ln t), \quad t \to \infty.$$

最后根据 (15.3.67)—(15.3.70), (15.3.82) 和 (15.3.88) 可得

$$\begin{aligned}
&-\frac{1}{2\pi i} \int_{\hat{\Upsilon}_3} (\hat{\mu}\hat{w})(x,t;k) dk \\
&= -\frac{1}{2\pi i} \int_{\hat{\Upsilon}_3} \hat{w}(x,t;k) dk - \frac{1}{2\pi i} \int_{\hat{\Upsilon}_3} (\hat{\mu}(x,t;k) - I)\hat{w}(x,t;k) dk \\
&= -\frac{1}{2\pi i} \int_{\partial D_\varepsilon(k_1)} \left((M^{(k_1)})^{-1}(x,t;k) - I \right) dk \\
&\quad - \frac{1}{2\pi i} \int_{\partial D_\varepsilon(-k_1)} \left((M^{(-k_1)})^{-1}(x,t;k) - I \right) dk \\
&\quad - \frac{1}{2\pi i} \int_{\partial D_\varepsilon(k_2)} \left((M^{(k_2)})^{-1}(x,t;k) - I \right) dk \\
&\quad - \frac{1}{2\pi i} \int_{\partial D_\varepsilon(-k_2)} \left((M^{(-k_2)})^{-1}(x,t;k) - I \right) dk
\end{aligned}$$

$$+ O(\|\hat{\mu} - I\|_{L^2(\hat{\Upsilon}_3)} \|\hat{w}\|_{L^2(\hat{\Upsilon}_3)})$$

$$= \frac{(\delta_{k_1}^0)^{\hat{\sigma}_3} M_1^Y(\xi)}{4\sqrt{tk_1(3\alpha - 40\beta k_1^2)}} - \frac{(\delta_{-k_1}^0)^{\hat{\sigma}_3} \overline{M_1^Y(\xi)}}{4\sqrt{tk_1(3\alpha - 40\beta k_1^2)}}$$

$$+ \frac{(\delta_{k_2}^0)^{\hat{\sigma}_3} M_1^X(\xi)}{4\sqrt{tk_2(40\beta k_2^2 - 3\alpha)}} - \frac{(\delta_{-k_2}^0)^{\hat{\sigma}_3} \overline{M_1^X(\xi)}}{4\sqrt{tk_2(40\beta k_2^2 - 3\alpha)}} + O(t^{-1}), \quad t \to \infty.$$

因此我们得到

$$\lim_{k\to\infty} k(\hat{M}(x,t;k) - I)$$

$$= \frac{(\delta_{k_1}^0)^{\hat{\sigma}_3} M_1^Y(\xi)}{4\sqrt{tk_1(3\alpha - 40\beta k_1^2)}} - \frac{(\delta_{-k_1}^0)^{\hat{\sigma}_3} \overline{M_1^Y(\xi)}}{4\sqrt{tk_1(3\alpha - 40\beta k_1^2)}}$$

$$+ \frac{(\delta_{k_2}^0)^{\hat{\sigma}_3} M_1^X(\xi)}{4\sqrt{tk_2(40\beta k_2^2 - 3\alpha)}} - \frac{(\delta_{-k_2}^0)^{\hat{\sigma}_3} \overline{M_1^X(\xi)}}{4\sqrt{tk_2(40\beta k_2^2 - 3\alpha)}}$$

$$+ O(t^{-1}\ln t), \quad t \to \infty. \tag{15.3.90}$$

根据 (15.3.4), (15.3.7), (15.3.36) 和 (15.3.77), 对于足够大的 $k \in \mathbb{C} \setminus \hat{\Upsilon}$, 可得

$$u(x,t) = -2\mathrm{i} \lim_{k\to\infty} (kM(x,t;k))_{12}$$

$$= -2\mathrm{i} \lim_{k\to\infty} k(\hat{M}(x,t;k) - I)_{12}$$

$$= -\left(\frac{\beta^Y(p)(\delta_{k_1}^0)^2 + \overline{\beta^Y(p)}(\delta_{-k_1}^0)^2}{2\sqrt{tk_1(3\alpha - 40\beta k_1^2)}} + \frac{\beta^X(q)(\delta_{k_2}^0)^2 + \overline{\beta^X(q)}(\delta_{-k_2}^0)^2}{2\sqrt{tk_2(40\beta k_2^2 - 3\alpha)}} \right)$$

$$+ O\left(\frac{\ln t}{t}\right). \tag{15.3.91}$$

由于 $\chi_j(-k_j) = -\chi_j(k_j) = \overline{\chi_j(k_j)}$, $j = 1, 2$, 则有

$$\delta_{-k_1}^0 = \overline{\delta_{k_1}^0}, \quad \delta_{-k_2}^0 = \overline{\delta_{k_2}^0}, \tag{15.3.92}$$

然后整理上述计算, 我们可得区域 (ii) 中方程 (15.1.1) 解的渐近表达式 (15.1.3).

15.4 第一过渡区域 (a) 中解的渐近性

本节主要研究初值问题 (15.1.1)—(15.1.2) 解 $u(x,t)$ 在第一过渡区域 (a) 中的长时间渐近性, 记

$$\mathcal{P} = \left\{ (x,t) \in \mathbb{R}^2 \,\middle|\, \left|\xi + \frac{9\alpha^2}{20\beta}\right| t^{2/3} < c \right\}, \tag{15.4.1}$$

其中 $c > 0$ 是常数. 令

$$\mathcal{P}_{\leqslant} \doteq \mathcal{P} \cap \left\{ \xi \leqslant -\frac{9\alpha^2}{20\beta} \right\}, \quad \mathcal{P}_{\geqslant} \doteq \mathcal{P} \cap \left\{ \xi \geqslant -\frac{9\alpha^2}{20\beta} \right\} \tag{15.4.2}$$

表示 $\mathcal{P}$ 的左右部分. 我们将给出渐近公式 (15.1.5) 在区域 $(x,t) \in \mathcal{P}_{\geqslant}$ 中的证明, $(x,t) \in \mathcal{P}_{\leqslant}$ 中的情况可以类似的证明 (也可参考文献 [26] 中处理 mKdV 方程的情形).

假设 $(x,t) \in \mathcal{P}_{\geqslant}$. 则当 $t \to \infty$ 时, k_1, k_2 和 $-k_1$, $-k_2$ 分别趋向于 $\sqrt{\dfrac{3\alpha}{40\beta}}$ 和 $-\sqrt{\dfrac{3\alpha}{40\beta}}$. 由实部 $\Phi(k)$ 的符号表图 15.5 可知, 我们仅需如下关于跳跃矩阵的上下三角分解:

$$J(x,t;k) = \begin{pmatrix} 1 & \overline{r(k)}\mathrm{e}^{-2\mathrm{i}t\theta(k)} \\ 0 & 1 \end{pmatrix} \begin{pmatrix} 1 & 0 \\ r(k)\mathrm{e}^{2\mathrm{i}t\theta(k)} & 1 \end{pmatrix}, \tag{15.4.3}$$

其中

$$\theta(k) = 16\beta k^5 - 4\alpha k^3 - k\xi. \tag{15.4.4}$$

$r(k)$ **的解析分解**　定义周线 $\Gamma \subset \mathbb{C}$: $\Gamma = \mathbb{R} \cup \Gamma_1 \cup \Gamma_2$, 其中

$$\Gamma_1 = \left\{ k_2 + l\mathrm{e}^{\frac{\pi \mathrm{i}}{6}} \,\middle|\, l \geqslant 0 \right\} \cup \left\{ k_1 + lk_1\mathrm{e}^{\frac{5\pi \mathrm{i}}{6}} \,\middle|\, 0 \leqslant l \leqslant \frac{2}{\sqrt{3}} \right\}$$

$$\cup \left\{ -k_1 + lk_1\mathrm{e}^{\frac{\pi \mathrm{i}}{6}} \,\middle|\, 0 \leqslant l \leqslant \frac{2}{\sqrt{3}} \right\} \cup \left\{ -k_2 + l\mathrm{e}^{\frac{5\pi \mathrm{i}}{6}} \,\middle|\, l \geqslant 0 \right\},$$

$$\Gamma_2 = \bar{\Gamma}_1, \tag{15.4.5}$$

且令 Γ 的定向向右. 记 $D = \{k \in \mathbb{C}_+ | \mathrm{Im}\,\theta(k) > 0\}$, $D^* = \{k \in \mathbb{C}_- | \mathrm{Im}\,\theta(k) < 0\}$, Ω 和 Ω^* 为图 15.10 中所示的三角域, 其中 $\mathbb{C}_+$ 和 $\mathbb{C}_-$ 分别为复值 k-平面的上下半平面. 于是关于 $r(k)$ 有如下的解析分解引理.

引理 15.4.1 $r(k)$ 存在如下分解

$$r(k) = r_a(x,t,k) + r_r(x,t,k), \quad k \in (-\infty, -k_2) \cup (-k_1, k_1) \cup (k_2, \infty), \tag{15.4.6}$$

其中函数 r_a 和 r_r 满足如下性质:

(i) 对于 $(x,t) \in \mathcal{P}_{\geqslant}$, $r_a(x,t,k)$ 在 $k \in \bar{D}$ 上定义且连续, 在 D 中解析.

(ii) 函数 r_a 满足

$$|r_a(x,t,k)| \leqslant \frac{C}{1+|k|^2}\mathrm{e}^{\frac{t}{4}|\mathrm{Re}\,2\mathrm{i}\theta(k)|}, \quad k \in \bar{D} \cap \{k \in \mathbb{C} \,|\, |\mathrm{Re}\,k| > k_2\}, \tag{15.4.7}$$

且对 $K > 0$,

$$|r_a(x,t,k) - r(k_j)| \leqslant C|k - k_j|\mathrm{e}^{\frac{t}{4}|\mathrm{Re}2\mathrm{i}\theta(k)|}, \quad k \in \bar{D}, \ |k| \leqslant K, \ j = 1, 2. \quad (15.4.8)$$

(iii) 当 $t \to \infty$ 时, $r_r(x,t,\cdot)$ 在 $(-\infty, -k_2) \cup (-k_1, k_1) \cup (k_2, \infty)$ 上的 L^1, L^2 和 L^∞ 范数满足 $O(t^{-3/2})$.

(iv) r_a 和 r_r 满足如下的对称性:

$$r_a(x,t,k) = \overline{r_a(x,t,-\bar{k})}, \quad r_r(x,t,k) = \overline{r_r(x,t,-\bar{k})}. \quad (15.4.9)$$

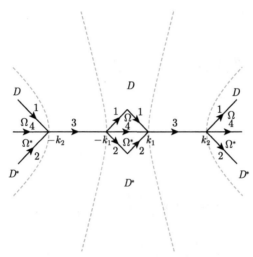

图 15.10　D, D^*, Ω 和 Ω^*, 定向周线 Γ

证明　详见引理 15.3.2 的证明, 也可参考文献 [73] 中引理 4.8 的证明.　□

周线形变　定义:

$$M^{(1)}(x,t;k) = M(x,t;k) \times \begin{cases} \begin{pmatrix} 1 & 0 \\ -r_a(x,t,k)\mathrm{e}^{2\mathrm{i}t\theta(k)} & 1 \end{pmatrix}, & k \in \Omega, \\ \begin{pmatrix} 1 & \overline{r_a(x,t,\bar{k})}\mathrm{e}^{-2\mathrm{i}t\theta(k)} \\ 0 & 1 \end{pmatrix}, & k \in \Omega^*, \\ I, & \text{其他区域.} \end{cases} \quad (15.4.10)$$

则函数 $M^{(1)}(x,t;k)$ 满足如下的 RH 问题:

$$M_+^{(1)}(x,t;k) = M_-^{(1)}(x,t;k)J^{(1)}(x,t;k), \quad k \in \Gamma, \quad (15.4.11)$$

其中跳跃矩阵 $J^{(1)}(x,t;k)$ 为

$$J_1^{(1)} = \begin{pmatrix} 1 & 0 \\ r_a e^{2it\theta} & 1 \end{pmatrix}, \quad J_2^{(1)} = \begin{pmatrix} 1 & \bar{r}_a e^{-2it\theta} \\ 0 & 1 \end{pmatrix},$$

$$J_3^{(1)} = \begin{pmatrix} 1 & \bar{r} e^{-2it\theta} \\ 0 & 1 \end{pmatrix} \begin{pmatrix} 1 & 0 \\ r e^{2it\theta} & 1 \end{pmatrix}, \quad J_4^{(1)} = \begin{pmatrix} 1 & \bar{r}_r e^{-2it\theta} \\ 0 & 1 \end{pmatrix} \begin{pmatrix} 1 & 0 \\ r_r e^{2it\theta} & 1 \end{pmatrix},$$

且 $J_j^{(1)}$ 表示 $J^{(1)}$ 限制在图 15.10 标号为 j 的周线上的跳跃矩阵.

局部 RH 问题　注意到, 当 $t \to \infty$ 且 ξ 趋于 $-\dfrac{9\alpha^2}{20\beta}$ 时, k 趋于 $\sqrt{\dfrac{3\alpha}{40\beta}}$, 此时相位因子 $t\theta(k)$ 满足

$$t\theta(k) = t\theta\left(\sqrt{\frac{3\alpha}{40\beta}}\right) + s\hat{k} + \frac{4}{3}\hat{k}^3 + O(\hat{k}^4 t^{-1/3}), \tag{15.4.12}$$

其中 $\hat{k}$ 为尺度变换后的谱参数

$$\hat{k} = (6\alpha t)^{1/3}\left(k - \sqrt{\frac{3\alpha}{40\beta}}\right) \tag{15.4.13}$$

且

$$s = -(6\alpha)^{-1/3}\left(\xi + \frac{9\alpha^2}{20\beta}\right)t^{2/3}. \tag{15.4.14}$$

另一方面, 对于 k 趋于 $-\sqrt{\dfrac{3\alpha}{40\beta}}$, 可得到

$$t\theta(k) = t\theta\left(-\sqrt{\frac{3\alpha}{40\beta}}\right) + s\hat{k} + \frac{4}{3}\hat{k}^3 + O(\hat{k}^4 t^{-1/3}), \tag{15.4.15}$$

其中

$$\hat{k} = (6\alpha t)^{1/3}\left(k + \sqrt{\frac{3\alpha}{40\beta}}\right). \tag{15.4.16}$$

选取合适的 $\varepsilon > 0$, 令 $D_\varepsilon\left(\pm\sqrt{\dfrac{3\alpha}{40\beta}}\right) = \left\{k \in \mathbb{C} \middle| \left|k \pm \sqrt{\dfrac{3\alpha}{40\beta}}\right| < \varepsilon\right\}$. 记 $\Gamma_\pm^\varepsilon = \left(\Gamma \cap D_\varepsilon\left(\pm\sqrt{\dfrac{3\alpha}{40\beta}}\right)\right) \backslash ((-\infty, -k_2) \cup (-k_1, k_1) \cup (k_2, \infty))$. 现在我们定义

$$\tilde{M}(s,t;\hat{k}) = M^{(1)}(x,t;k)e^{-it\theta(-\sqrt{\frac{3\alpha}{40\beta}})\sigma_3}, \quad k \in D_\varepsilon\left(-\sqrt{\frac{3\alpha}{40\beta}}\right) \bigg\backslash \Gamma, \tag{15.4.17}$$

$$\check{M}(s,t;\hat{k}) = M^{(1)}(x,t;k)e^{-it\theta(\sqrt{\frac{3\alpha}{40\beta}})\sigma_3}, \quad k \in D_\varepsilon\left(\sqrt{\frac{3\alpha}{40\beta}}\right)\Big\backslash\,\Gamma. \tag{15.4.18}$$

于是对于固定的 $\hat{k}$ 和足够大的 t, 由引理 15.4.1 和式 (15.4.12) 可知 $\check{M}(s,t;\hat{k})$ 对应的跳跃矩阵 $\check{J}(s,t;\hat{k})$ 满足

$$\check{J}(s,t;\hat{k})$$

$$\to \begin{cases} \begin{pmatrix} 1 & 0 \\ r\left(\sqrt{\frac{3\alpha}{40\beta}}\right)e^{2i(s\hat{k}+\frac{4}{3}\hat{k}^3)} & 1 \end{pmatrix}, & k \in (\Gamma_+^\varepsilon)_1, \\[3mm] \begin{pmatrix} 1 & \overline{r\left(\sqrt{\frac{3\alpha}{40\beta}}\right)}e^{-2i(s\hat{k}+\frac{4}{3}\hat{k}^3)} \\ 0 & 1 \end{pmatrix}, & k \in (\Gamma_+^\varepsilon)_2, \\[3mm] \begin{pmatrix} 1 & \overline{r\left(\sqrt{\frac{3\alpha}{40\beta}}\right)}e^{-2i(s\hat{k}+\frac{4}{3}\hat{k}^3)} \\ 0 & 1 \end{pmatrix}\begin{pmatrix} 1 & 0 \\ r\left(\sqrt{\frac{3\alpha}{40\beta}}\right)e^{2i(s\hat{k}+\frac{4}{3}\hat{k}^3)} & 1 \end{pmatrix}, & k \in (\Gamma_+^\varepsilon)_3. \end{cases}$$

$$\tag{15.4.19}$$

令 $\rho = r\left(\sqrt{\frac{3\alpha}{40\beta}}\right)$, 上述矩阵与 (15.2.30) 中定义的跳跃矩阵 $\hat{J}$ 一致. 因此当 $t \to \infty$ 时, 在 $D_\varepsilon\left(\sqrt{\frac{3\alpha}{40\beta}}\right)$ 中我们可用函数 $M^r(x,t;k)$ 来逼近 $M^{(1)}(x,t;k)$, 其中

$$M^r(x,t;k) \doteq e^{-it\theta(\sqrt{\frac{3\alpha}{40\beta}})\sigma_3}\hat{M}(\rho,s;\hat{k})e^{it\theta(\sqrt{\frac{3\alpha}{40\beta}})\sigma_3}, \tag{15.4.20}$$

其中 $\hat{M}(\rho,s;\hat{k})$ 为 RH 问题 (15.2.29) 的解, s 由式 (15.4.14) 定义. 特别地, 由引理 15.2.1 可知 $M^r(x,t,k)$ 的定义是合理的.

引理 15.4.2 对于 $(x,t) \in \mathcal{P}_\geqslant$, 由 (15.4.20) 定义的函数 $M^r(x,t;k)$ 关于 $k \in D_\varepsilon\left(\sqrt{\frac{3\alpha}{40\beta}}\right)\backslash\Gamma_+^\varepsilon$ 是解析的且满足 $|M^r(x,t;k)| \leqslant C$. 在 Γ_+^ε 上, $M^r(x,t,k)$ 满足跳跃条件 $M_+^r = M_-^r J^r$, 其中跳跃矩阵 J^r 满足

$$\|J^{(1)} - J^r\|_{L^1 \cap L^2 \cap L^\infty(\Gamma_+^\varepsilon)} \leqslant Ct^{-\frac{1}{3}}. \tag{15.4.21}$$

当 $t \to \infty$ 时,

$$\|(M^r)^{-1}(x,t;k) - I\|_{L^\infty(\partial D_\varepsilon(\sqrt{\frac{3\alpha}{40\beta}}))} = O(t^{-\frac{1}{3}}), \tag{15.4.22}$$

且

$$\frac{1}{2\pi i}\int_{\partial D_\varepsilon(\sqrt{\frac{3\alpha}{40\beta}})}((M^r)^{-1}(x,t,k)-I)\mathrm{d}k=-\frac{M_1^r(s)}{(6\alpha t)^{1/3}}+O(t^{-\frac{2}{3}}), \qquad (15.4.23)$$

其中 $M_1^r(s)$ 为

$$M_1^r(s)=\begin{pmatrix} \dfrac{i}{2}\displaystyle\int^s y^2(\zeta)\mathrm{d}\zeta & \mathrm{e}^{-2it\theta(\sqrt{\frac{3\alpha}{40\beta}})}\dfrac{\mathrm{e}^{-i\phi}}{2}y(s) \\[2mm] \mathrm{e}^{2it\theta(\sqrt{\frac{3\alpha}{40\beta}})}\dfrac{\mathrm{e}^{i\phi}}{2}y(s) & -\dfrac{i}{2}\displaystyle\int^s y^2(\zeta)\mathrm{d}\zeta \end{pmatrix}, \quad \phi=\arg r\left(\sqrt{\frac{3\alpha}{40\beta}}\right),$$

$$(15.4.24)$$

$y(s)$ 为 Painlevé II 方程 (15.2.24) 的纯虚解且满足 $s\to+\infty$

$$y(s)\sim i\left|r\left(\sqrt{\frac{3\alpha}{40\beta}}\right)\right|\mathrm{Ai}(s).$$

证明　根据引理 15.2.1 可得 M^r 的解析性和有界性. 此外, 我们有

$$J^{(1)}-J^r=\mathrm{e}^{-it\theta(\sqrt{\frac{3\alpha}{40\beta}})\sigma_3}(\check{J}-\hat{J})\mathrm{e}^{it\theta(\sqrt{\frac{3\alpha}{40\beta}})\sigma_3}, \quad k\in\Gamma_+^\varepsilon.$$

然而, 由引理 15.4.1, 式 (15.4.12) 和 (15.4.13) 可得

$$\left\|r_a(x,t,k)\mathrm{e}^{2it(\theta(k)-\theta(\sqrt{\frac{3\alpha}{40\beta}}))}-r\left(\sqrt{\frac{3\alpha}{40\beta}}\right)\mathrm{e}^{2i(s\hat{k}+\frac{4}{3}\hat{k}^3)}\right\|_{L^1\cap L^2\cap L^\infty((\Gamma_+^\varepsilon)_1)}\leqslant Ct^{-\frac{1}{3}}.$$

$$(15.4.25)$$

事实上, 对于 $k=k_2+l\mathrm{e}^{\frac{\pi i}{6}},\, 0\leqslant l\leqslant\varepsilon$, 可得

$$\begin{aligned} \mathrm{Re}2i\theta(k)=&-l^2\left(16\beta l^3+16\beta(5\sqrt{3}k_2 l^2+20k_2^2 l+10\sqrt{3}k_2^3)-8\alpha l-12\sqrt{3}\alpha k_2\right)\\ &\leqslant-16\alpha|k-k_2|^3. \end{aligned} \qquad (15.4.26)$$

如果 $|k-k_2|\geqslant k_2-\sqrt{\frac{3\alpha}{40\beta}}$, 则 $|k-k_2|\geqslant\left|k-\sqrt{\frac{3\alpha}{40\beta}}\right|\Big/2$, 于是

$$\mathrm{e}^{-16\alpha t|k-k_2|^3}\leqslant\mathrm{e}^{-\frac{3}{2}\alpha t|k-\sqrt{\frac{3\alpha}{40\beta}}|^3}. \qquad (15.4.27)$$

若 $|k-k_2|<k_2-\sqrt{\frac{3\alpha}{40\beta}}$, 则 $\left|k-\sqrt{\frac{3\alpha}{40\beta}}\right|\leqslant Ct^{-\frac{1}{3}}$, 于是

$$\mathrm{e}^{-16\alpha t|k-k_2|^3}\leqslant 1\leqslant C\mathrm{e}^{-\frac{3}{2}\alpha t|k-\sqrt{\frac{3\alpha}{40\beta}}|^3}. \qquad (15.4.28)$$

因此, 对于 $k=k_2+l\mathrm{e}^{\frac{\pi i}{6}},\, 0\leqslant l\leqslant\varepsilon$, 可知

$$\mathrm{e}^{-\frac{3}{4}t|\mathrm{Re}2i\theta|}\leqslant\mathrm{e}^{-16\alpha t|k-k_2|^3}\leqslant C\mathrm{e}^{-\frac{3}{2}\alpha t|k-\sqrt{\frac{3\alpha}{40\beta}}|^3}\leqslant C\mathrm{e}^{-\frac{1}{4}|\hat{k}|^3}. \qquad (15.4.29)$$

所以, 我们可得到

$$\left| r_a(x,t,k) \mathrm{e}^{2\mathrm{i}t\theta(k)} - r\left(\sqrt{\frac{3\alpha}{40\beta}}\right) \mathrm{e}^{2\mathrm{i}t\theta(k)} \right|$$

$$\leqslant C|r_a(x,t,k) - r(k_2)|\mathrm{e}^{t\mathrm{Re}2\mathrm{i}\theta} + C|r(k_2) - r(0)|\mathrm{e}^{t\mathrm{Re}2\mathrm{i}\theta}$$

$$\leqslant C|k-k_2|\mathrm{e}^{-\frac{3}{4}t|\mathrm{Re}2\mathrm{i}\theta|} + Ck_2\mathrm{e}^{-t|\mathrm{Re}2\mathrm{i}\theta|} \leqslant C|\hat{k}t^{-\frac{1}{3}}|\mathrm{e}^{-\frac{1}{4}|\hat{k}|^3}. \tag{15.4.30}$$

另一方面, 利用不等式

$$|\mathrm{e}^\omega - 1| \leqslant |\omega|\max(1, \mathrm{e}^{\mathrm{Re}\omega}), \quad \omega \in \mathbb{C}, \tag{15.4.31}$$

可得

$$\left| r\left(\sqrt{\frac{3\alpha}{40\beta}}\right) \mathrm{e}^{2\mathrm{i}t(\theta(k)-\theta(\sqrt{\frac{3\alpha}{40\beta}}))} - r\left(\sqrt{\frac{3\alpha}{40\beta}}\right) \mathrm{e}^{2\mathrm{i}(s\hat{k}+\frac{4}{3}\hat{k}^3)} \right|$$

$$\leqslant C|\hat{k}^4 t^{-\frac{1}{3}}|\mathrm{e}^{-t|\mathrm{Re}2\mathrm{i}\theta|} \leqslant Ct^{-\frac{1}{3}}. \tag{15.4.32}$$

因此, (15.4.25) 成立, 进而 (15.4.21) 成立.

若 $k \in \partial D_\varepsilon\left(\sqrt{\frac{3\alpha}{40\beta}}\right)$, 当 $t \to \infty$ 时, $\hat{k} = (6\alpha t)^{1/3}\left(k - \sqrt{\frac{3\alpha}{40\beta}}\right)$ 趋于无穷. 于是根据 (15.2.31) 和 Cauchy 公式知 (15.4.22) 和 (15.4.23) 成立. $\qquad\square$

最后一步令 $\check{\Gamma} = \Gamma \cup \partial D_\varepsilon\left(-\sqrt{\frac{3\alpha}{40\beta}}\right) \cup \partial D_\varepsilon\left(\sqrt{\frac{3\alpha}{40\beta}}\right)$, 并且假设 $D_\varepsilon\left(\pm\sqrt{\frac{3\alpha}{40\beta}}\right)$ 的边界定向是逆时针的, 如图 15.11 所示. 定义逼近解 M^{app} 为

$$M^{\mathrm{app}}(x,t;k) = \begin{cases} M^r(x,t;k), & k \in D_\varepsilon\left(\sqrt{\frac{3\alpha}{40\beta}}\right), \\ \sigma_2 M^r(x,t;-k)\sigma_2, & k \in D_\varepsilon\left(-\sqrt{\frac{3\alpha}{40\beta}}\right), \\ I, & \text{其他区域}. \end{cases} \tag{15.4.33}$$

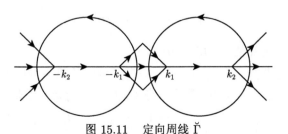

图 15.11　定向周线 $\check{\Gamma}$

第 15 章 五阶 mKdV 方程解的长时间渐近性

则函数 $\check{M}(x,t;k)$

$$\check{M} = M^{(1)}(M^{\mathrm{app}})^{-1} \tag{15.4.34}$$

满足跳跃条件 $\check{M}_+ = \check{M}_-\check{J}$, $k \in \check{\Gamma}$, 其中跳跃矩阵 $\check{J}$ 为

$$\check{J} = \begin{cases} M_-^{\mathrm{app}} J^{(1)}(M_+^{\mathrm{app}})^{-1}, & k \in \check{\Gamma} \cap \left(D_\varepsilon\left(\sqrt{\dfrac{3\alpha}{40\beta}}\right) \cup D_\varepsilon\left(-\sqrt{\dfrac{3\alpha}{40\beta}}\right)\right), \\ (M^{\mathrm{app}})^{-1}, & k \in \left(\partial D_\varepsilon\left(\sqrt{\dfrac{3\alpha}{40\beta}}\right) \cup \partial D_\varepsilon\left(-\sqrt{\dfrac{3\alpha}{40\beta}}\right)\right), \\ J^{(1)}, & k \in \check{\Gamma} \backslash \left(\overline{D_\varepsilon\left(\sqrt{\dfrac{3\alpha}{40\beta}}\right)} \cup \overline{D_\varepsilon\left(-\sqrt{\dfrac{3\alpha}{40\beta}}\right)}\right). \end{cases} \tag{15.4.35}$$

重写 $\check{\Gamma}$ 为

$$\check{\Gamma} = \check{\Gamma}_1 \cup \check{\Gamma}_2 \cup \check{\Gamma}_3 \cup \check{\Gamma}_4,$$

其中

$$\check{\Gamma}_1 = \check{\Gamma}\backslash\left(\overline{\mathbb{R} \cup D_\varepsilon\left(\sqrt{\frac{3\alpha}{40\beta}}\right)} \cup \overline{D_\varepsilon\left(-\sqrt{\frac{3\alpha}{40\beta}}\right)}\right), \quad \check{\Gamma}_2 = \mathbb{R}\backslash([-k_2,-k_1] \cup [k_1,k_2]),$$

$$\check{\Gamma}_3 = \partial D_\varepsilon\left(\sqrt{\frac{3\alpha}{40\beta}}\right) \cup \partial D_\varepsilon\left(-\sqrt{\frac{3\alpha}{40\beta}}\right), \qquad \check{\Gamma}_4 = \Gamma_+^\varepsilon \cup \Gamma_-^\varepsilon.$$

引理 15.4.3 令 $\check{w} = \check{J} - I$. 对于 $(x,t) \in \mathcal{P}_\geqslant$, 如下估计成立:

$$\|\check{w}\|_{L^1 \cap L^2 \cap L^\infty(\check{\Gamma}_1)} \leqslant Ce^{-ct}, \tag{15.4.36}$$

$$\|\check{w}\|_{L^1 \cap L^2 \cap L^\infty(\check{\Gamma}_2)} \leqslant Ct^{-\frac{3}{2}}, \tag{15.4.37}$$

$$\|\check{w}\|_{L^1 \cap L^2 \cap L^\infty(\check{\Gamma}_3)} \leqslant Ct^{-\frac{1}{3}}, \tag{15.4.38}$$

$$\|\check{w}\|_{L^1 \cap L^2 \cap L^\infty(\check{\Gamma}_4)} \leqslant Ct^{-\frac{1}{3}}. \tag{15.4.39}$$

证明 对于 $k \in \check{\Gamma}_1$, 有 $e^{-t|2i\theta|} \leqslant Ce^{-ct}$, 因此 (15.4.36) 成立. 在 $\check{\Gamma}_2$ 上, 跳跃矩阵 $J^{(1)}$ 只与 r_r 相关, 因此由引理 15.4.1 可知估计式 (15.4.37) 成立. 根据 (15.4.22) 可得 (15.4.38). 对于 $k \in \Gamma_+^\varepsilon$, 有

$$\check{w} = M_-^r(J^{(1)} - J^r)(M_+^r)^{-1}.$$

因此, 由 (15.4.21) 可知估计 (15.4.39) 成立. $\square$

接下来的证明类似于区域 (ii) 第一震荡区域中的思路, 我们仅给出大致框架. 令 $\check{C}$ 为定义在 $\check{\Gamma}$ 上的 Cauchy 算子且令 $\check{C}_{\check{w}}f \doteq \check{C}_-(f\check{w})$. 于是

$$\check{M}(x,t;k) = I + \frac{1}{2\pi i}\int_{\check{\Gamma}} \frac{(\check{\mu}\check{w})(x,t,\zeta)}{\zeta - k}d\zeta, \tag{15.4.40}$$

其中 2×2 矩阵值函数 $\breve{\mu}(x,t;k)$ 满足 $\breve{\mu} = I + \breve{C}_{\breve{w}}\breve{\mu}$. 此外, 利用纽曼级数可得 $\breve{\mu}(x,t;k)$ 满足

$$\|\breve{\mu}(x,t;\cdot) - I\|_{L^2(\breve{\Gamma})} = O(t^{-\frac{1}{3}}), \quad t \to \infty. \tag{15.4.41}$$

于是可得

$$\lim_{k \to \infty} k(M(x,t;k) - I) = -\frac{1}{2\pi i} \int_{\breve{\Gamma}} (\breve{\mu}\breve{w})(x,t,\zeta)\mathrm{d}\zeta. \tag{15.4.42}$$

根据 (15.4.23), (15.4.33), (15.4.35) 和 (15.4.38), $\partial D_\varepsilon\left(\sqrt{\dfrac{3\alpha}{40\beta}}\right)$ 对式 (15.4.42) 右端的贡献为

$$\begin{aligned}
&-\frac{1}{2\pi i} \int_{\partial D_\varepsilon(\sqrt{\frac{3\alpha}{40\beta}})} (\breve{\mu}\breve{w})(x,t,\zeta)\mathrm{d}\zeta \\
&= -\frac{1}{2\pi i} \int_{\partial D_\varepsilon(\sqrt{\frac{3\alpha}{40\beta}})} \breve{w}\mathrm{d}\zeta - \frac{1}{2\pi i} \int_{\partial D_\varepsilon(\sqrt{\frac{3\alpha}{40\beta}})} (\breve{\mu}-I)\breve{w}\mathrm{d}\zeta \\
&= \frac{M_1^r(s)}{(6\alpha t)^{1/3}} + O(t^{-\frac{2}{3}}).
\end{aligned} \tag{15.4.43}$$

由对称性可知 $\partial D_\varepsilon\left(-\sqrt{\dfrac{3\alpha}{40\beta}}\right)$ 对式 (15.4.42) 右端的贡献为

$$-\frac{1}{2\pi i} \int_{\partial D_\varepsilon(-\sqrt{\frac{3\alpha}{40\beta}})} (\breve{\mu}\breve{w})(x,t,\zeta)\mathrm{d}\zeta = -\frac{\sigma_2 M_1^r(s)\sigma_2}{(6\alpha t)^{1/3}} + O(t^{-\frac{2}{3}}). \tag{15.4.44}$$

另外, $\breve{\Gamma}_1$, $\breve{\Gamma}_2$ 和 $\breve{\Gamma}_3$ 对 (15.4.42) 右端的贡献分别为 $O(e^{-ct})$, $O(t^{-3/2})$ 和 $O(t^{-2/3})$. 最后, 由重构公式 (15.2.18), 式 (15.4.42) 和 ϕ 的定义且令 $y(s) = -iP(s)$, 我们可得解 $u(x,t)$ 在第一过渡区域 (a) 中的渐近公式 (15.1.3).

15.5 第二过渡区域 (b) 中解的渐近性

在第二过渡区域中, 当 $t \to \infty$ 时, k_1 和 $-k_1$ 趋于 0, k_2 和 $-k_2$ 趋于 $\sqrt{\dfrac{3\alpha}{20\beta}}$ 和 $-\sqrt{\dfrac{3\alpha}{20\beta}}$. 类似于 15.4 节的讨论, 我们考虑五阶 mKdV 方程 (15.1.1) 解 $u(x,t)$ 在如下区域中的长时间渐近性

$$\mathcal{Q}_{\leqslant} \doteq \left\{ (x,t) \in \mathbb{R}^2 \,||\xi| t^{2/3} < c \right\} \cap \{x \leqslant 0\}. \tag{15.5.1}$$

共轭　为了将跳跃矩阵分解为合适的形式, 我们引进如下的 δ 函数

$$\delta(k) = \exp\left\{\frac{1}{2\pi i}\left(\int_{-k_2}^{-k_1} + \int_{k_1}^{k_2}\right)\frac{\ln(1+|r(s)|^2)}{s-k}ds\right\}. \tag{15.5.2}$$

定义函数 $M^{(1)}$ 为

$$M^{(1)}(x,t;k) = M(x,t;k)\delta^{-\sigma_3}(k). \tag{15.5.3}$$

则 $M^{(1)}(x,t;k)$ 满足如下的 RH 问题

$$\begin{aligned}
M_+^{(1)}(x,t;k) &= M_-^{(1)}(x,t;k)J^{(1)}(x,t,k), \quad k\in\mathbb{R}, \\
M^{(1)}(x,t;k) &\to I, \hspace{4.3cm} k\to\infty,
\end{aligned} \tag{15.5.4}$$

其中 $J^{(1)} = \delta_-^{\sigma_3}J\delta_+^{-\sigma_3}$, 即

$$\begin{aligned}
&J^{(1)}(x,t,k) \\
&=\begin{cases}
\begin{pmatrix} 1 & r_4(k)\delta^2(k)e^{-2it\theta(k)} \\ 0 & 1 \end{pmatrix}\begin{pmatrix} 1 & 0 \\ r_1(k)\delta^{-2}(k)e^{2it\theta(k)} & 1 \end{pmatrix}, & |k|>k_2, |k|<k_1, \\
\begin{pmatrix} 1 & 0 \\ r_3(k)\delta_-^{-2}(k)e^{2it\theta(k)} & 1 \end{pmatrix}\begin{pmatrix} 1 & r_2(k)\delta_+^2(k)e^{-2it\theta(k)} \\ 0 & 1 \end{pmatrix}, & k_1<|k|<k_2.
\end{cases}
\end{aligned} \tag{15.5.5}$$

其中 $\{r_j(k)\}_1^4$ 是

$$\begin{aligned}
r_1(k) &= r(k), \quad r_2(k) = \frac{\overline{r(k)}}{1+|r(k)|^2}, \\
r_3(k) &= \frac{r(k)}{1+|r(k)|^2}, \quad r_4(k) = \overline{r(k)}.
\end{aligned} \tag{15.5.6}$$

解析逼近　在进行下一次变换之前, 我们首先构造 $\{r_j(k)\}_1^4$ 的解析逼近. 定义开集 $\{\Omega_j\}_1^4$, 如图 15.12 所示使得

$$\Omega_1\cup\Omega_3 = \{k\in\mathbb{C}|\mathrm{Im}\theta(k)>0\},$$
$$\Omega_2\cup\Omega_4 = \{k\in\mathbb{C}|\mathrm{Im}\theta(k)<0\}.$$

引理 15.5.1　*存在如下分解*

$$r_j(k) = \begin{cases} r_{j,a}(x,t,k)+r_{j,r}(x,t,k), & |k|>k_2,\ k\in\mathbb{R},\ j=1,4, \\ r_{j,a}(x,t,k)+r_{j,r}(x,t,k), & k_1<|k|<k_2,\ k\in\mathbb{R},\ j=2,3, \end{cases} \tag{15.5.7}$$

其中函数 $\{r_{j,a},r_{j,r}\}_1^4$ 满足如下性质:

(1) 对于 $(x,t) \in \mathcal{Q}_{\leqslant}$，$r_{j,a}(x,t,k)$ 在 $k \in \bar{\Omega}_j$ 上定义并连续且在 Ω_j 内解析，$j = 1,2,3,4$.

(2) 函数 $r_{1,a}$ 和 $r_{4,a}$ 满足

$$|r_{j,a}(x,t,k)| \leqslant \frac{C}{1+|k|^2} \mathrm{e}^{\frac{t}{4}|\mathrm{Re}2\mathrm{i}\theta(k)|}, \quad k \in \bar{\Omega}_j \cap \{k \in \mathbb{C} | |\mathrm{Re}k| > k_2\}, \ j = 1,4,$$
(15.5.8)

且对任意的 $K > 0$，

$$|r_{j,a}(x,t,k) - r_j(k_2)| \leqslant C|k - k_2|\mathrm{e}^{\frac{t}{4}|\mathrm{Re}2\mathrm{i}\theta(k)|}, \quad k \in \bar{\Omega}_j, \ |k| \leqslant K, \ j = 1,2,3,4.$$
(15.5.9)

(3) 对于 $(x,t) \in \mathcal{Q}_{\leqslant}$，当 $t \to \infty$ 时，函数 $r_{1,r}(x,t,\cdot)$ 和 $r_{4,r}(x,t,\cdot)$ 在 $(-\infty, -k_2) \cup (k_2, \infty)$ 上的 L^1, L^2 和 L^∞ 范数满足 $O(t^{-3/2})$.

(4) 对于 $(x,t) \in \mathcal{Q}_{\leqslant}$，当 $t \to \infty$ 时，函数 $r_{2,r}(x,t,\cdot)$ 和 $r_{3,r}(x,t,\cdot)$ 在 $(-k_2, -k_1) \cup (k_1, k_2)$ 上的 L^1, L^2 和 L^∞ 范数满足 $O(t^{-3/2})$.

(5) $j = 1,2,3,4$，如下对称性成立:

$$r_{j,a}(x,t,k) = \overline{r_{j,a}(x,t,-\bar{k})}, \quad r_{j,r}(x,t,k) = \overline{r_{j,r}(x,t,-\bar{k})}.$$
(15.5.10)

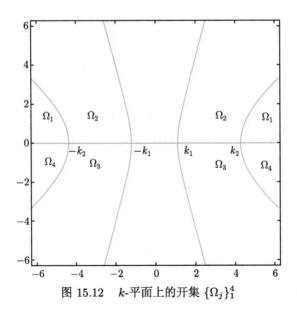

图 15.12 k-平面上的开集 $\{\Omega_j\}_1^4$

证明 参考引理 15.3.2 的证明, 也可参考文献 [73] 中引理 4.8 的证明. □

周线形变 定义周线 Σ' 如图 15.13 所示. 定义 $\{D_j\}_1^6$ 为开集如图 15.13 所示.

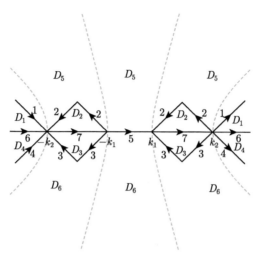

图 15.13　k-平面上的定向周线 Σ' 和开集 $\{D_j\}_1^6$

定义

$$M^{(2)}(x,t;k) = M^{(1)}(x,t;k)G(k),\tag{15.5.11}$$

其中

$$G(k) = \begin{cases} \begin{pmatrix} 1 & 0 \\ -r_{1,a}\delta^{-2}\mathrm{e}^{2\mathrm{i}t\theta} & 1 \end{pmatrix}, & k \in D_1, & \begin{pmatrix} 1 & -r_{2,a}\delta^2\mathrm{e}^{-2\mathrm{i}t\theta} \\ 0 & 1 \end{pmatrix}, & k \in D_2, \\[3mm] \begin{pmatrix} 1 & 0 \\ r_{3,a}\delta^{-2}\mathrm{e}^{2\mathrm{i}t\theta} & 1 \end{pmatrix}, & k \in D_3, & \begin{pmatrix} 1 & r_{4,a}\delta^2\mathrm{e}^{-2\mathrm{i}t\theta} \\ 0 & 1 \end{pmatrix}, & k \in D_4, \\[3mm] I, & k \in D_5 \cup D_6. \end{cases}$$

则矩阵值函数 $M^{(2)}(x,t;k)$ 满足如下 RH 问题

$$M_+^{(2)}(x,t;k) = M_-^{(2)}(x,t;k)J^{(2)}(x,t,k), \quad k \in \Sigma',\tag{15.5.12}$$

其中跳跃矩阵 $J^{(2)} = G_-^{-1}(k)J^{(1)}G_+(k)$ 为

$$J_1^{(2)} = \begin{pmatrix} 1 & 0 \\ r_{1,a}\delta^{-2}\mathrm{e}^{2\mathrm{i}t\theta} & 1 \end{pmatrix}, \quad J_2^{(2)} = \begin{pmatrix} 1 & -r_{2,a}\delta^2\mathrm{e}^{-2\mathrm{i}t\theta} \\ 0 & 1 \end{pmatrix},$$

$$J_3^{(2)} = \begin{pmatrix} 1 & 0 \\ -r_{3,a}\delta^{-2}\mathrm{e}^{2\mathrm{i}t\theta} & 1 \end{pmatrix}, \quad J_4^{(2)} = \begin{pmatrix} 1 & r_{4,a}\delta^2\mathrm{e}^{-2\mathrm{i}t\theta} \\ 0 & 1 \end{pmatrix},$$

$$J_5^{(2)} = \begin{pmatrix} 1 & r_4\delta^2\mathrm{e}^{-2\mathrm{i}t\theta} \\ 0 & 1 \end{pmatrix} \begin{pmatrix} 1 & 0 \\ r_1\delta^{-2}\mathrm{e}^{2\mathrm{i}t\theta} & 1 \end{pmatrix},\tag{15.5.13}$$

$$J_6^{(2)} = \begin{pmatrix} 1 & r_{4,r}\delta^2 e^{-2it\theta} \\ 0 & 1 \end{pmatrix} \begin{pmatrix} 1 & 0 \\ r_{1,r}\delta^{-2}e^{2it\theta} & 1 \end{pmatrix},$$

$$J_7^{(2)} = \begin{pmatrix} 1 & 0 \\ r_{3,r}\delta_-^{-2}e^{2it\theta} & 1 \end{pmatrix} \begin{pmatrix} 1 & r_{2,r}\delta_+^2 e^{-2it\theta} \\ 0 & 1 \end{pmatrix},$$

其中 $J_i^{(2)}$ 表示 $J^{(2)}$ 限制在图 15.13 标号为 i 的周线上的跳跃矩阵.

局部 RH 问题　类似于 15.4 节的分析, 相位因子 $t\theta(k)$ 可近似为:

- 对于足够大的 t, ξ 趋于 0 且 k 趋于 $\sqrt{\dfrac{3\alpha}{20\beta}}$, 于是

$$t\theta(k) = t\theta\left(\sqrt{\frac{3\alpha}{20\beta}}\right) + \frac{z^2}{4} + O(z^3 t^{-1/2}), \tag{15.5.14}$$

其中 z 为

$$z = 2\sqrt{6\alpha t}\sqrt[4]{\frac{3\alpha}{5\beta}}\left(k - \sqrt{\frac{3\alpha}{20\beta}}\right). \tag{15.5.15}$$

- 对于 k 趋于 $-\sqrt{\dfrac{3\alpha}{20\beta}}$, 我们有

$$t\theta(k) = t\theta\left(-\sqrt{\frac{3\alpha}{20\beta}}\right) - \frac{\check{z}^2}{4} + O(\check{z}^3 t^{-1/2}), \tag{15.5.16}$$

其中 $\check{z}$ 为

$$\check{z} = 2\sqrt{6\alpha t}\sqrt[4]{\frac{3\alpha}{5\beta}}\left(k + \sqrt{\frac{3\alpha}{20\beta}}\right). \tag{15.5.17}$$

- 当 k 趋于 0 时,

$$t\theta(k) = \frac{4}{3}\hat{k}^3 + \tilde{s}\hat{k} + O(\hat{k}^5 t^{-2/3}), \tag{15.5.18}$$

其中

$$\hat{k} = -(3\alpha t)^{1/3}k, \quad \tilde{s} = (3\alpha)^{-1/3}\xi t^{2/3}. \tag{15.5.19}$$

另一方面, 当 $t \to \infty$ 时, 由式 (15.5.2) 定义的函数 $\delta(k)$ 满足

$$\tilde{\delta}(k) = \left(\frac{k - \sqrt{\dfrac{3\alpha}{20\beta}}}{k + \sqrt{\dfrac{3\alpha}{20\beta}}}\right)^{-i\nu} e^{\chi(k)}, \tag{15.5.20}$$

其中

$$\nu = \frac{1}{2\pi} \ln \left(1 + \left| r \left(\sqrt{\frac{3\alpha}{20\beta}} \right) \right|^2 \right) > 0, \tag{15.5.21}$$

$$\chi(k) = \frac{1}{2\pi \mathrm{i}} \int_{-\sqrt{\frac{3\alpha}{20\beta}}}^{\sqrt{\frac{3\alpha}{20\beta}}} \ln \left(\frac{1 + |r(s)|^2}{1 + \left| r \left(\sqrt{\frac{3\alpha}{20\beta}} \right) \right|^2} \right) \frac{\mathrm{d}s}{s - k}. \tag{15.5.22}$$

此外, 对于 $(x, t) \in \mathcal{Q}_{\leqslant}$, 由 k_1 和 k_2 的定义式 (15.3.5) 和 (15.3.6) 可得

$$|\delta(k) - \tilde{\delta}(k)| \leqslant C t^{-\frac{1}{3}}. \tag{15.5.23}$$

取合适的 $\varepsilon > 0$. 令 $D_\varepsilon \left(\pm \sqrt{\frac{3\alpha}{20\beta}} \right)$ 表示以 $\pm \sqrt{\frac{3\alpha}{20\beta}}$ 为中心半径为 ε 的圆盘, $D_\varepsilon(0) = \{k \in \mathbb{C} | |k| < \varepsilon\}$. 记 $\Sigma_0'^\varepsilon = (\Sigma' \cap D_\varepsilon(0)) \backslash ((-\infty, -k_1) \cup (k_1, \infty))$. 令 $\mathcal{X}_{\pm k_2} = X \pm k_2$ 是以 $\pm k_2$ 为中心的周线 X, 定义 $\mathcal{X}_{\pm k_2}^\varepsilon = \mathcal{X}_{\pm k_2} \cap D_\varepsilon \left(\pm \sqrt{\frac{3\alpha}{20\beta}} \right)$. 因此, 当 $t \to \infty$ 时, $r_{1,a}(x, t, k) \mathrm{e}^{2\mathrm{i} t \theta(k)} \delta^{-2}(k)$ 在周线 $(\mathcal{X}_{\pm k_2}^\varepsilon)_1$ 可近似为

$$r_{1,a}(x, t, k) \mathrm{e}^{2\mathrm{i} t \theta(k)} \delta^{-2}(k) \approx r \left(\sqrt{\frac{3\alpha}{20\beta}} \right) \delta_0^2 \mathrm{e}^{\frac{\mathrm{i} z^2}{2}} z^{2\mathrm{i}\nu}, \tag{15.5.24}$$

$$r_{1,a}(x, t, k) \mathrm{e}^{2\mathrm{i} t \theta(k)} \delta^{-2}(k) \approx r \left(-\sqrt{\frac{3\alpha}{20\beta}} \right) \check{\delta}_0^2 \mathrm{e}^{-\frac{\mathrm{i} \check{z}^2}{2}} (-\hat{z})^{-2\mathrm{i}\nu}, \tag{15.5.25}$$

其中

$$\delta_0 = \mathrm{e}^{\mathrm{i} t \theta(\sqrt{\frac{3\alpha}{20\beta}})} \left(2\sqrt{6\alpha t} \left(\frac{3\alpha}{5\beta} \right)^{\frac{3}{4}} \right)^{-\mathrm{i}\nu} \mathrm{e}^{-\chi(\sqrt{\frac{3\alpha}{20\beta}})}, \quad \check{\delta}_0 = \bar{\delta}_0 = \delta_0^{-1}. \tag{15.5.26}$$

在周线 $(\Sigma_0'^\varepsilon)_3$ 上, 对于足够大的 t, 我们可得

$$r_{3,a}(x, t, k) \mathrm{e}^{2\mathrm{i} t \theta(k)} \delta^{-2}(k) \approx r_3(0) \tilde{\delta}_-^{-2}(0) \mathrm{e}^{2\mathrm{i}(\frac{4}{3}\hat{k}^3 + \tilde{s}\hat{k})}, \quad k = -(3\alpha t)^{-1/3} \hat{k}. \tag{15.5.27}$$

此外, 我们有如下的收敛估计.

命题 15.5.1 对于 $k \in (\mathcal{X}_{k_2}^\varepsilon)_1$, 当 $t \to \infty$ 时, 有

$$\left| r_{1,a}(x,t,k)\mathrm{e}^{2\mathrm{i}t\theta(k)}\delta^{-2}(k) - r\left(\sqrt{\frac{3\alpha}{20\beta}}\right)\delta_0^2\mathrm{e}^{\frac{\mathrm{i}z^2}{2}}z^{2\mathrm{i}\nu} \right| \leqslant Ct^{-\frac{1}{6}}, \tag{15.5.28}$$

对于 $k \in (\Sigma_0'^\varepsilon)_3$,

$$\left| r_{3,a}(x,t,k)\mathrm{e}^{2\mathrm{i}t\theta(k)}\delta^{-2}(k) - r_3(0)\tilde{\delta}_-^{-2}(0)\mathrm{e}^{2\mathrm{i}(\frac{4}{3}\hat{k}^3+\tilde{s}\hat{k})} \right| \leqslant Ct^{-\frac{1}{3}}. \tag{15.5.29}$$

证明 在 z-变量下, 重写 $\mathrm{e}^{2\mathrm{i}t\theta(k)}\tilde{\delta}^{-2}(k)$ 为

$$\mathrm{e}^{2\mathrm{i}t\theta(k)}\tilde{\delta}^{-2}(k) = \delta_0^2 z^{2\mathrm{i}\nu}\left(\frac{2\sqrt{\frac{3\alpha}{20\beta}}}{\frac{z}{2\sqrt{6\alpha t}\sqrt[4]{\frac{3\alpha}{5\beta}}}+2\sqrt{\frac{3\alpha}{20\beta}}}\right)^{2\mathrm{i}\nu}$$

$$\times \mathrm{e}^{-2[\chi(\frac{z}{2\sqrt{6\alpha t}\sqrt[4]{\frac{3\alpha}{5\beta}}}+\sqrt{\frac{3\alpha}{20\beta}})-\chi(\sqrt{\frac{3\alpha}{20\beta}})]}$$

$$\times \mathrm{e}^{-\frac{\mathrm{i}z\xi t}{\sqrt{6\alpha t}\sqrt[4]{\frac{3\alpha}{5\beta}}}}\exp\left[\frac{\mathrm{i}z^2}{2}(1+\Delta)\right],$$

其中

$$\Delta = \frac{5z}{3\sqrt{6\alpha t}\left(\frac{3\alpha}{5\beta}\right)^{3/4}} + \frac{25\beta^2\sqrt{\frac{3\alpha}{5\beta}}z^2}{54\alpha^3 t} + \frac{\beta z^3}{18\alpha^2 t\sqrt{6\alpha t}\left(\frac{3\alpha}{5\beta}\right)^{5/4}}.$$

对于 $k \in (\mathcal{X}_{k_2}^\varepsilon)_1$, 即 $z = 2\sqrt{6\alpha t}\sqrt[4]{\frac{3\alpha}{5\beta}}\left(k_2 - \sqrt{\frac{3\alpha}{20\beta}} + l\mathrm{e}^{\frac{\mathrm{i}\pi}{4}}\right)$, $0 \leqslant l \leqslant \varepsilon$, 有

$$\mathrm{Re}(\mathrm{i}z^2) = 24\alpha t\sqrt{\frac{3\alpha}{5\beta}}\left(-l^2 + \sqrt{2}l\left(\sqrt{\frac{3\alpha}{20\beta}} - k_2\right)\right)$$

$$\leqslant 24\alpha t\sqrt{\frac{3\alpha}{5\beta}}\left(-\frac{1}{2}l^2 + \left(\sqrt{\frac{3\alpha}{20\beta}} - k_2\right)^2\right).$$

因此对于足够大的 t, $|\mathrm{e}^{\mathrm{i}z^2/2}|$ 是有界的. 固定数 κ 满足 $0 < \kappa < 1/2$. 于是可得

$$r_{1,a}(x,t,k)\mathrm{e}^{2\mathrm{i}t\theta(k)}\tilde{\delta}^{-2}(k) - r\left(\sqrt{\frac{3\alpha}{20\beta}}\right)\delta_0^2\mathrm{e}^{\frac{\mathrm{i}z^2}{2}}z^{2\mathrm{i}\nu}$$

$$= \delta_0^2 z^{2\mathrm{i}\nu} \mathrm{e}^{\frac{\mathrm{i}\kappa z^2}{2}} (\mathrm{I} + \mathrm{II} + \mathrm{III} + \mathrm{IV} + \mathrm{V}), \tag{15.5.30}$$

其中

$$\mathrm{I} = \mathrm{e}^{\frac{\mathrm{i}\kappa z^2}{2}} \left(\frac{2\sqrt{\dfrac{3\alpha}{20\beta}}}{\dfrac{z}{2\sqrt{6\alpha t}\sqrt[4]{\dfrac{3\alpha}{5\beta}}} + 2\sqrt{\dfrac{3\alpha}{20\beta}}} \right)^{2\mathrm{i}\nu}$$

$$\times \mathrm{e}^{-2[\chi(\frac{z}{2\sqrt{6\alpha t}\sqrt[4]{\frac{3\alpha}{5\beta}}} + \sqrt{\frac{3\alpha}{20\beta}}) - \chi(\sqrt{\frac{3\alpha}{20\beta}})]} \mathrm{e}^{-\frac{\mathrm{i}z\xi t}{\sqrt{6\alpha t}\sqrt[4]{\frac{3\alpha}{5\beta}}}}$$

$$\times \exp\left[\frac{\mathrm{i}(1-2\kappa)z^2}{2} \left(1 + \frac{\Delta}{1-2\kappa} \right) \right]$$

$$\times \left[r_{1,a} \left(\frac{z}{2\sqrt{6\alpha t}\sqrt[4]{\dfrac{3\alpha}{5\beta}}} + \sqrt{\frac{3\alpha}{20\beta}} \right) - r\left(\sqrt{\frac{3\alpha}{20\beta}} \right) \right],$$

$$\mathrm{II} = \mathrm{e}^{\frac{\mathrm{i}\kappa z^2}{2}} r\left(\sqrt{\frac{3\alpha}{20\beta}} \right) \left(\frac{2\sqrt{\dfrac{3\alpha}{20\beta}}}{\dfrac{z}{2\sqrt{6\alpha t}\sqrt[4]{\dfrac{3\alpha}{5\beta}}} + 2\sqrt{\dfrac{3\alpha}{20\beta}}} \right)^{2\mathrm{i}\nu}$$

$$\times \mathrm{e}^{-2[\chi(\frac{z}{2\sqrt{6\alpha t}\sqrt[4]{\frac{3\alpha}{5\beta}}} + \sqrt{\frac{3\alpha}{20\beta}}) - \chi(\sqrt{\frac{3\alpha}{20\beta}})]}$$

$$\times \exp\left[\frac{\mathrm{i}(1-2\kappa)z^2}{2} \left(1 + \frac{\Delta}{1-2\kappa} \right) \right] \left(\mathrm{e}^{-\frac{\mathrm{i}z\xi t}{\sqrt{6\alpha t}\sqrt[4]{\frac{3\alpha}{5\beta}}}} - 1 \right),$$

$$\mathrm{III} = \mathrm{e}^{\frac{\mathrm{i}\kappa z^2}{2}} r\left(\sqrt{\frac{3\alpha}{20\beta}} \right) \mathrm{e}^{-2[\chi(\frac{z}{2\sqrt{6\alpha t}\sqrt[4]{\frac{3\alpha}{5\beta}}} + \sqrt{\frac{3\alpha}{20\beta}}) - \chi(\sqrt{\frac{3\alpha}{20\beta}})]}$$

$$\times \exp\left[\frac{\mathrm{i}(1-2\kappa)z^2}{2} \left(1 + \frac{\Delta}{1-2\kappa} \right) \right] \left(\left(\frac{2\sqrt{\dfrac{3\alpha}{20\beta}}}{\dfrac{z}{2\sqrt{6\alpha t}\sqrt[4]{\dfrac{3\alpha}{5\beta}}} + 2\sqrt{\dfrac{3\alpha}{20\beta}}} \right)^{2\mathrm{i}\nu} - 1 \right),$$

$$\text{IV} = e^{\frac{i\kappa z^2}{2}} r\left(\sqrt{\frac{3\alpha}{20\beta}}\right) \exp\left[\frac{i(1-2\kappa)z^2}{2}\left(1 + \frac{\Delta}{1-2\kappa}\right)\right]$$

$$\times \left(e^{-2[\chi(\frac{z}{2\sqrt{6\alpha t}\sqrt[4]{\frac{3\alpha}{5\beta}}} + \sqrt{\frac{3\alpha}{20\beta}}) - \chi(\sqrt{\frac{3\alpha}{20\beta}})]} - 1\right),$$

$$\text{V} = e^{\frac{i\kappa z^2}{2}} r\left(\sqrt{\frac{3\alpha}{20\beta}}\right)\left(\exp\left[\frac{i(1-2\kappa)z^2}{2}\left(1 + \frac{\Delta}{1-2\kappa}\right)\right] - e^{\frac{i(1-2\kappa)z^2}{2}}\right).$$

类似于文献 [33] 中引理 3.35 的证明 (也可参考文献 [79]), 我们有

$$|\text{I}|, |\text{III}|, |\text{V}| \leqslant Ct^{-1/2}, \quad |\text{IV}| \leqslant Ct^{-1/2}\ln t. \tag{15.5.31}$$

对于 II, 有

$$|\text{II}| \leqslant C|e^{\frac{i\kappa z^2}{2}}| \sup_{0\leqslant\varepsilon\leqslant 1}\left|\frac{\mathrm{d}}{\mathrm{d}\varepsilon}e^{-\frac{iz\xi t\varepsilon}{\sqrt{6\alpha t}\sqrt[4]{\frac{3\alpha}{5\beta}}}}\right| \leqslant Ct^{-1/6}. \tag{15.5.32}$$

因此, 根据 (15.5.23) 可得

$$\left|r_{1,a}(x,t,k)e^{2it\theta(k)}\delta^{-2}(k) - r\left(\sqrt{\frac{3\alpha}{20\beta}}\right)\delta_0^2 e^{\frac{iz^2}{2}}z^{2i\nu}\right|$$

$$\leqslant \left|r_{1,a}(x,t,k)e^{2it\theta(k)}\delta^{-2}(k) - r_{1,a}(x,t,k)e^{2it\theta(k)}\tilde{\delta}^{-2}(k)\right|$$

$$+ \left|r_{1,a}(x,t,k)e^{2it\theta(k)}\tilde{\delta}^{-2}(k) - r\left(\sqrt{\frac{3\alpha}{20\beta}}\right)\delta_0^2 e^{\frac{iz^2}{2}}z^{2i\nu}\right| \leqslant Ct^{-1/6}.$$

于是估计 (15.5.28) 成立. 记

$$r_{3,a}(x,t,k)e^{2it\theta(k)}\delta^{-2}(k) - r_3(0)\tilde{\delta}_-^{-2}(0)e^{2i(\frac{4}{3}\hat{k}^3 + \tilde{s}\hat{k})} = I_1 + I_2 + I_3 + I_4, \tag{15.5.33}$$

其中

$$I_1 = (r_{3,a}(x,t,k) - r_3(0))e^{2it\theta(k)}\delta^{-2}(k), \quad I_2 = r_3(0)e^{2it\theta(k)}(\delta^{-2}(k) - \tilde{\delta}^{-2}(k)),$$

$$I_3 = r_3(0)e^{2it\theta(k)}(\tilde{\delta}^{-2}(k) - \tilde{\delta}_-^{-2}(0)), \quad I_4 = r_3(0)\tilde{\delta}_-^{-2}(0)(e^{2it\theta(k)} - e^{2i(\frac{4}{3}\hat{k}^3 + \tilde{s}\hat{k})}).$$

对于 $k \in (\Sigma_0'^\varepsilon)_3$, 根据引理 15.4.2 中式 (15.4.30) 的证明和估计式 (15.5.23) 可知

$$|I_1|, |I_2| \leqslant Ct^{-1/3}. \tag{15.5.34}$$

另一方面, 我们知道

$$\tilde{\delta}(k) = e^{\mu(k)}, \quad \mu(k) = \frac{1}{2\pi i}\int_{-\sqrt{\frac{3\alpha}{20\beta}}}^{\sqrt{\frac{3\alpha}{20\beta}}} \frac{\ln(1 + |r(\zeta)|^2)}{\zeta - k}\mathrm{d}\zeta. \tag{15.5.35}$$

则由 Plemelj 公式可得

$$\mu_-(0) = -\frac{1}{2}\ln(1+|r(0)|^2) + \frac{1}{2\pi\mathrm{i}}\int_{-\sqrt{\frac{3\alpha}{20\beta}}}^{\sqrt{\frac{3\alpha}{20\beta}}} \frac{\ln(1+|r(\zeta)|^2)}{\zeta}\mathrm{d}\zeta. \tag{15.5.36}$$

于是对于 $\mathrm{Im}k < 0$, 有

$$\begin{aligned}
\mu(k) - \mu_-(0) &= \frac{1}{2\pi\mathrm{i}}\int_{-\sqrt{\frac{3\alpha}{20\beta}}}^{\sqrt{\frac{3\alpha}{20\beta}}} \ln(1+|r(\zeta)|^2)\left(\frac{1}{\zeta-k}-\frac{1}{\zeta}\right)\mathrm{d}\zeta + \frac{1}{2}\ln(1+|r(0)|^2)\\
&= \frac{k}{2\pi\mathrm{i}}\int_{-\sqrt{\frac{3\alpha}{20\beta}}}^{\sqrt{\frac{3\alpha}{20\beta}}} \frac{1}{\zeta}\ln\left[(1+|r(\zeta)|^2)(1+|r(0)|^2)\right]\frac{\mathrm{d}\zeta}{\zeta-k}\\
&\quad + \left[\frac{1}{2}-\frac{k}{2\pi\mathrm{i}}\int_{-\sqrt{\frac{3\alpha}{20\beta}}}^{\sqrt{\frac{3\alpha}{20\beta}}} \frac{\mathrm{d}\zeta}{\zeta(\zeta-k)}\right]\ln(1+|r(0)|^2). \tag{15.5.37}
\end{aligned}$$

第二项中方括号里面等于零. 因此, 有

$$\mu(k) - \mu_-(0) = \frac{k}{2\pi\mathrm{i}}\int_{-\sqrt{\frac{3\alpha}{20\beta}}}^{\sqrt{\frac{3\alpha}{20\beta}}} \frac{1}{\zeta}\ln\left[(1+|r(\zeta)|^2)(1+|r(0)|^2)\right]\frac{\mathrm{d}\zeta}{\zeta-k}. \tag{15.5.38}$$

由于函数 $\frac{1}{\zeta}\ln\left[(1+|r(\zeta)|^2)(1+|r(0)|^2)\right]$ 属于 $H^1(\mathbb{R})$, 则

$$|\mu(k) - \mu_-(0)| \leqslant C|k|, \quad \mathrm{Im}k < 0. \tag{15.5.39}$$

因此由不等式 (15.4.31) 可知

$$\left|1-\mathrm{e}^{2(\mu(k)-\mu_-(0))}\right| \leqslant 2|\mu(k)-\mu_-(0)|\mathrm{e}^{2|\mu(k)-\mu_-(0)|} \leqslant C|\mu(k)-\mu_-(0)| \leqslant C|k| \tag{15.5.40}$$

对于 $\mathrm{Im}k < 0$. 于是可得

$$|I_3| \leqslant C|\hat{k}t^{-1/3}|\mathrm{e}^{-t|\mathrm{Re}2\mathrm{i}\theta|} \leqslant Ct^{-1/3}. \tag{15.5.41}$$

最后, 根据 (15.4.32) 可得

$$|I_4| \leqslant Ct^{-1/3}. \tag{15.5.42}$$

这就完成了估计 (15.5.29) 的证明. □

　　现在我们定义

$$\begin{aligned}
\tilde{M}(x,t;z) &= M^{(2)}(x,t,k)\delta_0^{-\sigma_3}, \quad k \in D_\varepsilon\left(\sqrt{\frac{3\alpha}{20\beta}}\right)\backslash\Sigma',\\
\check{M}(x,t;\check{z}) &= M^{(2)}(x,t,k)\check{\delta}_0^{-\sigma_3}, \quad k \in D_\varepsilon\left(-\sqrt{\frac{3\alpha}{20\beta}}\right)\backslash\Sigma'.
\end{aligned} \tag{15.5.43}$$

则对于固定的 z 和足够大的 t, $\tilde{M}(x,t;z)$ 在 $\mathcal{X}_{k_2}^\varepsilon$ 上的跳跃矩阵 $\tilde{J}(x,t,z)$ 趋于由 (11.3.3) 定义的 J^X, 其中

$$q = r\left(\sqrt{\frac{3\alpha}{20\beta}}\right).$$

因此, 在 $D_\varepsilon\left(\sqrt{\frac{3\alpha}{20\beta}}\right)$ 中我们可用下面的函数逼近 $M^{(2)}(x,t;k)$

$$M^r(x,t;k) \doteq \delta_0^{-\sigma_3} M^X(q,z)\delta_0^{\sigma_3}, \tag{15.5.44}$$

当 $t \to \infty$ 时, 其中 $M^X(q,z)$ 为 RH 问题 (11.3.2) 的解且满足 (11.3.4). 根据对称性, 在 $D_\varepsilon\left(-\sqrt{\frac{3\alpha}{20\beta}}\right)$ 中可用如下函数逼近 $M^{(2)}(x,t;k)$

$$M^l(x,t;\cdot) = \sigma_2 M^r(x,t;-\cdot)\sigma_2. \tag{15.5.45}$$

引理 15.5.2 对于 $(x,t) \in \mathcal{Q}_\leqslant$, 由式 (15.5.44) 定义的函数 $M^r(x,t;k)$ 在 $k \in \overline{D_\varepsilon\left(\sqrt{\frac{3\alpha}{20\beta}}\right)} \setminus \mathcal{X}_{k_2}^\varepsilon$ 上解析. 此外, $M^r(x,t;k)$ 关于 $k \in \overline{D_\varepsilon\left(\sqrt{\frac{3\alpha}{20\beta}}\right)} \setminus \mathcal{X}_{k_2}^\varepsilon$ 是一致有界的. 在 $\mathcal{X}_{k_2}^\varepsilon$ 上, $M^r(x,t;k)$ 满足跳跃条件 $M_+^r = M_-^r J^r$, 其中跳跃矩阵 J^r 满足如下估计:

$$\|J^{(2)} - J^r\|_{L^1 \cap L^2 \cap L^\infty(\mathcal{X}_{k_2}^\varepsilon)} \leqslant Ct^{-\frac{1}{6}}. \tag{15.5.46}$$

当 $t \to \infty$ 时,

$$\|(M^r)^{-1}(x,t,k) - I\|_{L^\infty(\partial D_\varepsilon(\sqrt{\frac{3\alpha}{20\beta}}))} = O(t^{-\frac{1}{2}}), \tag{15.5.47}$$

且

$$\frac{1}{2\pi i}\int_{\partial D_\varepsilon(\sqrt{\frac{3\alpha}{20\beta}})} ((M^r)^{-1}(x,t;k) - I)\,dk = \frac{M_1^r(x,t)}{2\sqrt{6\alpha t}\sqrt[4]{\frac{3\alpha}{5\beta}}} + O(t^{-1}), \tag{15.5.48}$$

其中 $M_1^r(x,t)$ 为

$$M_1^r(x,t) = i\begin{pmatrix} 0 & \delta_0^{-2}\beta \\ \delta_0^2 \bar{\beta} & 0 \end{pmatrix}, \quad \beta = \sqrt{\nu}e^{i\left(\frac{\pi}{4} - \arg r\left(\sqrt{\frac{3\alpha}{20\beta}}\right) - \arg \Gamma(i\nu)\right)}. \tag{15.5.49}$$

证明 参见文献 [80] 引理 3.3 的证明. □

最后, 在 $\Sigma_0'^\varepsilon$ 上, 当 $t \to \infty$ 时, 关于 $M^{(2)}(x,t;k)$ 的 RH 问题的跳跃矩阵 $J_i^{(2)}, i = 2, 3, 5$ 可近似为

$$J_2^{(2)} \approx \begin{pmatrix} 1 & -\bar{R}_1 \mathrm{e}^{-2\mathrm{i}(\tilde{s}\hat{k}+\frac{4}{3}\hat{k}^3)} \\ 0 & 1 \end{pmatrix}, \quad J_3^{(2)} \approx \begin{pmatrix} 1 & 0 \\ -R_1 \mathrm{e}^{2\mathrm{i}(\tilde{s}\hat{k}+\frac{4}{3}\hat{k}^3)} & 1 \end{pmatrix},$$

$$J_5^{(2)} \approx \begin{pmatrix} 1 & \bar{R}_1 \mathrm{e}^{-2\mathrm{i}(\tilde{s}\hat{k}+\frac{4}{3}\hat{k}^3)} \\ 0 & 1 \end{pmatrix} \begin{pmatrix} 1 & 0 \\ R_1 \mathrm{e}^{2\mathrm{i}(\tilde{s}\hat{k}+\frac{4}{3}\hat{k}^3)} & 1 \end{pmatrix}, \quad (15.5.50)$$

其中

$$R_1 = r_3(0)\tilde{\delta}_-^{-2}(0) = r(0). \quad (15.5.51)$$

注记 15.5.1　因为 $r(k) = \overline{r(-k)}$, 所以 $r(0)$ 为实的. 此外, 由对称性 $\tilde{\delta}(k) = \overline{\tilde{\delta}(-\bar{k})} = \tilde{\delta}^{-1}(-k)$ 可得 $\tilde{\delta}_-(0) = \overline{\tilde{\delta}_-(0)} = \tilde{\delta}_+^{-1}(0)$. 因此, $R_1 \in \mathbb{R}$. 由 $\mu(k)$ 和 $\mu_-(0)$ 的表达式 (15.5.35) 和 (15.5.36) 可得

$$\tilde{\delta}_-^2(0) = |\tilde{\delta}_-(0)|^2 = \frac{1}{1 + |r(0)|^2}, \quad (15.5.52)$$

于是我们可得 (15.5.51).

根据 (15.5.19) 定义的参数 $\hat{k}$, 在 $D_\varepsilon(0)$ 中, 对于足够大的 t, 函数 $M^{(2)}(x,t;k)$ 逼近于如下的函数 $M^0(x,t;k)$:

$$M^0(x,t;k) \doteq \hat{M}(\rho, \tilde{s}; \hat{k}), \quad (15.5.53)$$

其中 $\hat{M}(\rho, \tilde{s}; \hat{k})$ 是 RH 问题 (15.2.29) 的解, 且 $\tilde{s}$ 由 (15.5.19) 给出,

$$\rho = -R_1 = -r(0).$$

类似于引理 15.4.2, 关于 $M^0(x,t;k)$ 我们有如下的引理.

引理 15.5.3　对于 $(x,t) \in \mathcal{Q}_\leqslant$, 函数 $M^0(x,t;k)$ 在 $k \in D_\varepsilon(0)\backslash\Sigma_0'^\varepsilon$ 上解析且满足 $|M^0(x,t,k)| \leqslant C$. 在 $\Sigma_0'^\varepsilon$ 上, $M^0(x,t;k)$ 满足跳跃条件 $M_+^0 = M_-^0 J^0$, 其中跳跃矩阵 J^0 满足

$$\|J^{(2)} - J^0\|_{L^1 \cap L^2 \cap L^\infty(\Sigma_0^\varepsilon)} \leqslant Ct^{-\frac{1}{3}}. \quad (15.5.54)$$

当 $t \to \infty$ 时,

$$\|(M^0)^{-1}(x,t;k) - I\|_{L^\infty(\partial D_\varepsilon(0))} = O(t^{-\frac{1}{3}}), \quad (15.5.55)$$

且

$$\frac{1}{2\pi\mathrm{i}} \int_{\partial D_\varepsilon(0)} ((M^0)^{-1}(x,t;k) - I)\mathrm{d}k = \frac{M_1^0(\tilde{s})}{(3\alpha t)^{1/3}} + O(t^{-\frac{2}{3}}), \quad (15.5.56)$$

其中 $M_1^0(\tilde{s})$ 为

$$M_1^0(\tilde{s}) = \begin{pmatrix} \dfrac{\mathrm{i}}{2}\displaystyle\int^{\tilde{s}} \tilde{y}^2(\zeta)\mathrm{d}\zeta & \dfrac{\tilde{y}(\tilde{s})}{2} \\ \dfrac{\tilde{y}(\tilde{s})}{2} & -\dfrac{\mathrm{i}}{2}\displaystyle\int^{\tilde{s}} \tilde{y}^2(\zeta)\mathrm{d}\zeta \end{pmatrix}, \tag{15.5.57}$$

$\tilde{y}(\tilde{s})$ 是 Painlevé II 方程 (15.2.24) 的纯虚解且当 $\tilde{s} \to +\infty$

$$\tilde{y}(\tilde{s}) \sim -\mathrm{i}r(0)\mathrm{Ai}(\tilde{s}).$$

最后一步 定义逼近解 M^{app} 为

$$M^{\mathrm{app}}(x,t;k) = \begin{cases} M^r(x,t;k), & k \in D_\varepsilon\left(\sqrt{\dfrac{3\alpha}{20\beta}}\right), \\ M^0(x,t;k), & k \in D_\varepsilon(0) \\ \sigma_2 M^r(x,t;-k)\sigma_2, & k \in D_\varepsilon\left(-\sqrt{\dfrac{3\alpha}{20\beta}}\right), \\ I, & \text{其他.} \end{cases} \tag{15.5.58}$$

则函数 $\check{M}(x,t;k)$

$$\check{M} = M^{(2)}(M^{\mathrm{app}})^{-1} \tag{15.5.59}$$

满足如下的跳跃条件

$$\check{M}_+(x,t;k) = \check{M}_-(x,t;k)\check{J}(x,t,k) \tag{15.5.60}$$

对于 $k \in \check{\Sigma}' = \Sigma' \cup \partial D_\varepsilon\left(-\sqrt{\dfrac{3\alpha}{20\beta}}\right) \cup \partial D_\varepsilon\left(\sqrt{\dfrac{3\alpha}{20\beta}}\right) \cup \partial D_\varepsilon(0)$ 如图 15.14 所示，且跳跃矩阵 $\check{J}$ 为

$$\check{J} = $$

$$\begin{cases} M_-^{\mathrm{app}}J^{(2)}(M_+^{\mathrm{app}})^{-1}, & k \in \check{\Sigma}' \cap \left(D_\varepsilon\left(\sqrt{\dfrac{3\alpha}{20\beta}}\right) \cup D_\varepsilon(0) \cup D_\varepsilon\left(-\sqrt{\dfrac{3\alpha}{20\beta}}\right)\right), \\ (M^{\mathrm{app}})^{-1}, & k \in \left(\partial D_\varepsilon\left(\sqrt{\dfrac{3\alpha}{20\beta}}\right) \cup \partial D_\varepsilon(0) \cup \partial D_\varepsilon\left(-\sqrt{\dfrac{3\alpha}{20\beta}}\right)\right), \\ J^{(2)}, & k \in \check{\Sigma}'\setminus\left(\overline{D_\varepsilon\left(\sqrt{\dfrac{3\alpha}{20\beta}}\right)} \cup \overline{D_\varepsilon(0)} \cup \overline{D_\varepsilon\left(-\sqrt{\dfrac{3\alpha}{20\beta}}\right)}\right). \end{cases}$$

$$\tag{15.5.61}$$

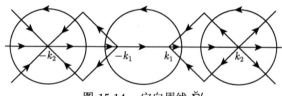

图 15.14　定向周线 $\check{\Sigma}'$

重写 $\check{\Sigma}'$ 为

$$\check{\Sigma}' = \check{\Sigma}'_1 \cup \check{\Sigma}'_2 \cup \check{\Sigma}'_3 \cup \check{\Sigma}'_4 \cup \check{\Sigma}'_5 \cup \check{\Sigma}'_6,$$

其中

$$\check{\Sigma}'_1 = \check{\Sigma}' \backslash \left(\mathbb{R} \cup \overline{D_\varepsilon\left(\sqrt{\frac{3\alpha}{20\beta}}\right)} \cup \overline{D_\varepsilon(0)} \cup \overline{D_\varepsilon\left(-\sqrt{\frac{3\alpha}{20\beta}}\right)} \right), \quad \check{\Sigma}'_2 = \mathbb{R} \backslash [-k_1, k_1],$$

$$\check{\Sigma}'_3 = \partial D_\varepsilon\left(\sqrt{\frac{3\alpha}{20\beta}}\right) \cup \partial D_\varepsilon\left(-\sqrt{\frac{3\alpha}{20\beta}}\right), \quad \check{\Sigma}'_4 = \partial D_\varepsilon(0),$$

$$\check{\Sigma}'_5 = \mathcal{X}^\varepsilon_{k_2} \cup \mathcal{X}^\varepsilon_{-k_2}, \quad \check{\Sigma}'_6 = {\Sigma'}^\varepsilon_0.$$

引理 15.5.4　令 $\check{w} = \check{J} - I$. 对于 $(x, t) \in \mathcal{Q}_{\leqslant}$, 如下估计式成立:

$$\|\check{w}\|_{L^1 \cap L^2 \cap L^\infty(\check{\Sigma}'_1)} \leqslant C e^{-ct}, \quad \|\check{w}\|_{L^1 \cap L^2 \cap L^\infty(\check{\Sigma}'_2)} \leqslant C t^{-\frac{3}{2}}, \quad (15.5.62)$$

$$\|\check{w}\|_{L^1 \cap L^2 \cap L^\infty(\check{\Sigma}'_3)} \leqslant C t^{-\frac{1}{2}}, \quad \|\check{w}\|_{L^1 \cap L^2 \cap L^\infty(\check{\Sigma}'_4)} \leqslant C t^{-\frac{1}{3}}, \quad (15.5.63)$$

$$\|\check{w}\|_{L^1 \cap L^2 \cap L^\infty(\check{\Sigma}'_5)} \leqslant C t^{-\frac{1}{6}}, \quad \|\check{w}\|_{L^1 \cap L^2 \cap L^\infty(\check{\Sigma}'_6)} \leqslant C t^{-\frac{1}{3}}. \quad (15.5.64)$$

证明　类似于引理 15.4.3 的证明.　　　　　　　　　　　　　　　□

接下来在区域 $\mathcal{Q}_{\leqslant}$ 中关于解的渐近性的推导类似于区域 $\mathcal{P}_{\geqslant}$ 中的处理方法, 这里略去.

第 16 章　KdV 方程组的轨道稳定性

16.1　引　言

本章考虑以下耦合 KdV 系统孤立波的稳定性:

$$\begin{cases} u_t + u_{xxx} + 6uu_x - 2bvv_x = 0, \\ v_t + v_{xxx} + 3uv_x = 0, \end{cases} \quad x \in \mathbb{R}, \tag{16.1.1}$$

系统 (16.1.1) 描述了具有不同色散关系的两个长波的相互作用. 如果一个长波对另一长波没有影响, 则后者服从普通的 KdV 方程, 因此 (16.1.1) 可被视为单个 KdV 方程的自然扩展.

本章的组织结构如下：在 16.2 节中, 陈述存在孤立波的结果; 在 16.3 节中, 陈述假设和稳定性结果; 在 16.4 节中, 得到一个抽象稳定性结果; 在 16.5 节中, 证明 (16.1.1) 的孤立波解的稳定性.

16.2　孤立波的存在性

考虑以下系统

$$\begin{cases} u_t + u_{xxx} + 6uu_x - 2bvv_x = 0, \\ v_t + v_{xxx} + 3uv_x = 0, \end{cases} \quad x \in \mathbb{R} . \tag{16.2.1}$$

设

$$u(t,x) = \varphi_c(x - ct), \tag{16.2.2}$$

$$v(t,x) = \psi_c(x - ct) \tag{16.2.3}$$

是 (16.2.1) 的孤立波解. 将 (16.2.2)—(16.2.3) 代入 (16.2.1) 中, 并假设当 $x \to \infty$ 时 $\varphi_c, \varphi_c'', \psi_c, \psi_c', \psi_c''' \to 0$, 得

$$-\varphi_c'' - 3\varphi_c^2 + c\varphi_c + b\psi_c^2 = 0, \tag{16.2.4}$$

$$\psi_c''' - c\psi_c' + 3\varphi_c\psi_c' = 0. \tag{16.2.5}$$

假设

$$\varphi_c = k\psi_c^2 \tag{16.2.6}$$

满足 (16.2.4)—(16.2.5), 待定常数 $k \neq 0$. 则有

$$-\varphi_c'' - 3\varphi_c^2 + c\varphi_c + \frac{b}{k}\varphi_c = 0, \tag{16.2.7}$$

$$\psi_c'' - c\psi_c + k\psi_c^3 = 0. \tag{16.2.8}$$

假设 ψ_c 的形式为 $c_1 \operatorname{sech} c_2 x$, 其中 c_1, c_2 为待定常数. 可得

$$c_2^2 = c, \quad 2c_2^2 = kc_1^2, \quad 4c_2^2 = c + \frac{b}{k}. \tag{16.2.9}$$

其中 $k = \dfrac{b}{3c}, c_2 = \sqrt{c}, c_1 = \sqrt{\dfrac{6}{b}}c$, 且

$$\varphi_c(x) = 2c \operatorname{sech}^2(\sqrt{c}x), \quad \psi_c(x) = c\sqrt{\frac{6}{b}} \operatorname{sech}(\sqrt{c}x). \tag{16.2.10}$$

于是得到以下结果.

定理 16.2.1　对于任何正实数 b 和 c, (16.2.1) 都存在形式为 (16.2.2)—(16.2.3) 的孤立波解, 其中 φ_c, ψ_c, b, c 满足 (16.2.10).

16.3　主 要 结 果

记 $\mu = \begin{pmatrix} u \\ v \end{pmatrix}$. 函数空间 $X = L^2(\mathbb{R}) \times H^1(\mathbb{R})$, 内积

$$(f, g) = \int_{\mathbb{R}} (f_1 g_1 + f_2 g_2 + f_{2x} g_{2x})\,\mathrm{d}x, \quad f, g \in X. \tag{16.3.1}$$

X 的对偶空间 $X^* = L^2(\mathbb{R}) \times H^{-1}(\mathbb{R})$, 自然同构映射 $I : X \to X^*$ 定义为

$$\langle If, g \rangle = (f, g), \tag{16.3.2}$$

其中 $\langle \cdot, \cdot \rangle$ 表示 X 和 X^* 之间的对偶, 即

$$\langle f, g \rangle = \int_{\mathbb{R}} \left(\sum_{i=1}^{2} f_i g_i \right) \mathrm{d}x. \tag{16.3.3}$$

由 (16.3.1)—(16.3.3), 显然有 $I = \begin{pmatrix} 1 & 0 \\ 0 & 1 - \dfrac{\partial^2}{\partial x^2} \end{pmatrix}$. 由于此处的稳定性是指孤立波剖面本身的扰动, 因此需要研究 (16.1.1) 的初值问题. 以下引理指出 (16.1.1) 的初值问题在 Hadamard 的经典意义下是适定的.

引理 16.3.1 设 $b > 0$, $s \geqslant 3$, 则对每个 $\mu_0 \in H^s(\mathbb{R}) \times H^s(\mathbb{R})$, 都存在 $T_* = T_*(\|\mu_0\|_{H^s}) > 0$ 及 (16.1.1) 的唯一解 $\mu \in C([0, T_*); H^s \times H^s)$. 否则, 或者 $T_* = \infty$ 或者当 $t \to T_*$ 时, $\|\mu(x, t)\|_X \to \infty$.

设 T 是 X 上如下定义的酉算子的单参数群

$$T(s)\mu(\cdot) = \mu(\cdot - s), \quad \mu(\cdot) \in X, s \in \mathbb{R}. \tag{16.3.4}$$

显然有

$$T'(0) = \begin{pmatrix} -\dfrac{\partial}{\partial x} & 0 \\ 0 & -\dfrac{\partial}{\partial x} \end{pmatrix}.$$

由定理 16.2.1 和 (16.1.1) 可知, (16.1.1) 存在孤立波 $T(ct)\Phi_c(x)$, 其中 $\Phi_c(x)$ 定义为

$$\Phi_c(x) = \begin{pmatrix} \varphi_c(x) \\ \psi_c(x) \end{pmatrix}. \tag{16.3.5}$$

在本节和下节中, 将考虑 (16.1.1) 的孤立波 $T(ct)\Phi_c(x)$ 的轨道稳定性. 注意到系统 (16.1.1) 在 $T(\cdot)$ 下是不变的. 轨道稳定性定义如下:

定义 16.3.1 孤立波 $T(ct)\Phi_c(x)$ 是轨道稳定的当且仅当对任何 $\varepsilon > 0$, 存在 $\delta > 0$ 满足性质: 如果 $\mu_0 \in X$, $\|\mu_0 - \Phi_c\|_X < \delta$, $\mu(t)$ 是 (16.1.1) 带初始条件 $\mu(0) = \mu_0$ 在区间 $[0, t_0)$ 时的解, 那么 $\mu(t)$ 可以连续延拓到 $0 \leqslant t < +\infty$ 成为解, 且

$$\sup_{0 < t < +\infty} \inf_{s \in \mathbb{R}} \|\mu(t) - T(s)\Phi_c\|_X < \varepsilon. \tag{16.3.6}$$

否则, $T(ct)\Phi_c(x)$ 是轨道不稳定的.

定义

$$E(\mu) = E(u, v) = \int_{\mathbb{R}} b\left(v_x^2 - uv^2\right) \mathrm{d}x, \tag{16.3.7}$$

$$V(\mu) = V(u, v) = \int_{\mathbb{R}} \left(\frac{3}{2}u^2 + bv^2\right) \mathrm{d}x. \tag{16.3.8}$$

容易证明 $E(\mu)$ 和 $V(\mu)$ 在 T 下是不变的, 在 (16.1.1) 流下形式上是守恒的. 也就是说有

$$E(T(s)\mu) = E(\mu), \quad s \in \mathbb{R}, \tag{16.3.9}$$

$$V(T(s)\mu) = V(\mu), \quad s \in \mathbb{R}, \tag{16.3.10}$$

如果 $\mu(t)$ 是 (16.1.1) 生成的流,

$$E(\mu(t)) = E(\mu(0)), \tag{16.3.11}$$

$$V(\mu(t)) = V(\mu(0)).\tag{16.3.12}$$

注意到方程 (16.1.1) 不能写成哈密顿系统的形式

$$\frac{\mathrm{d}\mu}{\mathrm{d}t} = JE'(\mu),\tag{16.3.13}$$

其中 J 是斜对称线性算子, E 是泛函 (能量). 根据 (16.2.6)—(16.2.8), 有

$$E'(\Phi_c) + cV'(\Phi_c) = 0,\tag{16.3.14}$$

其中 E' 和 V' 是 E 和 V 的 Frechet 导数, 即

$$E'(\mu) = \begin{pmatrix} -bv^2 \\ -2bv_{xx} - 2buv \end{pmatrix}, \quad V'(\mu) = \begin{pmatrix} 3u \\ 2bv \end{pmatrix}.\tag{16.3.15}$$

此外, $E' + cV'$ 在 $E' + cV'$ 附近的线性化算子 H_c 为

$$H_c = E''(\Phi_c) + cV''(\Phi_c) = \begin{pmatrix} 3c & -2b\psi_c \\ -2b\psi_c & 2b\left(-\dfrac{\partial^2}{\partial x^2} + c - \varphi_c\right) \end{pmatrix}.\tag{16.3.16}$$

$H_c : X \to X^*$ 在 $H_c^* = H_c$ 的意义下是自伴的, $I^{-1/2} H_c I^{-1/2}$ 是 $L^2(\mathbb{R}) \times L^2(\mathbb{R})$ 上的自伴算子, 其中

$$I^{-1/2} = \begin{pmatrix} 1 & 0 \\ 0 & \left(1 - \dfrac{\partial^2}{\partial x^2}\right)^{-1/2} \end{pmatrix}.$$

H_c 的 "谱" 由使得 $H_c - \lambda I$ 不可逆的实数 λ 组成. $\lambda = 0$ 属于 H_c 的谱. 由 (16.3.4) (16.3.9) (16.3.10) 和 (16.3.14), 容易证明

$$H_c T'(0)\Phi_c(x) = 0.\tag{16.3.17}$$

设

$$Z = \{k_1 T'(0)\Phi_c(x) \mid k_1 \in \mathbb{R}\}.\tag{16.3.18}$$

由 (16.3.17) 知 Z 包含在 H_c 的核中.

下面阐述对 H_c 的假设.

假设 1 (H_c 的谱分解)　空间 X 被分解为直和

$$X = N + Z + P,\tag{16.3.19}$$

Z 的定义为 (16.3.18), N 是一维子空间, 使得

$$\langle H_c \mu, \mu \rangle < 0, \quad 0 \neq \mu \in N. \tag{16.3.20}$$

P 是一个闭子空间, 使得

$$\langle H_c \mu, \mu \rangle \geqslant \delta \|\mu\|_X^2, \quad \mu \in P \tag{16.3.21}$$

其中常数 $\delta > 0$ 与 μ 无关.

注记 16.3.1 这里介绍一些通用术语. 设 X 是向量空间, $h: X \times X \to \mathbb{R}$ 是对称双线性形式. 如果 $h(\mu, \mu) < 0$ (或 > 0) 对所有的 $0 \neq \mu \in N$ (或 P) 成立, 则子空间 N (或 P) 称为负 (或正) 的. h 的核是 $Z = \{\mu \in X \mid h(\mu, v) = 0, \quad \forall v \in X\}$. 那么所有的极大负子空间都有相同的维数, 称之为负指数 $n(h)$. 同样, 也有一个正指数 $p(h)$. 如果 $h(\mu, \mu) = \langle H_c \mu, \mu \rangle$, 其中 X 是 Hilbert 空间, 将这些指数写成 $n(H_c)$ 和 $p(H_c)$. 用 $Z(H_c)$ 表示 H_c 的核 (h 的核) 且 $z(H_c) = \dim Z(H_c)$. 在假设 1 的情形中, 有 $n(H_c) = \dim N = 1, z(H_c) = \dim Z(H_c) = 1$ 和 $p(H_c) = \dim P = \infty$. 因此 $n(H_c) = 1$ 是 H_c 的负特征值的个数, H_c 有唯一的、负的、简单的特征值 $-\lambda^2$, 其中 $\lambda > 0$. χ_c 表示特征函数.

如下定义 $d(c): \mathbb{R} \to \mathbb{R}$

$$d(c) = E(\Phi_c) + cV(\Phi_c). \tag{16.3.22}$$

现在陈述关于 (16.1.1) 的孤立波稳定性的主要结果.

定理 16.3.1 假设存在满足 (16.3.9)—(16.3.12) 的两个泛函 $E(\mu), V(\mu)$, 并且存在 (16.1.1) 的孤立波解 $T(ct)\Phi_c(x)$, 使得 (16.3.14) 和假设 1 成立. 那么如果 $d''(c) > 0$, 则孤立波 $T(ct)\Phi_c(x)$ 是轨道稳定的.

定理 16.3.2 在定理 16.2.1 的条件下, (16.1.1) 的孤立波 $T(ct)\Phi_c(x)$ 是轨道稳定的.

16.4 定理 16.3.1 的证明

为了证明定理 16.3.1, 需要一些引理. (16.1.1) 的孤立波解的稳定性是以下事实的直接结果, 即 $d''(c) > 0$ 意味着 Φ_c 是服从 V 不变性的 E 的局部最小值.

引理 16.4.1 存在 $\varepsilon > 0$ 和唯一的 C^1 映射 $\alpha: U_\varepsilon \to \mathbb{R}$, 使得对所有的 $\mu \in U_\varepsilon$ 和 $r \in \mathbb{R}$ 满足

(i) $\langle \mu(\cdot + \alpha(\mu)), T'(0)\Phi_c \rangle = 0$;

(ii) $\alpha(\mu(\cdot + r)) = \alpha(\mu) - r$,

其中 U_ε 是 "管", 即

$$U_\varepsilon = \left\{ \mu \in X : \inf_{s \in \mathbb{R}} \|\mu - T(s)\Phi_c\|_X < \varepsilon \right\}.$$

证明　考虑泛函

$$(\mu, \alpha) \to \int_{\mathbb{R}} \mu(x+\alpha) \cdot T'(0)\Phi_c(x)\mathrm{d}x = 0,$$

其中 $\mu \in L^2(\mathbb{R}) \times L^2(\mathbb{R})$, $\alpha \in \mathbb{R}$. 它关于 α 的导数在 $\alpha = 0$ 和 $\mu = \Phi_c$ 时为

$$-\langle T'(0)\Phi_c(x), T'(0)\Phi_c(x)\rangle,$$

这是非零的. 利用隐函数定理, 在 Φ_c 的邻域中存在唯一的满足 (i) 的 C^1 泛函 $\alpha(\mu)$. 通过平移不变性, 对足够小的 $\varepsilon > 0$, $\alpha(\mu)$ 可以唯一地扩展到 U_ε 形式的管. 利用 (i),

$$\mu(\cdot + \alpha(\mu)) = u(\cdot + r + (\alpha(\mu) - r))$$

与 $T'(0)\Phi_c$ 正交. 因此, 由 $\alpha(\mu)$ 的唯一性及隐函数定理的结论, $\alpha(\mu) - r = \alpha(\mu(\cdot + r))$ 使得 (ii) 成立. □

引理 16.4.2　设 $d''(c) > 0$. 如果 $y \in X$ 与 $V'(\Phi_c)$ 和 $T'(0)\Phi_c$ 正交, 则 $\langle H_c y, y\rangle > 0$.

证明　(16.3.14) 和 (16.3.22) 意味着 $d'(c) = V(\Phi_c)$, 因此

$$0 < d''(c) = \left\langle V'(\Phi_c), \frac{\mathrm{d}\Phi_c}{\mathrm{d}c}\right\rangle = -\left\langle H_c \frac{\mathrm{d}\Phi_c}{\mathrm{d}c}, \frac{\mathrm{d}\Phi_c}{\mathrm{d}c}\right\rangle.$$

记

$$\frac{\mathrm{d}\Phi_c}{\mathrm{d}c} = a_0\chi_c + b_0 T'(0)\Phi_c + p_0,$$

其中 p_0 是 H_c 的正子空间. 由于当 $\lambda > 0$ 时 $H_c\chi_c = -\lambda^2\chi_c$, $H_c(T'(0)\Phi_c) = 0$. 因此

$$\langle H_c p_0, p_0\rangle < a_0^2\lambda^2.$$

现在假设 $\langle y, V'(\Phi_c)\rangle = \langle y, T'(0)\Phi_c\rangle = 0$, 在 H_c 的正子空间中将 y 分解为 $a\chi_c + p$ 与 p 之和. 因为

$$0 = -\langle V'(\Phi_c), y\rangle = \left\langle H_c\frac{\mathrm{d}\Phi_c}{\mathrm{d}c}, y\right\rangle = -a_0 a\lambda^2 + \langle H_c p_0, p\rangle,$$

推得

$$\begin{aligned}
\langle H_c y, y\rangle &= -a^2\lambda^2 + \langle H_c p, p\rangle \\
&\geqslant -a^2\lambda^2 + \langle H_c p, p_0\rangle^2 / \langle H_c p_0, p_0\rangle \\
&> -a^2\lambda^2 + (a_0 a\lambda^2)^2 / a_0^2\lambda^2 = 0.
\end{aligned}$$

□

引理 16.4.3 设 $d''(c) > 0$. 存在常数 $c_0 > 0$ 和 $\varepsilon > 0$ 使得

$$E(\mu) - E(\Phi_c) \geqslant c_0 \|\mu(\cdot + \alpha(\mu)) - \Phi_c\|_X^2 = c_0 \|T(-\alpha(\mu))\mu - \Phi_c\|_X^2,$$

对于满足 $V(\mu) = V(\Phi_c)$ 的所有 $\mu \in U_\varepsilon$ 成立.

证明 记

$$\mu(\cdot + \alpha(\mu)) - \Phi_c = aV'(\Phi_c) + y,$$

其中

$$\langle V'(\Phi_c), y \rangle = 0,$$

a 是一个标量. 根据 V 的平移不变性和泰勒定理,

$$V(\Phi_c) = V(\mu) = V(\mu(\cdot + \alpha(\mu)))$$
$$= V(\Phi_c) + \langle V'(\Phi_c), \mu(\cdot + \alpha(\mu)) - \Phi_c \rangle + O\left(\|\mu(\cdot + \alpha(\mu)) - \Phi_c\|_X^2\right),$$

中间项恰好是 $a\|V'(\Phi_c)\|_X^2$. 注意到 $V'(\Phi_c) \in X$, 所以

$$a = O\left(\|\mu(\cdot + \alpha(\mu)) - \Phi_c\|_X^2\right).$$

记 $L = E + cV$, 另一个泰勒展开式给出

$$L(\mu) = L(\mu(\cdot + \alpha(\mu))) = L(\Phi_c) + \frac{1}{2}\langle H_c w, w \rangle + o\left(\|w\|_X^2\right),$$

其中 $w = \mu(\cdot + \alpha(\mu)) - \Phi_c = aV'(\Phi_c) + y$. 可以写成

$$L(\mu) - L(\Phi_c) = E(\mu) - E(\Phi_c) = \frac{1}{2}\langle H_c w, w \rangle + o\left(\|w\|_X^2\right)$$
$$= \frac{1}{2}\langle H_c y, y \rangle + O(a^2) + O(a\|w\|_X) + o\left(\|w\|_X^2\right)$$
$$= \frac{1}{2}\langle H_c y, y \rangle + o\left(\|w\|_X^2\right).$$

因为 y 与 $V'(\Phi_c)$ 和 $T'(0)\Phi_c$ 正交, 所以由引理 16.4.2 知

$$E(\mu) - E(\Phi_c) \geqslant 2c_0\|y\|_X^2 + o\left(\|w\|_X^2\right)$$

对于某个正常数 c_0 成立. 又因为

$$\|y\|_X = \|w - aV'(\Phi_c)\|_X \geqslant \|w\|_X - O\left(\|w\|_X^2\right),$$

对于足够小的 $\|w\|$, 有

$$E(\mu) - E(\Phi_c) \geqslant c_0\|w\|_X^2.$$

引理 16.4.3 得证. □

定理 16.3.1 的证明   如果 Φ_c 是不稳定的, 则存在 $\varepsilon > 0$ 和初始数据 $\mu_n(0)$ 的序列, 使得

$$\|\mu_n(0) - \Phi_c\|_X \to 0, \quad n \to \infty,$$

但是

$$\sup_{t>0} \inf_s \|\mu_n(t) - T(s)\Phi_c\|_X \geqslant \varepsilon,$$

其中 $\mu_n(t)$ 是 (16.1.1) 带初始值 $\mu_n(0)$ 的唯一解. 设 $t_n > 0$ 是下式成立的首时间

$$\inf_s \|\mu_n(t_n) - T(s)\Phi_c\|_X = \varepsilon. \tag{16.4.1}$$

这种值是连续存在的. 因为 E 和 V 在 X 上连续且平移不变, 所以

$$E(\mu_n(\cdot, t_n)) = E(\mu_n(0)) \to E(\Phi_c),$$
$$V(\mu_n(\cdot, t_n)) = V(\mu_n(0)) \to V(\Phi_c).$$

接下来选择 $w_n \in U_\varepsilon$ 使得 $V(w_n) = V(\Phi_c)$ 和 $\|w_n - \mu_n(\cdot, t_n)\| \to 0$ 成立. 根据引理 16.4.3 有

$$0 \leftarrow E(w_n) - E(\Phi_c) \geqslant c_0 \|T(-\alpha(w_n))w_n - \Phi_c\|_X^2$$
$$= c_0 \|w_n - T(\alpha(w_n))\Phi_c\|_X^2.$$

因此 $\|\mu_n(t_n) - T(\alpha(w_n))\Phi_c\|_X \to 0$ 与 (16.4.1) 矛盾. 这意味着 Φ_c 是轨道稳定的, 从而建立了定理 16.3.1.

注记 16.4.1   根据定理 16.3.1 的证明, 将 s 替换为 $\alpha(\mu_n(t))$, 由于当 $n \to \infty$ 时,

$$\|T(\alpha(\mu_n(t_n)))\Phi_c - T(\alpha(w_n))\Phi_c\|_X \to 0,$$

所以还可以推导出如下定义的稳定性结果.

定义 16.4.1   孤立波 $T(ct)\Phi_c(x)$ 是轨道稳定的当且仅当对任意 $\varepsilon > 0$, 存在 $\delta > 0$ 具有性质: 如果 $\|\mu_0 - \Phi_c\|_X < \delta$, $\mu(t)$ 是 (16.1.1) 带初始值 $\mu(0) = \mu_0$ 在区间 $[0, t_0)$ 中的解, 那么 $\mu(t)$ 可以连续延拓到 $0 \leqslant t < +\infty$ 上成为解, 且

$$\sup_{0<t<+\infty} \|\mu(t) - T(\alpha(\mu))\Phi_c\|_X < \varepsilon, \tag{16.4.2}$$

其中 $\alpha(\mu)$ 由引理 16.4.1 定义. 否则, 称 $T(ct)\Phi_c(x)$ 是轨道不稳定的.

16.5 定理 16.3.2 的证明

根据 (16.3.4)—(16.3.22),将定理 16.3.1 应用于 (16.1.1). 为了证明定理 16.3.2,只要证明在定理 16.2.1 的条件下, 假设 1 成立且 $d''(c) > 0$.

首先证明假设 1 成立且 $n(H_c) = 1$. 对任意 $y = \begin{pmatrix} y_1 \\ y_2 \end{pmatrix} \in X$, 利用 (16.3.16) 知

$$
\begin{aligned}
\langle H_c(\Phi_c) y, y \rangle &= \langle L_1 y_2, y_2 \rangle - 4b \int_{\mathbb{R}} (\psi_c y_1 y_2) \, \mathrm{d}x + 3c \langle y_1, y_1 \rangle \\
&= \langle L_2 y_2, y_2 \rangle + \frac{b}{k} \int_{\mathbb{R}} (y_1 - 2k\psi_c y_2)^2 \, \mathrm{d}x,
\end{aligned}
\tag{16.5.1}
$$

其中

$$
L_1 = 2b \left(-\frac{\partial^2}{\partial x^2} + c - \varphi_c \right), \tag{16.5.2}
$$

$$
L_2 = 2b \left(-\frac{\partial^2}{\partial x^2} + c - 3\varphi_c \right). \tag{16.5.3}
$$

因为 $b > 0$, $c > 0$, 注意到

$$
L_1 = -2b \frac{\partial^2}{\partial x^2} + 2bc + M_1(x), \tag{16.5.4}
$$

其中

$$
M_1(x) \to 0, \quad |x| \to +\infty. \tag{16.5.5}
$$

根据本征谱的 Weyl 定理, 得到

$$
\sigma_{\mathrm{ess}}(L_2) = [2bc, +\infty). \tag{16.5.6}
$$

令 $\sigma_1 = 2bc$, 则 $\sigma_1 > 0$. 利用 (16.2.10), (16.3.5) 及 $H_c T'(0)\Phi_c(x) = 0$, 得到

$$
L_2 \psi_{cx} = 0. \tag{16.5.7}
$$

通过 (16.2.10) 和 (16.5.7), 可以看到 ψ_{cx} 在 $x = 0$ 处有一个简单的零, 所以 Sturm-Liouville 理论表明 0 是 L_2 的第二个特征值, 而 L_2 正好有一个严格负的特征值 $-\sigma_-^2$, 特征函数为 χ_1.

根据 (16.5.3)—(16.5.7), 有以下引理.

引理 16.5.1　对任意 $y_2 \in H^1(\mathbb{R})$ 满足

$$\langle y_2, \chi_1 \rangle = \langle y_2, \psi_{cx} \rangle = 0, \tag{16.5.8}$$

则存在正数 $\delta_1 > 0$, 使得

$$\langle L_2 y_2, y_2 \rangle \geqslant \delta_1 \|y_2\|_{H^1}^2. \tag{16.5.9}$$

选取

$$y_1^- = \frac{2b}{3c} \psi_c \chi_1, \quad y_2^- = \chi_1, \quad y_- = \begin{pmatrix} y_1^- \\ y_2^- \end{pmatrix}, \tag{16.5.10}$$

则

$$\langle H_c y_-, y_- \rangle = -\sigma_-^2 \langle \chi_1, \chi_1 \rangle < 0. \tag{16.5.11}$$

注意到向量

$$y_0 = \begin{pmatrix} \varphi_{cx} \\ \psi_{cx} \end{pmatrix}. \tag{16.5.12}$$

在 H_c 的核中. 让

$$Z = \{k_1 y_0 / k_1 \in \mathbb{R}\}, \tag{16.5.13}$$

$$P = \left\{ p \in X / p = \begin{pmatrix} p_1 \\ p_2 \end{pmatrix}, \quad \langle p_2, \chi_1 \rangle = \langle p_2, \psi_{cx} \rangle = 0 \right\}, \tag{16.5.14}$$

$$N = \{k_2 y_- / k_2 \in \mathbb{R}\}. \tag{16.5.15}$$

显然 (16.3.20) 成立. 对于任何 $\mu \in X, y = \begin{pmatrix} y_1 \\ y_2 \end{pmatrix}$, 选择 $a = \langle y_2, \chi_1 \rangle$ 和 $b_1 = (\langle y_2, \psi_{cx} \rangle / \langle \psi_{cx}, \psi_{cx} \rangle)$. 那么 y 可以唯一地表示为如下形式,

$$y = a y_- + b_1 y_0 + p, \tag{16.5.16}$$

其中 $p \in P$, 这就意味着 (16.3.19) 成立.

对于子空间 P, 还有待证明 (16.3.21).

注记 16.5.1　一般来说分解 (16.5.16) 不一定是正交的. 实际上, 如果 $n(H_c) \geqslant 2$, 则存在 $y \in X$, 其中 $\langle y, y_- \rangle = 0, y \neq 0$, 使得

$$\langle H_c(y + l y_-), y + l y_- \rangle < 0, \quad l \in \mathbb{R}.$$

通过 (16.5.16), y 可以唯一地表示为

$$y = a y_- + b_1 y_0 + p,$$

其中

$$\langle H_c \left(y - ay_- \right), y - ay_- \rangle = \langle H_c \left(b_1 y_0 + p \right), b_1 y_0 + p \rangle = \langle H_c p, p \rangle \geqslant 0.$$

矛盾. 因此 $n \left(H_c \right) = 1$. 类似地可以证明 $z \left(H_c \right) = 1$.

引理 16.5.2 对由 (16.5.14) 定义的任何 $p \in P$, 存在常数 $\delta > 0$, 使得

$$\langle H_c p, p \rangle \geqslant \delta \|p\|_X, \tag{16.5.17}$$

其中 δ 与 p 无关.

证明 对任意 $p \in P$, 利用 (16.5.14) 和引理 16.5.1, 有

$$\langle H_c p, p \rangle \geqslant \delta_1 \|p_2\|_{H^1}^2 + 3c \int_{\mathbb{R}} \left(p_1 - \frac{2b}{3c} \psi_c p_2 \right)^2 \mathrm{d}x. \tag{16.5.18}$$

(1) 如果

$$\|p_1\|_{L^2}^2 \geqslant \frac{16b^2 M}{9c^2} \|p_2\|_{L^2}^2, \quad M = |\psi_c|_\infty^2, \tag{16.5.19}$$

则

$$3c \int_{\mathbb{R}} \left(p_1 - \frac{2b}{3c} \psi_c p_2 \right)^2 \mathrm{d}x \geqslant 3c \left(\frac{1}{2} \|p_1\|_{L^2}^2 - \frac{4b^2 M}{9c^2} \mid \|p_2\|_{L^2}^2 \right) \geqslant \frac{3c}{4} \|p_1\|_{L^2}^2, \tag{16.5.20}$$

(2) 如果

$$\|p_1\|_{L^2}^2 \leqslant \frac{16b^2 M}{9c^2} \|p_2\|_{L^2}^2, \tag{16.5.21}$$

则

$$\delta_1 \|p_2\|_{H^1}^2 \geqslant \frac{\delta_1}{2} \|p_2\|_{H^1}^2 + \frac{9\delta_1 c^2}{32b^2 M} \|p_1\|_{L^2}^2. \tag{16.5.22}$$

于是对任意 $y \in P$, 有

$$\langle H_c y, y \rangle \geqslant \delta \|y\|_X^2, \tag{16.5.23}$$

其中 $\delta > 0$ 与 y 无关. 因此在定理 16.2.1 的条件下, 假设 1 成立, 从而 $n \left(H_c \right) = 1$.

接下来在定理 16.2.1 的条件下证明 $d''(c) > 0$. 注意到 (16.3.14) 和 (16.3.22) 意味着

$$d'(c) = V \left(\Phi_c \right) = \int_{\mathbb{R}} \left(\frac{3}{2} \varphi_c^2(x) + b \psi_c^2(x) \right) \mathrm{d}x$$

$$= 6c^2 \int_{\mathbb{R}} \operatorname{sech}^4(\sqrt{c}x)\mathrm{d}x + 3c \int_{\mathbb{R}} \operatorname{sech}^2(\sqrt{c}x)\mathrm{d}x$$

$$= 6c^{3/2} \int_{\mathbb{R}} \operatorname{sech}^4(x)\mathrm{d}x + 3c^{1/2} \int_{\mathbb{R}} \operatorname{sech}^2(x)\mathrm{d}x. \tag{16.5.24}$$

因此

$$d''(c) = 9\sqrt{c} \int_{\mathbb{R}} \operatorname{sech}^4(x)\mathrm{d}x + \frac{3}{2\sqrt{c}} \int_{\mathbb{R}} \operatorname{sech}^2(x)\mathrm{d}x > 0.$$

定理 16.3.2 得证. □

第 17 章　次临界广义 KdV 方程孤立子的渐近稳定性

17.1　引　　言

本章将考虑次临界广义 KdV 方程

$$\partial_t u + (u_{xx} + u^p)_x = 0, \quad (x,t) \in \mathbb{R} \times \mathbb{R},$$
$$u(0,x) = u_0(x), \quad x \in \mathbb{R} \tag{17.1.1}$$

当 $p = 2,3,4$ 以及 $u_0 \in H^1(\mathbb{R})$ 时的孤立子的渐近稳定性. 这些模型大量出现在浅水波的研究中 (见 [69]) 以及物理学其他领域的研究中 (见 [70]). 这些方程与非线性薛定谔方程一起被认为是无限维哈密顿系统最具代表性的模型. 从哈密顿结构中, 我们可以形式地得到以下两个关于时间的守恒律:

$$\int u^2(t)\mathrm{d}x = \int u_0^2 \mathrm{d}x \tag{17.1.2}$$

和

$$\frac{1}{2}\int u_x^2(t)\mathrm{d}x - \frac{1}{p+1}\int u^{p+1}(t)\mathrm{d}x = \frac{1}{2}\int u_{0x}^2 \mathrm{d}x - \frac{1}{p+1}\int u_0^{p+1}\mathrm{d}x. \tag{17.1.3}$$

根据这些守恒律, 由于其为能量空间, 所以 H^1 成为研究解的一个非常自然的空间.

值得一提的是, 关于广义 KdV 方程 (17.1.1) 的适定性问题已得到了大量且深刻的研究结果, 而对于这些方程解的定性研究还是很少的.

首先, 方程 (17.1.1) 有如下形式的行波解 (也称为孤立子):

$$u(t,x) = R_c(x - ct),$$

其中 $c > 0$, $R_c > 0$ 满足

$$R_c \in H^1(\mathbb{R}), \quad R_{cxx} + R_c^p = cR_c,$$

通过积分, 可得其等价于

$$R_{cx}^2 + \frac{2}{p+1}R_c^{p+1} = cR_c^2 \quad \text{和} \quad R_c(x) = \left(\frac{c(p+1)}{2\,\mathrm{ch}^2\left(\dfrac{p-1}{2}\sqrt{c}x\right)}\right)^{\frac{1}{p-1}}$$

研究这些孤立子周围的流动对于理解方程 (17.1.1) 解的一般行为是至关重要的. 事实上, 这些无限维的哈密顿系统即使在短时间内也具有相当复杂的动力学行为. 由于孤立子附近方程的结构, 一种与色散精细控制相关的几何方法将降低方程的复杂性, 并允许我们在很长时间内寻找方程 (17.1.1) 解的渐近状态.

孤立子的稳定性和渐近稳定性的概念至关重要. 对于 $c > 0$, 称孤立子 $R_c(x - ct)$ 在 H^1 中稳定, 如果

$$\forall \delta_0 > 0, \ \exists \alpha_0 > 0 \ \text{使得} \ \|u_0 - R_c\|_{H^1} \leqslant \alpha_0 \Rightarrow$$
$$\forall t \geqslant 0, \ \exists x(t) \ \text{使得} \ \|u(t) - R_c(\cdot - x(t))\|_{H^1} \leqslant \delta_0. \tag{17.1.4}$$

称一族孤立子 $\{R_c(x - x_0 - ct), c > 0, x_0 \in \mathbb{R}\}$ 是渐近稳定的, 如果

$$\exists \alpha_0 > 0 \ \text{使得} \ \|u_0 - R_c\|_{H^1} \leqslant \alpha_0 \Rightarrow$$
$$\forall t \geqslant 0, \ \exists c(t), \ x(t) \ \text{使得在} \ H^1 \ \text{中成立} \ u(t, \cdot + x(t)) - R_{c(t)} \underset{t \to +\infty}{\longrightarrow} 0. \tag{17.1.5}$$

我们首先回顾分别在次临界、超临界和临界情况下已得到的孤立子的稳定性和孤立子族的渐近稳定性结果:

在次临界情况下, 即 $p = 2, 3, 4$, 由能量讨论可得孤立子是 H^1 稳定的. 此外, Pego 和 Weinstein[88] 证明了当 $p = 2$ 时 (KdV 方程) 以及当 $p = 3$(mKdV 方程) 且 $x \to +\infty$ 时初值是指数衰减时孤立子族的渐近稳定性. 在文献 [88] 中, 初值在能量空间中的情形并没有被讨论.

对于超临界情形 $p > 5$, 数值模拟表明对一些初值, 有限时间爆破现象将会发生. 然而, 这种奇异解的存在性并没有被严格的证明. 对于 $p > 5$ 的情形, 运用 Grillakis, Shatah 和 Strauss[45] 的证明方法, Bona, Souganidis 和 Strauss[13] 证明了孤立子的 H^1 不稳定性. 但是, 上述研究方法并不适用于 $p = 5$ 的情形.

对于临界情形 $p = 5$, 问题变得更加复杂了. 事实上, 在次临界和超临界情形下, 对于给定的 L^2 范数, 存在且只有一个孤立子 (最多在平移意义). 但是, 在临界情形情形下, 对 $\forall c > 0$, $\|R_c\|_{L^2} = \|R_1\|_{L^2}$, 且 $E(R_c) = 0$. 特别地, 所有的孤立子都在这两个量的同一水平集上. 这一特性将对孤立子周围线性化算子的结构产生影响 (见 17.4 节).

本章, 我们将介绍 Martel 和 Merle 在 $p = 2, 3, 4$ 时, 所建立得次临界广义 KdV 方程孤立子的渐近稳定性. 值得一提的是, L^2 空间中的局部适定性对次临界情形并不成立. 关于更多研究背景的介绍以及结果的证明, 可参阅文献 [84]. 首先, 我们给出能量空间中孤立子族渐近完备性结果的陈述.

定理 17.1.1 ($p = 2, 3, 4$ 时的渐近稳定性)　令 $p = 2, 3$ 或 4, 以及 $c_0 > 0$. 令 $u_0 \in H^1(\mathbb{R})$, 且令 $u(t)$ 为方程 (17.1.1) 在 $\mathbb{R}^+ \times \mathbb{R}$ 上的解. 存在 $\alpha_0 > 0$ 使

得如果 $\|u_0 - R_{c_0}\|_{H^1} < \alpha_0$, 则存在 $c_{+\infty} > 0$ 和函数 $x(t)$ 使得当 $t \to +\infty$ 时, 在 $H^1(\mathbb{R})$ 中成立

$$u(t, \cdot + x(t)) \to R_{c_{+\infty}}.$$

注记 17.1.1　作变换 $x \to -x$ 和 $t \to -t$ 可得, 当 $t \to -\infty$ 时, 定理 17.1.1 中的结论对某些 $c_{-\infty}$ 亦成立.

定理 17.1.1 的证明将基于以下 Liouville 定理.

定理 17.1.2 (接近 R_{c_0} 的 Liouville 性质)　令 $p = 2, 3$ 或 4, 以及 $c_0 > 0$. 令 $u_0 \in H^1(\mathbb{R})$, 且令 $u(t)$ 为方程 (17.1.1) 关于所有时间 $t \in \mathbb{R}$ 的解. 存在 $\alpha_0 > 0$ 使得如果 $\|u_0 - R_{c_0}\|_{H^1} < \alpha_0$, 且如果存在 $x(t)$ 使得 $v(t, x) = u(t, x + x(t))$ 满足

$$\forall \delta_0 > 0, \exists A_0 > 0, \forall t \in \mathbb{R}, \quad \int_{|x| > A_0} v^2(t, x) \mathrm{d}x \leqslant \delta_0 \quad (L^2 \text{ 紧}), \qquad (17.1.6)$$

则存在 $c_1 > 0$, $x_1 \in \mathbb{R}$ 使得

$$\forall t \in \mathbb{R}, \ \forall x \in \mathbb{R}, \quad u(t, x) = R_{c_1}(x - x_1 - c_1 t).$$

注记 17.1.2　由 [110], 可知 R_{c_0} 满足 (17.1.4) 式, 因此, R_{c_0} 是稳定的. 此外, 在上述定理中, 由于考虑的是次临界情形, 因此, 解 $u(t)$ 是对 $\mathbb{R}$ 中所有的时间 t 有定义的, 而性质

$$\forall t \in \mathbb{R}, \quad C_1 \leqslant \|u(t)\|_{H^1} \leqslant C_2 \qquad (17.1.7)$$

可由 R_{c_0} 的 H^1 稳定性以及 $\|u_0 - R_{c_0}\|_{H^1}$ 小性假设得到.

对于临界情形, 因为在孤立子族附近可能存在爆破解, 所以在相同的假设下, (17.1.7) 式不一定成立. 这也就是为什么 (17.1.7) 式在文献 [82] 中被作为一个附加条件所给出.

注记 17.1.3　一个自然的期许是当 $\|u_0 - R_{c_0}\|_{H^1}$ 不小时, 希望 Liouville 定理依旧成立. 然而, 在 $p = 3$ 时, Lamb [70] 和 Kenig, Ponce 和 Vega [66] 通过反例证明了该小性条件是必要的. 该问题对于其他 p 值仍然是公开的. 事实上, 对于 $p = 3$, 方程 (17.1.1) 的如下呼吸子解就是一个没有色散的整体解, 但不是 $R_c(x - ct)$ 型的例子:

$$-\frac{2\sqrt{6}\omega}{\mathrm{ch}(\omega x + \gamma t)} \left(\frac{\cos(Nx + \delta t) - (\omega/N)\sin(Nx + \delta t)\tanh(\omega x + \gamma t)}{1 + (\omega/N)^2 \sin^2(Nx + \delta t)/\mathrm{ch}(\omega x + \gamma t)} \right),$$

其中 $\delta = N(N^2 - 3\omega^2)$, $\gamma = \omega(3N^2 - \omega^2)$.

下面, 给出一些将在证明过程中所要用到的记号.

由伸缩性质, 在定理 17.1.1 和定理 17.1.2 中, 我们限制 $c_0 = 1$. 记

$$Q(x) = R_1(x) = \left(\frac{p+1}{2 \operatorname{ch}^2 \left(\dfrac{p-1}{2} x \right)} \right)^{\frac{1}{p-1}}$$

使得满足 $Q_{xx} = Q - Q^p$.

在本章的讨论中, 我们所考虑的解 $u(t)$ 均满足 $\|u_0 - Q\|_{H^1} \leqslant \alpha_0$, 其中 α_0 是一个待定的小量. 由 Q 在 H^1 中的稳定性可知, 对一些 $y(t)$ 成立

$$\forall t, \quad \|u(t) - Q(x - y(t))\|_{H^1} \leqslant \varepsilon(\alpha_0), \tag{17.1.8}$$

其中当 $\alpha_0 \to 0$ 时, $\varepsilon(\alpha_0) \to 0$. 由模理论和方程的不变性, 很自然的定义

$$v(t,y) = \lambda^{\frac{2}{p-1}}(t) u(t, \lambda(t) y + x(t)) \quad \text{和} \quad \varepsilon(t,y) = v(t,y) - Q(y),$$

其中选取几何参数 $\lambda(t), x(t)$ 满足

$$\forall t \in \mathbb{R}, \quad (\varepsilon(t), Q) = (\varepsilon(t), Q_y) = 0.$$

注意到在次临界情形下, 上述选择是可能的, 因为

$$\left(\frac{\mathrm{d}}{\mathrm{d}\lambda} \int \lambda^{\frac{2}{p-1}} Q(\lambda x) Q(x) \mathrm{d}x \right)_{\lambda=1} = \int \left(\frac{2Q}{p-1} + x Q_x \right) Q \mathrm{d}x$$
$$= \frac{5-p}{2(p-1)} \int Q^2 \mathrm{d}x \neq 0 \tag{17.1.9}$$

和

$$\left(\frac{\mathrm{d}}{\mathrm{d}x'} \int Q(x + x') Q_x(x) \mathrm{d}x \right)_{x'=0} = \int Q_x^2 \mathrm{d}x \neq 0. \tag{17.1.10}$$

如果对时间变量做如下变换:

$$s = \int_0^{t'} \frac{\mathrm{d}t}{\lambda^3(t')}, \quad \text{等价地,} \quad \frac{\mathrm{d}s}{\mathrm{d}t} = \frac{1}{\lambda^3},$$

则对 $s \in \mathbb{R}$ 和 $y \in \mathbb{R}$, ε 满足

$$\varepsilon_s = (L\varepsilon)_y + \frac{\lambda_s}{\lambda} \left(\frac{2Q}{p-1} + y Q_y \right) + \left(\frac{x_s}{\lambda} - 1 \right) Q_y + \frac{\lambda_s}{\lambda} \left(\frac{2\varepsilon}{p-1} + y \varepsilon_y \right)$$
$$+ \left(\frac{x_s}{\lambda} - 1 \right) \varepsilon_y - ((Q + \varepsilon)^p - (Q^p + p Q^{p-1} \varepsilon))_y, \tag{17.1.11}$$

其中

$$L\varepsilon = L_p\varepsilon = -\varepsilon_{xx} + \varepsilon - pQ^{p-1}\varepsilon. \tag{17.1.12}$$

注意到 $|(Q+\varepsilon)^p - (Q^p + pQ^{p-1}\varepsilon)| \leqslant C\varepsilon^2$. 由 (17.1.8) 可得, 当 $\alpha_0 \to 0$ 时, 存在 $\varepsilon_1(\alpha_0) \to 0$ 使成立

$$\forall s, \quad \|\varepsilon(s)\|_{H^1} + |\lambda(s) - 1| \leqslant C\varepsilon_1(\alpha_0). \tag{17.1.13}$$

最后, 注意到由 ε 所满足的正则性条件以及运用 (17.1.9) 式以及性质 $LQ_y = 0, LQ_{yy} = p(p-1)Q^{p-2}Q_y^2$ 和宇称性质, 可得 $\dfrac{\lambda_s}{\lambda}$ 和 $\dfrac{x_s}{\lambda} - 1$ 有如下关系:

$$\frac{\lambda_s}{\lambda}\left(\frac{5-p}{2(p-1)}\int Q^2 \mathrm{d}y - \int yQ_y\varepsilon\mathrm{d}y\right) + \int Q_yR(\varepsilon)\mathrm{d}y = 0 \tag{17.1.14}$$

和

$$-\frac{\lambda_s}{\lambda}\int yQ_{yy}\varepsilon + \left(\frac{x_s}{\lambda}-1\right)\left(\frac{1}{2}\int Q^2\mathrm{d}y - \int Q_{yy}\varepsilon\mathrm{d}y\right)$$
$$- p(p-1)\int Q^{p-2}Q_y^2\varepsilon\mathrm{d}y + \int Q_{yy}R(\varepsilon)\mathrm{d}y = 0. \tag{17.1.15}$$

特别地, 上式给出了 $\dfrac{\lambda_s}{\lambda}$ 和 $\dfrac{x_s}{\lambda} - 1$ 的小性.

与临界情形相同, 定理 17.1.2 等价于如下命题.

命题 17.1.1 (关于 ε 的 Liouville 定理) 存在 $a_1 > 0$ 使得如果 $\varepsilon \in C(\mathbb{R}, H^1(\mathbb{R})) \cap L^\infty(\mathbb{R}, H^1(\mathbb{R}))$ 为方程 (17.1.11) 在 $\mathbb{R}\times\mathbb{R}$ 上的解, 且满足 $\|\varepsilon(0)\|_{H^1} \leqslant a_1$, 以及

(H1) 正交条件:

$$\forall s \in \mathbb{R}, \quad (\varepsilon(s), Q) = (\varepsilon(s), Q_y) = 0,$$

(H3) L^2 紧性: 若对任意的 $\delta_0 > 0$, 存在 $A_0(\delta_0) > 0$, 使得

$$\forall s \in \mathbb{R}, \quad \|\varepsilon(s)\|_{L^2(|y|>A_0)} \leqq \delta_0.$$

则在 $\mathbb{R} \times \mathbb{R}$ 上成立 $\varepsilon \equiv 0$.

定理 17.1.1 将是下列命题的一个推论.

命题 17.1.2 (ε 的渐近行为) 令

$$\varepsilon \in C(\mathbb{R}^+, H^1(\mathbb{R})) \cap L^\infty(\mathbb{R}^+, H^1(\mathbb{R}))$$

为方程 (17.1.11) 在 $\mathbb{R}^+ \times \mathbb{R}$ 上的解. 存在 $a_2 > 0$ 使得如果 $\|\varepsilon(0)\|_{H^1} \leqq a_2$, 则当 $s \to +\infty$ 时, 在 $H^1(\mathbb{R})$ 中成立 $\varepsilon(s) \to 0$.

注记 17.1.4　由 Q 在次临界情形下的稳定性以及分解, 可得在命题 17.1.1 和命题 17.1.2 的假设下成立:

(H2) H^1 有界性: 存在 $\lambda_1, \lambda_2 > 0$ 使得对 $\forall s \in \mathbb{R}$, 成立 $\lambda_1 \leqq \lambda(s) \leqq \lambda_2$.

但是, 在临界情形下由于可能存在爆破解, 所以 (H2) 作为额外的必要假设被给出, 可参阅文献 [82].

17.2　预 备 知 识

定义
$$\forall x \in \mathbb{R}, \quad \phi(x) = \phi_K(x) = cQ\left(\frac{x}{K}\right),$$
$$\psi(x) = \psi_K(x) = \int_{-\infty}^{x} \phi(y)\mathrm{d}y,$$

其中 $K > 0$ 待定,
$$c = \frac{K}{\displaystyle\int_{-\infty}^{+\infty} Q(y)\mathrm{d}y}$$

使得当 $x \to -\infty$ 时, $\psi(x) \to 0$; 当 $x \to +\infty$ 时, $\psi(x) \to 1$. 令 z 为方程 (17.1.1) 的解, 并对于 $\sigma > 0$, 定义
$$\mathcal{I}(t) = \mathcal{I}_\sigma(t) = \int z^2(t,x)\psi(x - \sigma t)\mathrm{d}x, \quad \forall t \geqslant 0.$$

引理 17.2.1 ($\mathcal{I}$ 关于小解的单调性)　对任意的 $\sigma > 0$, 如果 $K \geqslant \sqrt{\dfrac{2}{\sigma}}$, 且
$$\sup_{t \geqslant 0} \|z(t)\|_{L^\infty} \leqslant d_0 = \left(\frac{(p+1)\sigma}{8p}\right)^{\frac{1}{p-1}}, \tag{17.2.1}$$

则函数 $\mathcal{I}$ 关于 t 非增.

证明　证明过程与临界情形完全类似, 具体可见文献 [82] 中的引理 16. 这里需要用到如下 Virial-型恒等式: 对每一个 $\varphi \in C^3$, 成立
$$\frac{\mathrm{d}}{\mathrm{d}t}\int z^2(t)\varphi\mathrm{d}x = -3\int z_x^2(t)\varphi'\mathrm{d}x + \int z^2(t)\varphi^{(3)}\mathrm{d}x + \frac{2p}{p+1}\int z^{p+1}(t)\varphi'\mathrm{d}x. \tag{17.2.2}$$
$\square$

令 $u(t)$ 为方程 (17.1.1) 且满足 (17.1.13) 式的解. 对于 $x_0 \in \mathbb{R}$, 令
$$\mathcal{I}_{x_0}(t) = \int u^2(t,x)\psi\left(x - x(0) - \sigma t - x_0\right)\mathrm{d}x.$$

基于对 $u(t)$ 的 $\varepsilon(t)$, $\lambda(t)$, $x(t)$ 分解, 可得到单调引理的如下推论.

推论 17.2.1 (孤立子附近解的几乎单调性)   令 $\sigma > 0$ 和 $K > 0$, 且满足

$$\sigma \leqslant \frac{1}{4\lambda_2^2} \quad \text{和} \quad K \geqslant \sqrt{\frac{2}{\sigma}}.$$

存在 $a_0 = a_0(\sigma)$ 使得如果 $\sup_{t \geqslant 0} \|\varepsilon(t)\|_{H^1} \leqslant a_0$, 则存在 $C = C(\sigma, K)$, 使得对 $\forall x_0 \leqslant 0$ 和 $\forall t \geqslant 0$ 成立

$$\mathcal{I}_{x_0}(t) - \mathcal{I}_{x_0}(0) \leqslant C e^{\frac{x_0}{K}}.$$

推论 17.2.1 的证明过程不再给出, 具体可参阅文献 [82] 中的引理 20.

下面, 将给出方程 (17.1.11) 的解 $\varepsilon(s)$ 的 Virial-型恒等式, 类似的计算可参阅文献 [83] 中的引理 5. 定义

$$I(s) = \frac{1}{2} \int y \varepsilon^2(s) \mathrm{d}y,$$

则由直接计算可得

$$
\begin{aligned}
& I'(s) + 2\frac{p-3}{p-1}\frac{\lambda_s}{\lambda} I(s) \\
&= \frac{\lambda_s}{\lambda} \int y \left(\frac{2Q}{p-1} + yQ_y \right) \varepsilon \mathrm{d}y + \left(\frac{x_s}{\lambda} - 1 \right) \left(\int yQ_y\varepsilon - \frac{1}{2} \int \varepsilon^2 \right) \mathrm{d}y \\
&\quad - \frac{3}{2}(L\varepsilon, \varepsilon) + \int \varepsilon^2 \mathrm{d}y - \frac{p(p-1)}{2} \int Q^{p-2} \left(\frac{2Q}{p-1} + yQ_y \right) \varepsilon^2 \mathrm{d}y \\
&\quad + \frac{p}{p+1} \int \varepsilon^{p+1} \mathrm{d}y - \int \left((Q+\varepsilon)^p - Q^p - pQ^{p-1}\varepsilon - \varepsilon^p \right)_y y\varepsilon \mathrm{d}y. \quad (17.2.3)
\end{aligned}
$$

17.3   当 $s \to +\infty$ 时, $\varepsilon(s)$ 和 $\lambda(s)$ 的渐近行为

本节首先将给出命题 17.1.2 的证明, 然后再利用 L^2 上的单调性证明 $\lambda(t)$ 的收敛性, 进而给出定理 17.1.1 的证明.

17.3.1 $\varepsilon(s)$ 的渐近行为

这一小节将证明由 ε 的 Liouville 定理可得到 ε 的渐近行为结果. 命题 17.1.1 将在 17.4 节和 17.5 节得到证明.

命题 17.1.2 的证明   假设命题 17.1.1 成立, 运用反证法可得到命题 17.1.2 的证明. 假设存在一列 $s_n \to +\infty$, 当 $n \to +\infty$, 在 H^1 中成立

$$\varepsilon(s_n) \not\to 0.$$

注意到因为 $\|\varepsilon(0)\|_{H^1} \leqslant a_2$, 由 Q 的 H^1 稳定性可得当 a_2 充分小时,

$$a = \sup_{s \geqslant 0} \| \varepsilon(s) \|_{H^1}$$

可以足够小.

因为 $\| \varepsilon(s_n) \|_{H^1} \leqslant C$ 以及 $\lambda_1 \leqslant \lambda(s_n) \leqslant \lambda_2$, 则存在 $\{s_n\}$ 的一子列, 我们仍将其记为 $\{s_n\}$, 以及存在 $\widehat{\varepsilon}_0 \in H^1(\mathbb{R})$ 和 $\widehat{\lambda}_0 > 0$ 使得 $\widehat{\varepsilon}_0 \neq 0$, 且当 $n \to \infty$ 时,

$$\text{在 } H^1 \text{ 中成立 } \varepsilon(s_n) \to \widehat{\varepsilon}_0, \text{ 以及 } \lambda(s_n) \to \widehat{\lambda}_0. \tag{17.3.1}$$

且注意到 $\| \widehat{\varepsilon}_0 \|_{H^1} \leqslant a$.

记 $\widehat{\varepsilon}(s)(s \in \mathbb{R})$ 为方程 (17.1.11) 的解, 且 $\widehat{\varepsilon}(0) = \widehat{\varepsilon}_0$ 以及 $(\hat{\lambda}, \hat{x})$ 使得 $\widehat{\varepsilon}$ 满足 $(\widehat{\varepsilon}, Q) = (\widehat{\varepsilon}, Q_y) = 0$. 设 $v(t, y) = Q(y) + \varepsilon(t, y) = \lambda^{\frac{2}{p-1}}(t)u(t, \lambda(t)y + x(t))$ 和 $\hat{v} = Q + \widehat{\varepsilon}$.

对于 ε 和 $\widehat{\varepsilon}$ 成立如下引理.

引理 17.3.1 (关于时间弱收敛的稳定性)　对所有的 $s \in \mathbb{R}$, 当 $n \to +\infty$ 时, 在 H^1 中成立

$$\varepsilon(s_n + s) \rightharpoonup \widehat{\varepsilon}(s). \tag{17.3.2}$$

引理 17.3.2 ($\widehat{\varepsilon}$ 的 L^2-紧性)　函数 $\widehat{\varepsilon}$ 是 L^2 紧的, 即对任意的 $\delta_0 > 0$, 存在 $A_0 = A_0(\delta_0) > 0$, 使得对所有的 $s \in \mathbb{R}$ 成立

$$\int_{|y| > A_0} \widehat{\varepsilon}^2(s)\mathrm{d}y < \delta_0. \tag{17.3.3}$$

假设 (17.3.3) 式成立, 则由命题 17.1.1 即可得到命题 17.1.2 的证明. 事实上, 由引理 17.3.1 注意到对任意的 $s \in \mathbb{R}$ 成立 $\| \widehat{\varepsilon}(s) \|_{H^1} \leq a$, 以及 $\widehat{\varepsilon}$ 为方程 (17.1.11) 的解, 且满足 (H1) 和 (H3). 因此, 对于充分小的 a_2, 由 Liouville 性质可得

$$\widehat{\varepsilon} \equiv 0 \quad \text{在} \quad \mathbb{R} \times \mathbb{R} \text{ 上,}$$

特别地, 与假设 $\widehat{\varepsilon}_0 \equiv 0$ 矛盾. 这就得到了命题 17.1.2 的证明.　　　　□

下面证明引理 17.3.1 和引理 17.3.2.

引理 17.3.1 的证明　由文献 [82] 中引理 17 和附录 D 中讨论, 以及运用正交条件和 (17.1.14) 式, (17.1.15) 式可得, 引理 17.3.1 与 u 的如下性质等价:

断言　假设存在一列 $t_n \to +\infty$ 和 $\widehat{u}_0 \in H^1(\mathbb{R})$ 使得

$$u(t_n, x(t_n) + \cdot) \to \widehat{u}_0.$$

如果 $\widehat{u}$ 是问题 (17.1.1) 关于初值 $\widehat{u}(0) = \widehat{u}_0$ 的一个解, 则当 $n \to +\infty$ 时, 在 $H^1(\mathbb{R})$ 中成立

$$\forall t \in \mathbb{R}, \quad u(t_n + t, x(t_n) + \cdot) \to \widehat{u}(t, \cdot), \tag{17.3.4}$$

以及在 $C([-t,t], L^2_{\text{loc}}(\mathbb{R}))$ 中成立

$$\forall t \in \mathbb{R}, \quad u(t_n + \cdot, x(t_n) + \cdot) \to \widehat{u}. \tag{17.3.5}$$

为了证明该断言, 将通过引进文献 [65] 中所使用的空间以一种最佳意义来求解问题 (17.1.1). 由范数的结构可以发现, 该证明过程与临界情形相差甚远. 因此, 证明的关键是一个给出小性的 Virial 等式, 以及问题 (17.1.1) 在 H^1 中以及当 $p = 2$, $p = 3$ 和 $p = 4$ 时分别在 $H^s, s \in \left(\dfrac{3}{4}, 1\right)$, $H^s, s \in [1/4, 1)$ 和 $H^s, s \in [1/12, 1)$ 中的适定性. 事实上, 只需要在某些 $H^{s^*}, 0 < s^* < 1$ 中的局部 Cauchy 理论来证明该断言. 因为 $p = 2,3,4$ 是类似的, 所以只给出 $p = 2$ 时的证明.

设 $p = 2$. 令 M 使得

$$\|u(t)\|_{H^1} \leqslant M, \quad \forall t \in \mathbb{R}.$$

注意到只需要证明 (17.3.4) 在区间 $[-t_0, t_0]$ 上成立, 其中 $t_0 = t_0(M) > 0$, 因为通过时间的迭代讨论即可证明结论成立.

因为 $t_n \to +\infty$, 所以可假设 $t_n \geqslant 1$, $\forall n \in \mathbb{N}$. 对于 $t \in [-1, 1]$, 设

$$x_n = x(t_n), \quad u_n(t,x) = u(t_n + t, x_n + x), \quad \forall x \in \mathbb{R}.$$

首先, 我们将 $u_n(t)$ 分解成紧部分和非紧部分.

因为

$$\int u_n^2(0)\mathrm{d}x \leqslant M^2, \quad \text{且在 } L^2_{\text{loc}}(\mathbb{R}) \text{ 中, } u_n(0, \cdot) = u(t_n, x(t_n) + \cdot) \to \widehat{u}_0,$$

所以, 可将 u_n 写成如下形式

$$u_n(0) = u_{1,n}(0) + u_{2,n}(0),$$

其中当 $n \to +\infty$ 时, 在 L^2 中成立

$$u_{1,n}(0) \to \widehat{u}_0, \quad \text{且} \quad \left| \int (u_{1,n}(0))^2 \,\mathrm{d}x - \int \widehat{u}_0^2 \mathrm{d}x \right| \leqslant \frac{1}{n},$$

以及

当 $|x| \leqslant 2\rho_n$ 时, $u_{2,n}(0,x) = 0$, 且当 $n \to +\infty$ 时, $\rho_n \to +\infty$.

另外, 设 $z_n(0) = u_{1,n}(0) - \widehat{u}_0$, 则有 $u_n(0) = \widehat{u}_0 + z_n(0) + u_{2,n}(0)$, 其中

$$\int z_n^2(0)\mathrm{d}x \leqslant \frac{c}{n}, \quad \|\widehat{u}_0\|_{H^1}, \ \|u_{1,n}(0)\|_{H^1}, \ \|z_n(0)\|_{H^1}, \ \|u_{2,n}(0)\|_{H^1} \leqslant K_0. \tag{17.3.6}$$

因此, 我们考虑问题 (17.1.1) 分别关于初值 $\widehat{u}_0$, $z_n(0)$, $u_{2,n}(0)$ 的解 $\widehat{u}(t)$, $z_n(t)$, $u_{2,n}(t)$. 最后, 定义相互作用项 $R_n(t) = u_n(t) - (\widehat{u}(t) + z_n(t) + u_{2,n}(t))$.

下证 $z_n(t), u_{2,n}(t)$ 和 $\widehat{u}(t)$ 的时间稳定性. 由于初值问题 (17.1.1) 在 $H^s(\mathbb{R})(s > 3/4)$ 中可解. 固定 $s \in (3/4, 1)$. 这里的主要想法是用 H^1 范数来控制 H^s 范数. 令

$$\|f\|_{H^s} = \|D_x^s f\|_{L^2} + \|f\|_{L^2}, \quad \|\zeta\|_{L_x^p L_T^q} = \left(\int_{-\infty}^{\infty} \left(\int_{-T}^{T} |\zeta(t,x)|^q \mathrm{d}t\right)^{p/q} \mathrm{d}x\right)^{1/p},$$

$$\|\zeta\|_{L_T^q L_x^p} = \left(\int_{-T}^{T} \left(\int_{-\infty}^{\infty} |\zeta(t,x)|^p \mathrm{d}x\right)^{q/p} \mathrm{d}t\right)^{1/q}.$$

为了在 $H^s(\mathbb{R})$ 中求解问题, 对于 $\zeta: \mathbb{R} \times \mathbb{R} \to \mathbb{R}$ 和 $T > 0$, 考虑

$$\lambda_1^T(\zeta) = \sup_{t \in [-T,T]} \|\zeta(t)\|_{H^s}, \quad \lambda_2^T(\zeta) = \|\zeta\|_{L_T^2 L_x^\infty}, \quad \lambda_3^T(\zeta) = \|D_x^s \zeta_x\|_{L_x^\infty L_T^2},$$

$$\lambda_4^T(\zeta) = (1+T)^{-1}\|\zeta\|_{L_x^2 L_T^\infty}, \quad \Lambda^T(\zeta) = \max_{j=1,\cdots,4} \lambda_j^T(\zeta).$$

为了在 $H^1(\mathbb{R})$ 中求解问题, 考虑

$$\widetilde{\Lambda}^T(\zeta) = \max\left\{\sup_{t \in [-T,T]} \|\zeta(t)\|_{H^1}, \lambda_2^T(\zeta), \|\zeta_{xx}\|_{L_x^\infty L_T^2}, \lambda_4^T(\zeta)\right\}.$$

令 $S(t)$ 表示与 $(3t)^{-1/3} \mathrm{Ai}\left(x(3t)^{-1/3}\right)$ 的卷积. 由文献 [65] 中定理 2.1 的证明可知, 对于 $T > 0$ 和 $F, G: \mathbb{R} \times \mathbb{R} \to \mathbb{R}$, 成立

$$\Lambda^T\left(\int_0^t S(t-s)F(s)G_x(s)\mathrm{d}s\right) \leqslant C\|FG_x\|_{L_x^2 L_T^2} + C\|D_x^s(FG_x)\|_{L_x^2 L_T^2}$$

$$\leqslant C(1+T)\Lambda^T(F)\widetilde{\Lambda}^T(G). \qquad (17.3.7)$$

由 H^1 中的整体适定性 (类似于文献 [65] 中的定理 2.2 的讨论: 运用估计 (17.3.7) 和全局能量容易得到) 可得, 存在 $K_1 > 0$, 使得如果 $z(t)$ 为问题 (17.1.1) 满足 $\|z(0)\|_{H^1} \leqslant K_0$ 的解, 则对任意的 $t \in \mathbb{R}$, 成立 $\widetilde{\Lambda}^t(z) \leqslant K_1$. 特别地, 对任意的 $t \in \mathbb{R}$, 成立

$$\widetilde{\Lambda}^t(\widehat{u}), \widetilde{\Lambda}^t(u_n), \widetilde{\Lambda}^t(z_n), \widetilde{\Lambda}^t(u_{2,n}) \leqslant K_1. \qquad (17.3.8)$$

值得注意的是, 我们有如下重要性质: 存在 $n_0 \in \mathbb{N}, t_1 > 0$, 使得对任意的 $n \geqslant n_0$ 成立

(i)

$$\left(\Lambda^{t_1}(z_n)\right)^2 \leqslant \frac{C}{n^{1-s}};$$

(ii)

$$\forall t \in [-t_1, t_1], \quad \int_{|x| < \rho_n} (u_{2,n}(t,x))^2 \, dx \leqslant \frac{C}{\rho_n};$$

(iii)

$$\lim_{n \to \infty} \sup_{t \in (-t_1, t_1)} \left(\int_{|x| \leqslant \rho_n} (D_x^s u_{2,n})^2 \, dx \right) + \int_{t \in (-t_1, t_1)} \left(\sup_{|x| \leqslant \rho_n^{1/4}} (u_{2,n})_x \right)^2 \, dt$$

$$+ \sup_{|x| \leqslant \rho_n^{1/2}} \left(\int_{t \in (-t_1, t_1)} (D_x^s u_{2,nx})^2 \, dt \right) + \int_{|x| \leqslant \rho_n^{1/4}} \left(\sup_{t \in (-t_1, t_1)} |u_{2,n}| \right)^2 \, dx = 0.$$

运用性质 (i)—(iii), (17.3.7) 以及文献 [82] 中引理 30 第三步中的技巧, 并结合运用 Λ^T 范数下的不动点讨论, 即可得证最初的断言成立.

性质 (i) 的证明. 因为由内插可得 $\|z_n(0)\|_{H^s} \leqslant C \|z_n(0)\|_{H^1}^s \|z_n(0)\|_{L^2}^{1-s} \leqslant \dfrac{C}{n^{1-s}}$, 由文献 [65] 中定理 2.1 的证明过程即可得对一些固定的 $t_1 > 0$ 证结论成立.

性质 (ii) 的证明. 考虑满足如下性质的光滑函数 $\gamma : [0, +\infty) \to [0,1]$:

$$\gamma(r) = 1, \quad 0 \leqslant r \leqslant 1; \quad \gamma(r) = 0, \quad r \geqslant 2.$$

对 $t \in [-t_1, t_1]$, 由 (17.2.2) 式可得

$$\frac{d}{dt} \int \gamma \left(\frac{|x|}{\rho_n} \right) (u_{2,n}(t,x))^2 \, dx = -\frac{3}{\rho_n} \int \gamma' \left(\frac{|x|}{\rho_n} \right) (u_{2,n}(t,x))_x^2 \, dx$$

$$+ \frac{1}{\rho_n^3} \int \gamma^{(3)} \left(\frac{|x|}{\rho_n} \right) (u_{2,n}(t,x))^2 \, dx$$

$$+ \frac{2p}{(p+1)\rho_n} \int \gamma' \left(\frac{|x|}{\rho_n} \right) (u_{2,n}(t,x))^{p+1} \, dx.$$

对于使得 $\rho_n \geqslant 1$ 成立的充分大的 n, 运用 Gagliardo-Nirenberg 不等式可得, 对任意的 $t \in [-t_1, t_1]$ 成立

$$\left| \frac{d}{dt} \int \gamma \left(\frac{|x|}{\rho_n} \right) (u_{2,n}(t,x))^2 \, dx \right|$$

$$\leqslant \frac{C}{\rho_n} \left(\|\gamma'\|_{L^\infty} \|(u_{2,n})_x\|_{L^2}^2 \right.$$

$$+ \|\gamma^{(3)}\|_{L^\infty} \|u_{2,n}\|_{L^2}^2 + \|\gamma'\|_{L^\infty} \|(u_{2,n})_x\|_{L^2}^2 \|u_{2,n}\|_{L^2}^{p-1} \right)$$

$$\leqslant \frac{C}{\rho_n}.$$

又因为 $\int \gamma\left(\frac{|x|}{\rho_n}\right)(u_{2,n}(0,x))^2\,dx = 0$, 立即可推得 (ii) 成立.

性质 (iii) 的证明. 由内插不等式 $\|w\|_{H^s} \leqslant C\|w\|_{H^1}^s\|w\|_{L^2}^{1-s}$ 可得, 对任意的 $t \in (-t_1, t_1)$ 成立

$$\int_{|x|\leqslant\rho_n/2}(D_x^s u_{2,n})^2\,dx$$
$$\leqslant C\left(\int_{|x|\leqslant\rho_n}\left((D_x u_{2,n})^2 + (u_{2,n})^2\right)dx\right)^s\left(\int_{|x|\leqslant\rho_n}(u_{2,n})^2\,dx\right)^{1-s}.$$

再由性质 (ii) 以及 $\|u_{2,n}(t)\|_{H^1} \leqslant K_1$ 可得, (iii) 中的第一项小.

对于第二项, 注意到由 Sobolev 不等式可得, 对任意的 $t \in (-t_1, t_1)$ 和 $\sigma_n > 0$ 成立

$$\sup_{|x|\leqslant\rho_n^{1/4}}(u_{2,nx}(t,x))^2$$
$$\leqslant C\left(\int_{|x|\leqslant2\rho_n^{1/4}}\left(D_x^2 u_{2,n}\right)^2 dx\right)^{3/4}\left(\int_{|x|\leqslant2\rho_n^{1/4}}u_{2,n}^2 dx\right)^{1/4}$$
$$+ C\left(\int_{|x|\leqslant2\rho_n^{1/4}}u_{2,n}^2 dx\right)$$
$$\leqslant C\sigma_n\left(\int_{|x|\leqslant2\rho_n^{1/4}}\left(D_x^2 u_{2,n}\right)^2 dx\right) + \frac{C}{\sigma_n}\left(\int_{|x|\leqslant2\rho_n^{1/4}}u_{2,n}^2 dx\right).$$

因此,

$$\int_{t\in(-t_1,t_1)}\sup_{|x|\leqslant\rho_n^{1/4}}(u_{2,nx}(x))^2 dt$$
$$\leqslant C\sigma_n\int_{t\in(-t_1,t_1)}\int_{|x|\leqslant2\rho_n^{1/4}}\left(D_x^2 u_{2,n}\right)^2 dxdt + \frac{C}{\sigma_n}\int_{t\in(-t_1,t_1)}\int_{|x|\leqslant2\rho_n^{1/4}}u_{2,n}^2 dxdt$$
$$\leqslant C\sigma_n\rho_n^{1/4}\sup_{x\in\mathbb{R}}\int_{t\in(-t_1,t_1)}\left(D_x^2 u_{2,n}\right)^2 dt + \frac{C}{\sigma_n}\sup_{t\in(-t_1,t_1)}\left(\int_{|x|\leqslant\rho_n}u_{2,n}^2 dx\right).$$

取 $\sigma_n = \rho_n^{-1/2}$, 由 (17.3.8) 和性质 (ii) 即可得到第二项亦小.

对于第三项, 设 $F(x) = \int_{t\in(-t_1,t_1)}\left(D_x^{1+s}u_{2,n}\right)^2 dt$. 由 Sobolev 不等式和 (17.3.8) 可得, 成立

$$\int_{|x|\leqslant2\rho_n^{1/2}}F(x)dx$$
$$\leqslant C\sigma_n\int_{t\in(-t_1,t_1)}\int_{|x|\leqslant4\rho_n^{1/2}}\left|D_x^2 u_{2,n}\right|^2 dxdt + \frac{C}{\sigma_n}\int_{t\in(-t_1,t_1)}\int_{|x|\leqslant4\rho_n^{1/2}}\left|u_{2,n}\right|^2 dxdt$$

$$\leqslant C\sigma_n\rho_n^{1/2}\sup_{x\in\mathbb{R}}\int_{t\in(-t_1,t_1)}\left|D_x^2 u_{2,n}\right|^2\mathrm{d}t + \frac{C}{\sigma_n}\sup_{t\in(-t_1,t_1)}\int_{|x|\leqslant 4\rho_n}\left|u_{2,n}\right|^2\mathrm{d}x$$

$$\leqslant CK_1\sigma_n\rho_n^{1/2} + \frac{C}{\sigma_n\rho_n}.$$

取 $\sigma_n = \rho_n^{-3/4}$, 可得 $\displaystyle\int_{|x|\leqslant 2\rho_n^{1/2}} F(x)\mathrm{d}x \leqslant C\rho_n^{-1/4}.$

令 $q\in\mathbb{N}, q\geqslant 1.$ 则 $D_x^{1-s}F(x) = \displaystyle\int_{t\in(-h_1,t_1)} D^{1-s}\left(D^{1+s}u_{2,n}(x)\right)^2\mathrm{d}t.$ 因此,

$$\left\|D_x^{1-s}F\right\|_{L^q(|x|\leqslant\rho_n)} \leqslant \int_{t\in(-t_1,t_1)}\left\|D^{1-s}\left(D^{1+s}u_{2,n}\right)^2\right\|_{L^q(|x|\leqslant\rho_n)}\mathrm{d}t.$$

由文献 [9] 中的 (A.6) 式, 可得

$$\left\|D_x^{1-s}\left(D_x^{1+s}u_{2,n}\right)^2\right\|_{L^q} \leqslant C_q\left\|D_x^{1+s}u_{2,n}\right\|_{L^{2q}}\left\|D_x^2 u_{2,n}\right\|_{L^{2q}},$$

以及由局部化讨论, 可得

$$\left\|D_x^{1-s}\left(D_x^{1+s}u_{2,n}\right)^2\right\|_{L^q(|x|\leqslant\rho_n/2)}$$
$$\leqslant C_q\left\|D_x^{1+s}u_{2,n}\right\|_{L^{2q}(|x|\leqslant\rho_n)}\left(\left\|D_x^2 u_{2,n}\right\|_{L^{2q}(|x|\leqslant\rho_n)} + \left\|D_x^{1+s}u_{2,n}\right\|_{L^{2q}(|x|\leqslant\rho_n)}\right).$$

因此,

$$\left\|D_x^{1-s}F\right\|_{L^q_{(|x|\leqslant\rho_n)}} \leqslant C_q\int_{t\in(-t_1,t_1)}\left\|D_x^{1+s}u_{2,n}\right\|_{L^{2q}(|x|\leqslant\rho_n)}\left\|D_x^2 u_{2,n}\right\|_{L^{2q}(|x|\leqslant\rho_n)}\mathrm{d}t$$

$$\leqslant C_q\rho_n^{1/q}\int_{t\in(-t_1,t_1)}\left(\sup_{x\in\mathbb{R}}\left|D_x^{1+s}u_{2,n}(x)\right|\sup_{x\in\mathbb{R}}\left|D_x^2 u_{2,n}(x)\right|\right)\mathrm{d}t$$

$$\leqslant C_q\rho_n^{1/q}\left(\int_{t\in(-t_1,t_1)}\sup_{x\in\mathbb{R}}\left|D_x^{1+s}u_{2,n}(x)\right|^2\right)^{1/2}\mathrm{d}t$$

$$\cdot\left(\int_{t\in(-t_1,t_1)x\in\mathbb{R}}\sup\left|D_x^2 u_{2,n}(x)\right|^2\right)^{1/2}\mathrm{d}t$$

$$\leqslant C_q K_1\rho_n^{1/q}$$

类似地, $\|F\|_{L^q(|x|\leqslant\rho_n)} \leqslant C_q K_1\rho_n^{1/q}.$ 由 Gagliardo-Nirenberg 不等式, 可得对 $\theta = \theta_q\in(0,1)$ 成立

$$\sup_{|x|\leqslant\rho_n^{1/2}}|F(x)| \leqslant C\left(\int_{|x|\leqslant 2\rho_n^{1/2}} F\mathrm{d}x\right)^{\theta}\left(\left\|D_x^{1-s}F\right\|_{L^q(|x|\leqslant\rho_n)} + \|F\|_{L^q(|x|\leqslant\rho_n)}\right)^{1-\theta}$$

$$\leqslant C_q \rho_n^{-\frac{\theta}{4}+\frac{1-\theta}{q}}.$$

注意到当 $q \to +\infty$ 时, $\theta \to \theta_0 \in (0,1)$. 因此, 对充分大的 q, 可得

$$\sup_{|x|\leqslant \rho_n^{1/2}} |F(x)| \leqslant C\rho_n^{\frac{-\theta_0}{8}}.$$

对于最后一项, 成立

$$\int_{|x|\leqslant \rho_n^{1/4}} \sup_{t\in(-t_1,t_1)} |u_{2,n}(t,x)|^2 \,\mathrm{d}x$$

$$\leqslant 2\rho_n^{1/4} \sup_{\substack{t\in(-t_1,t_1)\\x\subset(-\rho_n,\rho_n)}} |u_{2,n}(t,x)|^2$$

$$\leqslant 2\rho_n^{1/4} \sup_{t\in(-t_1,t_1)} \|u_{2,n}(t)\|_{H^1} \sup_{t\in(-t_1,t_1)} \left(\int_{|x|\leqslant 2\rho_n^{1/4}} u_{2,n}^2 \,\mathrm{d}x\right)^{1/2}$$

$$\leqslant C\rho_n^{-1/4}.$$

这就完成了引理 17.3.1 的证明. □

引理 17.3.2 的证明　引理 17.3.2 的证明与文献 [82] 完全相同. 其主要思想是应用如下两性质. □

引理 17.3.3　(i) 左边质量损失的不可逆性: 存在 $a_3 > 0$ 使得如果 $0 < a < a_3$, 则对所有的 $\delta_0 > 0, \varepsilon_0 \in (0,1)$, 存在 $A_1 = A_1(\delta_0, \varepsilon_0) > 0$ 使得对所有的 $y_0 > A_1$ 和 $t_0 \geqslant 0$ 成立

$$\forall t \geqslant t_0, \quad \int_{y<\frac{-\lambda_1 y_0}{2\lambda_2}} v^2(t,y)\mathrm{d}y \geqslant (1-\varepsilon_0) \int_{y<-y_0} v^2(t_0,y)\,\mathrm{d}y - \delta_0.$$

(ii) 右边 v 的 L^2 紧性: 存在 $a_4 > 0$ 使得如果 $0 < a < a_4$, 则有如下性质: 对任意的 $\delta_0 > 0$, 存在 $R_2 = R_2(\delta_0) > 0$, 使得成立

$$\forall t \geqslant 0, \quad \int_{y>R_2} v^2(t,y)\mathrm{d}y \leqslant \delta_0.$$

引理 17.3.3 的证明　类似于文献 [82] 中的引理 19, 引理 17.3.3 第 (i) 部分的证明主要运用引理 17.2.1 中的几乎单调性质, 其主要想法是将几乎单调性质用于如下量上来

$$I_{x_0}(t) = \int u^2(t,x)\psi(x - x(0) - \sigma t - x_0)\,\mathrm{d}x.$$

引理 17.3.3 第 (ii) 部分的证明将通过以下两个步骤来完成: 首先, 孤立子附近解的分解; 其次, 利用孤立子右侧质量的单调性. 方程 (17.1.11) 可等价变形为

$$\varepsilon_s + \varepsilon_{yyy} - \frac{x_s}{\lambda}\varepsilon_y = \frac{\lambda_s}{\lambda}\left(\frac{2\varepsilon}{p-1} + y\varepsilon_y\right) + f_1 + f_{2y} - (\varepsilon^p)_y,$$

其中

$$f_1(s,y) = \frac{\lambda_s}{\lambda}\left(\frac{2Q}{p-1} + yQ_y\right),$$

$$f_2(s,y) = \left(\frac{x_s}{\lambda} - 1\right)Q - ((Q+\varepsilon)^p - Q^p - \varepsilon^p).$$

引进

$$\eta(s,x) = \lambda^{-\frac{2}{p-1}}(s)\varepsilon\left(s, \lambda^{-1}(s)x\right),$$

可得

$$\lambda^{\frac{2}{p-1}}\eta_s + \lambda^{\frac{3p-1}{p-1}}\eta_{xxx} - \lambda^{\frac{2}{p-1}}x_s\eta_x = f_1\left(s, \lambda^{-1}x\right) + f_{2y}\left(s, \lambda^{-1}x\right) - (\varepsilon^p)_y.$$

作如下变量变换 $s \to t$:

$$s = \int_0^t \frac{dt'}{\lambda^3(t')}, \quad \text{等价地,} \quad \frac{ds}{dt} = \frac{1}{\lambda^3},$$

可得

$$\eta_t + \eta_{xxx} - x_t\eta_x = g_1 + g_{2x} - (\eta^p)_x,$$

其中

$$
\begin{aligned}
g_1(t,x) &= \lambda^{-\frac{3p-1}{p-1}}f_1\left(t, \lambda^{-1}x\right) \\
g_2(t,x) &= \lambda^{-\frac{2}{p-1}}\left(\frac{x_s}{\lambda} - 1\right)Q\left(\lambda^{-1}x\right) + \left(\lambda^{-\frac{2}{p-1}}Q\left(\lambda^{-1}x\right) + \eta\right)^p \qquad (17.3.9) \\
&\quad - \left(\lambda^{-\frac{2}{p-1}}Q\left(\lambda^{-1}x\right)\right)^p - \eta^p.
\end{aligned}
$$

将 η 分解为两部分:

$$\eta(t,x) = \eta_I(t,x) + \eta_{II}(t,x),$$

其中 η_I 满足非线性方程

$$(\eta_I)_t + (\eta_I)_{xxx} - x_t(t)(\eta_I)_x = -(\eta_I^p)_x,$$
$$\eta_I(0) = \eta(0),$$

而 η_{II} 满足

$$(\eta_{II})_t + (\eta_I)_{xxx} - x_t(t)(\eta_{II})_x = g_1(t) + g_{2x}(t) - (\eta^p - (\eta_I)^p)_x,$$
$$\eta_{II}(0) = 0.$$

由引理 17.2.1 可知, 量

$$I(t) = \int \bar{\eta}_I^2(t,x)\psi(x - \sigma t - x_0)\,dx$$

关于时间单调, 其中 $\bar{\eta}_{\mathrm{I}}(t,x) = \eta_{\mathrm{I}}(t, x-x(t)+x(0))$. 由此对于大的 x_0, 可得 η_{I} 的 L^2 紧. 具体证明过程与临界情形相同.

对于 η_{II} 的 L^2 紧, 可由以下引理得到.

引理 17.3.4 (对于 $x > 0$ 的指数估计)　*存在 $a_0' > 0$ 和 $\theta_1, \theta_2 > 0$ 使得如果 $0 < a < a_0'$, 则对任意的 $t \geqslant 0$ 和 $x \geqslant 0$, 成立*

$$|\eta_{\mathrm{II}}(t,x)| \leqslant \sqrt{ab}\,\theta_1 \mathrm{e}^{-\theta_2 x}.$$

引理 17.3.4 的证明　证明过程与临界情形完全相同, 可参阅文献 [82] 中的引理 2, 其主要基于不依赖于 p 的逐点估计.

这就完成了引理 17.3.3 和命题 17.1.2 的证明. 　　　　　　　　□

17.3.2　$\lambda(s)$ 的收敛性

这一小节将通过运用 $u(t)$ 的 L^2_{loc} 范数关于时间的单调性, 以及通过运用在次临界情形中具有给定 L^2 范数的孤立子是唯一的事实, 结合 L^2_{loc}-极限讨论以挑选出所需的渐近孤立子.

命题 17.3.1 ($\lambda(t)$ 的收敛性)　*令 $p = 2, 3, 4$. 在命题 17.1.2 的假设下, 存在 $\lambda_{+\infty} > 0$ 使得*

$$\lambda(t) \to \lambda_{+\infty}, \quad t \to +\infty.$$

注记 17.3.1　从这个结果很容易得出定理 17.1.1 的结论. 注意到由此还可以得到 $x_t(t)$ 的收敛性. 事实上, 由于存在 $C, c > 0$ 使得 $|\lambda^2(t)x_t(t) - 1| \leqslant C \int \mathrm{e}^{-c|x|}|\varepsilon(s)|\mathrm{d}x$, 因此, 可得当 $t \to +\infty$ 时成立 $x_t(t) \to 1/\lambda_{+\infty}^2 = \bar{c}_{+\infty}$.

证明　已知对任意的 $t \geqslant 0$, 成立

$$\lambda_1 \leqslant \lambda(t) \leqslant \lambda_2. \tag{17.3.10}$$

令 ψ 如 17.2 节中所取, 令 $\sigma = \dfrac{1}{4\lambda_2^2}$, $K = \dfrac{2}{\sigma}$. 再令 $\delta > 0$ 为任意给定, $x_0 < 0$ 使得 $C\mathrm{e}^{x_0/K} < \delta$, 其中 C 为推论 17.2.1 中所给. 因为由 σ 的选择可得 $x(t) \geqslant x(t') + \sigma(t - t')$, 所以, 由推论 17.2.1 可得, 对任意的 $t \geqslant t' \geqslant 0$, 成立

$$\int u^2(t,x)\psi(x - x(t) - x_0)\,\mathrm{d}x \leqslant \int u^2(t',x)\psi(x - x(t') - x_0)\,\mathrm{d}x + \delta.$$

因此,

$$\lambda^{\frac{p-5}{p-1}}(t) \int v^2(t,y)\psi(\lambda(t)y - x_0)\,\mathrm{d}y \leqslant \lambda^{\frac{p-5}{p-1}}(t') \int v^2(t',y)\psi(\lambda(t')y - x_0)\,\mathrm{d}y + \delta.$$

由 $v(t)$ 的紧性, 以及当 $t \to +\infty$ 时, 在 $H^1(\mathbb{R})$ 中成立弱收敛 $v(t) \rightharpoonup Q$ 以及 (17.3.10), 可得存在 $T = T(\delta)$ 和 $x_0 = x_0(\delta) < 0$ ($|x_0|$ 充分大), 使得对任意的 $t > T$ 成立

$$\left| \int v^2(t, y) \psi\left(\lambda(t)y - x_0\right) \mathrm{d}y - \int Q^2 \mathrm{d}x \right| \leqslant \delta.$$

因此, 对任意的 $\delta > 0$, 存在 $T > 0$ 使得对任意的 $t \geqslant t' \geqslant T$ 成立

$$\lambda^{\frac{p-5}{p-1}}(t) \int Q^2 \mathrm{d}x \leqslant \lambda^{\frac{p-5}{p-1}}(t') \int Q^2 \mathrm{d}x + \delta + 2\lambda_1^{\frac{p-5}{p-1}} \delta.$$

由此可得当 $t \to +\infty$ 时, $\lambda^{\frac{p-5}{p-1}}(t)$ 和 $\lambda(t)$ 存在极限. 这就完成了命题 17.3.1 的证明和定理 17.1.1 的证明. $\qquad\square$

17.4 从非线性 Liouville 性质到线性 Liouville 性质的过渡

这是证明定理 17.1.2 (或者命题 17.1.1) 的第一步. 断言: 对于小的 ε 非线性 Liouville 性质与线性 Liouville 性质等价.

下将证明当 $\|\varepsilon\|_{H^1}$ 小且命题 17.1.1 的假设条件成立时, 必然有 $\varepsilon \equiv 0$. 反证而设: 方程 (17.1.11) 存在一列解 $\varepsilon_n \neq 0$, 且满足 $\|\varepsilon_n(0)\|_{H^1} \to 0 (n \to +\infty)$. 由泛函 $E(v) + \dfrac{c}{2} \displaystyle\int v^2 \mathrm{d}x$ 的严格凸性, 可得当 $n \to \infty$ 时, 成立 $a_n = \sup_{s \in \mathbb{R}} \|\varepsilon_n(s)\|_{H^1} \to 0$. 下面, 证明 (ε_n) 的重正规化亦收敛.

命题 17.4.1 (线性问题的收敛性) 令 $\varepsilon_n \in C(\mathbb{R}, H^1(\mathbb{R})) \cap L^\infty(\mathbb{R}, H^1(\mathbb{R}))$ 为方程 (17.1.11) 的解, 且满足 (H1) 和 (H3) (对于 (H3) 不需要关于 n 的一致性). 假设

$$a_n = \sup_{s \in \mathbb{R}} \|\varepsilon_n(s)\|_{H^1} \to 0, \quad n \to +\infty.$$

则:

(i) 存在一列 $(s_n) \in \mathbb{R}$ 和一列 $(\varepsilon_{n'})$ 使得在 $L^\infty_{\mathrm{loc}}(\mathbb{R}, L^2(\mathbb{R}))$ 中成立

$$\frac{\varepsilon_{n'}(s_{n'} + s)}{a_{n'}} \to w(s),$$

其中 $w \in C(\mathbb{R}, H^1(\mathbb{R})) \cap L^\infty(\mathbb{R}, H^1(\mathbb{R}))$ 满足

$$w \neq 0,$$

$$w_s - (Lw)_y = \alpha(s) \left(\frac{2Q}{p-1} + yQ_y \right) + \beta(s)Q_y, \quad (s, y) \in \mathbb{R}^2. \tag{17.4.1}$$

这里的 α 和 β 为某些连续函数.

(ii) *此外, 存在 $C > 0$ 和 $\theta_2 > 0$ 使得 w 满足*

(H1′) $\forall s \in \mathbb{R}$, $\quad (w(s), Q) = 0$, $\quad (w(s), Q_y) = 0$;

(H2′) $\forall s \in \mathbb{R}, \forall y \in \mathbb{R}$, $\quad |w(s, y)| \leqslant C e^{-\theta_2|x|}$.

在 17.5 节中, 命题 17.4.1 中的解 w 将被证明不存在, 由此可得矛盾, 进而得到定理 17.1.2 的证明.

证明　证明过程将分为三步完成.

步骤 1. 首先, 有如下引理成立.

引理 17.4.1 (一致指数衰减)　令 $\varepsilon \in C\left(\mathbb{R}, H^1(\mathbb{R})\right) \cap L^\infty\left(\mathbb{R}, H^1(\mathbb{R})\right)$ 为方程 (17.1.11) 的解, 且满足 (H1) 和 (H3). 定义

$$a = \sup_{s \in \mathbb{R}} \|\varepsilon(s)\|_{H^1}, \quad b = \sup_{s \in \mathbb{R}} \|\varepsilon(s)\|_{L^2},$$

存在 $a_0 > 0$ 和常数 $\theta_1, \theta_2 > 0$, 使得如果 $a < a_0$, 则对任意的 $s \in \mathbb{R}$ 和 $y \in \mathbb{R}$ 成立

$$|\varepsilon(s, y)| \leqslant \theta_1 \sqrt{ab} e^{-\theta_2|y|}.$$

引理 17.4.1 的证明　引理 17.4.1 的证明方法与文献 [82] 中命题 1 的证明类似. 与引理 17.3.3 类似, 需要对 η 做非线性分解. 但是, 对于解的非线性部分的处理方法是不同, 这里需要借助方程 (17.1.1) 小解的单调引理 (引理 17.2.1). 这个差异是由于当 $p < 5$ 时, 在 L^2 以及 $H^s(s \in (0, 1])$ 中没有散射结果 (见文献 [65] 的引言). 事实上, 一般来说, 单调性结果可以看作是一个更强的性质, 其意味着在没有散射的情况下, 小解在紧集上在一定弱意义下收敛到零.

令 $\{t_n\}$ 为一点列, 且满足 $t_n \to -\infty$. 对于 $n \in \mathbb{N}$, 定义

$$\eta_n(t, x) = \eta\left(t + t_n, x\right).$$

则 η_n 满足

$$\left(\eta_n\right)_s + \left(\eta_n\right)_{xxx} - x_t\left(t + t_n\right)\left(\eta_n\right)_x = g_1\left(t + t_n\right) + g_{2x}\left(t + t_n\right) - \left(\eta_n^p\right)_x,$$

其中 g_1, g_2 如 (17.3.9) 中所定义, $\eta_n(0, x) = \eta\left(t_n, x\right)$ 如引理 17.3.3 的证明中所给出. 作如下分解

$$\eta_n(t, x) := \eta_{\mathrm{I}, n}(t, x) + \eta_{\mathrm{II}, n}(t, x),$$

其中 $\eta_{\mathrm{I}, n}$ 为非线性方程的解

$$\left(\eta_{\mathrm{I}, n}\right)_t + \left(\eta_{\mathrm{I}, n}\right)_{xxx} - x_t\left(t + t_n\right)\left(\eta_{\mathrm{I}, n}\right)_x = -\left(\eta_{\mathrm{I}, n}^p\right)_x,$$
$$\eta_{\mathrm{I}, n}(0, x) = \eta\left(t_n, x\right), \quad x \in \mathbb{R},$$

以及 $\eta_{\mathrm{II},n}$ 为下述方程的解

$$(\eta_{\mathrm{II},n})_t + (\eta_{\mathrm{II},n})_{xxx} - x_t(t+t_n)(\eta_{\mathrm{II},n})_x = g_1(t+t_n) + g_{2x}(t+t_n)$$
$$- (\eta_n^p - (\eta_{\mathrm{I},n})^p)_x,$$

$$\eta_{\mathrm{II},n}(0,x) = 0, \quad x \in \mathbb{R}.$$

我们有如下断言:

(a) $\eta_{\mathrm{II},n}$ 的指数估计:

$$\forall t \in \mathbb{R}, \forall x \geqslant 0, \quad |\eta_{\mathrm{II},n}(t,x)| \leqslant \sqrt{ab}\theta_1 \mathrm{e}^{-\theta_2 x}. \tag{17.4.2}$$

(b) $\eta_{\mathrm{I},n}$ 的渐近行为: 令 $t_0 \in \mathbb{R}$. 对于任意的 $t_n \to -\infty$, 当 $n \to +\infty$ 时, 在 $L_{\mathrm{loc}}^\infty(\mathbb{R})$ 中成立

$$\eta_{\mathrm{I},n}(t_0 - t_n) \to 0. \tag{17.4.3}$$

断言 (a) 由引理 17.3.4 容易得到. 下证断言 (b). 令 $A > 0$, 选取固定的 $t_0 \in \mathbb{R}$. 首先, 我们将证明成立

$$\int_{x>-A} \eta_{\mathrm{I},n}^2(t_0 - t_n, x)\,\mathrm{d}x \to 0, \quad n \to \infty.$$

取 17.2 节中所定义 ψ, 只需要证明

$$\int \eta_{\mathrm{I},n}^2(t_0 - t_n, x)\,\psi(x + A)\mathrm{d}x \to 0, \quad n \to \infty.$$

对充分小的 a, 定义 $\overline{\eta_{\mathrm{I},n}}(t,x) = \eta_{\mathrm{I},n}(t, x - x(t + t_n) + x(t_n))$, 对 $\overline{\eta_{\mathrm{I},n}}(t, x + x_0)$ 运用引理 17.2.1, 成立

$$\int \eta_{\mathrm{I},n}^2(t_0 - t_n, x)\,\psi(x + x(t_0) - x(t_n) - \sigma(t_0 - t_n) - x_0)\,\mathrm{d}x$$
$$\leqslant \int \eta_{\mathrm{I},n}^2(0,x)\psi(x - x_0)\,\mathrm{d}x. \tag{17.4.4}$$

其中 $\sigma = \dfrac{1}{2\lambda_2^2}$. 令 $x_0 = -A - \sigma(t_0 - t_n) + (x(t_0) - x(t_n))$. 因为对充分小的 a, 成立 $|\lambda^2 x_t - 1| \leqslant Ca$, 所以可得 $x_t \geqslant \dfrac{3\sigma}{2}$. 因此, $-\sigma(t_0 - t_n) + x(t_0) - x(t_n) \geqslant \dfrac{\sigma}{2}(t_0 - t_n)$, 进而可得 $x_0 \geqslant -A + \dfrac{\sigma}{2}(t_0 - t_n)$.

由 (17.4.4) 以及 ψ 非减, 可得

$$\int \eta_{\mathrm{I},n}^2(t_0 - t_n, x)\,\psi(x + A)\mathrm{d}x \leqslant \int \eta_{\mathrm{I},n}^2(0,x)\psi\left(x + A - \dfrac{\sigma}{2}(t_0 - t_n)\right)\mathrm{d}x$$

$$\leqslant \int \eta^2\left(t_n, x\right) \psi\left(x+A-\frac{\sigma}{2}\left(t_0-t_n\right)\right) \mathrm{d}x.$$

由 $\eta(t, x)$ 的 L^2 紧性以及当 $n \to +\infty$ 时, 成立 $\sigma\left(t_0-t_n\right) \to +\infty$, 可得当 $n \to \infty$ 时, 成立

$$\int_{x>-A} \eta_{\mathrm{I}, n}^2\left(t_0-t_n, x\right) \mathrm{d}x \to 0.$$

因此, 在 L_{loc}^2 中成立 $\eta_{\mathrm{I}, n}\left(t_0-t_n\right) \to 0$. 因为 $\sup_{t \in \mathbb{R}}\left\|\eta_{\mathrm{I}, n}(t)\right\|_{H^1} \leqslant C$, 可得在 $L_{\mathrm{loc}}^{\infty}$ 中成立 $\eta_{\mathrm{I}, n}\left(t_0-t_n\right) \to 0$, 即 (b) 得证.

下面, 我们将运用性质 (a) 和 (b) 来完成引理 17.4.1 的证明. 对于固定的 $t \in \mathbb{R}$ 和 $x \geqq 0$, 由于对任意的 $n \in \mathbb{N}$, 成立

$$\eta(t) = \eta_{\mathrm{I}, n}\left(t-t_n\right) + \eta_{\mathrm{II}, n}\left(t-t_n\right),$$

则由性质 (b) 可得当 $n \to \infty$ 时, 成立

$$\eta_{\mathrm{I}, n}\left(t-t_n, x\right) \to 0.$$

因此, 当 $n \to \infty$ 时, 成立

$$\eta_{\mathrm{II}, n}\left(t-t_n, x\right) \to \eta(t, x).$$

由 (17.4.2) 可得对任意的 $n \in \mathbb{N}$, 成立

$$\left|\eta_{\mathrm{II}, n}\left(t-t_n, x\right)\right| \leqslant \sqrt{ab}\theta_1 \mathrm{e}^{-\theta_2 x}.$$

因此, 令 n 趋于 ∞, 可得

$$|\eta(t, x)| \leqslant \sqrt{ab}\theta_1 \mathrm{e}^{-\theta_2 x}.$$

因此, 对任意的 $t \in \mathbb{R}$ 和 $x \geqslant 0$ 成立

$$|\eta(t, x)| \leqslant \sqrt{ab}\theta_1 \mathrm{e}^{-\theta_2 x}. \tag{17.4.5}$$

下证结论对 $x \leqslant 0$ 亦成立. 注意到方程 (17.1.1) 有下述变换下的对称性: 如果 $u(t, x)$ 为方程 (17.1.1) 的解, 则 $\tilde{u}(t, x) = u(-t, -x)$ 亦为方程 (17.1.1) 的满足 (H1) 和 (H3) 的解.

因此, 同样的讨论可得对任意的 $t \in \mathbb{R}$ 和 $x \geqslant 0$ 成立

$$|\tilde{\eta}(t, x)| \leqslant \sqrt{ab}\theta_1 \mathrm{e}^{-\theta_2 x}. \tag{17.4.6}$$

由 (17.4.5) 和 (17.4.6) 可得对任意的 $t \in \mathbb{R}$ 和 $x \in \mathbb{R}$ 成立

$$|\eta(t,x)| \leqslant \sqrt{ab}\theta_1 \mathrm{e}^{-\theta_2|x|}. \tag{17.4.7}$$

因为

$$\varepsilon(s,y) = \lambda^{-1/2}(s)\eta(s,\lambda(s)y),$$

由 (H2), 可得

$$|\varepsilon(s,y)| \leqslant \sqrt{ab}\theta_1' \mathrm{e}^{-\theta_2'|x|}$$

这就完成了引理 17.4.1 的证明. □

步骤 2. 其次, 有如下引理成立:

引理 17.4.2 (ε 的 L^2 范数和 H^1 范数的比较) 在引理 17.4.1 的假设下, 存在 $a_1 > 0$ 和 $C > 0$ 使得如果 $a < a_1$, 则成立

$$b \leqslant a \leqslant Cb,$$

其中

$$a = \sup_{s \in \mathbb{R}} \|\varepsilon(s)\|_{H^1}, \quad b = \sup_{s \in \mathbb{R}} \|\varepsilon(s)\|_{L^2}.$$

引理 17.4.2 的证明 设

$$I(s) = \frac{1}{2} \int y\varepsilon^2(s).$$

由 (17.2.3), 我们断言

$$\frac{\mathrm{d}}{\mathrm{d}s}\left(\lambda^{2\frac{p-3}{p-1}}I\right)(s) \leqslant Cb^2 - \frac{3\lambda_1^{2\frac{p-3}{p-1}}}{2}\|\varepsilon(s)\|_{H^1}^2. \tag{17.4.8}$$

事实上, 注意到在 (17.2.3) 中, 通过运用分部积分, 最后一项可以写成 $\varepsilon^i(i \geqslant 3)$ 与速降函数的标量积的和 (参阅文献 [83] 中的引理 14). 另外, 由 (17.1.14) 和 (17.1.15) 可得

$$\left|\frac{\lambda_s}{\lambda}\right| + \left|\frac{x_s}{\lambda} - 1\right| \leqslant Cb,$$

因此, 由上式以及 $(L\varepsilon, \varepsilon) \geqslant \|\varepsilon\|_{H^1}^2 - C\|\varepsilon\|_{L^2}^2$ 可得 (17.4.8) 成立.

另外, 由文献 [65] 中 Cauchy 问题 (17.1.1) 的 H^1 适定性可得, 存在 $\sigma > 0$ 和 $c_0 > 0$ 使得如果 a 充分小, 则

$$\|\varepsilon(s_0)\|_{H^1} \geqslant \frac{a}{2} \Longrightarrow \forall s \in (s_0, s_0 + \sigma), \quad \|\varepsilon(s)\|_{H^1} \geqslant c_0 a. \tag{17.4.9}$$

由 a 的定义, 存在 $s_0 \in \mathbb{R}$, 使得 $\dfrac{a}{2} \leqslant \|\varepsilon(s_0)\|_{H^1} \leqslant a$. 由 (17.4.9) 可推得

$$\forall s \in (s_0, s_0 + \sigma), \quad |\varepsilon(s)|_{H^1} \geqslant c_0 a,$$

进而可得

$$\forall s \in (s_0, s_0 + \sigma), \quad \left(\lambda^{2\frac{p-3}{p-1}} I\right)(s_0 + \sigma) - \left(\lambda^{2\frac{p-3}{p-1}} I\right)(s_0) \leqslant \sigma \left(Cb^2 - C'a^2\right).$$

由引理 17.4.1 可得, 对任意的 $s \in \mathbb{R}$ 成立 $\lambda^{2\frac{p-3}{p-1}}(s) I(s) \leqslant Cab$. 因此, 对于 $C > 0$, 成立 $a^2 \leqslant C(b^2 + ab)$, 进而成立 $Ca \leqslant b$. 即证得引理 17.4.2 成立.　□

　　步骤 3. 定义

$$w_n(s, y) = \frac{\varepsilon_n(s + s_n, y)}{b_n},$$

其中 s_n 使得

$$\|\varepsilon_n(s_n)\|_{L^2} \geqslant \frac{b_n}{2} = \frac{1}{2} \sup_{s \in \mathbb{R}} \|\varepsilon_n(s)\|_{L^2}.$$

由步骤 1 和步骤 2 可得, 存在子列使得在 $L^\infty_{\mathrm{loc}}(\mathbb{R}, L^2(\mathbb{R}))$ 中成立

$$w_n \to w,$$

其中 $w \in C(\mathbb{R}, H^1(\mathbb{R})) \cap L^\infty(\mathbb{R}, H^1(\mathbb{R}))$ 满足

$$w \neq 0,$$

且满足方程 (17.4.1). 这就完成了命题 17.4.1 的证明.　　　　　　　　□

17.5　线性 Liouville 性质

　　本节的目的是证明在 17.4 节中所得到的解 w 实际上是不存在的, 这样就完成了命题 17.1.1 和定理 17.1.2 的证明. 在本节中, 令 $w \in C(\mathbb{R}, H^1(\mathbb{R})) \cap L^\infty(\mathbb{R}, H^1(\mathbb{R}))$ 为下述方程的解

$$w_s - (Lw)_y = \alpha(s)\left(\frac{2Q}{p-1} + yQ_y\right) + \beta(s)Q_y, \quad (s, y) \in \mathbb{R} \times \mathbb{R}, \qquad (17.5.1)$$

其中 α 和 β 为关于 s 的连续函数, w 满足

　　(H1′) 正交条件:

$$\forall s \in \mathbb{R}, \quad (w(s), Q) = (w(s), Q_y) = 0.$$

　　(H2′) 指数衰减条件:

$$\forall (s, y) \in \mathbb{R} \times \mathbb{R}, \quad |w(s, y)| \leqslant Ce^{-c|y|}.$$

命题 17.5.1 (方程 (17.5.1) 的线性 Liouville 定理) 令

$$w \in C\left(\mathbb{R}, H^1(\mathbb{R})\right) \cap L^\infty\left(\mathbb{R}, H^1(\mathbb{R})\right)$$

为方程 (17.5.1) 满足 (H1′) 和 (H2′) 的解. 则在 $\mathbb{R} \times \mathbb{R}$ 上成立

$$w \equiv 0.$$

命题 17.5.1 的证明 基于方程 (17.5.1) 的解, 引进函数

$$\bar{w} = w + \gamma(s)Q_y,$$

其中 $\gamma(s)$ 有界且连续, 具体定义如下:

$$\gamma(s) = -\frac{1}{\int Q_y yQ \mathrm{d}y} \int yQw(s)\mathrm{d}y = \frac{2}{\int Q^2 \mathrm{d}y} \int yQw(s)\mathrm{d}y.$$

因此, 可得

$$(\bar{w}, Q) = (\bar{w}, yQ) = 0, \quad \forall s \in \mathbb{R},\ \forall y \in \mathbb{R}, \quad |\bar{w}(s, y)| \leqslant Ce^{-c|y|}.$$

因为 $L(Q_y) = 0$, $\bar{w}$ 满足方程 (17.5.1) 关于 $\bar{\alpha}(s) = \alpha(s), \bar{\beta}(s) = \beta(s) + \gamma'(s)$ 的解. 由正交条件, 可得

$$\bar{\alpha}(s) = 0, \quad \bar{\beta}(s) = \frac{2}{\int Q^2 \mathrm{d}y} \int \bar{w}(s)\left(2Q + (p-3)Q^p\right)\mathrm{d}y.$$

事实上, 一方面, 在关于 $\bar{w}$ 的方程 (17.5.1) 的两端同乘 Q 并作分部积分, 可得

$$0 = \frac{\mathrm{d}}{\mathrm{d}s} \int Q\bar{w}\mathrm{d}y = -\int (L\bar{w})Q_y\mathrm{d}y + \bar{\alpha}(s)\int \left(\frac{2Q}{p-1} + yQ_y\right)Q\mathrm{d}y + \bar{\beta}(s)\int Q_y Q\mathrm{d}y.$$

由 $LQ_y = 0$, $\int QQ_y\mathrm{d}y = 0$ 和 (17.1.9), 可得 $\bar{\alpha}(s) \equiv 0$.

另一方面, 在方程 (17.5.1) 的两端同乘 yQ, 可得

$$0 = \frac{\mathrm{d}}{\mathrm{d}s} \int \bar{y}Qw\mathrm{d}y = -\int (L\bar{w})(Q + yQ_y)\mathrm{d}y + \bar{\beta}(s)\int Q_y yQ\mathrm{d}y.$$

因为

$$L(Q + yQ_y) = -Q_{yy} - 2Q_{yy} - yQ_{yyy} + Q + yQ_y - pQ^p + pyQ^{p-1}Q_y$$
$$= -3Q_{yy} - y(Q - Q^p)_y + Q + yQ_y - pQ^p + pyQ^{p-1}Q_y$$

$$= -2Q - (p-3)Q^p,$$

可得

$$-\int \bar{w}(s)\left(2Q + (p-3)Q^p\right)\mathrm{d}y + \beta(s)\frac{\displaystyle\int Q^2\mathrm{d}y}{2} = 0.$$

则 $\bar{w}(s)$ 的方程可简化为

$$\bar{w}_s = (L\bar{w})_y + \frac{2Q_y}{\displaystyle\int Q^2\mathrm{d}y}\int \bar{w}(s)\left(2Q + (p-3)Q^p\right)\mathrm{d}y. \tag{17.5.2}$$

令

$$I(s) = \frac{1}{2}\int y\bar{w}^2(s,y)\mathrm{d}y.$$

则关于方程 (17.5.2) 有如下恒等式:

引理 17.5.1 对于任意的 $s \in \mathbb{R}$,

(i) $(L\bar{w}(s), \bar{w}(s)) = (L\bar{w}(0), \bar{w}(0)) = (Lw(0), w(0))$;

(ii) $\dfrac{\mathrm{d}}{\mathrm{d}s}I(s) = -H^*(\bar{w}(s), \bar{w}(s))$, 其中

$$H^*(\bar{w}, \bar{w}) = H(\bar{w}, \bar{w}) - \frac{2}{\displaystyle\int Q^2\mathrm{d}y}\left(\int \bar{w}yQ_y\mathrm{d}y\right)\left(\int \bar{w}\left(2Q + (p-3)Q^p\right)\mathrm{d}y\right),$$

$$\begin{aligned}H(\bar{w}, \bar{w}) &= -((L\bar{w})_y, y\bar{w}) = (L_1\bar{w}, \bar{w})\\ &= \frac{3}{2}(L\bar{w}, \bar{w}) - (\bar{w}, \bar{w}) + p\int Q^{p-2}\left(Q + \frac{p-1}{2}yQ_y\right)\bar{w}^2\mathrm{d}y\end{aligned}$$

和

$$L_1\bar{w} = -\frac{3}{2}\bar{w}_{yy} + \frac{1}{2}\bar{w} - \frac{p}{2}Q^{p-1}\bar{w} + \frac{p(p-1)}{2}yQ_yQ^{p-2}\bar{w}.$$

引理 17.5.1 的证明 因为 $L(Q_y) = 0$, 通过对方程 (17.5.2) 和 $L\bar{w}$ 做标量积, 可得 $\dfrac{\mathrm{d}}{\mathrm{d}s}(L\bar{w}, \bar{w}) = 0$. 此外, 因为 $\bar{w} = w + \gamma(s)Q_y$, 可得 $(L\bar{w}(0), \bar{w}(0)) = (Lw(0), w(0))$.

性质 (ii) 的证明由 17.2 节中关于非线性问题类似计算可得. 注意到由 (H2'), 可得 $y\bar{w}^2 \in L^1(\mathbb{R})$.

为了完成关于命题 17.5.1 的证明, 我们需要如下命题, 关于其证明将在随后给出.

命题 17.5.2 (*H** 的正性) 令 $p = 2, 3$ 或 4. 存在 $\sigma_0 > 0$ 使得如果 $\bar{w} \in H^1(\mathbb{R})$ 满足 $(\bar{w}, Q) = (\bar{w}, yQ) = 0$, 则

(i) 如果 $\bar{w} \neq 0$, 则 $(L\bar{w}, \bar{w}) > 0$;

(ii) $H^*(\bar{w}, \bar{w}) \geqq \sigma_0 (L\bar{w}, \bar{w})$.

下面, 我们来完成命题 17.5.1 的证明. 反证而设 $\bar{w} \neq 0$. 因为对任意的 $s \in \mathbb{R}$, 成立

$$\frac{\mathrm{d}}{\mathrm{d}s} I(s) = -H^*(\bar{w}(s), \bar{w}(s)) \leqslant -\sigma_0 (L\bar{w}(s), \bar{w}(s)),$$

又因为由 $\bar{w}(0) \neq 0$ 和 $(\bar{w}(0), Q) = (\bar{w}(0), yQ) = 0$ 可得

$$(L\bar{w}(s), \bar{w}(s)) = (L\bar{w}(0), \bar{w}(0)) > 0.$$

因此, 对任意的 $s \in \mathbb{R}$, 成立 $\dfrac{\mathrm{d}}{\mathrm{d}s} I(s) \leqslant -\sigma_0' < 0$, 这与 I 如下的一致有界性矛盾:

$$\forall s \in \mathbb{R}, \quad |I(s)| \leqslant C \int |y| \mathrm{e}^{-c|y|} \mathrm{d}y \leqslant C.$$

因此, $\bar{w}(0) \equiv 0$, 类似地, $\forall s \in \mathbb{R}, \bar{w}(s) \equiv 0$. 由 $w(s)$ 的正交条件, 即可得证结论成立. □

命题 17.5.2 的证明 由文献 [109] 中命题 2.9 可推得性质 (i) 成立.

下证 (ii). 令 $p = 2, 3$ 或 4. 令 B 为向量空间 V 上的双线性形式. 定义 B 在 V 上的指标:

$$\mathrm{ind}_V(B) = \max\{k \in \mathbb{N} \mid \text{存在余维数为 } k \text{ 的子空间 } P \text{ 使得 } B|_P \text{ 是正定的}\}.$$

令 H_e^1 和 H_o^1 分别表示 H^1 的偶子空间和奇子空间. 假设 H_e^1 和 H_o^1 是 B-正交的. 也就是说如果 $\mathrm{ind}_{H_e^1} = i$ 以及 $\mathrm{ind}_{H_o^1} = j$, 则 B 在 H^1 上的指标为 $i + j$.

首先, 证明一个类似于文献 [82] 中引理 23 的结果, 给出一个在 H 上与经典算子相关的指标为 $2 + 1$ 的二次型的下界. 该算子的所有特征元素都用超几何函数来描述.

然后, 通过先考虑 $w \in H_e^1(\mathbb{R})$ 以及 $(w, Q) = 0$ 的情形, 再考虑 $w \in H_o^1(\mathbb{R})$ 以及 $(w, yQ) = 0$ 的情形, 可证得 $H^*(w, w) \geqslant 0$. 奇偶性的讨论蕴含了命题 17.5.2.

注意到我们只需证明当 $\sigma_0 = 0$ 的特殊情形, 即对任意满足 $(w, Q) = (w, yQ) = 0$ 的 w, 成立 $H^*(w, w) \geqslant 0$. 事实上, 这里的计算并不是最优的, 因此, 运用连续性, 即可证明对于小的 $\sigma_0 > 0$, (ii) 依旧是成立的.

(a) H 的指标上界. 注意到 L_1 符合如下形式

$$\widetilde{L}_{a,b} u = -u_{yy} + au - b\frac{u}{\mathrm{ch}^2(y)},$$

其中 $a, b \in \mathbb{R}$. 由于

$$L_1 u = -\frac{3}{2} u_{yy} + \frac{1}{2} u - \frac{p(p+1)}{4} \frac{u}{\mathrm{ch}^2 \left(\dfrac{p-1}{2} y \right)}$$

$$- \frac{p(p-1)(p+1)}{4} y \frac{\mathrm{sh} \left(\dfrac{p-1}{2} y \right)}{\mathrm{ch}^3 \left(\dfrac{p-1}{2} y \right)} u,$$

且由文献 [82] 中的 (174) 式可知成立

$$\forall a \in \mathbb{R}, \quad a \frac{\mathrm{sh}(a)}{\mathrm{ch}^3(a)} \leqslant \frac{1}{50} \left(1 + \frac{92}{\mathrm{ch}^2(a)} \right),$$

因此,

$$(L_1 u, u) \geqslant \frac{3}{2} \left[\int u_y^2 \mathrm{d}y + \frac{50 - p(p+1)}{150} \int u^2 \mathrm{d}y - \frac{39p(p+1)}{50} \int \frac{u^2}{\mathrm{ch}^2 \left(\dfrac{p-1}{2} y \right)} \mathrm{d}y \right].$$

下面, 对 p 分情况讨论. 情形 $p = 2$:

$$(L_1 u, u) \geqslant \frac{3}{2} \left[\int u_y^2 \mathrm{d}y + \frac{44}{150} \int u^2 - \frac{117}{25} \int \frac{u^2}{\mathrm{ch}^2 \left(\dfrac{y}{2} \right)} \mathrm{d}y \right]$$

$$\geqslant \frac{3}{2} \left[\int u_y^2 \mathrm{d}y + \frac{44}{150} \int u^2 \mathrm{d}y - 5 \int \frac{u^2}{\mathrm{ch}^2 \left(\dfrac{y}{2} \right)} \mathrm{d}y \right].$$

令

$$\widetilde{L} u = -u_{yy} + \frac{44}{150} u - 5 \frac{u}{\mathrm{ch}^2 \left(\dfrac{y}{2} \right)},$$

由专著 [103] 可知, 算子 $\widetilde{L}$ 有三个非正特征值, 其中第一个和第三个特征值分别对应于如下偶特征函数:

$$\chi_1(y) = \mathrm{ch}^{-4} \left(\frac{y}{2} \right), \quad \chi_2(y) = \frac{6}{7} \mathrm{ch}^{-2} \left(\frac{y}{2} \right) - \mathrm{ch}^{-4} \left(\frac{y}{2} \right).$$

情形 $p = 3$:

$$(L_1 u, u) \geqslant \frac{3}{2} \left[\int u_y^2 \mathrm{d}y + \frac{19}{75} \int u^2 \mathrm{d}y - \frac{234}{25} \int \frac{u^2}{\mathrm{ch}^2(y)} \mathrm{d}y \right]$$

$$\geqslant \frac{3}{2}\left[\int u_y^2\mathrm{d}y + \frac{19}{75}\int u^2\mathrm{d}y - 12\int\frac{u^2}{\mathrm{ch}^2(y)}\mathrm{d}y\right].$$

令

$$\widetilde{L}u = -u_{yy} + \frac{19}{75}u - 12\frac{u}{\mathrm{ch}^2(y)}.$$

算子 $\widetilde{L}$ 有三个非正特征值, 其中第一个和第三个特征值分别对应于如下偶特征函数:

$$\chi_1(y) = \mathrm{ch}^{-3}(y), \quad \chi_2(y) = \frac{4}{5}\mathrm{ch}^{-1}(y) - \mathrm{ch}^{-3}(y).$$

情形 $p = 4$:

$$(\bar{L}_1 u, u) \geqslant \frac{3}{2}\left[\int u_y^2\mathrm{d}y + 5\int u^2\mathrm{d}y - \frac{78}{5}\int\frac{u^2}{\mathrm{ch}^2\left(\dfrac{3y}{2}\right)}\mathrm{d}y\right]$$

$$\geqslant \frac{3}{2}\left[\int u_y^2\mathrm{d}y + 5\int u^2\mathrm{d}y - 22\int\frac{u^2}{\mathrm{ch}^2\left(\dfrac{3y}{2}\right)}\mathrm{d}y\right].$$

令

$$Lu = -u_{yy} + 5u - 22\frac{u}{\mathrm{ch}^2\left(\dfrac{3y}{2}\right)}.$$

算子 $\widetilde{L}$ 有三个非正特征值, 其中第一个和第三个特征值分别对应于如下偶特征函数:

$$\chi_1(y) = \mathrm{ch}^{-8/3}\left(\frac{3y}{2}\right), \quad \chi_2(y) = \frac{10}{13}\mathrm{ch}^{-2/3}\left(\frac{3y}{2}\right) - \mathrm{ch}^{-8/3}\left(\frac{3y}{2}\right).$$

值得一提的是, 第二特征值对应的是奇特征函数, 并且在上述三种情形中, 均有如下性质:

$$\mathrm{span}\,(\chi_1, \chi_2) = \mathrm{span}\,(Q, Q^p). \tag{17.5.3}$$

从这些估计和代数关系可得如下引理:

引理 17.5.2 算子 L_1 有如下性质:

(i) $H(Q, Q) < 0, H(Q_y, Q_y) = 0$;

(ii) L_1 的核为 $\{0\}$;

(iii) $\forall \psi \in H^1(\mathbb{R})$, 存在唯一的 $\psi^* \in H^1(\mathbb{R})$ 使得 $L_1\psi^* = \psi$.

引理 17.5.2 的证明　(i) 由定义可得

$$H(Q,Q) = -\left((LQ)_y, yQ\right) = -\left(\left(-(p-1)Q^p\right)_y, yQ\right)$$
$$= \frac{p-1}{p+1}\int Q^{p+1}\mathrm{d}y - (p-1)\int Q^{p+1}\mathrm{d}y < 0,$$

再由 $LQ_y = 0$, 可得 $H(Q_y, Q_y) = -\int (LQ_y)_y\,(yQ_y)\,\mathrm{d}y = 0$.

(ii) 假设存在 $\chi \in H^1(\mathbb{R})$, 使得 $L_1\chi = 0$. 对 χ 做分解: $\chi = \chi_e + \chi_o$, 其中 $\chi_e \in H_e^1, \chi_o \in H_o^1$.

因为 $L_1\chi_e$ 和 $L_1\chi_o$ 仍保持相应的奇偶性, 则可得 $L_1\chi_e = L_1\chi_o = 0$. 进一步做分解: $\chi_e = aQ + bQ^p + \chi_e^\perp$, 其中 $(L_1Q, \chi_e^\perp) = 0, (L_1Q^p, \chi_e^\perp) = 0$. 因此, 成立 $0 = (L_1\chi_e, \chi_e^\perp) = H(\chi_e^\perp, \chi_e^\perp)$. 因为 $H(\chi_e^\perp, \chi_e^\perp) \geqslant \frac{3}{2}\left(\widetilde{L}\chi_e^\perp, \chi_e^\perp\right)$, 以及在 L^2 意义下, $\chi_e^\perp$ 与 χ_1 和 χ_2 正交, 则由 $\widetilde{L}$ 的谱性质可得 $\chi_e^\perp = 0$. 因为 L_1Q 和 L_1Q^p 非共线, 可得 $a = b = 0$, 进而 $\chi_e = 0$.

由文献 [83] 中的引理 2 可知 L 的谱集恰好是 $\mathrm{span}\,(Q_y)$, 因此, 可得 $L(yQ_{yy}) \neq 0$. 又因为

$$L_1Q_y = -\frac{1}{2}\left(y\left(L\left(Q_y\right)\right)_y - LQ_y - L\left(yQ_{yy}\right)\right) = \frac{1}{2}L\left(yQ_{yy}\right),$$

则可得 $L_1Q_y \neq 0$. 此外, 因为 $(L_1Q_y, Q_y) = 0$ 和 $L_1Q_y \neq 0$, 则 L_1 存在一个负特征值, 且与其对应的特征函数为奇的, 将其记为 ψ. 又由 $\widetilde{L}$ 的谱性质可得 L_1 在 $\mathrm{span}(\psi)^\perp$ 上是强制的. 通过对 χ_o 做分解: $a\psi + \chi_o^\perp$, 可得上述同样的结果. 这就证明了 L_1 的核是 $\{0\}$.

(iii) 下证 L_1 是 H^1 中的满射.

因为 $H(Q,Q) < 0$, 存在第一负特征值 λ_1, 相应的特征函数记为 ψ_1. 由下界估计 $H(w,w) \geqslant (\widetilde{L}w, w)$, 可知存在 $\sigma > 0$ 使得如果 w 在 L^2 意义下与 Q 和 Q^p 正交, 则成立 $H(w,w) \geqslant \sigma(w,w)$.

设

$$\lambda_2 = \inf_{\substack{(\psi_1, w) \\ \|w\|_{L^2}=1}} (L_1w, w).$$

下面, 分两种情形来讨论.

如果 $\lambda_2 > 0$, 则可得 L_1 在 $\mathrm{span}\,(\psi_1)^\perp$ 上强制.

如果 $\lambda_2 \leqslant 0$, 则由标准讨论可得存在 $\psi_2 \neq 0$ 使得 $L_1\psi_2 = \lambda_2\psi_2 + \theta\psi_1$ 且 $(\psi_1, \psi_2) = 0$. 对上述方程两端与 ψ_1 做标量积可得, $\theta = 0$. 由性质 (ii) 可得 $\lambda_2 < 0$, 进而可得 ψ_2 为对应于负特征值的特征函数. 与 $\widetilde{L}$ 作比较可得, L_1 在 $\mathrm{span}\,(\psi_1, \psi_2)^\perp$ 上是强制的.

下证在 H_e^1 上的满射性. 不妨假设第二种情形成立. 对于任意的 $\chi \in H_e^1$, 成立 $\chi = \chi_0 + a_1 \psi_1 + \alpha_2 \psi_2$, 其中 $\chi_0 \in \text{span}(\psi_1, \psi_2)^{\perp}$. 因为 L_1 在 $\text{span}(\psi_1, \psi_2)^{\perp}$ 上是强制的, 于是由 Lax-Milgram 定理可得, 存在 ϕ_0 使得 $L_1 \phi_0 = \chi_0$, 因此, $\phi = \phi_0 + \dfrac{a_1}{\lambda_1} \psi_1 + \dfrac{a_2}{\lambda_2} \psi_2$ 使得成立 $L_1 \phi = \chi$.

类似可得 H_o^1 上的强制性. 这就完成了引理 17.5.2 的证明.

引进如下定义: $\forall u \in H^1(\mathbb{R}), L_1 u^* = u.$

(b) H_e^1 上的正性. 断言如果 $w \in H_e^1(\mathbb{R})$ 使得成立 $(w, Q) = 0$, 则 $H^*(w, w) \geqslant 0$. 由数值结果可知

$$(Q, Q^*) < 0, \quad \Delta_1 = (\chi_1, \chi_1^*) - \frac{(\chi_1^*, Q)^2}{(Q, Q^*)} + l_{11} > 0$$

和

$$\Delta_2 = \left((\chi_1, \chi_1^*) - \frac{(\chi_1, Q)^2}{(Q, Q^*)} + l_{11}\right)\left((\chi_3, \chi_3^*) - \frac{(\chi_3^*, Q)^2}{(Q, Q^*)} + l_{33}\right)$$
$$- \left((\chi_1, \chi_3^*) - \frac{(\chi_1^*, Q)(\chi_3^*, Q)}{(Q, Q^*)} + l_{13}\right)^2 > 0,$$

其中

$$l_{ij} = -\frac{p-3}{\int Q^2 \mathrm{d}y}\left[(\chi_i^{\perp}, yQ_y)(\chi_j^{\perp}, Q^p) + (\chi_j^{\perp}, yQ_y)(\chi_i^{\perp}, Q^p)\right], \quad i, j = 1, 3.$$

事实上, 由数值计算可知

(i) 对于 $p = 2$, $(Q, Q^*) \sim -5.6, \Delta_1 \sim 0.44, \Delta_2 \sim 0.038.$

(ii) 对于 $p = 3$, $(Q, Q^*) \sim -1.9, \Delta_1 \sim 0.12, \Delta_2 \sim 0.0029.$

(iii) 对于 $p = 4$, $(Q, Q^*) \sim -0.85, \Delta_1 \sim 0.037, \Delta_2 \sim 0.0017.$

断言 如果 $w \in H_e^1(\mathbb{R})$ 使得成立 $(w, Q) = 0$, 则 $H^*(w, w) \geqslant 0$.

该断言的证明 定义

$$H^*(u, v) = H(u, v) - \frac{1}{\int Q^2 \mathrm{d}y}\left[(u, yQ_y)(v, 2Q + (p-3)Q^p)\right.$$
$$\left. + (v, yQ_y)(u, 2Q + (p-3)Q^p)\right]$$

和 $u^{\perp} = u^* - aQ^*$, 其中 $a = \dfrac{(u^* \cdot Q)}{(Q \cdot Q^*)}$ 满足 $(u^{\perp}, Q) = 0 ((Q, Q^*) \neq 0).$

首先, 我们考虑空间

$$E = \text{span}\left(Q^*, (Q^p)^*, (yQ_y)^*\right),$$

定义 $E^\perp$ 为 E 在 $H_e^1(\mathbb{R})$ 中的正交空间. 通过比较论证, 可得 H^* 在 $E^\perp$ 上非负. 然后, 我们从空间 E 的计算中得出证明.

因为对 $\forall u \in E^\perp$, 成立 $(u, yQ_y) = H\left(u, (yQ_y)^*\right) = 0$, 进而 $H^*(u, u) = H(u, u) = (L_1 u, u) \geqslant \dfrac{3}{2}(\widetilde{L}u, u)$. 因为 $(u, Q) = (u, Q^p) = 0$, 由 (17.5.3) 和 $\widetilde{L}$ 的谱性质, 可知 H^* 在 $E^\perp$ 上强制. 这就意味着 $E^\perp \cap E = \{0\}$, 进而 E 在 H 上非退化. 特别地, 对 $\forall u \in H_e^1(\mathbb{R})$, 有如下分解 $u = u_1 + u_2$, $u_1 \in E^\perp, u_2 \in E$. 如果 $(u, Q) = 0$, 则 $(u_1, Q) + (u_2, Q) = 0$. 因为 $(u_1, Q) = H(u_1, Q^*) = 0$, 可推得 $(u_2, Q) = 0$. 由此可得

$$E \cap \{w, (w, Q) = 0\} = \operatorname{span}\left((Q^p)^\perp, (yQ_y)^\perp\right).$$

因此, 成立

$$H_e^1(\mathbb{R}) \cap \{w, (w, Q) = 0\} = E^\perp + \operatorname{span}\left((Q^p)^\perp, (yQ_y)^\perp\right).$$

进而可得 H^* 在 $E^\perp$ 上是非负的.

最后, 证明 H^* 限制在 $\operatorname{span}\left((Q^p)^\perp, (yQ_y)^\perp\right)$ 是非负的. 这相当于验证满足以下两个性质:

$$H^*\left((Q^p)^\perp, (Q^p)^\perp\right) > 0$$

和

$$\begin{vmatrix} H^*\left((Q^p)^\perp, (Q^p)^\perp\right) & H^*\left((Q^p)^\perp, (yQ_y)^\perp\right) \\ H^*\left((Q^p)^\perp, (yQ_y)^\perp\right) & H^*\left((yQ_y)^\perp, (yQ_y)^\perp\right) \end{vmatrix} > 0.$$

由 $\left((Q^p)^\perp, Q\right) = \left((yQ_y)^\perp, Q\right) = 0$ 以及 $u^\perp$ 的定义, 成立

$$H\left(u^\perp, v^\perp\right) = \left(L_1\left(u^\perp\right), v^\perp\right) = (u, v^*) - \frac{(u^*, Q)(v^*, Q)}{(Q, Q^*)}.$$

因此, H^* 在 $\operatorname{span}\left((Q^p)^\perp, (yQ_y)^\perp\right)$ 上非负.

因此, 对使得 $(w, Q) = 0$ 成立的任一 $w \in H_e^1(\mathbb{R})$, 可得 $w = w_1 + w_2$, 其中 $w_1 \in E^\perp, w_2 \in E$, 且 $(w_2, Q) = 0$, 以及

$$H^*(w, w) = H^*(w_1, w_1) + H^*(w_2, w_2) + 2H^*(w_1, w_2) \geqslant 2H^*(w_1, w_2).$$

由 E 和 $E^\perp$ 的定义, 成立 $(w_1, yQ_y) = (w_1, Q) = (w_1, Q^p) = 0$, 进而成立 $H^*(w_1, w_2) = H(w_1, w_2) = 0$. 这就完成了上述断言的证明.

(c) H_o^1 上的正性. 我们将证明如果 $w \in H_o^1$ 使得 $(w, yQ) = 0$, 则 $H^*(w, w) = H(w, w) \geqq 0$.

断言 (数值结果)

$$((yQ)^*, yQ) < 0. \tag{17.5.4}$$

事实上, 对 $p = 2$, 通过数值计算可得 $((yQ)^*, yQ) \sim -23.90$; 对 $p = 3$, 通过数值计算可得 $((yQ)^*, yQ) \sim -8.97$; 对 $p = 4$, 通过数值计算可得 $((yQ)^*, yQ) \sim -5.15$.

断言 如果 $w \in H_o^1(\mathbb{R})$ 满足 $(w, yQ) = 0$, 则 $H^*(w, w) \geqslant 0$.

断言的证明 首先, 定义 $P_2 = \mathrm{span}\,(Q_y, (yQ)^*)$, 则 H 在 P_2 上非退化的, 因为

$$\begin{vmatrix} H\,(Q_y, Q_y) & H\,(Q_y, (yQ)^*) \\ H\,(Q_y, (yQ)^*) & H\,((yQ)^*, (yQ)^*) \end{vmatrix} = -\,(H\,(Q_y, (yQ)^*))^2 = -\frac{1}{4}(Q, Q)^2 \neq 0.$$

由于 $H\,(Q_y, Q_y) = 0$ 以及 $\widetilde{L}$ 的谱性质, 可得 H 在 $P_2^\perp$ 上非负的, 其中 $P_2^\perp$ 在 H_o^1 中与 P_2 正交.

最后, 如果 $w \in P_2, w \neq 0$ 使得 $(w, yQ) = 0$, 则成立

$$w = \alpha Q_y + \beta(yQ)^*.$$

其中 $\beta \neq 0$,

$$\frac{\alpha}{\beta} = -\frac{(yQ, (yQ)^*)}{(Q_y, yQ)} = -\frac{(yQ, (yQ)^*)}{H\,(Q_y, (yQ)^*)}.$$

因此, 可得

$$\frac{H(w, w)}{\beta^2} = \left(\frac{\alpha}{\beta}\right)^2 H\,(Q_y, Q_y) + 2\left(\frac{\alpha}{\beta}\right) H\,(Q_y, (yQ)^*) + H\,((yQ)^*, (yQ)^*)$$

$$= -H\,((yQ)^*, (yQ)^*) = -\,(yQ, (yQ)^*) > 0,$$

以及由 (17.5.4) 可得, $H\,(Q_y, Q_y) = 0$.

另外, 可知如果 $w \in H_o^1$ 且 $(w, yQ) = 0$, 则

$$w = w_1 + w_2,\ \text{且}\ w_1 \in P_2^\perp, w_2 \in P_2, (w_2, yQ) = 0.$$

由此结合奇偶性讨论即可得证命题 17.5.2 (ii) 成立. □

参 考 文 献

[1] Akhmediev N, Ankiewicz A, Soto-Crespo J M. Rogue waves and rational solutions of the nonlinear Schrödinger equation. Phys. Rev. E, 2009, 80: 026601.

[2] Akhmediev N, Eleonskii V M, Kulagin N E. Exact first-order solutions of the nonlinear Schrödinger equation. Theor. Math. Phys., 1987, 72(2): 809-818.

[3] Akhmediev N N, Korneev V I, Mitskevich N V. N-modulation signals in a single-mode optical waveguide under nonlinear conditions. Sov. Phys. J. Exp. Theor. Phys., 1988, 67: 89-95.

[4] Angulo J. Existence and stability of solitary wave solutions of the Benjamin equation. J. Differential Equations, 1999, 152: 136-159.

[5] Appell M. Sur la transformation des équations différentielles linéaires. Comptes Rendus, 1880, 91(4): 211-214.

[6] Arnol'd V I. Mathematical Methods of Classical Mechanics. 2nd ed. Translated from the Russian by Vogtmann K and Weinstein A. Graduate Texts in Mathematics, 60. New York: Springer-Verlag, 1989.

[7] Arruda L K, Lenells J. Long-time asymptotics for the derivative nonlinear Schrödinger equation on the half-line. Nonlinearity, 2017, 30: 4141-4172.

[8] Bekiranov D, Ogawa T, Ponce G. Weak solvability and well-posedness of a coupled Schrödinger-Korteweg-de Vries equation for capillary-gravity wave interactions. Proc. Amer. Math. Soc., 1997, 125: 2907-2919.

[9] Benjamin T B. A new kind of solitary waves. J. Fluid Mech., 1992, 245: 401-411.

[10] Benjamin T B, Bona J L, Mahony J J. Model equations for long waves in nonlinear dispersive systems. Philos. Trans. Roy. Soc. London Ser. A, 1972, 272(1220): 47-78.

[11] Bergh J, Löfström J. Interpolation Spaces. Berlin: Springer-Verlag, 1976.

[12] Bona J L, Dougalis V A. An initial-and boundary-value problem for a model equation for propagation of long waves. J. Math. Anal. Appl., 1980, 75: 503-522.

[13] Bona J L, Souganidis P E, Strauss W A. Stability and instability of solitary waves of Korteweg-de Vries type. Proc. R. Soc. Lond., 1987, 411: 395-412.

[14] Bona J L, Sun S M, Zhang B Y. A non-homogeneous boundary value problem for the Korteweg-de Vries equation in a quarter plane. Trans. Amer. Math. Soc., 2002, 354(2): 427-490.

[15] Bona J L, Sun S M, Zhang B Y. A non-homogeneous boundary-value problem for the Korteweg-de Vries equation posed on a finite domain. Comm. Partial Differential Equations. 2003, 28(7/8): 1391-1436.

[16] Bona J L, Sun S M, Zhang B Y. Non-homogeneous boundary value problems for the Korteweg-de Vries and the Korteweg-de Vries-Burgers equations in a quarter plane. Ann. Inst. H. Poincaré Anal. Non Linéaire, 2008, 25(6): 1145-1185.

[17] Bourgain J. Fourier restriction phenomena for certain lattice subsets and applications to nonlinear evolution equations, part I: Schrödinger equation; part II: the KdV equation. Geom. Funct. Anal., 1993, 2: 107-156; 209-262.

[18] Boussinesq J. Théorie de l'intumescence liquide a appelée "onde solitaire" ou "de translation", se propageant dans un canal rectangulaire. C. R. Acad. Sci. Paris, 1871, 72: 755-759.

[19] Boussinesq J. Théorie des ondes et des remous qui se propagent le long d'un canal rectangulaire horizontal, en communiquant au liquide contenu dans ce canal des vitesses sensiblement pareilles de la surface au fond. J. Math. Pures Appl., 1872, 17: 55-108.

[20] Boutet de Monvel A, Shepelsky D, Fokas A S. The mKdV equation on the half-line. J. Inst. Math. Jussieu, 2004, 3: 139-164.

[21] Brambilla M. Accessibility of the lower hybrid resonance in thermonuclear devices. Nucl. Fusion, 1974, 14: 327-331.

[22] Bubnov B A. Generalized boundary value problems for the Korteweg-de Vries equation in bounded domain. Differential Equations, 1979, 15: 17-21.

[23] Bubnov B A. Solvability in the large of nonlinear boundary value problem for the Korteweg-de Vries equations in a bounded domain. Differential Equations, 1980, 16(1): 24-30.

[24] Buckmaster T, Koch H. The Korteweg-de Vries equation at H^{-1} regularity. Ann. Inst. H. Poincaré Anal. Non Linéaire, 2015, 32(5): 1071-1098.

[25] Cavalcante M. The initial-boundary value problem for some quadratic nonlinear Schrödinger equations on the half-line. Differential Integral Equations, 2017, 30(7/8): 521-554.

[26] Charlier C, Lenells J. Airy and Painlevé asymptotics for the mKdV equation. J. London Math. Soc., 2020, 101(1): 194-225.

[27] Chowdurya A, Ankiewicz A, Akhmediev N. Periodic and rational solutions of modified Korteweg-de Vries equation. Eur. Phys. J. D, 2016, 70: 104.

[28] Christ M, Colliander J, Tao T. Asymptotics, frequency modulation, and low regularity ill-posedness for canonical defocusing equations. Amer. J. Math., 2003, 125(6): 1235-1293.

[29] Coddington E A, Levinson N. Theory of Ordinary Differential Equations. New York, Toronto, London: McGraw-Hill Book Company, Inc., 1955.

[30] Colliander J, Kenig C. The generalized Korteweg-de Vries equation on the half line. Comm. Partial Differential Equations, 2002, 27: 2187-2266.

[31] Corcho A J, Linares F. Well-posedness for the Schrödinger-Korteweg-de Vries system. Trans. Amer. Math. Soc., 2007, 359: 4089-4106.

[32] Crighton D G. Applications of KdV. In "KdV '95 (Amsterdam, 1995)". Acta Appl. Math., 1995, 39(1-3): 39-67.

[33] Deift P, Zhou X. A steepest descent method for oscillatory Riemann-Hilbert problems. Asymptotics for the MKdV Equation, Ann. Math., 1993, 137: 295-368.

[34] Deift P, Zhou X. Long-time behavior of the non-focusing nonlinear Schrödinger equation-a case study. Lectures in Mathematical Sciences. Tokyo: University of Tokyo, 1995.

[35] Deift P, Zhou X. Asymptotics for the Painlevé II equation. Comm. Pure Appl. Math., 1995, 48(3): 277-337.

[36] Demontis F, Ortenzi G, van der Mee C. Exact solutions of the Hirota equation and vortex filaments motion. Phys. D, 2015, 313: 61-80.

[37] Fokas A S. A unified transform method for solving linear and certain nonlinear PDEs. Proc. R. Soc. Lond. A, 1997, 453: 1411-1443.

[38] Fokas A S. Integrable nonlinear evolution equations on the half-line. Comm. Math. Phys., 2002, 230: 1-39.

[39] Fokas A S. A unified approach to boundary value problems. CBMS-NSF Regional Conference Series in Applied Mathematics, SIAM, 2008.

[40] Fokas A S, Its A R. The linearization of the initial-boundary value problem of the nonlinear Schrödinger equation. SIAM J. Math. Anal., 1996, 27: 738-764.

[41] Fokas A S, Zhou X. On the solvability of Painlevé II and IV. Comm. Math. Phys., 1992, 144(3): 601-622.

[42] Gardner C S, Greene J M, Kruskal M D, Miura R M. Method for solving the Korteweg-de Vries equation. Phys. Rev. Lett., 1967, 19: 1095-1097.

[43] Gekelman W, Stenzel R L. Localized fields and density perturbations due to self-focusing of nonlinear lower-hybrid waves. Phys. Rev. Lett., 1975, 35: 1708-1710.

[44] Ginibre J, Tsutsumi Y, Velo G. On the Cauchy problem for the Zakharov system. J. Funct. Anal., 1997, 151: 384-436.

[45] Grillakis M, Shatah J, Strauss W. Stability theory of solitary waves in the presence of symmetr. J. Funct Anal., 1987, 74: 160-197.

[46] Guo B, Miao C. Well-posedness of the Cauchy problem for the coupled system of the Schrödinger-KdV equations. Acta Math. Sinica, Engl. Series, 1999, 15: 215-224.

[47] Guo Z, Wang Y. On the well-posedness of the Schrödinger-Korteweg-de Vries system. J. Differential Equations, 2010, 249: 2500-2520.

[48] Guo B, Tan S. Global smooth solution for nonlinear evolution equation of Hirota type. Sci. China A, 1992, 35: 1425-1433.

[49] Hilbert D. Grundzüge einer allgemeinen Theorie der linearen Integralgleichungen (Erste Mitteilung). Nachr. Ges. Wiss. Göttingen, 1904: 49-91.

[50] Hirota R. Exact envelope-soliton solutions of a nonlinear wave equation. J. Math. Phys., 1973, 4: 805-809.

[51] Hirota R. The Direct Method in Soliton Theory. Cambridge: Cambridge University Press, 1987.

[52] Hirota R, Ito M. Resonance of solitons in one dimension. J. Phys. Soc. Japan, 1983, 52(3): 744-748.

[53] Holmer J. The initial-boundary value problem for the Korteweg-de Vries equation. Comm. Partial Differential Equations, 2006, 31: 1151-1190.

[54] Huang L, Xu J, Fan E. Long-time asymptotic for the Hirota equation via nonlinear steepest descent method. Nonlinear Anal. RWA, 2015, 26: 229-262.

[55] Jerison D, Kenig C E. The inhomogeneous Dirichlet problem in Lipschitz domains. J. Funct. Anal., 1995, 130(1): 161-219.

[56] Kappeler T, Perry P, Shubin M, Topalov P. The Miura map on the line. Int. Math. Res. Not., 2005(50): 3091-3133.

[57] Kappeler T, Topalov P. Well-posedness of KdV on $H^{-1}(\mathbb{T})$, Mathematisches Institut, Georg-August-Universität Göttingen: Seminars 2003/2004. 2004: 151-155, Universitätsdrucke Göttingen, Göttingen.

[58] Kato T. Wave operators and similarity for some non-selfadjoint operators. Math. Ann., 1965/1966, 162: 258-279.

[59] Kato T. Smooth operators and commutators. Studia Math., 1968, 31: 535-546.

[60] Kato T. On the Cauchy problem for the (generalized) Korteweg-de Vries equation. Studies in applied mathematics. Adv. Math. Suppl. Stud., 8. New York: Academic Press, 1983: 93-128.

[61] Kenig C E, Pilod D. Well-posedness for the fifth-order KdV equation in the energy space. Trans. Amer. Math. Soc., 2015, 367: 2551-2612.

[62] Kenig C E, Ponce G, Vega L. Oscillatory integrals and regularity of dispersive equations. Indiana Univ. Math. J., 1991, 40: 33-69.

[63] Kenig C E, Ponce G, Vega L. The Cauchy problem for the Korteweg-de Vries equation in Sobolev spaces of negative indices. Duke Math. J., 1993, 71: 1-21.

[64] Kenig C E, Ponce G, Vega L. A bilinear estimate with applications to the KdV equation. J. Amer. Math. Soc., 1996, 9: 573-603.

[65] Kenig C E, Ponce G, Vega L. Well-posedness and scattering results for the generalized Korteweg-de Vries equation via the contraction principle. Comm. Pure Appl. Math., 1993, 46: 527-620.

[66] Kenig C E, Ponce G, Vega L. On the ill posedness of some canonical dispersive equations. Duke Math. J., 2001, 106(3): 617-633.

[67] Killip R, Visan M. KdV is well-posed in H^{-1}. Ann. Math., 2019, 190(1): 249-305.

[68] Killip R, Visan M, Zhang X. Low regularity conservation laws for integrable PDE. Geom. Funct. Anal., 2018, 28: 1062-1090.

[69] Korteweg D J, de Vries G. On the change of form of long waves advancing in a rectangular canal, and on a new type of long stationary waves. Philosophical Magazine, 1895, 39(240): 422-443.

[70] Lamb G L, Jr. Element of Soliton Theory. New York: John Wiley & Sons, 1980.

[71] Lax P D. Integrals of nonlinear equations of evolution and solitary waves. Comm. Pure Appl. Math., 1968, 21: 467-490.

[72] Lenells J. The nonlinear steepest descent method: Asymptotics for initial-boundary value problems. SIAM J. Math. Anal., 2016, 48: 2076-2118.

[73] Lenells J. The nonlinear steepest descent method for Riemann-Hilbert problems of low regularity. Indiana Univ. Math. J., 2017, 66: 1287-1332.

[74] Lenells J, Fokas A S. On a novel integrable generalization of the nonlinear Schrödinger equation. Nonlinearity, 2009, 22(1): 11-27.

[75] Lin C S. Interpolation inequalities with weights. Comm. Partial Differential Equations, 1986, 11: 1515-1538.

[76] Linares F. L^2 global well-posedness of the initial value problem associated to the Benjamin equation. J. Differential Equations, 1999, 152: 1425-1433.

[77] Lisher E J. Comments on the Use of the Korteweg-de Vries equation in the study of anharmonic lattices. Proc. R. Soc. Lond. A, 1974, 339: 119-126.

[78] Liu N, Guo B. Painlevé-type asymptotics of an extended modified KdV equation in transition regions. J. Differential Equations, 2021, 280: 203-235.

[79] Liu N, Guo B. Asymptotics of solutions to a fifth-order modified Korteweg-de Vries equation in the quarter plane. Anal. Appl., 2021, 19(4): 575-620.

[80] Liu N, Guo B, Wang D, Wang Y. Long-time asymptotic behavior for an extended modified Korteweg-de Vries equation. Comm. Math. Sci., 2019, 17(7): 1877-1913.

[81] Magnus W, Winkler S. Hill's Equation. Corrected reprint of the 1966 edition. New York: Dover Publications, Inc., 1979.

[82] Martel Y, Merle F. A Liouville Theorem for the critical generalized Korteweg-de Vries equation. J. Math. Pures Appl., 2000, 79: 339-425.

[83] Martel Y, Merle F. Instability of solitons for the critical generalized Korteweg-de Vries equation. Geom. Funct. Anal., 2001, 11(1): 74-123.

[84] Martel Y, Merle F. Asymptotic stability of solitons for subcritical generalized kdv equations. Arch. Rational Mech. Anal., 2001, 157: 219-254.

[85] Miura R M, Gardner C S, Kruskal M D. Korteweg-de Vries equation and generalizations. II. Existence of conservation laws and constants of motion. J. Math. Phys., 1968: 9(8): 1204-1209.

[86] Morales G J, Lee Y C. Nonlinear filamentation of lower-hybrid cones. Phys. Rev. Lett., 1975, 35: 930-933.

[87] Pecher H. The Cauchy Problem for a Schrödinger-Korteweg-de Vries system with rough data. Differential Integral Equations, 2005, 18: 1147-1174.

[88] Pego R L, Weinstein M I. Asymptotic stability of solitary waves. Comm. Math. Phys., 1994, 164: 305-349.

[89] Peregrine D H. Water waves, nonlinear Schrödinger equations and their solutions. J. Aust. Math. Soc. B, 1983, 25: 16-43.

[90] Reed M, Simon B. Methods of Modern Mathematical Physics. II. Fourier Analysis, Self-Adjointness. New York, London: Academic Press, 1975.

[91] Reed M, Simon B. Methods of Modern Mathematical Physics. IV. Analysis of Operators. New York, London: Academic Press, 1978.

[92] Rogister A. Parallel propagation of nonlinear low-frequency waves in high-β plasma. Phys. Fluids, 1971, 14: 2733-2739.

[93] Russell J S. Report on waves. Report of the fourteenth meeting of the British association for the advancement of science, 1844: 311-390.

[94] Rybkin A. Regularized perturbation determinants and KdV conservation laws for irregular initial profiles. Topics in operator theory. Volume 2. Systems and mathematical physics. Oper. Theory Adv. Appl. 203. Basel: Birkhäuser Verlag, 2010: 427-444.

[95] Simon B. Trace Ideals and Their Applications. 2nd ed. Mathematical Surveys and Monographs, 120. Providence, RI: American Mathematical Society, 2005.

[96] Sjöberg A. On the Korteweg-de Vries equation: Existence and uniqueness. J. Math. Anal. Appl., 1970, 29(3): 569-579.

[97] Spatschek K H, Shukla P K, Yu M Y. Filamentation of lower-hybrid cones. Nucl. Fusion, 1978, 18: 290-293.

[98] Strang G, Fix G J. An analysis of the finite element method. Prentice-Hall Series in Automatic Computation. Englewood Cliffs, N. J.: Prentice-Hall, Inc., 1973.

[99] Tan S, Han Y. Long time behavior for solution of generalized nonlinear evolution equations. Chinese Ann. Math. Ser. A, 1995, 16: 127-141.

[100] Tao T. Multilinear weighted convolution of L^2 functions, and applications to nonlinear dispersive equation. Amer. J. Math., 2001, 123: 839-908.

[101] Tao Y, He J. Multisolitons, breathers, and rogue waves for the Hirota equation generated by the Darboux transformation. Phys. Rev. E, 2012, 85: 026601.

[102] Temam R. Sur un problème non linéaire. J. Math. Pures Appl., 1969, 48: 159-172.

[103] Titchmarsh E C. Eigenfunction Expansions Associated with Second-order Differential Equations. Oxford: Clarendon Press, 1946.

[104] Tsutsumi Y. The Cauchy problem for the Korteweg-de Vries equation with measures as initial data. SIAM J. Math. Anal., 1989, 20(3): 582-588.

[105] Tsutsumi M. Well-posedness of the Cauchy problem for a coupled Schrödinger-KdV equation. Math. Sciences Appl., 1993, 2: 513-528.

[106] Wadati M. The exact solution of the modified Korteweg-de Vries equation. J. Phys. Soc. Jpn., 1972, 32(6): 1681.

[107] Wang H, Cui S. The Cauchy problem for the Schrödinger KdV system. J. Differential Equations, 2011, 250: 3559-3583.

[108] Wang X, Zhang J, Wang L. Conservation laws, periodic and rational solutions for an extended modified Korteweg-de Vries equation. Nonlinear Dyn., 2018, 92(4): 1507-1516.

[109] Weinstein M I. Modulational stability of ground states of nonlinear Schrödinger equations. SIAM J. Math. Anal., 1985, 16: 472-491.

[110] Weinstein M I. Lyapunov stability of ground states of nonlinear dispersive evolution equations. Comm. Pure. Appl. Math., 1986, 39: 51-68.

[111] Wu Y. The Cauchy problem of the Schrödinger-Korteweg-de Vries system. Differential Integral Equations, 2010, 23: 569-600.

[112] Zabusky N J, Kruskal M D. Interaction of "solitons" in a collisionless plasma and the recurrence of initial states. Phys. Rev. Lett., 1965, 15: 240-243.

[113] Zaharov V E, Faddeev L D. Korteweg-de Vries equation: A completely integrable Hamiltonian system. Funct. Anal. Appl., 1971, 5(4): 280-287.

[114] Zhang B Y. Boundary stabilization of the Korteweg-de Vries equations // Desch W, Kappel F, Kunisch K. Control and Estimation of Distributed Parameter Systems: Nonlinear Phenomena. ISNM International Series of Numerical Mathematics, vol 118. Basel: Birkhäuser, 1994: 371-389.

[115] Zhou Y L, Guo B L. Existence of global weak solutions for generalized Korteweg-de Vries systems with several variables. Scientia Sinica A, 1986, 29: 375-390.

索　引